河南科技大学教材出版基金资助

高等学校“十二五”规划教材

仪器分析

郭旭明　韩建国　主编
汪小伟　吴峰敏　副主编

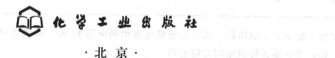

化学工业出版社
·北京·

本书根据高等院校化学类及近化学类专业本科生的教学要求及近年来仪器分析的新发展编写而成。全书共17章，内容包括绪论、电化学分析法导论、电位分析法、电解和库仑分析法、极谱和伏安分析法、光谱分析法导论、紫外-可见吸收光谱法、红外吸收光谱法、分子发光分析法、原子发射光谱法、原子吸收光谱法、色谱分析法导论、气相色谱法、高效液相色谱法、毛细管电泳法、质谱分析法、核磁共振分析法等，详细介绍了各类分析方法的基本原理、仪器结构、方法特点及应用范围，本书系统性强，内容全面、新颖、简洁明了，便于阅读。

本书可作为高等院校化学、应用化学等化学专业本科生以及农学、生物、环境、材料、食品等近化学专业本科生开设仪器分析课程的教材，同时也可作为其他分析测试人员的参考书。

图书在版编目（CIP）数据

仪器分析/郭旭明，韩建国主编. —北京：化学工业出版社，2014.1（2025.5 重印）

高等学校“十二五”规划教材

ISBN 978-7-122-19245-5

Ⅰ.①仪…　Ⅱ.①郭…②韩…　Ⅲ.①仪器分析-高等学校-教材　Ⅳ.①O657

中国版本图书馆 CIP 数据核字（2013）第 295069 号

责任编辑：宋林青　　文字编辑：向　东

责任校对：吴　静　　装帧设计：史利平

出版发行：化学工业出版社（北京市东城区青年湖南街13号　邮政编码 100011）

印　　装：北京盛通数码印刷有限公司

787mm×1092mm　1/16　印张 21　字数 531 千字　2025年5月北京第1版第8次印刷

购书咨询：010-64518888　　售后服务：010-64518899

网　　址：http：//www.cip.com.cn

凡购买本书，如有缺损质量问题，本社销售中心负责调换。

定　　价：48.00 元

《仪器分析》编写人员

主　　编：郭旭明　韩建国

副 主 编：汪小伟　吴峰敏

编写人员：（以姓氏笔画为序）

王新胜　吴峰敏　汪小伟

宋帮才　罗　洁　段文录

郭旭明　韩建国

前 言

仪器分析是分析化学的重要分支，是以化学和物理学为基础，测量和表征物质物理或物理化学性质的一门重要学科。它交叉融合了许多相关学科，需要较广且扎实的基础理论知识，同时又是一门实验性很强的学科。近年来，随着各学科的迅猛发展，特别是计算机科学与技术的发展，大量的仪器分析新方法和新技术不断涌现，仪器分析的应用范围越来越广泛。从科学研究到生产实践，从化学化工到环境制药，从材料地质到农林牧渔，在许多领域仪器分析发挥着越来越重要的作用，已成为现代科学研究和实验技术的支柱和重要组成部分。通过仪器分析课程的学习和实验，为学生科学研究思路的形成、科学研究方案的确定和科学研究视野的扩展奠定了至关重要的基础，仪器分析已成为相关学科的一门极为重要的必修的专业基础课。

本书对常用的紫外-可见吸收光谱分析法、原子吸收光谱分析法、气相色谱法、高效液相色谱法、电位分析法做了较为详尽的论述，简要介绍了分子发光分析法、毛细管电泳分析法、原子发射光谱分析法，基于目前波谱技术的发展及其重要性，对红外光谱分析法、质谱分析法、核磁共振分析法也进行了较为全面的阐述，对谱图解析进行了讨论。考虑到实际需要和教学学时，使用者可选择适当章节和内容进行教学。编者力求做到基础性、普遍性与新技术、新方法相结合，基本理论、仪器构造与应用技术相结合，系统介绍与简明扼要相结合，深入浅出，便于自学。

本书努力淡化过多过繁的数学推导，而把具体的分析方法放置于仪器分析基本概念和基本理论之中，注重培养学生对有关现代仪器分析基本方法的掌握，从而全面提高实际分析能力，为实际应用和以后进一步学习其它相关仪器分析方法奠定良好的基础。

全书共 17 章，第十二、十三、十四、十五章由汪小伟编写；第三、五、八、十章由吴峰敏编写；第七、十一章由韩建国编写；第二章由罗洁编写；第九章由王新胜编写；第四章由段文录编写；第六章由宋帮才编写；第一、十六、十七章由郭旭明编写。全书最后由主编统稿。本书的出版得到了河南科技大学教材出版基金的大力支持。化学工业出版社的编辑为本书的出版花费了大量的心血，在此表示衷心的感谢。

本书在编写过程中参考了国内外出版的一些相关论文、教材和著作，还引用了某些图标和数据，在此也向有关作者表示衷心的感谢。

由于编者水平和经验有限，不足之处在所难免，恳请广大读者和同仁不吝赐教。

编者

2013 年 12 月

目　录

第一章　绪　　论

第二章　电化学分析法导论

第三章　电位分析法

第四章　电解和库仑分析法

第五章　极谱和伏安分析法

第六章　光谱分析法导论

第七章　紫外-可见吸收光谱法

第八章　红外吸收光谱法

第九章 分子发光分析法

第十章 原子发射光谱法

第十一章 原子吸收光谱法

第十二章 色谱分析法导论

第十三章 气相色谱法

第十四章 高效液相色谱法

第十五章 毛细管电泳法

第十六章　质谱分析法

第十七章　核磁共振波谱分析法

参考文献

第一章　绪　论

第一节　概　述

分析化学是研究物质组成、含量和结构的分析方法及有关理论的一门学科。它包括化学分析和仪器分析两大部分。化学分析是利用化学反应和它的计量关系来确定组成和含量的一类方法，是分析化学的基础。仪器分析是利用被测物质的物理或物理化学性质作为分析依据，由于这类方法通常需要较特殊的仪器，故得名“仪器分析”，又由于测定的是物质的物理或物理化学性质，又称为“物理化学分析法”。仪器分析是分析化学的一个重要组成部分。它不仅用于物质的定性和定量分析，还用于物质的状态和结构分析。

分析化学的发展经历了三次重大变革。

第一次变革发生在20世纪初，基于精密天平的发展和使用，促进了物理化学和溶液理论（酸碱、沉淀、配位、氧化-还原四大平衡理论）的发展，分析化学从一门技术发展成一门科学。在这个阶段，化学分析的工作占据了分析化学任务的绝大部分。

第二次变革发生在第二次世界大战前后，物理学和电子技术的发展促进了仪器分析的建立和发展，使分析化学从以化学分析为主的时代发展到以仪器分析为主的时代。

第三次变革是从20世纪70年代开始，基于数学和计算机的发展，通过使用数学处理方法和计算机，特别是化学计量学的使用及计算机控制的分析数据的采集和处理，可以对物质进行快速、全面和准确的分析和测量。

当前，科学技术的不断发展和进步，推动着仪器分析在方法和实验技术方面发生了深刻的变化，新的仪器分析法不断出现，应用日益广泛，获得信息越来越多。仪器分析法已成为现代实验化学的重要支柱，是分析化学未来的发展方向。

仪器分析和化学分析的区别也不是绝对的。仪器分析虽然应用比较复杂和比较精密的仪器，但化学分析中也常需要使用各种精密的仪器，几乎所有的分析都离不开精密的天平，微量和超微量分析则更需要一些特殊的仪器。比如，重量分析是测定物质的质量，滴定分析则是测定标准溶液的体积，它们与库仑分析中测定电解过程中的电量，具有相同的含义。再如，比色分析法由于涉及有机试剂和配位化学有关理论等，大都把它列入化学分析行列，但在比色分析基础上发展起来的分光光度分析，就很难一定说是化学分析或是仪器分析的范畴，因为它们具有十分相似的原理和方法。

无标样的仪器分析方法是很少见的，绝大部分的仪器分析方法都必须把未知物的分析结果与已知的标准物作比较，而所用的标准物则常用化学分析方法进行测定。在仪器分析测定时，通常必须与试样处理、分离、掩蔽和富集等化学分析的手段相结合。因此，化学分析和仪器分析是密切相关的。

虽然仪器分析的新方法不断出现，并不断扩大在实际中的应用，但化学分析方法也在不断改进和发展中，特别是随着新的显色剂、掩蔽剂、溶剂萃取、三元配合物和催化分析等方面研究工作的进展，化学分析仍然并还将发挥日新月异的作用。所以，化学分析和仪器分析二者不能截然分开，化学分析与仪器分析是相辅相成的两个方面，而化学分析法是一切分析方法的基础，仪器分析是由化学分析发展而来的。

第二节 仪器分析的研究内容和方法分类

习惯上，将仪器分析归纳为四大类：即光化学分析法、电化学分析法、色谱分析法和其它仪器分析方法。光化学分析法主要包括发射光谱分析法、火焰光度分析法、荧光分析法、化学发光法、紫外-可见分光光度法、红外分光光度法、原子吸收分光光度法等。电化学分析法则包括电导分析法、电位分析法、电解分析法、库仑分析法、极谱（伏安）分析法等。色谱分析法包括气相色谱法、高效液相色谱法和超临界流体色谱法等。电子探针法、放射化学分析法、质谱分析法、核磁共振波谱法、热分析法等属于其它仪器分析方法。

一、光化学分析法

光化学分析法是在物质与光（辐射能）相互作用的基础上建立起来的一类分析方法。

① 发射光谱分析法　它是根据气态离子或原子受热能或者电能激发后所产生的特征谱线及其强度来进行定性和定量分析的分析方法。

② 火焰光度分析法　它是一种以火焰作为激发光源的发射光谱分析法。

③ 原子吸收分光光度法　它是基于从光源辐射出待测元素的特征谱线通过样品蒸气时，被蒸气中待测元素的基态原子所吸收，从而由谱线强度减弱的程度求出待测元素含量的一种分析方法。

④ 紫外-可见分光光度法　它是基于物质对紫外-可见区域辐射线的吸收，多原子分子的价电子发生跃迁而产生紫外和可见吸收光谱，从而进行无机和有机物的定性分析和定量分析的分析方法。

⑤ 红外吸收光谱法　它是基于物质在红外光照射下，引起分子振动能级和转动能级的跃迁，而产生的振动-转动光谱，从而进行物质成分和结构分析的一种分析方法。

⑥ X 射线荧光光谱分析法　它是基于试样在原级 X 射线激发下，产生组成元素的特征 X 射线（次级 X 射线，即荧光），根据特征 X 射线的波长和强度进行定性分析和定量分析的一种分析方法。

⑦ 化学发光分析法　它是基于待测物质的某些化学反应所产生的激发态化学物质跃迁至较低能态时的发光现象来进行定量测定的一种分析方法。

⑧ 分子荧光分析法　它是基于待测物质的分子在紫外光激发下，发射出波长较长的特征荧光光谱，根据发射出的荧光强度来测定含量的一种分析方法。

二、电化学分析法

电化学分析法是根据物质的电学和电化学性质为分析依据来测定物质含量的一类分析方法。这类方法通常需要一化学电池，并在化学电池（被测溶液）中放置两个电极，两个电极与外接电源相连或不相连，测定通过化学电池的电阻（电导）、电流、两电极间的电位差或电极增加的质量，从而计算出被测物质的含量。

① 电导分析法　它是通过测量溶液电导率的大小或变化，求得被测组分浓度或含量的分析方法。

② 电位分析法　它是利用插在被测溶液中的指示电极的电极电位随溶液中被测离子浓度不同而改变，测定其电极电位大小或变化来确定溶液中被测物质的浓度或含量的分析

方法。

③ 电解分析法 又称为电重量分析法。它是以电子为“沉淀剂”，使金属离子还原为金属或形成其它形式沉积于已知质量的电极上，然后根据电极上所增加的质量来计算出被测物质含量的一种分析方法。此法可分为恒电流电解分析法和恒电位电解分析法两种，前者在电解过程中，始终保持流过电解池的电流恒定；后者，则始终保持工作电极电位恒定。

④ 库仑分析法 又称为电量分析法。它是通过测定被分析物质定量地进行某一电极反应，或者被测定物质与某一电极反应的产物定量地进行化学反应所消耗的电量（库仑量）来进行定量分析的一种方法。又可分为控制电位库仑分析法和控制电流库仑分析法（或库仑滴定法）两种。

⑤ 极谱法和伏安法 它是根据在电解过程中通过电解池的电流和加在两个电极上的电压或指示（工作）电极的电位，即所谓电流-电压（或电极电位）曲线来进行定性和定量分析的一种微量分析方法。如用滴汞电极作为指示电极，称为“极谱分析法”。如用恒定或固态电极作为指示电极，如悬汞电极、铂微电极、石墨电极或玻璃电极等，称为“伏安法”。

随着这类分析方法的发展，又出现了交流极谱法、单扫示波极谱法、方波极谱法、脉冲极谱法、微分脉冲极谱法、半微分极谱法、溶出伏安法和现代方波极谱法等一系列电化学分析新方法。

三、色谱分析法

色谱分析法是基于样品中各组分在流动相和固定相中分配系数的不同而将混合物中各组分分离，然后用检测器对各组分进行定性和定量分析的方法。

① 气相色谱法 流动相是气体，利用分离柱中的固定相对各种气化后的组分在流动气体（流动相）推动下反复进行吸附或分配而使之分离，再经过检测从而达到分离和分析的目的。此法可用于测定气体或者沸点较低的化合物或者通过化学反应可转换成沸点较低产物的化合物的分离和分析。

② 高效液相色谱法 它是一种使用高压液体为流动相的色谱分析法。利用试样中各组分与固定相及流动相之间相互作用力大小的差异，使之分离，经检测而达到分离和分析的目的。此法可用于无机离子、常规有机化合物、高分子化合物、蛋白质、氨基酸和多肽等沸点较高或加热不稳定、易分解的物质的分离分析。

③ 超临界流体色谱法 它是一种使用超临界流体为流动相的色谱分析法。所谓超临界流体，既不是气体，也不是液体，它的物理性质介于气体与液体之间，兼具气体的高扩散性和液体的强溶解性。由于超临界流体色谱具有气相和液相色谱所没有的优点，并能分离和分析气相和液相色谱难于分离的对象，因此发展十分迅速。

四、其它仪器分析方法

① 放射化学分析法 也称“活化分析法”。是利用中子、光子或其它荷电粒子（如质子等）照射被测试样，使被测元素转变为放射性同位素，根据这种同位素的半衰期以及放射线的性质、能量等进行定性和定量分析的一种分析方法。

② 质谱分析法 是利用试样在离子源中电离后，产生各种带电荷的离子，在加速电场作用下，形成离子束，经质量分析器的作用后，各种离子按其质荷比的大小而分离，通过离子倍增器检测各个离子的谱线，根据谱线的位置及其强度进行定性分析和定量分析的一种分析方法。

③ 核磁共振波谱法　在外加磁场中，具有自旋的原子核发生裂分，以高频电磁波照射原子核，裂分的磁能级之间吸收能量，发生原子核能级的跃迁，产生共振现象。检测电磁波被吸收的情况就可得到核磁共振谱。由于各磁核所处的化学环境不同，因而吸收的能量不同，从而在谱图上产生的化学位移及共振耦合也不同。根据谱图即可对化合物进行定性和定量分析。

④ 电子探针法　它是利用聚焦的高能电子束轰击固体试样表面，使被轰击区的元素激发出特征 X 射线，然后按其波长及其强度进行定性分析和定量分析的一种分析方法。此法可分析原子序数 3～92 号之间的元素。

⑤ 热分析法　它是基于热力学原理和物质的热学性质而建立的分析方法。通过在加热情况下，连续测量被测试样的质量或者试样与参比物之间的温度差等参数，研究物质的热学性质与温度之间的相互关系，利用这种关系来对物质进行定性定量分析。

第三节　仪器分析的特点

化学分析是以化学反应和计量关系为基础的分析方法，虽然准确度很高，但一般情况下，操作较为繁琐，分析时间较长，灵敏度较低，因而，难以实施实时、快速、灵敏、高效的分析和检测。在化学分析的基础上发展起来的仪器分析方法有以下特点。

① 灵敏度高　仪器分析的相对灵敏度由 mg/L、μg/L 级发展到了 ng/L 级，其绝对灵敏度发展到 1×10^{-12}～1×10^{-15} g 级。使用化学发光分析，甚至可以测量低至 2×10^{-17} mol·L^{-1} 的三磷酸腺苷（ATP），相当于一个细菌中的 ATP 的含量。通过激光诱导荧光可以观察到单个细胞的运动轨迹。

② 快速　如利用光电直读光谱仪在 1min 内可同时测出钢中 30 多种元素的含量。如某工厂每天要分析万余个（次）元素，只用一台光电直读光谱仪即可完成，其速度之快是化学分析法难以企及的。

③ 客观　在化学分析中，是依靠指示剂的变色来确定终点的，由于人们视觉的差异，或无适当指示剂可供选择或被测液本身颜色或浑浊的影响，不免带有主观误差或难以确定的因素。但仪器分析是通过电表、数字表、记录仪或微机直接显示和处理，因而测定结果比较客观，减少了主观误差。

④ 准确度高　虽然有些方法其误差可达 2%～10%，甚至 15%，但由于仪器分析分析的对象在被测物中含量极低，这样的误差还是可以接受的，因为在 mg/L 或者 μg/L 的含量级别上，一般化学分析法是难以测定的。

⑤ 用途广泛　除了能进行定性、定量分析外，还能进行结构分析、物相分析、微区分析和价态分析等，还可以用于测定配合物的配位比、反应平衡常数、酸碱电离常数、化合物分子量等，能满足和适应各种分析的要求。

⑥ 选择性高　很多仪器分析方法可以通过选择或调整测定条件，使共存的组分在测定时相互间不产生干扰。

仪器分析的最大不足之处是仪器比较昂贵，特别是一些大型仪器，目前还难以普遍推广。此外，由于分析仪器一般是由大量的电子元器件和高新材料及部件组成，加之许多分析仪器需要加入液氮或液氦，或者在分析过程中使用各种气体及其它较为贵重的消耗品，所以，分析仪器的维护费用较高。

第四节 仪器分析方法的主要性能指标

使用仪器分析方法是否合适和得当常用一些分析方法的性能指标来评价。这些指标包括精密度、准确度、灵敏度、标准曲线的线性范围和检出限等。为此，在着手进行分析前不仅要了解试样的基本情况和对分析的要求，更要了解所选用分析方法的基本性能指标。

一、精密度

分析数据的精密度是指用同样的方法所测结果间相互一致性的程度。它是表征随机误差大小的一个指标。常用相对标准偏差 RSD 来衡量。如分析一个样品，分析次数为 n，测得被测物的平均浓度 $\bar{c}$ 为：

$$\bar{c}=\frac{\sum_{i=1}^{n} c_i}{n} \tag{1-1}$$

式中，c_i 为每次分析所得的被测物的浓度。标准偏差 σ 为：

$$\sigma=\sqrt{\frac{\sum_{i=1}^{n}(c_i-\bar{c})^2}{n-1}} \tag{1-2}$$

相对标准偏差 RSD 为：

$$RSD=\frac{\sigma}{\bar{c}}\times 100\% \tag{1-3}$$

二、准确度

准确度是分析方法最重要的性能指标。它表明了测得的待测物浓度与样品中待测物实际浓度（或真值）之间的差异程度。常用相对误差 s 来表示：

$$s=\frac{|\bar{c}-\mu|}{\mu} \tag{1-4}$$

式中，$\bar{c}$ 是多次测量的平均值；μ 是待测物试液浓度（或真值）。

分析方法的准确度常用以下方法来考察。

① 用标准样品评价　标准样品（或称标准参考样品）是一种或多种所含物的含量已确定，用于校准测量器具、评价测量方法或确定材料特性量值的物质。用标准样品来评价分析方法的准确度是最为理想的方法。用所建立的方法分析标准样品，如果所得结果与标准样品中给定物质的含量一致，说明所建立的方法具有很好的准确度。

② 与其它方法对照　将分析结果与其它分析方法所得结果进行对照，对所选用分析方法进行评价。在这里，所选用的方法最好是公认的和可靠的方法或者是较为成熟的方法。

③ 进行加标回收实验　在对所建立的一个分析方法进行阐述和论证时，通常要求进行加标回收实验。即首先测定样品中被测物的含量，然后在样品中加入一定量的被测物纯品，然后再测量加标样品中被测物的含量，将加标前后所得被测物的量之差与实际的加标量进行比较，即可得到回收率。回收率在 95%～105%之间，可以认为所建立的分析方法是准确的。

三、灵敏度

分析方法的灵敏度通常指待测组分单位浓度或单位质量的变化所引起测定信号值的变化

程度，即：

$$灵敏度=\frac{信号变化量}{浓度(质量)变化量}=\frac{dx}{dc(dm)} \tag{1-5}$$

根据国际纯粹与应用化学联合会（IUPAC）的规定，灵敏度是指在浓度线性范围内校正曲线的斜率。斜率越大，灵敏度越高。分析方法发生改变，灵敏度也随之发生改变。

值得注意的是，在仪器分析中，各种仪器分析方法通常有自己习惯使用的灵敏度概念。如在原子吸收光谱中，常用“特征浓度”，即1%的净吸收来表示方法的灵敏度。在原子发射光谱中常采用相对灵敏度来表示不同元素的分析灵敏度。

四、标准曲线的线性范围

标准曲线是待测物质的浓度或含量与仪器响应信号之间的关系曲线。由于是用标准溶液测定绘制的，故称为标准曲线。

线性范围是指定量测定的最低浓度扩展到标准曲线偏离线性范围的浓度。

各种仪器线性范围相差很大，适用分析方法的线性范围至少应是有两个数量级，有些方法适用浓度范围则有5～6个数量级。

五、检出限

检出限即检测下限，是指某一分析方法在给定的置信度下可以检测出待测物的最小浓度或最小质量。以浓度表示时称为相对检出限，以质量表示时称为绝对检出限。

具体方法的检出限可参照本教材中各种仪器分析方法的具体计算和测定方法进行确定。检出限是分析方法的灵敏度和精密度的综合指标，方法的灵敏度和精密度越高，则检出限就越低。因此检出限是评价分析方法和仪器性能的主要技术指标。

第五节　仪器分析方法的应用

由于仪器分析所特有的优点，在工业生产、环境保护、国计民生方面得到了广泛的应用。此外，由于科学技术的发展，对现代分析化学也提出了许多新课题，这些新问题的出现促使使用新仪器，开发新方法，扩大使用范围，提供更多信息。

(1) 石油工业和化学工业等方面

气相色谱、红外和紫外光谱、高效液相色谱、核磁共振波谱、色谱-质谱联用等仪器已在石油、化工的生产和科研中得到广泛的应用。通过对原油中气体、汽油、柴油和润滑油的组成的系统分析，从而对我国石油有了充分的了解。如对原油中60～165℃的馏分，用80m长、内径0.3mm，以角鲨烷涂渍的毛细管柱进行色谱分析，得到了130个色谱峰。使用色谱-质谱联用仪鉴别未知峰，共鉴定出123个组分，解决了复杂组分的测定。采用原子发射光谱、原子吸收光谱、X射线荧光光谱、微库仑、极谱和离子选择性电极等先进分析手段，解决了石油中微量元素的分析。

目前有机化工厂的控制分析，大型氮肥厂的气体分析，石油工业的天然气、油田气和裂解气的组成分析，大都采用先进的气相色谱分析技术，大大提高了分析速度和准确度。

(2) 环境保护

通过使用仪器对环境样品的分析，发现了许多环境污染问题。例如，饮软水区域的居民，心血管病死亡率比饮硬水区域高约50%；缺锂钒区域冠心病死亡率显著增高；食道癌高发地与缺钼、镁等有益元素有关，同时发现亚硝酸盐和二级胺在胃中有致癌作用；高血脂引起心血管病与缺锌、铜等金属离子有关。通过癌组织分析，证实铍、镉、镍、硒等元素有致癌作用，而钴、铜、锌有抑癌作用。水和空气中的有毒物质，以及农作物中的农药残留，其含量都是微量的，需借助仪器分析手段来完成。几乎所有的现代分析手段，如气相色谱、液相色谱、原子吸收光谱、质谱、电子光谱等都在环境保护中得到广泛应用。多种现代分析方法与计算机联用的大型监测站、监测车及监测船也在环境保护分析中得到应用，并发挥着重要作用。

(3) 冶金分析

在黑色冶金及有色冶金方面，化学分析法在仲裁分析及湿法快速分析中仍继续起着重要作用。但近些年来，由于仪器分析的发展，使分析速度、灵敏度和自动化程度有很大提高。显著应用的如原子发射光谱、原子吸收光谱、X 射线荧光光谱等。

由于炼钢速度加快，新钢种的研制及计算机对生产的自动控制，对分析提出新的要求，如氧气顶吹转炉炼钢只需 20 多分钟，而炉前分析是关键。采用 ICP 光电直读光谱、X 射线荧光光谱，1min 可测 30 多种元素，满足了快速炼钢的要求。对钢铁及合金物相（成分、分布、形态、晶体结构等）及表面分析已采用电子探针、离子探针、电子光谱等。

(4) 药物分析

在药物的结构和成分分析中，仪器分析得到了很大发展。例如在混合物的分离方面，广泛采用气相色谱、液相色谱以及联用技术。药物的结构分析，近年来主要依靠了红外光谱、紫外光谱、核磁共振及质谱分析等先进手段。

(5) 食品工业

食品是人类生存、社会发展的物质基础。人们膳食结构的好坏，不仅影响当代人的健康和寿命，还关系到子孙后代的生长发育和智力发展。所以现代食品工业都要对食品中的有益成分和有害成分进行检测。

目前食品分析中除了采用化学分析法外，已广泛应用紫外-可见光谱法、原子吸收光谱法、电位法、气相色谱法、液相色谱法等现代分析手段。例如用原子吸收光谱仪测定食品中微量金属元素；用气相色谱仪、薄层色谱扫描仪测定农产品中的农药残毒及其它有机化合物；用离子计测定食品中氟离子、硝酸根和亚硝酸根离子，用氨基酸测定仪对氨基酸进行定性定量分析；用气相色谱对酿酒工业进行分析和控制。现代分析手段引入食品工业，大大促进了食品工业的发展，保证了食品的质量。

(6) 科学研究

各项科学研究均离不开现代化的分析仪器手段，而现代分析手段的不断改进又促进了科学技术的发展。例如 1953 年在生物学上出现了一次引人注目的重大突破，发现了核糖核酸是遗传的物质基础，揭示了遗传之谜，从而使生物学进入了第三个发展阶段，即分子生物阶段。生物学之所以发展到这一阶段，主要是引入了大量的高精密实验观测手段，如核磁共振波谱仪、色谱仪、激光发射光谱仪等，而高效液相色谱仪可分析和制备核糖核酸。核糖核酸的提取和制备，对动植物品种改良带来可喜前景，科学家幻想将豆科植物根部有固氮作用的遗传密码注入稻种中，如果稻种的根部也有固氮作用，则稻田中就出现了千千万万个小氮肥厂。

第六节 仪器分析的发展趋势

由于科学技术的发展，对分析化学提出了新的研究课题：从定量到定性分析，从常量到痕量分析，从总体到微区分析，从整体到表面分析；从定性到微观结构分析；从静态到动态分析。要求快速、灵敏、准确、多功能、高效、自动化地检测物质的含量、状态、价态及结构。促进仪器分析不断向前发展。目前仪器分析的发展趋势具有如下三个特点。

（1）新仪器、新方法不断涌现

现代的最新科学技术，如激光、等离子体、微波技术和计算机等先进的电子技术都引入分析仪器中，使这门学科得到了飞速发展。由于科学技术的高速发展，新的科技成就陆续引进现代分析化学中，新的分析仪器、新的分析方法不断涌现。

（2）微型计算机化和全自动化

目前分析仪器的一个共同特点是微机化和自动化。例如等离子体直读光谱仪、原子吸收光谱仪，气相色谱仪、液相色谱仪等都在逐渐实现微机化和完全自动化，携带方便、分析迅速。大量的便携式自动分析仪器陆续投入市场。

（3）多机联用

为解决一些复杂课题，必须利用各种分析仪器的不同特长，例如气相色谱仪、液相色谱仪具有高分离效能，红外光谱仪、质谱仪有高的定性及确定结构的效能，所以目前有气相色谱-质谱联用仪、液相色谱-质谱联用仪、气相色谱-红外光谱联用仪等。另外还有色谱与核磁共振联用仪，高效液相色谱与库仑、荧光、原子吸收等联用仪不断问世。

思考题与习题

1. 仪器分析在国民经济和科学研究中起着哪些重要作用？
2. 仪器分析和化学分析的依据有什么不同？
3. 仪器分析方法的突出特点是什么？
4. 常见的仪器分析方法有哪些？
5. 仪器分析有哪些主要的技术指标？

第二章　电化学分析法导论

第一节　概　　述

电化学分析（electrochemical analysis）是仪器分析的一个重要分支。它是应用电化学原理和技术，以测量某一化学体系或试样的电响应值为基础建立起来的一类分析方法。通常是将待测溶液构成一化学电池（电解池或原电池），通过研究或测量化学电池的电学性质（如电极电位、电流、电导或电量等），求得物质的含量或测定某些电化学性质。

（1）电化学分析方法的分类

按照 IUPAC 的建议，电化学分析方法可分为三类。

第一类：既不涉及双电层，也不涉及电极反应，如电导分析及高频滴定。

第二类：涉及双电层现象，但不涉及电极反应，如表面张力及非法拉第（Faraday）阻抗的测定。

第三类：涉及电极反应，如电位分析法、电解分析法、库仑分析法、极谱和伏安分析法。

按其测量方式不同，电化学分析法分为三种类型。

第一类：根据待测试液的浓度与某一电参数之间的关系求得分析结果。电参数可以是电导、电位、电流、电量等。这一类方法是电化学分析的最主要类型，包括电导分析、电位及离子选择性电极分析、库仑分析、伏安分析及极谱分析等。

第二类：通过测量某一电参数突变来指示滴定分析终点的方法，又称为电滴定分析法，包括电导滴定、电位滴定、电流滴定等。

第三类：通过电极反应，将待测组分转入第二相，然后再用重量法或滴定法进行分析，主要有电解分析法。

物质的电化学性质，一般发生于化学电池中，所以不论哪一种电化学分析法都是将试液作为电池的一部分，通过测量其某种电参数来求得分析的结果。

（2）电化学分析方法的特点

电化学分析方法与其它各类仪器分析方法相比较具有以下一些特点。

① 分析速度快　电化学分析方法一般都具有快速的特点，如极谱分析法有时一次可以同时测定数种元素；试样预处理一般也比较简单。

② 灵敏度高　电化学分析方法适用于痕量甚至超痕量组分的分析，如溶出伏安法、极谱催化波法等都具有非常高的灵敏度，有的测定方法的检测下限可达 $10^{-10} \sim 10^{-12} mol \cdot L^{-1}$。

③ 选择性好　电化学分析方法的选择性一般都比较好，这也是使分析快速和易于自动化的一个有利条件。

④ 所需试样的量较少　适用于进行微量操作如超微电极，可直接刺入生物体内，测定细胞内原生质的组成，进行活体分析和监测。

⑤ 电化学分析方法的仪器设备较其它仪器分析法简单、小型化，价格比较便宜，并易于实现自动化和连续分析，适用于生产过程中的在线分析。

⑥ 测定与应用范围广　电化学分析方法不仅能进行成分分析，也可用于结构分析，如

进行价态和形态分析；还可作为科学研究的工具，如研究电极过程动力学、氧化还原过程、催化过程、有机电极过程、吸附现象等。电化学分析法在科学研究和生产控制中是一类很重要的分析方法。

近年来，电化学分析在方法、技术和应用方面得到长足发展，并呈蓬勃上升的趋势。在方法上，寻求超高灵敏度和超高选择性的倾向导致由宏观向介观到微观尺度前进，出现了不少新型的电极体系；在技术上，随着表面科学、纳米技术和物理谱学等的兴起，利用交叉学科的方法将声、光、电、磁等功能有机地结合到电化学界面，从而达到实时、现场和活体监测的目的并延伸到分子和原子水平；在应用上，侧重生命科学领域中有关问题研究，如生物、医学、药物、人口与健康等，在生命现象中的某些基本过程和分子识别作用等方面显示出潜在的应用价值，已引起生物学界的关注。

本章将着重介绍化学电池及电化学分析的一些基本知识。

第二节 电化学基础

一、化学电池

各种电化学分析方法都是将待测试样溶液作为化学电池的一部分，然后通过测量电池的某些参数，如电位（电动势）、电流、电阻（或电导）、电容或电量等，或者测量这些参数在某个过程中的变化情况来进行定量分析。因此，首先应对化学电池工作的基本原理有一概括了解。

化学电池是化学能与电能相互转换的装置，它在任何一种电化学分析方法中都必不可少。组成化学电池的条件：①电极之间以导线相连；②电解质溶液间以一定方式保持接触使离子可从一方迁移到另一方；③发生电极反应或电极上发生电子转移。根据电极与电解质的接触方式不同，化学电池可分为两类：液接电池和非液接电池。液接电池的两电极在同一种电解质溶液中；非液接电池的两电极分别与不同的电解质溶液接触，电解质溶液用烧结玻璃隔开或用盐桥连接。烧结玻璃或盐桥能避免两种电解质溶液很快地混合，同时离子又能通过，如图 2-1(a) 和 (b) 所示。

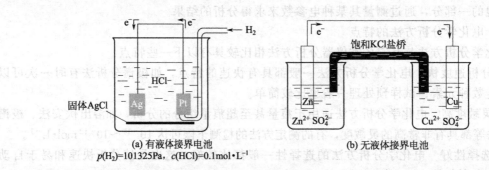

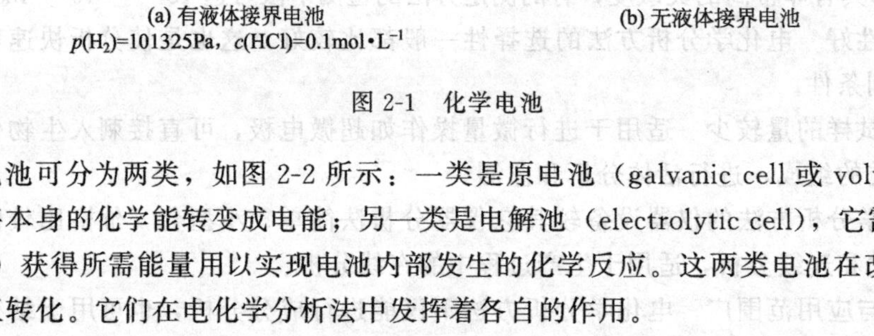

图 2-1 化学电池

化学电池可分为两类，如图 2-2 所示：一类是原电池（galvanic cell 或 voltaic cell)，它能自发地将本身的化学能转变成电能；另一类是电解池（electrolytic cell)，它需从外部电源（直流电源）获得所需能量用以实现电池内部发生的化学反应。这两类电池在改变实验条件时，能相互转化。它们在电化学分析法中发挥着各自的作用。

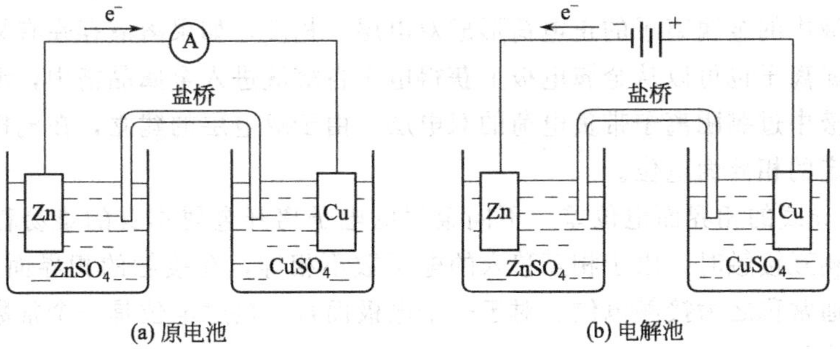

图 2-2　原电池和电解池

图 2-2 是我们非常熟悉的 Cu-Zn 电池，也叫丹尼尔（Daniell）电池。其中（a）是典型的原电池。将 Zn 片放入 0.1mol·L^{-1} 的 $ZnSO_4$ 溶液中，Cu 片放入 0.1mol·L^{-1} 的 $CuSO_4$ 溶液中，为使两个半电池的电解质溶液互不相混又能相互导电，需用盐桥或半透膜将它们隔开。这时若用导线把两个电极接通，发现检流计指针偏转，产生 1.100V 的电位，表示回路中有电流通过，在电池中发生了化学反应。在 Zn 极，金属 Zn 被氧化为 Zn^{2+} 进入溶液，$Zn \rightleftharpoons Zn^{2+}+2e^-$。失去的电子通过外电路流向 Cu 极。在 Cu 极，溶液中 Cu^{2+} 接受电子还原为金属 Cu 沉积在电极上，$Cu^{2+}+2e^- \rightleftharpoons Cu$。电子由 Zn 极流向 Cu 极，所以 Zn 极是原电池的负极。电池中发生的总反应为：

$$Zn+Cu^{2+} \rightleftharpoons Zn^{2+}+Cu$$

当把一外电源接到丹尼尔电池上，如图 2-2(b) 所示。将 Zn 极和电源的负极相连接，Cu 极和外电源的正极相连接，当外加电压略大于原电池电位时，Zn 极上发生还原反应，$Zn^{2+}+2e^- \rightleftharpoons Zn$，Cu 极上发生氧化反应，$Cu \rightleftharpoons Cu^{2+}+2e^-$；电池总反应为：

$$Zn^{2+}+Cu \rightleftharpoons Zn+Cu^{2+}$$

作用的结果是将电能转化为化学能。在这种情况下，该化学电池就构成了电解池。

在化学电池中，不论是原电池还是电解池，凡是发生氧化反应的电极称为阳极；发生还原反应的电极称为阴极。电极发生的总反应为电池反应，它是由两个电极反应，即半电池反应所组成的。另外，化学电池又分为可逆和不可逆电池。如果电池中所有反应（包括离子迁移）都是可逆的。电能的变化也是可逆的，即电池在放电和充电时，化学反应与能量的变化都是可逆的电池称为可逆电池。若电池在放电和充电时，化学反应与能量的变化之一是不可逆的，即为不可逆电池。只有可逆电池才能用经典热力学来进行处理。

为了描述和应用方便，电化学中规定了电池的表示方法，对于图 2-2(a) 化学电池可表示为：

$$(-)Zn|ZnSO_4(a_1)\|CuSO_4(a_2)|Cu(+)$$

相关内容在普通化学及分析化学中已作详细介绍，此处不再重复。

二、电池电动势

电池电动势是由不同物体相互接触时，其相界面上产生电位差而产生的，主要由三部分组成。

① 电极和溶液的相界面电位差　这是电池电动势的主要来源。一般的电极都是由金属构成的，金属晶体中含有金属离子和自由电子，在不发生电极反应时，金属是电中性的。电解质溶液中含有阳离子和阴离子，整个溶液也是电中性的。当金属和电解质溶液接触时，金

属离子可以从金属晶体中移入溶液，电子留在金属电极上使之带负电，并且由于静电的吸引，与进入溶液中的金属离子的正电荷形成双电层。相反，如果溶液存在有易接受电子的金属离子，则金属离子也可以从金属电极上获得电子自溶液进入金属晶格中，形成金属电极一边带正电，溶液中过剩阴离子带负电荷的双电层。由于双电层的建立，在电极和溶液界面上建立了一个稳定的相界面电位。

② 电极和导线的相界面电位差　不同金属的电子离开金属本身的难易程度不一样。在两种不同金属相互接触时，由于相互移入的电子数不相等，在接触的相界面上形成双电层，产生电位差，通常称之为接触电位。对于一个电极而言，接触电位是一个常数，而且一般数值很小，常忽略不计。

③ 液体和液体的相界面电位差　当两个组成或浓度不同的电解质溶液相接触时，就会发生相互扩散。在扩散过程中，由于正、负离子的扩散速率不同，速率较快的离子就要在两溶液接触的相界面的一侧积累较多的所带的电荷，与另一侧积累速率较慢的离子所带的相反电荷，形成双电层。当扩散达到平衡时，产生稳定的电位差，一般为30mV左右，这种电位差称为液接电位或扩散电位。它的存在影响电池的可逆性及电动势的计算，在实际工作中，常在两个溶液间连接一个称为“盐桥”的中间溶液将液接电位消除或减小到可忽略的程度。盐桥由装有电解质及凝胶状琼脂的U形玻璃管构成（在3%的琼脂溶液中加入正、负离子迁移速率相近的电解质，如KCl、KNO_3、NH_4NO_3等，其浓度在80℃时为饱和溶液，装入U形管中，冷却至室温即成凝胶状，从而固定在U形管中）。由于其中电解质的浓度比较高，在它与电池中的两溶液连接时，界面上所形成的电位差基本上由盐桥中的电解质扩散产生。由于电解质的正、负离子扩散速率相近，产生的电位差很小，并且这两个电位差的方向正好相反，可以相互抵消。所以，盐桥不仅可以沟通电路，还可以将液接电位基本消除。

综上所述，原电池电动势在数值上等于组成电池的各相界面电位差的代数和，其中接触电位、液接电位差可以忽略不计，所以电池电动势的主要来源就是电极和溶液之间的相界面电位。当流过电池的电流为零或接近于零时两极间的电位差称为电池电动势，用E表示：

$$E=\varphi_{+}-\varphi_{-} \tag{2-1}$$

第三节　电极电位和电极的极化

一、电极电位

已知电池的电动势是两个半电池电极电位的代数和。这一节将讨论半电池的电极电位的产生和测量。

单个电极与电解质溶液界面的相界面电位差（即电极电位），迄今为止还无法直接进行测量。虽然我们不能直接测量单个电极体系相界面电位差的绝对值，但是可以把一个电极体系与另一个标准电极体系组成原电池，通过测量电池电动势进行比较，得到各电极的相对相界面电位差，即电极电位。电极电位既然是与一个标准电极组成的电池的电动势，所以它的数值是相对的。实验中要注意用什么参比电极，在测出的电极上注明是相对氢电极（即vs. SHE）还是相对饱和甘汞电极（即vs. SCE）。

(1) 标准电极电位

电化学中以标准氢电极为基准，按规定，标准氢电极作负极，任意电极作正极组成原电池：

$$(-)Pt|H_2[p(H_2)]|H^+(a_{H^+})\|M^{n+}(a_{M^{n+}})|$$

将 Pt 片插入 H^+ 活度为 $1mol \cdot L^{-1}$ 的酸溶液中，通入纯 H_2 气，其分压为 101.325kPa，即构成标准氢电极（SHE）。电化学中规定：在任何温度下，标准氢电极的电极电位等于 0.000V。

当组成电极的体系均处于标准状态，即 H^+ 活度和电解质溶液活度均为 $1mol \cdot L^{-1}$；气体的分压为 101.325kPa、温度为 25℃时的电极电位为“标准电极电位”，以 $\varphi^{\ominus}$ 表示。$\varphi^{\ominus}$ 值反映了电极上进行氧化还原反应的倾向，这时的电池电动势即为标准电动势 $E^{\ominus}$。

$$E^{\ominus}=\varphi^{\ominus}_{M^{n+}/M}-\varphi^{\ominus}_{SHE}=\varphi^{\ominus}_{M^{n+}/M} \tag{2-2}$$

以此可计算出各种电极的标准电极电位 $\varphi^{\ominus}$ 值。由于标准氢电极使用条件极为苛刻，在电化学分析中为了应用方便，常用电极电位稳定的甘汞电极代替标准氢电极。

（2）电极电位方程式

描述电极电位与离子活度间关系的方程式称为电极电位方程式，即 Nernst（能斯特）方程。

对于任一电极，其电极反应通式为

$$Ox+ne \longrightarrow Red$$

电极电位与参与电极反应的氧化态活度 a_{Ox} 和还原态活度 a_{Red} 的关系：

$$\varphi=\varphi^{\ominus}+\frac{RT}{nF}\ln\frac{a_{Ox}}{a_{Red}}$$

$$\varphi=\varphi^{\ominus}+\frac{2.303RT}{nF}\lg\frac{a_{Ox}}{a_{Red}}=\varphi^{\ominus}+s\lg\frac{a_{Ox}}{a_{Red}} \tag{2-3}$$

式中，$s=2.303RT/nF$，称为理论电极斜率。当 25℃时，对于 $n=1$ 的电极反应，s 为 59.16mV；对于 $n=2$ 的电极反应，s 为 29.58mV。

在常温（25℃）下，Nernst 方程为：

$$\varphi=\varphi^{\ominus}+\frac{0.0592}{n}\lg\frac{a_{Ox}}{a_{Red}} \tag{2-4}$$

上述方程式称为电极反应的 Nernst 方程。

（3）条件电极电位

工作中实际测得的电位值与用 Nernst 方程计算得到的电位值常常不符。产生误差的原因有两个，一是由热力学平衡理论导出的 Nernst 方程，其电极电位取决于溶液中离子活度而不是溶液的实际浓度。在无限稀释理想溶液中，$\gamma \approx 1$ 这时可以用浓度代替活度。而电池中进行反应的电解质溶液并不是理想溶液，离子之间、溶液分子之间以及离子和分子之间的作用力不能忽略，受离子强度的影响，活度系数 $\gamma<1$。这时用浓度代替活度计算，就出现明显差别；二是按 Nernst 方程式计算时并没有考虑离子在溶液中的构型，包括离子与溶剂分子间的缔合、分解等。由于离子性质改变了，实验得到的电极电位值和理论计算值必然存在差别。例如电池：

$$(-)Pt|H_2(p)|HCl(a)\|AgCl(s)|Ag(+)$$

溶液中存在着 Ag，AgCl(s)，AgCl(aq)，$AgCl_2^-$，$AgCl_3^{2-}$，$AgCl_4^{3-}$ 碎片，使 Ag^+ 平衡浓度减小而影响电极电位。

为了消除以浓度代替活度及离子构型等副反应而引起的误差，引入了“条件电极电位”的概念。所谓条件电极电位是指电池反应中各物质浓度均为 $1mol \cdot L^{-1}$（或者它们的浓度之比为 1)，活度系数及副反应系数均为常数时，在特定介质中测得的电极电位，用 $\varphi^{\ominus\prime}$表示。在电极电位表中也常列出某些电极反应在常用介质中的条件电极电位。

应该注意，在使用条件电极电位时，相应的电极反应物用浓度表示，不再考虑酸度等实验条件的影响。即：

$$\varphi^{\ominus}=\varphi^{\ominus\prime}+s\lg\frac{c_{Ox}}{c_{Red}} \tag{2-5}$$

式(2-5) 用标准电极电位时，电极反应物必须用平衡活度表示［式(2-3)］，同时还要考虑实验条件的影响。可见用条件电位进行计算比用标准电极电位更切合实际。但条件电位的数据还很缺乏，所以在无条件电位数据时仍然使用标准电极电位。

二、电极的极化与超电位

当有电流流过原电池或电解电池时，将影响电池的工作电压。这种影响的一个原因是需要克服电池的内阻 R 产生的 IR 降。

$$E_{cell}=\varphi_c-\varphi_a-IR \tag{2-6}$$

式中，φ_c 为阴极电位；φ_a 为阳极电位。它使原池的电动势降低，而使电解池所需的外加电压增大。当流过电池的电流很小时，阴极电位 φ_c 和阳极电位 φ_a 可以使用电极的可逆电位。

(1) 电极的极化

当较大的电流流过电池时，这时电极电位将偏离可逆电位。如电极电位改变很大而产生的电流变化很小，这种现象称为极化。极化是一种电极的现象。电池的两个电极都可以发生极化。影响极化程度的因素有电极的大小和形状、电解质溶液的组成、搅拌情况、温度、电流密度、电池反应中反应物和生成物的物理状态以及电极的成分等。

极化通常可以分成两类：浓差极化和电化学极化。

① 浓差极化　是由于电极反应过程中电极表面附近溶液的浓度和主体溶液的浓度发生了差别所引起的。如电解时，阴极发生 $M^{n+}+ne^- \rightleftharpoons M$ 的反应。电极表面附近离子的浓度会迅速降低，离子的扩散速率又有限，得不到很快的补充。这时阴极电位比可逆电极电位要负；而且电流密度越大，电位负移就越显著。如果发生的是阳极反应，金属的溶解将使电极表面附近的金属离子的浓度在离子不能很快离开的情况下比主体溶液中的大，阳极电位变得更正一些。这种由浓度差别引起的极化，称为浓差极化。要减小浓差极化，可采用增大电极面积、减小电流密度、提高溶液温度、加强搅拌等办法。

② 电化学极化　是由某些动力学因素决定的。电极上进行的反应是分步进行的。其中某一步反应速率较慢，它对整个电极反应起着决定作用。这一步反应需要比较高的活化能才能进行。对阴极反应，必须使阴极电位比可逆电位更负，以克服其活化能的增加，让电极反应进行。阳极反之，需要更正的电位。

(2) 超电位

由于极化现象的存在，实际电位与可逆的平衡电位之间产生一个差值，这个差值称为超电位（过电位、超电压），一般用 η 表示。并以 η_c 表示阴极超电位，η_a 表示阳极超电位。阴极上的超电位使阴极电位向负的方向移动，阳极上的超电位使阳极电位向正的方向移动。超电位的大小可以作为电极极化程度的衡量。但是它的数值无法从理论上进行计算，只能根据经验归纳出一些规律：

① 超电位随电流密度的增大而增大；

② 超电位随温度升高而降低；

③ 电极的化学成分不同，超电位也有明显的不同；

④ 产物是气体的电极过程，超电位一般较大。金属电极和仅仅是离子价态改变的电极过程，超电位一般较小。

第四节 电极的类型

一、按电极反应机理分类

（1）金属基电极

金属基电极常见的有以下四类。

① 第一类电极　由金属与该金属离子的溶液相平衡构成的电极是第一类电极，也称为金属电极。其电极结构及电极反应为

$$M|M^{n+}(a_{M^{n+}}]$$

$$M^{n+}+ne^{-}\rightleftharpoons M$$

电极电位：$$\varphi_{M^{n+}}/M=\varphi^{\ominus}+\frac{RT}{nF}\ln a_{M^{n+}}$$

其电极电位与溶液中金属离子活度的对数呈线性关系，并随离子活度的增加而增大。

例如：$$Ag|Ag^{+}(a_{Ag^{+}})\qquad Ag^{+}+e^{-}\rightleftharpoons Ag$$

$$\varphi_{Ag^{+}/Ag}=\varphi^{\ominus}_{Ag^{+}/Ag}+0.0592\lg a_{Ag^{+}}$$

由于该类电极选择性差，除了能与溶液中待测离子发生电极反应外，溶液中其它离子也可能在电极上发生反应，所以实际工作中很难用以测定各种金属离子活度。

② 第二类电极　由金属、金属难溶盐与该难溶盐的阴离子溶液相平衡构成。其电极结构和电极反应为：

$$M|M_nX_m|X^{n-}[a(X^{n-})]$$

$$M_nX_m+me^{-}\rightleftharpoons nM+mX^{n-}$$

电极电位：$$\varphi_{M_nX_m/M}=\varphi^{\ominus}_{M_nX_m/M}-\frac{RT}{nF}\ln a^{m}_{X^{n-}}$$

该电极电位与溶液中构成难溶盐的阴离子活度的对数呈线性关系，并随阴离子活度的增加而减小。

例如甘汞电极（图 2-3），将 Hg、Hg_2Cl_2 和饱和 KCl 一起研磨成糊状，表面覆盖一层纯净金属汞制成甘汞芯，放入电极管中，并充入 KCl 作盐桥，以 Pt 丝作导线，电极管下端用多孔纤维等封口。

电极结构及电极反应为：$$Hg|Hg_2Cl_2|Cl^{-}(a)$$

$$Hg_2Cl_2+2e^{-}\rightleftharpoons 2Hg+2Cl^{-}$$

25℃下电极电位：$$\varphi_{Hg_2Cl_2/Hg}=\varphi^{\ominus}_{Hg_2Cl_2/Hg}-0.0592\lg a_{Cl^{-}}$$

或：$$\varphi_{Hg_2Cl_2/Hg}=\varphi^{\ominus\prime}_{Hg_2Cl_2/Hg}-0.0592\lg c_{Cl^{-}}$$

可见，甘汞电极是对 Cl^{-} 的可逆电极，其电极电位取决于溶液中 Cl^{-} 活度（或浓度）。不同温度下、不同浓度 KCl 溶液构成的甘汞电极的电位为

KCl 溶液的浓度/$mol\cdot L^{-1}$	0.1000	1.000	饱和
电极电位/V	0.3337	0.2801	0.2412

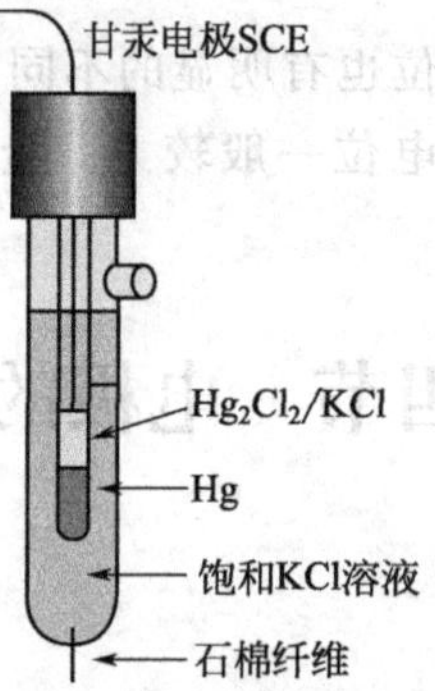

图 2-3　甘汞电极的构造

温度校正：对于 SCE，t℃时的电极电位（V）为：

$$\varphi_t=0.2412-7.6\times10^{-4}(t-25)$$

由于甘汞电极制备方便，只要测量中通过的电流不大，其电极电位就不发生明显改变，因此常作为参比电极使用。

另外，Ag-AgCl 电极同样具备甘汞电极的优点。制备时将 Ag 丝在 $0.1\text{mol}\cdot\text{L}^{-1}$ HCl 溶液中电解，在 Ag 丝表面镀一层 AgCl 均匀覆盖层，插入含 Cl^- 的溶液中，组成半电池：

$$\text{Ag}|\text{AgCl}\parallel \text{Cl}^-(a_{\text{Cl}^-})$$

$$\text{AgCl}+\text{e}^-\rightleftharpoons\text{Ag}+\text{Cl}^-$$

25℃下电极电位：

$$\varphi_{\text{AgCl/Ag}}=\varphi^{\ominus}_{\text{AgCl/Ag}}-0.0592\lg a_{\text{Cl}^-}$$

其电极电位同样取决于溶液中 Cl^- 的活度，常在固定 Cl^- 活度条件下作为各类离子选择性电极的内参比电极。

第二类电极的电位决定于构成难溶盐的阴离子活度，似乎能用来测量阴离子活度。但是由于选择性差等问题，一般不作指示电极，常在固定阴离子活度条件下作为参比电极。

③ 第三类电极——汞电极　金属汞（或汞齐丝）浸入含有少量 Hg^{2+}-EDTA 配合物及被测金属离子的溶液中所组成。根据溶液中同时存在的 Hg^{2+} 和 M^{n+} 与 EDTA 间的两个配位平衡，可以导出以下关系式：

$$\varphi_{\text{Hg}_2^{2+}/\text{Hg}}=\varphi^{\ominus}_{\text{Hg}_2^{2+}/\text{Hg}}-0.0592\lg a_{\text{M}^{n+}}$$

④ 零类电极（惰性金属电极）由金、铂或石墨等惰性导体浸入含有氧化还原电对的溶液中构成，也称为氧化还原电极。其电极结构和电极反应为：

$$\text{Pt}|\text{M}^{m+}|\text{M}^{(m-n)+}$$

$$\text{M}^{m+}+n\text{e}^-=\text{M}^{(m-n)+}$$

电极电位：　$$\varphi_{\text{M}^{m+}/\text{M}^{(m-n)+}}=\varphi_{\text{M}^{m+}/\text{M}^{(m-n)+}}+\frac{RT}{nF}\ln\frac{a_{\text{M}^{m+}}}{a_{\text{M}^{(m-n)+}}}$$

电极电位决定于溶液中氧化还原电对的性质和活度。例如，将 Pt 电极插入含有 Fe^{3+} 和 Fe^{2+} 的酸性溶液中构成半电池：

$$\text{Pt}|\text{Fe}^{3+}(a_1)|\text{Fe}^{2+}(a_2)$$

电极反应为：　$$\text{Fe}^{3+}+\text{e}^-\rightleftharpoons\text{Fe}^{2+}$$

25℃下电极电位：

$$\varphi_{Fe^{3+}/Fe^{2+}}=\varphi^{\ominus}_{Fe^{3+}/Fe^{2+}}+0.0592\lg\frac{a_{Fe^{3+}}}{a_{Fe^{2+}}}$$

以上讨论的各类电极均属于金属基电极范畴，它们的共同特点是在电极表面发生电子转移而产生电位。

（2）膜电极

这是由特殊材料的固态或液态敏感膜构成，对溶液中特定离子有选择性响应的电极。

二、按电极用途分类

（1）指示电极和工作电极

电化学中把电位随溶液中待测离子活度（或浓度）变化而变化，并能反映出待测离子活度（或浓度）的电极称为指示电极。根据 IUPAC 建议，指示电极用于测量溶液主体浓度不发生变化的情况，如电位分析法中的离子选择性电极是最常用的指示电极。而工作电极用于测量溶液主体浓度发生变化的情况。如伏安法中，待测离子在 Pt 电极上沉积或溶出，溶液主体浓度发生了改变，所用的 Pt 电极称为工作电极。

（2）参比电极和辅助电极

电极电位恒定，不受溶液组成或电流流动方向变化影响的电极称为参比电极。电位分析法中常用的参比电极是甘汞电极，和指示电极一起构成测量电池，并提供电位标准；在电解分析中，和工作电极一起构成电解池的电极称为辅助电极。对于提供电位标准的辅助电极也称为参比电极。在三电极体系中，除工作电极外，一支是提供电位标准的参比电极，另一支是起输送电流作用的辅助电极。电解分析中的辅助电极通常也称为对电极。

思考题与习题

1. 电池的阳极和阴极，正极和负极是怎样定义的？阳极就是正极，阴极就是负极的说法对吗？为什么？
2. 写出一般电极电位的能斯特公式。如何正确用能斯特公式计算电极的电位？对数项前的符号如何确定？
3. 何谓电极的极化？产生电极极化的原因有哪些？极化过电位如何表示？
4. 基于电子交换反应的金属电极有几种？
5. 何谓指示电极、工作电极、参比电极和辅助电极？
6. 标准电极电位是如何获得的？标准电极电位为正值或负值分别代表什么含义？
7. 液接电位是怎样产生的？利用盐桥为什么可以消除液接电位？
8. 写出下列电池的半电池反应及电池反应，计算其电动势，该电池是原电池还是电解池？

$$Zn|ZnSO_4(0.1mol\cdot L^{-1})\|AgNO_3(0.01mol\cdot L^{-1})|Ag$$

9. 计算 $[Cu^{2+}]=0.0001mol\cdot L^{-1}$时，铜电极的电极电位。（已知 $\varphi^{\ominus}_{Cu^{2+}/Cu}=0.337V$）
10. 下述电池的电动势为 0.387V，Pt，H_2(101.325kPa)|HA(0.265mol·L^{-1})，NaA (0.156mol·L^{-1}) ‖ SCE，计算弱酸 HA 的解离常数。（已知 $\varphi_{SCE}=0.2443V$）
11. 下述电池的电动势为 0.921V，Cd|CdX_4^{2-}(0.200mol·L^{-1})，X^-(0.150mol·L^{-1})‖SCE，计算 CdX_4^{2-} 的配位稳定常数。（已知 $\varphi^{\ominus}_{Cd^{2+}/Cd}=-0.403V$，$\varphi_{SCE}=0.2443V$）
12. 下述电池的电动势为 0.893V，Cd | CdX（饱和），X^-(0.02mol·L^{-1}) ‖ SCE，计算 CdX 的溶度积 K_{sp}。（已知 $\varphi^{\ominus}_{Cd^{2+}/Cd}=-0.403V$，$\varphi_{SCE}=0.2443V$）
13. 已知标准甘汞电极的电位是 0.268V，$\varphi^{\ominus}_{Hg^{2+}/Hg}=0.788V$，计算 Hg_2Cl_2 的溶度积 K_{sp} 值。

第三章　电位分析法

第一节　概　　述

利用电极电位和溶液中某种离子的活度（或浓度）之间的关系来测定待测物质活度（或浓度）的电化学分析法称为电位分析法（potentiometry）。它通常是使待分析的试样溶液构成一化学电池（电解池或原电池），然后根据所组成电池的两极间的电位差与其化学量之间的内在联系来进行测定。电位法是最重要的电化学分析法之一，其中的各种高选择性离子选择性电极、生物膜电极及微电极的研究一直是分析化学中十分活跃的研究领域。电位法主要用于各种试样中的无机离子、有机电活性物质及溶液 pH 的测定，也可以用来测定酸碱解离平衡常数和配合物的稳定常数。随着各种生物膜电极的出现，对药学、生物试样的分析也日益增加。

电位分析法根据其原理的不同可分为直接电位法和电位滴定法两大类。直接电位法是通过测量电池电动势来确定指示电极的电极电位。然后根据 Nernst 方程，由所测得的电极电位值计算出待测物质的含量。电位滴定法是通过测量滴定过程中指示电极电位的变化来确定滴定终点，再由滴定过程中消耗的标准溶液的体积和浓度来计算待测物质的含量。

第二节　电位分析法基本原理

电位分析法的基本原理是通过在零电流条件下测定两电极（指示电极和参比电极）间的电位差（电池电动势），利用指示电极的电极电位与浓度之间的关系（能斯特方程），来获得待测物质的浓度或活度信息。测定时，参比电极的电极电位（电极电位用符号 φ 表示，电极电位高的电极通常作为正极，表示为 φ_+，电极电位低的电极通常作为负极，表示为 φ_-）保持不变，而指示电极的电极电位随溶液中待测离子活度的变化而变化，则电池电动势（E）随指示电极的电极电位而变化。测量装置包括测量仪器和电池体系两部分（图 3-1）。

$$E=\varphi_+-\varphi_-+\varphi_{液接} \tag{3-1}$$

20 世纪 60 年代末由于膜电极技术的出现，相继研制出了多种具有良好选择性的指示电极，即离子选择性电极（ion selective electrode，ISE），使电位分析有了新的突破，大大促进了电位分析法的发展。这种以离子选择性电极作指示电极的电位分析，又称为离子选择性电极分析法。

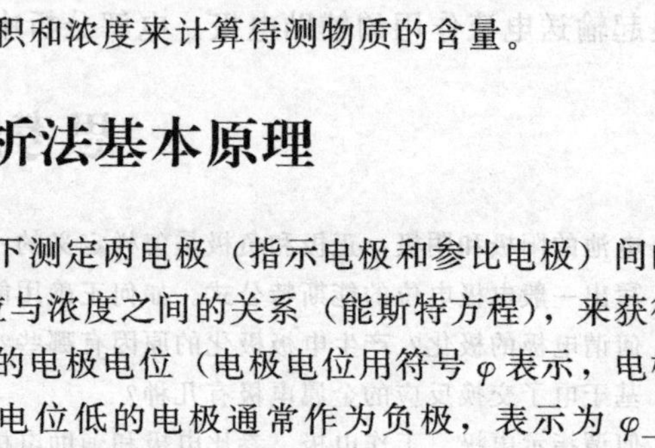

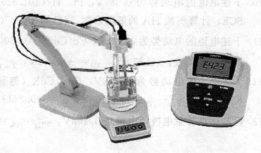

图 3-1　电位分析法测量装置

电位分析法及离子选择性电极分析法具有如下特点：选择性好，在多数情况下，共存离子干扰小，对组成复杂的试样往往不需分离处理就可直接测定；灵敏度高，直接电位法的检出限一般为 $10^{-5}\sim10^{-8}$ mol·L^{-1}，特别适用于微量组分的测定，电位滴定法则适用于常量分析；电位分析法所用仪器设备简单，操作方便，分析快速，测定范围宽，不破坏试液，易于实现分析自动化。因此电位分析法应用范围很广。尤其是离子选择性电极分析法，目前已广泛应用于农、林、渔、牧及石油化工、地质、冶金、医药卫生、环境保护、海洋探测等各个领域中，并已成为重要的测试手段。

第三节　离子选择性电极和膜电位

1906 年莱姆（M. Cremer）发现当玻璃膜置于两种不同的水溶液之间，会产生一个电位差，这个电位差值受溶液中氢离子浓度的影响。其后，许多学者对此进行了相继研究，1929 年麦克英斯（D. A. McInnes）等人制成了有使用价值的 pH 玻璃电极。这是直接电位法的第一次突破。

20 世纪 50 年代末，制成了测定碱金属离子的玻璃电极。此后，测定卤素离子的电极也相继研制成功。到目前为止，用商品电极能直接测定的离子约有 30 余种。同时，基于配合反应、沉淀反应或生物化学反应，还能间接测定许多种离子。

1976 年，根据 IUPAC 的推荐：“离子选择性电极是一类电化学传感器，它的电位与溶液中给定离子活度的对数呈线性关系，这些装置不同于包含氧化还原反应的体系”；因此，离于选择性电极与由氧化还原反应而产生电位的金属电极有着本质的不同。它是电位分析中应用最广泛的指示电极。

一、电极的基本构造

离子选择性电极的种类和品种有很多，不论何种离子选择性电极都是由对特定离子有选择性响应的薄膜（敏感膜或传感膜）及其内侧的参比溶液与参比电极所构成，故又称为膜电极。电极腔体一般由玻璃或高分子聚合物材料制成，内参比电极常用银-氯化银丝，内参比溶液一般为含有被响应离子的强电解质溶液。敏感膜能将内侧参比溶液与外侧的待测离子溶液分开，是电极的关键部件。敏感膜的电阻很高，所以电极需要良好的绝缘，以防旁路漏电而影响测定。同时，电极用金属屏蔽线与测量仪器连接，以消除周围交流电场及静电感应的影响。离子选择性电极如图 3-2 所示。

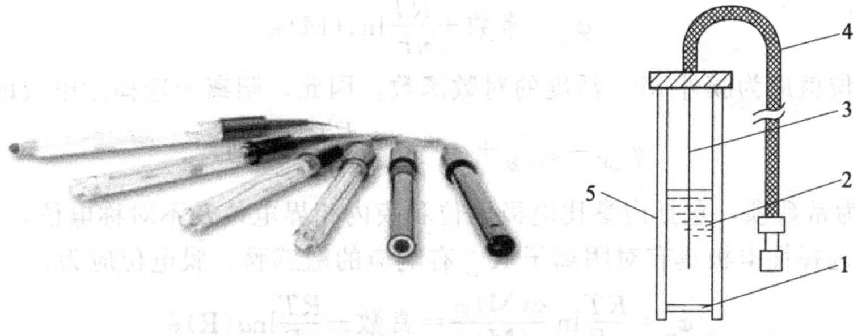

(a) 外观图　　(b) 基本结构图

图 3-2　离子选择性电极

1—敏感膜；2—内参比溶液；3—内参比电极；4—带屏蔽导线；5—电极杆

二、膜电位

离子选择性电极的电位为内参比电极的电位 $\varphi_{内参}$ 与膜电位 φ_m 之和（图 3-3），即：

$$\varphi_{ISE}=\varphi_{内参}+\varphi_m$$

不同类型的离子选择性电极，其响应机理虽然各有其特点，但其膜电位产生的基本原理是相似的。当敏感膜两侧分别与两个浓度不同的电解质溶液接触时，在膜与溶液两相间的界面上，由于离子的选择性和强制性的扩散。破坏了界面附近电荷分布的均匀性，而形成双电层结构。在膜的两侧形成两个相界电位 $\varphi_{相界}$；同时，在膜相内部与内外两个膜表面的界面上，由于离子的自由（非选择性和强制性）扩散而产生扩散电位，但其大小相等、方向相反，互相抵消。因此，横跨敏感膜两侧产生的电位差（膜电位）为敏感膜外侧和内侧表面与溶液间的两相界电位之差，即：

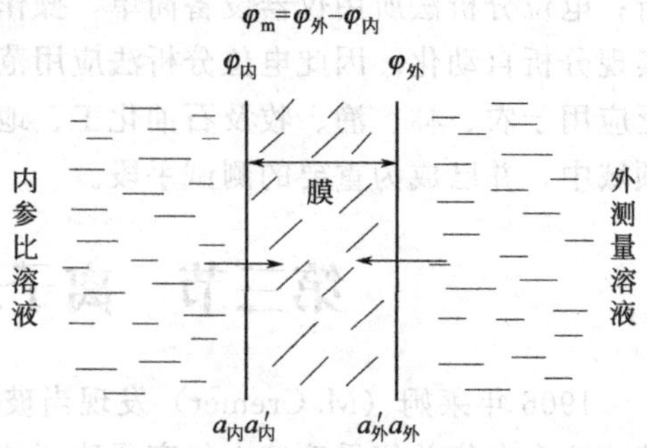

图 3-3 膜电位

$$\varphi_m=\varphi_{外}-\varphi_{内} \tag{3-2}$$

当敏感膜对阳离子 M^{n+} 有选择性响应，将电极浸入含有该离子的溶液中时，在敏感膜的内外两侧的界面上均产生相界电位。并符合 Nernst 方程：

$$\varphi_{内}=k_1+\frac{RT}{nF}\ln\frac{a(M)_{内}}{a'(M)_{内}} \tag{3-3}$$

$$\varphi_{外}=k_2+\frac{RT}{nF}\ln\frac{a(M)_{外}}{a'(M)_{外}} \tag{3-4}$$

式中，k_1、k_2 为与膜表面有关的常数；$a(M)$ 为液相中 M^{n+} 的活度；$a'(M)$ 为膜相中 M^{n+} 的活度。

通常，敏感膜的内外表面性质可看作是相同的，故 $k_1=k_2$，$a'(M)_{外}=a'(M)_{内}$，即：

$$\varphi_m=\varphi_{外}-\varphi_{内}=\frac{RT}{nF}\ln\frac{a(M)_{外}}{a(M)_{内}} \tag{3-5}$$

当 $a(M)_{外}=a(M)_{内}$，φ_m 应为零，而实际上敏感膜两侧仍有一定的电位差，称为不对称电位，它是由于膜内外两个表面状况不完全相同而引起的。对于一定的电极，不对称电位为一常数。

由于膜内溶液中 M^{n+} 活度 $a(M)_{内}$ 为常数，故：

$$\varphi_m=常数+\frac{RT}{nF}\ln a(M)_{外} \tag{3-6}$$

于是膜电位就成为膜外 M^{n+} 活度的对数函数。因此，阳离子选择性电极的电位应为：

$$\varphi_{ISE}=\varphi_{内参}+\varphi_m=k+\frac{RT}{nF}\ln a(M) \tag{3-7}$$

式中，k 为常数项，包括内参比电极电位和膜内相界电位及不对称电位。

如果离子选择性电极具有对阴离子 R^{n-} 有响应的敏感膜，膜电位应为：

$$\varphi_m=\frac{RT}{nF}\ln\frac{a(M)_{内}}{a(M)_{外}}=常数-\frac{RT}{nF}\ln a(R)_{外} \tag{3-8}$$

阴离子选择性电极的电位为：

$$\varphi_{ISE}=k-\frac{RT}{nF}\ln a(R) \tag{3-9}$$

三、离子选择性电极的主要类型

依据膜电位响应机理、膜的组成和结构，1975 年 IUPAC 建议将离子选择性电极按以下方式分类：

- 离子选择性电极
  - 基本(原)电极
    - 晶体膜电极
      - 均相膜电极——如 LaF_3 单晶膜电极、Ag_2S/AgI 粉末压片膜电极等
      - 非均相膜电极——如 Ag_2S 掺入硅橡胶的膜电极或聚乙烯（PVC）膜电极等
    - 非晶体膜电极
      - 刚性基质电极——如 pH、pNa 玻璃电极
      - 流动载体电极
        - 带正电荷的载体电体——如 NO_3^- 电极
        - 带负电荷的载体电极——如 Ca^{2+} 电极
        - 中性载体电极——如 K^+ 电极
  - 敏化电极
    - 气敏电极——如 NH_3 气敏电极
    - 酶电极——如尿素酶电极

1. 晶体膜电极

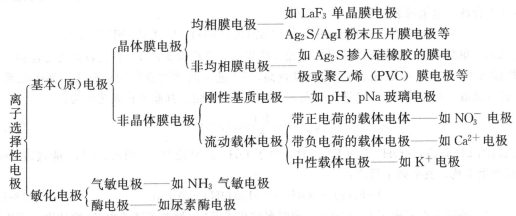

敏感膜直接与试液接触的离子选择性电极称为原电极，其又分为：晶体膜电极和非晶体膜电极。晶体膜电极的敏感膜一般是由在水中溶解度很小，且能导电的金属难溶盐经加压或拉制而成的单晶、多晶或混晶活性膜。晶体膜电极一般有普通型和全固态型两种形式。普通型的内参比电极大都为 Ag-AgCl 丝，内参比溶液一般为既含有内参比电极响应的离子，又含有晶体膜响应的离子，常用两种电解质的混合液。按照膜的组成和制备方法的不同，可将晶体膜电极分为均相膜和非均相膜电极。没有其它惰性材料，仅用两种以上晶体盐混合压片制成的膜，为均相膜电极，如氟电极、硫化银电极等。将晶体粉均匀地混合在惰性材料（硅橡胶、聚苯乙烯等）中制成的膜，为非均相膜电极。这种方法制成的电极，可以改善晶体的导电性和力学性能，使膜具有弹性，不易破裂。尽管这两类电极的制备方法不同，力学性能也不尽相同，但它们的电极响应机理是相同的，并且都是借助于晶格缺陷进行导电的。膜片晶格中的缺陷（空穴）引起离子的传导作用，靠近缺陷空隙的可移动离子移入空穴中。不同的敏感膜，其空穴的大小、形状及电荷的分布不同，只允许特定的离子进入空穴导电，这就使其有一定的选择性。

（1）均相膜电极

这类电极又可分为单晶、多晶和混晶膜电极。氟离子选择性电极（图 3-4）是目前最成功的单晶膜电极，该电极的敏感膜是由 LaF_3 单晶掺杂一些 EuF_2 或 CaF_2 制成 2mm 左右厚的薄片。Eu^{2+} 和 Ca^{2+} 可以造成 LaF_3 晶格空穴，增加其导电性。这是因为 Eu^{2+} 和 Ca^{2+} 代替晶格点阵中的 La^{3+}，使晶体中增加了空的 F^- 点阵，使更多的 F^- 沿着这些空点阵扩散而导电。F^- 的导电情况可描述为

$$LaF_3 + 空穴 \longrightarrow LaF_2^+ + F^- \tag{3-10}$$

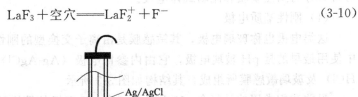

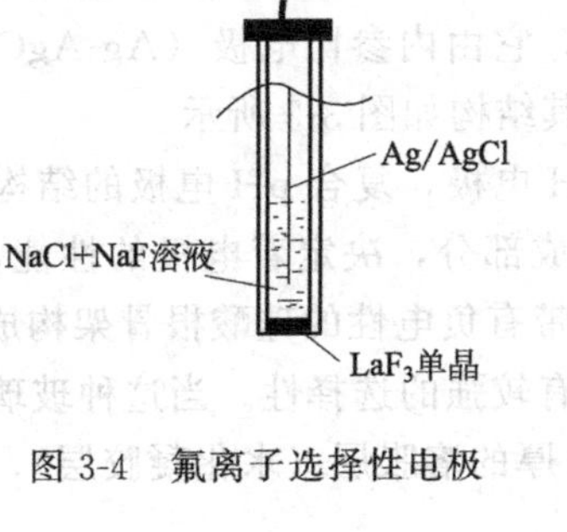

图 3-4　氟离子选择性电极

氟电极的内参比电极为 Ag-AgCl 丝，内参比溶液为 10^{-1}mol·L^{-1} NaF 与 10^{-1}mol·L^{-1} NaCl 混合液，电极可表示为

$$Ag, AgCl|NaCl(0.1mol \cdot L^{-1}), NaF(0.1mol \cdot L^{-1})|LaF_3 \text{ 膜}|F^- \text{ 试液}$$

LaF_3 单晶对 F^- 有高度的选择性，允许体积小、带电荷少的 F^- 在其表面进行迁移。将电极插入 F^- 试液，如果试液中 F^- 活度较高，F^- 进入晶体的空穴中；反之，晶体表面的 F^- 进入试液，晶格中的 F^- 又进入空穴，从而产生膜电位。其膜电位表达式为：

$$\varphi_m = k - \frac{RT}{F}\ln a(F^-) \tag{3-11}$$

当试液的 pH 较高，$[OH^-] \gg [F^-]$ 时，由于 OH^- 的半径与 F^- 相近，OH^- 能透过 LaF_3 晶格产生干扰，发生如下反应：

$$LaF_3(s) + 3OH^- \Longrightarrow La(OH)_3(s) + 3F^- \tag{3-12}$$

LaF_3 晶体表面形成了 $La(OH)_3$，同时释放出了 F^-，增加了试液中 F^- 的活度，产生干扰；当试液的 pH 较低时，溶液中会形成难以解离的 HF，降低了 F^- 活度而产生干扰；一般测量 pH 为 5～6.5。若溶液中存在能与 F^- 配位的其它离子，也会产生不同程度的干扰。LaF_3 的溶解度 $[c(F^-)]$ 约为 10^{-7} mol·L^{-1}，所以其测定范围为 10^{-1}～10^{-6} mol·L^{-1}。

常见的晶体膜离子选择性电极见表 3-1。

表 3-1 晶体膜电极的品种和性能

电极	膜材料	线性响应浓度范围 c/mol·L^{-1}	适用 pH 范围	主要干扰离子
F^-	LaF_3+Eu^{2+}	5×10^{-7}～1×10^{-1}	5～6.5	OH^-
Cl^-	$AgCl+Ag_2S$	5×10^{-5}～1×10^{-1}	2～12	$Br^-, S_2O_3^{2-}, I^-, CN^-, S^{2-}$
Br^-	$AgBr+Ag_2S$	5×10^{-6}～1×10^{-1}	2～12	$S_2O_3^{2-}, I^-, CN^-, S^{2-}$
I^-	$AgI+Ag_2S$	1×10^{-7}～1×10^{-1}	2～11	S^{2-}
CN^-	$AgI+Ag_2S$	1×10^{-6}～1×10^{-1}	>10	I^-
Ag^+, S^{2-}	Ag_2S	1×10^{-7}～1×10^{-1}	2～12	Hg^{2+}
Cu^{2+}	$CuS+Ag_2S$	5×10^{-7}～1×10^{-1}	2～10	$Ag^+, Hg^{2+}, Fe^{3+}, Cl^-$
Pb^{2+}	$PbS+Ag_2S$	5×10^{-7}～1×10^{-1}	3～6	$Cd^{2+}, Ag^+, Hg^{2+}, Cu^{2+}, Fe^{3+}, Cl^-$
Cd^{2+}	$CdS+Ag_2S$	5×10^{-7}～1×10^{-1}	3～10	$Pb^{2+}, Ag^+, Hg^{2+}, Cu^{2+}, Fe^{3+}$

(2) 非均相膜电极

此类电极与均相膜电极的电化学性质完全一样，其敏感膜是由各种电活性物质（如难溶盐、螯合物或缔合物）与惰性基质如硅橡胶、聚乙烯、聚丙烯、石蜡等混合制成的。

2. 非晶体膜电极

由电活性物质与电中性支持体物质构成电极的敏感膜。根据电活性物质的性质的不同，可将其分为刚性基质和流动载体电极。

(1) 刚性基质电极

这类电极也称玻璃电极，其敏感膜是由离子交换型的刚性基质玻璃熔融烧制而成的。其中使用最早的是 pH 玻璃电极，它由内参比电极（Ag-AgCl）、内参比溶液（0.1mol·L^{-1}的 HCl）及玻璃敏感膜所组成，其结构如图 3-5 所示。

目前我们常用的是复合 pH 电极，复合 pH 电极的结构示意图如图 3-6 所示。

玻璃膜是电极的最重要组成部分，决定着电极的性能，其厚度为 0.03～0.1mm。此玻璃膜为三维立体结构，网格由带有负电性的硅酸根骨架构成，Na^+ 在网格中移动或被其它离子交换，而硅酸根骨架对 H^+ 有较强的选择性。当这种玻璃膜与水分子接触时，水分子会渗透到膜中，使之形成约 0.1μm 厚的溶胀层（水化凝胶层），这种溶胀层允许直径很小、活动

能力较强的 H^+ 进入玻璃结构空隙中与 Na^+ 交换：

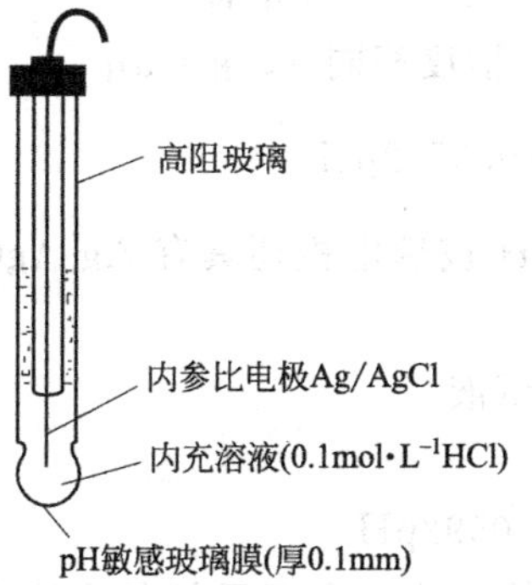

图 3-5　玻璃电极结构示意图

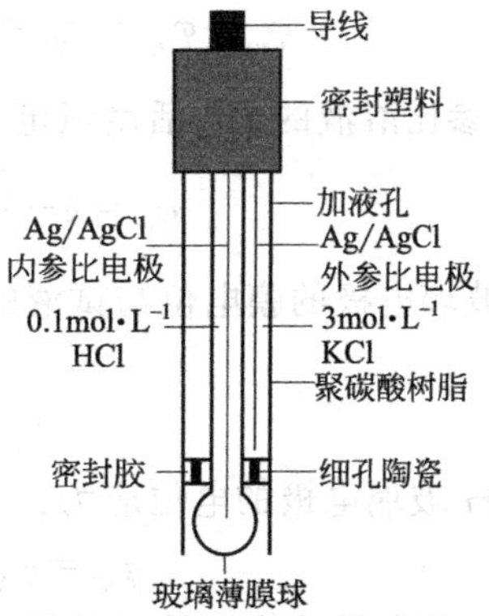

图 3-6　复合 pH 电极的结构示意图

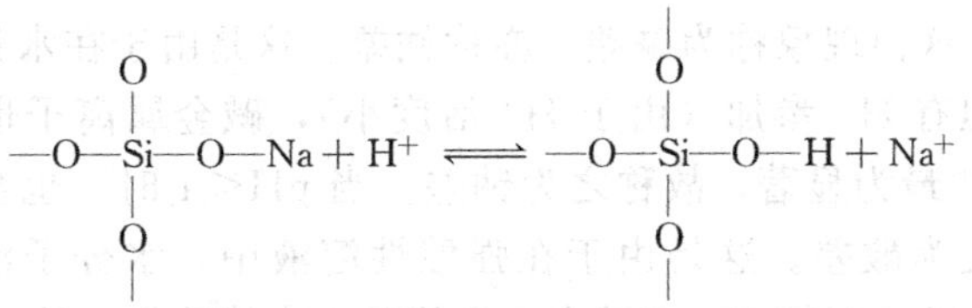

溶胀层是 H^+ 交换的场所，由于玻璃晶体结构与 H^+ 的键合强度比与 Na^+ 的键合强度大得多，约为 10^{14} 倍，当交换平衡时，玻璃表面几乎全部由硅酸组成。从玻璃表面到溶胀层内部，H^+ 逐渐减小，Na^+ 增多，两溶胀层间的干玻璃层中一价阳离子点位全由 Na^+ 占据，如图 3-7 所示。

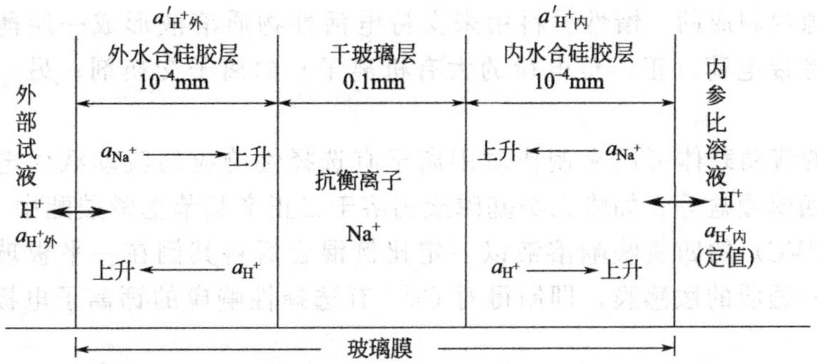

图 3-7　玻璃膜的水化胶层及膜电位的产生

当在纯水中浸泡好的玻璃电极浸入待测溶液中时，溶胀层与试液接触，由于溶胀层表面与试液中的 H^+ 活度不同，就会发生 H^+ 的扩散迁移。

迁移平衡时，改变了溶胀层和试液两相界面的电荷分布，产生了相界电位。外溶胀层与外部试液的相界电位为 $\varphi_{外}$，内溶胀层与内参比溶液的相界电位为 $\varphi_{内}$，则：

$$\varphi_{外}=k_1+\frac{2.303RT}{F}\lg\frac{a_{H^+外}}{a'_{H^+外}} \tag{3-13}$$

$$\varphi_{内}=k_2+\frac{2.303RT}{F}\lg\frac{a_{H^+内}}{a'_{H^+内}} \tag{3-14}$$

式中，$a_{H^+外}$、$a_{H^+内}$ 分别为外部试液和内参比液的 H^+ 活度；$a'_{H^+外}$、$a'_{H^+内}$ 分别为外溶胀层和内溶胀层的 H^+ 活度；k_1、k_2 分别为玻璃外、内膜表面性质所决定的常数。由于玻璃内、外膜性质基本相同，所以 $k_1=k_2$，则 pH 玻璃电极的膜电位为：

$$\varphi_m=\varphi_{外}-\varphi_{内}=\frac{2.303RT}{F}\lg\frac{a_{H^+外}}{a'_{H^+外}}-\frac{2.303RT}{F}\lg\frac{a_{H^+内}}{a'_{H^+内}} \tag{3-15}$$

又因为内参比溶液的 H^+ 活度恒定，内、外溶胀层的 H^+ 活度相同 $a'_{H^+外}=a'_{H^+内}$，所以：

$$\varphi_m=k+\frac{2.303RT}{F}\lg a_{H^+外}=k-0.0592\text{pH} \tag{3-16}$$

pH 玻璃电极的膜电位与试液的 pH 呈线性关系。pH 玻璃电极还具有 Ag-AgCl 内参比电极，即：

Ag,AgCl|HCl|玻璃膜|试液

故 pH 玻璃电极的电位应为：

$$\varphi_{玻}=\varphi_{AgCl/Ag}+\varphi_m=常数-0.0592\text{pH} \tag{3-17}$$

pH 玻璃电极的优点是不受溶液中氧化剂或还原剂的影响，也不受颜色或浊度的影响；缺点是有较高的电阻。实验还发现：当 pH>9 或 Na^+ 浓度较高时，会产生测量误差。测得的 pH 比实际值偏低，这种现象称为碱差，亦称钠差。这是由于在水化层和溶液界面之间的离子交换过程中，不但有 H^+ 参加（由于 H^+ 活度小），碱金属离子也进行交换，使之产生误差，这种交换以 Na^+ 最为显著，故称之为钠差。当 pH<1 时，也会产生测量误差，测量值比实际值偏高，称之为酸差。这是由于在强酸性溶液中，水分子活度减少，而 H^+ 是由 H_3O^+ 传递的，到达电极表面的 H^+ 就减少，交换的 H^+ 就减少，故 pH 偏高。

刚性基质电极除了 pH 玻璃电极外，改变玻璃的组成可得到对其它金属离子如 Na^+、K^+、Li^+、Ag^+、NH_4^+、Ca^{2+} 等有选择性响应的玻璃电极。

(2) 流动载体电极（液膜电极）

这类电极的敏感膜是由带电荷的离子交换剂或中性有机分子载体渗透在憎水性的惰性多孔材料孔隙内制成的，惰性材料用来支持电活性物质溶液形成一层薄膜。流动载体有两类，一类是带电荷（正、负电荷的大有机离子）的离子交换剂；另一类是大的有机物中性分子。

带负电荷的流动载体可用来制作对阳离子有选择性响应的流动载体电极。常用的有烷基磷酸盐和四苯硼盐等。如将二癸基磷酸钙溶于二正辛基苯基磷酸酯中，与 5%聚氯乙烯（支持物，PVC）的四氢呋喃溶液以一定比例混合后将其倒在一平板玻璃上，待溶剂自然挥发，得一透明的敏感膜，即制得对 Ca^{2+} 有选择性响应的钙离子电极，其膜电位的表达式为：

$$\varphi_m=K+\frac{2.303RT}{2F}\lg a_{Ca^{2+}} \tag{3-18}$$

带正电荷的流动载体可用来制作对阴离子响应的电极，常用的有季铵盐、邻二氮杂菲与过渡金属的配离子等。例如将季铵硝酸盐溶于硝基苯十二烷醚中，将此溶液与 5%PVC 的四氢呋喃溶液混合（1∶5），倒在平板玻璃上制成薄膜，构成对 NO_3^- 有选择性响应的硝酸根离子电极，其膜电位表达式为：

$$\varphi_m=K-\frac{2.303RT}{F}\lg a_{NO_3^-} \tag{3-19}$$

中性载体是中性大分子多齿螯合剂，如大环抗生素、冠醚化合物等，钾离子选择性电极即属此类。例如将二甲基二苯并-30-冠醚-10（K^+ 可被螯合在中间）溶解在邻苯二甲酸二戊酯中，再与 5%PVC 的环己酮混合后，倒在一平板玻璃上，自然蒸发得一薄膜，将此膜粘在聚四氟乙烯管的一端，管内装 $10^{-3}\text{mol}\cdot\text{L}^{-1}$ KCl 溶液及 Ag-AgCl 内参比电极即得钾离子选择性电极。

3. 敏化电极

(1) 气敏电极

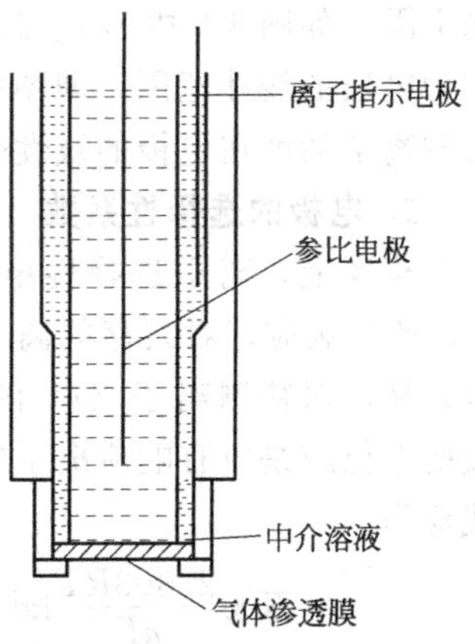

图 3-8　气敏电极结构示意图

敏化电极是将离子选择性电极与另一种特殊的膜组成的复合电极，可分为气敏电极和酶电极两类。气敏电极是将指示电极（离子选择性电极）与参比电极装入同一个套管中，做成一个复合电极，实际上是一个化学电池。该电极由透气膜、内充溶液（中介溶液）、指示电极及参比电极等部分组成，其结构如图 3-8 所示。待测气体通过透气膜进入内充溶液发生化学反应，产生指示电极响应的离子或使指示电极响应离子的浓度发生变化，通过电极电位变化反映待测气体的浓度。

常用的气敏电极有 NH_3，CO_2，SO_3，NO_2，H_2S 等气体的敏化电极。

(2) 酶敏电极（酶电极）

酶电极是将一种或一种以上的生物酶涂布在电极的敏感膜上，通过酶的催化作用，使待测物产生能在该电极上响应的离子或分子，从而间接测定该物质。下面以尿素酶电极为例加以说明。

当试液中的尿素与脲酶接触时，发生分解反应：

$$CO(NH_2)_2+H_2O \longrightarrow 2NH_3+CO_2$$

将脲酶固定在 NH_3 电极的透气膜上，通过 NH_3 电极检测反应生成的氨以测定尿素的含量。酶是具有特殊生物活性的催化剂，它的催化效率高、选择性强，许多复杂的化合物在酶的催化下都能分解成简单的化合物或离子，从而可用离子选择性电极来进行测定，此类电极在生命科学中的应用日益受到重视。

第四节　离子选择性电极的特性参数

1. 响应斜率与检测限

电极的电位随离子活度变化的特征称为响应，若这种响应变化服从 Nernst 方程，则称为 Nernst 响应。通过实验，可绘制出任一离子选择性电极的 E-lg$a$ 关系曲线，如图 3-9 所示。曲线中直线部分 AB 段的斜率为实际响应斜率，即在恒定温度下，待测离子活度变化 10 倍引起电位值的变化。实际斜率往往与理论斜率$\left(S_{理}=\dfrac{2.303RT}{nF}\right)$有一定的偏离，一般用转换系数 K_{ir} 描述这一偏离的大小。

$$K_{ir}=\frac{S_{实}}{S_{理}}\times 100\%=\frac{E_1-E_2}{S_{理}\ \lg\dfrac{a_1}{a_2}}\times 100\%$$

式中，E_1、E_2 分别为离子活度为 a_1、a_2 时的实测电动势。当 $K_{ir}\geqslant 90\%$时，电极有着较好的 Nernst 响应。

检测下限是离子选择性电极的一个重要性能指标，它表明电极能够检测到的待测离子的最低浓度。图 3-9 中两直线外推交点 A 所对应的待测离子的活度，为该电极的检测下限。溶液的组成、电极的情况、搅拌速度、温度等因素，均影响检测下限的数值。

电极电位与待测离子活度的对数呈线性关系所允许该离子的最大活度，称为该电极的检

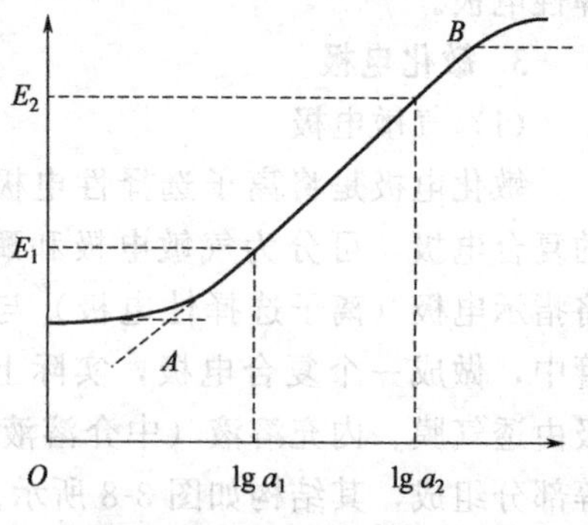

图 3-9 E-lg*a* 关系曲线

测上限，如图 3-9 中 *B* 点对应的活度。检测上、下限之间为电极的线性范围，即图中 *AB* 段，实验时，必须使待测离子活度在电极的线性范围内。

2. 电极的选择性系数

事实上，离子选择性电极不仅对某一特定的离子（i）产生响应，对共存的离子（j 等）也会产生电位响应，从而对待测离子（i）的测定产生产扰。因此，电极的电位应是所有响应离子的共同贡献，其电位的表达式应为：

$$\varphi=K\pm\frac{2.303RT}{nF}\lg[a_i+K_{i,j}a_j^{n_i/n_j}+\cdots] \tag{3-20}$$

式中，a_i 是待测离子的活度；a_j 是干扰离子的活度；n_i 是待测离子的电荷数；n_j 是干扰离子的电荷数；K_{ij} 是电极的选择性系数。

离子选择性电极并不是专属的，选择性系数 $K_{i,j}$ 是表示电极选择性好坏的性能指标，定义为：引起离子选择性电极电位相同变化时，所需待测离子活度与干扰离子活度的比值，即：

$$K_{i,j}=\frac{a_i}{a_j^{n_i/n_j}} \tag{3-21}$$

如某一 pH 玻璃电极，10^{-11} mol·L^{-1} H^+ 活度与 1mol·L^{-1} 的 Na^+ 活度溶液对其电位的影响相同，则该电极的选择性系数 $K_{H^+,Na^+}=\frac{10^{-11}\,mol\cdot L^{-1}}{1mol\cdot L^{-1}}=10^{-11}$，这表示该电极对 H^+ 比对 Na^+ 的响应要灵敏 10^{11} 倍。$K_{i,j}$ 越小，电极的选择性越好。一般的 $K_{i,j}$ 值在 10^{-4} 以下不呈现干扰。

3. 响应时间、稳定性和重现性

根据 1976 年 IUPAC 建议，离子选择性电极的响应时间是指从离子选择性电极和参比电极一起接触试液时算起（或试液中待测离子浓度改变时算起），到电位值稳定（±1mV 以内）所经过的时间。待测离子活度、共存离子的性质、膜的性质、温度等因素均影响着响应时间的长短，一般为 2～15min。

电极稳定性是指电极的稳定程度，用“漂移”来标度。漂移是指在恒定组成和温度的溶液中，离子选择性电极的电位随时间缓慢而有秩序地改变的程度，一般漂移应小于 2mV·(24h)$^{-1}$。

电极重现性是将电极从 10^{-3} mol·L^{-1} 溶液中移入到 10^{-2} mol·L^{-1} 溶液中，往返三次，分别测定其电位值，用测得电位值的平均偏差表示电极的重现性。重现性反映电极的“滞后现象”或“记忆效应”。

第五节 离子选择性电极分析方法

将离子选择性电极（指示电极）作为负极，参比电极（常用饱和甘汞电极）作为正极组成测量电池：

(－)指示电极|试液‖参比电极(＋)

298K 时，该电池电动势为：

$$E=K\mp\frac{0.0592}{n}\lg a_i \tag{3-22}$$

式中，i 为阳离子时，取“－”号；i 为阴离子时，取“＋”号。一定条件下，电池电

动势 E 与 $\lg a_i$ 呈线性关系，这是定量分析的基础。

如果参比电极作为负极，ISE（指示电极）作为正极组成电池，则正好相反，i 为阳离子时，取“+”号；i 为阴离子时，取“−”号。

由于活度系数是离子强度的函数，因此，只要固定溶液离子强度，即可使溶液的活度系数恒定不变，则上式可变为：

$$E=K\mp\frac{0.0592}{n}\lg c_i \tag{3-23}$$

此时，就可由电动势值求得待测离子的浓度。为了固定溶液离子强度，使溶液的活度系数恒定不变，实验中通常向标准溶液和待测试液中加入大量、对测定离子不干扰的惰性电解质溶液来固定溶液离子强度，称为“离子强度调节剂（ISA）”。此外，有时在离子强度调节剂中还要加入适量的 pH 缓冲剂和一定的掩蔽剂，用以控制溶液的 pH 和掩蔽干扰离子。将 ISA、pH 缓冲剂和掩蔽剂合在一起，称为“总离子强度调节缓冲剂”，简称 TISAB。TISAB 有着恒定离子强度、控制溶液的 pH、掩蔽干扰离子以及稳定液接电位 φ_L 的作用，直接影响测定结果的准确度。

电位分析及离子选择性电极分析的定量分析方法分为直接电位法和电位滴定法两大类。

一、直接电位法

通过测量电池电动势直接求出待测物质含量的方法，称为直接电位法。

1. 直接比较法

首先测出浓度为 c_s 标准溶液的电池电动势 E_s，然后在同样条件下，测得浓度为 c_x 待测液的电动势 E_x，则：

$$E_s=K+\frac{0.0592}{n}\lg c_s \qquad E_x=K+\frac{0.0592}{n}\lg c_x$$

E_x-E_s 相减得： $$\Delta E=E_x-E_s=S\lg\frac{c_x}{c_s}$$

$$\lg c_x=\frac{\Delta E}{S}+\lg c_s \text{或 } c_x=c_s\times10^{\Delta E/S}$$

两边取负对数得： $$pc_x=pc_s-\frac{\Delta E}{S}$$

为使测定有较高的准确度，必须使标液和试液的测定条件完全一致，c_s 与 c_x 值也应尽量接近。

测定溶液 pH 时，常采用直接比较法的原理。以饱和甘汞电极作为参比电极（作正极），pH 玻璃电极作为指示电极（作负极），与待测试液一起构成工作电池，在两个电极之间接上 pH 酸度计，测量工作电池的电动势。

工作电池的电动势（298K）为：

$$E=K+0.0592\text{pH} \tag{3-24}$$

由此可知，在一定条件下，电池的电动势与待测试液的 pH 呈线性关系。测定时，用一个已知准确 pH 的标准 pH 缓冲溶液作标准进行校正，比较包含标准溶液和待测试液的两个工作电池的电动势求得待测试液的 pH 值。当用 pH 计测定试液 pH 时，先用标准缓冲溶液校准仪器，称为定位，测出标准缓冲溶液的电动势 E_s：

$$E_s=K_s+0.0592\text{pH}_s \tag{3-25}$$

在测定条件相同情况下，以待测试液代替标准缓冲溶液，测定待测试液电动势 E_x：

$$E_x = K_x + 0.0592\text{pH}_x \tag{3-26}$$

由于测定条件相同，因此 $K_s = K_x$。两式相减得：

$$\text{pH}_x = \text{pH}_s + \frac{E_x - E_s}{0.0592} \tag{3-27}$$

式(3-27) 称为 pH 的操作定义或实用定义。由此可以看出，未知溶液的 pH 值与未知溶液的电动势呈线性关系。

如果温度恒定，这个电池的电动势随待测溶液的 pH 变化而变化。这种测定方法实际上是一种标准曲线法，就是先用标准缓冲溶液校准式(3-24) 中的 K 值，温度校准则是调整曲线的斜率。经过校准操作后，未知溶液的 pH 值可以由 pH 计直接读出。

pH 值测定的准确度决定于标准缓冲溶液的准确度，也决定于标准溶液和待测溶液组成的接近程度。实验中常用的标准缓冲溶液的 pH 值见表 3-2。

表 3-2 标准缓冲溶液的 pH 值 (25℃)

温度/℃	草酸氢钾 0.05mol·L^{-1}	饱和酒石酸氢钾	邻苯二甲酸氢钾 0.05mol·L^{-1}	$KH_2PO_4 + Na_2HPO_4$ 各 0.025mol·L^{-1}
0	1.666	—	4.003	6.984
10	1.670	—	5.998	6.923
20	1.675	—	4.002	6.881
25	1.679	3.557	4.008	6.865
30	1.683	3.552	4.015	6.853
35	1.688	3.549	4.024	6.844
40	1.694	3.547	4.035	6.838

此外，玻璃电极一般适用于 pH1～9，pH>9 时会产生碱误差，读数偏低，pH<1 时会产生酸误差，读数偏高。利用锂特种玻璃电极则可以测定 pH 值 1～13 的溶液的 pH 值。若 pH<1 或 pH>13，就可以直接使用酸碱滴定法确定 H^+ 浓度了。

2. 标准曲线法

标准曲线法是最常用的定量方法之一。具体做法是：配制一系列标准溶液，并加入 TISAB溶液，分别测定其电动势，绘制 E-lg$c$ 关系曲线，即标准曲线。再在同样的条件下，测出待测液的 E_x，从标准曲线上求出待测离子的浓度。

3. 标准加入法

标准曲线法要求标准系列和试液的离子强度保持一致，否则会因活度系数不同而引入误差。标准加入法在一定程度上可减小这种误差。具体方法是：准确量取浓度为 c_x 的待测液 V_xmL，测得其电动势为 E_1，则：

$$E_1 = K + S\lg c_x$$

然后加入浓度为 c_s、体积为 V_s 的标准溶液，测得其电池电动势 E_2 为

$$E_2 = K + S\lg\left(\frac{c_x V_x + c_s V_s}{V_x + V_s}\right)$$

合并二式：
$$\Delta E = |E_2 - E_1| = S\lg\frac{c_x V_x + c_s V_s}{c_x(V_x + V_s)}$$

$$\frac{c_x V_x + c_s V_s}{c_x(V_x + V_s)} = 10^{\Delta E/S}$$

$$\frac{c_x V_x}{c_x(V_x + V_s)} + \frac{c_s V_s}{c_x(V_x + V_s)} = 10^{\Delta E/S}$$

$$\frac{c_s V_s}{c_x(V_x + V_s)} = 10^{\Delta E/S} - \frac{V_x}{V_x + V_s}$$

$$\frac{c_x(V_x+V_s)}{c_sV_s}=\left(10^{\Delta E/S}-\frac{V_x}{V_x+V_s}\right)^{-1}$$

设加入标准溶液后，试液成分变化很小，若加入标准溶液的体积比试液体积小得多，则 $V_x+V_s\approx V_x$，此时

$$c_x=\frac{c_sV_s}{V_x}(10^{\Delta E/S}-1)^{-1}=\frac{\Delta c}{10^{\Delta E/S}-1} \tag{3-28}$$

式中：
$$\Delta c=\frac{c_sV_s}{V_x}$$

由于是在同一溶液（只是待测离子浓度稍有不同）中进行测定，活度系数变化小，仅需要一种标准溶液，操作简便快速，根据测得的 E_1 和 E_2 值，就可以求出待测物质的含量。该法适用于组成不清楚或复杂样品的分析。结果的误差取决于假设条件中 S、K 等在加入标准溶液前后能否保持一致，测定时，c_s、V_s、V_x 必须准确测量，且一般要求 $V_x\geqslant 100V_s$，$c_s\geqslant 100c_x$，使 ΔE 在 15～40mV 之间，此时测定的准确度高。

实际工作中不一定满足 $V_x\geqslant 100V_s$，$c_s\geqslant 100c_x$，ΔE 在 15～40mV 的条件，即 V_s 不能忽略，此时，Δc 应该按实际情况计算。

4. 连续标准加入法——格氏作图法

1952 年 Gran 提出采用图解法来确定电位滴定的终点，并于 1969 年用于离子选择电极分析中，现已成为离子选择性电极分析中有较高精度的简便方法，其原理如下。

当试液中加入标准溶液，混合均匀后，其离子浓度为：

$$c=\frac{c_xV_x+c_sV_s}{V_x+V_s}$$

根据 Nernst 方程：
$$E=K+S\lg\frac{c_xV_x+c_sV_s}{V_x+V_s}$$

重排可得：
$$\frac{E-K}{S}=\lg\frac{c_xV_x+c_sV_s}{V_x+V_s}$$

$$10^{(E-K)/S}=\frac{c_xV_x+c_sV_s}{V_x+V_s}$$

$$(V_x+V_s)10^{E/S}=(c_xV_x+c_sV_s)10^{K/S} \tag{3-29}$$

以 $(V_x+V_s)10^{E/S}$ 对 V_s 作图可得一直线，外推此直线相交于 V_s，如图 3-10 所示。

V_s 为负值，此时纵坐标为 0，所以：

$$c_xV_x+c_sV_s=0$$

$$c_x=-\frac{c_sV_s}{V_x} \tag{3-30}$$

式中，c_s 为加入标准溶液的浓度；V_s 是由图 3-10 求得的体积数；V_x 为试液的体积；c_x 为待测试液的浓度。格氏作图法实为多次（点）加入法，比单点加入法有更高的精度，可以发现个别偶然误差。

格氏作图法每加一次标准溶液，测一次电位 E 值，还要进行复杂的运算，比较麻烦。在实际应用中已设计了一种半反对数坐标纸，计算就非常方便了。此种坐标纸的纵坐标为反对数，可直接标以 E，横坐标代表加入的标准溶液体积，每大格代表向 100mL 试液中加入 1mL 标准溶液。向上斜的纵坐标完成体积稀释影响的校正，对于一价离子，纵坐标一大格代表 5mV，二价离子每一大格代表 2.5mV。测量过程中，被测离子浓度最大值所测得的电位值标在纵坐标最上方，即对阳离子，纵坐标从上向下为电位值减小的方向；对于阴离子，

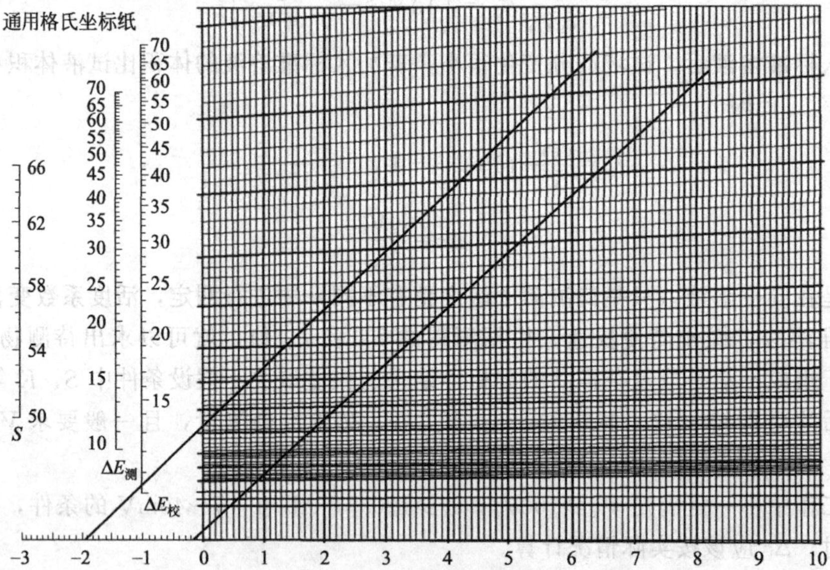

图 3-10　格氏作图法

纵坐标从上向下为由小到大的方向。

图纸的斜率是固定的，对一价离子为 58mV/pX，二价为 29mV/pX，如实际使用的电极斜率与此不符，则产生误差。为消除斜率变化的影响，一般要做空白校正，或者将电极的实际斜率 S 测出来，将测得的电位差 $\Delta E_{测}$ 用左边的三条竖线连成一条线，查得 $\Delta E_{校}$ 再作图。

二、电位滴定法

利用滴定过程中电位的变化确定滴定终点的滴定分析法，称为电位滴定法。实验时，随着滴定剂的加入、滴定反应的进行，待测离子浓度不断地变化，在理论终点附近，待测离子浓度发生突变而导致电位的突变，因此，测量电池电动势的变化，即可确定滴定终点。与普通的滴定分析相比，电位滴定一般比较麻烦，需要离子计、搅拌器等。但它可用于浑浊、有色溶液及缺乏合适指示剂的滴定，可用于浓度较稀、反应不很完全如很弱的酸、碱的滴定，还可用于混合物溶液的连续滴定及非水介质中的滴定等，并易于实现自动滴定。电位滴定基本仪器装置见图 3-11。

电位滴定中确定终点的方法有很多，下面以 0.100mol·L^{-1} $AgNO_3$ 溶液滴定 Cl^- 的电位数据（表3-3）为例仅介绍几种常用的确定终点的方法。

1. *E-V* 曲线法

加入滴定剂的体积 V 为横坐标，以测得的电动势 E 为纵坐标，绘制 E-V 曲线。作两条与滴定曲线成45°倾斜的切线，在两条切线间作一垂线，通过垂线的中点作一条切线的平行线，该线与曲线相交的点为曲线拐点，其对应的 V 即为滴定终点所消耗滴定剂的体积[图 3-12(a)]。

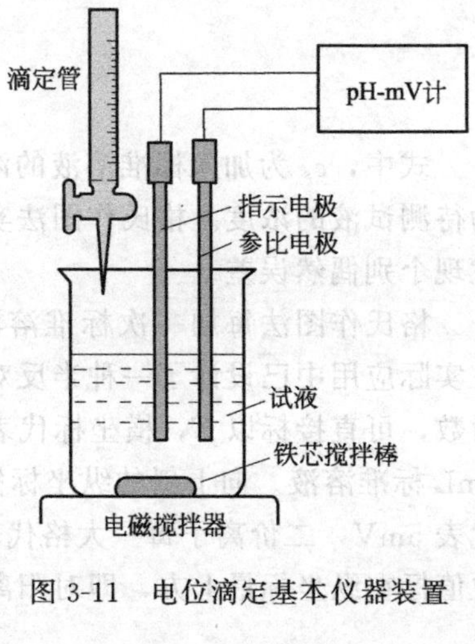

图 3-11　电位滴定基本仪器装置

表 3-3 以 0.100mol·L⁻¹ $AgNO_3$ 溶液滴定 Cl^- 的电位数据

加入 $AgNO_3$ 体积 V/mL	电位 E/mV	ΔV/mL	ΔE/mV	$\overline{V}$/mL	$\Delta E/\Delta V$ /mV·mL^{-1}	$\Delta^2 E/\Delta V^2$	$\overline{V}$/mL
23.50	146						
		0.30	15	23.65	50		
23.80	161						
		0.20	13	23.90	65		
24.00	174					−26.7	24.00
		0.10	9	24.05	90		
24.10	183					200	24.10
		0.10	11	24.15	110		
24.20	194					2800	24.20
		0.10	39	24.25	390		
24.30	233					4400	24.30
		0.10	83	24.35	830		
24.40	316					−5900	24.40
		0.10	24	24.45	240		
24.50	340					−1300	24.50
		0.10	11	24.55	110		
24.60	351					−400	24.60
		0.10	7	24.65	70		
24.70	358					40	24.75
		0.30	15	24.85	50		
25.00	373						

2. $\Delta E/\Delta V$-V 曲线法

又称一阶微商法。$\Delta E/\Delta V$ 表示在 E-V 曲线上，体积改变一小份引起 E 改变的大小。从图 3-12(b) 上可以看出，远离滴定终点处，V 改变一小份，E 改变很小、$\Delta E/\Delta V$ 较小；靠近滴定终点处，V 改变一小份，E 的改变逐渐增大，$\Delta E/\Delta V$ 逐渐增大；滴定终点时，V 改变一小份，E 改变最大，$\Delta E/\Delta V$ 达最大值；滴定终点以后，$\Delta E/\Delta V$ 又逐渐减小。因此，曲线最高点所对应的体积 V，即为滴定终点时所消耗滴定剂的体积。曲线最高点是用外延法绘出的。

$\Delta E/\Delta V$ 的求法：例如，滴定至 24.30mL 和 24.40mL 之间的 24.35mL，其相应的电动势为 $E_{24.30}$ 和 $E_{24.40}$，则

$$\left(\frac{\Delta E}{\Delta V}\right)_{24.35}=\frac{E_{24.40}-E_{24.30}}{24.40-24.30}$$

3. $\Delta^2 E/\Delta V^2$-V 曲线法

又称二阶微商法。$\Delta^2 E/\Delta V^2$ 表示在 $\Delta E/\Delta V$ 曲线上，体积改变一小份引起 $\Delta E/\Delta V$ 改变的大小。从图 3-12(c) 曲线可以看出，滴定终点前，V 改变一小份引起的 $\Delta E/\Delta V$ 变化逐渐增大，即 $\Delta^2 E/\Delta V^2$ 逐渐增大；滴定终点后，V 一小份的变化引起的 $\Delta E/\Delta V$ 变化为负值，并随滴定的进行，V 的变化引起 $\Delta E/\Delta V$ 变化越来越小。滴定终点左右，$\Delta E/\Delta V$ 的变化是从正的最大到负的最大。滴定终点时，将 $\Delta E/\Delta V$ 的横坐标放大，曲线是一个圆顶形。滴定终点正是其平顶部分，即 V 的变化引起的 $\Delta E/\Delta V$ 改变为零，$\Delta^2 E/\Delta V^2=0$。此时所对应的体积 V，就是滴定终点

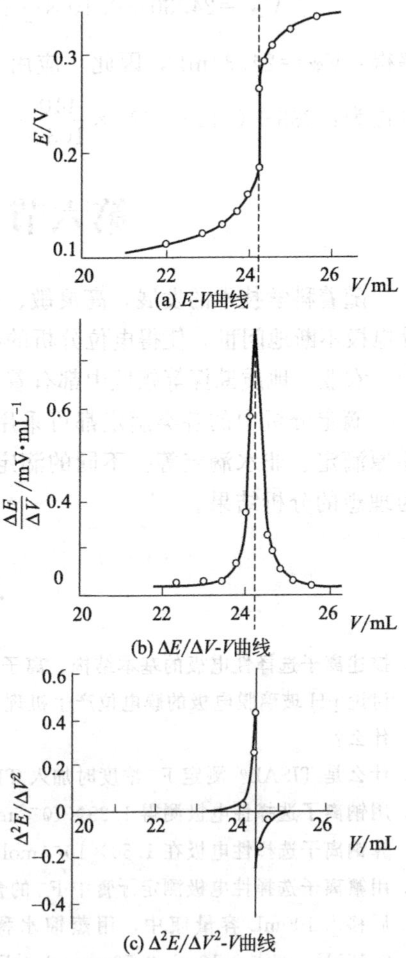

图 3-12 电位滴定曲线

时所消耗的滴定剂体积。

$\Delta^2E/\Delta V^2$ 的求法：例如，滴入滴定剂为 24.30mL 时：

$$\left(\frac{\Delta^2 E}{\Delta V^2}\right)_{24.30}=\frac{\left(\frac{\Delta E}{\Delta V}\right)_{24.35}-\left(\frac{\Delta E}{\Delta V}\right)_{24.25}}{24.35-24.25}$$

这样一一计算，然后绘制二阶微商曲线。

4. 内插法

也可用计算法求出滴定终点时的体积 $V_{终}$。例如表 3-3，加入滴定剂为 24.30mL 时，$\Delta^2E/\Delta V^2=4400$，加入滴定剂为 24.40mL 时，$\Delta^2E/\Delta V^2=-5900$，可按内插法进行比例计算：

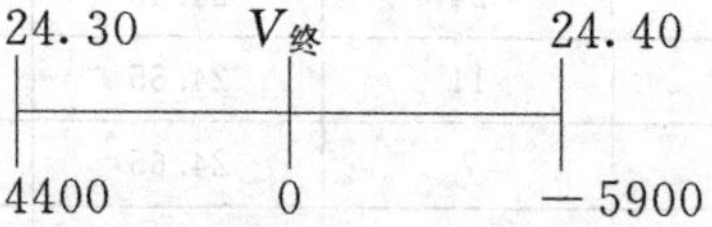

$$\frac{V-24.30}{0-4400}=\frac{24.40-24.30}{-5900-4400}$$

$$(V_{终}-24.30)\times(-5900-4400)=0.10\times(0-4400)$$

$$V_{终}=24.30+0.10\times\frac{0-4400}{-5900-4400}=24.30+0.1\times0.4=24.34(\text{mL})$$

解得：$V_{终}=24.34$mL，因此，应用二阶微商法，也可不必作图直接计算出滴定终点。终点电位为：$233+(316-233)\times\frac{4400}{10300}=267(\text{mV})$。

第六节 电位分析法的应用

随着科学技术的发展，高灵敏、高选择性、高准确度等性能完备、优良的仪器及离子选择性电极不断地问世，使得电位分析的应用越来越广泛。在环境保护、医药卫生、食品、工业生产、农业、地质勘探等领域中都有着举足轻重的作用。用直接电位法可测定的离子有几十种。

滴定分析中的各类滴定都可采用电位滴定法，如酸碱滴定、沉淀滴定、配位滴定、氧化还原滴定、非水滴定等。不同的滴定，选用不同的指示电极，控制合适的条件，即可得到较为理想的分析结果。

思考题与习题

1. 描述离子选择性电极的基本结构，离子选择性电极的性能参数有哪些？
2. 讨论 pH 玻璃膜电极的膜电位产生机理。玻璃电极在使用前，需要在水中浸泡 24h 以上，其目的主要是什么？
3. 什么是 TISAB？测定 F^- 浓度时加入 TISAB 的作用是什么？
4. 用钠离子选择性电极测得 1.25×10^{-3} mol·L^{-1} Na^+ 溶液的电位值为 −0.203V。若 K_{Na^+,K^+} 为 0.24，计算钠离子选择性电极在 1.50×10^{-3} mol·L^{-1} K^+ 溶液中的电位值。
5. 用氟离子选择性电极测定牙膏中 F^- 的含量。称取 0.200g 牙膏并加入 50mL TISAB 试剂，搅拌微沸冷却后移入 100mL 容量瓶中，用蒸馏水稀释至刻度。移取其中 25.00mL 于小烧杯中测得其电动势为 0.155V，加入 0.10mL 0.50mg·mL^{-1} F^- 标准溶液，测得电位值为 0.134V，该离子选择性电极的斜率 59.0mV/pF^-，试计算牙膏中氟的质量分数。

6. 准确移取 50.00mL 含 NH_4^+ 试液，经碱化后用气敏氨电极测得其电位值为 −80.1mV。若加入 $1.00\times10^{-3}mol\cdot L^{-1}$ 的 NH_4^+ 标准溶液 0.50mL，测得其电位值为 −96.1mV。然后在此试液中加入离子强度调节剂 50.00mL，测得其电位值为 −78.3mV。计算试样中 NH_4^+ 的浓度。
7. 用 Ca^{2+} 选择性电极测得浓度为 $1.00\times10^{-4}mol\cdot L^{-1}$ 和 $1.00\times10^{-5}mol\cdot L^{-1}$ 的 Ca^{2+} 标准溶液的电动势为 0.208V 和 0.180V。在相同条件下测得试液的电动势为 0.195V，计算试液中 Ca^{2+} 的浓度。
8. 25℃时，测量下述电池

$$Mg\text{离子电极}|Mg^{2+}(a=1.8\times10^{-3}mol\cdot L^{-1})\|\text{饱和甘汞电极}$$

的电动势为 0.411V。用含 Mg^{2+} 试液代替已知溶液，测得电动势为 0.439V，试求试液中 pMg 值。
9. 25℃时，下述电池

$$NO_3^-\text{电极}|NO^{3-}(a=6.87\times10^{-3}mol\cdot L^{-1})\|\text{饱和甘汞电极}$$

的电动势为 0.367V，用含 NO_3^- 试液代替已知活度的 NO_3^- 溶液，测得电动势为 0.446V，求试液的 pNO_3^- 值。
10. 用 pH 玻璃电极测定 pH=5.0 的溶液，其电极电位为 43.5mV，测定另一未知溶液时，其电极电位为 14.5mV，若该电极的响应斜率为 58.0mV/pH，试求未知溶液的 pH 值。
11. 下面是用 $0.1000mol\cdot L^{-1}$ NaOH 溶液电位滴定 50.00mL 某一元弱酸的数据：

V/mV	pH	V/mV	pH	V/mV	pH
0.00	2.90	14.00	6.60	17.00	11.30
1.00	4.00	15.00	7.04	18.00	11.60
2.00	4.50	15.50	7.70	20.00	11.96
4.00	5.05	15.60	8.24	24.00	13.39
7.00	5.47	15.70	9.43	28.00	12.57
10.00	5.85	15.80	10.03		
12.00	6.11	16.00	10.61		

a. 绘制滴定曲线；

b. 绘制一阶微商曲线；

c. 用二阶微商法确定终点；

d. 计算试样中弱酸的浓度；

e. 化学计量点的 pH 应为多少？

f. 计算此弱酸的电离常数（提示：根据滴定曲线上的半中和点的 pH）

12. 以 $0.03318mol\cdot L^{-1}$ 的硝酸镧溶液电位滴定 100.0mL 氟化物溶液，滴定反应为：

$$La^{3+}+3F^-\rightleftharpoons LaF_3\downarrow$$

滴定时用氟离子选择性电极为指示电极，饱和甘汞电极为参比电极，得到下列数据：

加入 $La(NO_3)_3$ 的体积/mL	电动势/V	加入 $La(NO_3)_3$ 的体积/mL	电动势/V	加入 $La(NO_3)_3$ 的体积/mL	电动势/V
0.00	0.1045	30.60	−0.0179	32.50	−0.0888
29.00	0.0249	30.90	−0.0410	36.00	−0.1007
30.00	0.0047	31.20	−0.0656	41.00	−0.1069
30.30	−0.0041	31.50	−0.0769	50.00	−0.118

a. 确定滴定终点，并计算氟化钠溶液的浓度。

b. 已知氟离子选择性电极与饱和甘汞电极所组成的电池的电动势与氟化钠浓度间的关系可用式 $E=K\mp\frac{0.0592}{n}\lg c_i$ 表示，用所给的第一个数据计算式 $E=K\mp\frac{0.0592}{n}\lg c_i$ 中的 K 值。

c. 用 b 项求得的常数，计算加入 50.00mL 滴定剂后氟离子的浓度。

d. 计算加入 50.00mL 滴定剂后游离 La^{3+} 浓度。

e. 用 c、d 两项的结果计算 LaF_3 的溶度积常数。

第四章　电解和库仑分析法

第一节　概　　述

电解分析法是一种经典的电化学分析法，包括电重量法（electrolytic gravimetry）和电解分离法（electrolytic separation）。把待测物质纯净而完全地从溶液中电解析出，然后称取其质量的分析方法称为电重量法。电重量法只能用来测定高含量物质。将电解分析用于物质的分离，则称为电解分离法，如汞阴极分离法。汞阴极分离法虽然选择性不太好，但在一些测定技术的前处理中，较广泛地用于分离大部分的干扰物质。

库仑分析法是在电解分析法的基础上发展起来的，是以测量电解过程中被测物质在电极上发生电化学反应所消耗的电量为基础的分析方法，它和电解分析法不同，被测物不一定在电极上沉积，但一般要求电流效率为100%。主要用于微量或痕量物质的分析。

电重量法和库仑分析法的共同特点是：分析时不需要基准物质和标准溶液，是一种准确度极高的绝对分析法。

第二节　电解分析法

一、电解分析法的基本原理

电解是利用外部电能的作用，使化学反应向非自发方向进行的过程。电解是在电解池的两电极上施加直流电压，达到一定值时，电极上就发生氧化还原反应，同时电解池中（及回路）就有电流通过，这个过程称为电解。

以在 $0.1mol \cdot L^{-1}$ HNO_3 介质中电解 $0.1mol \cdot L^{-1}$ $CuSO_4$ 为例（如图4-1所示），当移动分压器的滑线电阻，使施加到两铂电极上的电压（V）达到一定值时，电解就发生，即电极反应发生。

与外电源负极连接的Pt电极（此时也是负极）上 Cu^{2+} 被还原，此电极为阴极：

$$Cu^{2+} + 2e^- \longrightarrow Cu \tag{4-1}$$

与外电源正极连接的Pt电极（此时也是正极）上有气体 O_2 产生，此电极为阳极：

$$2H_2O \longrightarrow 4H^+ + O_2\uparrow + 4e^- \tag{4-2}$$

此时在外线路的电表上可以看到有电流（i）通过，若加大外电压，则电流迅速上升。i-V 关系曲线如图4-2所示。

应该注意到：电解所产生的电流（电解电流）是与电极上的反应密切相关的，电流进出电解池是通过电极反应来完成的，与电流通过一般的导体有本质的不同。这是电解的一大特点。

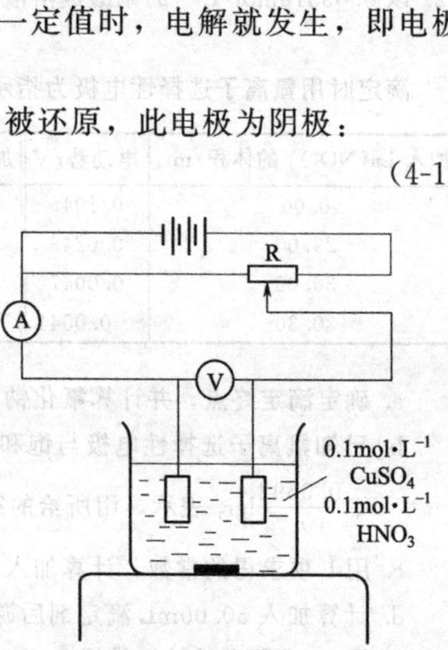

图4-1　电解装置

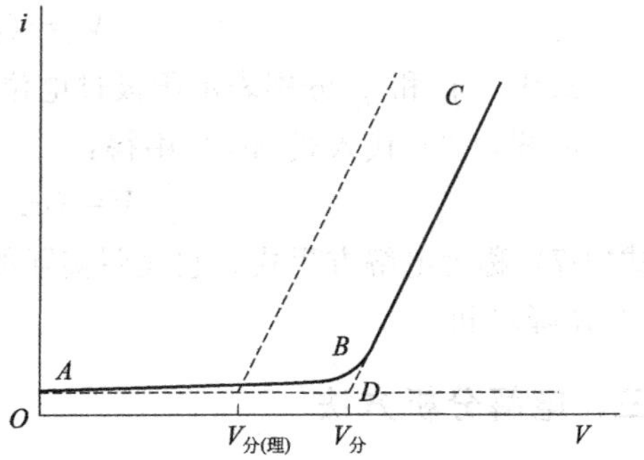

图 4-2 电解过程电流-电压（i-V）曲线

图 4-2 的 i-V 曲线中，AB 段为残余电流，此时尚未观察到电极反应的明显发生，主要是充电电流，当到达一定的外加电压 V（B 点）时，电极反应开始发生，产生了电解电流，并随着 V 的增大而迅速上升为 BC 直线，BC 线的延长线与 $i=0$ 的 V 轴交点 D 所对应的电压，叫做分解电压 $V_{分}$。

$V_{分}$ 定义为：被电解物质能在电极上迅速、连续不断地进行电极反应所需的最小外加电压。

电解的另一大特点是，电解一开始，就为其树立了对立面——反电解，即电解一开始产生了一个与外加电压极性相反的反电压，阻止电解的进行，只有不断地克服反电压，电解才可进行和延续。

例如，考察电解 $CuSO_4$ 溶液的进程，两支相同的 Pt 电极插入溶液，当外加电压为零时，电极不发生任何变化；当两电极外加一个很小电压时，在最初的瞬间，就会有极少量的 Cu 和 O_2 分别在阴极和阳极上产生并附着，因而使原来完全相同的电极，变成 Cu 电极和氧电极，组成一个原电池，产生一个与外电压极性相反的电动势，在电解池中，此电动势称为反电动势，它阻止电解的继续进行，如果除去外加电压，两电极短路，就产生反电解，Cu 重新被氧化成 Cu^{2+}，O_2 重新被还原成 H_2O。

理论上，只有外加电压增加到能克服反电压时，电解方可进行，此时的外加电压叫作理论分解电压 $V_{分(理)}$，显然：

$$V_{分}=E_{反}=-(\varphi_{阴(平)}-\varphi_{阳(平)})=\varphi_{阳(平)}-\varphi_{阴(平)}\text{（“平”指平衡电位）} \tag{4-3}$$

分解电压是对电池整体而言的，若对某工作电极的电极反应来说，还可用析出电位来表达。如果电解池中再配上一支参比电极，在不同外加电压下监测工作电极的电流，并测量电解电流，绘制 i-φ 曲线。同样可以得出，只有工作电极的电位达到某一值时，电极反应才发生，这个电位称为析出电位 $\varphi_{析}$。

$\varphi_{析}$ 定义为：能使物质在阴极迅速、连续不断地进行电极反应而还原所需的最正的阴极电位，或在阳极被氧化所需的最负的阳极电位。

显然，若外加电压使阴极电位比阴极析出电位更负一点，或阳极电位比阳极析出电位更正一点，电极反应就能迅速、连续不断地进行，理论上，析出电位等于电极的平衡电位，称为理论析出电位 $\varphi_{析(理)}$，即 $\varphi_{(理)}=\varphi_{(平)}$。因此：

$$V_{分(理)}=\varphi_{阳析(理)}-\varphi_{阴析(理)}=\varphi_{阳(平)}-\varphi_{阴(平)} \tag{4-4}$$

实际上，当外加电压达到理论上的分解电压时，电解并未发生。如以 i 表示电解电流，R 表示电解池的内阻，E 表示电解池的反电动势，V_d 表示理论上的分解电压，则外加电压 V 与 V_d 有如下关系：

$$V=V_d+iR=-E+iR \tag{4-5}$$

在电解分析中，往往只考虑某一电极的电位，即析出电位。析出电位是指物质在阴极上还原析出时所需最正的阴极电位，或阳极氧化析出时所需最负的阳极电位。对于可逆电极反应，某物质的析出电位就等于电极的平衡电位。

二、电解方程式

由于存在极化作用，分解电压的理论值式(4-4) 应作如下修正：

$$V_d=(\varphi_a+\eta_a)-(\varphi_c+\eta_c) \tag{4-6}$$

式中，η_a 和 η_c 分别表示阳极过电位和阴极过电位。

将式(4-6) 代入式(4-5) 中得：

$$V=(\varphi_a+\eta_a)-(\varphi_c+\eta_c)+iR \tag{4-7}$$

式(4-7) 称为电解方程式，它表明实际的分解电压是理论分解电压、电池的过电压和电解池中 iR 降之和。

三、电解分析方法

电解分析法可采用恒电流电解分析法和控制电位电解分析法。

1. 恒电流电解分析法

恒电流电解分析法也简称为恒电流电解法，它是在恒定的电流条件下进行电解，然后称量电极上析出物质的质量来进行分析测定的一种电重量方法。

电解时，通过电解池的电流是恒定的。在实际工作中，一般控制电流为 0.5～2.0A。随着电解的进行，被电解的测定组分不断析出，在电解液中该物质的浓度逐渐减小，电解电流也随之降低，此时可增大外加电压以保持电流恒定。

恒电流电解法的主要优点是仪器装置（图 4-3）简单，测定速度快，准确度较高，方法的相对误差小。该方法的准确度在很大程度上取决于沉积物的物理性质。电解析出的沉积物必须牢固地吸附于电极的表面，以防在洗涤、烘干和称量等操作中脱落散失。电解时电极表面的电流密度越小，沉积物的物理性质越好。电流密度越大，沉积速度越快。为能得到物理性能好的沉积物，不能使用太大的电流，并应充分搅拌电解液，或使电解物质处于配合状态，以便控制适当的电解速度，改善电解沉积物的物理性能。

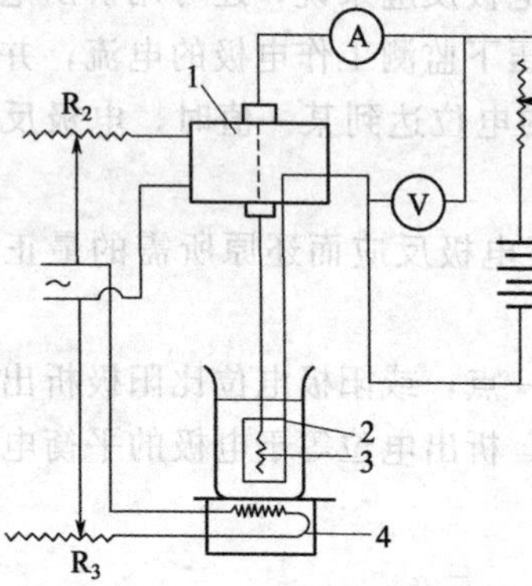

图 4-3 恒电流电解装置

1—搅拌马达；2—铂网（阴极）；3—铂螺旋丝（阳极）；4—加热器；A—电流表；V—电压表；R_1—电解电流控制；R_2—搅拌速度控制；R_3—温度控制

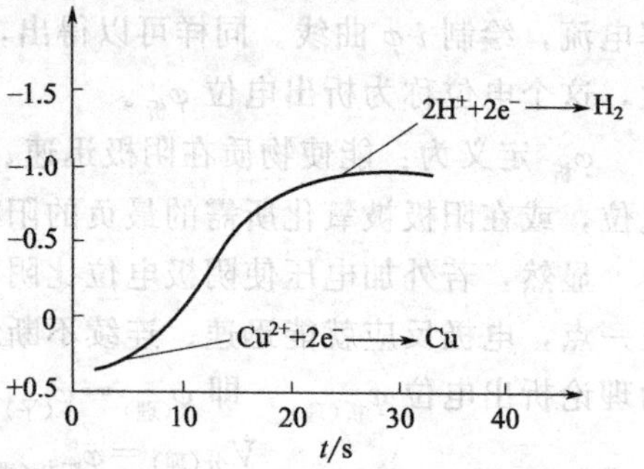

图 4-4 在 1.5A 电流下电解铜的 φ_c-t 曲线

恒电流电解法的主要缺点是选择性差，只能分离电动序中氢以下的金属。电解时氢以下的金属先在阴极上析出，当这类金属完全被分离析出后，再继续电解就析出氢气，所以在酸性溶液中电动序在氢以上的金属不能析出。加入去极化剂可以克服恒电流电解选择性差的问题。如在电解 Cu^{2+} 时，为防止 Pb^{2+} 同时析出，可加入 NO_3^- 作去极化剂，因为 NO_3^- 可先于 Pb^{2+} 析出。

在控制电流电解分析中，阴极电位 φ_c 与电解时间 t 的关系曲线如图 4-4 所示。由图可知，随着电解的进行，阴极表面附近 Cu^{2+} 浓度不断降低，阴极电位逐渐变负。经过一段时间后，因 M^{n+} 浓度较低，使得阴极电位改变的速率变慢，φ_c-t 曲线上出现平坦部分。与此同时电解电流也不断降低，为了维持电解电流恒定，就必须增大外加电压，使阴极电位更负。这样由于静电引力作用使 Cu^{2+} 以足够快的速度迁移到阴极表面，并继续发生电极反应以维持电解电流恒定，Cu^{2+} 继续在阴极上还原析出，直到电解完全，这就是控制电流电解的原理。

对于控制电流电解法，一般将外加电压一次加到足够大的数值，因此电解效率高，分析速度快，但当第一种反应物的浓度减小到其量不能满足该电流下的电极反应速度时，第二种物质就要补充，参与第一种物质的电极反应，引起共放电现象。由此可见该反应的选择性不高。为了克服此缺点，一般加入配位剂，改变干扰物质的析出电位或采用“电位缓冲法”，避免共放电现象的产生，以提高选择性。

在酸性溶液中，控制电流电解法只能用于测定金属活动顺序氢后面的金属，氢前面的金属不能在此条件下析出，从而实现分离金属活动顺序氢两侧的金属元素。控制电流电解法具有较高的准确度，至今仍是纯铜、铜合金中大量铜测定的较为精密的方法之一。此外，它还可应用于镉、钴、铁、镍、锡、银、锌和铋等元素的测定。

2. 控制电位电解分析法

在实际电解分析工作中，阴极和阳极的电位都会发生变化。当试样中存在两种以上离子时，随着电解反应的进行，离子浓度将逐渐下降，电池电流也逐渐减小，此时第二种离子亦可能被还原，从而干扰测定。应用控制外加电压的方式往往达不到好的分离效果。较好的方法是以控制工作电极（阴极或阳极）电位为一恒定值的方式进行电解。

它与恒电流电解不同之处，在于它具有测量和控制阴极电位的装置。在电解过程中，阴极电位可用电位计或电子毫伏计准确测量，并且通过变阻器 R（图 4-5）来调节加于电解池的电压，使阴极电位保持为一定值，或使之保持在某一特定的电位范围之内。

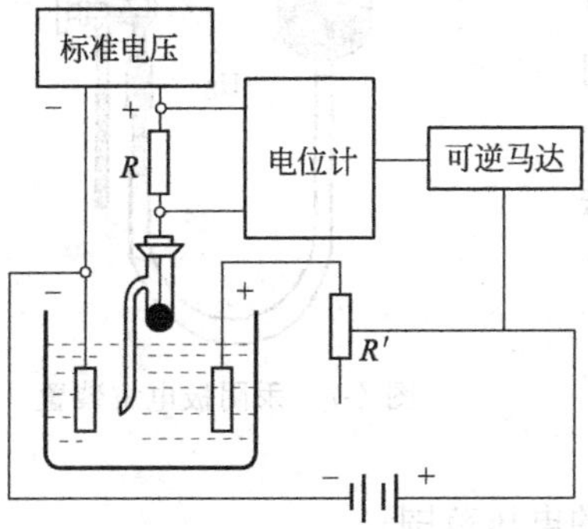

图 4-5 机械式自动控制阴极电位电解仪

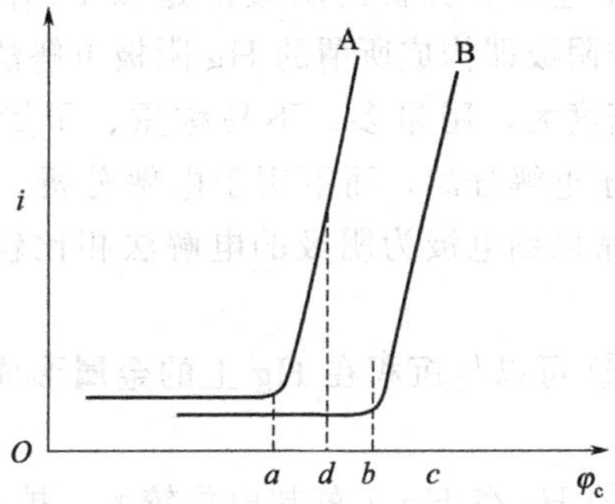

图 4-6 分离 A、B 金属离子的 i-φ_c 曲线

在控制电位电解过程中，被电解的只有一种物质，随着电解的进行，该物质在电解液中的浓度逐渐减小，因此电解电流也随之越来越小。当该物质被电解完全后，电流就趋近于零，可以此作为完成电解的标志。

溶液中存在两种以上可沉积的金属离子时，进行电解就应考虑干扰和分离问题。如果两种金属离子的还原电位相差较大，可用控制阴极电位电解法使两种金属离子分离。例如，溶液中有 A、B 两种金属离子，其电解电流与阴极电位（i-φ_c）曲线如图 4-6 所示。图中 a、b 两点分别为 A、B 两种金属离子的析出电位，d、c 两点分别为 A、B 两种金属离子析出完全时电极的平衡电位（一般认为，当某离子浓度降为 $1/10^5$ 或降到 1×10^{-6}mol·L^{-1}时，就已定量析出这种离子，可认为达到分离和分析的要求）。可见，只要将阴极电位控制在 db 之间进行电解，就可以使 A 离子定量析出，而 B 离子仍然保留在溶液中，从而实现 A、B 离子的分离和 A 离子的测定。待 A 离子测定完毕后，再将阴极电位控制在 c 点进行电解，就可以实现 B 离子的测定。

在控制电位电解过程中，由于被测金属离子在阴极上不断析出，所以，电流随着时间增长而不断减小，在某金属离子完全析出后，电流应降至零。但由于残留电流的存在，电流最后达到恒定的背景电流值。对于仅有一种离子在电极上还原，电流效率为 100%时，电流和时间的关系为：

$$i_t = i_0 \times 10^{-kt} \tag{4-8}$$

浓度和时间的关系为：

$$c_t = c_0 \times 10^{-kt} \tag{4-9}$$

式中，i_t 为 t 时的瞬时电流；i_0 为初始电流；c_t 为 t 时刻的浓度；c_0 为未电解时的初始浓度；k 为常数，它与电极表面积、溶液体积、搅拌速度以及电极反应类别等因素有关。

控制电位电解法是一种选择性较高的电解方法，比控制电流电解法应用得广。例如，应用控制阴极电位电解法对铜、铋、铅、锡四种共存离子进行分离和测定就是一个很好的例子。在中性的酒石酸盐溶液中，阴极电位为 −0.2V（vs. SCE）时，铜首先析出。经称量后，再将镀了铜的电极放回溶液，在 −0.4V 电位下电解，使铋定量析出。再将阴极电位调到 −0.6V 电解，此时铅定量析出。然后酸化溶液，使锡的酒石酸配合物分解，在 −0.65V 阴极电位下电解，锡就定量沉积下来。

3. 汞阴极电解法

上述电解分析的阴极都是以 Pt 作阴极，如果以 Hg 作阴极即构成所谓的 Hg 阴极电解法（图 4-7）。因 Hg 密度大，用量多，不易称重、干燥和洗涤，因此只用于电解分离，而不用于电解分析。汞阴极电解法与通常以铂电极为阴极的电解法相比较，主要有以下特点：

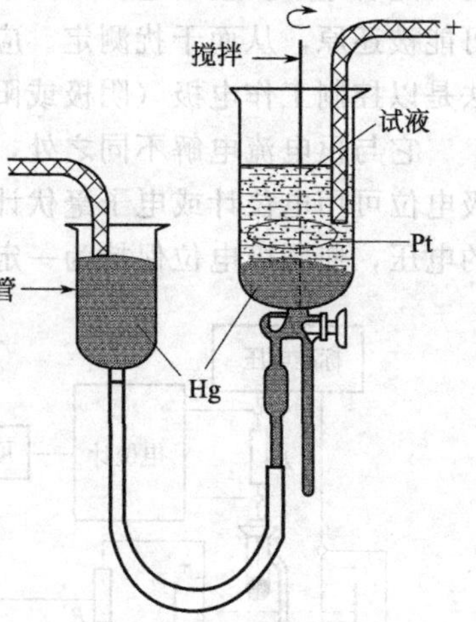

图 4-7 汞阴极电解装置

① 可以与沉积在 Hg 上的金属形成汞齐，更易于分离；

② H_2 在 Hg 上的超电位较大，扩大了电解分析的电压范围；

③ Hg 相对密度大，易挥发除去。这些特点使得该法特别适用于分离。

第三节 库仑分析法

一、库仑分析法的基本原理

根据被测物质在电解过程中所消耗的电量来求物质含量的方法，叫库仑分析法。与电解分析法相对应，库仑分析法也可分为：恒电流库仑分析法和控制电位库仑分析法两类。前者是建立在控制电流电解的基础上，后者是建立在控制电位电解过程的基础上。

不论哪种库仑分析法，都要求电极反应单一、电流效率100%（电量全部消耗在待测物上），这是库仑分析法的先决条件。库仑分析的定量依据是法拉第（Faraday）定律，数学表示式为：

$$m=\frac{M}{nF}Q=\frac{M}{nF}it \tag{4-10}$$

式中，m 为电极上析出物质的质量；M 为物质的摩尔质量，$g\cdot mol^{-1}$；n 为电极反应的电子转移数；Q 为通过电解池的电量；F 为 Faraday 常数（$96487C\cdot mol^{-1}$）；i 为通过电解池的电流强度；t 为电解进行的时间，s。

实际应用中由于副反应的存在，使100%的电流效率很难实现，其主要原因如下。

① 溶剂的电极反应　常用的溶剂为水，其电极反应主要是 H^+ 的还原和水的电解。利用控制工作电极电位和溶液 pH 的办法能防止氢或氧在电极上析出。若用有机溶剂及其它混合溶液作电解液，为防止它们的电解，应事先取空白溶液绘制 i-U 曲线，以确定适宜的电压范围及电解条件。

② 电活性杂质在电极上的反应　试剂及溶剂中微量易还原或易氧化的杂质在电极上反应会影响电流效率。可以用纯试剂作空白加以校正消除；也可以通过预电解除去杂质，即用比所选定的阴极电位负0.3～0.4V的阴极电位对试剂进行预电解，直至电流减低到残余电流为止。

③ 溶液中可溶性气体的电极反应　溶解气体只要是空气中的氧气，它会在阴极上还原为 H_2O 或 H_2O_2。除去溶解氧的方法是在电解前通入惰性气体（如 N_2）数分钟，必要时应在惰性气氛下电解。

④ 电极自身参与反应　如电极本身在电解液中溶解，可用惰性电极或其它材料制成的电极。

⑤ 电解产物的再反应　常见的是两个电极上的电解产物会相互反应，或一个电极上的反应产物又在另一个电极上反应。防止的方法是选择合适的电解液或电极；采用隔膜套将阴极或阳极隔开；将辅助电极置于另一个容器中，用盐桥相连接。

⑥ 共存元素的电解　若试样中共存元素与被测离子同时在电极上反应，则应预先进行分离。

显然，使用纯度较高的试剂和溶剂，设法避免电极副反应的发生，可以保证电流效率达到或接近100%。如果电流效率低于100%，只要损失电量是可知和重现的，则可以给予校正。

二、控制电位库仑分析法

建立在控制电位电解过程的库仑分析法称为控制电位库仑分析法。即在控制一定电位下，使被测物质以100%的电流效率进行电解，当电解电流趋于零时，表明该物质已被电解完全，通过测量所消耗的电量而获得被测物质的量。

电量测量的准确度是决定库仑分析准确度的重要因素之一。在要求不严格的条件下，可以根据 i-t 曲线计算电量。如果需精确测量电量，就只能通过库仑计或积分仪进行测量。

控制电位库仑分析的装置比控制电位电解分析多了一个电量测量部分，如图4-8所示。

(1) 化学库仑计

它是一种最基本、最简单而又最准确的库仑计。它是通过与某一标准的化学过程相比较

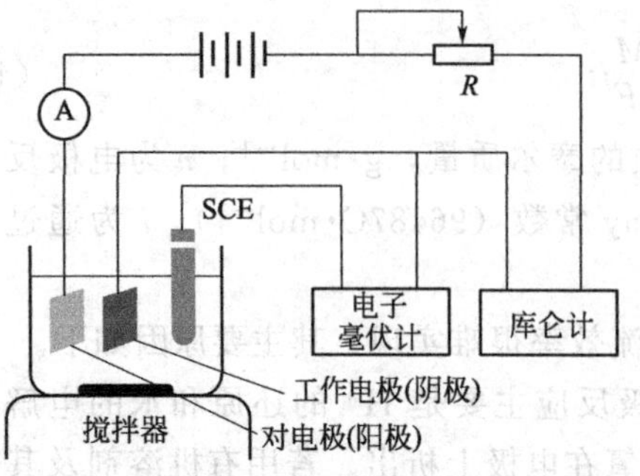

图 4-8 控制电位库仑法的基本装置

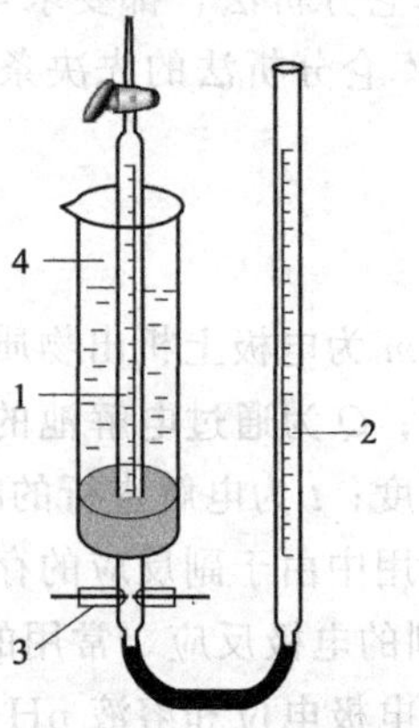

图 4-9 气体库仑计

1—玻璃电解管；2—刻度管；

3—铂电极；4—恒温水浴套

而进行测定的。库仑计本身就是一个与样品池串联的电解池，在100%的电流效率下，根据库仑计内化学反应进行的程度即可计算出通过样品池的电量，从而得到待测物质的量。常用的化学库仑计有体积式、滴定式等。

① 气体库仑计的结构如图 4-9 所示。它是由一个带有旋塞和两个铂电极的玻璃电解管与一支刻度管以橡皮管相连接。电解管外为一恒温水浴套，管内装有 0.5mol·L^{-1} K_2SO_4 溶液。使用时将库仑计与电解池串联，当电流通过刻度管中的电解质时，在铂阳极和铂阴极上分别析出 O_2 和 H_2。两种气体都进入刻度管内，从电解前后刻度管中的液面差就可以读出氢氧混合气体的体积。在 0℃、101.325kPa 下，每库仑电量析出 0.1741mL 混合气体。如果实验中生成的气体在标准状态下为 VmL，则通过的电量即为 $\frac{V}{0.1741}$C。根据法拉第电解定律，样品池中待测物质量为：

$$m=\frac{VM}{0.1741\text{mL}\cdot\text{C}^{-1}\times 96485\text{C}\cdot\text{mol}^{-1}\times n}=\frac{VM}{16798\text{mL}\cdot\text{mol}^{-1}\times n}$$

这种库仑计能测量 10C 以上的电量，准确度达±0.1%，使用简便，但灵敏度差。

注意，使用这种库仑计电流密度不应低于 50mA·cm^{-2}，否则会产生负误差。这可能是由于阳极生成的 O_2 的同时也产生少量的 H_2O_2，当电流密度较低时，它来不及进一步氧化就转移到阴极还原为水：

$$H_2O_2+2H^++2e^-\longrightarrow 2H_2O$$

如果电流密度较大，H_2O_2 便可氧化形成 O_2。

若将 K_2SO_4 改用 0.1mol·L^{-1}硫酸肼，阴极仍析出 H_2，而阳极将析出 N_2，其反应如下：

$$N_2H_5^+ = N_2\uparrow+5H^++4e^-$$

这就变成了所谓的氢氮库仑计，这种库仑计可在低电流密度下使用，准确度可达±1%。

② 滴定式库仑计是用标准溶液滴定库仑池中生成的某种物质，然后计算通过电解池的电量。例如用银丝作阳极，铂片作阴极，在圆形玻璃器皿中充以 0.03mol·L^{-1}KBr+0.2mol·L^{-1} K_2SO_4 进行电解，其反应如下：

阳极 $Ag+Br^-\longrightarrow AgBr+e^-$

阴极　　$2H_2O+2e^- \longrightarrow 2OH^- + H_2$

生成的OH^-用$0.01mol\cdot L^{-1}$ HCl标准溶液滴定至pH=7.0，根据消耗的HCl的量即可计算出生成的OH^-的量，从而计算出通过电解池的电量。这种库仑计装置简单，准确度也较高。测定10C的电量，准确度可达±0.1%；测定0.1C的电量，准确度可达±1%。

碘式库仑计也是滴定式库仑计的一种，在两个相连的玻璃器皿中各放置一根螺旋状铂丝，分别作为阳极和阴极。以$0.5mol\cdot L^{-1}$KI为电解液，在电解过程中碘离子在阳极上氧化生成I_2。电解结束后，放出阳极区的I_2溶液，用标准$Na_2S_2O_3$溶液进行滴定，根据消耗的$Na_2S_2O_3$的量可计算出生成的I_2的量，从而计算出通过电解池的电量。这类库仑计的准确度可达±2%。

(2) 作图法

在控制电位电解过程中，根据式(4-8)，电解电流随时间的增长而逐渐减小。将该式对时间积分得：

$$Q=\int_0^t i_t \mathrm{d}t=\int_0^t i_0\times 10^{-kt}\mathrm{d}t=\frac{i_0}{2.303k}(1-10^{-kt}) \tag{4-11}$$

当$kt>3$时，10^{-kt}可忽略不计，则

$$Q=\frac{i_0}{2.303k} \tag{4-12}$$

对式(4-8)两边取对数，得：

$$\lg i_t=\lg i_0-kt \tag{4-13}$$

如果用$\lg i_t$对t作图，可得一直线，该直线的斜率为$-k$，截距为$\lg i_0$。将k和i_0代入式(4-12)，即可求出Q值。作图法比较麻烦，准确度也较差。

(3) 电子积分仪

借助于电子技术的发展，现代仪器已经可以将适当的电子积分仪串联到电解电路中，自动积分总电量并将其直接读出。该法结果准确，应用方便。

控制电位库仑分析法的特点和应用：

① 该法是测量电量而非称量，所以可用于溶液中均相电极反应或电极反应析出物不易称量的测定，对有机物测定和生化分析及研究上有较独特的应用。

② 分析的灵敏度、准确度都较高，用于微量甚至痕量分析，可测定μg级的物质，误差可达0.1%～0.5%。

③ 可用于电极过程及反应机理的研究，如测定反应的电子转移数、扩散系数等。

④ 仪器构造相对较为复杂，杂质及背景电流影响不易消除，电解时间较长。

三、库仑滴定法

1. 方法原理及装置

库仑滴定法是以恒定的电流通过电解池，以100%的电流效率电解产生一种物质（称为“电生滴定剂”）与被测物质进行定量反应，当反应到达化学计量点时，由消耗的电量（Q）算得被测物质的量。

可见，它与一般滴定分析方法的不同在于：滴定剂是由电生的，而不是由滴定管加入，其计量标准量为时间及电流（或Q），而不是一般滴定法的标准溶液的浓度及体积。

库仑滴定法的装置除了电解池外，还需有恒电流源、计时器及终点指示装置。图4-10为其示意图。

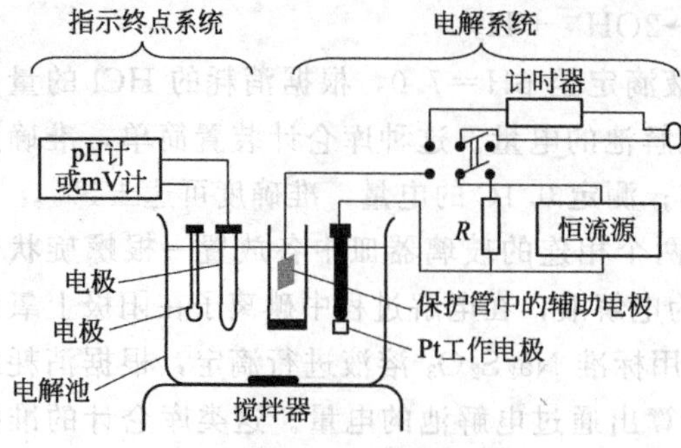

图 4-10 库仑滴定装置

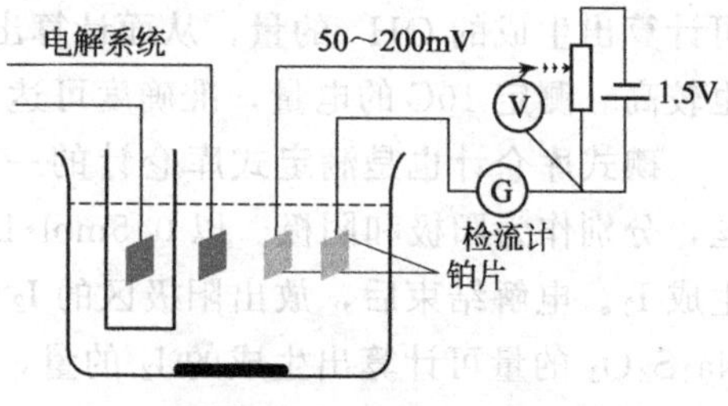

图 4-11 永停终点法装置

2. 指示终点的方法

① 指示剂法 是简便、经济实用的方法。指示剂必须是在电解条件下的非电活性物质。指示剂的变色范围一般较宽，指示终点不够敏锐，故误差较大。

② 电位法 与电位滴定法指示终点的原理一样，选用合适的指示电极来指示滴定终点前后电位的突变，其滴定曲线可用电位（或 pH）对电解时间的关系表示。

③ 双指示电极（双 Pt 电极）电流指示法 也称永停（或死停）终点法，其装置如图 4-11所示，在两支大小相同的 Pt 电极上加上一个 50～200mV 的小电压，并串联上灵敏检流计，这样只有在电解池中可逆电对的氧化态和还原态同时存在时，指示系统回路上才有电流通过，而电流的大小取决于氧化态和还原态浓度的比值。当滴定到达终点时，由于电解液中或者原来的可逆电对消失，或者新产生可逆电对，使指示回路的电流停止变化或迅速变化。

如在 Ce^{3+} 和 Fe^{2+} 溶液中，电生 Ce^{4+} 滴定 Fe^{2+}，i-t 曲线如图 4-12 所示；在 KBr 和 AsO_3^{3-} 溶液中，电生 Br_2 滴定 AsO_3^{3-}，i-t 曲线如图 4-13 所示。

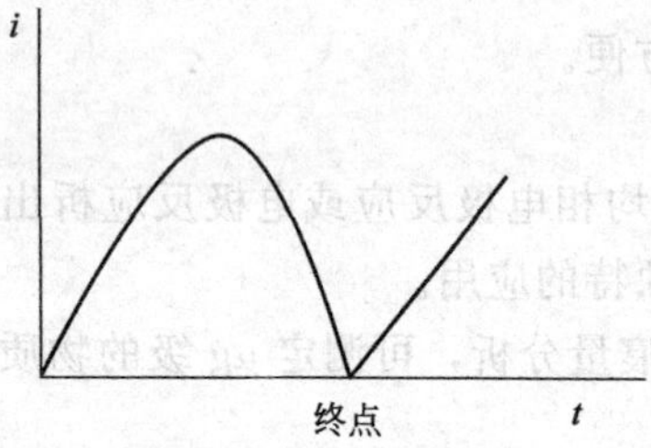

图 4-12 电生 Ce^{4+} 滴定 Fe^{2+} 的 i-t 曲线

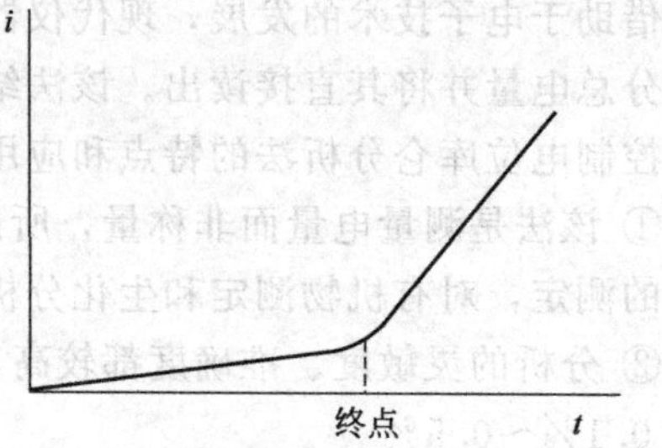

图 4-13 电生 Br_2 滴定 $As_2O_3^{3-}$ 的 i-t 曲线

3. 库仑滴定法的特点和应用

应用较广泛，凡能与电生滴定剂起定量反应的物质均可测定。

① 在现代技术条件下，i、t 均可以准确计量，只要电流效率及终点控制好，方法的准确度、精密度都会很高。

② 有些物质或者不稳定，或者浓度难以保持一定，如 Cu^{+}、Cr^{2+}、Sn^{2+}、Cl_2、Br_2 等，在一般滴定中不能配制成标准溶液，而在库仑滴定中可以产生电生滴定剂。

③ 不需标准溶液，因此既克服了寻找标准溶液的困难，又减少了标准溶液引入的误差。

④ 易实现自动检测，可进行动态的流程控制分析。

四、微库仑分析法

微库仑分析法也是利用电生滴定剂滴定被测物质，与库仑滴定法的不同之处是该法的电流不是恒定的，而是随被测物质的含量大小自动调节，装置如图 4-14 所示。样品进入电解池之前，电解液中加入微量的滴定剂，指示电极和参比电极上的电压 $E_{指}$ 为定值。偏压源提供一个与 $E_{指}$ 大小相同、极性相反的偏压 $E_{偏}$，两者之差 $\Delta E=0$。此时，放大器输入为零，输出也是零，处于平衡状态。当样品进入电解池时，滴定剂与被测物质反应，$E_{指}$ 变化，平衡状态被破坏，$\Delta E\neq0$，放大器有电流输出，工作电极开始电解，直至滴定剂恢复至初始浓度，平衡重新建立，$\Delta E=0$，终点到达，停止滴定。

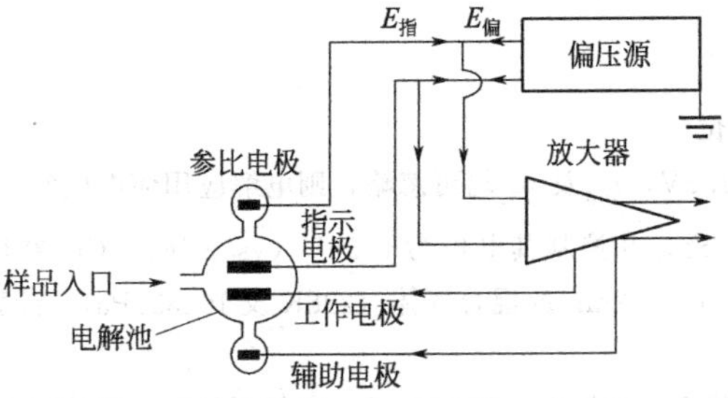

图 4-14 微库仑分析原理

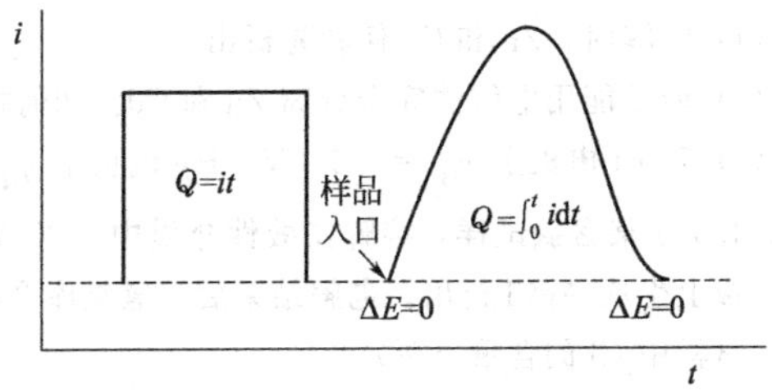

图 4-15 微库仑的 i-t 曲线

微库仑法分析过程中电流是变化的，所以也称动态库仑分析法，i-t 曲线如图 4-15 所示。此方法灵敏度很高，适于微量和痕量分析。

第四节 电解和库仑分析法的应用

库仑滴定的应用：凡与电解时产生的试剂能迅速反应的物质，都可以用库仑滴定测定，故能用于容量分析的各类滴定，如酸碱滴定、氧化还原滴定、沉淀滴定、配位滴定等滴定的物质都可应用库仑滴定测定。

对于一些反应速度慢的反应，如以容量分析测定一些有机化合物时，往往要先加过量滴定剂，在反应进行完全后，再返滴定此过量的滴定剂。若采用库仑滴定进行此类滴定，可在同一试液中电解产生两种试剂，例如以 $2Br^-/Br_2$ 和 Cu^+/Cu^{2+} 两个电对可进行有机化合物溴值的测定。先在 $CuBr_2$ 溶液中在阳极电解产生过量 Br_2，待 Br_2 与有机化合物反应完全后，倒换工作电极的极性。再与阴极电解产生 Cu^+，以滴定过量 Br_2。

思考题与习题

1. 何谓分解电压和析出电位？分解电压与电池的电动势、析出电位与工作电极的电极电位有何关系？
2. 在电解分析中，为什么一般使用表面积较大的工作电极和搅拌溶液？为什么有时还需加入惰性电解质、pH 缓冲液或配合剂？
3. 控制电位电解分析中，电流 i_t 与时间 t 的关系如何表示？如何提高电解效率、缩短电解时间？
4. 控制电位电解分析中，如何判断共存离子的析出次序？如何控制电位进行电解分离？
5. 写出法拉第定律的数学表达式，说明其物理意义。
6. 在 $1mol\cdot L^{-1}$ HNO_3 介质中，电解 $0.1mol\cdot L^{-1}$ 的 Pb^{2+}，以 PbO_2 形式析出，如以电解至残余 0.01% Pb^{2+} 视为完全，此时，工作电极的电位变化值有多大？
7. 用电解法测定铜合金（其中 Cu 约含 80%，Pb 约含 5%）的 Cu 和 Pb。称取试样 1g，硝酸溶解并定容为 100mL。调节 HNO_3 浓度为 $1mol\cdot L^{-1}$。电解时，Cu^{2+} 在阴极上析出 Cu，Pb^{2+} 在阳极上析出 PbO_2，试计算溶液的分解电压。

8. 在 pH=4 的 HAc-NaAc 缓冲溶液介质中，电解 0.010mol·L^{-1} 的 $ZnSO_4$ 溶液，以 Cu 为阴极，Pt 为阳极。已知：Cu 电极上 $\eta_{H_2}=0.75V$，Pt 电极上 $\eta_{O_2}=0.50V$，电池的 iR 降为 0.50V。试问：

(1) 理论分解电压为多少伏？

(2) 电解开始时所需加的实际电压为多少伏？

(3) 电解过程中电压须变化吗？

(4) 阴极开始释放 H_2 时，溶液中 Zn^{2+} 浓度为多少？

9. 在 1mol·L^{-1} 的 H_2SO_4 介质中，电解浓度均为 0.10mol·L^{-1} 的 $ZnSO_4$ 和 $CdSO_4$ 混合浓度。试问：

(1) 电解时，Zn 和 Cd 何者先析出？

(2) 能不能用电解法完全分离 Zn 和 Cd？如何控制电位？

(3) 若 Pt 电极上 $\eta_{H_2}=-1.0V$，Hg 电极上 $\eta_{H_2}=-1.0V$，η_{Cd} 及 η_{Zn} 均可忽略，则电解应用何电极？

10. 1.50g 某含氯试样，溶解在酸性介质中，以 Ag 为阳极，并控制其电位为 0.25V (vs. SCE)，Cl^- 在阳极上生成 AgCl 析出。电解结束后，氢氧库仑计中产生 36.7mL 的混合气体（298K 及 101325Pa），计算试样中 Cl 的含量（%）。

11. 用控制电位库仑法测定 In^{3+}，在汞阴极上还原成金属铟，初始电位为 150mA，电解开始时，电流以 Kt（$K=0.0058min^{-1}$）的指数方程衰减，20min 后降至接近 0，试计算试液中铟的质量。

12. 用库仑滴定法测定某炼焦厂排污水中的含酚量。取水样 100mL，酸化后加入过量的 KBr，电解产生的 Br_2 与苯酚反应。

电解：$$2Br^- \rightleftharpoons Br_2+2e^-$$

反应：$$C_6H_5OH+3Br_2 \rightleftharpoons Br_3C_6H_2OH+3HBr$$

电解电流为 20.8mA，到达终点的电解时间为 7.5min。试计算水样中酚的浓度（mg·L^{-1}）。

13. 用库仑滴定法测定蛋白质中 N 的含量。蛋白质样品经浓硫酸消化后，N 转化为 NH_4^+，定容为 100mL，取 1.00mL 调节 pH 至 8.6，用电解产生的 OBr^- 滴定。

电解：$$Br^-+2OH^- \rightleftharpoons OBr^-+H_2O+2e^-$$

反应：$$2NH_3+3OBr^- \rightleftharpoons N_2+3Br^-+3H_2O$$

电流强度为 10.0mA，设达到终点需要 159s。计算蛋白质样中的含氮量（mg）。

14. 根据下述反应设计用库仑滴定法测定 1mg 8-羟基喹啉的分析方案。

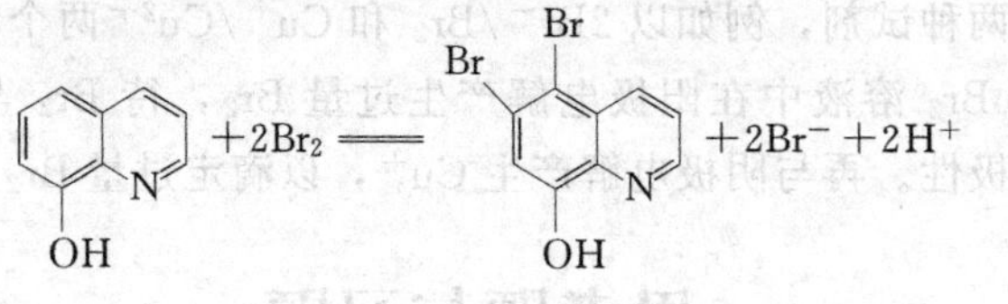

第五章　极谱和伏安分析法

第一节　概　述

伏安分析法是一类以测定被分析溶液电解时的电解电流与电解池电压变化曲线为基础的电分析化学方法，是一种特殊的电解分析方法。极谱分析法是伏安分析法的早期形式，是用滴汞电极作工作电极。伏安分析法可以用固态电极或表面静止电极如铂电极、悬汞电极、汞膜电极等作工作电极。伏安分析法是在极谱分析法的基本理论基础上发展起来的。

自 1922 年 J. Heyrovsky 开创极谱学以来，极谱分析在理论和实际应用上发展迅速，同时促进了各种伏安法的出现和发展。继直流极谱法后，相继出现了单扫描极谱法、脉冲极谱法、卷积伏安法等各种快速、灵敏的现代极谱分析方法，使极谱分析成为电分析化学的重要组成部分。极谱分析法不仅可用于痕量物质的测定，而且还可用于研究化学反应机理及动力学过程，测定配合物组成及化学平衡常数等。

极谱分析法分为控制电位极谱法（如直流极谱法、单扫描极谱法、脉冲极谱法和溶出伏安法等）和控制电流极谱法（如交流示波极谱法和计时电位法等）两大类。本章在重点讨论经典极谱的基础上，适当介绍一些常用的现代极谱新技术。

从 20 世纪 60 年代末起，随着电子技术的发展，以及固体电极、修饰电极的开发，电分析化学在化学领域之外如生命科学、材料科学中的拓展应用，使伏安分析法得到了长足的发展，成为电分析化学中应用最广泛的一类分析方法。

在含义上，伏安法和极谱法是相同的，而两者的不同在于工作电极：伏安法的工作电极是电解过程中表面不能更新的固定液态或固态电极，如悬汞、汞膜、玻璃碳、铂电极等；极谱法的工作电极是表面能周期性更新的液态电极，即滴汞电极。

极谱分析法有以下特点：

① 直流极谱法的测量浓度范围为 $10^{-2} \sim 10^{-5} mol \cdot L^{-1}$，即灵敏度一般，采用其它新技术，可以获得较高的灵敏度，脉冲极谱法检测限可达 $10^{-9} mol \cdot L^{-1}$；

② 准确度高，重现性好，相对误差一般在 2%以内；

③ 选择合适的极谱底液时，可不经分离而同时测定几种物质，具有一定的选择性；

④ 由于极谱电解电流很小，分析结束后浓度几乎不变，试液可以连续反复使用；

⑤ 应用比较广，仪器较为简单、便宜，凡能在电极上起氧化-还原反应的有机或无机物均可采用，有的物质虽不能在电极上反应，但也可以间接测定。

第二节　极谱分析法基本原理

一、经典极谱分析的装置及测量原理

极谱分析过程是在一种特殊情况下的电解过程，其特殊性在于使用了一支表面积很小、特别容易极化的电极（滴汞电极）和另一支去极化电极（甘汞电极）作为工作电极，在溶液

保持静止的情况下进行的非完全的电解过程。如果一支电极通过无限小的电流，便引起电极电位发生很大变化，这样的电极称之为极化电极，反之电极电位不随电流变化的电极叫理想的去极化电极。将漏斗的流出口连接一玻璃毛细管，装入汞后，就构成了简单的滴汞电极。滴汞电极具有以下特点：在毛细管出口处形成的汞滴很小，特别容易形成极化；汞滴的不断滴落，保持电极表面的不断更新；漏斗中大量的汞则可保持汞柱高度和滴汞周期相对稳定。甘汞电极具有去极化电极的特点（电极电位恒定），可作为去极化电极使用，也可将烧杯底部形成大面积汞层作为去极化电极。电解时利用电位器接触片的变动来改变加在电解池两极上的外加电压，用灵敏度很高的检流计记录流经电解池的电流。将待测试液加入电解池中，在试液中加入大量的 KCl 等惰性电解质。通入 N_2 或 H_2，以除去溶解于溶液中的氧，然后使汞滴以每滴 3～5s 的速度滴下，记下各个不同电压下相应的电流值，以电压为横坐标、电流为纵坐标绘图，即得电流-电压曲线（i-E 曲线）。极谱分析装置如图 5-1 所示。

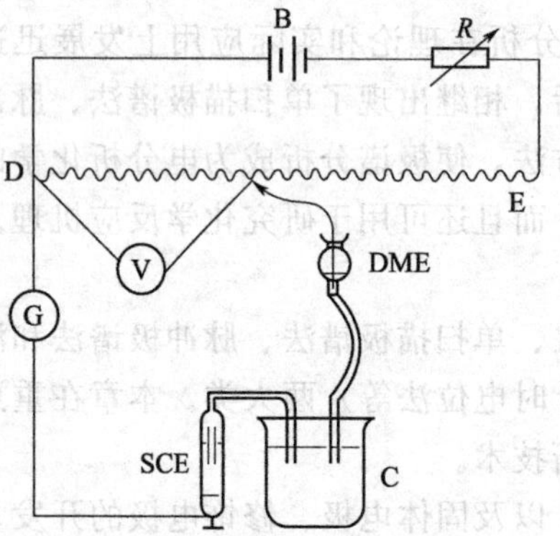

图 5-1　极谱法的基本装置和电路

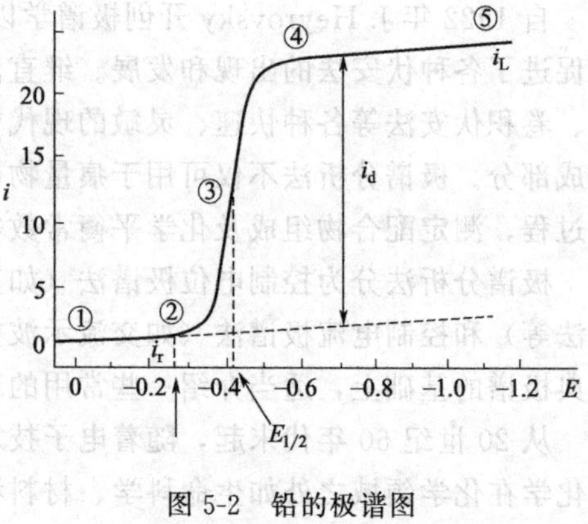

图 5-2　铅的极谱图

二、极谱波的形成

现以 Pb^{2+}（1.0×10^{-3}mol·L^{-1}）为例来说明极谱分析过程。取含铅试液于极谱分析的电解池中，加入大量的 KCl 作支持电解质（约 1mol·L^{-1}），再滴入少量动物胶，向试液中通入氮气或氢气数分钟，除去试液中的氧气；以滴汞电极为阴极、饱和甘汞电极为阳极，在电解液保持静止的状态下进行电解。电解时，外加电压由－0.1V 逐渐增加到－1.0V，同时记录不同电压时相应的电解电流 i；绘制电流-电压曲线，所得到的图称为极谱波或极谱图，见图 5-2。图中的各个阶段对应不同的电解过程。阴极上发生如下的电极反应：

$$Pb^{2+} + 2e^- + Hg \longrightarrow Pb(Hg) \qquad (5\text{-}1)$$

图 5-2 中的各个阶段对应不同的电解过程。

①～②段：外加电压还没有达到 Pb^{2+} 的还原电位，理论上没有电解反应，没有电流通过电解池。但这时由于电解液中的少量电活性物质的电解和汞滴充电电流的存在，仍有极微小的电流流过，这部分电流称为残余电流（用 i_r 表示）。

②～③段：外加电压继续增加，达到 Pb^{2+} 的分解电压，电流略有上升。

滴汞阴极　　$Pb^{2+} + 2e^- + Hg = Pb(Hg)$

甘汞阳极　　$2Hg + 2Cl^- = Hg_2Cl_2 + 2e^-$

③～④段：随着外加电压的增大，Pb^{2+} 迅速在滴汞电极表面还原，电解电流急剧增大。由于溶液静止，故产生浓度梯度（厚度约 0.05mm 的扩散层）。

④～⑤段：当电流增大到一定值后，电解电流达到极限，不再随着电压的增大而增加。此时的电流称作极限电流，用 i_L 来表示。

平衡时，电解电流仅受扩散运动控制，形成极限扩散电流（用 i_d 表示，$i_d = i_L - i_r$），它与物质的浓度呈正比，这是极谱定量分析的基础。

在极限扩散电流 i_d 的一半处所对应的电位值叫半波电位，用 $E_{1/2}$ 来表示。在 $E_{1/2}$ 处，电流随电压变化最大。在一定条件下，它是物质的特性常数，同一种物质的 $E_{1/2}$ 一定，与物质的浓度无关，不同物质的 $E_{1/2}$ 不同，故可用它来判断物质极谱波的位置。这是极谱定性分析的基础。

三、扩散电流方程式——极谱定量分析

在静止溶液中，消除了迁移电流后，极谱电流就完全受可还原离子扩散速度控制，形成扩散电流。对于扩散电流先从简单的、面积固定的电极开始讨论，然后再引入面积不断长大的球面滴汞。

扩散是指一个物质在固体、液体或气体介质中由于不同部分浓度不一样而引起的一种方向性运动，扩散的方向是物质从浓度高的部分向浓度低的部分移动。它的速度与浓度的大小成正比，也与扩散物质的性质和介质的性质有关。

$$i_d = 708nD^{1/2}m^{2/3}t^{1/6}c \tag{5-2}$$

式中，i_d 为最大扩散电流，μA；D 为离子扩散系数，$cm^2 \cdot s^{-1}$；m 为汞在毛细管中的流量，$mg \cdot s^{-1}$；t 为在测量电流时所加电位下汞滴落下时间，s；c 为离子浓度，$mmol \cdot L^{-1}$。

最大扩散电流是在每滴汞寿命的最后时刻获得的，实际测量仪表仅记录在平均电流值附近的小摆动，为锯齿形，平均电流为：

$$\overline{i_d} = \frac{1}{t}\int_0^t t_d \, dt = 607nD^{1/2}m^{2/3}t^{1/6}c \tag{5-3}$$

式(5-2) 和式(5-3) 称为 Ilkovič 方程，是极谱分析的基本公式。

从 Ilkovič 方程中可得影响扩散电流的因素如下。

① 电活性物质的浓度　用同一个毛细管，在汞柱高度不变时，扩散电流与电活性物质的浓度成比例。

$$\overline{i_d} = Kc \tag{5-4}$$

K 称为 Ilkovič 常数，为 $60\ 7nD^{1/2}m^{2/3}t^{1/6}$

② 毛细管特性 $m^{2/3}t^{1/6}$ 汞滴流量 m 与汞柱高度有关，$m = k'h$。而滴下的时间 t 与汞柱高度的关系为 $t = k'\frac{1}{h}$。代入 Ilkovič 方程，可得：

$$Km^{2/3}t^{1/6} = K(k'h)^{2/3}[k''(1/h)]^{1/6} \tag{5-5}$$

该关系常用来做试验验证极谱波是否为扩散波。

③ 温度　扩散电流的温度系数约为 1.3%·℃$^{-1}$，如果温度系数大于 2%·℃$^{-1}$，则电流就可能不完全是扩散所控制。

④ 扩散系数 D　如果 m，t 由实验测出，n 及电活性物质浓度 c 已知，由 i_d 可以求出电活性物质在不同溶液中的实际扩散系数。

⑤ 电极反应的电子数 n　如果扩散电流常数 k 已知，D 已知，可以从方程式中估算电极反应的电子数 n。

四、极谱定性分析依据——半波电位

不同金属离子具有不同的分解电压，但分解电压随离子浓度而改变，所以极谱分析不用分解电压而用半波电位来做定性分析。所谓半波电位（$E_{1/2}$）就是当电流等于极限扩散电流的一半时的电位，其最重要的特征是与被还原的离子的浓度无关（如果支持电解质的浓度与溶液的温度保持不变）。

1. 极谱波的类型

（1）按电极反应的可逆性分类

按可逆性与否，可将极谱波分为可逆波与不可逆波。判断电极反应的可逆性与否，其根本区别在于电极反应过程是否存在过电位，即是否有电化学极化。在图 5-3 中曲线 1 和曲线 2 为同一可逆电对的还原波与氧化波；曲线 4 为不可逆的还原波与氧化波。曲线 4 表现出有明显的过电位。不可逆波由于电极反应的速度很慢，只有施加更负（或更正）的电位，才能够使被测物质迅速在电极上还原（或氧化）析出，达到最终的扩散速度控制。

电极过程可逆性的区分并不是绝对的。一般认为，电极反应速率常数 k_s 大于 2×10^{-2} $cm\cdot s^{-1}$ 时为可逆，小于 3×10^{-5} $cm\cdot s^{-1}$ 时为不可逆，在两者之间为部分可逆或准可逆。

（2）按电极反应的氧化还原性质分类

按电极反应的氧化还原性质，可分为还原波（阴极波）、氧化波（阳极波）和综合波（阳极-阴极波）。按电极反应的氧化或还原过程区分为还原波（阴极波）、氧化波（阳极波）和综合波。还原波即溶液中的氧化态物质在电极上还原时所得到的极化曲线，即图中的曲线 1，相当于溶液本体中只有氧化态的物质存在；曲线 2 是氧化波，即相当于溶液中的还原态物质在电极上氧化时所得到的极化曲线，相当于溶液本体中只有还原态的物质存在；当溶液中同时存在氧化态和还原态时，得到如图 5-3 中的曲线 3，称为综合波。对可逆过程来讲，同一物质在相同的底液条件下，其还原波与氧化波的半波电位相同，如图 5-3 中的曲线 1 与 2 的 $E_{1/2}$ 是同一值。对于不可逆电对，由于电极极化引起的过电位使还原波与氧化波的半波电位差值为其各自的过电位，如图 5-3 中的曲线 4。

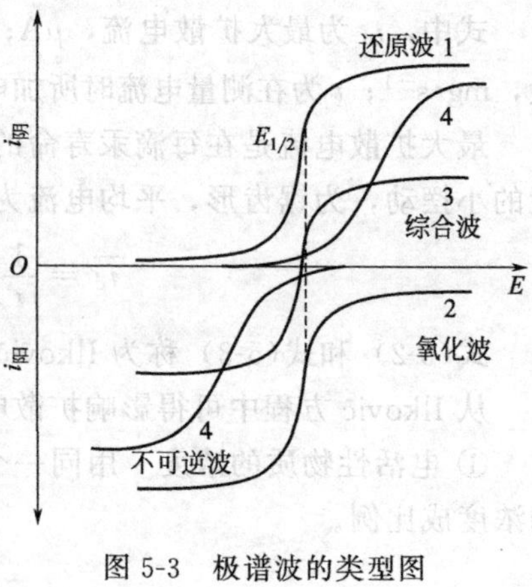

图 5-3 极谱波的类型图

由于电极极化的原因使还原波与氧化波的半波电位偏离可逆电对的 $E_{1/2}$，其值为各自的过电位值。

（3）按进行电极反应的物质区分

① 简单离子（实际上是水合离子）的极谱波

$M^{n+}+ne^- \!=\!=\!= M(Hg)$（在电极上生成汞齐），如：$Pb^{2+}+2e^- \!=\!=\!= Pb(Hg)$

$M^{n+}+ne^- \!=\!=\!= M$（以金属状态沉积在电极上），如：$Ni^{2+}+2e^- \!=\!=\!= Ni$

$M^{n+}+\alpha e^- \!=\!=\!= M^{(n-\alpha)+}$（均相氧化还原反应），如：$Fe^{3+}+e^- \!=\!=\!= Fe^{2+}$

② 配合物的极谱波

$$MX_p^{(n-pb)+}+ne^-+Hg \!=\!=\!= pX^{b-}+M(Hg)\text{（生成汞齐）}$$

如：$HPbO_2^{2-}+e^-+H_2O+Hg \!=\!=\!= Pb(Hg)+3OH^-$

③ 有机化合物的极谱波

$$R+nH^{+}+ne^{-} \longrightarrow RH_{n} \text{（多数有氢参加）}$$

如：$C_6H_5N{=\!=}NC_6H_5+2H^{+}+2e^{-} \longrightarrow C_6H_5NH{-}NHC_6H_5$

2. 极谱波方程式

极谱波是电流与滴汞电极（DME）电位的曲线，而电流与DME电位之间的关系式则称为极谱波方程式。极谱波方程式研究的是可逆电极反应的过程。金属离子在汞滴上的电极反应为：

$$M^{n+}+ne^{-}+Hg \longrightarrow M(Hg)\text{（汞齐）} \tag{5-6}$$

滴汞电极电位为：

$$\varphi_{de}=\varphi^{\ominus}+\frac{RT}{nF}\ln\frac{a_{Hg}\gamma_{M}c_{M}^{0}}{\gamma_{a}c_{a}^{0}} \tag{5-7}$$

式中，φ_{de}为当$i=\frac{1}{2}i_d$时，滴汞电极的电极电位；$\varphi^{\ominus}$为上述汞齐电极的标准电极电位；c_a^0为滴汞电极表面上形成的汞齐浓度；c_M^0为可还原金属离子在滴汞电极表面的浓度；γ_a、γ_M分别为活度系数。由于汞齐浓度很稀，a_{Hg}不变，则：

$$\varphi_{de}=\varphi^{\ominus\prime}+\frac{RT}{nF}\ln\frac{\gamma_{M}c_{M}^{0}}{\gamma_{a}c_{a}^{0}} \tag{5-8}$$

式中，$\varphi^{\ominus\prime}$是汞齐电极的条件电极电位。

当达到极限电流时，扩散电流方程可写成以下形式：

$$i_d=K_Mc_M \tag{5-9}$$

式中，$K_M=607nD_s^{1/2}m^{2/3}t^{1/6}$，其中$D_s$为金属离子在溶液中的扩散系数；$c_M$是金属离子在汞滴表面的浓度。

在未达到完全浓差极化前，被还原离子在滴汞电极的汞滴表面的浓度c_M^0不等于零，则

$$i=K_M(c_M-c_M^0) \tag{5-10}$$

式(5-9) 减式(5-10) 得：

$$i_d-i=K_Mc_M^0 \tag{5-11}$$

$$c_M^0=\frac{i_d-i}{K_M} \tag{5-12}$$

根据法拉第电解定律，还原产物的浓度（汞齐）与通过电解池的电流成正比，析出的金属从汞滴表面向中心扩散，则：

$$i=K_a(c_a^0-0)=K_ac_a^0 \tag{5-13}$$

$$c_a^0=\frac{i}{K_a} \tag{5-14}$$

式中，$K_a=607nD_a{}^{1/2}m^{2/3}t^{1/6}$，其中$D_a$为金属原子在汞齐中的扩散系数。

将式(5-14) 和式(5-12) 代入式(5-8)，得：

$$\varphi_{de}=\varphi^{\ominus\prime}+\frac{RT}{nF}\ln\frac{\gamma_MK_a}{\gamma_aK_M}+\frac{RT}{nF}\ln\frac{i_d-i}{i} \tag{5-15}$$

在极谱波的中点，即$i=\frac{i_d}{2}$时，代入上式，得：

$$\varphi_{1/2}=\varphi^{\ominus\prime}+\frac{RT}{nF}\ln\frac{\gamma_MK_a}{\gamma_aK_M} \tag{5-16}$$

则
$$\varphi_{de}=\varphi_{1/2}+\frac{RT}{nF}\ln\frac{i_d-i}{i} \tag{5-17}$$

式(5-17) 即为还原波的极谱波方程。由该式可以计算极谱曲线上每一点的电流与电位值。当 $i=i_d/2$ 时的 $\varphi=\varphi_{1/2}$ 称为半波电位，与离子浓度无关，可作为极谱定性的依据。对于可逆波来说，同一种物质在相同的条件下，其还原波与氧化波的半波电位相同。在实际应用中，极谱分析中的半波电位可以使用的范围有限，一般不超过 2V。在一张极谱图上只可能分析几种离子，故利用半波电位定性的实际意义不大，但可以选择分析条件，避免相邻离子的干扰。半波电位数据可从有关手册中查阅。

极谱分析法不但可利用还原波进行定量分析，也可利用氧化波。同理，可得氧化波的可逆极谱波方程：

$$\varphi_{de}=\varphi_{1/2}-\frac{RT}{nF}\ln\frac{i_d-i}{i} \tag{5-18}$$

对于综合波其方程式为：

$$\varphi_{de}=\varphi_{1/2}+\frac{RT}{nF}\ln\frac{(i_d)_c-i}{i-(i_d)_a} \tag{5-19}$$

式中，下标 c，a 分别表示还原波和氧化波。对于可逆波，氧化波与还原波具有相同的半波电位。溶液中只有氧化态时，则 $(i_d)_a=0$，式(5-19) 变为可逆还原波的极谱波方程；只有还原态时，则 $(i_d)_c=0$，上式变为可逆氧化波方程。对于不可逆极谱波，氧化波与还原波具有不同的半波电位。

对于简单金属配位离子，其极谱波方程式与式(5-17) 相似，不同之处在于简单金属配位离子极谱波方程式与简单金属离子极谱波方程式的半波电位不同，配位离子要比简单金属离子的半波电位负，差值的大小与配位离子的稳定常数有关。稳定常数越大，半波电位越负。对于混合离子试样，利用这一性质，可避免波的重叠。如 Cd^{2+} 与 Tl^{+} 在中性 KCl 底液中，半波电位非常接近而重叠，无法进行分析。但在 NH_3-NH_4Cl 底液中，Cd^{2+} 与 NH_3 生成配合物，两者的半波电位差增大，则可实现两者的同时分析。

五、极谱法的干扰电流及其消除方法

在极谱分析中，除前面讨论的扩散电流外，还有其它原因所引起的电流，这些电流与待测物质的浓度无关或不成比例，它们的存在将干扰测定，因此，实验时必须选择合适的方法消除这些干扰。

1. 残余电流

在进行极谱分析时，外加电压虽未达到待测物质的分解电压，但仍有微小的电流通过电解池，这种电流称为残余电流。

残余电流的产生有两个原因，一是由于溶液中存在微量易在滴汞电极上还原的杂质所致，称为电解电流。例如溶解在溶液中的微量氧，普通蒸馏水及试剂中的微量金属离子等。因此在分析微量组分的含量时，必须十分注意所用试剂、水的纯度，以避免过高的空白值。另一个原因是由于存在电容电流（或称充电电流）所致，它是残余电流的主要部分。

应用图 5-4 的装置电解已除氧的 $0.1\text{mol}\cdot\text{L}^{-1}$ KCl 溶液，由此得到如图 5-5 的电容电流曲线。由图 5-5 可见，由 a 到 b 是残余电流，当溶液中没有可以在电极上起反应的杂质时，残余电流全部是电容电流。b 以上是 K^{+} 的还原电流。

当滴汞电极不与外加电源或电极相连接时，滴汞电极是不带电荷的，这时汞滴的电位和溶液的电位一致。

当电解池接上极谱装置，而加电压的装置的接触点 C 和 A 点接触时（图 5-4），外加电压虽为零，但却使滴汞电极与甘汞电极短路。由于甘汞电极具有较正的电极电位，此时，甘汞电极就向滴汞电极充正电而使汞滴表面带正电荷，并从溶液中吸引负离子而形成双电层。如果汞滴不继续滴落，这个充电过程在一瞬间即告完成，即当双电层上充电而使其具有甘汞电极的电位时，甘汞电极上的正电荷便停止流入，因此这个电流只是瞬时的。但是在滴汞电极上，由于汞滴面积是不断改变的，所以必须继续不断地向滴汞电极充电，方能使其电荷密度保持一定的数值，并使其电极电位具有甘汞电极的电位，这样，便形成了连续不断的电容电流。此电流的方向与通常的还原电流的方向相反。

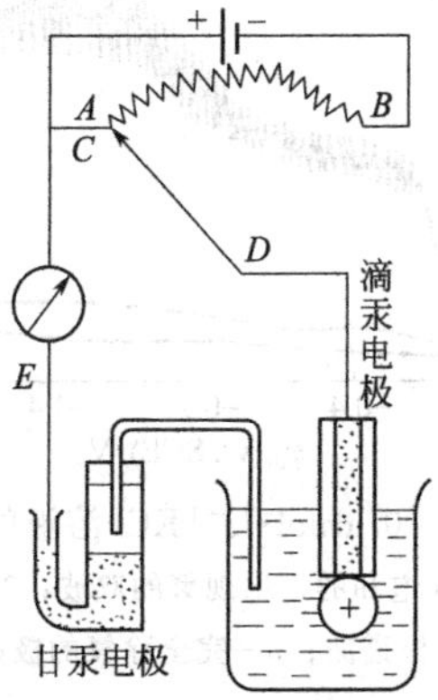

图 5-4　电容电流的产生

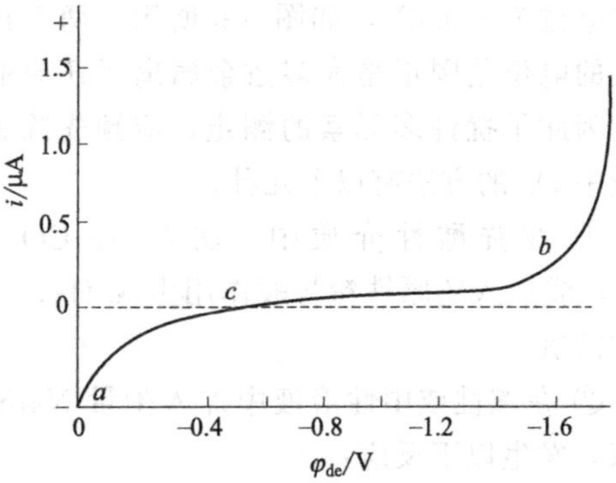

图 5-5　0.1mol·L^{-1} KCl 溶液的电容电流曲线

当外加电压逐渐增大时（即加电压装置的接触点 C 由 A 向 B 端移动时），由于滴汞电极与外电源的负极相连，汞滴从外电源取得负的电荷，抵消了一部分正电荷，所以汞滴的正电荷逐渐减小，因而电容电流逐渐减小。当电压达到图 5-5 上的 c 点时，汞滴上的正电荷完全消失，汞滴不带电荷（这一点称为零电荷点），电容电流就消失。当外加电压继续增大时，汞滴上带负电荷，电容电流又产生了，不过这时的电容电流的方向与上述在零电荷点前所产生的相反。以后，外加电压愈大，电容电流也相应地增加。

由上述所见，所谓电容电流是由于汞滴表面与溶液间形成的双电层，在与参比电极连接，随着汞滴表面的周期性变化而发生的充电现象所引起的。通常电容电流可达 10^{-7} A 数量级，与浓度为 10^{-5} mol·L^{-1} 的待测物质产生的扩散电流相当，因此，在测定小于 10^{-5} mol·L^{-1} 的物质时，电容电流的影响很大，因此限制了普通极谱法的灵敏度。现代一些新的极谱方法排除了电容电流的干扰，灵敏度大大提高。极谱分析法中，对残余电流一般采取作图法扣除。

2. 迁移电流

在极谱分析中，要使电流完全受扩散速度所控制，必须消除溶液中待测离子的对流和迁移运动。在滴汞电极上，只要使溶液保持静止，一般不会有对流作用发生。迁移运动来源于电解池的正极和负极对待测离子的静电吸引或排斥力，例如用极谱法测定 Cd^{2+} 时，由于浓差极化，溶液中的 Cd^{2+} 受扩散力的作用向电极表面移动，产生扩散电流。另一方面，由于存在电场的库仑引力，作为负极的滴汞电极对阳离子具有静电吸引作用，由于这种吸引力，使得在一定时间内，有更多的 Cd^{2+} 趋向滴汞电极表面而被还原，因而观察到的电流比只有扩散电流时为高。这种由于静电吸引力而产生的电流称为迁移电流，它与被分析物质的浓度之间并无定量关系，故应予以消除。如果在电解池中加入大量电解质，它们在溶液中电离为阳离子和阴离子，负极对所有阳离子都有静电吸引力，因此作用于被分析离子的静电吸引力就大大地减弱了，以致由静电力引起的迁移电流趋近于零，从而达到消除迁移电流的目的。这种加入的电解质称为支持电解质，它是能导电但在该条件下不能起电解反应的惰性电解质，如 KCl、KNO_3、HCl、H_2SO_4 等。一般支持电解质的浓度要比待测物质的浓度大 100 倍以上。

3. 氧波

室温下，氧在水或溶液中的溶解度约为 8mg·L^{-1}。溶解氧能在滴汞电极上发生电极反应，其还原分两步进行，因而出现两个极谱波，电极反应如下：

$$O_2 + 2H^+ + 2e^- = H_2O_2$$

$$H_2O_2 + 2H^+ + 2e^- = 2H_2O$$

第一个波的半波电位约为－0.2V，第二个波的半波电位为－0.8V，如图 5-6 所示。两个还原波所覆盖的电位范围正是大多数金属离子还原的电位范围，因此干扰许多元素的测定，应预先除去。除去溶液中 O_2 的方法有以下几种。

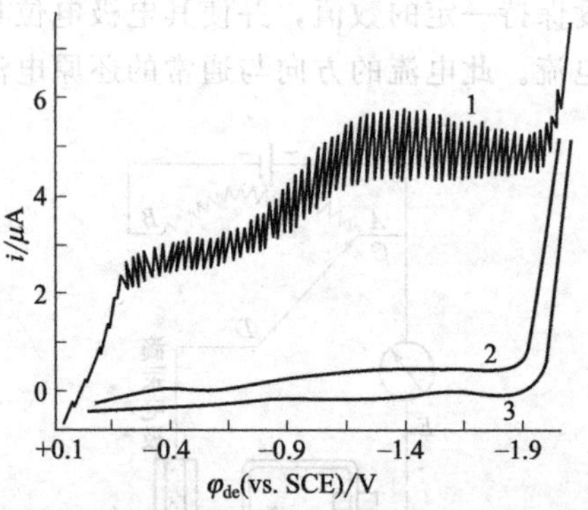

图 5-6　0.1mol·L^{-1} KCl 溶液的极谱图

1—用空气饱和的，出现氧的双波；2—部分除氧的极谱波；3—完全除氧的极谱波

① 在强酸性介质中，加入 Na_2CO_3 使生成 CO_2，或加入还原铁粉与酸作用生成 H_2，可驱除溶液中的氧。

② 在碱性或中性溶液中加入少量 Na_2SO_3 来还原氧，发生以下反应：

$$2SO_3^{2-} + O_2 = 2SO_4^{2-}$$

③ 无论是酸性还是碱性溶液，都可用通 N_2 除 O_2，这是最常用的除氧方法。

4. 极谱极大

在极谱分析中，常常会出现一种特殊现象，即在电解开始后，电流随电压的增加而迅速增大到一个很大的数值，然后下降到扩散电流区域，电流恢复正常，这种现象称为极谱极大（图 5-7）。

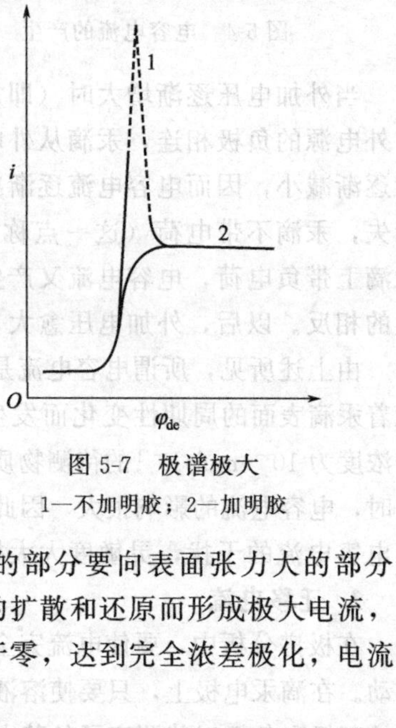

图 5-7　极谱极大

1—不加明胶；2—加明胶

极谱极大的产生是由于滴汞电极毛细管末端汞滴上部有屏蔽作用而使被测离子不易接近，汞滴下部被测离子则可无阻碍地接近，因而在离子还原时，汞滴下部的电流密度将较上部为大，这种电荷分布的不均匀会导致汞滴表面张力的不均匀，表面张力小的部分要向表面张力大的部分运动，这种切向运动会搅动汞滴附近的溶液，加速被测离子的扩散和还原而形成极大电流，当电流上升至极大值后，可还原的离子在电极表面浓度趋近于零，达到完全浓差极化，电流就立即下降到极限电流区域。

由于极大的发生，将影响半波电位及扩散电流的正确测量，因此必须设法除去。消除极大，可在溶液中加入少量极大抑制剂。常用的有动物胶、聚乙烯醇、羧甲基纤维素等表面活性剂。应该注意，加入极大抑制剂的量不能太大，否则将影响扩散电流。极大抑制剂的用量一般在 0.002%～0.01%范围内较合适。

5. 叠波、前波和氢波

（1）叠波

如果两种物质极谱波的半波电位相差太小（小于 0.2V），这两个极谱波就会产生重叠，称为叠波。一般采用下列方法消除叠波：

① 使用合适的配位剂，改变两种物质的半波电位使其分开；

② 采用化学分离方法分离干扰物质，或改变价态使其不再干扰。

(2) 前波

如果待测物半波电位较负，而试液中又有大量半波电位较正易还原的物质，由于共存物质先于待测物在滴汞电极上还原，产生一个较大的极谱波，称为前波。前波的存在可能使得半波电位较负物质的极谱波被掩盖而无法测定。例如在酸性底液中测定镉和铅，若溶液存在大量铜离子，由于铜离子先在电极上还原，使镉、铅的测定受到干扰。前波的干扰一般采用化学方法加以消除。

(3) 氢波

酸性溶液中，氢离子在－1.4～－1.2V（与酸度有关）电位范围内在滴汞电极上还原产生氢波，产生很大的还原电流。所以半波电位较负的离子如 Co^{2+}、Ni^{2+}、Zn^{2+} 等的极谱波位于一个很大的氢波之后，无法测得，因而它们就不能在酸性溶液中测定，而一般应在碱性溶液中进行极谱测定。

在上述各种干扰电流中，除了残余电流可用作图法扣除外，其它干扰电流都要在实验中加入适当的试剂后分别予以消除。另外，为了改善波形、控制试液的酸度，还需加入其它一些辅助试剂。这种加入各种适当试剂后的溶液，称为极谱分析的底液。

第三节 极谱定量分析方法

由 $i_d = Kc$ 可知，只要测得极限扩散电流就可以确定待测物质的浓度。极限扩散电流为极限电流与残余电流之差，在极谱图上通常以波高来表示其相对大小，而不必测量其绝对值，于是有

$$h = Kc \tag{5-20}$$

式中，h 为波高；K 为比例常数；c 为待测物浓度。因此，只要测出波高，根据式(5-20)即可进行定量分析。

(1) 标准曲线法

先配制一系列浓度不同的标准溶液，在相同测定条件下（相同的底液和同一滴汞电极等）分别测定各溶液的波高（或扩散电流），绘制波高-浓度曲线，然后在相同条件下测定试液的波高，再从标准曲线上查出相应的浓度。此法适用于大批量同一类试样的分析，但实验条件必须保持一致。

(2) 标准加入法

首先测量浓度为 c_x、体积为 V_x 的待测试液的波高 h_x；然后在同一条件下，测量加入浓度为 c_s、体积为 V_s 的标准液后的波高 H。由极谱电流公式得：

$$h_x = Kc_x$$

$$H = K\frac{V_x c_x + V_s c_s}{V_x + V_s}$$

两式相除，可得到：

$$c_x = \frac{V_s c_s h_x}{(V_s + V_x)H - V_x h_x} \tag{5-21}$$

标准加入法的准确度较高，因为加入的标准溶液体积很小（一般试液的体积为 10mL 时，加入的标准溶液的体积以 0.5～1.0mL 为宜），避免了底液不同所引起的误差。但是，

如果标准溶液加入得太少，波高增加的值很小，则测量误差大；若加入的量太大，则引起底液组成的变化。所以使用这一方法时，加入标准溶液的量要适当。另外要注意的是，只有波高与浓度成正比关系时才能使用标准加入法。

第四节 极谱分析法的分类

一、单扫描极谱法

单扫描极谱法（single sweep polarography）是用阴极射线示波器作为电信号的检测工具，过去曾称为示波极谱法，它是对常规极谱法的一种改进。单扫描极谱法与普通极谱法最大的区别是：单扫描极谱法扫描速度要快得多（约为 $250mV \cdot s^{-1}$，而普通极谱法的扫描速度一般小于 $5mV \cdot s^{-1}$），每一滴汞就将产生一个完整的极谱图，得到的谱图呈峰形。因为单扫描极谱法电流比普通极谱电流大，加上峰状曲线易于测量，所以灵敏度相应比较高，检出限一般可达 $10^{-7} mol \cdot L^{-1}$。

在单扫描极谱法中，所施加的电压是在汞滴的生长后期，这时电极的表面积几乎不变，可以把滴汞电极替换为固体电极（如碳、金、铂等）或表面积不变的汞电极（显然，这时不需考虑汞滴的生长期），那么所得到的极化曲线及电流大小等都与上述单扫描极谱法完全一样。这时称之为线性扫描伏安法。

1. 单扫描极谱波的基本电路和装置

单扫描极谱中汞滴表面积（A）、极化电压（V_0）及电流（i）随时间（t）而变化的相互关系见图 5-8。

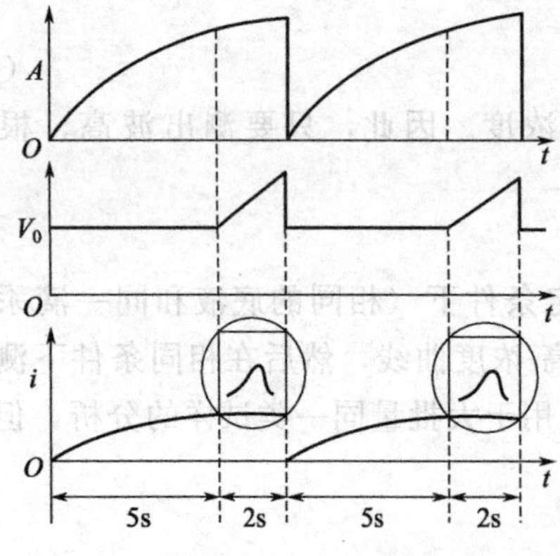

图 5-8 汞滴面积（A）、极化电压（U_0）及电流（i）与时间（t）的关系

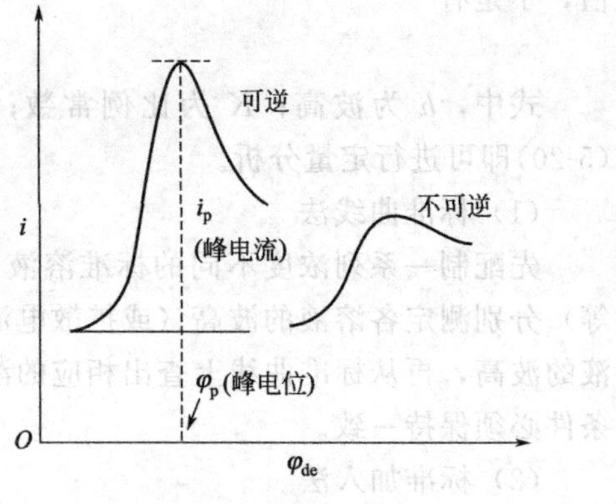

图 5-9 单扫描极谱图

在单扫描极谱法中，汞滴滴下时间一般约为 7s，考虑到汞滴的表面在汞滴成长的初期变化较大，故在滴下时间的最后约 2s 内，才加上一次扫描电压，幅度一般为 0.5V（扫描的起始电压可任意控制），仅在这一段时间内记录 i-φ 曲线。为了使滴下时间与电压扫描周期取得同步，在滴汞电极上装有敲击装置，在每次扫描结束时，振动敲击器，把汞滴敲脱。以后汞滴又开始生长，到最后 2s 期间，又进行一次扫描。每进行一次电压扫描，荧光屏上就重复绘出一次 i-φ 图。这种极化曲线是在汞滴面积基本不变化的情况下得到的，所以为平滑的曲线，没有普通极谱图的电流振荡现象。

2. 定量分析原理

在单扫描极谱中，对于电极反应可逆的物质，极谱图出现明显的尖峰状（图 5-9），如果电极反应不可逆，由于电极反应速率慢，则尖峰不明显，有时甚至不起波。出现尖峰状的原因，是由于极化电压变化的速度快，当达到可还原物质的分解电压时，该物质在电极上迅速还原，产生很大的电流。因此，极谱电流急剧上升，由于还原物质在电极上还原，使它在电极表面附近的浓度剧烈降低，本体溶液中的还原物质来不及扩散至电极表面，当电压进一步增加时，电流反而减小，所以形成尖峰状。对于可逆的电极反应，峰电流方程式可以表示如下（25℃）：

$$i_p=2.69\times10^5 n^{3/2}D^{1/2}v^{1/2}Ac \tag{5-22}$$

式中，i_p 为峰电流，A；n 为电极反应电子转移数；D 为扩散系数，$cm^2\cdot s^{-1}$；v 为扫描速率，$V\cdot s^{-1}$；A 为电极面积，cm^2；c 为待测物质浓度，$mol\cdot L^{-1}$。从上式可以看出，在一定的实验条件下，峰电流与待测物质的浓度成正比。而且，随扫描速率 v 增加，峰电流增加。但扫描速率过大，电容电流将增加，即信噪比将减小，灵敏度反而下降。对单扫描极谱曲线作导数处理，可进一步提高分辨率。

3. 单扫描极谱法的特点及应用

单扫描极谱法的原理与普通极谱法基本相同，一般来讲，用普通极谱法能测定的物质用单扫描极谱法也能测定。但普通极谱法需要许多滴汞（50～80 滴）才获得一条呈 S 形的极谱曲线，而单扫描极谱法的峰形曲线可在一滴汞上完成。除此之外，单扫描极谱法还具有以下特点。

① 快速简便。由于极化速率快，数秒钟便可完成一次测量，并可直接在荧光屏上读取峰高值。

② 灵敏度较高。对可逆波来说，检出限可达 $10^{-7}mol\cdot L^{-1}$。

③ 分辨率高。两物质的峰电位相差 0.1V 以上，就可以分开，采用导数单扫描极谱，分辨率更高。

④ 前放电物质的干扰小。在数百甚至近千倍前放电物质存在时，不影响后续还原物质的测定，这是由于在扫描前有大约 5s 的静止期，相当于在电极表面附近进行了电解分离。

⑤ 由于氧波为不可逆波，其干扰作用大为降低，往往可不除去溶液中的氧而进行测定。

⑥ 特别适合于配合物吸附波和具有吸附性的催化波的测定，从而使得单扫描极谱法成为测定许多物质的有力工具。

二、循环伏安法

1. 基本原理

循环伏安法（cyclic voltammetry）是将线性扫描电压施加在电极上，扫描电压 V 与时间 t 的关系如图 5-10 所示。从起始电压 V_i 沿某一方向扫描到终止电压 V_s 后，再以同样的速度反方向扫至起始电压，完成一次循环。当电位从正向负扫描时，电活性物质在电极上发生还原反应，产生还原波，其峰电流为 i_{pc}，峰电位为 φ_{pc}（图 5-11）；当逆向扫描时，电极表面上的还原态物质发生氧化反应，其峰电流为 i_{pa}，峰电位为 φ_{pa}。根据实际需要，可以进行连续循环扫描。

2. 应用

循环伏安法是一种很有用的电化学研究方法，可用于研究电极反应的性质、机理和电极过程动力学参数等。

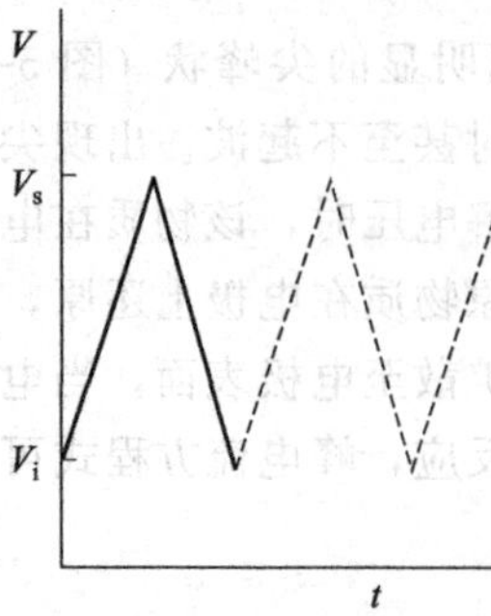

图 5-10 三角波扫描电压曲线

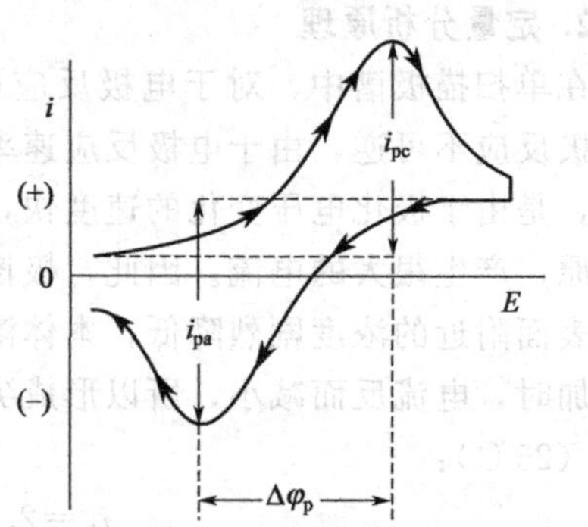

图 5-11 循环伏安曲线

(1) 判断电极过程的可逆性

对于可逆反应，循环伏安图的上下曲线是对称的，两峰的峰电流之比为 $i_{pa}/i_{pc}=1$。两峰的峰电位之差为：

$$\Delta\varphi_p=\varphi_{pa}-\varphi_{pc}=\frac{2.2RT}{nF}=\frac{56.5}{n}\text{mV}\ (25℃) \tag{5-23}$$

$\Delta\varphi_p$ 与循环电压扫描中换向时的电位有关，也与实验条件有一定的关系，其值会在一定范围内变化。一般认为当 $\Delta\varphi_p$ 为$\frac{55}{n}\sim\frac{65}{n}$mV 时，即可判断该电极反应是可逆过程。

应该注意：可逆电流峰的峰电位与电压扫描速率 v 无关，且 $i_{pc}=i_{pa}\propto v^{1/2}$（$v$ 为扫描速率）。

对于不可逆电极反应，除上下两条曲线不对称外，其阳极峰与阴极峰的电位之差比上式要大，因此，循环伏安法可以用来判断电极反应的可逆性。

(2) 电极反应机理的研究

循环伏安法还可用来研究电极反应的机理。例如，研究化合物 $Ru(NH_3)_5Cl^{2+}$ 的电极反应机理时，得到如图 5-12 所示的循环伏安曲线。

在扫描速率很快的情况下，从图 5-12(a) 可以看出，只有一对还原波和氧化波出现；当扫描速率比较慢的情况下，在较正的电位下出现了一对新的还原波和氧化波［图 5-12(b)］。其机理解释如下：在扫描速率很快的情况下，$Ru(NH_3)_5Cl^{2+}$ 在电极上发生还原反应，在反向扫描时，产物发生氧化反应。电极反应如下：

$$Ru(NH_3)_5Cl^{2+}+e^-=\!=\!=Ru(NH_3)_5Cl^+$$

在慢速扫描时，反应产物 $Ru(NH_3)_5Cl^+$ 生成水合配离子：

$$Ru(NH_3)_5Cl^++H_2O=\!=\!=Ru(NH_3)_5H_2O^{2+}+Cl^-$$

由于有较长的时间使这一化学反应得以进行，所以在电极表面的溶液中形成较多的水合配离子，能在较正的电位下产生氧化还原反应，出现一对新的氧化还原波。电极反应如下：

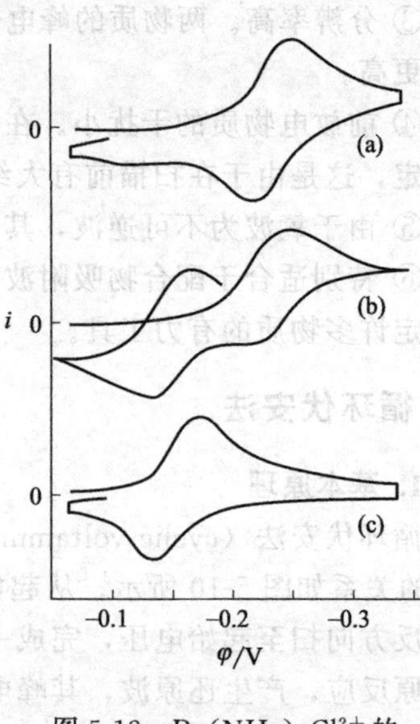

图 5-12 $Ru(NH_3)_5Cl^{2+}$ 的循环伏安曲线

(a) 10^{-3}mol·L^{-1}$Ru(NH_3)_5Cl^{2+}$，扫描时间 100ms；(b) 溶液同 (a)，扫描时间 500ms；(c) 10^{-3}mol·L^{-1}$Ru(NH_3)_5H_2O^{3+}$，扫描时间 100ms

$$Ru(NH_3)_5H_2O^{3+} + e^- \rightleftharpoons Ru(NH_3)_5H_2O^{2+}$$

而在快速扫描时，没有足够的时间生成水合配离子，所以只有一对氧化还原波。图5-12(c) 是 $Ru(NH_3)_5H_2O^{3+}$ 溶液的循环伏安曲线，它证实了在图 5-12(b) 中较正电位处的极谱波是水合钌络离子的极谱波。

三、脉冲极谱法

脉冲极谱法（pulse polarography）是 1960 年由 Barker 提出的，它是为克服普通极谱法中电容电流和毛细管噪声电流的影响而建立的一种新极谱技术，它具有灵敏度高、分辨力强等特点，它是极谱法中灵敏度较高的方法之一。

1. 基本原理

脉冲极谱是在滴汞生长的后期才在滴汞电极的直流电压上叠加一个周期性的脉冲电压，脉冲持续的时间较长，并在脉冲电压的后期记录极谱电流。每一滴汞只记录一次由脉冲电压所产生的电流，该电流基本上是消除电容电流后的电解电流。这是因为加入脉冲电压后，将对滴汞电极充电，产生相应的电容电流 i_c，就像对电容器充电一样，电容电流会很快衰减至零，而另一方面，如果加入的脉冲电压使电极的电极电位足以引起待测物质发生电极反应时，便同时产生电解电流（即法拉第电流）i_f。i_f 是受电极反应物质的扩散控制的，它将随着反应物质在电极上的反应而慢慢衰减，但速度比电容电流的衰减慢得多。理论研究及实践均说明，在加入脉冲电压约 20ms 之后，i_c 已几乎衰减到零，而 i_f 仍有相当大的数值，因此在施加脉冲电压的后期进行电流取样，测得的就几乎完全是电解电流。

按照施加脉冲电压及记录电解电流的方式不同。脉冲极谱法可分为常规脉冲极谱（NPP）和微分（示差）脉冲极谱（DPP）两种。

常规脉冲极谱是在设定的直流电压上，在每一滴汞生长的末期施加一个矩形脉冲电压，脉冲的振幅随时间而逐渐增加，脉冲宽度为 40～60ms。两个脉冲之间的电压回复至起始电压。在每个脉冲的后期（一般为后 20ms）进行电流取样，测得的电解电流放大后记录，所得的常规脉冲极谱波呈台阶形，与直流极谱波相似，如图 5-13 所示。

常规脉冲极谱的极限电流方程式为：

$$i_l = nFAD^{1/2}(\pi t_m)^{-1/2}c \tag{5-24}$$

式中，t_m 为加脉冲到测量电流之间的时间间隔；其它各项的意义同前。式(5-24) 对可逆、不可逆过程的极谱均可适用，而对于可逆过程来说，还原极限电流与氧化极限电流之比为 1，利用此关系可以判断可逆与不可逆的过程。

微分脉冲极谱是在缓慢线性变化的直流电压上，于每一滴汞生长的末期叠加一个等振幅为 5～100mV、持续时间为 40～80ms 的矩形脉冲电压，如图 5-14(a) 所示。在脉冲加入前 20ms 和脉冲终止前 20ms 内测量电流，如图 5-14(b) 所示。而记录的是这两次测量的电流差值 Δi。由于采用了两次电流取样的方法，故能很好地扣除因直流电压引起的背景电流。微分脉冲极谱的极谱波是对称的峰状，如图 5-14(c) 所示。这是由于，当脉冲电压叠加在普通极谱的残余电流或极限电流部分时，脉冲电压的加入所引起的滴汞电极电位改变，都不会使电解电流发生显著变化，故两次电流取样值的差值很小。但当脉冲电压叠加在普通极谱的 $\varphi_{1/2}$ 附近时，由脉冲电压所引起的电位变化将导致电解电流发生很大的变化，故两次电流取样值的差值就比较大，并在靠近半波电位处达到最大值。极谱波的峰电流最大值为：

$$\Delta i_l = \frac{n^2F^2D^{1/2}}{4RT}A\Delta V(\pi t_m)^{-1/2}c \tag{5-25}$$

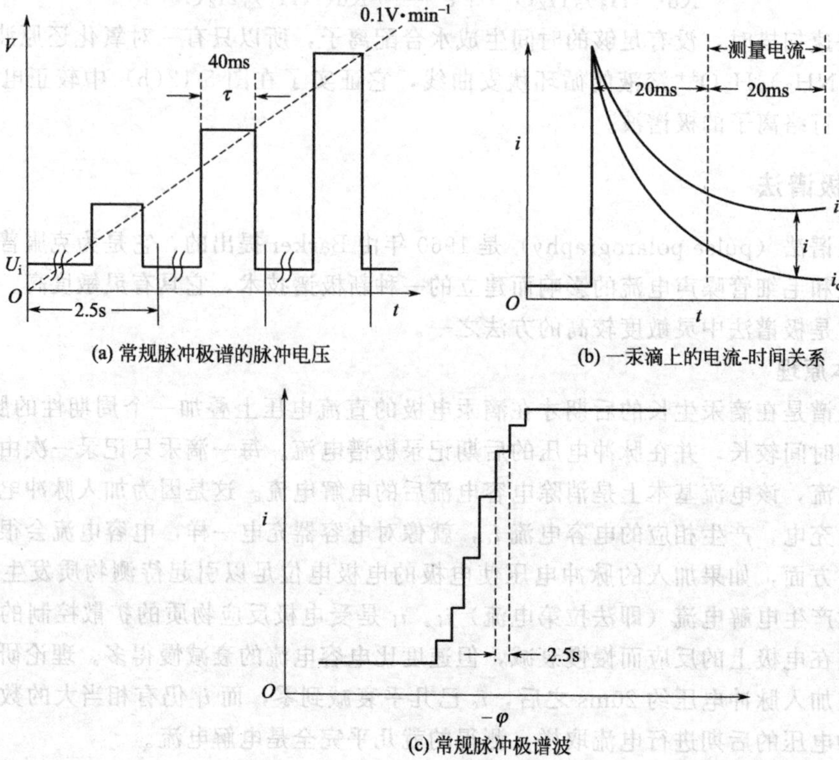

(a) 常规脉冲极谱的脉冲电压　(b) 一汞滴上的电流-时间关系

(c) 常规脉冲极谱波

图 5-13　常规脉冲极谱图

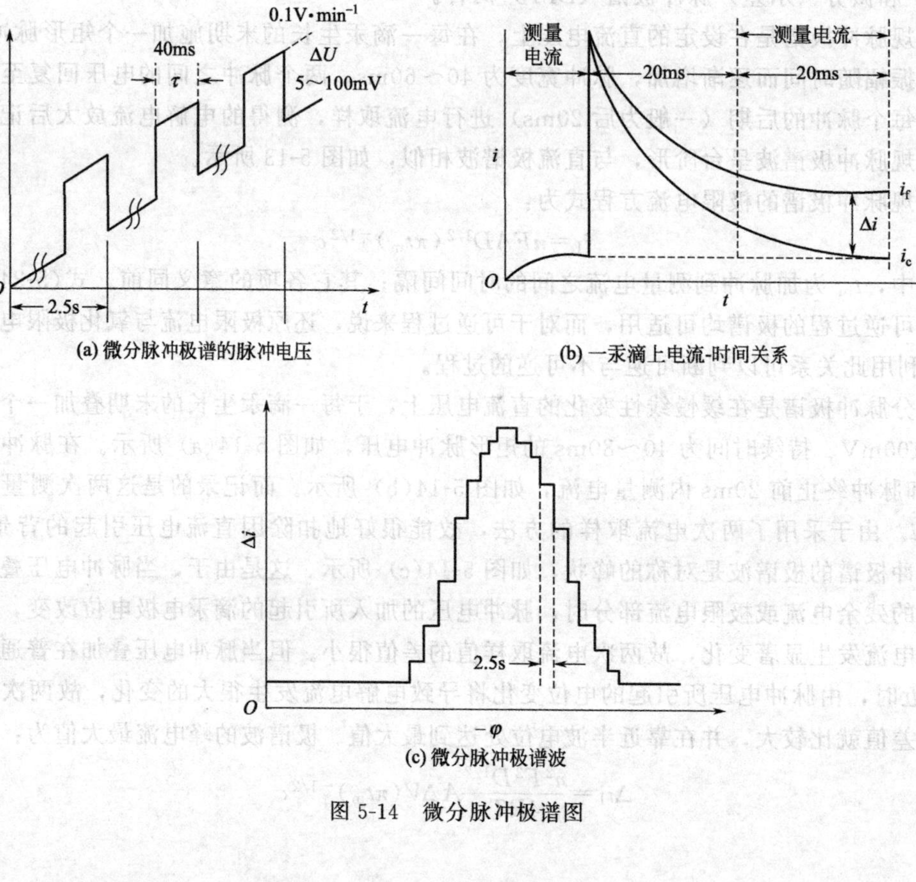

(a) 微分脉冲极谱的脉冲电压　(b) 一汞滴上电流-时间关系

(c) 微分脉冲极谱波

图 5-14　微分脉冲极谱图

式中，ΔU 为脉冲振幅；其它各项的意义同前。

2. 特点和应用

① 由于对可逆物质可有效减小电容电流及毛细管的噪声电流，所以灵敏度高，可达 $10^{-8}\text{mol}\cdot\text{L}^{-1}$。对不可逆的物质，亦可达 $10^{-6}\sim10^{-7}\text{mol}\cdot\text{L}^{-1}$。如果结合溶出技术，灵敏度可达 $10^{-10}\sim10^{-11}\text{mol}\cdot\text{L}^{-1}$。

② 由于微分脉冲极谱波呈峰状，所以分辨力强，两个物质的峰电位只要相差 25mV 就可以分开；前放电物质的允许量大，前放电物质的浓度比待测物质高 5000 倍，亦不干扰。

③ 若采用单滴汞微分脉冲极谱法，则分析速度可与单扫描极谱法一样快。

④ 由于它对不可逆波的灵敏度也比较高，分辨力也较好，故极适合于有机物的分析。

⑤ 脉冲极谱法也是研究电极过程动力学的有力工具。

四、溶出伏安法

溶出伏安法（stripping voltammetry）是以电解富集和溶出测定相结合的一种电化学测定方法。它首先将工作电极（例如汞膜电极）固定在产生极限电流的电位（图 5-15 中 C 点）进行电解，使待测物质富集在电极上，然后反方向改变电位，让富集在电极上的物质重新溶出。溶出过程中，可得到一种尖峰形状的伏安曲线。伏安曲线的高度与待测物的浓度、电解富集时间、溶液搅拌的速度、电极的面积以及溶出时电位变化的速度等因素有关。当所有因素固定时，峰高与溶液中待测物质浓度呈线性关系，故可用于定量分析。由于本方法是通过电积将溶液中痕量物质富集起来后再进行测定，因此灵敏度比一般极谱法高 3～4 个数量级。

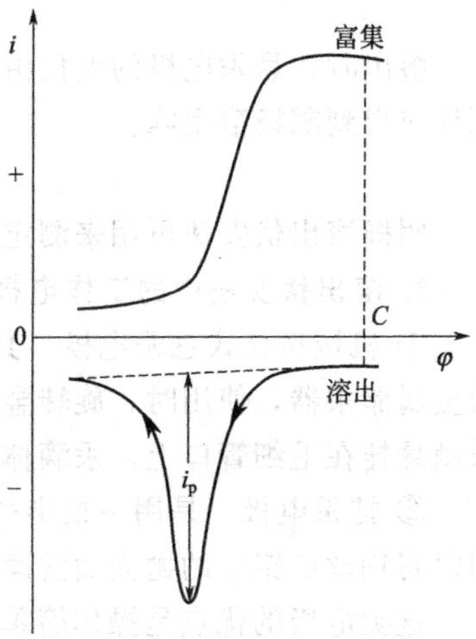

图 5-15　阳极溶出伏安曲线

溶出伏安法按照溶出时工作电极上发生反应的性质不同，可以分为阳极溶出伏安法和阴极溶出伏安法。如果溶出时工作电极上发生的是氧化反应就称为阳极溶出伏安法；如果溶出时工作电极上发生的是还原反应，则称为阴极溶出伏安法。

1. 阳极溶出伏安法

阳极溶出伏安法是将被测离子（如 Pb^{2+}）在阴极上（如悬汞电极或汞膜电极）预电解还原为铅汞齐，反向扫描时，铅汞齐发生氧化反应而重新溶出，产生氧化电流。其过程如下：

$$Pb^{2+}+2e^{-}+Hg \underset{\text{溶出}}{\overset{\text{预电解}}{\rightleftharpoons}} Pb(Hg)$$

预电解的目的是富集，它可分为全部电积法和部分电积法。全部电积法是将溶液中的待测物质通过电化学反应 100%地沉积到电极上，它具有较高的灵敏度，但需要较长的电解时间。部分电积法是每次只电积一定百分数的待测物，该方法电积时间短、分析速度快，所以溶出伏安法常采用部分电积法。

必须指出的是，由于溶出伏安法一般采用部分电积法，为了确保待测物质电积部分的量与溶液中的总量之间有恒定的比例关系，其实验条件（例如电积时间、搅拌速度以及电极位置等）都会影响溶出电流的大小，因此，在每一次实验中必须严格保持相同的实验条件。溶出技术常采用线性扫描溶出法。图 5-16 是在 1.5mol·L⁻¹ HCl 底液中用悬汞电极测定微量镉、铅、铜的线性扫描伏安图。在悬汞电极上溶出峰电流公式可表示为：

$$i_p = -K_1 n^{3/2} D_0^{2/3} \omega^{1/2} \eta^{-1/6} D_R^{1/2} r v^{1/2} t c_0 \quad (5\text{-}26)$$

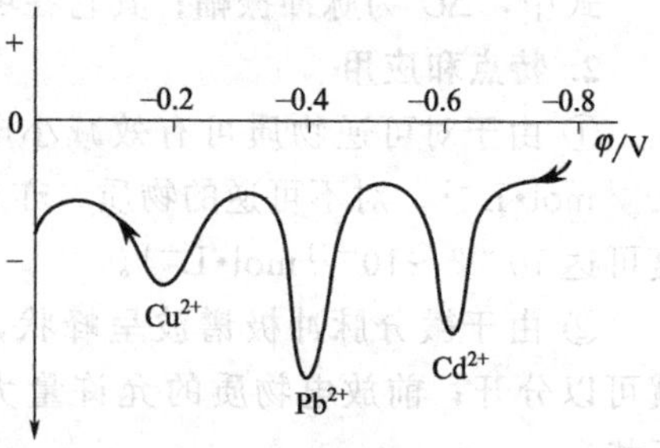

图 5-16 镉、铅、铜的溶出伏安曲线

式中，D_0 为金属离子在溶液中的扩散系数；D_R 为金属在汞齐中的扩散系数；r 为悬汞滴的半径；η 为溶液的黏度；ω 为富集搅拌的角频率；v 为扫描速度；t 为预电解时间；K_1 为常数；c_0 为溶液中被测离子浓度。由式(5-26) 可以看出，当实验条件一定时，$i_p \propto c_0$，即峰电流与待测物质浓度成正比，这是溶出伏安法的定量基础。

2. 阴极溶出伏安法

阴极溶出伏安法的电极过程与阳极溶出伏安法相反。例如，用阴极溶出伏安法测定溶液中痕量 S^{2-}，以 0.1mol·L⁻¹ NaOH 溶液为底液，于−0.40V 电解一定时间，这时悬汞电极上便形成难溶性的 HgS：

$$Hg + S^{2-} \longrightarrow HgS\downarrow + 2e^-$$

溶出时，悬汞电极的电位由正向负方向扫描，当达到 HgS 的还原电位时，由于下列还原反应得到阴极溶出峰。

$$HgS\downarrow + 2e^- \longrightarrow Hg + S^{2-}$$

阴极溶出伏安法可用来测定 Cl^-、Br^-、I^-、S^{2-}、$C_2O_4^{2-}$ 等阴离子。

3. 溶出伏安法中的工作电极

① 机械挤压式悬汞电极 其结构类似于滴汞电极，但玻璃毛细管的上端储汞瓶为密封的金属储汞器，使用时，旋转金属储汞器顶部的旋转顶针，挤压使汞从毛细管中流出，并使汞滴悬挂在毛细管口上，汞滴体积以旋转顶针圈数控制。

② 挂汞电极 是用一根半径 0.2mm 的铂丝或银丝封闭在电极杆上，下端经过抛光，使用时将铂丝或银丝的抛光面洗净，即可粘取汞，形成悬挂着的汞滴。

这类电极的优点是操作简单，再现性好。但如果待测离子浓度很低，电积需要很长的时间。另外，由于电积在表面的金属扩散到汞滴内部，溶出时汞滴内部的金属来不及扩散到电极表面，因而灵敏度并不随电积时间的增加而提高。

③ 汞膜电极 以铂、银或玻碳为基体，在其表面镀上一层很薄的汞，就制成了汞膜电极。例如，银基汞膜电极是在银基体上涂覆一层汞膜，由于汞膜电极表面积大，汞膜很薄，溶出时电极表面沉积的金属浓度高，而金属从内部到膜表面扩散的速率快，因而汞膜电极的灵敏度比挂汞电极高 1～2 个数量级。

思考题与习题

1. 写出扩散电流方程式的完整数学表达式。扩散电流主要受哪些因素的影响？在进行定量分析时，怎样消除这些影响？
2. 当达到极限扩散电流区域后，继续增加外加电压，是否还引起滴汞电极电位的改变及参加电极反应的物质在电极表面浓度的变化？
3. 为什么在直流极谱分析中溶液要保持静止，而且需使用大量的支持电解质？

4. 经典的直流极谱的装置有何特殊性？什么原因使它的灵敏度较低？

5. 简述极谱催化波的作用机理及其提高灵敏度的原因。

6. 单扫描极谱和循环伏安法判别电极反应可逆性的依据各有哪些？

7. 某两价阳离子在滴汞电极上还原为金属并生成汞齐，产生可逆极谱波。滴汞流速为 1.64mg·s^{-1}，滴下时间为 4.25s，该离子的扩散系数为 $7.8\times10^{-6}cm^2\cdot s^{-1}$，其浓度为 $6.0\times10^{-3}mol\cdot L^{-1}$。试计算极限扩散电流及扩散电流常数。

8. 上题中，如试液体积为 25mL，在达到极限电流时的外加电压电解试液 1h，试计算被测离子浓度降低的百分数。

9. 在 0.1mol·L^{-1}氯化钾底液中，含有浓度 $1.00\times10^{-3}mol\cdot L^{-1}$的 $CdCl_2$，测得极限扩散电流为 9.82μA。从滴汞电极滴下 20 滴汞需要时间为 76.4s，称得其质量为 160.8mg。计算 Cd^{2+} 的扩散系数。

10. 某物质产生可逆极谱波。当汞柱高度为 49cm 时，测得扩散电流为 1.81μA。如果将汞柱高度升至 84cm 时，扩散电流有多大？

11. 在酸性介质中，Cu^{2+} 的半波电位约为 0V，Pb^{2+} 的半波电位约为 −0.4V，Al^{3+} 的半波电位在氢波之后，试问：用极谱法测定铜中微量的铅和铝中微量的铅时，何者较易？为什么？

12. 在 3mol·L^{-1}盐酸介质中，Pb(Ⅱ) 和 In(Ⅲ) 还原成金属产生极谱波，它们的扩散系数相同，半波电位分别为 −0.46V 和 −0.66V。当 $1.00\times10^{-3}mol\cdot L^{-1}$的 Pb(Ⅱ) 与未知浓度的 In(Ⅲ) 共存时，测得它们的极谱波高分别为 30mm 和 45mm。计算 In(Ⅲ) 的浓度。

13. 采用标准加入法测定某试样中的微量锌。取试样 1.000g 溶解后，加入 NH_3-NH_4Cl 底液，稀释至 50mL，取试液 10.00mL，测得极谱波高为 10 格，加入新标准溶液（含锌 1mg·mL^{-1}）0.5mL 后，波高则为 20 格。计算试样中锌的百分含量。

14. 某金属离子得 2 个电子而还原。该金属离子浓度为 $2.00\times10^{-4}mol\cdot L^{-1}$，其平均扩散电流为 12.0μA，毛细管的 $m^{2/3}\tau^{1/6}$ 值为 1.60，计算该金属离子的扩散系数。

15. 某一物质在滴汞电极上还原为一可逆波。当汞柱高度为 64.7cm 时，测得平均扩散电流为 1.71μA。如果汞柱高度为 83.1cm，其平均扩散电流为多少？

16. 测定一种未知浓度的铅溶液的极谱图，其扩散电流为 6.00μA。加入 10mL 0.00200mol·L^{-1} Pb^{2+} 溶液到 50mL 上述溶液中去，测得其扩散电流为 18.0μA，计算未知溶液内铅的浓度。

17. 极谱法测定氯化镁溶液中的微量镉离子。取试液 5mL，加入 0.04%明胶 5mL，用水定容至 25mL，将溶液倒入电解池中，通氮气 5～10min 后，测得其扩散电流为 0.40μA。另取这种镉溶液 5.00mL 和 10.0mL 的 0.00100mol·L^{-1}镉溶液，混合定容到 25mL，此时测得其扩散电流为 2.00μA。试计算未知溶液中镉的浓度；并解释各试剂的作用；能否用还原铁粉、亚硫酸钠或通 CO_2 替代氮气？

18. 在稀的水溶液中氧的扩散系数为 $2.6\times10^{-5}cm^2\cdot s^{-1}$。一个 0.01mol·$L^{-1}$ KNO_3 溶液中氧的浓度为 $2.5\times10^{-4}mol\cdot L^{-1}$。在 $E_{de}=-1.50V$（vs. SCE）处所得扩散电流为 5.8μA，m 及 t 依次为 1.85mg·s^{-1}及 4.09s，问在此条件下氧还原成什么状态？

19. 在 25℃时，测得某金属离子在滴汞电极上的扩散电流 $i_d=6.00\mu A$，当滴汞电极电位为 −0.616V 时，电流为 1.50μA，试计算其半波电位。

20. 将被测离子浓度为 $2.3\times10^{-3}mol\cdot L^{-1}$的电解液 15mL 进行极谱电解。设电解过程中扩散电流强度不变，汞流速度为 1.20mg·s^{-1}，滴汞周期为 3.00s，扩展系数为 $1.31\times10^{-5}cm^2\cdot s^{-1}$，电极反应中电子转移数为 1。试根据 Ilkovič 方程式计算说明电解 1h 后被测离子降低的百分数。

第六章 光谱分析法导论

第一节 概 述

以测量光与物质相互作用，引起原子、分子内部量子化能级之间的跃迁产生的发射、吸收、散射等波长与强度的变化关系为基础的光学分析法，称为光谱分析法。它是通过各种光谱分析仪器来完成分析测定的，尽管各类仪器的结构和复杂程度有一定差别，但都包括四个基本组成部分：信号发生系统（如各种激发光源、辐射光源及样品池的组合系统）、色散系统、检测系统、信号处理系统等。

近年来，由于新材料、新器件、新技术的不断出现，大大地推动了光谱分析仪器及光谱分析法的飞速发展，主要表现在以下三方面。

① 选择性和灵敏度有了很大提高　光谱数学处理手段及时间分辨技术的出现，使光谱分析法的选择性得到了很大提高，目前最灵敏的激光诱导荧光光谱已达到检测单个分子的水平。

② 大大丰富了检测信息量，增强了多组分同时检测的能力　如电荷耦合阵列检测器、光电二极管阵列检测器及相应计算机软件的诞生为多元素组分的同时检测提供了基础。

③ 应用范围不断扩大　光谱分析法在定性、定量、结构分析方面表现的优越性使其已应用于生命科学、医学、食品、化工、医药、环境、商检、空间探索等领域。

第二节 光的性质及其与物质的相互作用

一、光的性质及电磁波谱的分类

光是一种与物质的内部运动有关的电磁辐射，具有波粒二象性。电磁辐射按照波长的长短排列起来，称为电磁波谱，根据其波长（即能量）的不同，可以分为几个不同的辐射类型或波谱区（见表 6-1）。

二、光的能量、频率、波长和波数之间的关系

光的波动性可用光的波长 λ（或波数 σ）和频率 ν 来描述；光的粒子性可用光量子（简称光子）的能量 E 来描述。它们之间的关系遵循德布罗意式：

$$E=h\nu=hc/\lambda=hc\sigma \tag{6-1}$$

式中，c 为光速（在真空中 $c=3\times10^8\,\mathrm{m\cdot s^{-1}}$）；$h$ 为普朗克常数（$6.63\times10^{-34}\,\mathrm{J\cdot s}$）。式的左端体现了光的粒子性，右端体现了光的波动性，它把光的波粒二象性联系和统一起来，并由此看出：不同波长的光（辐射）具有不同的能量，波长越长（频率、波数越低），能量越低；反之，波长越短，能量越高。

对于波长很短（小于 10nm）、能量大于 10^2 eV（如 γ 射线和 X 射线）的电磁波谱，粒子性比较明显，称为能谱，由此建立起来的分析方法，称为能谱分析法；波长大于 1mm、能

量小于 10^{-3}eV（如微波和无线电波）的电磁波谱，波动性比较明显，称为波谱，由此建立起来的分析方法，称为波谱分析法；波长及能量介于两者之间的电磁波谱，通常要借助于光学仪器获得，称为光学光谱，由此建立起来的分析方法，称为光学光谱分析法，简称为光谱分析法。它是一种由物质的光谱中提取有用的信息来确定物质的组成、含量和结构的仪器分析方法。

表 6-1 电磁波谱

波谱区域	波长范围 λ	波数 σ/cm^{-1}	频率 ν 范围/MHz	光子能量/eV	跃迁能级类型
γ 射线	5～140pm	2×10^{10}～7×10^{7}	6×10^{14}～2×10^{12}	2.5×10^{6}～8.3×10^{3}	核跃迁
X 射线	0.001～10nm	10^{10}～10^{6}	3×10^{14}～3×10^{10}	1.2×10^{6}～1.2×10^{2}	内层电子跃迁
远紫外区	10～200nm	10^{6}～5×10^{4}	3×10^{10}～1.5×10^{9}	125～6	原子及分子价电子或成键电子跃迁
近紫外区	200～400nm	5×10^{4}～2.5×10^{4}	1.5×10^{9}～7.5×10^{8}	6～3.1	
可见光区	400～750nm	2.5×10^{4}～1.3×10^{4}	7.5×10^{8}～4.0×10^{8}	3.1～1.7	
近红外区	0.75～2.5μm	1.3×10^{4}～4×10^{3}	4.0×10^{8}～1.2×10^{8}	1.7～0.5	分子振动跃迁
中红外区	2.5～50μm	4000～200	1.2×10^{8}～6.0×10^{6}	0.5～0.02	分子振动跃迁
远红外区	50～1000μm	200～10	6.0×10^{6}～10^{5}	2×10^{-2}～4×10^{-4}	分子转动跃迁
微波	0.1～100cm	10～0.01	10^{5}～10^{2}	4×10^{-4}～4×10^{-7}	分子转动跃迁
无线电波	1～1000m	10^{-2}～10^{-5}	10^{2}～0.1	4×10^{-7}～4×10^{-10}	电子自旋核自旋

注：$1m=10^{6}\mu m=10^{9}nm=10^{12}pm$；$1m=10^{10}$ Å；$1eV=1.6020\times10^{-19}$ J 或 $96.55kJ\cdot mol^{-1}$，相当于频率 $\nu=2.4186\times10^{14}$ Hz，或波长 λ 为 1.2395×10^{-4}m 或波数 $\sigma=8067.8cm^{-1}$ 的光子所具有的能量。

通常，物质发出的光，是包含多种频率成分的光，称为复合光。光谱分析中，常常采用一定的方法获得只包含一种频率成分的光（即单色光）来作为分析手段。实际上，普通分析方法所获得的单色光往往不只包含一种频率成分。单色光的单色性通常用光谱的宽度（或半宽度）来表示。谱线的宽度越窄，光谱所包含的频率（或波长）范围越窄，表示光的单色性越好。如日光中红色光的波长范围是 640～680nm，而金属钠蒸气所发射的黄色光波长范围是 589.0～589.6nm，光谱宽度仅为 0.6nm，由此可以说，钠的黄光比日光中的红光单色性好得多。

三、光与物质间的相互作用

光与物质相互接触时，就会与物质相互作用，作用的性质随光的波长（能量）及物质的性质而异，通常包括以下几类。

1. 光的吸收、发射

当光与物质接触时，某些频率的光被选择性吸收并使其强度减弱，这种现象称为物质对光的吸收。光被物质吸收的实质就是光的能量已转移到物质的分子或原子中去了。这样，某些频率的光减少或者消失，而物质内部的能量增加了，即物质中的分子或原子由能量较低的状态上升为能量较高的状态。根据吸收物质的状态，光的能量（频率或波长）以及吸收光谱的不同，可分为分子吸收和原子吸收。当受激物质（或受热能、电能、光能或其它外界能量所激发的物质）从高能态回到低能态时，往往以光辐射的形式释放出多余的能量，这种现象称为光的发射。按其发生的本质，可分为原子发射、分子发射以及 X 射线等。

2. 光的透射、散射和折射

光通过透明介质时，如果只是引起了微粒的价电子相对于原子核的振动，它所需要的光能，只是瞬时（10^{-14}～10^{-15}s）地被微粒所保留，当物质回到其原来的状态时，又毫无保留地将能量（光）重新发射出来，在这个过程中没有净能量的变化，因此光的频率也就没有变化，只是传播速度减慢了，这种现象称为光的透射。

光通过不均匀介质时，如果有一部分光沿着其它方向传播，这种现象称为光的散射。根据散射的起因，可以分为丁铎尔散射、瑞利散射、拉曼散射以及康普顿效应等。

当光从一种透明介质进入另一种透明介质时，光束的前进方向发生改变的现象，称为光的折射。折射是由于光在不同介质中的传播速度不同而引起的。

物质对光的折射率随着光的频率的变化而变化，这种现象称为"色散"。利用色散现象可以将波长范围很宽的复合光分散开来，成为许多波长范围狭小的"单色光"，这种作用称为"分光"。在光谱分析中，广泛利用色散现象来获得单色光。

3. 光的干涉、衍射和偏振

当频率、振动（方向）、周相相同（或周相差保持恒定）的光源所发射的相干光波互相叠加时，可以产生明暗相间的条纹，这种现象称为光的干涉；光波绕过障碍物而弯曲向后传播的现象，称为光的衍射。衍射现象是干涉的结果。光分析中常利用光在（反射式）光栅（通常由镀铝的光学平面或凹面上刻印等间距、等宽的平行沟槽做成的）上产生的衍射和干涉现象进行分光；利用分子晶体对 X 射线的衍射作用，产生 X 射线衍射。

天然光通过某些物质时，变为只在一个固定方向有振动的光，称为平面偏振光，这种现象，称为偏振。平面偏振光可看作是由周期、振幅都相同，而旋转方向相反的左、右圆偏振光叠加而成。当它进入旋光活性物质时，有两种情况：一种是构成偏振光的左、右两圆偏振光的传播速度变得不一样，这种现象称为旋光色散；另一种情况是偏振光与物质相互作用后，由于对左、右圆偏振光的吸收情况不同导致两圆偏振光的振幅和能量也不相同，并形成一个沿着椭圆运动的椭圆偏振光，这种现象称为圆二色性。

四、光的吸收定律

物质对光吸收的定量关系很早就受到了科学家的注意并进行了研究。朗伯在 1760 年阐明了物质对光的吸收程度和吸收介质厚度之间的关系；1852 年比尔又提出光的吸收程度和吸光物质浓度也具有类似关系，两者结合起来就得到有关光吸收的基本定律——朗伯-比尔定律。

朗伯-比尔定律（Lambert-Beer law），又称比尔定律（Beer law），是光吸收的基本定律，适用于所有的电磁辐射和所有的吸光物质，包括气体、固体、液体、分子、原子和离子。朗伯-比尔定律是吸光光度法的定量基础。

当一束平行单色光通过任何均匀、非散射的固体、液体或气体介质时，光的一部分被吸收，一部分透过溶液，一部分被器皿表面反射。设入射的单色光强度为 I_0，反射光强度为 I_r，吸收光强度为 I_a，透过光强度为 I_t，则它们之间的关系为：

$$I_0 = I_r + I_a + I_t$$

因为入射光常垂直于介质表面，I_r 很小（约为入射光强度的 4%），又由于进行光度分析时都采用同样质料、同厚度的吸收池盛装试液及参比溶液，反射光的强度是不变的。因此，由反射所引起的误差可校正、抵消。故上式可简化为：

$$I_0 = I_a + I_t$$

当一束平行光垂直照射到厚度为 1cm 的溶液时，其光强度减弱的主要原因是溶液中的吸光质点（离子或分子）吸收了一部分光能。设想把厚度为 1cm 的溶液分成许多薄层，每一薄层的厚度为 dl，入射光通过每一薄层后，其强度减小了 $-dI$，则 $-dI$ 与入射光强度 I 和薄层厚度 dl 成正比。

Lambert 定律 $A \propto l$

假设一束平行单色光通过一个吸光物体，如图 6-1 所示。

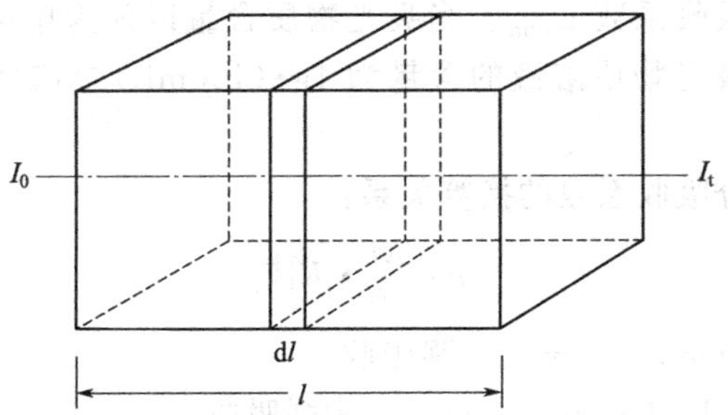

图 6-1 辐射吸收示意图

$$-\mathrm{d}I \propto I\mathrm{d}l \quad -\mathrm{d}I = k_1 I\mathrm{d}l$$

$$\frac{-\mathrm{d}I}{I} = k_1\mathrm{d}l$$

假定入射光强度为 I_0，透过光强度为 I_t，将上式积分得

$$\int_{I_0}^{I_t}\frac{-\mathrm{d}I}{I} = k_1\int_0^l \mathrm{d}l \qquad \ln\frac{I_0}{I_t} = k_1 l$$

将自然对数换成常用对数，则

$$\lg\frac{I_0}{I_t} = \frac{k_1}{2.303}l = k_1' l$$

Beer 定律 $A \propto c$

$$-\mathrm{d}I \propto I\mathrm{d}c \qquad -\mathrm{d}I = k_2 I\mathrm{d}c \qquad \frac{-\mathrm{d}I}{I} = k_2\mathrm{d}c$$

$$\int_{I_0}^{I_t}\frac{-\mathrm{d}I}{I} = k_2\int_0^c \mathrm{d}c \qquad \lg\frac{I_0}{I_t} = \frac{k_1}{2.303}c = k_2' c$$

结合 Lambert-Beer 定律得： $A = \lg\frac{I_0}{I_t} = k_1' k_2' cl = \kappa cl$ (6-2)

或 $A = \lg\frac{1}{\tau} = -\lg\tau = \kappa cl \quad \tau = 10^{-A} = 10^{-\kappa cl}$

式中，A 为吸光度（absorbance）；I_0 为入射光的强度；I_t 为透射光的强度；τ 为透射比（transmittence），或透光度；κ 为摩尔吸收系数（molar absorptivity），是化合物分子的特性，它与浓度（c）和光透过介质的厚度无关，与入射光波长、吸光物质的性质、溶剂、温度、溶液的组成、仪器的灵敏度等因素有关；l 为液层厚度，cm；c 为吸光物质的浓度，$\mathrm{mol \cdot L^{-1}}$。

摩尔吸收系数的物理意义是：浓度为 $1\mathrm{mol \cdot L^{-1}}$ 的溶液，在厚度为 1cm 的吸收池中，在一定波长下测得的吸光度。在实际测量中，不能直接取 $1\mathrm{mol \cdot L^{-1}}$ 这样高浓度的溶液去测量摩尔吸收系数，只能在稀溶液中测量后，换算成摩尔吸收系数。

朗伯-比尔定律的物理意义是，当一束平行单色光垂直通过某一均匀非散射的吸光物质时，其吸光度 A 与吸光物质的浓度 c 及液层厚度 l 成正比。

当介质中含有多种吸光组分时，只要各组分间不存在着相互作用，则在某一波长下介质的总吸光度是各组分在该波长下吸光度的加和，而各物质的吸光度则由各自的浓度与吸光系数所决定。例如，设溶液中同时存在有 a、b、c…等吸光物质，则各物质在同一波长下，吸光度具有加和性，即

$$A_{总}=-\lg\tau_{总}=A_a+A_b+A_c+\cdots=(\kappa c_a+\kappa c_b+\kappa c_c+\cdots)l \quad (6\text{-}3)$$

百分吸收系数或比吸收系数 $E_{1cm}^{1\%}$。当吸光物质含量以%为单位时，吸光系数用 $E_{1cm}^{1\%}$ 表示。表示一定波长下，吸光物质溶液的含量为 $1g\cdot(100mL)^{-1}$（1%），液层厚度为1cm时，溶液的吸光度。

摩尔吸收系数与百分吸收系数的换算关系：

$$\kappa=\frac{M}{10}\cdot E_{1cm}^{1\%} \quad (6\text{-}4)$$

$\kappa>10^4 L\cdot mol^{-1}\cdot cm^{-1}$　强吸收

$\kappa=10^3\sim10^4 L\cdot mol^{-1}\cdot cm^{-1}$　中强吸收

$\kappa<10^3 L\cdot mol^{-1}\cdot cm^{-1}$　弱吸收

摩尔吸收系数多用于分子结构的研究，百分吸收系数多用于含量测定。吸收系数不能直接测定，需用准确的稀溶液测得吸光度换算而得。

【例 6-1】 已知Fe(Ⅱ)浓度为 $5.0\times10^{-4}g\cdot L^{-1}$ 的溶液，与1,10-邻二氮菲反应，生成橙红色配合物。该配合物在波长508nm、比色皿厚度为2.00cm时，测得 $A=0.190$，计算1,10-邻二氮菲铁的 κ。

解 已知 $M(Fe)=55.85$ 根据公式 $A=\kappa cl$

$$c=\frac{5.0\times10^{-4}g\cdot L^{-1}}{55.85g\cdot mol^{-1}}=8.95\times10^{-6}(mol\cdot L^{-1})$$

$$\kappa=\frac{A}{cl}=\frac{0.190}{8.95\times10^{-6}\times2}=1.1\times10^4(L\cdot mol^{-1}\cdot cm^{-1})$$

朗伯-比尔定律的成立是有前提的，即：

① 入射光为平行单色光且垂直照射；

② 吸光物质为均匀非散射体系；

③ 吸光质点之间无相互作用；

④ 辐射与物质之间的作用仅限于光吸收过程，无荧光和光化学现象发生。

根据朗伯-比尔定律，当吸收介质厚度不变时，A 与 c 之间应该成正比关系，但实际测定时，标准曲线常会出现偏离朗伯-比尔定律的现象，有时向浓度轴弯曲（负偏离），有时向吸光度轴弯曲（正偏离）（图6-2）。造成偏离的原因是多方面的，其主要原因是测定时的实际情况不完全符合使朗伯-比尔定律成立的前提条件。

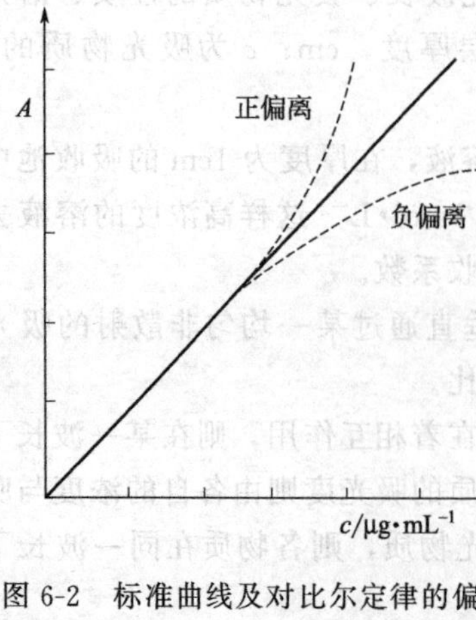

图 6-2　标准曲线及对比尔定律的偏离

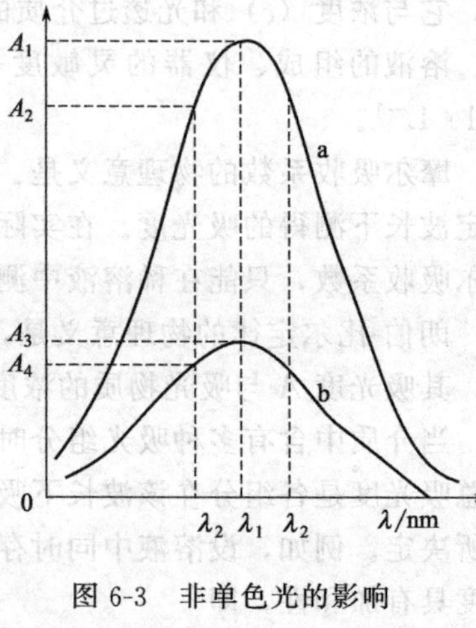

图 6-3　非单色光的影响

物理因素（仪器的非理想）引起的偏离有三种情况。

① 非单色光引起的偏离　朗伯-比尔定律只适用于单色光，但由于单色器色散能力的限制和出口狭缝需要保持一定的宽度，所以目前各种分光光度计得到的入射光实际上都是具有某一波段的复合光（即难以获得真正的纯单色光）。由于物质对不同波长光的吸收程度的不同，因而导致对朗伯-比尔定律的偏离。非单色光的影响见图 6-3。

② 非平行入射光引起的偏离　非平行光光束的光程大于吸收池的厚度，产生正偏离。

③ 介质不均匀引起的偏离　朗伯-比尔定律要求吸光物质的溶液是均匀的。如果被测溶液不均匀，是胶体溶液、乳浊液或悬浮液时，入射光通过溶液后，除一部分被试液吸收外，还有一部分因散射现象而损失，使透射比减小，因而实测吸光度增加，便标准曲线偏离直线向吸光度轴弯曲。故在光度法中应避免溶液产生胶体或浑浊。

化学因素引起的偏离有两种情况。

① 溶液浓度过高引起的偏离　朗伯-比耳定律是建立在吸光质点之间没有相互作用的前提下。但当溶液浓度较高时，吸光物质的分子或离子间的平均距离减小，从而改变物质对光的吸收能力，即改变物质的摩尔吸收系数。浓度增加，相互作用增强，导致在高浓度范围内摩尔吸收系数不恒定而使吸光度与浓度之间的线性关系被破坏。

② 溶液本身的化学反应引起的偏离　溶液中的吸光物质常因解离、缔合、形成新化合物或互变异构等化学变化而改变其浓度，因而导致偏离朗伯-比尔定律。

a. 解离　大部分有机酸碱的酸式、碱式对光有不同的吸收性质，溶液的酸度不同，酸(碱）解离程度不同，导致酸式与碱式的比例改变，使溶液的吸光度发生改变。

b. 配合　显色剂与金属离子生成的是多级配合物，且各级配合物对光的吸收性质不同，例如在 Fe(Ⅲ）与 SCN^- 的配合物中，$Fe(SCN)_3$ 颜色最深，$[Fe(SCN)]^{2+}$ 颜色最浅，故 SCN^- 浓度越大，溶液颜色越深，即吸光度越大。

c. 缔合　例如在酸性条件下，CrO_4^{2-} 会缔合生成 $Cr_2O_7^{2-}$，而它们对光的吸收有很大的不同。

在分析测定中，要控制溶液的条件，使被测组分以一种形式存在，以克服化学因素所引起的对朗伯-比尔定律的偏离。

五、光分析法的分类

光分析法通常分为光谱法和非光谱法两大类

光谱法以能源与物质相互作用引起原子、分子内部量子化能级之间跃迁所产生的光的吸收、发射、散射等波长与强度的变化关系为基础的光分析法。

非光谱法是利用光与物质作用时产生的折射、干涉、衍射和偏振等基本性质的变化来达到分析测定目的的分析方法。主要有折射法、干涉法、衍射法、旋光法和圆二色谱法等。

六、光谱的产生

通常，物质的分子处于稳定的基态。当它受到光照或其它能量激发时，将根据分子所吸收能量的大小，引起分子转动、振动或电子能级的跃迁，同时伴随着光子的吸收或发射，当物质的粒子按两个能级的能量差值吸收或放出某特定的光子后，发生能级间的跃迁，如果把物质对光的吸收或发射情况按照波长的次序排列记录下来，就得到了光谱。

按照产生光谱的物质类型的不同，可以分为原子光谱、分子光谱、固体光谱；按照产生光谱的方式不同，可以分为发射光谱、吸收光谱和散射光谱；按照光谱的性质和形状，又可分为线状光谱、带状光谱和连续光谱。

七、光谱分析仪器的组成

信号发生系统，色散系统，检测系统，信息处理系统。

① 信号发生系统　包括光源和样品容器。光源有连续光源和线光源等。一般连续光源主要用于分子吸收光谱法，线光源用于原子吸收、原子荧光和拉曼光谱法。

② 色散系统　其作用是将复合光分解成单色光或有一定宽度的谱带。一般色散系统由棱镜或光栅等组成。

③ 检测系统　一般以光电转换器作为检测器。检测器可分为对光有响应的光检测器和对热有响应的热检测器。

④ 信息处理系统　由检测器将光信号转换为电信号后，可用检流计、微安表、记录仪、数字显示器或阴极射线显示器等显示和记录测定结果。

思考题与习题

1. 原子光谱与分子光谱，吸收光谱与发射光谱有什么不同？
2. 什么是复合光和单色光？光谱分析中如何获得单色光？
3. 光谱分析法是如何分类的？
4. 如何由光的频率计算光的能量及波长、波数？已知钾原子共振线的激发能为 1.62eV，试计算该共振线的波长、频率和波数。($1eV = 1.602 \times 10^{-19}J$)

第七章　紫外-可见吸收光谱法

第一节　概　　述

利用紫外-可见分光光度计测量物质对紫外-可见光的吸收程度（吸光度）和紫外-可见吸收光谱来确定物质的组成、含量，推测物质结构的分析方法，称为紫外-可见吸收光谱法(ultraviolet and visible spectrophotometry，UV-Vis)，也可称为分光光度法。它具有如下特点。

① 灵敏度高　该法测定物质的浓度下限（最低浓度）一般可达 $1\%\sim10^{-3}\%$。对固体试样一般可测到 $10^{-4}\%$。如果对被测组分事先加以富集，灵敏度还可以提高1～2个数量级。适于微量组分的测定，一般可测定 10^{-6}g 级的物质，其摩尔吸收系数可以达到 $10^4\sim10^5$ 数量级。

② 准确度较高　一般吸收光谱法的相对误差为 $2\%\sim5\%$，其准确度虽不如滴定分析法及重量法，但对微量成分来说，还是比较满意的，因为在这种情况下，滴定分析法和重量法也不够准确了，甚至无法进行测定。

③ 方法简便　操作容易、分析速度快。

④ 应用广泛　不仅用于金属离子的定量分析，更重要的是有机化合物的鉴定及结构分析（鉴定有机化合物中的官能团）。可对同分异构体进行鉴别。此外，还可用于配合物的组成和稳定常数的测定。

紫外-可见吸收光谱法也有一定的局限性，有些有机化合物在紫外-可见光区没有吸收谱带，有的仅有较简单而宽阔的吸收光谱，更有个别的紫外-可见吸收光谱大体相似。例如，甲苯和乙苯的紫外吸收光谱基本相同。因此，单根据紫外-可见吸收光谱不能完全决定这些物质的分子结构，只有与红外吸收光谱、核磁共振波谱和质谱等方法配合起来，得出的结论才会更可靠。

第二节　紫外-可见吸收光谱法的基本原理

当一束紫外-可见光（200～760nm）通过一透明的物质时，具有某种能量的光子被吸收，而另一些能量的光子则不被吸收。光子是否被物质所吸收，既取决于物质的内部结构，也取决于光子的能量。当光子的能量等于电子能级的能量差时（即 $\Delta E_{电}=h\nu$），则此能量的光子被吸收，并使电子由基态跃迁到激发态。物质对光的吸收特征，可用吸收曲线来描述。以波长 λ 为横坐标，吸光度 A 为纵坐标作图（见图7-1），得到的 A-λ 曲线即为紫外-可见吸收光谱（或紫外-可见吸收曲线）。

可以看出：物质在某一波长处对光的吸收最强，称为最大吸收峰，对应的波长称为最大吸收波长（λ_{max}）；低于最高吸收峰的峰称为次峰；最高吸收峰旁边的一个小的曲折称为肩峰；曲线中的低谷称为波谷，其所对应的波长称为最小吸收波长（λ_{min}）；在吸收曲线波长最短的一端，吸收强度相当大，但不成峰形的部分，称为末端吸收。同一物质的浓度不同时，光吸收曲线形状相同，λ_{max}不变，只是相应的吸光度大小不同。

物质不同，其分子结构不同，则吸收光谱曲线不同，λ_{max}不同，故可根据吸收光谱图对物质进行定性鉴定和结构分析。用最大吸收峰或次峰所对应的波长为入射光，测定待测物质的吸光度，根据光吸收定律可对物质进行定量分析。

物质吸光的定量依据为朗伯-比尔定律：$A=\kappa cl$。表明物质对单色光的吸收强度 A 与溶液的浓度 c 和液层长度 l 的乘积成正比，κ 为摩尔吸收系数，其单位为 $L\cdot mol^{-1}\cdot cm^{-1}$，它与入射光的波长、溶液的性质以及温度有关。

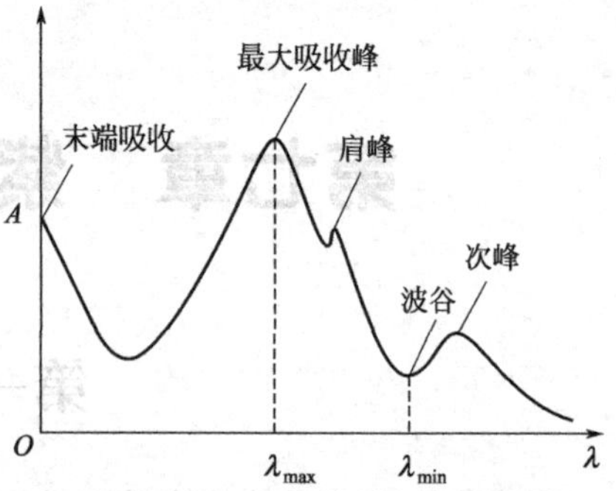

图 7-1　紫外-可见吸收光谱示意图

一、分子内部的运动及分子能级

原子光谱是由原子中电子能级跃迁所产生的。原子光谱是由一条一条的彼此分离的谱线组成的线状光谱。

分子光谱比原子光谱要复杂得多。这是由于在分子中，除了有电子相对于原子核的运动外，还有组成分子的各原子在其平衡位置附近的振动，以及分子本身绕其重心的转动。如果考虑三种运动形式之间的相互作用，则分子总的能量可以认为是这三种运动能量之和。即

$$E=E_e+E_v+E_r$$

式中，E_e 为电子能量；E_v 为振动能量；E_r 为转动能量。这三种不同形式的运动都对应一定的能级，即：分子中除了电子能级外，还有振动能级和转动能级，这三种能级都是量子化的、不连续的。正如原子有能级图一样，分子也有其特征的能级图。简单双原子分子的能级图如图7-2所示。A 和 B 表示电子能级，间距最大；每个电子能级上又有许许多多的振动能级，用$V'=0$，1，2，…表示 A 能级上各振动能级，$V''=0$，1，2，…表示 B 能级上各振动能级；每个振动能级上又有许许多多的转动能级，用 $j'=0$，1，2，…表示 A 能级上 $V'=0$ 各转动能级，$j''=0$，1，2，…表示 A 能级上 $V'=1$ 各振动能级等。且 $\Delta E_e > \Delta E_v > \Delta E_r$。

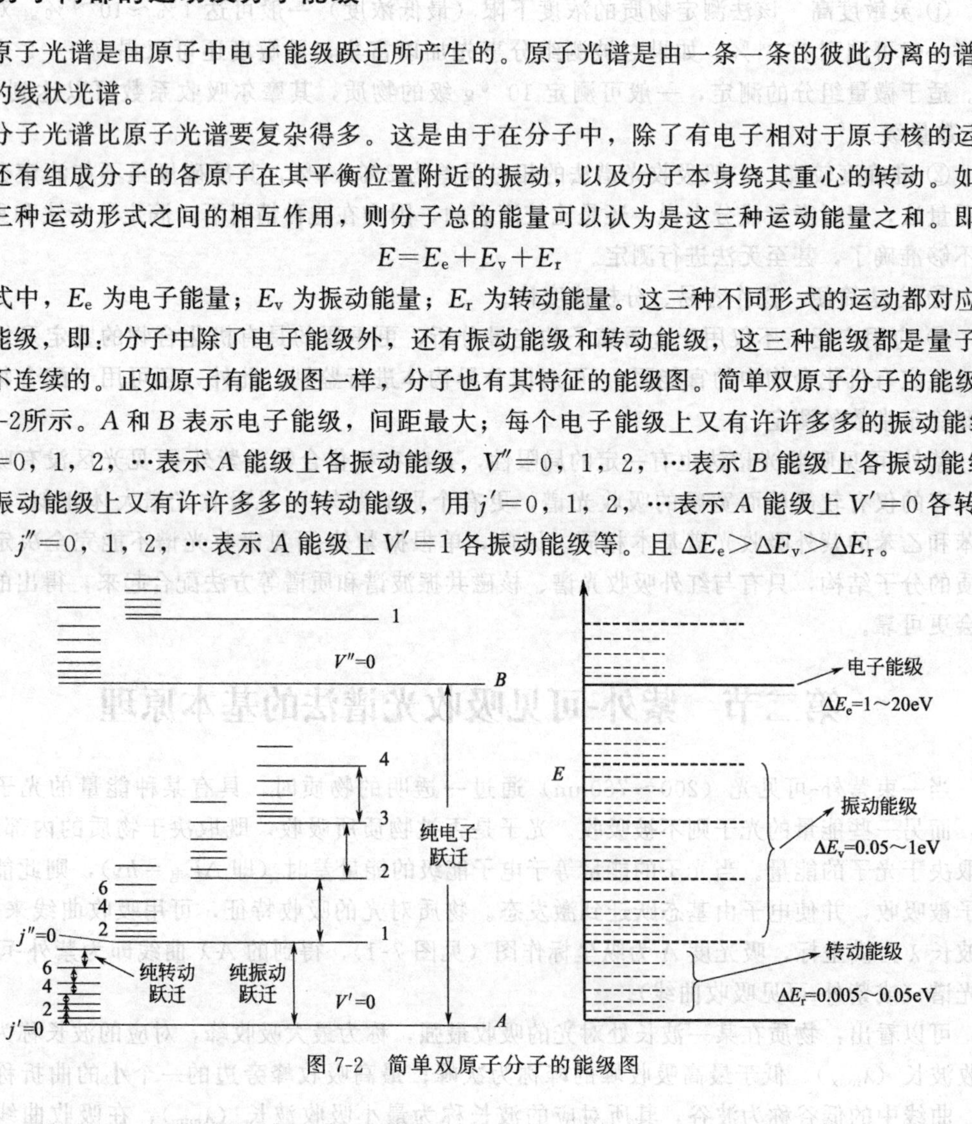

图 7-2　简单双原子分子的能级图

二、能级跃迁与分子吸收光谱的类型

通常情况下，分子处于较低的能量状态，即基态。分子吸收能量具有量子化特征，即分

子只能吸收等于两个能级之差的能量。如果外界给分子提供能量（如光能），分子就可能吸收能量引起能级跃迁，而由基态跃迁到激发态能级。

$$\Delta E = E_2 - E_1 = h\nu = hc/\lambda$$

由于三种能级跃迁所需要的能量不同，所以需要不同的波长范围的电磁辐射使其跃迁，即在不同的光学区域产生吸收光谱。

应该指出，紫外光可分为近紫外光（200～400nm）和真空紫外光（10～200nm）。由于氧、氮、二氧化碳、水等在真空紫外区（10～200nm）均有吸收，因此在测定这一范围的光谱时，必须将光学系统抽成真空，然后充以一些惰性气体，如氦、氖、氩等。鉴于真空紫外吸收光谱的研究需要昂贵的真空紫外分光光度计，故在实际应用中受到一定的限制。我们通常所说的紫外-可见分光光度法，实际上是指近紫外、可见分光光度法。

第三节　紫外-可见吸收光谱与分子结构的关系

一、电子跃迁的类型

UV-VIS 是由于分子中价电子能级跃迁而产生的。因此，有机化合物的紫外-可见吸收光谱取决于分子中价电子的性质。

根据分子轨道理论，在有机化合物分子中与紫外-可见吸收光谱有关的价电子有三种：形成单键的 σ 电子，形成双键的 π 电子和分子中未成键的孤对电子，称为 n 电子。当有机化合物吸收了紫外光或可见光，分子中的价电子就要跃迁到激发态，其跃迁方式主要有四种类型，即 $\sigma \rightarrow \sigma^*$，$n \rightarrow \sigma^*$，$\pi \rightarrow \pi^*$，$n \rightarrow \pi^*$。各种跃迁所需能量大小为：$\sigma \rightarrow \sigma^* > n \rightarrow \sigma^* > \pi \rightarrow \pi^* > n \rightarrow \pi^*$。

电子能级间位能的相对大小如图 7-3 所示。一般未成键孤对电子 n 容易跃迁到激发态。

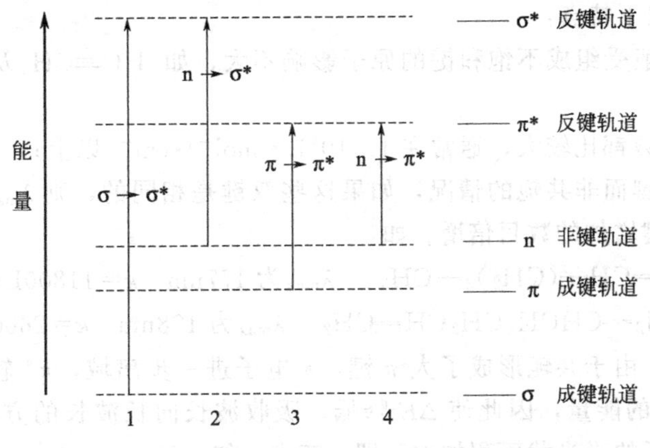

图 7-3　有机化合物分子中的电子能级和跃迁类型

成键电子中，π 电子较 σ 电子具有较高的能级，而反键电子却相反。故在简单分子中的 $n \rightarrow \pi^*$ 跃迁需要的能量最小，吸收峰出现在长波段；$\pi \rightarrow \pi^*$ 跃迁的吸收峰出现在较短波段；而 $\sigma \rightarrow \sigma^*$ 跃迁需要的能量最大，出现在远紫外区。

许多有机分子中的价电子跃迁，须吸收波长在 200～1000nm 范围内的光，恰好落在紫外-可见光区域。因此，紫外-可见吸收光谱是由于分子中价电子的跃迁而产生的，也可以称它为电子光谱。

1. σ→σ* 跃迁

成键σ电子由基态跃迁到σ*轨道，这是所有存在σ键的有机化合物都可以发生的跃迁类型。在有机化合物中，由单键构成的化合物，如饱和烃类能产生σ→σ*跃迁。引起σ→σ*跃迁所需的能量最大。因此，所产生的吸收峰出现在远紫外区，吸收波长$\lambda<200$nm，甲烷的λ_{max}为125nm，乙烷的λ_{max}为135nm，即在近紫外区、可见光区内不产生吸收，而且在此波长区域中，O_2和H_2O有吸收，所以目前一般的紫外-可见分光光度计还难以在远紫外区工作。因此，一般不讨论σ→σ*跃迁所产生的吸收带。而由于仅能产生σ→σ*跃迁的物质在200nm以上波长区没有吸收，故常采用饱和烃类化合物作紫外-可见吸收光谱分析时的溶剂（如正己烷、环己烷、正庚烷等）。

2. n→σ* 跃迁

n→σ*跃迁是非键的n电子从非键轨道向σ*反键轨道的跃迁，即分子中未共用n电子跃迁到σ*轨道；凡含有n电子的杂原子（如N、O、S、P、X等）的饱和化合物都可发生n→σ*跃迁。由于n→σ*跃迁比σ→σ*所需能量较小，所以吸收的波长会长一些，λ_{max}可在200nm附近，但大多数化合物仍在小于200nm区域内，λ_{max}随杂原子的电负性不同而不同，一般电负性越大，n电子被束缚得越紧，跃迁所需的能量越大，吸收的波长越短，如CH_3Cl的λ_{max}为173nm，CH_3Br的λ_{max}为204nm，CH_3I的λ_{max}为258nm。n→σ*跃迁所引起的吸收，摩尔吸收系数一般不大，通常为100～300L·mol^{-1}·cm^{-1}。一般相当于150～250nm的紫外光区，但跃迁概率较小，κ值在10^2～10^3L·mol^{-1}·cm^{-1}，属于中等强度吸收。

3. π→π* 跃迁

成键π电子由基态跃迁到π*轨道；凡含有双键或叁键的不饱和有机化合物（如 >C═C< 、—C≡C— 等）都能产生π→π*跃迁。π→π*跃迁所需的能量比σ→σ*跃迁小，一般也比n→σ*跃迁小，所以吸收辐射的波长比较长，一般在200nm附近，属强吸收。此外，π→π*还具有以下特点：

① 吸收波长一般受组成不饱和键的原子影响不大，如HC≡CH及N≡CH的λ_{max}都是175nm；

② 摩尔吸收系数都比较大，通常在1×10^4L·mol^{-1}·cm^{-1}以上；

③ 对于多个双键而非共轭的情况，如果这些双键是相同的，则λ_{max}基本不变，而κ变大，且一般约以双键增加的数目倍增。如：

1-己二烯 CH_2═CH—$(CH_2)_3$—CH_3 λ_{max}为177nm κ=11800L·mol^{-1}·cm^{-1}

1,5-己二烯 CH_2═CHCH_2CH_2CH═CH_2 λ_{max}为178nm κ=26000L·mol^{-1}·cm^{-1}

对于共轭情况，由于共轭形成了大π键，π电子进一步离域，π*轨道有更大的成键性质，降低了π*轨道的能量，因此使ΔE降低，吸收波长向长波长的方向移动，称为红移。而且共轭体系使分子的吸光截面积加大，即κ变大。如：

乙烯 CH_2═CH_2 λ_{max}为170nm左右，$\kappa=1\times10^4$L·mol^{-1}·cm^{-1}

1,3-丁二烯 CH_2═CH—CH═CH_2 λ_{max}为210nm $\kappa=2.1\times10^4$L·mol^{-1}·cm^{-1}

通常每增加一个共轭双键，λ_{max}增加30nm左右。环共轭比链共轭的λ_{max}长。

4. n→π* 跃迁

n→π*跃迁是未共用n电子跃迁到π*轨道。含有杂原子的双键不饱和有机化合物能产生这种跃迁。如含有 >C═O、>C═S、—N═O、—N═N— 等杂原子的双键化合物。跃迁的能量最小，吸收峰出现在 200～400nm 的紫外光区，属于弱吸收。此外，n→π* 还具有以下特点：

① λ_{max}与组成 π 键的原子有关，由于需要由杂原子组成不饱和双键，所以 n 电子的跃迁就与杂原子的电负性有关，与 n→σ* 跃迁相同，杂原子的电负性越强，λ_{max}越小；

② n→π* 跃迁的概率比较小，所以摩尔吸收系数比较小，一般为 10～100L·mol^{-1}·cm^{-1}，比起 π→π* 跃迁小 2～3 个数量级。摩尔吸收系数的显著差别，是区别 π→π* 跃迁和 n→π* 跃迁的方法之一。

除了上述价电子轨道上的电子跃迁所产生的有机化合物吸收光谱外，还有分子内的电荷转移跃迁。

5. 电荷转移跃迁

某些分子同时具有电子给予体和电子接受体两部分，这种分子在外来辐射的激发下，会强烈地吸收辐射能，使电子从给予体向接受体迁移，叫作电荷转移跃迁，所产生的吸收光谱称为电荷转移光谱。电荷转移跃迁实质上是分子内的氧化-还原过程，电子给予部分是一个还原基团，电子接受部分是一个氧化基团，激发态是氧化-还原的产物，是一种双极分子。电荷转移过程可表示为：

$$A\cdots B \xrightarrow{h\nu} A^{+}\cdots B^{-}$$

某些取代芳烃可以产生电荷转移吸收光谱，如：

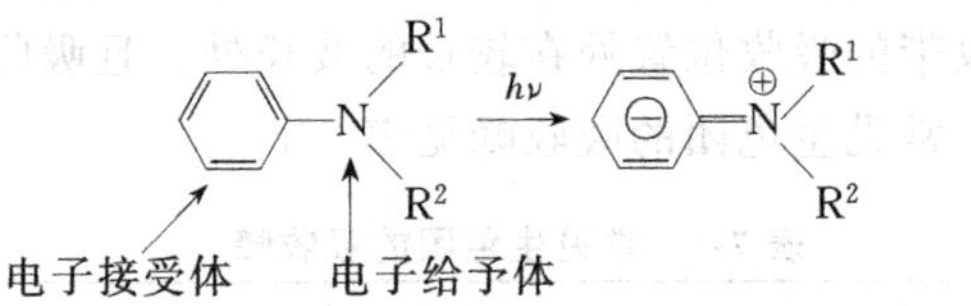

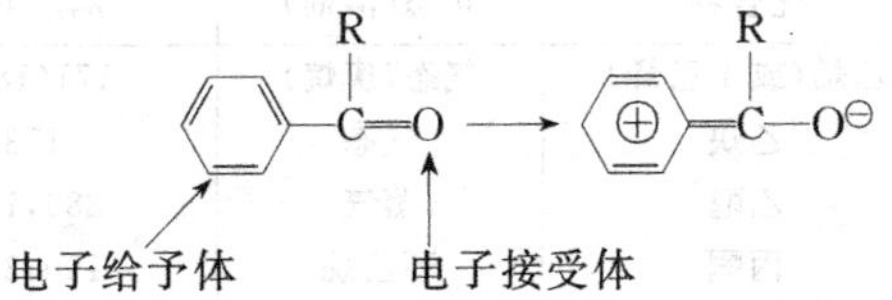

电荷转移吸收光谱的特点是谱带较宽，一般 λ_{max} 较大、吸收较强，摩尔吸收系数通常大于 10^4L·mol^{-1}·cm^{-1}。在分析上也较有应用价值。图 7-4 为有机物各种电子跃迁吸收光谱的波长分布图。

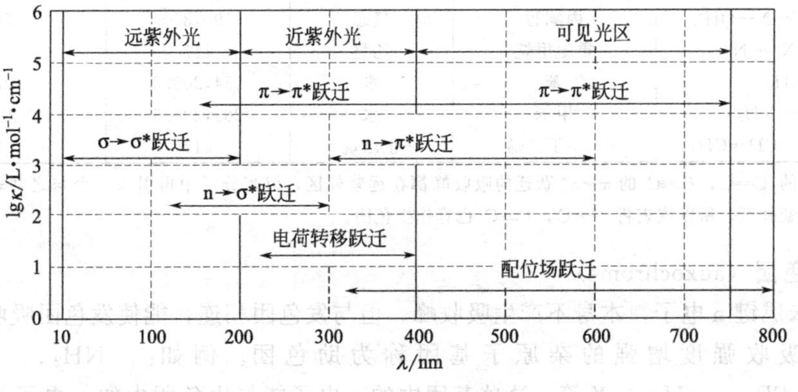

图 7-4　紫外与可见光谱区产生的吸收类型

实际上，对于一个非共轭体系来讲，所有这些可能的跃迁中，只有 n→π* 跃迁的能量足够小，相应的吸收光波长在 200～800nm 范围内，即落在近紫外-可见光区。其它的跃迁能量都太大，它们的吸收光波长均在 200nm 以下，无法观察到紫外光谱。但对于共轭体系的跃迁，其吸收光一般落在近紫外区。

$n \rightarrow \pi^*$ 及 $\pi \rightarrow \pi^*$ 跃迁都需要有不饱和官能团存在，以提供 π 轨道。这两类跃迁在有机化合物中具有非常重要的意义，是紫外-可见吸收光谱的主要研究对象，因为跃迁所需的能量使吸收峰进入了便于实验的光谱区域（200～1000nm）。

二、生色团、助色团和吸收带

1. 生色团（chromophore）

分子中能吸收紫外-可见光的结构单元，称为生色团（亦称发色团）。由于有机化合物中，$\pi \rightarrow \pi^*$ 或 $n \rightarrow \pi^*$ 跃迁及电荷转移跃迁在分析上具有重要作用，所以经常把含有非键轨道和 π 分子轨道能引起 $n \rightarrow \pi^*$、$\pi \rightarrow \pi^*$ 跃迁的电子体系称为生色团。例如：$>C{=}C<$、$-C{\equiv}C-$、$>C{=}O$、$>C{=}N-$、$-N{=}N-$、$-N{=}O$、$-COOH$ 等。

如果一个化合物的分子含有数个生色团，但它们之间并不发生共轭作用，那么该化合物的吸收光谱将包含有个别生色团原来具有的吸收带，这些吸收带的波长位置及吸收强度互相影响不大；如果多个生色团之间彼此形成共轭体系，那么原来各自生色团的吸收带将消失，而产生新的吸收带，新吸收带的吸收位置处在较长的波长处，且吸收强度显著增大。这一现象叫作生色团的共轭效应。常见生色团的吸收峰见表 7-1。

表 7-1 常见生色团的吸收峰

生色团	化合物	状态(溶剂)	λ_{max}/nm	κ_{max}/L·mol^{-1}·cm^{-1}
$H_2C{=}CH_2$	乙烯(或 1-己烯)	气态(庚烷)	171(180)	15530(12500)
$HC{\equiv}CH$	乙炔	气态	173	6000
$H_2C{=}O$	乙醛	蒸气	289,182	12.5,10000
$(CH_3)_2C{=}O$	丙酮	环己烷	190,279	1000,22
CH_3COOH	乙酸	水	204	40
CH_3COCl	乙酰氯	庚烷	240	34
$CH_3COOC_2H_5$	乙酸乙酯	水	204	60
CH_3CONH_2	乙酰胺	甲醇	295	160
CH_3NO_2	硝基甲烷	水	270	14
$(CH_3)_2C{=}N{-}OH$	丙酮肟	气态	190,300	5000,—
$CH_2{=}N^+{=}N^-$	重氮甲烷	乙醚	417	7
C_6H_6	苯	水	254,203.5	205,7400
$CH_3{-}C_6H_5$	甲苯	水	261,206.5	225,7000
$H_2C{=}CH{-}CH{=}CH_2$	1,3-丁二烯	正己烷	217	21000

注：孤立的 $C{=}C$，$C{\equiv}C$ 的 $\pi \rightarrow \pi^*$ 跃迁的吸收峰都在远紫外区，但当分子中再引入一个与之共轭的不饱和键时，吸收就进入到紫外区，所以该表将 $C{=}C$，$C{\equiv}C$ 也算作生色团。

2. 助色团（auxochrome）

含有未成键 n 电子，本身不产生吸收峰，但与发色团相连，能使发色团吸收峰向长波方向移动、吸收强度增强的杂原子基团称为助色团。例如：$-NH_2$、$-OH$、$-OR$、$-NR_2$、$-SR$、$-SH$、$-X$ 等。这些基团中的 n 电子能与生色团中的 π 电子相互作用（产生 p-π 共轭），使 $\pi \rightarrow \pi^*$ 跃迁能量降低，跃迁概率变大。

表 7-2 为乙烯体系、不饱和羰基体系及苯环体系被助色基取代后波长的增值。

表 7-2 λ_{max}的增值 单位：nm

体系	NR_2	OR	SR	Cl	Br
X—C═C	40	30	45	5	—
X—C═C—C═O	95	50	85	20	30
X—C_6H_5 带Ⅱ	51	20	55	10	10
X—C_6H_5 带Ⅲ	45	17	23	2	6

注：表中 X 为助色基。

3. 红移（red shift）**和蓝移**（blue shift）

由于共轭效应、引入助色团或溶剂效应（极性溶剂对 $\pi \rightarrow \pi^*$ 跃迁的效应）使化合物的吸收波长向长波方向移动，称为红移效应，俗称红移。能对生色团起红移效应的基团，称为向红团。

有时某些生色团（如 >C═O ）的碳原子一端引入某取代基或溶剂效应（极性溶剂对 $n \rightarrow \pi^*$ 跃迁的效应），使化合物的吸收波长向短波方向移动，称为蓝移（或紫移）效应，俗称蓝移（或紫移），能引起蓝移效应的基团（如—CH_3、—C_2H_5、—O—C(═O)—CH_3 等）称为向蓝团。

4. 增色效应（hyperchromic effect）**和减色效应**（hypsochromic effect）

由于化合物的结构发生某些变化或外界因素的影响，使化合物的吸收强度增大的现象，叫增色效应，而使吸收强度减小的现象，称为减色效应，如图 7-5 所示。

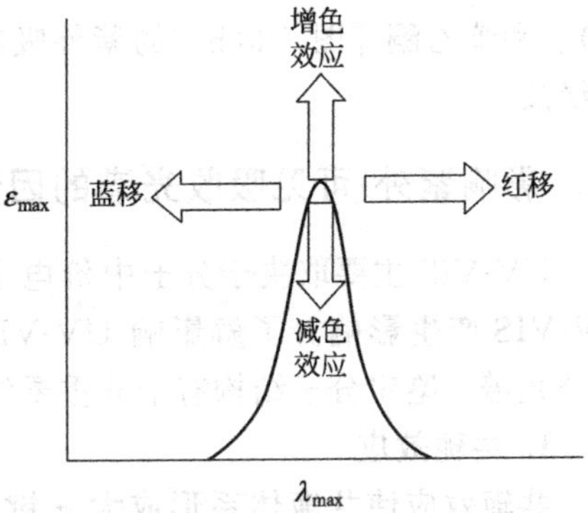

图 7-5 UV-VIS 光谱常用术语说明

5. 吸收带

在 UV-VIS 中，吸收峰的波带位置称为吸收带，通常有以下几种。

① R 吸收带 R 吸收带由德文 Radikal（基团）而得名，是由 $n \rightarrow \pi^*$ 跃迁而产生的吸收带。特点是强度较弱，一般 $\kappa < 100 L \cdot mol^{-1} \cdot cm^{-1}$；吸收波长较长（>270nm）。例如 CH_2═CH—CHO 的 $\lambda_{max} = 315nm$（$\kappa = 14 L \cdot mol^{-1} \cdot cm^{-1}$）的吸收带为 $n \rightarrow \pi^*$ 跃迁产生，属 R 吸收带。R 吸收带随溶剂极性增加而蓝移，但当附近有强吸收带时则产生红移，有时被掩盖。

② K 吸收带 K 吸收带由德文 Konjugation（共轭作用）而得名，是由共轭双键中 $\pi \rightarrow \pi^*$ 跃迁而产生的吸收带。其特点是吸收强度较大，通常 $\kappa > 10^4 L \cdot mol^{-1} \cdot cm^{-1}$；跃迁所需能量大，吸收峰通常在 217～280nm。K 吸收带的波长及强度与共轭体系数目、位置、取代基的种类有关。其波长随共轭体系的加长而向长波方向移动，吸收强度也随之加强。K 吸收带是紫外-可见吸收光谱中应用最多的吸收带，用于判断化合物的共轭结构。CH_2═CH—CH═CH_2 $\lambda_{max} = 217nm$（$\kappa = 10^4 L \cdot mol^{-1} \cdot cm^{-1}$），属 K 吸收带。

③ B 吸收带 B 吸收带由德文 Benzenoid（苯的）而得名。是由苯环的振动和 $\pi \rightarrow \pi^*$ 跃迁重叠引起的芳香化合物的特征吸收带。其特点是：在 230～270nm 之间谱带上出现苯的精细结构吸收峰（$\kappa \approx 10^2 L \cdot mol^{-1} \cdot cm^{-1}$），常用来判断芳香族化合物，但苯环上有取代基且与苯环共轭或在极性溶剂中测定时，这些精细结构会出现一宽峰或消失。

④ E吸收带　E吸收带由德文 Ethylenicband（乙烯型）而得名，由芳香族化合物的 $\pi\rightarrow\pi^*$ 跃迁所产生的，是芳香族化合物的特征吸收，可分为 E_1 带和 E_2 带。苯的 E_1 带出现在 185nm 处，为强吸收，$\kappa_{max}=6\times10^4 L\cdot mol^{-1}\cdot cm^{-1}$；$E_2$ 带出现在 204nm 处，为较强吸收，$\kappa_{max}=8\times10^3 L\cdot mol^{-1}\cdot cm^{-1}$；B 带出现在 254nm（$\kappa_{max}=200 L\cdot mol^{-1}\cdot cm^{-1}$）。

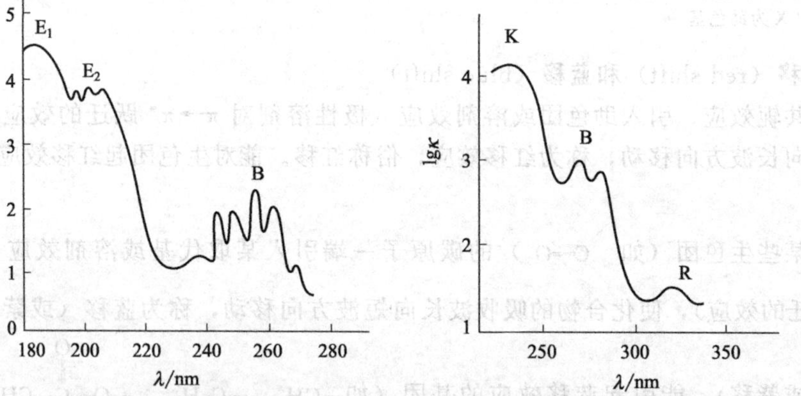

(a) 苯的紫外吸收光谱(乙醇中)　(b) 苯乙酮的紫外吸收光谱(正庚烷中)

图 7-6　苯和苯乙酮的紫外吸收光谱

当苯环上有发色团且与苯环共轭时，E_1 带常与 K 带合并且向长波方向移动（240nm），B 吸收带的精细结构简单化，吸收强度增加且向长波方向移动（278nm）。例如，苯［图 7-6 (a)］和苯乙酮［图 7-6(b)］的紫外吸收光谱。这是由于苯乙酮中羰基与苯环形成共轭体系的缘故。

三、影响紫外-可见吸收光谱的因素

UV-VIS 主要取决于分子中价电子的能级跃迁，但分子的内部结构和外部环境都会对 UV-VIS 产生影响。了解影响 UV-VIS 的因素对解析紫外光谱、鉴定分子结构有十分重要的意义。

1. 共轭效应

共轭效应使共轭体系形成大 π 键，结果使各能级间能量差减小，跃迁所需能量减小。因此共轭效应使吸收的波长向长波方向移动，吸收强度也随之加强。

随着共轭体系的加长，吸收峰波长和强度呈规律地改变。多烯化合物的吸收带如表 7-3 所列。

例如：乙烯 $\lambda_{max}=165nm$，丁二烯 $\lambda_{max}=217nm$，如图 7-7 所示。

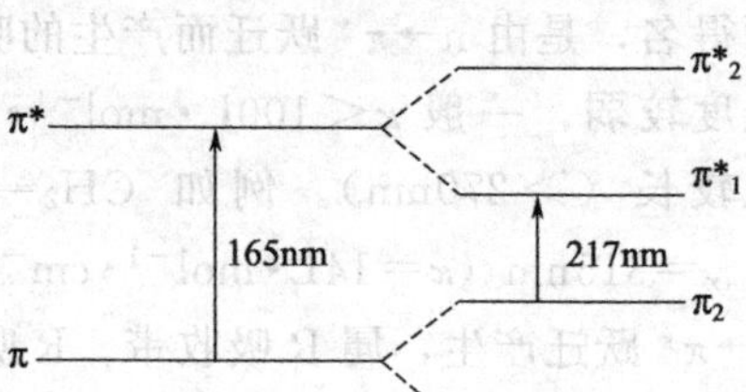

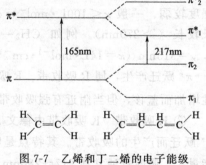

图 7-7　乙烯和丁二烯的电子能级

表 7-3　多烯化合物的吸收带

化合物	双键	$\lambda_{max}/nm(\kappa/L\cdot mol^{-1}\cdot cm^{-1})$	颜色
乙烯	1	$185(1.0\times10^4)$	无色
丁二烯	2	$217(2.1\times10^4)$	无色
1,3,5-己三烯	3	$285(3.5\times10^4)$	无色
癸五烯	5	$335(1.18\times10^5)$	淡黄
二氢-β-胡萝卜素	8	$415(2.10\times10^5)$	橙黄
番茄红素	11	$470(1.85\times10^5)$	红

2. 助色效应

助色效应使助色团的 n 电子与发色团的 π 电子共轭，结果使吸收峰的波长向长波方向移动，吸收强度随之加强，如表 7-4 中所列。

表 7-4 一些化合物的 n→π*、π→π* 跃迁的吸收带

化合物	基团	λ_{max}/nm(κ/L·mol^{-1}·cm^{-1})	
		π→π*	n→π*
醛	—CHO	约 210(强)	285～295(10～30)
酮	羰基	约 195(1000)	270～285(10～30)
硫酮		约 200(强)	约 400(弱)
硝基化合物	$—NO_2$	约 210(强)	约 270(10～20)
亚硝酸酯	—ONO	约 220(2000)	约 350(0～80)
硝酸酯	$—ONO_2$		约 270(10～20)
2-丁烯醛	$CH_3CH═CHCH═O$	约 217(16000)	321(20)
乙二醛	O═CH—CH═O	—	435(18)
2,4-己二烯醛	$CH_3CH═CHCH═CHCH═O$	约 263(27000)	—

3. 超共轭效应

这是由于烷基的 σ 键与共轭体系的 π 键共轭而引起的，其效应同样使吸收峰向长波方向移动，吸收强度加强。当苯环引入烷基时，由于烷基的 C—H 与苯环产生超共轭效应，使苯环的吸收带红移（向长波移动），吸收强度增大。

对于二甲苯来说，取代基的位置不同，红移和吸收增强效应不同，通常顺序为：对位＞间位＞邻位。但超共轭效应的影响远远小于共轭效应的影响。

表 7-5 列举的数据表明了在共轭体系中的烷基对吸收波长的影响。图 7-8 为苯和甲苯的 B 吸收带。

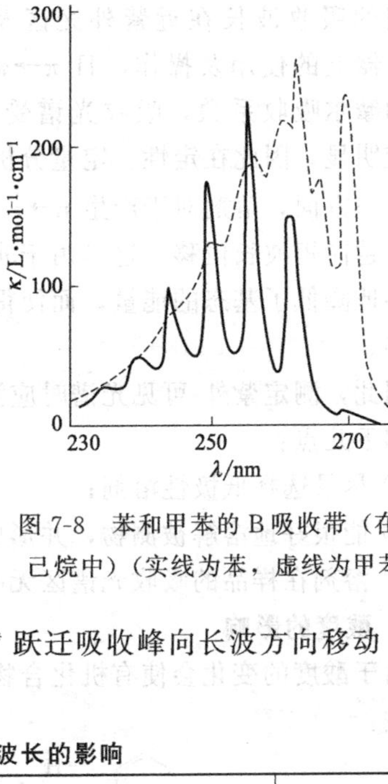

图 7-8 苯和甲苯的 B 吸收带（在环己烷中）（实线为苯，虚线为甲苯）

4. 溶剂的影响

溶剂的极性强弱能影响 UV-VIS 的吸收峰波长、吸收强度及形状。如改变溶剂的极性，会使吸收峰波长发生变化。表 7-6 列出了溶剂对异亚丙基丙酮 $CH_3COCH═C(CH_3)_2$ 紫外吸收光谱的影响。从表 7-6 可以看出，溶剂极性越大，由 n→π* 跃迁所产生的吸收峰向短波方向移动（称为短移或紫移），而 π→π* 跃迁吸收峰向长波方向移动（称为长移或红移）。

表 7-5 烷基对共轭体系最大吸收波长的影响

化合物	λ_{max}/nm	化合物	λ_{max}/nm
$CH_2═CH—CH═CH_2$	217	$CH_2═CH—C(CH_3)═O$	219
$CH_3—CH═CH—CH═CH_2$	222	$CH_3—CH═CH—C(CH_3)═O$	224
$CH_3—CH═CH—CH═CH—CH_3$	227	$(CH_3)_2C═CH—C(CH_3)═O$	235
$CH_2═C(CH_3)—C(CH_3)═CH_2$	227	C_6H_6	255
		$C_6H_5—CH_3$	261

紫外吸收光谱中有机化合物的测定往往需要溶剂，而溶剂尤其是极性溶剂，常会对溶质的吸收波长、强度及形状产生较大影响。在极性溶剂中，紫外光谱的精细结构会完全消失，

其原因是极性溶剂分子与溶质分子的相互作用，限制了溶质分子的自由转动和振动，从而使振动和转动的精细结构随之消失。

表 7-6 异亚丙基丙酮的溶剂效应

溶剂	正己烷	氯仿	甲醇	水	结论
$\pi\rightarrow\pi^*$	230nm	238nm	237nm	243nm	向长波移动
$n\rightarrow\pi^*$	329nm	315nm	309nm	305nm	向短波移动

一般来说，溶剂对于产生 $\pi\rightarrow\pi^*$ 跃迁谱带的影响表现为：溶剂的极性越强，谱带越向长波方向位移。这是由于大多数能发生 $\pi\rightarrow\pi^*$ 跃迁的分子，激发态的极性总是比基态极性大，因而激发态与极性溶剂之间发生相互作用而导致的能量降低的程度要比极性小的基态与极性溶剂发生作用而降低的程度大，因此要实现这一跃迁的能量也就小了。图 7-9 表示 n、π、π* 轨道的能量在不同极性溶剂的变化情况。

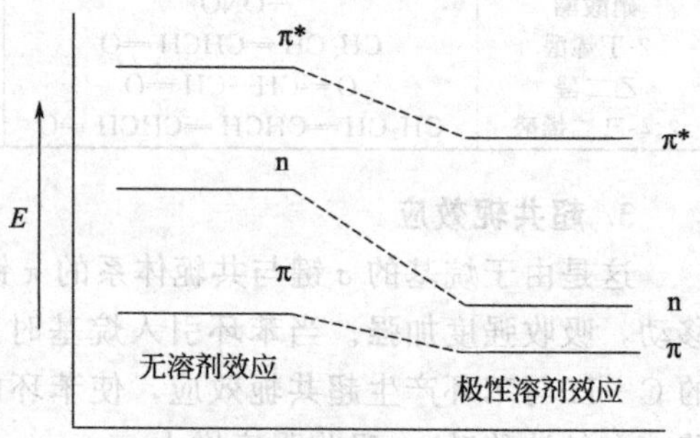

图 7-9 溶剂极性对 $\pi\rightarrow\pi^*$ 与 $n\rightarrow\pi^*$ 跃迁能量的影响

在前述的四种跃迁类型所产生的吸收光谱中，$\pi\rightarrow\pi^*$、$n\rightarrow\pi^*$ 跃迁在分析上最有价值，因为它们的吸收波长在近紫外光区及可见光区，便于仪器上的使用及操作，且 $\pi\rightarrow\pi^*$ 跃迁具有很大的摩尔吸收系数，吸收光谱受分子结构的影响较明显，因此在定性、定量分析中很有用。

另一方面，溶剂对于产生 $n\rightarrow\pi^*$ 跃迁谱带的影响表现为：溶剂的极性越强，$n\rightarrow\pi^*$ 跃迁的谱带越向短波长位移。这是由于非成键的 n 电子会与含有极性溶剂相互作用形成氢键，从而较多地降低了基态的能量，而使得跃迁的能量增大，紫外吸收光谱就发生了向短波长方向的位移。

因此，测定紫外-可见光谱时应注明所使用的溶剂，选择测定吸收光谱曲线的溶剂时应注意如下几点：

① 尽量选择低极性溶剂；

② 能很好地溶解被测物，并形成良好化学和光化学稳定性的溶剂；

③ 溶剂在样品的吸收光谱区无明显吸收。

5. 酸度的影响

由于酸度的变化会使有机化合物的存在形式发生变化，从而导致谱带的位移，例如苯酚和苯胺：

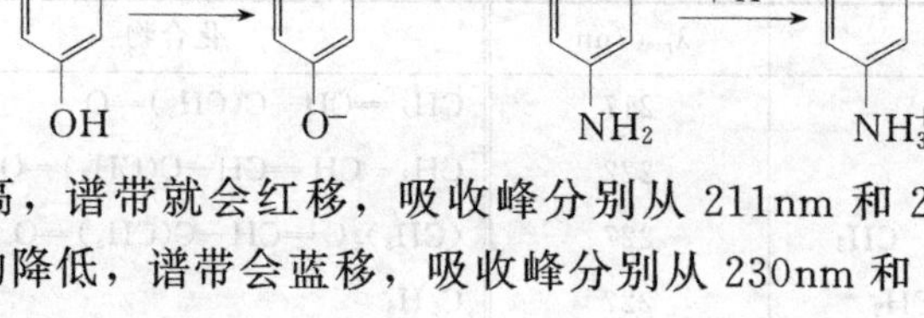

随着 pH 值的增高，谱带就会红移，吸收峰分别从 211nm 和 270nm 位移到 236nm 和 287nm。随着 pH 值的降低，谱带会蓝移，吸收峰分别从 230nm 和 280nm 处位移到 203nm 和 254nm 处。

另外酸度的变化还会影响到配位平衡，从而造成有色配合物的组成发生变化，而使得吸收带发生位移，例如 Fe(Ⅲ) 与磺基水杨酸的配合物，在不同 pH 时会形成不同的配位比，从而产生紫红、橙红、黄色等不同颜色的配合物。

四、各类有机化合物的紫外-可见特征吸收光谱

1. 饱和有机化合物

饱和碳氢化合物只有 σ 键电子，最不易激发，只有吸收很大能量后，才能产生 $\sigma \rightarrow \sigma^*$ 跃迁，因而一般在远紫外区，目前应用不多。但这类化合物在 200～1000nm 范围（紫外及可见分光光度计的测定范围）内无吸收，在紫外吸收光谱分析中常用作溶剂（如己烷、庚烷、环己烷等）。

当饱和碳氢化合物中的氢被杂原子取代后，由于 n 电子比 σ 电子易激发，电子跃迁所需能量减低，而发生红移。如 CH_4 的 $\sigma \rightarrow \sigma^*$ 跃迁在 125～135nm，而 CH_3I、CH_2I_2、CHI_3 的 $\sigma \rightarrow \sigma^*$ 跃迁在 150～210nm，同时发生 $n \rightarrow \sigma^*$ 跃迁，分别在 259nm、292nm 及 349nm。

2. 不饱和有机化合物

（1）含有孤立双键的化合物

烯烃能产生 $\pi \rightarrow \pi^*$ 跃迁，吸收峰位于远紫外区。当烯烃双键上的碳原子被杂原子取代时（如 >C=O、>C=S），可产生 $n \rightarrow \pi^*$、$\pi \rightarrow \pi^*$ 及 $n \rightarrow \sigma^*$ 跃迁。

（2）含有共轭双键的化合物

共轭二烯、多烯烃及共轭烯酮类化合物中由于存在共轭效应，使 $\pi \rightarrow \pi^*$ 跃迁所需能量减小，从而使其吸收波长和吸收程度随着共轭体系的增加而增加。其最大吸收波长除可以用 UV-VIS 测量外，还可利用经验公式推算，将计算与实验结果相比较，可确定待测物质的结构。

α,β-不饱和醛酮等化合物的 λ_{max} 可根据经验规则进行计算。

① Woodward-Fieser 规则　链状及环状共轭多烯的 λ_{max} 计算时，首先从母体得到一个最大吸收的基本值，然后对连接在母体 π 电子体系上的不同取代基以及其它结构因素加以修正。如表 7-7 所示。

表 7-7　共轭多烯类化合物最大吸收波长计算法①（以己烷为溶剂）

母体基本值	λ_{max}/nm	举例说明
链状共轭二烯	217	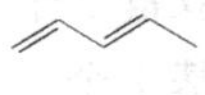
单环共轭二烯	217	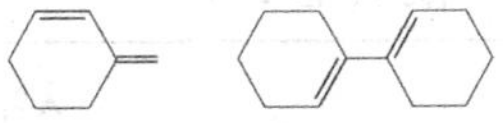
异环共轭二烯	214	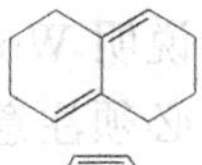
同环共轭二烯	253	
增加值		
延伸一个共轭双键	+30	
增加一个烷基取代	+5	
增加一个环外双键	+5	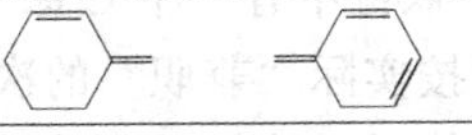
助色团取代		
—OCOR(酯基)	+0	
—Cl 或 Br	+5	
—OR(烷氧基)	+6	
—NR_2	+60	
—SR(烷硫基)	+30	

① 同环二烯与异环二烯同时并存时，按同环二烯计算。

【例 7-1】 计算化合物 $CH_3—CH═C(CH_3)—C(CH_3)═CH_2$ 的 λ_{max}。

链状共轭二烯基本值	217nm
烷基取代 3 个	+3×5nm

λ_{max}计算值=232nm（λ_{max}实测值=231nm）

【例 7-2】 计算化合物 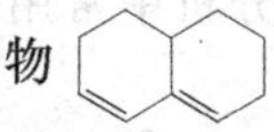 的 λ_{max}。

异环共轭二烯基本值	214nm
烷基取代 3 个	+3×5nm
环外双键 1 个	+ 5nm

λ_{max}计算值=234nm（λ_{max}实测值=234nm）

【例 7-3】 计算松香酸 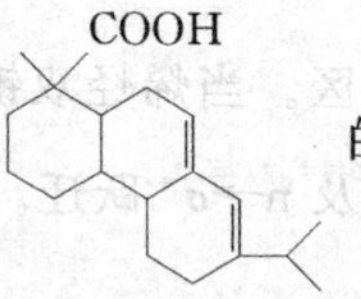 的 λ_{max}。

异环共轭二烯基本值	214nm
烷基取代 4 个	+4×5nm
环外双键 1 个	+ 5nm

λ_{max}计算值=239nm（λ_{max}实测值=238nm）

【例 7-4】 计算化合物 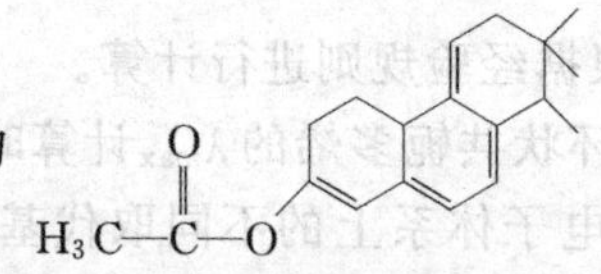 的 λ_{max}。

同环共轭二烯基本值	253nm
延长两个共轭双键	+2×30nm
烷基取代 5 个	+ 5×5nm
环外双键 3 个	+ 3×5nm
酰氧基 1 个	+ 0nm

λ_{max}计算值=353nm（λ_{max}实测值=355nm）

上述例子说明 Woodward-Fieser 规则在预测共轭多烯的吸收光谱的λ_{max}方面是相当令人满意的。不过必须注意，规则中所指的同环二烯或异环二烯的环是指六元环。如为五元环或七元环，则五元环二烯与七元环二烯的吸收光谱的λ_{max}基本值应分别为 228nm 及 241nm。

使用这个规则时，应注意如果有多个可供选择的母体时，应优先选择较长波长的母体，如共轭体系中若同时存在同环二烯与异环二烯时，应选择同环二烯作为母体。环外双键特指 C═C 双键中有一个 C 原子在环上，另一个 C 原子不在该环上的情况。对“身兼数职”的基团应按实际“兼职”的次数计算增加值，同时应准确判断共轭体系的起点与终点，防止将与共轭体系无关的基团计算在内。同时需注意的是该规则不适用于共轭双键多于四个的共轭体系，也不适用于交叉共轭体系。典型的交叉共轭体系骨架的结构如下：

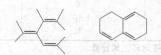

② Fieser-Kuhn 规则 如果一个多烯分子中含有四个以上的共轭双键，则它们在己烷中的吸收光谱的 λ_{max}值和 κ_{max}值分别由 Fieser-Kuhn 规则计算

$$\lambda_{max}=114+5M+n(48.0-1.7n)-16.5R_1-10R_2$$

$$\kappa_{max}=1.74\times10^4 n$$

式中，M 是双键体系上烷基取代的数目；n 是共轭双键的数目；R_1 是具有环内双键的环数；R_2 是具有环外双键的环数。

【例 7-5】 全反式 β-胡萝卜素

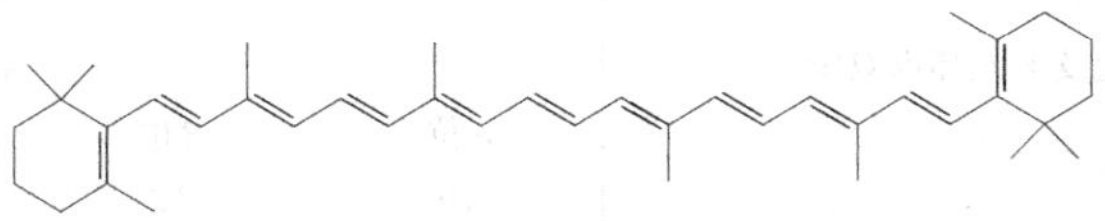

由结构式可以看出，在它的双键体系上烷基取代的数目 M 为 10；共轭双键数 n 为 11；具有环内双键的环数 R_1 为 2；它不含具有环外双键的环，故 R_2 为 0。将这些数值代入式中：

$\lambda_{max}=114+5\times10+11\times(48.0-1.7\times11)-16.5\times2=453.3$nm（实测值为 452nm）

$\kappa_{max}=1.74\times10^4\times11=1.91\times10^5$ L·mol^{-1}·cm^{-1}（实测值为 1.52×10^5 L·mol^{-1}·cm^{-1}）

【例 7-6】 全反式番茄红素

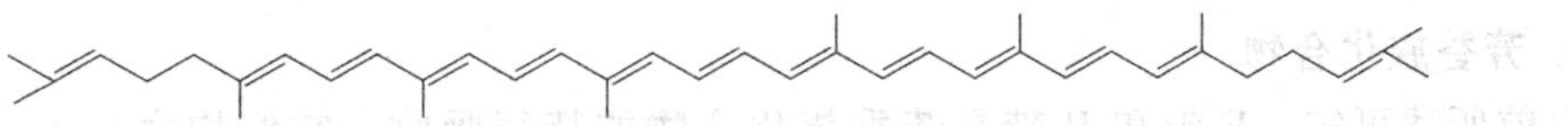

它共含有 11 个共轭双键，n 等于 11。值得注意的是头尾两个双键并不参加中间 11 个双键组成的共轭体系。共轭双键体系上烷基取代数 M 等于 8。因为该结构中不存在环，所以 R_1 与 R_2 皆等于 0。将以上数值代入式中，得

$\lambda_{max}=114+5\times8+11\times(48.0-1.7\times11)=476.3$nm（实测值为 474nm）

$\kappa_{max}=1.74\times10^4\times11=1.91\times10^5$ L·mol^{-1}·cm^{-1}（实测值为 1.55×10^5 L·mol^{-1}·cm^{-1}）

以上两例计算得到的数值与实际测到的 λ_{max}值相当靠近。

③ Scott 规则

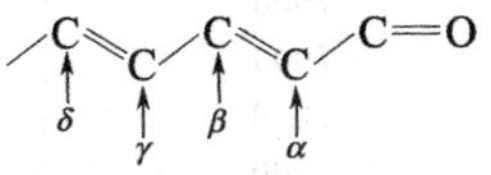

α,β-不饱和羰基化合物（醛酮）的 π→π* 跃迁吸收波长 λ_{max}计算法如表 7-8 所示。

【例 7-7】 计算化合物 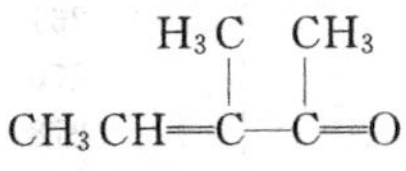 的 λ_{max}。

α,β-不饱和酮基本值		215nm
烷基取代	α 位 1	+10nm
	β 位 1	+12nm

λ_{max}计算值=237nm（λ_{max}实测值=236nm）

【例 7-8】 计算化合物 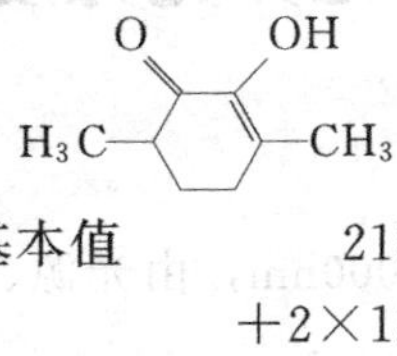 的 λ_{max}。

六元环不饱和酮基本值		215nm
烷基取代	β 位 2	$+2\times12$nm
羟基取代	α 位 1	+ 35nm

λ_{max}计算值=274nm（λ_{max}实测值=274nm）

表 7-8 α,β-不饱和醛酮最大吸收波长计算法（以乙醇为溶剂）

母体基本值	$\pi\rightarrow\pi^*$ 跃迁 λ_{max}/nm			
链状 α,β-不饱和醛	207			
直链及六元环 α,β-不饱和酮	215			
五元环 α,β-不饱和酮	202			
α,β-不饱和酸酯	193			
增加值				
同环共轭二烯	+39			
增加一个共轭双键	+30			
增加一个环外双键、五元及七元环内双键	+5			
烯基上取代	α位	β位	γ位	δ位
烷基或环残基取代	10	12	18	18
烷氧基取代—OR	35	30	17	31
羟基取代—OH	35	30	50	50
酰基取代—OCOR	6	6	6	6
卤素 Cl	15	12	12	12
卤素 Br	25	30	25	25
含硫基团取代—SR		80		
氨基取代—NRR′		95		

3. 芳香族化合物

由前所述可知，E 带和 B 带是芳香族化合物的特征吸收，它们均由 $\pi\rightarrow\pi^*$ 跃迁产生，当苯环上的取代基不同时，其 E_2 带和 B 带的吸收峰也随之变化，故可由此来鉴定各种取代基。苯及其衍生物的吸收特征见表 7-9。

表 7-9 苯及其衍生物的吸收特征

取代基	E_2 吸收带		B 吸收带	
	λ_{max}/nm	κ/L·mol⁻¹·cm⁻¹	λ_{max}/nm	κ/L·mol⁻¹·cm⁻¹
—H	204	7900	254	204
$—NH_2$	203	7500	254	160
$—CH_3$	206	7000	261	225
—I	207	7000	257	700
—Cl	209	7400	263	190
$—OCH_3$	217	6400	269	1480
—Br	210	7900	261	192
—OH	210	6200	270	1450
$—COCH_3$	245	13000	278	1100
—CHO	249	11400	为强 E 带掩盖	
—COOH	230	11600	273	970
$—O^-$	235	9400	287	2600

第四节 紫外-可见分光光度计

一、仪器的基本构造

紫外-可见分光光度计，其波长范围 200～1000nm，由光源、单色器、吸收池、检测器和显示器五大部件构成，见图 7-10。

1. 光源

光源要求在所需的光谱区域内，发射连续的具有足够强度和稳定的紫外及可见光，并且

图 7-10　紫外-可见分光光度计结构示意图

辐射强度随波长的变化尽可能小，使用寿命长，操作方便。

钨灯和碘钨灯可使用的波长范围为 340～2500nm。这类光源的辐射强度与施加的外加电压有关，在可见光区，辐射的强度与工作电压的 4 次方成正比，灯电流也与灯丝电压的 n 次方（$n>1$）成正比。因此，使用时必须严格控制灯丝电压，必要时须配备稳压装置，以保证光源的稳定。

氢灯和氘灯可使用的波长范围为 160～375nm，由于受石英窗吸收的限制，通常紫外光区波长的有效范围一般为 200～375nm。灯内氢气压力为 10^2 Pa 时，用稳压电源供电，放电十分稳定，光强度大且恒定。氘灯的灯管内充有氢同位素氘，其光谱分布与氢灯类似，但光强度比同功率的氢灯大 3～5 倍，是紫外光区应用最广泛的一种光源。图 7-11 表明氘灯能量随波长变化关系，其中 656.06nm 常用于仪器自检过程中的波长校正，其次是用 485.82nm。

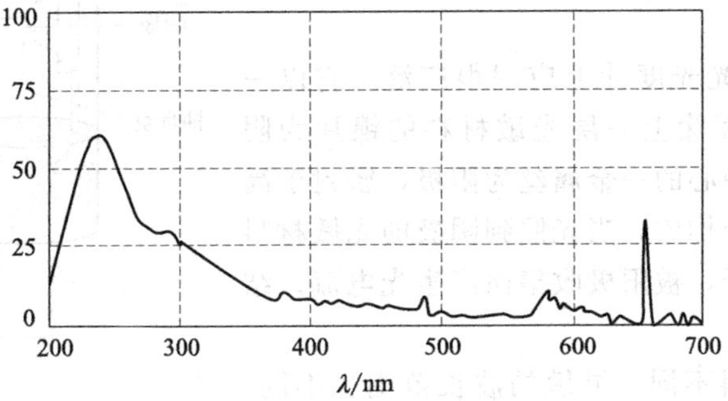

图 7-11　氘灯能量分布图

2. 单色器

（1）单色器的作用

单色器是能从光源的复合光中分出单色光的光学装置，其主要功能应该是能够产生光谱纯度高、色散率高且波长在紫外-可见光区域内任意可调。单色器的性能直接影响入射光的单色性，从而也影响到测定的灵敏度、选择性及校准曲线的线性关系等。

（2）单色器的组成

单色器由入射狭缝、准光器（透镜或凹面反射镜使入射光变成平行光）、色散元件、聚焦元件和出射狭缝等几个部分组成。其核心部分是色散元件，起分光作用。其它光学元件中狭缝在决定单色器性能上起着重要作用，狭缝宽度过大时，谱带宽度太大，入射光单色性差；狭缝宽度过小时，又会减弱光强。

（3）色散元件的类型

能起分光作用的色散元件主要是棱镜和光栅。

棱镜有玻璃和石英两种材料。它们的色散原理是依据不同波长的光通过棱镜时有不同的折射率而将不同波长的光分开。由于玻璃会吸收紫外光，所以玻璃棱镜只适用于 340～3200nm 的可见和近红外光区波长范围。石英棱镜适用的波长范围较宽，为 185～4000nm，即可用于紫外、可见、红外三个光谱区域，但主要用于紫外光区。

光栅是利用光的衍射和干涉作用分光的。它可用于紫外、可见和近红外光谱区域，而且在整个波长区域中具有良好的、几乎均匀一致的色散率，且具有适用波长范围宽、分辨本领高、成本低、便于保存和易于制作等优点，所以是目前用得最多的色散元件。其缺点是各级光谱会重叠而产生干扰。

3. 吸收池

吸收池用于盛放分析的试样溶液，让入射光束通过。吸收池一般有玻璃和石英两种材料做成，玻璃池只能用于可见光区，石英池可用于可见光区及紫外光区。吸收池的大小规格从几毫米到几厘米不等，最常用的是1cm的吸收池。为减少光的反射损失，吸收池的光学面必须严格垂直于光束方向。在高精度分析测定中（尤其是紫外光区更重要），吸收池要挑选配对，使它们的性能基本一致，因为吸收池材料本身及光学面的光学特性，以及吸收池光程长度的精确性等对吸光度的测量结果都有直接影响。

4. 检测器

检测器是将光信号转变成电信号的装置，要求灵敏度高、响应时间短、噪声水平低且有良好的稳定性。常用的检测器有光电管、光电倍增管和光电二极管阵列检测器。

（1）光电管

在紫外-可见分光光度计上应用很广泛。它以一弯成半圆柱且内表面涂上一层光敏材料的镍片为阴极，而置于圆柱形中心的一金属丝为阳极，密封于高真空的玻璃或石英中构成，当光照到阴极的光敏材料时，阴极发射出电子，被阳极收集而产生光电流。结构如图7-12所示。

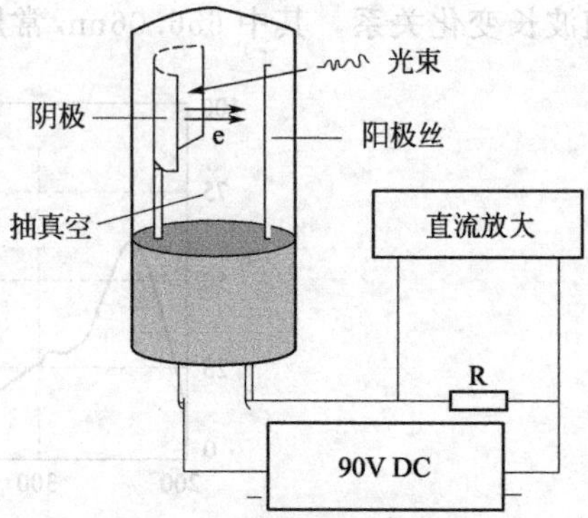

图7-12 光电管结构图

随阴极光敏材料不同，灵敏的波长范围也不同，可分为蓝敏和红敏光电管。前者是在镍阴极表面沉积锑和铯，适用波长范围210～625nm；后者是在阴极表面沉积银和氧化铯，适用范围625～1000nm。与光电池比较，光电管具有灵敏度高、光谱范围宽、不易疲劳等优点。

（2）光电倍增管

光电倍增管实际上是一种加上多级倍增电极的光电管，其结构如图7-13所示。

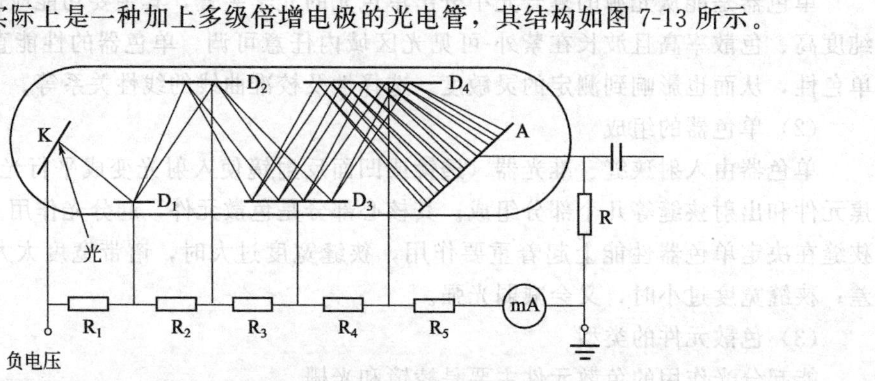

图7-13 光电倍增管工作原理图

光电倍增管工作时，各倍增极（D_1、D_2、D_3…）和阳极均加上电压，并依次升高，阴极K电位最低，阳极A电位最高。入射光照射在阴极上，打出光电子，经倍增极加速后，在各倍增极上打出更多的“二次电子”。如果一个电子在一个倍增极上一次能打出σ个二次电子，那么一个光电子经n个倍增极后，最后在阳极会收集到σ^n个电子而在外电路形成电流。一般 $\sigma=3\sim6$，n 为 10 左右，所以，光电倍增管的放大倍数很高。

光电倍增管工作的直流电源电压在 700～3000V 之间，相邻倍增极间电压为 50～100V。与光电管不同，光电倍增管的输出电流随外加电压的增加而增加，且极为敏感，这是因为每个倍增极获得的增益取决于加速电压。因此，光电倍增管的外加电压必须严格控制。光电倍增管的暗电流愈小，质量愈好。光电倍增管灵敏度高，是检测微弱光最常见的光电元件，可以用较窄的单色器狭缝，从而对光谱的精细结构有较好的分辨能力。

（3）光电二极管阵列检测器（photo-diode array detector）

用光电二极管阵列作检测元件，阵列由 1024 个光电二极管组成，各自测量一窄段即不足 1nm 的光谱。通过单色器的光含有全部的吸收信息，在阵列上同时被检测，并用电子学方法及计算机技术对二极管阵列快速扫描采集数据，由于扫描速度非常快，可以得到三维（A，λ，t）光谱图，可参见图 14-10。

5. 显示器

显示器的作用是放大信号并以适当的方式指示或记录。常用的信号指示装置有直流检流计、电位调零装置、数字显示及自动记录装置等。现在许多分光光度计配有微处理机，一方面可以对仪器进行控制，另一方面可以进行数据的采集和处理。

二、仪器的类型

UV-VIS 主要有单光束分光光度计、双光束分光光度计、双波长分光光度计以及光电二极管阵列分光光度计。

1. 单光束分光光度计

单光束分光光度计光路示意图如图 7-14 所示，一束经过单色器的光，轮流通过参比溶液和样品溶液来进行测定。这种分光光度计结构简单、价格便宜，主要用于定量分析。但这种仪器操作麻烦，如在不同的波长范围内使用不同的光源、不同的吸收池，且每换一次波长，都要用参比溶液校正等，也不适于作定性分析。国产的 751 型和 WFD-8A 型分光光度计都是单光束分光光度计。

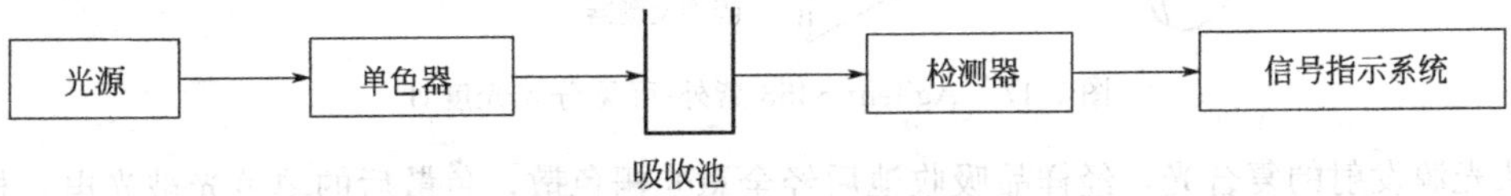

图 7-14　单光束分光光度计光路示意图

2. 双光束分光光度计

双光束分光光度计的光路设计基本上与单光束相似，如图 7-15 所示，经过单色器的光被斩光器一分为二，一束通过参比溶液，另一束通过样品溶液，然后由检测系统测量即可得到样品溶液的吸光度。

由于采用双光路方式，两光束同时分别通过参比池和测量池，使操作简单，同时也消除了因光源强度变化而带来的误差。

3. 双波长分光光度计

单光束和双光束分光光度计，就测量波长而言，都是单波长的。双波长分光光度计是用两种不同波长（λ_1 和 λ_2）的单色光交替照射样品溶液（不需使用参比溶液）。经光电倍增管和电子控制系统，测得的是样品溶液在两种波长 λ_1 和 λ_2 处的吸光度之差 ΔA，$\Delta A=A_{\lambda_1}-A_{\lambda_2}$，只要 λ_1 和 λ_2 选择适当，ΔA 就是扣除了背景吸收的吸光度。仪器光路示意图如图 7-16 所示。

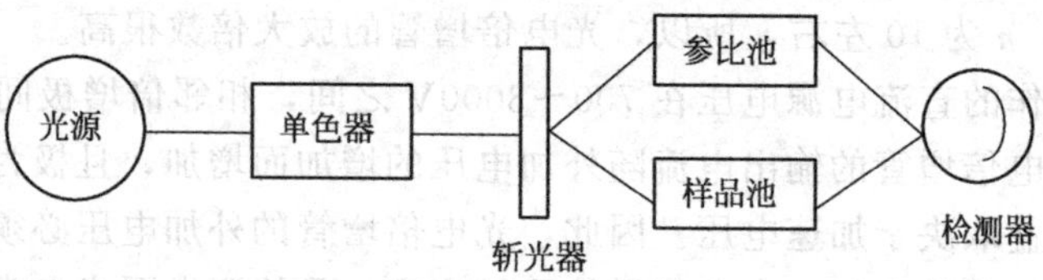

图 7-15　双光束分光光度计光路示意图

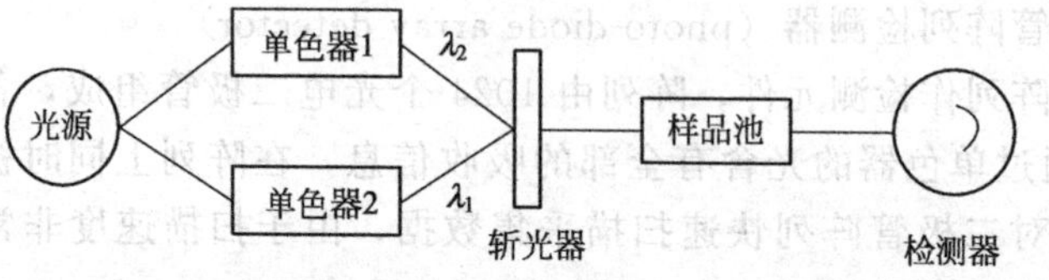

图 7-16　双波长分光光度计光路示意图

双波长分光光度计不仅能测定高浓度试样、多组分混合试样，还能测定浑浊试样。双波长分光光度计在测定相互干扰的混合试样时，不仅操作简单，而且精确度高。

4. 光电二极管阵列分光光度计

一种利用光电二极管阵列作多道检测器，由微型电子计算机控制的单光束 UV-Vis，具有快速扫描吸收光谱的特点。Agilent 8453 紫外-可见分光光度计如图 7-17 所示。

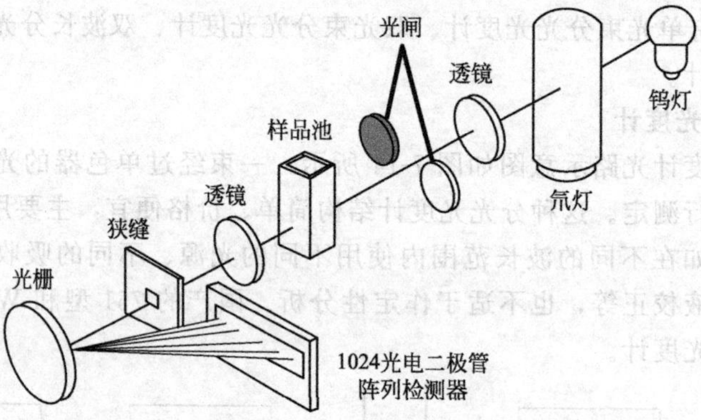

图 7-17　Agilent 8453 紫外-可见分光光度计

从光源发射的复合光，经样品吸收池后经全息光栅色散，色散后的单色光被光电二极管阵列中的光电二极管接受，光电二极管与电容耦合，当光电二极管受光照射时，电容器就放电，电容器的带电量与照射到光电二极管上的总光量成正比。每个谱带宽度的光信号由一个光电二极管接受，一个光电二极管阵列可容纳 1024 个光电二极管，可覆盖 190～1100nm 波长范围，分辨率＜1nm，其全部波长可同时被检测而且响应快，在极短时间内（＜1s）给出整个光谱的全部信息。这种光度计特别适于进行快速反应动力学研究和多组分混合物的分析，也已被用作高效液相色谱和毛细管电泳仪的检测器。

第五节　分光光度法分析条件的选择

一、显色反应及其条件的选择

1. 显色反应和显色剂

（1）显色反应

在分光光度分析中，将试样中被测组分转变成有色化合物的反应叫显色反应。显色反应可分为两大类，即配位反应和氧化还原反应，而配位反应是最主要的显色反应。与被测组分化合成有色物质的试剂称为显色剂。同一组分常可与若干种显色剂反应，生成若干种有色化合物，其原理和灵敏度亦有差别。一种被测组分究竟应该用哪种显色反应，可根据所需标准加以选择。选择显色反应的一般标准如下。

① 选择性要好。一种显色剂最好只与一种被测组分起显色反应，这样干扰就少。或者干扰离子容易被消除，或者显色剂与被测组分和干扰离子生成的有色化合物的吸收峰相隔较远。

② 灵敏度要高。由于分光光度法一般是测定微量组分的，灵敏度高的显色反应有利于微量组分的测定。灵敏度的高低可从摩尔吸收系数值的大小来判断，κ 值大灵敏度高，否则灵敏度低。但应注意，灵敏度高的显色反应，并不一定选择性就好，对于高含量的组分不一定要选用灵敏度最高的显色反应。

③ 对比度要大。即如果显色剂有颜色，则有色化合物与显色剂的最大吸收波长的差别要大，一般要求在 60nm 以上。

④ 有色化合物的组成要恒定，化学性质要稳定。有色化合物的组成若不确定，测定的再现性就较差。有色化合物若易受空气的氧化、日光的照射而分解，就会引入测量误差。

⑤ 显色反应的条件要易于控制。如果条件要求过于严格、难以控制，测定结果的再现性就差。

(2) 显色剂

① 无机显色剂 许多无机试剂能与金属离子起显色反应，如 Cu^{2+} 与氨水形成深蓝色的配离子 $[Cu(NH_3)_4]^{2+}$，SCN^- 与 Fe^{3+} 形成红色的配合物 $[Fe(SCN)]^{2+}$ 或 $[Fe(SCN)_6]^{3-}$ 等。但是多数无机显色剂的灵敏度和选择性都不高，其中性能较好、目前还有实用价值的有硫氰酸盐、钼酸铵、氨水和过氧化氢（表 7-10）等。

表 7-10 常用的无机显色剂

显色剂	反应类型	测定元素	酸度	有色化合物组成	颜色	测定波长/nm
硫氰酸盐	配位	Fe(Ⅲ)	0.1～0.8mol·L^{-1}硝酸	$[Fe(SCN)_5]^{2-}$	红	480
钼酸铵	杂多酸	P	0.5mol·L^{-1}硫酸		蓝	670～830
氨水	配位	Cu(Ⅱ)	浓氨水	$[Cu(NH_3)_4]^{2+}$	蓝	620
过氧化氢	配位	Ti(Ⅳ)	1～2mol·L^{-1}硫酸	$[TiO(H_2O_2)]^{2+}$	黄	420

② 有机显色剂 许多有机试剂，在一定条件下，能与金属离子生成有色的金属螯合物（具有环状结构的配合物）。将金属螯合物应用于光度分析中的优点是：

a. 大部分金属螯合物都呈现鲜明的颜色，$\kappa > 10^4 L \cdot mol^{-1} \cdot cm^{-1}$，因而测定的灵敏度很高；

b. 金属螯合物都很稳定，一般离解常数都很小，而且能抗辐射；

c. 选择性高，专用性强，绝大多数有机螯合剂，在一定条件下，只与少数或其一种金属离子配位，而且同一种有机螯合剂与不同的金属离子配位时，生成具有特征颜色的螯合物；

d. 虽然大部分金属螯合物难溶于水，但可被有机溶剂萃取，发展了萃取光度法；

e. 在显色分子中，金属所占的比率很低，提高了测定的灵敏度。因此，有机显色剂是光度分析中应用最多、最广的显色剂，寻找高选择性、高灵敏度的有机显色剂，是光度分析发展和研究的重要内容。

在有机化合物分子中，凡是包含有共轭双键的基团如 —N═N—、—N═O、—NO_2、对醌基、—C═O(羰基)、—C═S(硫羰基）等，一般都具有颜色，原因是这些基团中的 π 电子被光激发时，只需要较小的能量，能吸收波长大于 200nm 的光，因此，称这些基团为生色团；某些含有未共用电子对的基团如氨基—NH_2、RHN—、R_2N—（具有一对未共用电子对），羟基—OH（具有两对未共用电子对），以及卤代基—F、—Cl、—Br、—I 等，它们与生色基团上的不饱和键互相作用，引起永久性的电荷移动，从而减小了分子的活化能，促使试剂对光的最大吸收“红移”，使试剂颜色加深，这些基团称为助色团。

含有生色基团的有机化合物常常能与许多金属离子化合生成性质稳定且具有特征颜色的化合物，且灵敏度和选择性都很高，这就为用光度法测定这些离子提供了很好的条件。

2. 显色反应条件的选择

显色反应能否完全满足光度法的要求，除了与显色剂的性质有主要关系外，控制好显色反应的条件也是十分重要的，如果显色条件不合适，将会影响分析结果的准确度。

（1）显色剂的用量

显色就是将被测组分转变成有色化合物，表示：

$$\underset{\text{（被测组分）}}{M} + \underset{\text{（显色剂）}}{R} \rightleftharpoons \underset{\text{（有色化合物）}}{MR}$$

反应在一定程度上是可逆的。为了减少反应的可逆性，根据同离子效应，加入过量的显色剂是必要的，但也不能过量太多，否则会引起副反应，对测定反而不利。在实际工作中，显色剂的适宜用量是通过实验求得的。

（2）溶液的酸度

溶液酸度对显色反应的影响很大，这是由于溶液的酸度直接影响着金属离子和显色剂的存在形式以及有色配合物的组成和稳定性。因此，控制溶液适宜的酸度，是保证光度分析获得良好结果的重要条件之一。

（3）时间和温度

显色反应的速度有快有慢。对于显色反应速度快的，几乎是瞬间即可完成，显色很快达到稳定状态，并且能保持较长时间。大多数显色反应速度较慢，需要一定时间，溶液的颜色才能达到稳定程度。有些有色化合物放置一段时间后，由于空气的氧化、试剂的分解或挥发、光的照射等原因，使颜色减退。适宜的显色时间和有色溶液的稳定程度，也必须通过实验来确定。实验方法是配制一份显色溶液，从加入显色剂开始计算时间，每隔几分钟测定一次吸光度，绘制 A-t 曲线，根据曲线来确定适宜的时间。

不同的显色反应需要不同的温度，一般显色反应可在室温下完成。但是有些显色反应需要加热至一定的温度才能完成；也有些有色配合物在较高温度下容易分解。因此，应根据不同的情况选择适当的温度进行显色。温度对光的吸收及颜色的深浅也有一定的影响，故标样和试样的显色温度应保持一样。合适的显色温度也必须通过实验确定，作 A-c 曲线即可求出。

（4）溶剂和表面活性剂

溶剂对显色反应的影响表现在下列几方面。

① 溶剂影响配合物的离解度。许多有色化合物在水中的离解度大，而在有机溶剂中的离解度小，如果在 $Fe(SCN)_3$ 溶液中加入可与水混溶的有机试剂（如丙酮），由于降低了 $Fe(SCN)_3$的离解度而使颜色加深提高了测定的灵敏度。

② 溶剂改变配合物的颜色。原因可能是各种溶剂分子的极性不同、介电常数不同，从

而影响配合物的稳定性，改变了配合物分子内部的状态或者形成不同的溶剂化物的结果。

③ 溶剂影响显色反应的速度。例如，当用氯代磺酚 S 测定 Nb 时，在水溶液中显色需几小时，如果加入丙酮后，仅需 30min。

表面活性剂的加入可以提高显色反应的灵敏度，增加有色化合物的稳定性。其作用原理一方面是胶束增溶，另一方面是可形成含有表面活性剂的多元配合物。

(5) 共存离子的干扰及消除

共存离子存在时对光度测定的影响有以下几种类型。

① 与试剂生成有色配合物。如用硅钼蓝光度法测定钢中硅时，磷也能与钼酸铵生成配合物，同时被还原为钼蓝，使结果偏高。

② 干扰离子本身有颜色。如 Co^{2+} （红色）、Cr^{3+} （绿色）、Cu^{2+} （蓝色）等。

③ 与试剂结合成无色配合物消耗大量试剂而使被测离子配位不完全。如用水杨酸测 Fe^{3+} 时，Al^{3+}、Cu^{2+} 等有影响。

④ 与被测离子结合成离解度小的另一化合物。如由于 F^- 的存在，能与 Fe^{3+} 以 $[FeF_6]^{3-}$ 形式存在，$Fe(SCN)_3$ 则不会生成，因而无法进行测定。

消除干扰的方法主要有控制酸度，加入掩蔽剂，采用萃取光度法，在不同波长下测定两种显色配合物的吸光度，对它们进行同时测定，寻找新的显色反应，分离干扰离子等。此外，还可以通过选择适当的测量条件，消除干扰离子的影响。

二、分光光度法的测量误差及测量条件的选择

光度分析法的误差来源有两方面，一方面是各种化学因素所引入的误差，另一方面是仪器精度不够、测量不准所引入的误差。

1. 仪器测量误差

任何光度计都有一定的测量误差。仪器测量误差主要是指光源的发光强度不稳定，光电效应的非线性，电位计的非线性，杂散光的影响，滤光片或单色器的质量差（谱带过宽），比色皿的透光率不一致，透光率（或透射比）与吸光度的标尺不准等因素。对给定的光度计来说，透光率或吸光度读数的准确度是仪器精度的主要指标之一，也是衡量测定结果准确度的重要因素。

光度计主要仪器测量误差是表头透射比的读数误差。光度计的读数标尺上透射比 τ 的刻度是均匀的，故透射比的读数误差 $\Delta\tau$（绝对误差）与 τ 本身的大小无关，对于一台给定仪器它基本上是常数，一般在 0.2%～1%之间，仅与仪器本身的精度有关。

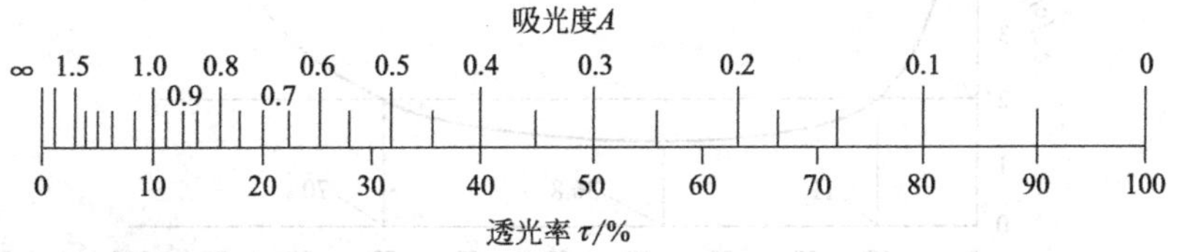

2. 测量条件的选择

选择适当的测量条件，是获得准确测定结果的重要途径。选择适合的测量条件，可从下列几个方面考虑。

(1) 入射光（测量）波长的选择

入射光波长选择的依据是吸收曲线，一般以最大吸收波长 λ_{max} 为测量的入射光波长。因为在此波长处 κ 最大，测定的灵敏度最高。而且在此波长处吸光度有一较小的平坦区，能够减少或消除由于单色光的不纯而引起的对朗伯-比尔定律的偏离，从而提高测定的灵敏度和

准确度。

如果有干扰时，且干扰物在 λ_{max} 处也有吸收，则根据“吸收大，干扰小”的原则，选择最佳入射光波长。此时灵敏度较低但能避免干扰。有时加入掩蔽剂以消除其它离子的干扰，就能获得满意的测定结果。

（2）吸光度读数范围的控制

任何分光光度计都有一定的测量误差，这是由于光源不稳定、读数不准确（刻度盘）等因素造成的。一般来说，透光率读数误差 $\Delta\tau$ 是一个常数，但在不同的读数范围内所引起的浓度的相对误差（$\Delta c/c$）却是不同的。

由朗伯-比尔定律可知：$A=-\lg\tau=\kappa cl$，$\Delta A=\kappa l\Delta c$，故： (7-1)

$$\frac{\Delta c}{c}=\frac{\Delta A}{A} \tag{7-2}$$

将 $A=-\lg\tau$ 微分：

$$dA=-d\lg\tau=-0.434d\ln\tau=-\frac{0.434}{\tau}d\tau$$

积分得

$$\Delta A=-\frac{0.434}{\tau}\Delta\tau \tag{7-3}$$

将式(7-3) 和式(7-1) 代入式(7-2) 中得：

$$\frac{\Delta c}{c}=\frac{0.434\Delta\tau}{\tau\lg\tau} \tag{7-4}$$

要使测定结果的相对误差（$\Delta c/c$）最小，对 τ 求导数应有一极小值，即：

$$\frac{d}{d\tau}\left[\frac{0.434\Delta\tau}{\tau\lg\tau}\right]=\frac{0.434\Delta\tau(\lg\tau+0.434)}{(\tau\lg\tau)^2}=0$$

解得 $\lg\tau=-0.434$ 或 $\tau=36.8\%$。即当吸光度 $A=0.434$ 时，吸光度测量误差最小。

对于透射比准确度 $\Delta\tau=0.5\%$，将此值代入式(7-4)，则可计算出不同透射比时浓度的相对误差（$\Delta c/c$）。根据浓度测量的相对误差（$\Delta c/c$）与溶液透射比（τ）的关系作图，如图 7-18 所示。

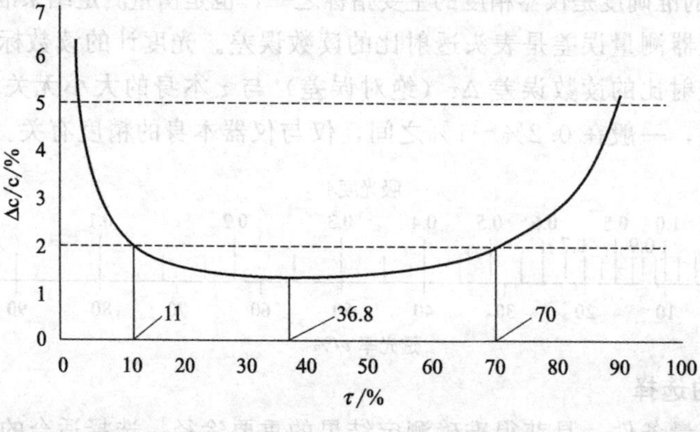

图 7-18 浓度测量的相对误差（$\Delta c/c$）与溶液透射比（τ）的关系

由图 7-18 可以看出，当 $\Delta\tau=0.5\%$时，$A=0.155\sim0.950$（$\tau=70\%\sim11\%$）时，测量误差小于 2%，准确度较高。当 $\Delta\tau$ 越小时，允许的 A 值范围也越大。即当 $\Delta\tau=0.3\%$时，$A=0.10\sim1.3$（$\tau=80\%\sim5\%$）；当 $\Delta\tau=0.1\%$时，$A=0.05\sim1.8$（$\tau=88\%\sim1.5\%$）；当 $\Delta\tau=0.05\%$时，$A=0.02\sim2.35$（$\tau=95\%\sim0.5\%$）；当 $\Delta\tau=0.5\%$时，如果要求测量误差

小于5%，则 $A=0.05\sim1.5$（$\tau=88\%\sim3\%$）。为此可以从下列几方面想办法。

① 通过计算控制试样的称取量，含量高时，少取样，或稀释试液；含量低时，可多取样，或萃取富集。

② 如果溶液已显色，则可通过改变比色皿的厚度来调节吸光度大小。

（3）参比溶液的选择

用适当的参比溶液在一定的入射光波长下调节 $A=0$，可以消除由比色皿、显色剂、溶剂和试剂对待测组分的干扰。即参比溶液是用来调节仪器工作零点的，若参比溶液选得不适当，则对测量读数准确度的影响较大。选择的办法如下。

① 若仅待测组分与显色剂反应产物在测定波长处有吸收，其它所加试剂均无吸收，用纯溶剂（水）作参比溶液，称为溶剂参比。

② 试剂和显色剂均无吸收时，而样品溶液中共存的其它离子有吸收时，应采用不加显色剂的样品溶液作参比液，称为试样参比。

③ 当试剂、显色剂有吸收而试液无吸收时，以不加试液的试剂、显色剂按照操作步骤配成参比溶液，称为试剂参比。

④ 试液和显色剂均有吸收时，可将一份试液加入适当掩蔽剂，将被测组分掩蔽起来，使之不再与显色剂作用，然后把显色剂、试剂均按操作手续加入，以此作参比溶液，称为退色参比，这样可以消除一些共存组分的干扰。

此外，对于比色皿的厚度、透光率、仪器波长，读数刻度等应进行校正，对比色皿放置位置、检测器的灵敏度等也应注意检查。

第六节 紫外-可见吸收光谱法的应用

一、定性分析

以UV-VIS进行定性分析时，通常是根据吸收光谱的形状、吸收峰的数目以及最大吸收波长的位置和相应的摩尔吸收系数进行定性鉴定。一般采用比较光谱法，即在相同的测定条件下，比较待测物与已知标准物的吸收光谱曲线，如果它们的 λ_{max} 及相应的 κ 均相同，则可以认为是同一物质。进行这种对比法时，也可借助前人汇编的标准谱图进行比较。

紫外光谱定性解析程序如下。

① 由紫外光谱图找出最大吸收峰对应的波长 λ_{max}，并算出 κ。

② 推断该吸收带属何种吸收带及可能的化合物骨架结构类型，即：

a. 在220～280nm范围内无吸收，可推断化合物不含苯环、共轭双键、醛基、酮基、溴和碘（饱和脂肪族溴化物在220～210nm有吸收）；

b. 在210～250nm有强吸收，表示含有共轭双键，如在260～350nm有高强度吸收峰，则化合物含有3～5个共轭 π 键；

c. 在270～300nm区域内存在一个随溶剂极性增大而向短波方向移动的弱吸收带，表明有羟基存在；

d. 在250～300nm有中等强度吸收带且有一定的精细结构，则说明有苯环存在；

e. 若该有机物的吸收峰延伸至可见光区，则该有机物可能是长链共轭或稠环化合物。

③ 与同类已知化合物紫外光谱进行比较，或将预定结构计算值与实测值进行比较。

④ 与标准品进行比较对照或查找文献核对。

根据有机化合物的紫外光谱，可以大致地推断出该化合物的主要生色团及其取代基的种类和位置以及该化合物的共轭体系的数目和位置，这些就是紫外吸收光谱在定性、结构分析中的最重要的应用。要获得准确的分子结构必须与红外光谱、核磁共振、质谱联合解析。

二、结构分析

1. 根据化合物的UV-VIS推测化合物所含的官能团

例如，某化合物在紫外-可见光区无吸收峰，则它可能不含双键或环状共轭体系，它可能是饱和有机化合物。如果在200～250nm有强吸收峰，可能是含有两个共轭双键；在260～350nm有强吸收峰，则至少有3～5个共轭生色团和助色团。如果在270～350nm区域内有很弱的吸收峰，并且无其它强吸收峰时，则化合物含有带n电子的未共轭的生色团（$>C=O$，$-NO_2$，$-N=N-$等），弱峰由$n\rightarrow\pi^*$跃迁引起的。如在260nm附近有中等吸收且有一定的精细结构，则可能有芳香环结构（在230～270nm的精细结构是芳香环的特征吸收）。

2. 利用UV-VIS来判别有机化合物的同分异构体

例如，乙酰乙酸乙酯的互变异构体：

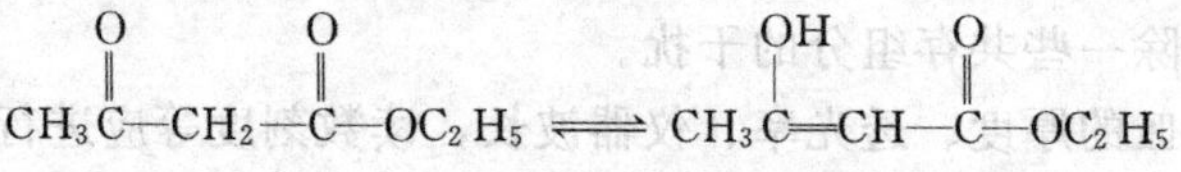

酮式　　　　　　　　烯醇式

酮式没有共轭双键，在206nm处有中等吸收；而烯醇式存在共轭双键，在245nm处有强吸收（$\kappa=18000L\cdot mol^{-1}\cdot cm^{-1}$）。因此根据它们的吸收光谱可判断存在与否。一般在极性溶剂中以酮式为主；非极性溶剂中以烯醇式为主。

又如，1,2-二苯乙烯具有顺式和反式两种异构体：由于顺反异构体的λ_{max}及κ不同，可用紫外-可见光谱判断顺式或反式构型。

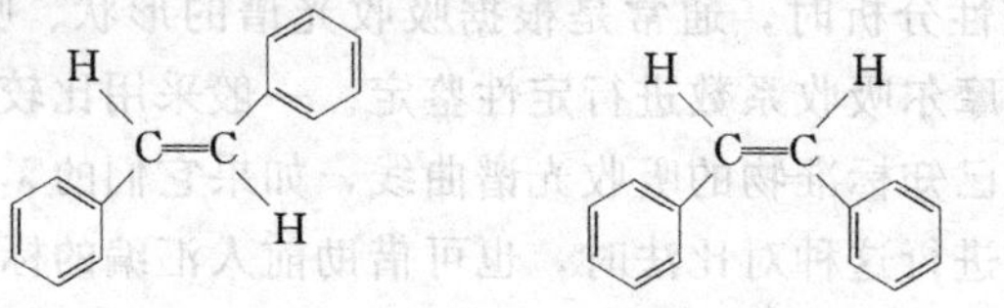

反式　　　　　　　　顺式

$\lambda_{max}=295nm$　$\kappa=27000L\cdot mol^{-1}\cdot cm^{-1}$　$\lambda_{max}=280nm$　$\kappa=14000L\cdot mol^{-1}\cdot cm^{-1}$

3. 纯度检查

① 如果一个化合物在紫外区没有吸收峰，而其中的杂质有较强的吸收，就可方便地检查该化合物中是否含有微量的杂质。

【例7-9】 如检查甲醇或乙醇中是否含有杂质苯。苯在230～270nm处有B吸收带，其中心波长为254nm。而甲醇或乙醇在此波长附近没有吸收。

【例7-10】 双波长或三波长核酸（DNA、RNA）的测定时，根据A_{260}/A_{280}的比值可确定DNA或RNA的纯度。对于DNA，比值为1.6～1.8之间，RNA比值为1.8～2.0之间，认为纯度较高。若溶液中含有杂蛋白或苯酚，则A_{260}/A_{280}明显降低。

② 如果一个化合物在紫外-可见区有较强的吸收带，有时可用摩尔吸收系数来检查其纯度。

【例7-11】 检查菲的纯度。在氯仿溶液中，菲在296nm处有强吸收（文献值$\lg\kappa=4.10$）。如果测得样品溶液的$\lg\kappa<4.10$，则说明含有杂质。

③ 工业上往往要把不干性油（双键不共轭）转变为干性油（双键共轭），可用紫外光谱判断双键是否共轭。饱和或双键不共轭<210nm；两个共轭双键：约 220nm；3 个共轭双键：约 270nm；4 个共轭双键：约 310nm。

4. 配合物组成及其稳定常数的测定

测量配合物组成的常用方法有两种：摩尔比法（又称饱和法，见图 7-19）和等摩尔连续变化法（又称 Job 法，见图 7-20）。

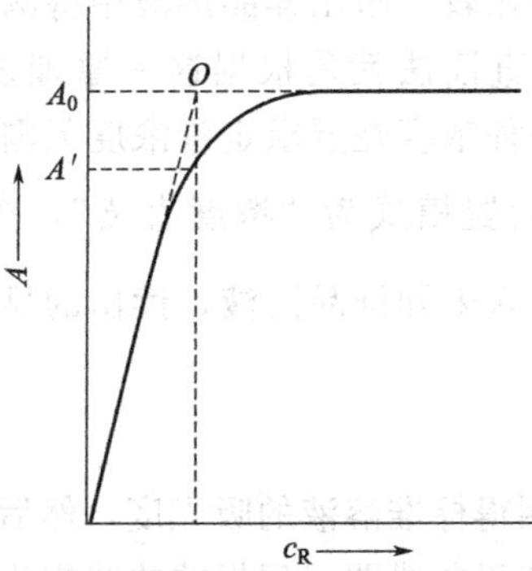

图 7-19 摩尔比法测定配合物组成

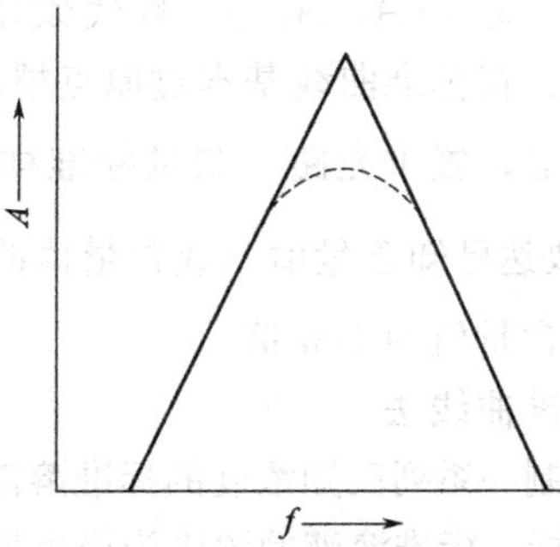

图 7-20 Job 法测定配合物组成

（1）摩尔比法

摩尔比法是根据在配合反应中金属离子被显色剂所饱和的原理来测定配合物组成的。

在实验条件下，制备一系列体积相同的溶液。在这些溶液中，固定金属离子 M 的浓度，依次从低到高地改变显色剂 R 的浓度，然后测定每份溶液的吸光度 A，随着［R］的加大，形成配合物的浓度［MR_n］也不断增加，吸光度 A 也不断增加，当［R］:［M］$=n$ 时，［MR_n］最大，吸光度也应最大。这时 M 被 R 饱和，若［R］再增大，吸光度 A 即不再有明显增加。用测得的吸光度对显色剂的浓度 c_R 作图，所得曲线的转折点所对应的显色剂的浓度计算［R］:［M］$=n$，n 即为配合物的组成比。

用摩尔比法可以求配合物 MR_n 的稳定常数 $K_{稳}$，其反应式为

$$M+nR=MR_n$$

$$K_{稳}=[MR_n]/([M][R]^n)$$

当金属离子 M 有一半转化为配合物 MR_n 时，即［MR_n］=［M］，则

$$K_{稳}=1/[R]^n \tag{7-5}$$

因此，只要取摩尔比法曲线的最大吸光度的一半所对应的［R］，并将已求得的 n 代入，即可求得配合物的稳定常数 $K_{稳}$。

（2）等摩尔连续变化法

等摩尔连续变化法是测定配合物组成比的一种方法，用紫外-可见吸收光谱法测定时，保持金属离子 M 和配合剂 Y 的总物质的量不变，连续改变两组分的比例，并逐一测定体系的吸光度 A。以 A 对摩尔分数 $f_Y=[Y]/([M]+[Y])$ 或 $f_M=[M]/([M]+[Y])$ 作图，曲线拐点即为配合物的组成比。但此法对配合物组成比 $n>4$ 的体系不适用。

除以上应用外，紫外-可见吸收光谱法亦可用于氢键强度、具有生色基团有机物摩尔质量、酸碱离解常数的测定。

三、定量分析

UV-VIS 用于定量分析的依据是朗伯-比尔定律，即物质在一定波长处的吸光度与它的

浓度呈线性关系。故通过测定溶液对一定波长入射光的吸光度，便可求得溶液的浓度和含量。紫外-可见分光光度法不仅用于测定微量组分，而且用于常量组分和多组分混合物的测定。

1. 单组分物质的定量分析

(1) 比较法

在相同条件下配制样品溶液和标准溶液（与待测组分的浓度近似），在相同的实验条件和最大波长 λ_{max} 处分别测得吸光度为 A_x 和 A_s，然后进行比较，求出样品溶液中待测组分的浓度［即 $c_x = c_s \times (A_x/A_s)$］。现代数显式光度计的浓度直读法就是根据这一原理设计的，使用条件是：在标准曲线基本过原点情况下，仅需配制一种浓度在要求定量浓度范围 2/3 左右的标准样品，置于光路，测量标准样品的吸光度，然后置模式为“浓度直读”，按 ↑ 或 ↓ 键使读数达已知含量值（或含量值的 10*n* 倍），最后置入未知样品溶液，读出的显示值即含量值（或含量值的 10*n* 倍）。

(2) 标准曲线法

首先配制一系列已知浓度的标准溶液，在 λ_{max} 处分别测得标准溶液的吸光度，然后，以吸光度为纵坐标、标准溶液的浓度为横坐标作图，得 *A*-*c* 的校正曲线图（理想的曲线应为通过原点的直线）。在完全相同的条件下测出试液的吸光度，并从曲线上求得相应的试液的浓度。

(3) 标准加入法

标准曲线应为通过原点的直线时采用，见图 7-21。

(4) 吸光系数法

根据 Beer 定律 $A=\kappa cl$，若 l 和摩尔吸光系数 κ 已知，即可根据测得的 A 求出被测物的浓度。因为该法不需要标准样品，故可称为绝对法。

$$c=\frac{A}{\kappa l} \quad 或 \quad c=\frac{A}{E_{1cm}^{1\%} l}$$

现代数显仪器中均有“浓度因子”功能，在“浓度直读”功能下使读数达已知含量值后如置标尺至“浓度因子”，在显示窗中出现的数字即这一标准样品的浓度因子，记录这一因子数，则在下次开机测试时不必重测已知标准样品，只需重输入这一因子即可直读浓度。

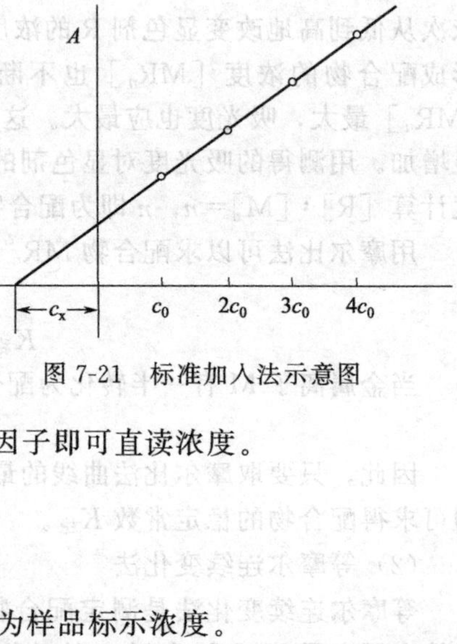

图 7-21 标准加入法示意图

(5) 对照品对照法

由直接比较法 $c_{样}=c_{标}A_{样}/A_{标}$

得：样品含量$=c_{标}A_{样}/A_{标}c'_{样}$

式中，$c_{样}$ 和 $c_{标}$ 分别为样品浓度和标准品浓度；$c'_{样}$为样品标示浓度。

【例 7-12】 准确称取维生素 B_{12} 样品 25.0mg，用水溶解并定容至 1000mL 后，用 1cm 吸收池，在 361nm 处测得吸光度 A 为 0.507，已知维生素 B_{12} 标准品的 $E_{1cm}^{1\%}$ 为 207，求样品中维生素 B_{12} 的含量。

解 维生素 B_{12}=25.0mg/1000mL=2.5mg/100mL=0.0025g/100mL=0.0025%

$$E_{1cm}^{1\%}=\frac{A}{cl}=\frac{0.507}{0.0025}=202.8$$

$$样品维生素 B_{12} 含量=\frac{(E_{1cm}^{1\%})_{样}}{(E_{1cm}^{1\%})_{标}}\times 100\%=\frac{202.8}{207}=98.00\%$$

2. 多组分物质的定量分析

根据吸光度加和性原理，对于两种或两种以上吸光组分的混合物的定量分析，可不需分离而直接测定。根据吸收峰的互相干扰情况，分为如图 7-22 所示三种情况。

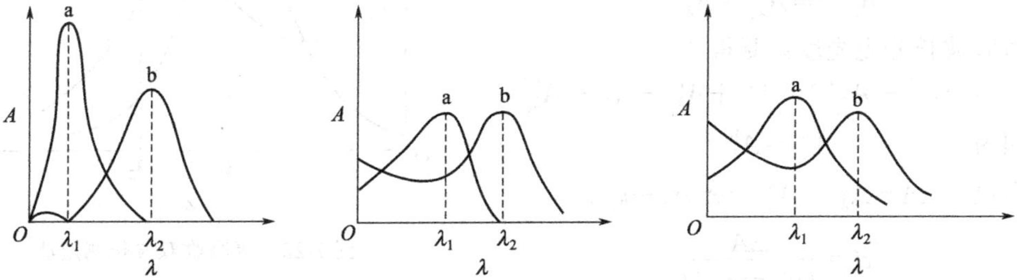

(a) 不重叠　(b) 单向重叠　(c) 双向重叠

图 7-22　混合物的紫外-可见吸收光谱

(1) 吸收光谱不重叠

如图 7-22(a) 所示，混合物中组分 a、b 的吸收峰相互不干扰，即在 λ_1 处，组分 b 无吸收，而在 λ_2 处，组分 a 无吸收，因此，可按单组分的测定方法分别在 λ_1 和 λ_2 处测得组分 a 和 b 的浓度。

(2) 吸收光谱单向重叠

如图 7-22(b) 所示，在 λ_1 处测定组分 a，组分 b 有干扰，在 λ_2 处测定组分 b，组分 a 无干扰，因此可先在 λ_2 处测定组分 b 的吸光度 $A_{\lambda_2}^{b}$。

$$A_{\lambda_2}^{b}=\kappa_{\lambda_2}^{b}c^{b}l$$

式中，$\kappa_{\lambda_2}^{b}$ 为组分 b 在 λ_2 处的摩尔吸收系数，可由组分 b 的标准溶液求得，故可由上式求得组分 b 的浓度。然后再在 λ_1 处测定组分 a 和组分 b 的吸光度 $A_{\lambda_1}^{a+b}$。

$$A_{\lambda_1}^{a+b}=A_{\lambda_1}^{a}+A_{\lambda_1}^{b}=\kappa_{\lambda_1}^{a}c^{a}l+\kappa_{\lambda_1}^{b}c^{b}l$$

式中，$A_{\lambda_1}^{a}$、$A_{\lambda_1}^{b}$ 分别为组分 a、b 在 λ_1 处的摩尔吸收系数，它们可由各自的标准溶液求得，从而可由上式求出组分 a 的浓度。

(3) 吸收光谱双向重叠

如图 7-22(c) 所示，组分 a、b 的吸收光谱互相重叠，同样有吸光度加和性原则，在 λ_1 和 λ_2 处分别测得总的吸光度 $A_{\lambda_1}^{a+b}$、$A_{\lambda_2}^{a+b}$。

$$A_{\lambda_1}^{a+b}=A_{\lambda_1}^{a}+A_{\lambda_1}^{b}=\kappa_{\lambda_1}^{a}c^{a}l+\kappa_{\lambda_1}^{b}c^{b}l$$

$$A_{\lambda_2}^{a+b}=A_{\lambda_2}^{a}+A_{\lambda_2}^{b}=\kappa_{\lambda_2}^{a}c^{a}l+\kappa_{\lambda_2}^{b}c^{b}l$$

式中，$\kappa_{\lambda_1}^{a}$、$\kappa_{\lambda_2}^{a}$、$\kappa_{\lambda_1}^{b}$、$\kappa_{\lambda_2}^{b}$ 分别为组分 a、b 在 λ_1、λ_2 处的摩尔吸收系数，它们同样可由各自的标准溶液求得，因此，可通过解方程组求得组分 a 和 b 的浓度 c^{a} 和 c^{b}。

显然，有 n 个组分的混合物也可用此法测定，联立 n 个方程组便可求得各自组分的含量，但随着组分的增多，实验结果的误差也会增大、准确度降低。

(4) 用双波长分光光度法进行定量分析

对于吸收光谱互相重叠的多组分混合物，除用上述解联立方程的方法测定外，还可用双波长法测定，且能提高测定灵敏度和准确度。在测定组分 a 和 b 的混合样品时，一般采用作图法确定参比波长和测定波长，如图 7-23 所示，选组分 a 的最大吸收波长 λ_1 为测定波长，而参比波长的选择，应考虑能消除干扰物质的吸收，即使组分 b 在 λ_1 处的吸光度等于在 λ_2

处的吸光度，即 $A^{b}_{\lambda_1}=A^{b}_{\lambda_2}$，根据吸光度加和性原则，混合物在 λ_1 和 λ_2 处的吸光度分别为

$$A^{a+b}_{\lambda_1}=A^{a}_{\lambda_1}+A^{b}_{\lambda_1}$$

$$A^{a+b}_{\lambda_2}=A^{a}_{\lambda_2}+A^{b}_{\lambda_2}$$

由双波长分光光度计测得

$$\Delta A=A^{a+b}_{\lambda_1}-A^{a+b}_{\lambda_2}=A^{a}_{\lambda_1}+A^{b}_{\lambda_1}-A^{a}_{\lambda_2}-A^{b}_{\lambda_2}$$

因为 $A^{b}_{\lambda_1}=A^{b}_{\lambda_2}$

所以 $\Delta A=A^{a}_{\lambda_1}-A^{a}_{\lambda_2}=\kappa^{a}_{\lambda_1}c^{a}l-\kappa^{a}_{\lambda_2}c^{a}l$

$$c^{a}=\frac{\Delta A}{(\kappa^{a}_{\lambda_1}-\kappa^{a}_{\lambda_2})l}$$

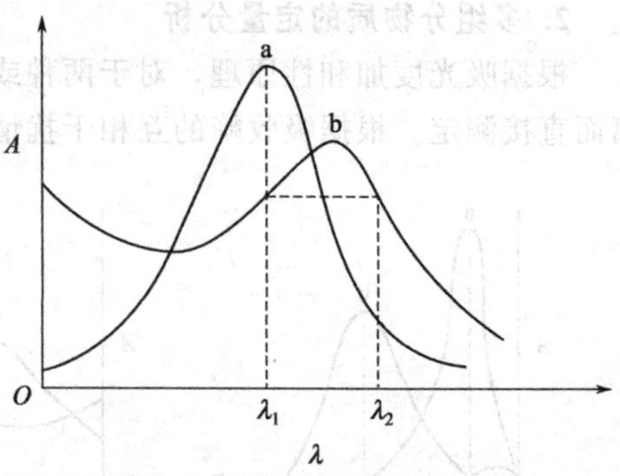

图 7-23 等吸收双波长测定法

式中，$\kappa^{a}_{\lambda_1}$、$\kappa^{a}_{\lambda_2}$ 分别为组分 a 在 λ_1 和 λ_2 处的摩尔吸收系数，可由组分 a 的标准溶液在 λ_1 和 λ_2 处测得的吸光度求得，由上式求得组分 a 的浓度。同理，也可以测得组分 b 的浓度。

四、示差分光光度法（量程扩展技术）

常规的分光光度法是采用空白溶液作参比的，对于高含量物质的测定，相对误差较大。示差分光光度法是以与试液浓度接近的标准溶液作参比，则由实验测得的吸光度为

$$\Delta A=A_s-A_x=\kappa(c_s-c_x)l=\kappa\Delta cl$$

按所选择的测量条件不同，示差法可分为单标准示差分光光度法［图 7-24(a)、(b)］和最精确法［图 7-24(c)］两种。

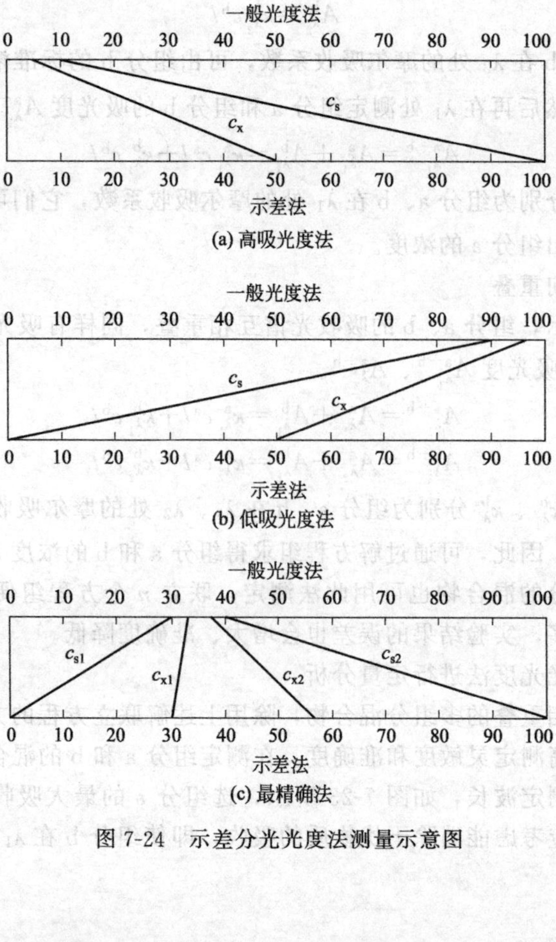

图 7-24 示差分光光度法测量示意图

（1）单标准示差分光光度法

① 高吸光度法　当检测器未受光时调节仪器 $\tau=0$；然后用一个比试液浓度 c_x 稍低的已知浓度溶液作标准参比溶液 c_s 调节仪器 $\tau=100\%$，再测定待测物质的透射比或吸光度，如图 7-24(a) 所示。

如果将 c_s 的透射比由 $\tau=10\%$扩展到 $\tau=100\%$，仪器的透射比相当于扩展了 10 倍，则 c_x 的透射比由 6%扩展到 60%，使吸光度落入了读数误差较小的范围，提高了测定准确度。

② 低吸光度法　选用比待测液浓度稍高的已知浓度溶液作标准溶液，调节仪器 $\tau=0$，用纯溶剂调节 $\tau=100\%$，然后测定 c_x 的透射比和吸光度。标尺扩展的结果将原来 $\tau=90\%\sim100\%$之间的一段变为 $\tau=0\sim100\%$，透射比扩大了 10 倍，将 c_x 的透射比由 95%变为 50%，同样吸光度落在了理想区，此法适用于痕量物质测定。所用的仪器必须具有出射狭缝可以调节，光度计灵敏度可以控制或光源强度可以改变等性能，故不常用。

（2）最精确法

这种方法采用两个标准溶液进行量程扩展，一个标准溶液的浓度 c_{s1} 比试液的浓度稍高，另一个标准溶液的浓度 c_{s2} 比试液的浓度稍低。测定时，用 c_{s1} 调节仪器 $\tau=0$，用 c_{s2} 调节 $\tau=100\%$，试液的透射比或吸光度总是处于两个标准溶液之间。此法适用于任何浓度区域差别很小的试液的测定。

五、紫外-可见吸收光谱法的应用

紫外-可见吸收光谱分析法在农、林、水、牧及化工、冶金、地质、医学、食品、制药及环境监测等科学中应用广泛，用途较多。单在水质分析中的应用就很广，目前能用直接法和间接法测定的金属和非金属元素就有 70 多种。在农、林、食品科学中提高产品质量起着重要的作用。它可以测定样品中的赖氨酸、色氨酸、蛋白质、单宁、葡萄糖、果糖、蔗糖、淀粉、叶绿素、农药等许多有机物，也可以测定铵态氮、硝态氮、全磷、速效磷等。

思考题与习题

1. 简述紫外-可见吸收光谱的产生原因，有哪些特点？
2. 按照分子轨道理论，产生紫外-可见吸收光谱的电子跃迁形式有几种？比较它们的能量高低？哪些类型的跃迁能在紫外及可见光区吸收光谱中反映出来？
3. 紫外-可见光谱的吸收带有几种？它们的联系与区别有哪些？
4. 朗伯-比尔定律的物理意义是什么？偏离朗伯-比尔定律的原因主要有哪些？
5. 吸光度与透射率有什么关系？物质溶液的颜色与光的吸收有什么关系？
6. 什么是发色团及助色团？举例说明。
7. 下列化合物各具有几种类型的价电子？在紫外光照射下发生哪几种类型的电子跃迁？

   乙烷　碘乙烷　丙酮　丁二烯　苯乙烯　苯乙酮
8. 试比较下列化合物，指出哪个吸收光的波长最长？哪个最短？为什么？

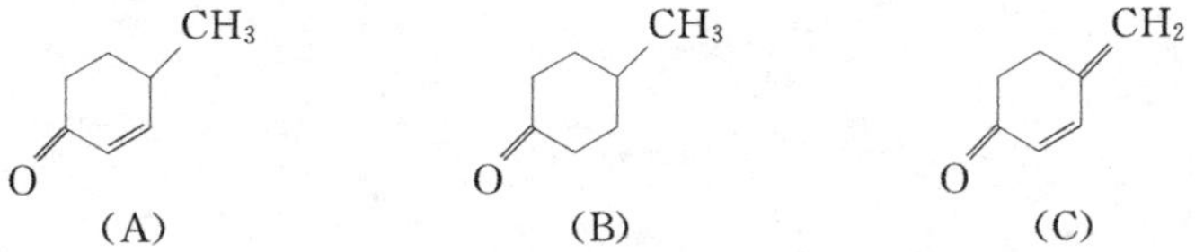

(A)　(B)　(C)

9. 计算下列化合物的 λ_{max}。

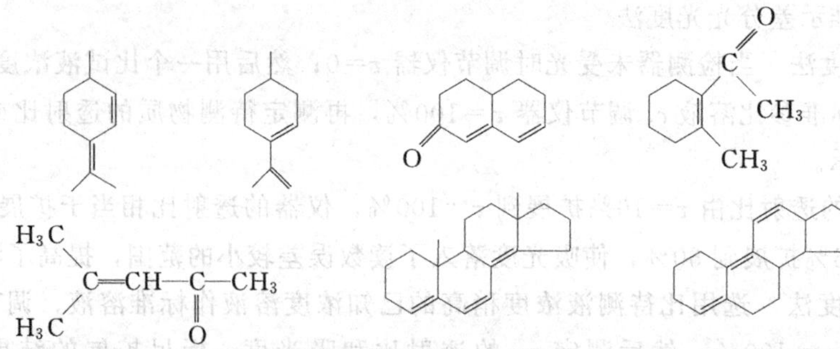

10. 某苦味酸胺试样 0.0250g，用 95% 乙醇溶解并配成 1.0L 溶液，在 380nm 波长处用 1.0cm 吸收池测得吸光度为 0.760。试估计该苦味酸胺的相对分子质量为多少？（已知在 95% 乙醇溶液中的苦味酸胺在 380nm 时 $\lg \kappa = 4.13$）
11. 用邻菲啰啉法测铁，已知显色的试液中 Fe^{2+} 含量为 $50\mu g/100mL$，比色皿厚度为 1cm，在波长 510nm 处测得吸光度为 0.099，计算邻菲啰啉亚铁配合物的摩尔吸收系数（已知 Fe 相对原子质量为 55.85）。
12. 已知一物质在它的最大吸收波长处的摩尔吸收系数 κ 为 $1.4\times10^4 L\cdot mol^{-1}\cdot cm^{-1}$，现用 1cm 吸收池测得该物质溶液的吸光度为 0.850，计算溶液的浓度。
13. K_2CrO_4 的碱性溶液在 372nm 处有最大吸收，若碱性 K_2CrO_4 溶液的浓度为 $3.00\times10^{-5} mol\cdot L^{-1}$，吸收池厚度为 1cm，在此波长下测得透射率是 71.6%，计算：(1) 该溶液的吸光度；(2) 摩尔吸收系数；(3) 若吸收池厚度为 3cm，则透射率多大？
14. 某组分 A 溶液的浓度为 $5.00\times10^{-4} mol\cdot L^{-1}$，在 1cm 吸收池中于 440nm 及 590nm 下其吸光度分别为 0.638 及 0.139；另一组分 B 溶液的浓度为 $8.00\times10^{-4} mol\cdot L^{-1}$，在 1cm 吸收池中于 440nm 及 590nm 下其吸光度为 0.106 及 0.470。现有 A、B 组分混合液在 1cm 吸收池中于 440nm 及 590nm 处其吸光度分别为 1.022 及 0.414，试计算混合液中 A 组分和 B 组分的浓度。
15. 有一 A 和 B 两种化合物的混合溶液，已知 A 在波长 282nm 和 238nm 处的 $E_{1cm}^{1\%}$ 值分别为 720 和 270；而 B 在上述两波长处吸光度相等，现在 A 和 B 混合液盛于 1cm 吸收池中，测得 λ_{max} 为 282nm 处的吸光度为 0.422，在 λ_{max} 为 238nm 处的吸光度为 0.278，求 A 化合物的浓度（$mg\cdot 100mL^{-1}$）。

第八章　红外吸收光谱法

第一节　概　　述

利用红外分光光度计测量物质对红外光的吸收及所产生的红外吸收光谱对物质的组成和结构进行分析测定的方法，称为红外吸收光谱法（infrared absorption spectrum，IR）或红外吸收分光光度法。红外光谱具有以下特点。

① 红外光谱是依据样品吸收谱带的位置、强度、形状、个数，推测分子中某种官能团的存在与否，推测官能团的邻近基团，确定化合物结构。

② 红外光谱不破坏样品，并且对任何样品的存在状态都适用，如气体、液体、可研细的固体或薄膜似的固体都可以分析。测定方便，制样简单。

③ 红外光谱特征性高。由于红外光谱信息多，可以对不同结构的化合物给出特征性的谱图，从“指纹区”就可以确定化合物的异同。所以人们也常把红外光谱叫“分子指纹光谱”。

④ 分析时间短。一般红外光谱做一个样可在10～30min内完成。如果采用傅里叶变换红外光谱仪在1s以内就可完成扫描。为需快速分析的动力学研究提供了十分有用的工具。

⑤ 所需样品用量少，且可以回收。红外光谱分析一次用样量约1～5mg，有时甚至可以只用几十微克。

红外光谱一般用τ-λ曲线或τ-σ（波数）曲线表示。纵坐标为透射比τ（%），因而吸收峰向下，向上则为谷（现代仪器软件处理中，可以用吸光度A作为纵坐标，而将图谱颠倒过来）；横坐标是波长（$\lambda/\mu m$）或波数（σ/cm^{-1}）（波数为波长的倒数，即1cm中所包含波的个数）。波长与波数之间的关系为：

$$\sigma/cm^{-1}=\frac{1}{\lambda(cm)}=\frac{10^4}{\lambda(\mu m)}=\frac{10^7}{\lambda(nm)} \tag{8-1}$$

通常将红外光谱分为三个区域：近红外区（0.78～2.5μm）、中红外区（2.5～50μm）和远红外区（50～1000μm），如表8-1所列。一般来说，近红外光谱是由分子的倍频、合频产生的；中红外光谱属于分子的基频振动光谱；远红外光谱则属于分子的转动光谱和某些基团的振动光谱。

表8-1　红外光谱的分区

名称	$\lambda/\mu m$	σ/cm^{-1}	能级跃迁类型
近红外区	0.78～2.5	12820～4000	O—H、N—H和C—H的倍频吸收
中红外区	2.5～50	4000～200	分子振动、转动能级
远红外区	50～1000	200～10	分子转动、骨架振动能级
最常用区	2.5～25	4000～400	分子振动、转动能级

由于绝大多数有机物和无机物的基频吸收带都出现在中红外区，尤其是2.5～25μm区，因此中红外区是研究和应用最多的区域，积累的资料也最多，仪器技术最为成熟。通常所说的红外光谱即指中红外光谱。

第二节　红外吸收光谱法的基本原理

一、红外光谱的产生

红外光谱是由分子振动能级跃迁的同时伴随转动能级跃迁而产生的，因此红外光谱的吸收峰是有一定宽度的吸收带。

物质吸收红外光应满足两个条件，即：红外辐射光的频率与分子振动的频率相当，才能满足分子振动能级跃迁所需的能量，而产生吸收光谱（或者说，这是产生红外光谱的必要条件）；红外光与物质之间有偶合作用（即振动过程中必须是能引起分子偶极矩变化的分子才能产生红外吸收光谱，这是产生红外光谱的充分必要条件）。因此当一定频率的红外光照射分子时，如果分子中某个基团的振动频率与其一致，同时分子在振动中伴随有偶极矩变化，这时物质的分子就产生红外吸收。

分子内的原子在其平衡位置上处于不断的振动状态，对于非极性双原子分子如 N_2、O_2、H_2 等完全对称的分子，其偶极矩 $\mu=qd=q\times0=0$，分子的振动并不引起 μ 的改变，因此，它与红外光不发生偶合，所以不产生红外吸收。当分子是一个偶极分子（$\mu\neq0$），如 H_2O、HCl 时，由于分子的振动使得 d 的瞬间值不断改变，因而分子的 μ 也不断改变，分子的振动频率使分子的偶极矩也有一个固定的变化频率。当红外光照射时，只有当红外光的频率与分子的偶极矩的变化频率相匹配时，分子的振动才能与红外光发生偶合（振动偶合）而增加其振动能，使得振幅加大，即分子由原来的振动基态跃迁到激发态。可见并非所有的振动都会产生红外吸收。凡能产生红外吸收的振动，称为红外活性振动，否则就是红外非活性振动。

除了对称分子外，几乎所有的有机化合物和许多无机化合物都有相应的红外吸收光谱，其特征性很强，几乎所有具有不同结构的化合物都有不同的红外光谱。谱图中的吸收峰与分子中各基团的振动特性相对应，所以红外吸收光谱是确定化学基团、鉴定未知物结构的最重要的工具之一。

二、分子振动的形式

1. 双原子分子的振动

如图 8-1 所示，若把双原子分子（A—B）的两个原子看成质量分别为 m_1、m_2 的两个小球，其间的化学键看作不计质量的弹簧。那么原子在平衡位置附近的伸缩振动，可以近似地看成沿键轴方向的简谐振动，量子力学证明，分子振动的总能量为

$$E=(v+1/2)h\nu \tag{8-2}$$

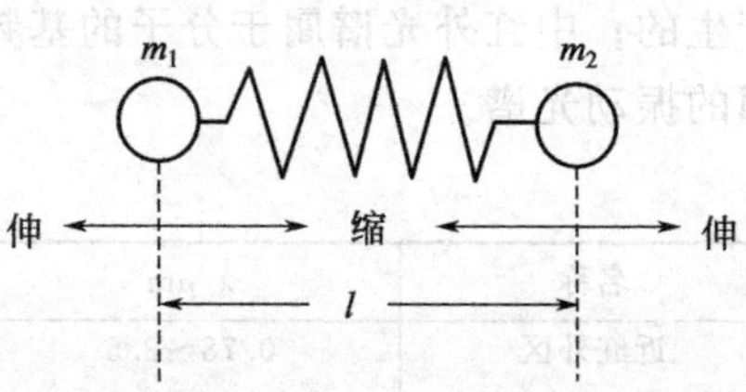

图 8-1　线形分子的伸缩振动

式中，ν 为振动频率；h 为普朗克常数；v 为振动量子数，$v=0$，1，2，3…。当分子发生 $\Delta v=1$ 的振动能级跃迁时（一般指 $v=0$ 的基态到 $v=1$ 的第一激发态之间的跃迁），根据 Hooke 定律，它所吸收的红外光的波数 σ 为

$$\sigma=\frac{1}{2\pi c}\sqrt{\frac{k}{\mu}} \tag{8-3}$$

式中，c 为光速；k 为化学键力常数，其含义是两个原子由平衡位置伸长 0.1nm 后的回复力（表 8-2）；μ 为原子的折合质量，其对应的吸收谱带称为基频（吸收）峰。当 σ 的单位为 cm^{-1}，k 的单位为 $N \cdot cm^{-1}$，μ 以折合原子量 A 表示时，将 π、c 和 N（阿佛伽德罗常数）的数值代入式(8-3)，得

$$\sigma=\frac{1}{2\pi c}\sqrt{\frac{k}{\mu}}=1303\sqrt{\frac{k}{\mu}} \tag{8-4}$$

其中：

$$\mu=\frac{m_1 m_2}{m_1+m_2}$$

式中，m_1、m_2 分别为两原子的原子量。

表 8-2　某些键的伸缩振动力常数（$N \cdot cm^{-1}$）

键	分子	k	键	分子	k
H—F	HF	9.7	H—C	CH_2—CH_2	5.1
H—Cl	HCl	4.8	H—C	CH≡CH	5.9
H—Br	HBr	4.1	C—Cl	CH_3Cl	3.4
H—I	HI	3.2	C—C		4.5～5.6
H—O	H_2O	7.8	C═C		9.5～9.9
H—S	H_2S	4.3	C≡C		15～17
H—N	NH_3	6.5	C—O		12～13
H—C	CH_3X	4.7～5.0	C═O		16～18

键类型	—C≡C—	>	—C═C—	>	—C—C—
力常数	15～17		9.5～9.9		4.5～5.6
峰位	4.5μm		6.0μm		7.0μm
	$2222cm^{-1}$		$1667cm^{-1}$		$1429cm^{-1}$

化学键键能越强（即键的力常数 k 越大），折合原子量越小，化学键的振动频率越大，吸收峰将出现在高波数区。

【例 8-1】 由表 8-2 中查知 C═C 键的 k=9.5～9.9，令其为 9.6，计算波数值。

解 $\sigma=\frac{1}{\lambda}=\frac{1}{2\pi c}\sqrt{\frac{k}{\mu}}=1303\sqrt{\frac{k}{\mu}}=1303\sqrt{\frac{9.6}{12/2}}=1648cm^{-1}$

正己烯中 C═C 键伸缩振动频率实测值为 $1652cm^{-1}$。

【例 8-2】 某芳香族有机化合物的 C—H 键的伸缩振动出现在红外光谱的 $3030cm^{-1}$ 处，求该 C—H 键的力常数。

解 $\sigma=\frac{1}{2\pi c}\sqrt{\frac{k}{\mu}}$　$\mu=\frac{m_A m_B}{m_A+m_B}$

C—H 键的 μ 值：

$$\sigma=1303\sqrt{\frac{k}{\mu}} \Longrightarrow k=\frac{\mu\sigma^2}{1303^2}=\frac{12.01\times1.008}{12.01+1.008}\times\frac{3030^2}{1303^2}=5.03\,N \cdot cm^{-1}$$

实际上，由于振动中随着原子间距离的改变，化学键力常数也会改变，分子振动并不是严格的简谐振动。这种与简谐振动的偏差称为分子振动的非谐性。由于非谐性的影响，用式

(8-4) 计算的基频峰的波数大于实测值。此外，分子振动的非谐性还表现在①分子振动能级的间隔并非由式(8-2) 所表现的那样完全相等，而是随着振动量子数的增大，能级间隔越来越小；②真实分子振动能级的跃迁，不仅发生在相邻能级间，而且可以一次跃迁两个或多个能级。在红外吸收光谱中，振动能级由基态（$v_0=0$）跃迁至第二激发态（$v_2=2$）、第三激发态（$v_3=3$）……所产生的吸收峰称为倍频峰。如以 H—Cl 为例：基频峰（$v_0 \rightarrow v_1$）2885.9cm^{-1}最强；二倍频峰（$v_0 \rightarrow v_2$）5668.0cm^{-1}较弱；三倍频峰（$v_0 \rightarrow v_3$）8347.0cm^{-1}很弱；四倍频峰（$v_0 \rightarrow v_4$）10923.1cm^{-1}极弱；五倍频峰（$v_0 \rightarrow v_5$）13396.5cm^{-1}极弱。

在多原子分子中，非谐性使分子的各种振动间相互作用而形成组合频率，其频率等于两个或多个基频频率的和或差。组（合）频峰一般很弱。倍频峰、合频峰和差频峰统称为泛频峰。含氧原子的基团易产生泛频峰。

2. 多原子分子的振动

(1) 振动的分类

双原子分子只有一种振动方式——沿键轴方向的伸缩振动，而多原子分子则有多种振动方式，不仅有伸缩振动，而且还有键角发生变化的弯曲振动。图 8-2 以亚甲基为例，表示了多原子分子中各种振动形式。

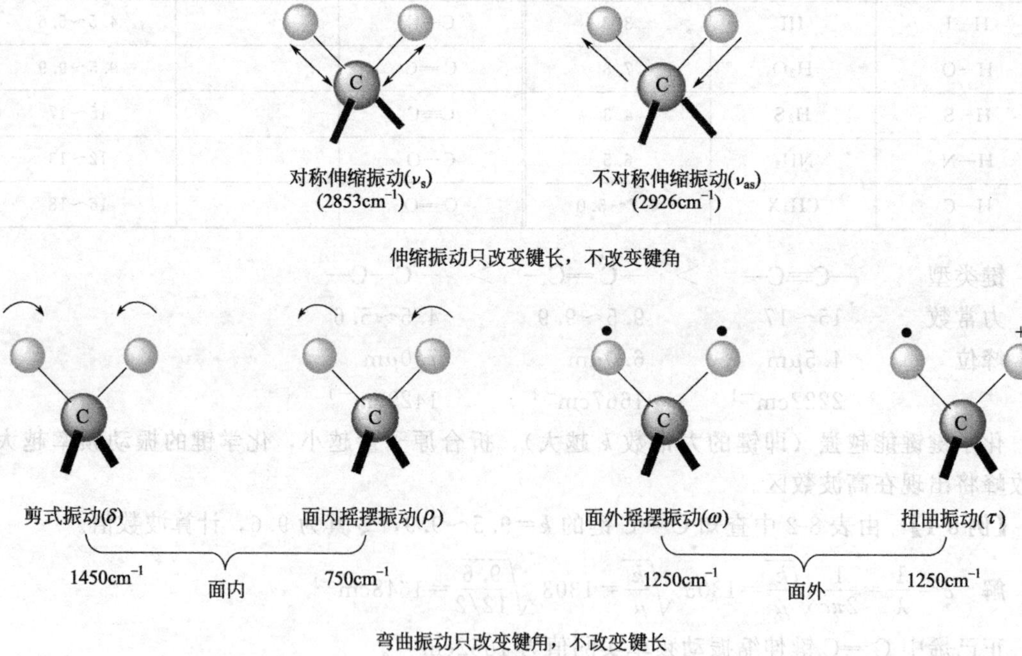

图 8-2 亚甲基的振动方式及振动频率

① 伸缩振动　原子沿化学键的轴线方向的伸展和收缩（以 ν 表示）。振动时键长变化，键角不变。根据各原子的振动方向不同，伸缩振动又分为对称伸缩振动（ν_s）和不对称伸缩振动（ν_{as}）。

在环状化合物中，还有一种完全对称的伸缩振动叫骨架振动（或呼吸振动）。

② 弯曲振动　又称变形振动，振动时键长不变，键角变化，以 δ 表示。弯曲振动分为面内弯曲振动和面外弯曲振动。面内弯曲振动又分为剪式振动（δ）和面内摇摆振动（ρ）；面外弯曲振动又分为面外摇摆（ω）和扭曲振动（τ）。

(2) 基本振动的理论数

从理论上讲，分子的每一种振动形式，都会产生一个基频峰，也就是说一个多原子分子所产生的基频峰的数目应该等于分子所具有的振动形式的数目，那么一个由 N 个原子组成的分子的振动形式是多少呢？

理论证明，对于非线形分子应有（$3N-6$）个振动形式，对于线形分子有（$3N-5$）个振动形式。这就是说，对于非线形分子，有（$3N-6$）个基本振动（又称简正振动），对于线形分子，则有（$3N-5$）个基本振动。如 CO_2 分子是线形分子，其振动自由度为 $3\times3-5=4$。CO_2 的 4 种振动形式与红外吸收的关系表示如图 8-3 所示。

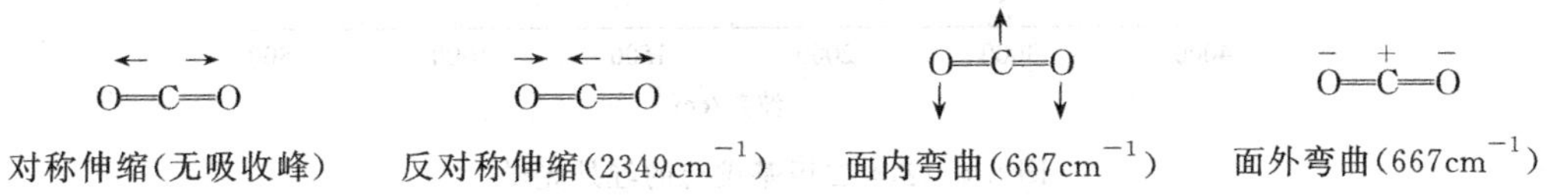

图 8-3 CO_2 的四种振动形式

由于其对称伸缩振动没有偶极矩的改变，是非红外活性的，不产生吸收峰，面内弯曲和面外弯曲产生的吸收峰重叠，这样 CO_2 只有两个基频峰。

三、红外吸收峰及其影响因素

实际上大多数化合物在红外光谱图上出现的吸收峰数目比理论计算数少得多，这是由于：

① 没有偶极矩变化的振动不产生红外吸收；

② 某些振动吸收频率完全相同时，简并为一个吸收峰，某些振动吸收频率十分接近时，仪器不能分辨，表现为一个吸收峰；

③ 某些振动吸收强度太弱，仪器检测不出；

④ 某些振动吸收频率，超出了仪器的检测范围。

另外，还存在一些因素可使红外吸收峰增多。

① 倍频峰和组（合）频峰的产生。

② 振动偶合　两个基团相邻且它们的振动频率又相差不大时，其相应的特征峰会发生分裂而形成两个峰，这种现象称为振动偶合，它引起吸收频率偏离基频，一个移向高频方向，一个移向低频方向。如，异丙基两个 CH_3 的振动相互偶合，引起 CH_3 弯曲振动 $1380cm^{-1}$ 处的峰分裂为强度差不多的两个峰。如图 8-4 所示。

③ 费米（Fermi）共振　当倍频或组合频与某基频峰位相近时，由于相互作用而产生强吸收带或发生峰的分裂，这种倍频峰或组合频峰与基频峰之间偶合称为费米共振。大多数醛的红外光谱在 $2820cm^{-1}$ 和 $2720cm^{-1}$ 附近出现强度相近的双峰是费米共振的典型离子。这两个谱带是由于醛基的 C—H 伸缩振动与其弯曲振动的倍频之间发生费米共振的结果。

苯甲酰氯 C—Cl 的伸缩振动在 $874cm^{-1}$，其倍频峰在 $1730cm^{-1}$ 左右，正好落在 C═O 的伸缩振动吸收峰位置附近，发生费米共振从而使倍频峰吸收强度增加。如图 8-5 所示。

总之，由于上述各种因素，多原子分子组成的有机物分子的红外光谱中谱带比较多。

影响吸收峰强弱的主要因素是振动能级的跃迁概率和振动过程中偶极矩的变化。例如，a. 由基态振动能级向第一激发态跃迁的概率大，向第二、三等激发态跃迁的概率依次减小，所以一般基频峰较强，而倍频峰很弱。b. 在振动过程中偶极矩的变化越大，产生的吸收峰

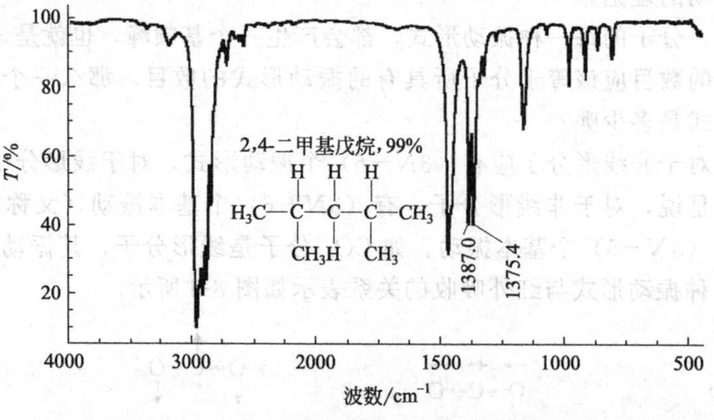

图 8-4　2,4-二甲基戊烷的红外光谱

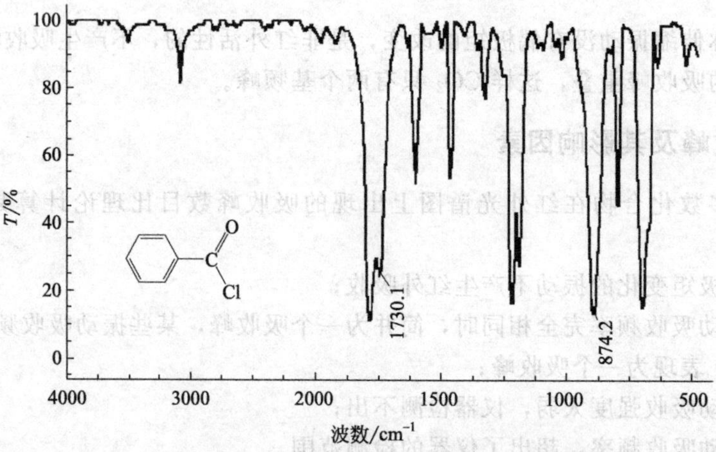

图 8-5　苯甲酰氯的红外光谱

越强。一般极性基团（如 O—H，C ═O，N—H 等）在振动时偶极矩变化较大，有较强的红外吸收峰；而非极性基团（如 C—C，C ═C 等）的红外吸收峰较弱，在分子比较对称时，其吸收峰更弱。

第三节　红外吸收光谱与分子结构的关系

一、基团的特征吸收峰与相关峰

1. 基团的特征吸收峰与相关峰

在有机化合物分子中，组成分子的各种基团（官能团）都有自己特定的红外吸收区域。通常把能代表某基团存在并有较高强度的吸收峰的位置，称为该基团（官能团）的特征频率（简称基团频率），对应的吸收峰则称为特征吸收峰，简称为特征峰。如 —C≡N 的特征吸收峰在 $2247cm^{-1}$处。

基团的特征峰可用于鉴定官能团，因为一个官能团有数种振动形式，而每一种具有红外活性的振动一般相应产生一个吸收峰，有时还能观察到泛频峰，因而常常不能只以一个特征峰来肯定官能团的存在。如 $CH_3—(CH_2)_5—CH═CH_2$ 的红外光谱中，可以观察到

3040cm^{-1}附近的不饱和 $\nu_{as,=C-H}$ 伸缩振动、1680～1620cm^{-1}处的 $\nu_{C=C}$ 伸缩振动和 990cm^{-1}及 910cm^{-1}处的 $\gamma_{=C-H}$ 及 $\gamma_{=CH_2}$ 面外摇摆振动四个特征峰。这一组特征峰即为 $-CH=CH_2$ 基存在的相互依存的吸收峰，若证明化合物中存在该官能团，则在其红外光谱图中这四个吸收峰都应存在，缺一不可。在化合物的红外谱图中由于某个官能团的存在而出现的一组相互依存的特征峰，称为相关峰。用以说明这些特征峰具有依存关系，并区别于非依存关系的其它特征峰，如 $-C\equiv N$ 基只有一个 $\nu_{C\equiv N}$ 峰，而无其它相关峰。故用相关峰可以更准确地鉴定官能团。

同一类型化学键的基团在不同化合物的红外光谱中吸收峰位置是大致相同的，这一特性提供了鉴定各种基团（官能团）是否存在的判断依据，从而成为红外光谱定性分析的基础。

2. 红外光谱图的分区

各种官能团具有一个或多个特征吸收，记忆各种官能团的特征吸收往往过于凌乱，可以将红外吸收光谱图分为几个区域，以便于检索和记忆。

红外光谱中，在 4000～1300cm^{-1}范围内，每一红外吸收峰都和一定的官能团相对应，这个区域称为官能团区。1300～650cm^{-1}区域中虽然一些吸收也对应于一定的官能团，但大量的吸收峰并不与特定官能团相对应，仅显示化合物的红外特征，犹如人的指纹，称为指纹区。指纹区的主要价值是它可以表征整个分子的结构特征。这是因为指纹区里各种单键的伸缩振动之间，以及与 C—H 弯曲振动之间会发生相互的偶合，结果使得这个区域中的吸收带变得非常复杂，对结构上的细微变化表现得极其敏感，都会引起指纹区吸收的变化，不同化合物的指纹吸收是不同的，因此指纹区吸收的峰形和峰强度对判断化合物的结构有重要作用。不过应注意不同的制样条件可导致指纹区吸收的变化，同系物的指纹吸收也可能相似。

从官能团区可找出该化合物存在的官能团；而指纹区则适宜于用来与标准谱图或已知物谱图进行比较，从而得出未知物与已知物结构相同或不同的确切结论。官能团区和指纹区的功能恰好可以互相补充。为便于对光谱进行解析，常将红外光谱区划分为几个区域。

① 4000～2500cm^{-1}　X—H 伸缩振动区（X 可以是 C，N，O，S 等原子）。在这个区域的吸收说明含氢原子官能团的存在，如 N—H（3500～3300cm^{-1}），O—H（3700～3200cm^{-1}），C—H（3300～2700cm^{-1}），S—H（2600～2500cm^{-1}）等，亦称“氢键区”。

② 2500～2000cm^{-1}　叁键和累积双键的伸缩振动区。在这个区域内的吸收主要包括 $-C\equiv N$，$-C\equiv C$，$-C=C=C$ 及 $-C=C=O$ 的伸缩振动。

③ 2000～1500cm^{-1}　此区称为双键伸缩振动区。在这一区域如出现吸收，表明有含双键的化合物存在。主要包括 C═O，C═C，C═N，N═O 等的伸缩振动以及 $-NH_2$ 的弯曲振动、芳烃的骨架振动等。本区域中最重要的是羰基吸收峰（1875～1600cm^{-1}），其强度较大。

④ 1500～1300cm^{-1}　主要为 C—H 弯曲振动区。CH_3 在 1380cm^{-1}和 1460cm^{-1}同时有吸收，CH_2 仅在 1470cm^{-1}左右有吸收。

⑤ 1300～900cm^{-1}　除了与氢相连的其它单键的伸缩振动和一些含重原子的双键（P═O，S═O）的伸缩振动区，某些含氢基团的弯曲振动也出现在此区。对于指示官能团而言，特征性不如以前各区强，但信息却十分丰富。

⑥ 900～670cm^{-1}　指示 $-(CH_2)_n-$ 的存在、双键取代程度和类型以及苯环的取代类型区。这一区域的吸收峰很有价值，当 $n=1$ 时为 785～775cm^{-1}，$n\geqslant 4$ 时，$-CH_2-$ 的平面摇摆振动吸收出现在 724～722cm^{-1}，随着 n 的减小，逐渐向高波数移动。

苯环因取代而产生的吸收峰出现在本区域，可以根据其吸收峰的位置决定苯环的取代类型。

二、影响基团频率的因素

分子中化学键的振动并不是孤立的，而受内部相邻基团的影响，有时还会受到溶剂、测定条件等外部因素的影响。这些作用的总结果决定了该吸收峰频率的准确位置。

1. 内部因素

① 诱导效应（*I* 效应） 当基团旁边连有电负性不同的原子或基团时，通过静电诱导作用会引起分子中电子云密度变化，从而引起键的力常数的变化，使基团频率产生位移。以脂肪酮为例：

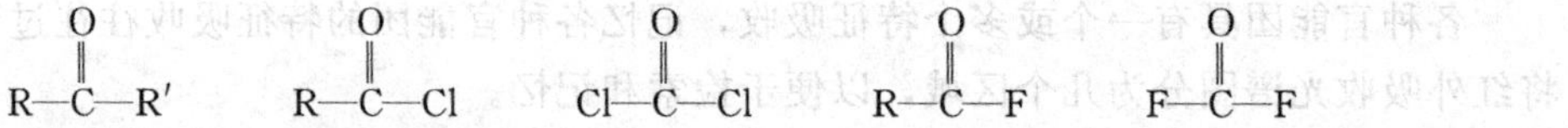

$\nu_{C=O}$ 1715cm^{-1} 1800cm^{-1} 1828cm^{-1} 1869cm^{-1} 1928cm^{-1}

随着取代基电负性的增强或取代数目的增加，诱导效应增强，吸收峰向高波数方向位移程度也增大。

② 共轭效应（*C* 效应） 指分子中形成大 π 键所引起的效应。共轭效应可使共轭体系中的电子云密度平均化，使双键略有伸长，单键略有缩短，双键力常数减小，使双键的伸缩振动频率下降，使基团的吸收频率向低波数方向位移。例如：

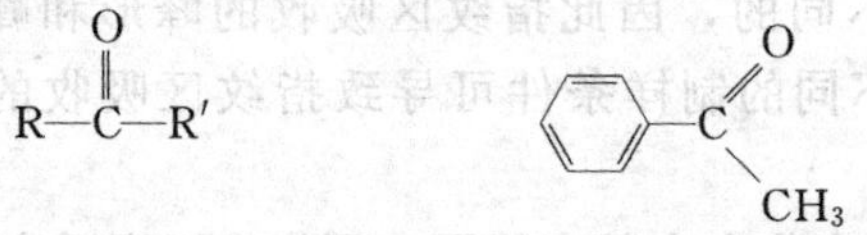

$\nu_{C=O}$ 1715cm^{-1} $\nu_{C=O}$ 1663cm^{-1}

③ 空间效应 共轭体系具有共平面的性质，当共轭体系的共平面性被偏离或破坏时，共轭体系亦受到影响或破坏，吸收频率将移向较高波数。如：

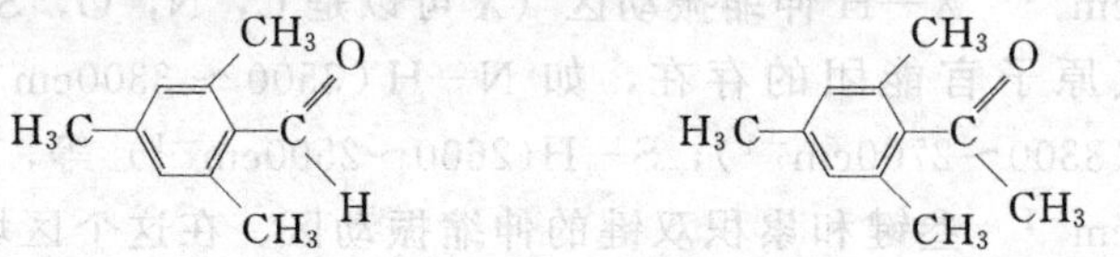

(a) $\nu_{C=O}$ 1680cm^{-1} (b) $\nu_{C=O}$ 1700cm^{-1}

(b) 中由于 C=O 上 CH_3 的立体障碍，使共轭体系受到限制，吸收频率变高。

④ 氢键效应 无论是分子内还是分子间氢键，都使参与形成氢键的原化学键力常数降低，吸收频率移向低波数方向，同时振动偶极矩的变化加大，因而吸收强度增加。

2. 外部因素

① 物态的影响 同一物质在不同的物理状态时由于样品分子间作用力大小不同，所得红外光谱差异很大。气态样品分子间距离很大，作用力小，因此吸收峰比较尖锐。液体分子作用力较强，有时可能形成氢键，会使吸收谱带向低频位移。固体样品分子间作用力更强，故其吸收光谱有着明显的差异。正己酸在液态和气态的红外光谱如图 8-6 所示。

② 溶剂的影响 红外光谱测定中常用的溶剂是 CS_2、CCl_4 和 $CHCl_3$。选择溶剂时必须考虑溶质与溶剂间的相互作用。当含有极性基团时，在极性溶剂和极性基团之间，由于氢键或偶极-偶极相互作用，总是使有关基团的伸缩振动频率降低，使谱带变宽。因此在红外光谱的测定中，应尽量采用非极性溶剂。

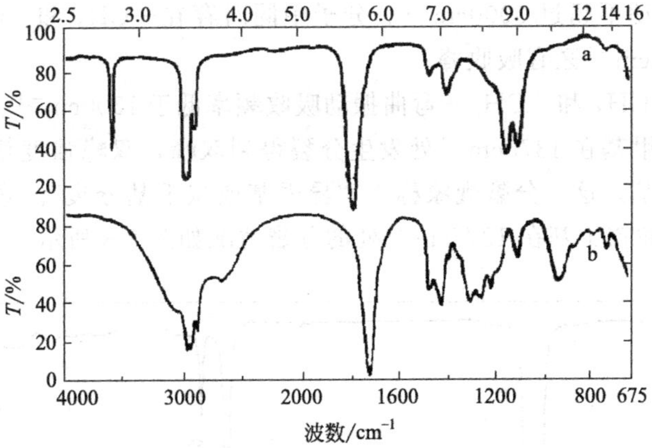

图 8-6　正己酸在液态和气态的红外光谱

a—蒸气（134℃）；b—液体（室温）

三、常见化合物的特征基团频率

1. 烷烃类

烷烃分子中只有 C—C 键和 C—H 键，其振动吸收频率也只有 C—C 键和 C—H 键的伸缩和弯曲振动吸收频率。烷烃类的特征基团振动频率如表 8-3 所示。

表 8-3　烷烃类化合物的特征基团频率

基团	振动形式	吸收峰波数/cm⁻¹	强度	备　注
$-CH_3$	ν_{as,CH_3}	2960±10	s	特征
	ν_{s,CH_3}	2870±10	m→s	
	δ_{CH_3}（面内）	1450±10	m	
	δ_{CH_3}（面外）	1375±5	s	偕二甲基分裂为双峰
$-CH_2-$	ν_{as,CH_2}	2925±10	s	
	ν_{s,CH_2}	2850±10	s	
	δ_{CH_2}（面内）	1465±2	m	
$>CH-$	ν_{CH}	2890±10	w	
	δ_{CH}	约 1340	w	
$-CH(CH_3)_2$	骨架振动	1170±5	s	1145cm⁻¹是 1170cm⁻¹峰的肩峰，结合 1375cm⁻¹附近的双峰可鉴定此基团
		1145±10	s	
		1385～1380	强度相同	
		1375～1365		
$-C(CH_3)_3-$	骨架振动	1255±5	m	1255cm⁻¹峰较 1210cm⁻¹峰恒定
		1210±10	m	
	δ_{CH_2}（面内）	1395～1385	m	叔丁基分裂
		1375～1365	s	
$-C(CH_3)_2-$	骨架振动	1215±10	m	1195cm⁻¹位置较恒定，1215cm⁻¹峰是 1195cm⁻¹峰的肩峰
		1195±10	m	
$(CH_2)_n$	δ_{CH_2}（平面摇摆）	750～720	m	$n\geqslant 4$（n 减小，波数升高）

注：vs—很强，s—强，m—中等，w—弱，vw—很弱。

烷烃类的主要特征吸收如下。

① C—H 伸缩振动不超过 3000cm^{-1}。分子中同时存在—CH_3 和—CH_2—时，C—H 伸缩振动在 3000～2800cm^{-1}区有吸收峰。

② 烷烃分子中—CH_3 和—CH_2—弯曲振动吸收频率低于 1500cm^{-1}。当烷烃分子中存在异丙基或叔丁基时，甲基在 1375cm^{-1}处发生分裂得到双峰，双峰强度相等的是异丙基，双峰强度不等的是叔丁基。这一分裂现象称为“异丙基或叔丁基分裂”。直链烷烃的吸收峰如图 8-7 所示。异丙基和叔丁基在 1375cm^{-1}处的分裂情况如图 8-8 所示。

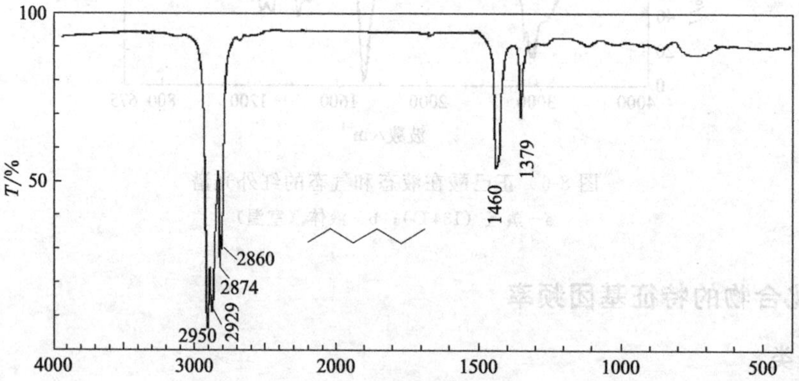

图 8-7 正己烷的红外光谱

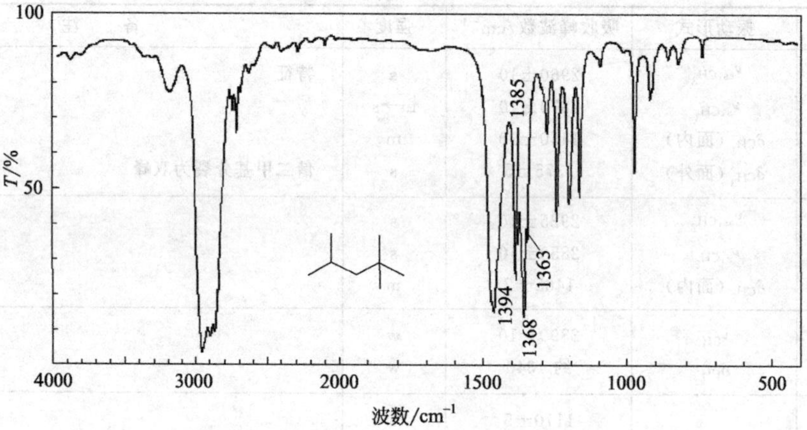

图 8-8 2,2,4-三甲基戊烷的红外光谱

要确认异丙基和叔丁基还要观察它们的骨架振动。异丙基的 C—C 骨架振动峰在 1165cm^{-1}（1145cm^{-1}为肩峰）处，而叔丁基在 1250cm^{-1}和 1210cm^{-1}两处出现骨架振动峰。

2. 烯烃类

烯烃中主要是 C═C 键和═C—H 键振动引起的吸收，烯烃类化合物的特征基团频率见表 8-4。

烯烃中 ═C—H 伸缩振动频率在 3000cm^{-1}以上，在 3090～3010cm^{-1}出现中等强度的吸收峰，这是判断不饱和化合物的重要依据，见图 8-9。

C═C 的伸缩振动在 1700～1600cm^{-1}之间产生吸收，较弱易变，如果 C═C 有共轭作用时，吸收频率向低波数方向移动，强度增大。共轭二烯烃由于两个共轭的 C═C 键振动偶合产生 1600cm^{-1}（强）和 1650cm^{-1}（弱）两个吸收带。

表 8-4　烯烃类化合物的特征基团频率

基　团	振动形式	吸收峰波数/cm^{-1}	强度	备　　注
═CH_2 ═CH—	ν_{as,CH_2} ν_{s,CH_2} ν_{CH}	3080±10 2975±10 3040～3010	m m m	2975cm^{-1}峰与烷烃重叠，3080cm^{-1}峰可以证实═CH_2的存在
R—CH═CH_2	δ_{CH}(面外) $\nu_{C=C}$	990±10 910±10 1645±10	s s m	
R_2C═CH_2	δ_{CH}(面外) $\nu_{C=C}$	898～880 1655±10	s m	
RCH═CHR′(顺式)	δ_{CH}(面外) $\nu_{C=C}$	730～675 1600±10	m(可变) m	
RCH═CHR′(反式)	δ_{CH}(面外) $\nu_{C=C}$	970～960 1650±10	s w	

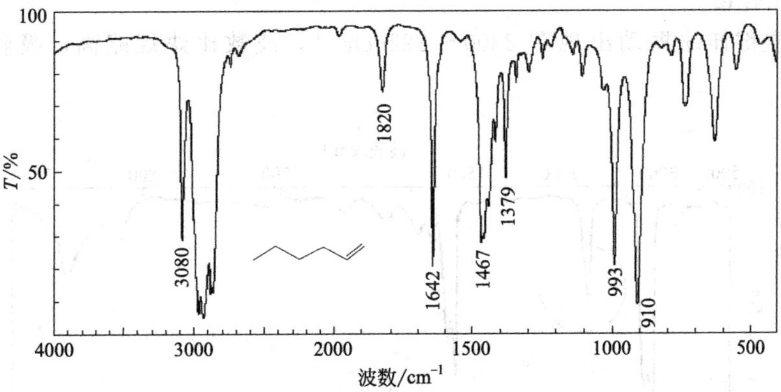

图 8-9　1-己烯的红外光谱图

～3080cm^{-1}：烯烃 C—H 伸缩振动；～1820cm^{-1}：910cm^{-1}倍频；

～1650cm^{-1}：C═C 伸缩振动；～993、910cm^{-1}：C═CH_2面外摇摆振动

烯烃的═C—H 的面外弯曲振动在 1000～650cm^{-1}处出现强吸收峰，这是鉴定烯烃取代物类型最特征的峰。

3. 炔烃类

炔烃中主要是 C≡C 和 ≡C—H 的振动吸收，炔烃类化合物的特征基团频率如表 8-5 所示。

表 8-5　炔烃类化合物的特征基团频率

基团	振动形式	吸收峰波数/cm^{-1}	强度	备注
—C≡C—	$\nu_{C\equiv C}$	2300～2100	w	尖细峰
≡C—H	$\nu_{\equiv CH}$	3300～3200	m	特征尖锐，中等强度

炔烃类叁键本身的 C≡C 伸缩振动位置在 2300～2100cm^{-1}，这是因为 C≡C 键力常数较大所致。当 C≡C 键与其它基团共轭时，吸收带向低频移动。

≡C—H 的伸缩振动吸收峰约在 3300cm^{-1}附近，为一尖锐且有中等强度的吸收峰。见图 8-10。

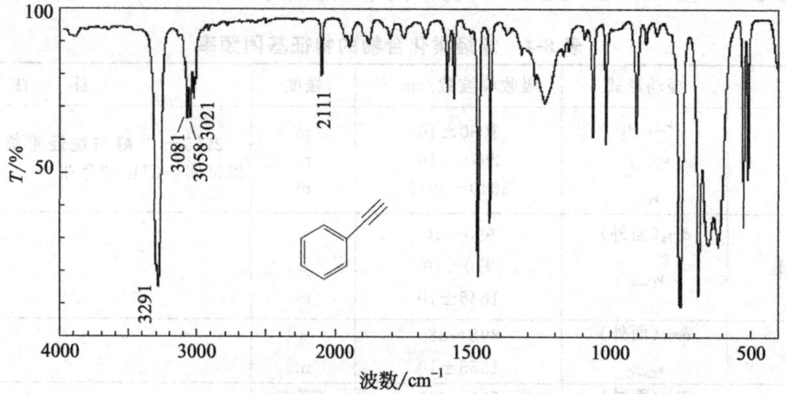

图 8-10　苯乙炔的红外光谱

～3291cm^{-1}：≡C—H 伸缩振动，～3060cm^{-1}：苯环═C—H 伸缩振动

～2111cm^{-1}：C≡C 叁键伸缩振动

4. 腈类化合物

C≡N 叁键伸缩振动出现在 2300～2220cm^{-1}，波数比炔烃略高，吸收强度大。见图8-11。

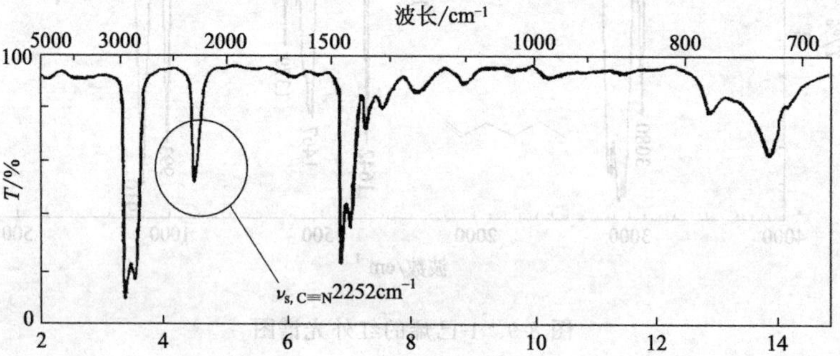

图 8-11　正丁腈的红外光谱

5. 芳烃类

主要是苯环上 C—H 键和环上 C═C 键的振动吸收。芳烃类化合物的特征基团频率如表 8-6 所示。

苯环上的 C—H 键的伸缩振动在 3100～3000cm^{-1}之间有较弱的三个峰，和烯烃只有一个峰可以区别。C—H 键的面外弯曲振动在 900～690cm^{-1}区域，据此区域吸收情况可判断苯环上的取代情况。

苯环 C═C 骨架振动在 1650～1450cm^{-1}区出现 2～4 个中到强的吸收峰，单环芳烃则出现在 1610～1590cm^{-1}和 1500～1480cm^{-1}处，前者较弱，后者较强，据此可鉴别有无苯环存在。

邻二甲苯的红外光谱如图 8-12 所示，部分取代苯的红外光谱如图 8-13 所示。

6. 羰基化合物

羰基化合物主要包括酮、醛、羧酸、酯。羰基极性强，偶极矩大，在 1850～1650cm^{-1}之间有非常强的吸收峰。羰基化合物的主要特征吸收见表 8-7。

表 8-6 芳烃类化合物的特征基团频率

基团	振动形式	吸收峰波数/cm^{-1}	强度	备注
	$\nu_{C=C}$	1650～1450	可变	最特征，一般 2～4 个峰
	ν_{CH}	3040～3030	m	特征，一般 3 个峰
	δ_{CH}(面内)	1225～950	w	
	δ_{CH}(面外)	900～650	s	特征
	δ_{CH}泛频组合频峰	2000～1600	w	特征
苯	δ_{CH}	675	s	
单取代	δ_{CH}(面外)	770～730，710～690	s，s	
1，2-取代	δ_{CH}(面外)	770～735	s	
1，3-取代	δ_{CH}(面外)	870～850，810～750，710～690	m，s，s	
1，4-取代	δ_{CH}(面外)	835～800	s	
1，2，3-取代	δ_{CH}(面外)	780～760，745～705	s，s	
1，2，4-取代	δ_{CH}(面外)	885～870，825～805	s，s	
1，3，5-取代	δ_{CH}(面外)	865～810，730～675	s，s	
1，2，3，4-取代	δ_{CH}(面外)	810～800	s	
1，2，3，5-取代	δ_{CH}(面外)	850～840	s	
1，2，4，5-取代	δ_{CH}(面外)	870～855	m	
五取代	δ_{CH}(面外)	870	s	
全取代		无峰		

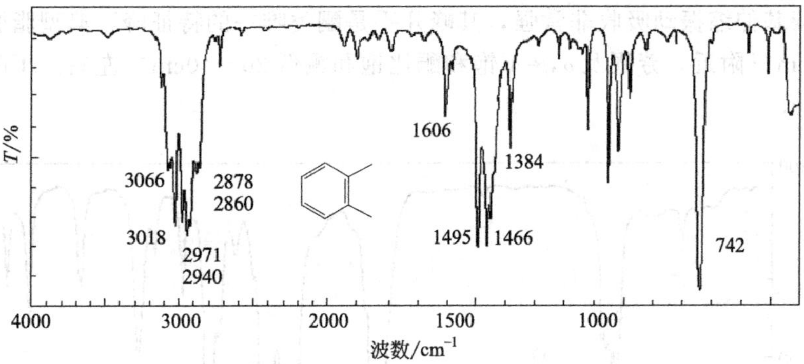

图 8-12 邻二甲苯的红外光谱

表 8-7 酮、醛、羧酸、酯的特征基团频率

基 团	振动形式	吸收峰波数/cm^{-1}	强度	备 注
羰基化合物	$\nu_{C=O}$	1850～1650	vs	
酮 $\rangle C=O$	$\nu_{C=O}$	1720～1715	vs	很特征
醛 $-C(=O)H$	$\nu_{C=O}$	1740～1720	s	
	ν_{-CH}	2900～2700	w	一般有两个峰（2820cm^{-1}及 2720cm^{-1}）
酯 $-C(=O)OR$	$\nu_{C=O}$	1750～1735	s	
	ν_{C-O-C}	1300～1000	s	一般有 $\nu_{asC-O-C}$ 1300～1150cm^{-1} 和 ν_{sC-O-C} 1140～1030cm^{-1}两峰
羧酸 $-C(=O)OH$	$\nu_{C=O}$	1760～1700	s	
	ν_{O-H}	3300～2500	m	峰很宽，特征
	δ_{OH}	955～915	s	较特征

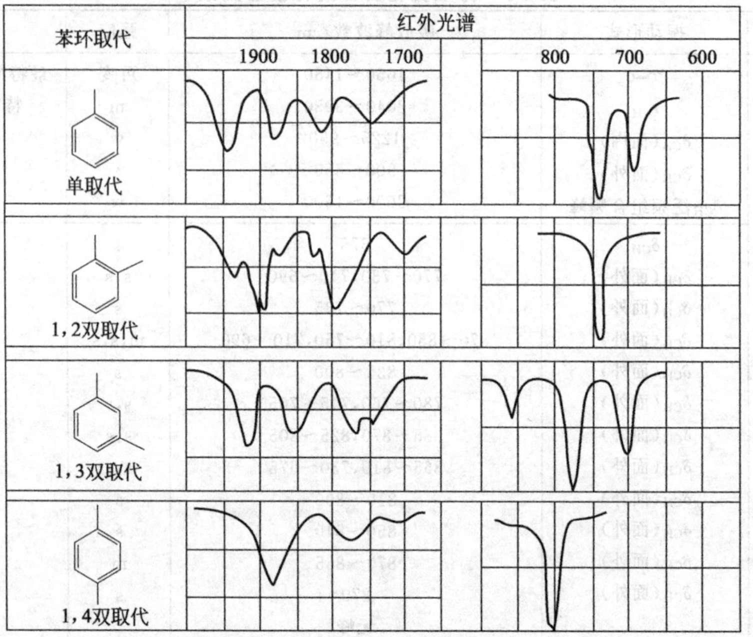

图 8-13　部分苯的取代类型及峰位

酮类的羰基伸缩振动吸收非常强，其峰几乎是酮类唯一的特征峰，典型脂肪酮的 C ═O 吸收在 1715cm^{-1}附近，芳酮及 α,β-不饱和酮比饱和酮低 20～40cm^{-1}左右。丁酮的红外光谱如图 8-14 所示。

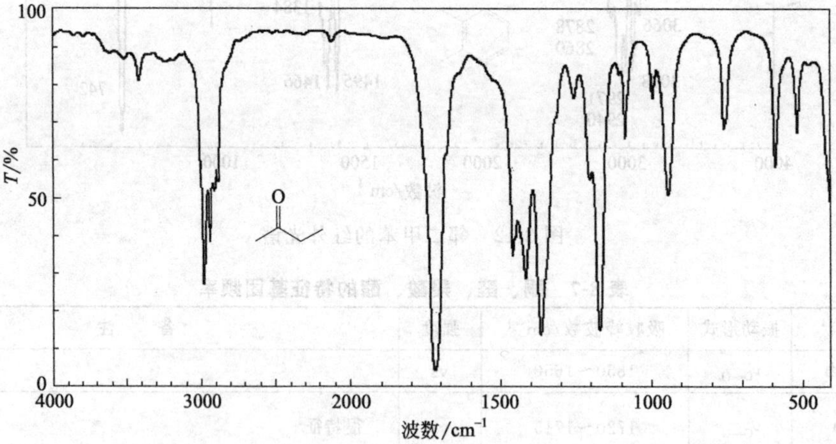

图 8-14　丁酮的红外光谱

醛类羰基伸缩振动吸收在 1725cm^{-1}附近，共轭作用使吸收峰向低波数方向移动。醛基中的 C—H 伸缩振动在 2900～2700cm^{-1}区有两个尖弱吸收峰 2820cm^{-1}和 2720cm^{-1}（费米共振），其中 2820cm^{-1}峰常被甲基、亚甲基的 C—H 对称伸缩振动吸收峰（2870cm^{-1}、2850cm^{-1}）所掩盖，因此，2720cm^{-1}峰成为醛类化合物的唯一特征峰，它是区别醛酮的唯一依据。见图 8-15。

羧基中 C ═O 伸缩振动，羟基 O—H 的伸缩振动和面外弯曲振动是识别羧酸的三个重要特征频率。O—H 伸缩振动在 3550～3400cm^{-1}处形成一宽强吸收峰。游离羧酸的 O—H

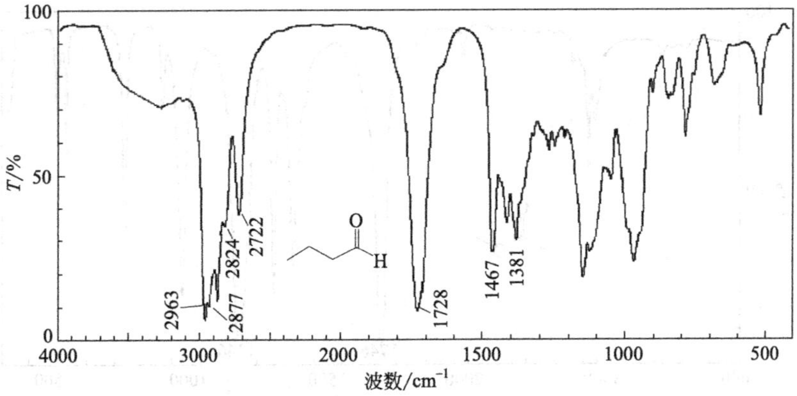

图 8-15　正丁醛的红外光谱

～2722、2824cm^{-1}：醛基 C—H 伸缩振动，特征；～1728cm^{-1}：—C═O 伸缩振动

伸缩振动在 3550cm^{-1}附近有吸收峰，在指纹区 955～915cm^{-1}的 O—H 弯曲振动的吸收峰也是比较特征的。如图 8-16 所示。

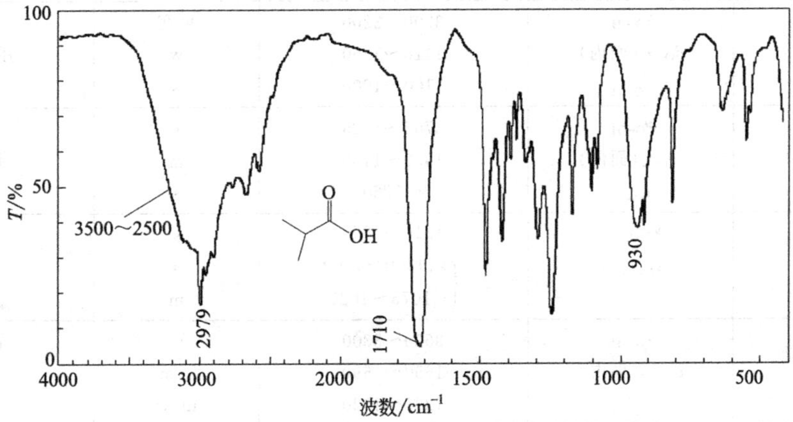

图 8-16　2-甲基丙酸的红外光谱图

3500～2500cm^{-1}：羧酸二聚体的 O—H 伸缩振动，峰形宽，散；

1710cm^{-1}：C═O 伸缩振动；930cm^{-1}：O—H 面外摇摆振动

酯类主要的特征吸收是酯基中 C═O 和 C—O—C 的伸缩振动吸收。正常酯羰基伸缩振动吸收频率约在 1750～1735cm^{-1}，高于相应的酮类，这是由于氧的诱导效应使羰基 C═O 键的力常数增大所致。C—O—C 有两个伸缩振动吸收，反对称伸缩振动 1300～1150cm^{-1}和对称伸缩振动 1140～1030cm^{-1}，前者较强，后者较弱。这两个峰与酯羰基吸收峰相配合判断酯类结构。如图 8-17 所示。

7. 醇、酚、醚、胺类

醇、酚、醚、胺的特征基团频率见表 8-8。实例见图 8-18～8-20。

(1) 伯酰胺 ($RCONH_2$)

吡嗪酰胺红外光谱如图 8-21 所示。

① ν_{NH}　NH_2 在 3540～3180cm^{-1}有两个尖的吸收带。

在稀的 $CHCl_3$ 溶液中测试时，在 3400～3390cm^{-1}和 3530～3520cm^{-1}出现。

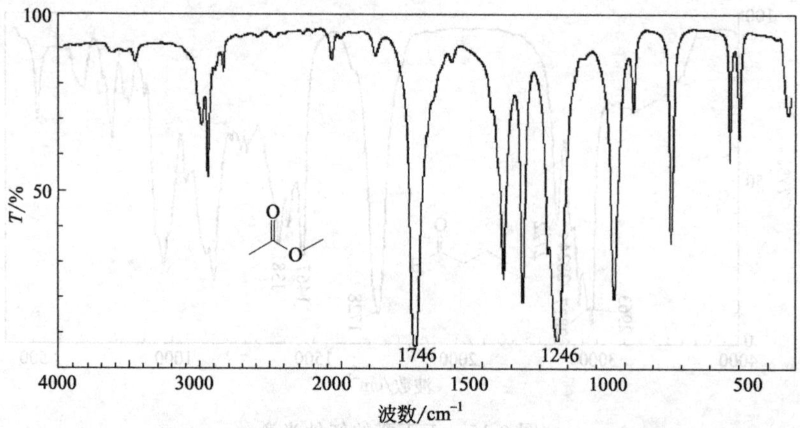

图 8-17　乙酸甲酯的红外光谱

～1746cm⁻¹：C═O 伸缩振动；～1246cm⁻¹：C—O—C 非对称伸缩振动，均很强

表 8-8　醇、酚、醚、胺的特征基团频率表

基团	振动形式	吸收峰波数/cm⁻¹	强度	备注
醇 R—OH	ν_{O-H} δ_{O-H}(面内) ν_{C-O}	3700～3200 1410～1250 1100～1000	可变 w s	宽峰 用处不大
酚 Ar—OH	ν_{O-H} δ_{O-H}(面内) ν_{C-O}	3705～3125 1300～1165 ～1260	s m s	用处大
醚 R—O—R′ Ar—O—R	ν_{C-O-C} ν_{C-O-C}	1210～1050 ν_{as}1300～1200 ν_{s}1075～1020	s s m	特征
伯胺 R—NH₂	ν_{N-H} δ_{N-H}(面内) ν_{C-N}	3500～3300 1650～1590 1220～1020	m s,m m,w	两个峰
仲胺 R—NH—R′	ν_{N-H} δ_{N-H}(面内) ν_{C-N}	3500～3300 1650～1590 1220～1020	m w m,w	一个峰
叔胺 R—N(R)—R	ν_{C-H}(芳香) ν_{C-N}(脂肪)	1360～1310 1220～1020	s m,w	无 ν_{N-N} 吸收峰

② $\nu_{C=O}$　即酰胺Ⅰ带，出现在 1710～1630cm⁻¹。

③ NH_2 面内弯曲振动　即酰胺Ⅱ带。此吸收较弱，并靠近 $\nu_{C=O}$。一般在1655～1590cm⁻¹。

④ ν_{C-N} 谱带：在 1420～1400cm⁻¹（s），酰胺Ⅲ带。

(2) 仲酰胺（R—CO—NHR′）

① ν_{NH} 吸收　在 3460～3400cm⁻¹ 有一很尖的吸收。

在压片法或浓溶液中，ν_{NH} 可能会出现几个吸收带。

② $\nu_{C=O}$　即酰胺Ⅰ带。在 1680～1630cm⁻¹。

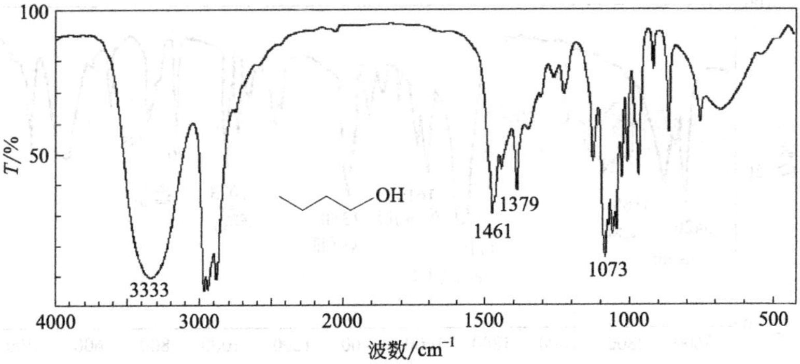

图 8-18　正丁醇的红外光谱

约 $3333cm^{-1}$：缔合 O—H 伸缩振动

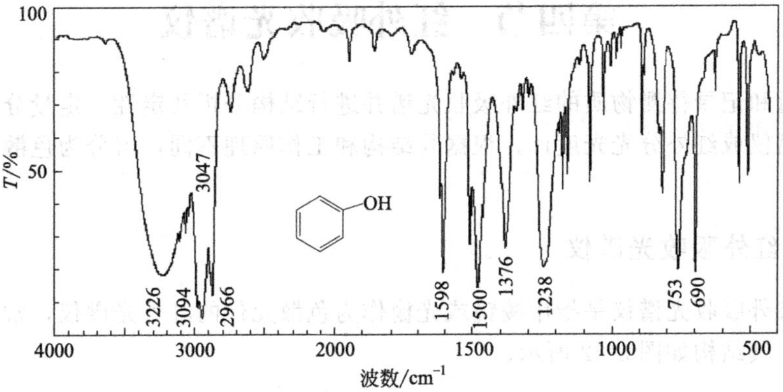

图 8-19　苯酚的红外光谱

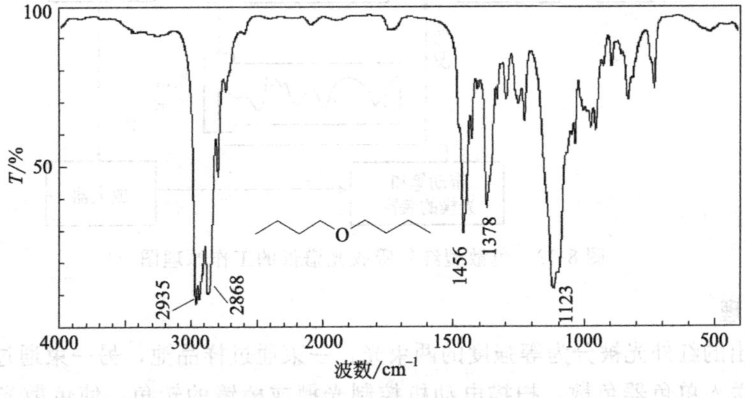

图 8-20　正丁醚的红外光谱

~$1123cm^{-1}$：—C—O—C—反对称伸缩振动

③ δ_{NH} 和 ν_{C-N} 之间偶合造成酰胺Ⅱ带和酰胺Ⅲ带。

酰胺Ⅱ带在 1570～$1510cm^{-1}$。

酰胺Ⅲ带在 1335～$1200cm^{-1}$。

(3) 叔酰胺（R—CO—NR'_2）

叔酰胺的氮原子上没有质子，其唯一特征的谱带是 $\nu_{C=O}$，在 1680～$1630cm^{-1}$。

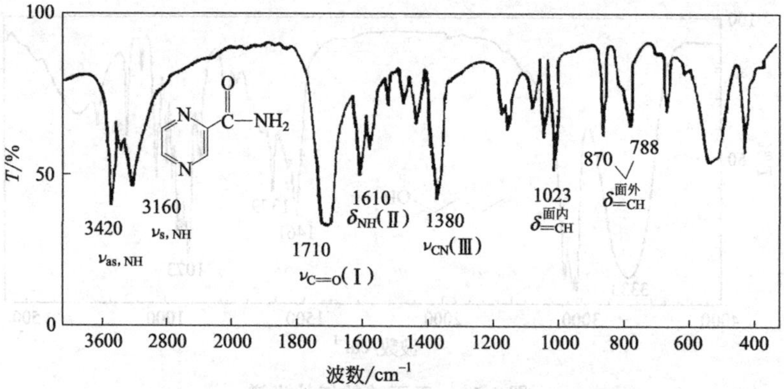

图 8-21 吡嗪酰胺（抗结核病药）的红外光谱

第四节 红外吸收光谱仪

用于测量和记录待测物质的红外吸收光谱并进行结构分析及定性、定量分析的仪器称为红外吸收光谱仪或红外分光光度计，根据其结构和工作原理不同，可分为色散型和傅里叶变换型两大类。

一、色散型红外吸收光谱仪

色散型红外吸收光谱仪是指用棱镜或光栅作为色散元件的红外光谱仪，常见的双光束自动扫描仪器。其结构如图 8-22 所示。

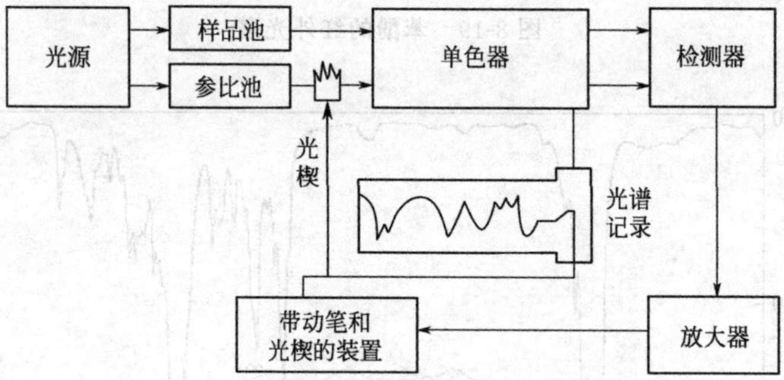

图 8-22 色散型红外吸收光谱仪的工作原理图

1. 工作原理

从光源发出的红外光被分为等强度的两束光：一束通过样品池，另一束通过参比池，然后由斩光器交替送入单色器色散，扫描电动机控制光栅或棱镜的转角，使色散光按频率（或波数）由高至低依次通过出射狭缝，聚焦在检测器上。同时，扫描电动机以光栅（或棱镜）转动速率（即频率变化速率）同步转动记录纸，使其横轴记录单色光频率（或波数）。若样品没有吸收，两束光强度相等，检测器上只有稳定的电压而没有交变信号输出，记录笔记录的是一条直线，即基线。当样品吸收某一频率的红外光时，两束光强度不相等，到达检测器上的光强度随斩光器频率而周期性变化，检测器产生一个交变信号，该信号经放大、整流后，驱动伺服电动机（带动笔和光楔的装置）带动记录笔和光楔同步上、下移动，光楔用于调整参比光路的光能，记录笔则在记录纸上画出吸收峰强度随频率（或波数）变化的曲线即红外吸收光谱。

2. 仪器的基本构成

红外光谱仪与紫外光谱仪类似，也是由光源、单色器、吸收池、检测器和记录系统等部分组成。

① 光源　通常采用电加热后能发射高强度连续红外辐射的惰性固体作光源。常用光源有 Nernst 灯和碳化硅棒。

② 单色器　指由入射狭缝到出射狭缝这一段光程内所包括的部件，有狭缝、色散元件（棱镜或光栅）和准直镜，它是红外分光光度计的心脏，其作用是把通过样品光路和参比光路进入狭缝的复合光色散为单色光，然后，这些不同波长的光先后射到检测器上加以测量。红外光谱仪常用几块光栅常数不同的光栅自动更换，使测定的波长（或波数）范围更为扩展，且能得到更高的分辨率。

③ 吸收池　红外光谱仪能测定固、液、气态样品。气体样品一般注入抽成真空的气体吸收池进行测定；液体样品可滴在可拆池两窗之间，形成薄的液膜进行测定，也可注入液体吸收池中进行测定；固体样品最常用压片法进行测定。通常用 300mg 光谱纯的 KBr 粉末与 1～3mg 固体样品共同研磨混匀后，压制成约 1mm 厚的透明薄片，放在光路中进行测定。由于 KBr 在 4000～400cm^{-1}光区无吸收，因此可得到全波段的红外光谱图。当然固体样品也可用适当溶剂溶解后，注入固定池中进行测定。

用于测定红外光谱的样品需要有较高的纯度（>98%）。此外，红外光谱测定用的样品池都是以 KBr 或 NaCl 为透光材料，它们极易吸水而被破坏，所以样品中不应含有水分。

④ 检测器　检测器的作用是将经色散的红外光谱的各条谱线强度转变成电信号，分为热检测器及光检测器两大类。热检测器包括热电偶、测辐射热计、气体 Golay 检测器和热电检测器。现多采用热电检测器。这种检测器利用某些热电材料的晶体，如硫酸三甘氨酸酯（TGS）、氘代硫酸三甘氨酸酯（DTGS）等，把这样的晶体放在两块金属板中，当光照射到晶体上时，晶体表面电荷分布发生变化，由此可以测量红外辐射的功率；光检测器采用硒化铅（PbSe）、汞镉碲（HgCdTe）等，当它们受光照射后导电性变化从而产生信号。光检测器比热检测器灵敏几倍以上，但需要液氮低温冷却。

二、傅里叶变换红外吸收光谱仪简介

傅里叶变换红外光谱仪（FT-IR）是 20 世纪 70 年代出现的新型红外光谱仪。由图 8-23 可以看出，它与色散型红外光谱仪的主要区别在于干涉仪和电子计算机两部分。

从光源辐射的红外光，经分束器形成两束光，分别经动镜、定镜反射后到达检测器并产生干涉现象。当动镜、定镜到检测器间的光程相等时，各种波长的红外光到达检测器时都具有相同相位而彼此加强。如改变动镜的位置，形成一个光程差，不同波长的光落到检测器上得到不同的干涉强度。当光程差为 $\lambda/2$ 的偶数倍时，相干光相互叠加，相干光的强度有最大值；当光程差为 $\lambda/2$ 的奇数时，相干光相互抵消，相干光强度有极小值。当连续改变动镜的位置时，可在检测器上得到一个干涉强度对光程差和红外光频率的函数图。将样品放入光路中，样品吸收了其中某些频率的红外光，就会使干涉图的强度发生变化。这种干涉图包含了红外光谱的信息，但不是能看懂的红外光谱。经过电子计算机进行复杂的傅里叶变换，就能得到吸光度或透射比随频率（或波数）变化的普通红外光谱图。

傅里叶变换红外光谱仪具有以下突出的特点。

① 测定速度快。一般获得一张红外光谱图需要 1s 或更短的时间，从而实现了红外光谱仪与色谱仪的联用。

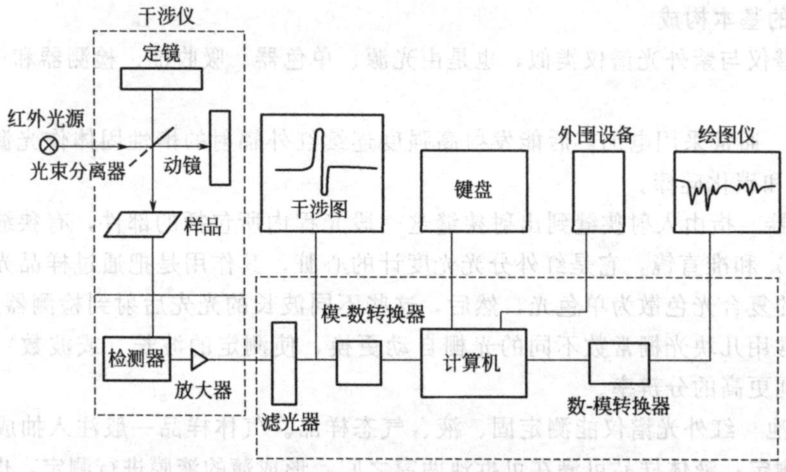

图 8-23　傅里叶变换红外光谱仪示意图

② 灵敏度和信噪比高。干涉仪部分不涉及狭缝装置，输出能量无损失，灵敏度高。此外，由于测定时间短，可以利用计算机储存、累加功能，对红外光谱进行多次测定、多次累计，大大提高信噪比。同时进一步提高测定的灵敏度，使其检出限可达 $10^{-9}\sim10^{-12}$g。

③ 分辨率高，波数精度可达 0.01cm^{-1}。

④ 测定的光谱范围宽（$10000\sim10\text{cm}^{-1}$）。

第五节　红外光谱的实验技术

红外光谱测定样品的制备，必须按照试样的状态、性质、分析的目的、测定装置条件选择一种最合适的制样方法，这是成功测试的基础。

一、制样时要注意的问题

首先要了解样品纯度。一般要求样品纯度大于 99%，否则要提纯（用红外光谱定量分析时不要求纯度）。对含水分和溶剂的样品要进行干燥处理。根据样品的物态和理化性质选择制样方法。如果样品不稳定，则应避免使用压片法。制样过程还要注意避免空气中水分、CO_2 及其它污染物混入样品。

二、气体样品的制样方法

气体样品一般使用气体池进行测定。气体池长度可以选择。用玻璃或金属制成的圆筒两端有两个透红外光的窗片。在圆筒两边装有两个活塞，作为气体的进出口，如图 8-24 所示。为了增长有效的光路，也有多重反射的长光路气体池。

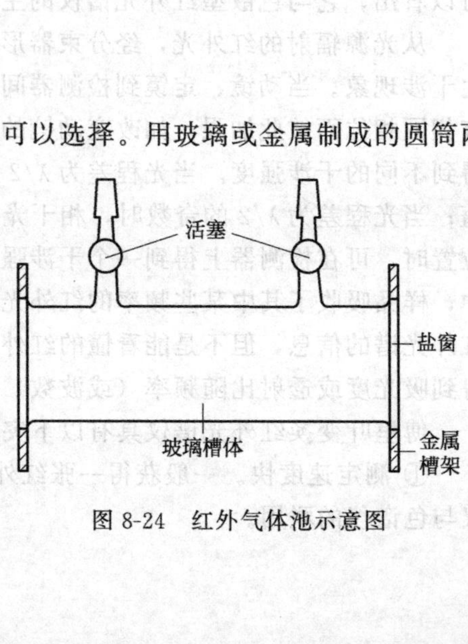

图 8-24　红外气体池示意图

三、液体样品的制样方法

液体样品可采用溶液法和液膜法。液膜法是在两个窗片之间，滴上 1～2 滴液体试样，使之形成一层薄的液膜，用于测定。此法操作方便，没有干扰。但是此方法只适用于高沸点液体化合物，不能用于定量，所得谱图的吸收带不如溶液法那么尖锐。

四、固体样品的制样方法

固体样品可以是以薄膜、粉末及结晶等状态存在，制样方法要因样品而异。

1. 压片法

最常用的 KBr 压片法是取 1mg 左右的试样，加 150mg 左右 KBr 在研钵中研细（约 4～5min)，使粒度小于 2.5μm（否则将发生光散射），放入压片机中使样品与 KBr 形成透明薄片。为了节约时间，确保一次压片成功，粉末样品最好用精度为十万分之一的分析天平称量。因为样品密度各不相同，难以估计出 1mg 左右试样的多少。而 KBr 晶体可以不必称量。但太少，压出来的锭片容易碎裂，太多又难以压出透明的薄片。

此法适用于可以研细的固体样品。但不稳定的化合物，如易分解、异构化、升华等变化的化合物则不宜使用压片法。由于 KBr 易吸收水分，所以制样过程要尽量避免水分的影响。

2. 糊状法

选用与样品折射率相近，出峰少且不干扰样品吸收谱带的液体混合后研磨成糊状，散射可以大大减小。通常选用的液体有石蜡油、六氯丁二烯及氟化煤油。研磨后的糊状物夹在两个窗片之间或转移到可拆卸液体池窗片上作测试。这些液体在某些区有红外吸收，可根据样品适当选择使用。

此法适用于可以研细的固体样品。试样调制容易，但不能用于定量分析。

3. 溶液法

溶液法是将固体样品溶解在溶剂中，然后注入液体池进行测定的方法。液体池有固定池、可拆卸池和其它特殊池（如微量池、加热池、低温池等)。液体池由框架、垫圈、间隔片及红外透光窗片组成。可拆卸液体池的结构如图 8-25 所示。

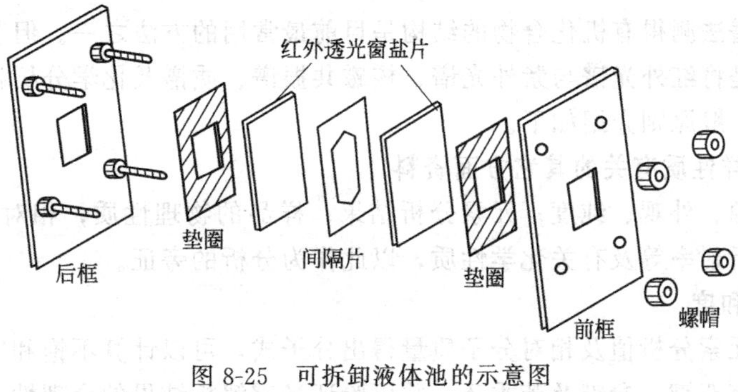

图 8-25 可拆卸液体池的示意图

可拆卸液体池的液层厚度可由间隔片的厚度调节。但由于各次操作液体层厚度的重复性差，即使小心操作误差也在 5%左右，所以可拆池一般用在定性或半定量分析上，而不用在定量分析。固定池与可拆池不同，使用时不可拆开，只用注射器注入样品或清洗池子，它可以用于定量和易挥发液体的定性工作。红外透光窗片由多种材料制成，可以自行根据透红外光的波长范围、力学强度及对试样溶液的稳定性来选择使用。

4. 薄膜法

固体样品采用卤化物压片法或糊状法制样时，稀释剂或糊剂对测得的光谱会产生一定的干扰。薄膜法制样得到的样品是纯样品，红外光谱中只出现样品的信息。薄膜法主要用于高分子材料红外光谱的测定。一些高分子膜常常可以直接用来测试，而更多的情况是要将样品制成膜。熔点低、对热稳定的样品可以放在窗片上用红外灯烤，使其受热成流动性液体加压成膜。不溶、难溶又难粉碎的固体可以用机械切片法成膜。

第六节 红外吸收光谱法的应用

一、定性分析

红外吸收光谱法广泛用于有机化合物的定性鉴定。对于简单的化合物只需将试样的红外光谱图与标准物质的红外光谱图进行比较。如果制样方法、测试条件都相同，记录到的红外光谱图的吸收峰位置、强度和形状都一样，那么，就可以初步认为两者为同一物质。目前最常用、简便的比较方法是计算机进行检索，检测样品的谱图后，执行检索程序，计算机可以自动进行匹配，按相似程度给出标准物质的红外光谱图及测试条件、测试方法等。

利用红外光谱进行定性分析既简便又准确。例如，判断二甲苯的三种异构体，只要测得试样的光谱图，根据光谱图上二甲苯在 900～650cm^{-1}范围内吸收峰的数目和位置即可确定。

二、定量分析

物质对红外光的吸收符合 Beer 定律，故红外光谱也可用于定量分析，其优点是有多个吸收谱带可供选择，有利于排除共存物质的干扰。通常应选择能表征物质的特征，能灵敏反映物质浓度变化，吸收谱带明晰而尖锐，两侧无其它谱带干扰和叠加的谱带。

红外光谱定量主要有标准曲线法和内标法。但由于灵敏度较低、实验误差较大，红外光谱法不适于微量组分的测定。

三、未知物结构的确定

应用红外光谱法测得有机化合物的结构是目前最常用的方法之一。但鉴定比较复杂的化合物结构，通常是将红外光谱与紫外光谱、核磁共振谱、质谱及化学分析相结合进行。现就红外光谱解析的一般原则介绍如下。

1. 了解与试样性质有关的其它方面资料

了解试样来源、外观、纯度；元素分析结果；样品的物理性质；相对分子质量、熔点、沸点、溶解度、折射率等及有关化学性质，以此作为分析的旁证。

2. 计算不饱和度

根据试样的元素分析值及相对分子质量得出分子式，可以计算不饱和度，从而可估计分子结构式中是否有双键、叁键及芳香环，并可验证光谱解析结果的合理性。

$$\Omega = 1 + n_4 + (n_3 - n_1)/2 \tag{8-5}$$

式中，n_1、n_3 和 n_4 分别为一价、三价和四价原子的数目。通常规定双键（C═C、C═O等）和饱和环状结构的不饱和度为 1，叁键（C≡C、C≡N 等）、两个双键、一个双键和一个环或者两个环的不饱和度为 2，苯环的不饱和度为 4。

3. 图谱解析

光谱解析程序——解析方法

“四先”、“四后”、“一相关”法。即：先特征区，后指纹区；先最强峰，后次强峰；先粗查，后细找；先否定，后肯定；抓一组相关峰。

a. 先特征区，后指纹区 特征区（4000～1250cm^{-1}）：CH、OH、NH、双键、叁键的

伸缩振动。指纹区（1250～200cm^{-1}）：各种弯曲振动、C—C 伸缩振动。以苯环的面外弯曲振动最重要（910～665cm^{-1}）。

b. 先最强峰，后次强峰　先确定第一强峰的起源与归属后，依次解析第二、第三强峰……的起源归属。

c. 先粗查，后细找　先粗查“基频峰分布略图”，粗略了解峰的起源，由“相关图”了解相关峰。而后再由“主要基团的红外特征吸收峰”的有关数据仔细核对，确定峰归属。

d. 先否定，后肯定　因为吸收峰的不存在，而否定官能团的存在；比吸收峰的存在，肯定官能团的存在更为有力。

e. 抓一组相关峰　避免孤立解析，必须遵循“解析一组相关峰”才能确认一个官能团的存在。因为多数官能团在中红外区，都有一组相关峰。

根据吸收峰的位置、强度、形状分析各种官能团及其相对关系，推出化合物的化学结构。

(1) 官能团区的检查

首先考察 1250cm^{-1}以上的特征官能团区的振动谱带，这些特征谱带大多源于键的伸缩振动吸收，容易推认其归属。要设法判断几个重要的官能团，如 C═O、O—H、C—O、C═C、C≡N 等是否存在。下面介绍一个辨认官能团的方法和次序，供解析谱图时参考。

① 判断羰基化合物　羰基在 1850～1650cm^{-1}区间有很强的吸收峰，且羰基峰往往是整个谱图中最强的峰，容易判别。

如果有羰基吸收峰，则可进一步考察下列羰基化合物。

a. 是否羧酸　考察在 3500～2400cm^{-1}区间有无 O—H 峰，这是一个很宽的吸收谱带。

b. 是否酰胺　考察在 3500cm^{-1}附近有无 N—H 键的中等强度分叉宽吸收峰。

c. 是否酯类　考察在 1300～1000cm^{-1}范围有无酯基中等强度的双吸收峰。

d. 是否酸酐　如果在 1800cm^{-1}和 1760cm^{-1}附近存在两个 C═O 吸收峰，则是酸酐的特征吸收谱带。

e. 是否醛类　醛氢在 2900～2700cm^{-1}间有两个尖、弱吸收峰（2820cm^{-1}、2720cm^{-1}），其中 2720cm^{-1}峰是醛类典型的特征峰。

f. 是否酮类　如果排除以上五种情形则可判断为酮类化合物。

如果没有羰基吸收峰，则可省去上述步骤，而需查该化合物是否是醇、酚、胺、醚类化合物。

② 判断醇和酚　谱图中 3600～3200cm^{-1}之间的一个宽的吸收峰是醇 O—H 的特征吸收、3700～3100cm^{-1}之间的一个宽的不对称吸收峰是酚 O—H 的特征吸收，而 1300～1000cm^{-1}间的吸收则是醇或酚的 C—O 伸缩振动吸收峰。

③ 判断胺类　应在 3500cm^{-1}附近存在 N—H 的伸缩振动特征吸收谱带。

④ 判断醚类　应在 1300～1000cm^{-1}附近有 C—O—C 的吸收峰，但不存在 O—H 的吸收峰。

⑤ 判断 C═C 双键或芳环　C═C 双键在 1650cm^{-1}附近有一弱的吸收峰。如果在 1650～1450cm^{-1}范围内有两个中到强的吸收峰时即暗示芳环的存在。然后再用 C—H 键的伸缩振动吸收进行佐证。芳环和烯基的 C—H 伸缩振动吸收都在大于 3000cm^{-1}的高波数一侧，而饱和烃的 C—H 伸缩振动吸收则位于 3000cm^{-1}的右边，即在低于 3000cm^{-1}的波数位置。饱和与不饱和常以 3000cm^{-1}作为区分界线。

⑥ 查叁键　在 2150cm^{-1}附近如有弱的尖锐吸收峰，表明有 C≡C 存在，此时可再考察 ≡C—H 的伸缩振动吸收，炔氢的特征伸缩振动位于 3300cm^{-1}处。当化合物中含有 C≡N 基时，则在 2250cm^{-1}附近有中等强度的尖锐吸收峰。

⑦ 查硝基　应在 1600～1500cm^{-1}和 1390～1300cm^{-1}处有两个强吸收峰。

⑧ 查烃基　烃类 C—H 伸缩振动吸收位于 3000cm^{-1}附近。饱和的 C—H 伸缩振动与不饱和的 C—H 伸缩振动的区别是很明确的，饱和的 C—H 位于 3000cm^{-1}以下，不饱和的 C—H 则位于 3000cm^{-1}以上。此外，在 1450cm^{-1}和 1375cm^{-1}处有甲基特征峰。总之，烃类的红外光谱最简单。

（2）指纹区的检查

指纹区（1250～400cm^{-1}）的许多吸收峰是官能团区吸收峰的相关峰，可作为化合物中所含官能团的旁证。往往是在官能团区发现某特征基团后，有的放矢地再到指纹区寻找该基团的相关吸收峰，根据指纹区内的吸收情况进一步验证该基团的存在以及与其它基团的结合方式。例如，醇和酚在 3350cm^{-1}有羟基伸缩振动吸收，它们的 C—O 键伸缩振动吸收则出现在 1260～1000cm^{-1}可以此作为旁证。又如，芳环化合物在 3100～3000cm^{-1}有吸收，为苯环的 C—H 伸缩振动，在 1600～1500cm^{-1}处有苯环的骨架振动吸收，而根据 900～650cm^{-1}区的吸收峰能够判断芳环的取代情况等。

这里需要指出的是，在解析红外光谱时，必须同时注意到吸收峰的位置、强度和峰形，在确定化合物分子结构时，必须将吸收峰位置辅以吸收峰强度和峰形来综合分析。以缔合羟基、缔合伯胺及炔氢为例，它们的吸收峰位置只略有差别，它们之间的主要差别在于吸收峰形的不同，缔合羟基圆滑而钝，缔合伯胺基吸收峰有一小的分岔，而炔氢则显示尖锐的峰形。

此外，判断一个官能团存在与否，要在几处应该出现吸收峰的地方都显示吸收峰时才能得到该官能团存在的结论。这是因为任一官能团都存在有伸缩振动和多种弯曲振动。以甲基为例，在 2960cm^{-1}、2870cm^{-1}、1460cm^{-1}、1380cm^{-1}处都应当有 C—H 的吸收峰出现。反映某官能团存在的这组互依共存的吸收峰叫相关峰。亚甲基的存在与否、分子中亚甲基数目及组合方式的判断主要依据 720～780cm^{-1}处的吸收峰，该峰虽弱却具有鲜明的特征性。若分子中同时存在两组以上不同数目的亚甲基，如丙基戊酮（$CH_3CH_2CH_2COCH_2CH_2CH_2CH_3$），则在该区域将同时出现 $n=2$ 的和 $n=3$ 的两个亚甲基峰。

【例 8-3】 化合物 $C_8H_8O_2$ 的红外光谱如图 8-26 所示，推测其结构。

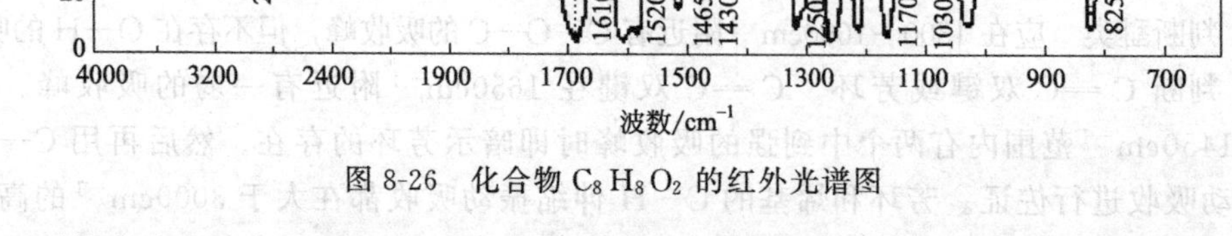

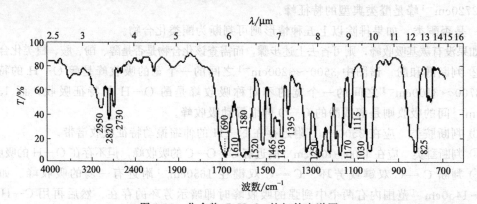

图 8-26　化合物 $C_8H_8O_2$ 的红外光谱图

解　不饱和度 $\Omega=1+8+(0-8)/2=5$，可能含苯环。在 3030cm^{-1}附近有弱的吸收，在 1610cm^{-1}、1520cm^{-1}、1430cm^{-1} 出现苯环骨架振动特征吸收峰，确证苯环的存在。825cm^{-1}强峰说明存在对位取代苯基；1690cm^{-1}的强峰代表 C═O 存在，在 2820cm^{-1}、2730cm^{-1}出现醛 ν_{C-H} 特征吸收峰，羰基（C═O）的吸收峰低于醛羰基的正常位置（1740～1720cm^{-1}），说明羰基与苯环有共轭关系。2950cm^{-1}吸收峰是—CH_3 特征，在 1465cm^{-1}、1395cm^{-1}出现甲基面内弯曲振动吸收峰，证明—CH_3 存在，故此化合物为对甲氧基苯甲醛（由于与氧相连，—CH_3 1375cm^{-1}峰偏移至 1395cm^{-1}）。

思考题与习题

1. 红外光谱是如何产生的？红外光谱区波段是如何划分的？
2. 产生红外吸收的条件是什么？是否所有的分子振动都会产生红外吸收光谱？为什么？
3. 多原子分子的振动形式有哪几种？
4. 影响红外吸收频率发生位移的因素有哪些？
5. 傅里叶变换红外光谱仪的突出优点是什么？
6. 红外光谱中官能团区和指纹区是如何划分的？有何实际意义？
7. 由下述力常数 k 数据，计算各化学键的振动频率（波数）。
（1）乙烷的 C—H 键，$k=5.1\text{N}\cdot\text{cm}^{-1}$ （2）乙炔的 C—H 键，$k=5.1\text{N}\cdot\text{cm}^{-1}$
（3）苯的 C═C 键，$k=7.6\text{N}\cdot\text{cm}^{-1}$ （4）甲醛的 C═O 键，$k=12.3\text{N}\cdot\text{cm}^{-1}$
由所得计算值，你认为可以说明一些什么问题？
8. 氯仿（$CHCl_3$）的红外光谱表明其 C—H 伸缩振动频率为 3100cm^{-1}，对于氘代氯仿（$CDCl_3$），其 C—D 伸缩振动频率是否会改变，如果变动，是向高波数还是低波数方向移动？
9. 化合物的不饱和度是如何计算的？
10. 化合物 $C_8H_{10}O$ 的红外光谱如图 8-27 所示，推测其结构式。

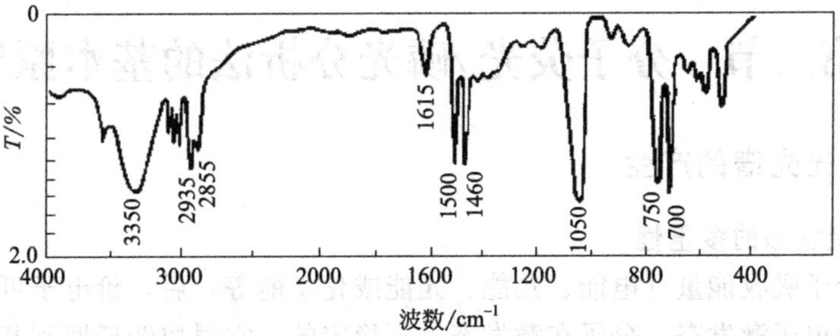

图 8-27　化合物 $C_8H_{10}O$ 的红外光谱图

11. 未知物分子式为 C_8H_{16}，其红外图谱如图 8-28 所示，试推其结构。

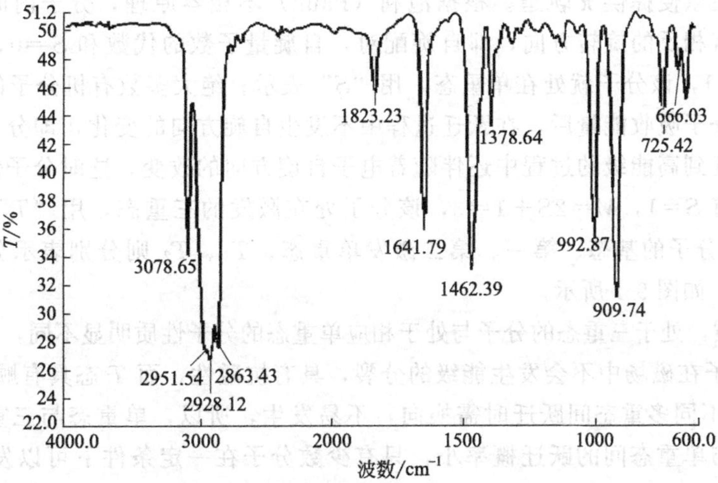

图 8-28　化合物 C_8H_{16} 的红外光谱图

第九章 分子发光分析法

第一节 概 述

分子发光光谱法（molecular luminescence spectrometry）包括光致发光（photo-luminescence）、化学发光（chemiluminescence）和生物发光（bioluminescence）等。分子荧光（fluorescence）和分子磷光（phosphorescence）属光致发光。分子荧光光谱法的灵敏度比紫外-可见吸收光谱法高几个数量级。近年来，荧光光度计作为高效液相色谱、毛细管电泳的高灵敏度检测器以及激光诱导荧光分析法，在超高灵敏度的生物大分子的分析方面受到广泛关注。

如今，分子发光在生物化学、分子生物学、环境化学、微生物学、免疫学以及农牧产品分析、卫生检验、工农业生产和科学研究等领域得到了广泛的应用，大大促进了国民经济的发展和科学事业的进步。

第二节 分子荧光/磷光分析法的基本原理

一、荧光和磷光光谱的产生

1. 电子自旋状态的多重性

当物质的分子吸收能量（电能、热能、光能或化学能等）后，价电子可跃迁到高能级的分子轨道上成为电子激发态。分子在激发态是不稳定的，它很快跃迁回到基态。在跃迁回到基态的过程中将多余的能量以光子形式辐射出来，这种现象称为“发光”。

荧光和磷光通常是基于 $\pi^* \rightarrow \pi$、$\pi^* \rightarrow n$ 形式的电子跃迁，这两类电子跃迁都需要有不饱和官能团存在以便提供 π 轨道。根据泡利（Pauli）不相容原理，分子内同一轨道中的两个电子必须具有相反的旋转方向，即自旋配对，自旋量子数的代数和 $S=0$，其分子的多重性 $M=2S+1=1$，该分子就处在单重态，用“S”表示。绝大多数有机分子的基态是处于单重态的。倘若分子吸收能量后，在跃迁过程中不发生自旋方向的变化，即分子处在激发单重态。如果在跃迁到高能级的过程中还伴随着电子自旋方向的改变，这时分子便具有两个不配对的电子，则有 $S=1$，$M=2S+1=3$，该分子处在激发的三重态，用“T”表示。S_0、S_1 和 S_2 分别表示分子的基态、第一、第二激发单重态。T_1、T_2 则分别表示分子的第一和第二激发三重态。如图 9-1 所示。

对同一物质，处于三重态的分子与处于相应单重态的分子性质明显不同，主要区别在于：

① S 态分子在磁场中不会发生能级的分裂，具有抗磁性，而 T 态具有顺磁性；

② 电子在不同多重态间跃迁时需换向，不易发生，所以，单重态与三重态间的跃迁概率总比单重态与单重态间的跃迁概率小，只有少数分子在一定条件下可以发生 S_1 和 T_1 间的转换及 T_1 到 S_0 间的跃迁；

③ S_1 态的能量高于 T_1，S_2 态的能量高于 T_2，且 $S_2>T_2>S_1>T_1>S_0$，T_1 是亚

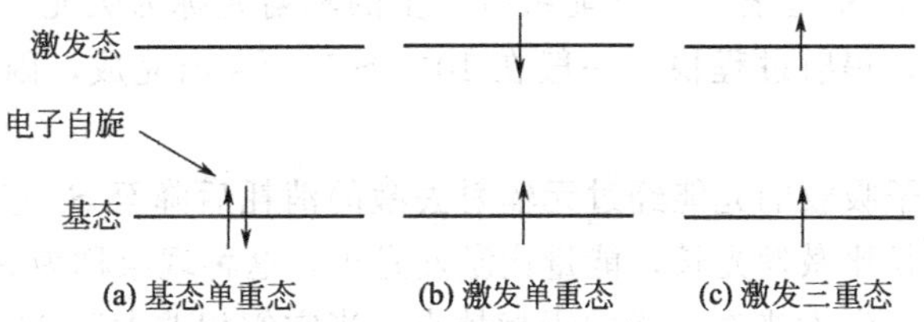

图 9-1　激发单重态与三重态示意图

稳态；

④ 受激 S 态的平均寿命大约为 10^{-8}s，T_2 态的寿命也很短，而亚稳态 T_1 的平均寿命可长达数秒钟。

2. 内部转换和系间窜跃

处于 S_0 态的分子吸收不同波长的光受激到 S_1、S_2 态后，电子由较高振动能级很快（约 10^{-12}s）转至较低振动能级，其激发能通常以分子振动能形式消耗掉一部分，此过程称为振动弛豫（VR），是无辐射去激过程。当分子从各激发态到达较低电子激发态时，体系内过剩的能量通过分子碰撞的方式以热的形式在溶剂中传导消失。这种去激过程的效率很高，是在 10^{-13}～10^{-10}s 之内发生的，也是无辐射去激过程。振动能级重叠的相同多重态间的无辐射去激叫内部转换（IC），不同多重态间的无辐射跃迁叫作系间窜跃（ISC）。发生 ISC 时电子自旋需换向，因而比 IC 困难，需要 10^{-6}s 的时间。ISC 易在 S_1 和 T_1 间进行，发生窜跃的根本原因如图 9-2 所示，在各电子能级中振动能级非常靠近，势能面发生交叉重叠，而重叠地方的位能是一样的，当分子处于这一位置时既可发生内转换，也可发生系间窜跃，这决定于分子的本性和所处的外部环境。

3. 荧光和磷光光谱的产生及其类型

处于 S_1 或 T_1 态的分子返回 S_0 态时伴随发光现象的过程称为辐射去激，分子从 S_1 态

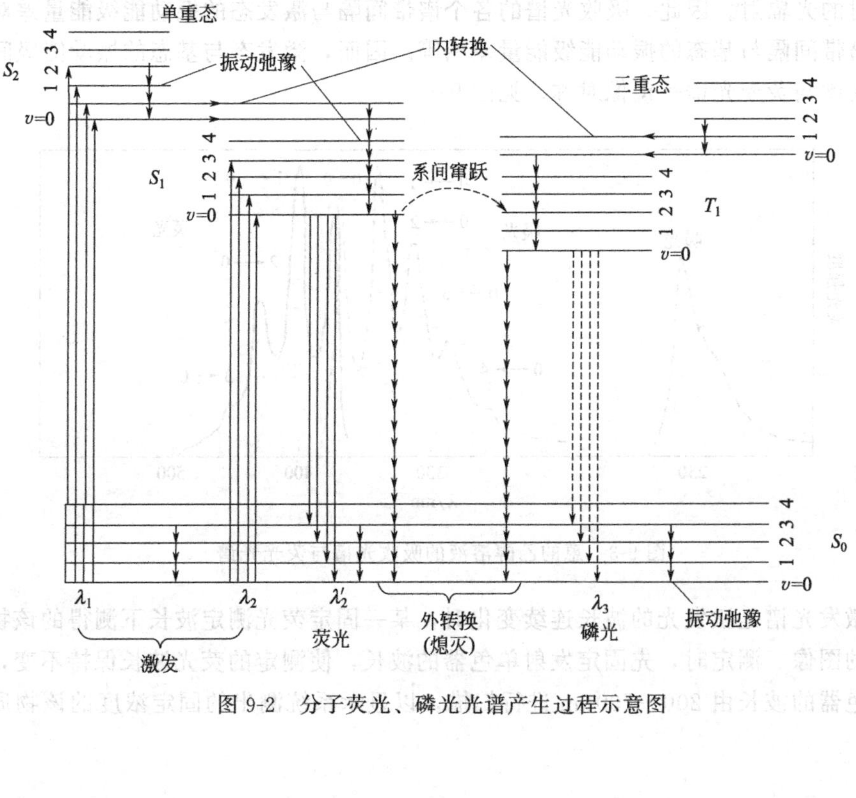

图 9-2　分子荧光、磷光光谱产生过程示意图

的最低振动能级跃迁至 S_0 态各个振动能级所产生的辐射光称为荧光，它是相同多重态间的允许跃迁，其概率大，辐射过程快，一般在 $10^{-9}\sim10^{-6}$s 内完成，因此也叫快速荧光或瞬时荧光。

由于荧光物质分子吸收的光能经过无辐射去激的消耗后降至 S_1 态的最低振动能级，因而所发射的荧光的波长比激发光长，能量比激发光小，这种现象称为 Stokes 位移。

Stokes 位移越大，激发光对荧光的干扰越小，当它们相差大于 20nm 以上时，激发光的干扰很小，可以进行荧光测定。

当受激分子降至 S_1 的最低振动能级后，如果经过系间窜跃至 T_1，然后回到 S_0 态的各个振动能级，此过程发出的光称为磷光。磷光在发射过程中分子不但要改变电子的自旋方向，而且可以在亚稳的 T_1 态停留较长时间，分子相互碰撞的无辐射能量损耗大，所以，磷光的波长比荧光更长些，能量更小些，寿命约为 $10^{-4}\sim10$s，因此，在光照停止后，仍可持续一段时间。

某些物质的分子经过系间窜跃至 T_1 后，因相互碰撞或通过激活作用又回到 S_1 态，然后再发射荧光，这种荧光称为延迟荧光（DF），也叫慢速荧光。

不论何种类型的荧光，都是分子从 S_1 态的最低振动能级跃迁至 S_0 态的各个振动能级产生的，所以，同一物质在相同条件下观察到的各种荧光其波长完全相同，只是发光的途径和寿命不同。延迟荧光在激发光源熄灭后可拖后一段时间，但和磷光又有本质区别，磷光的波长总比荧光长而且不少物质发射磷光的寿命要比延迟荧光长一倍以上。

二、荧光激发光谱和荧光发射光谱

1. 荧光激发光谱

大多数分子吸收光能后跃迁至 S_1 的高振动能级或更高能级的 S_2、S_3，经碰撞失去多余能量回到激发态的最低振动能级。荧光是从第一激发态 S_1 的最低振动能级返回基态 S_0 的各振动能级时的光辐射。因此，吸收光谱的各个谱带间隔与激发态的振动能级能量差对应，荧光的发射谱带间隔与基态的振动能级能量差相等。因而，激发态与基态的振动能级间隔类似时，吸收光谱与荧光光谱呈镜像对称。见图 9-3。

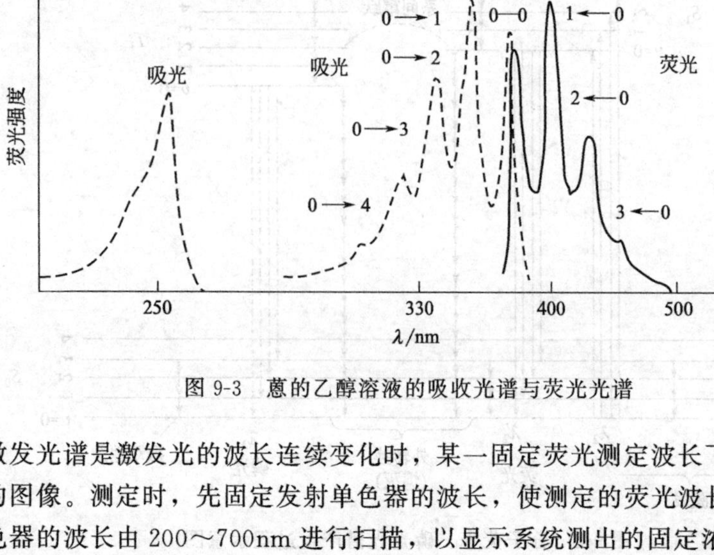

图 9-3　蒽的乙醇溶液的吸收光谱与荧光光谱

荧光激发光谱是激发光的波长连续变化时，某一固定荧光测定波长下测得的该物质荧光强度变化的图像。测定时，先固定发射单色器的波长，使测定的荧光波长保持不变，然后改变激发单色器的波长由 200～700nm 进行扫描，以显示系统测出的固定浓度的该物质的相对荧光强度为纵坐标，以相应的激发光波长为横坐标作图，所绘出的曲线即是该荧光物质的激发光谱。它反映了仪器条件一定时，激发光波长与荧光强度之间的关系，为荧光分析选择最佳激发光波长和鉴别荧光物质提供依据。

2. 荧光发射光谱

如果固定激发单色器波长，使激发光波长和强度保持不变，然后改变发射单色器波长依次进行各种不同波长扫描所获得的光谱称该荧光物质的荧光发射光谱，简称荧光光谱。它表示在该物质所发射的荧光中，各种不同波长组分的相对强度，为鉴别荧光物质、进行荧光分析、选择最佳测定波长提供依据。

荧光光谱的形状与激发光波长无关。激发光波长改变，有可能将分子激发到高于 S_1 的电子能级，但很快经过内部转换及振动弛豫跃迁至 S_1 态的最低振动能级，然后产生荧光。因此，荧光光谱与荧光物质被激发到哪一个电子态无关，它均由 S_1 态的最低能级跃迁至 S_0 态的各振动能级产生。不同荧光物质的结构不同，S_1 与 S_0 态间的能量差不一样，而基态中各振动能级的分布情况也不一样，所以有着不同形状的荧光光谱，据此可以进行定性分析。

三、影响荧光强度的主要因素

1. 荧光量子产率 Φ_f

荧光量子产率 Φ_f 是一个物质荧光特性的重要参数，它反映了荧光物质发射荧光的能力，其值越大，物质发射的荧光越强，Φ_f 定义如下：

$$\Phi_f=\frac{\text{发射的光子数}}{\text{吸收的光子数}}$$

2. 荧光与分子结构的关系

目前还无法对荧光与分子结构之间的关系进行定量描述。通常，最强且最有用的荧光体多是含有低能 $\pi\rightarrow\pi^*$ 跃迁类型的有机芳香族化合物及其金属离子配合物。

判断一种物质能否产生荧光，以及产生的荧光有何特性，可从以下几个方面进行分析。

(1) 共轭 π 键体系

具有共轭双键体系的芳环或杂环有机化合物，π 电子共轭程度越大越容易产生荧光；环越大，发光峰红移程度越大，发射的荧光往往也较强。表 9-1 列出了几种多环芳香烃发射荧光的情况，苯和萘的荧光位于紫外区，蒽位于紫区，并四苯位于绿区，并五苯位于红区，且均比苯的量子产率高。

表 9-1　几种线状多环芳香烃的荧光

化合物	Φ_f	λ_{ex}/nm	λ_{em}/nm	化合物	Φ_f	λ_{ex}/nm	λ_{em}/nm
 苯	0.11	205	278	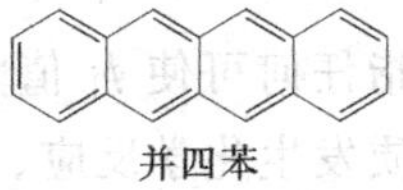 并四苯	0.60	390	480
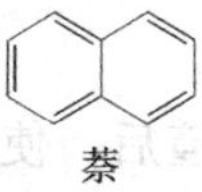 萘	0.29	286	321	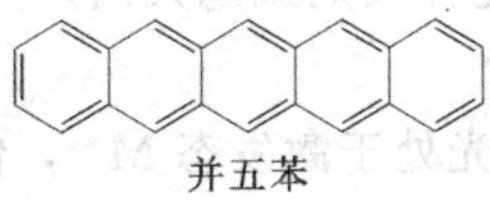 并五苯	0.52	580	640
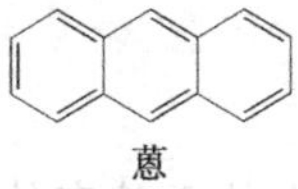 蒽	0.46	365	400				

同一共轭环数的芳族化合物，线状环结构的荧光波长比非线状者要长。例如蒽和菲的荧光波长分别为 400nm 和 350nm，而并四苯和苯并[a]蒽的荧光峰分别为 480nm 和 380nm。

多环芳烃是重要的环境污染物，其中，苯并[a]芘是强致癌物，是食品卫生检验和环境监测的必测项目。

(2) 刚性平面结构

具有强荧光的分子多数有刚性和共平面结构，例如，荧光素具有平面构型，是强荧光物质，但与其结构相似的酚酞，由于没有氧桥，不易保持平面构型，为非荧光物质。

某些物质的同分异构体有不同的荧光特性，如 1,2-二苯乙烯，结构为反式者是平面构型的强荧光物质，顺式为非平面构型，则不发荧光。非刚性配位体与金属离子配位后变为平面构型，就可能出现荧光或使荧光加强。例如，8-羟基喹啉是弱荧光物质，在一定条件下与 Al^{3+}、Mg^{2+} 等离子配位后荧光显著增强。另外，温度、酸度、溶剂和表面活性剂都会影响荧光的强度和特性。

(3) 取代基的类型和位置

取代基对荧光体的影响有加强荧光、减弱荧光和影响不明显三种类型。加强荧光的取代基有—OH、—OR、—CN、—NH_2、—NHR、—NR_2 等给电子取代基，由于它们 n 电子的电子云几乎与芳环上的 π 轨道平行，因而共享了共轭 π 电子结构，同时扩大了共轭双键体系，使其吸收光谱和荧光光谱的波长均比未被取代的芳族化合物的波长长，Φ_f 值也增加许多。这类荧光体的跃迁特性近于 $\pi \rightarrow \pi^*$ 跃迁，而不同于一般的 $n \rightarrow \pi^*$ 跃迁。

减弱荧光的有—CHO、—COOH、$\rangle$C=O、—COOR、—COR、—NO_2、—NO、—SH等得电子取代基，它们 n 电子的电子云并不与芳环上 π 电子云共平面。另外，减弱荧光的还有卤素取代。芳环上被 F、Cl、Br、I 取代之后使系间窜跃加强，其荧光强度随卤素相对原子质量的增加而减弱，磷光相应增强，这种效应称为重原子效应。

影响不明显的取代基有—NH_3^+，—R，—SO_3H 等。除—CN 外，取代基的位置对芳烃荧光的影响通常为：邻、对位取代基增强荧光，间位取代基减弱荧光，且随着共轭体系的增大，影响相应减小。—CN 取代的芳烃一般都有荧光。

(4) 电子跃迁类型

含有 N，O，S 杂原子的有机物如喹啉和芳酮类物质都含有未键合的 n 电子，电子跃迁多为 $n \rightarrow \pi^*$ 型，系间窜跃强烈，荧光很弱或不发荧光；不含 N，O，S 杂原子的有机荧光体多发生 $\pi \rightarrow \pi^*$ 类型的跃迁，这是电子自旋允许的跃迁，其摩尔吸收系数大（约为 $10^4 L \cdot mol^{-1} \cdot cm^{-1}$），荧光辐射强。

3. 荧光的猝灭

广义地说，荧光猝灭是指任何可使 ϕ_f 值降低或使荧光强度降低的作用。狭义地说，是指荧光物质与溶剂或其它物质发生化学反应、碰撞作用等使荧光强度下降的现象。这种使荧光强度下降的物质称为荧光猝灭剂或熄灭剂。荧光猝灭的主要原因如下。

(1) 碰撞猝灭和自猝灭

基态荧光分子 M 因吸光处于激发态 M^*，但在溶液中与熄灭剂 Q 发生碰撞后，使 M^* 以无辐射跃迁的方式回到基态，而产生熄灭作用。

$$M + \lambda_{ex} \longrightarrow M^*$$

$$M^* + Q \longrightarrow M + Q + 热$$

当荧光物质的荧光光谱与吸收光谱重叠时，发射的短波长荧光会被溶液中处于基态的荧光分子吸收，这种现象称为荧光物质的自吸收。如果激发态分子 M^* 在发荧光之前和它的基态碰撞引起猝灭，或形成不发荧光的基态多聚体，或因自吸收导致荧光强度减弱，这些现象统称为荧光的自猝灭。

（2）组成化合物猝灭

荧光分子与猝灭剂之间生成不发荧光的基态配合物，而使荧光猝灭。

$$M+Q \longrightarrow MQ \text{（非荧光物质）}$$

或

$$M^* + Q \longrightarrow MQ^* \longrightarrow MQ \text{（无辐射跃迁）} + \text{热}$$

（3）电荷转移猝灭

激发态分子往往比基态具有更强的与其它物质发生氧化还原反应的能力，因而更容易与其它物质的分子发生电荷转移从而引起荧光猝灭。如甲基蓝分子 M^* 的荧光可被 Fe^{2+} 猝灭。

（4）转入三重态猝灭

含有减弱荧光的吸电子取代基如羧基、羰基、硝基、重氮化合物以及重原子效应常发生或导致发生 $S_1 \rightarrow T_1$ 间的系间窜跃，并把多余的能量消耗于碰撞之中使荧光猝灭。

4. 温度和酸度的影响

温度降低，Φ_f 和荧光强度增大。如荧光素钠的乙醇溶液，在 0℃以下每降低 10℃，Φ_f 约增加 3%，冷至 −80℃时，Φ_f 接近于 1。

荧光物质如果是弱酸或弱碱，酸度的改变会影响它的型体分布，对荧光强度产生较大影响。如苯胺，其电离平衡如下：

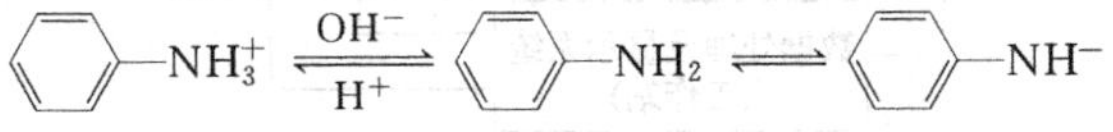

pH<2　　　　pH 7～12　　　　pH>13

无荧光　　　　蓝色荧光　　　　无荧光

苯胺在 pH7～12 的溶液中，主要以分子形式存在，能发生蓝色荧光。但在 pH<2 或 pH>13 的溶液中均以离子形式存在，不产生荧光；所以，荧光分析应控制一定的酸度，并用调节 pH 的方法提高测定的灵敏度和选择性。

5. 荧光污染

荧光污染是指所用器皿、溶剂混有非待测荧光体，或荧光溶液制备、保存不当引起的荧光干扰现象。例如，洗涤剂、滤纸、涂活塞用的润滑油、橡皮塞、软木塞和去离子水均可造成荧光污染，应避免使用。

四、荧光强度与荧光物质浓度的关系

由荧光仪器上测得物质的荧光强度是相对强度。在荧光物质浓度很稀时，荧光相对强度 F 可用下式表示：

$$F = K'\Phi_f I_0 (1 - e^{-A}) \tag{9-1}$$

式中，K' 为与仪器性能有关的常数；I_0 为激发光强度；A 为荧光物质在激发光波长下测得的吸光度。

由上式可知，凡是影响 Φ_f 值的因素如温度、酸度和溶剂都会影响荧光强度。而且，随着荧光物质浓度的增大，吸光度 A 增大，相对荧光强度 F 也增大。但当 A 无限增大时 e^{-A} 接近零。所以，浓度增大到一定程度后若再增加，荧光强度便不再增加。当溶液很稀，吸光度 $A<0.05$ 时，$e^{-A} \approx 1 - A$，则：

$$F = K'\Phi_f I_0 [1 - (1 - A)] = K'\Phi_f I_0 A = K'\Phi_f I_0 abc = Kc \tag{9-2}$$

此式就是进行荧光定量分析的依据。在一定条件下，用 I_0 一定的入射光激发荧光溶液时，其发射的荧光强度与荧光物质的浓度成正比。

荧光分析是微量组分或痕量组分分析法，当溶液的 $A \geqslant 0.05$ 时将产生浓度效应，使荧光强度与浓度的关系偏离线性。浓度效应是导致荧光下降的原因之一。

第三节 荧光分析仪器

用于测量和记录荧光物质的荧光强度（或荧光光谱）并进行分析测定的仪器称为荧光分析仪。通常可分为荧光光度计和荧光分光光度计。

荧光仪器的基本装置如图 9-4 所示，通常由光源、单色器、样品池、狭缝、光电倍增管（PMT）等主要构件组成。

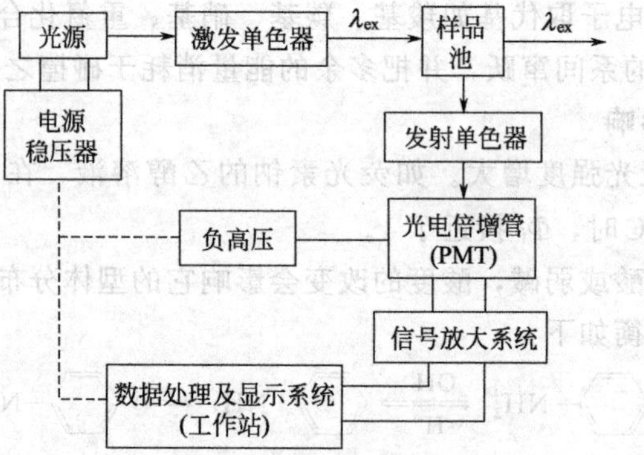

图 9-4 荧光分析基本装置方框示意图

（1）光源

常用的光源是高压汞灯和氙弧灯。高压汞灯的平均寿命约为 1500～3000h，常以其发射的 365nm、405nm、436nm 等谱线作为激发光。氙灯的寿命大约为 2000h，可发射 250～800nm 很强的连续光谱。

（2）单色器

荧光光度计常用滤光片为单色器，由第一滤光片从光源发射的光中分离出所需的激发光，用第二滤光片滤去杂散光和杂质所发射的荧光。荧光计只能用于荧光强度的定量测定，不能给出激发光谱和荧光光谱。

多数荧光分光光度计用光栅作为单色器，它具有较高的灵敏度、较宽的波长范围，能扫描光谱。

（3）样品池

样品池通常是石英质料的方形池，四面透光。

（4）狭缝

狭缝越小单色性越好，但光强和灵敏度降低。当入射狭缝和出射狭缝的宽度相等时，单色器射出的单色光有 75%的能量是辐射在有效的带宽内。此时，分辨率好，又保证了光通量。

（5）光电倍增管（PMT）

荧光计多采用 PMT 为检测器，施加于 PMT 光阴极的电压越高，其放大倍数越大，且电压每改变 1V，放大倍数波动 3%。所以，要获得良好的线性响应，PMT 的高压源要很稳定。

930 型荧光光度计是一种国产的单光束荧光计，测量范围为 330～770nm。光源为 50W 的溴钨灯，通过透镜使光聚焦，用滤光片获得一个宽大的光束激发样品。光路中装有光闸，液池盖开启时，光闸自动切断光路。检测器为 GD-7 型光电管，用高输入阻抗放大器作微电流放大。在输出端串接微安表和电位器，调节电位器即可改变表的满刻度值。通过光电管负载电阻换挡取得不同的灵敏度。

由于荧光计较粗糙，不能给出荧光物质的精细光谱，所以多数实验室都使用性能较为完善的荧光分光光度计，如 YF-2 型、日立 650-40 型等，它们扫描的光谱均为表观光谱。MPF-4 型、WFD-9 型以及国产 910 型等装有光谱校正系统，既可给出表观光谱，也可给出真实光谱，使用很方便。目前，性能较好的荧光分光光度计均已实现微机化，如日立 4500 型、MPF-66、PELS508 型等都具有绘制真实光谱、导数光谱、平均光谱和同步光谱的功能，可方便地扣除荧光光谱的背景并对光谱面积进行积分。

第四节 分子荧光定量分析

一、荧光定量分析方法

1. 标准曲线法

这是最常用的定量分析方法，即将已知量的标准物质经过与试样相同方法处理后，配成一系列标准溶液并测定它们的相对荧光强度，以相对荧光强度对标准溶液的浓度绘制标准曲线求出试样中荧光物质的含量。为使不同时间绘制的标准曲线一致，每次最好都采用同一稳定的荧光基准物质如硫酸奎宁、罗丹明 B 等对仪器的读数进行校正。

2. 比较法

如果试样数量不多，可用比较法进行测定。取已知量的纯荧光物质配制和试液浓度 c_x 相近的标准溶液 c_s，并在相同条件下测得它们的荧光强度 F_x 和 F_s，若有试剂空白荧光 F_0 须扣除，然后按下式计算试液的浓度：

$$c_x=\frac{F_x-F_0}{F_s-F_0}c_s \tag{9-3}$$

3. 荧光猝灭法

如果荧光分子 M 与猝灭剂 Q 生成不发荧光的基态配合物 MQ，即

$$M+Q\longrightarrow MQ \quad 则 \quad K_f=\frac{[MQ]}{[M][Q]}$$

根据物料平衡关系，荧光分子的总浓度 $c_m=[M]+[MQ]$

因为
$$\begin{cases}F_0=kc_m\\F=k[M]\end{cases}$$

所以
$$\frac{F_0-F}{F}=\frac{c_m-[M]}{[M]}=\frac{[MQ]}{[M]}=K_f[Q]$$

即
$$\frac{F_0}{F}=1+K_f[Q] \tag{9-4}$$

这就是 Stern-Volmer 方程式。式中，F_0 与 F 分别为猝灭剂加入前后试液的荧光强度。当猝灭剂的总浓度 $c_Q<c_m$ 时，该式成立且 c_Q 与 [Q] 之间有正比关系，因此，F_0/F 值与猝灭剂浓度间有线性关系。与标准曲线法相似，对给定的荧光物质体系，分取相同的荧光物质溶液，分别加入不同量的猝灭剂 Q，配成一个猝灭剂的标准系列，然后在相同条件下测得该系列各标准猝灭剂溶液的相对荧光强度。以 F_0/F 值对 c_Q 绘制标准曲线即可进行测定。该法具有很高的灵敏度和选择性。

4. 多组分混合物的荧光分析

如果混合物中各组分的荧光峰相互不干扰，可分别在不同的波长处测定，直接求出它们的浓度。如果荧光峰相互干扰，应视具体干扰情况选择分析方法。例如，若激发光谱有显著差别，其中一个组分在某一激发光下不吸光，不产生荧光，可选择不同的激发光进行测定。

Al^{3+} 和 Ga^{3+} 的 8-羟基喹啉配合物的氯仿萃取液荧光峰均为 520nm，但激发峰不同，可分别在 365nm 及 435.8nm 激发，在 520nm 处测定而互不干扰。

如果选择不同的激发光仍不能排除干扰，可利用荧光强度的加和性，在适宜的荧光波长处测定，用列联立方程式的方法求出结果。

如图 9-5 所示，硫胺荧的 $\lambda_{ex}=385$nm，$\lambda_{em}=435$nm；吡啶硫胺荧的 $\lambda_{ex}=410$nm，$\lambda_{em}=480$nm，但荧光光谱相互重叠。用上述激发光激发，测定混合液在 435nm 和 480nm 的荧光强度 $F_{\lambda_{em}/\lambda_{ex}}$，并预先测定它们的纯物质分别在上述激发光波长和荧光波长处相对摩尔荧光强度，然后列出两组联立方程式：

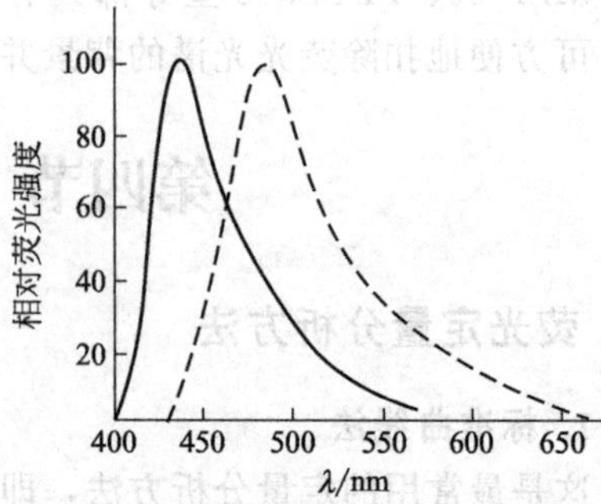

图 9-5 硫胺荧（实线）和吡啶硫胺荧（虚线）的荧光光谱

$$\begin{cases} F_{435/385}=26339\times10^4 c_T+210\times10^4 c_P \\ F_{480/385}=9685\times10^4 c_T+1022\times10^4 c_P \end{cases}$$

或

$$\begin{cases} F_{435/410}=6419\times10^4 c_T+252\times10^4 c_P \\ F_{480/410}=2816\times10^4 c_T+1709\times10^4 c_P \end{cases}$$

式中，c_T、c_P 分别代表硫胺素和吡啶硫胺素的浓度（硫胺素和吡啶硫胺素在碱性介质中可被氧化为硫胺荧和吡啶硫胺荧），解上述任一方程组即可求得混合液中的 c_T 和 c_P。利用微机处理技术，可方便地对更多组分的复杂混合物进行分析。

二、荧光分析法的应用

在环境化学、农林科学、食品卫生检验和生理生化科学研究中，用生成发荧光的有机配合物的方法可以测定 Be、Al、B、Ga、Se、Mg、Zn、Cd 及稀土等 70 多种元素；用荧光猝灭法可测定 O、S、Fe、Ag、Co、Ni、Cu、Mo、W 等；用催化荧光动力学法可测定 Cu、Be、Fe、Co、Au、H_2O_2 和 CN^- 等物质。还能用荧光法直接测定结构复杂的大量有机物质，如各种维生素、叶绿素、氨基酸和蛋白质、酶、辅酶以及各种药物、毒物和农药等。

常见无机物的荧光测定见表 9-2。常见生物样的荧光测定法见表 9-3。

表 9-2 常见无机物的荧光测定

元素	荧光试剂	激发波长/nm	荧光波长/nm	灵敏度/μg·mL^{-1}
Ag	四氯荧光素	540	580	0.1
Al	桑色素	430	500	0.1
Br	荧光素	440	470	0.002
Ca	乙二醛-双-(4-羟苄基脲)	453	523	0.0004
Cl	荧光素＋$AgNO_3$	254	505	0.002
CN	2′,7′-双(乙酸基汞)荧光素	500	650	0.1
Fe	曙红＋1,10-二氮杂菲	540	580	0.1
Pb	曙红＋1,10-二氮杂菲	540	580	0.1
Zn	8-羟基喹啉	365	520	0.5
F	石榴茜素 R-Al 配合物	470	500	0.001

表 9-3　常用生物样荧光测定

待测物	试剂	激发波长/nm	荧光波长/nm	灵敏度/$\mu g \cdot mL^{-1}$
核酸	溴化乙啶	360～365	580～590	0.1
蛋白质	曙红 Y	紫外	540	0.06
氨基酸	氧化酶等	315	425	0.01
肾上腺素	乙二胺	420	525	0.001
NAD(P)H	自身为荧光物质	340	450	$10^{-6} mol \cdot L^{-1}$
ATP	己糖激酶、6-磷酸葡萄糖脱氢酶、6-磷酸葡萄糖	340	450	$2 \times 10^{-6} mol \cdot L^{-1}$
维生素 A	无水乙醇	345	490	0.001

第五节　化学发光分析法

化学发光又称为冷光（cold light），它是在没有任何光、热或电场等激发的情况下，由化学反应而产生的光辐射。生命系统中也有化学发光，称为生物发光，如萤火虫、某些细菌或真菌、原生动物、蠕虫以及甲壳动物等所发射的光。化学发光分析（chemiluminescence analysis）就是利用化学反应所产生的发光现象进行分析的方法。它是近 30 多年来发展起来的一种新型、高灵敏度的痕量分析方法。在痕量分析、环境科学、生命科学及临床医学上得到愈来愈广泛的应用。

化学发光具有以下几个特点：

① 极高的灵敏度，荧光虫素（LH_2）（luciferin）、荧光素酶（luciferase）和磷酸三腺苷（ATP）的化学反应可测定 $2 \times 10^{-17} mol \cdot L^{-1}$的 ATP，可检测出一个细菌中的 ATP 含量。

② 由于可以利用的化学发光反应较少，而且化学发光的光谱是由受激分子或原子决定的，一般来说也是由化学反应决定的。很少有不同的化学反应产生出同一种发光物质的情况，因此化学发光分析具有较好的选择性。

③ 仪器装置比较简单，不需要复杂的分光和光强度测量装置，一般只需要干涉滤光片和光电倍增管即可进行光强度的测量。

④ 分析速度快，一次分析在 1min 之内就可完成，适宜自动连续测定。

⑤ 定量线性范围宽，化学发光反应的发光强度和反应物的浓度在几个数量级的范围内成良好的线性关系。

一、化学发光分析法的基本原理

化学发光是基于化学反应所提供足够的能量，使其中一种产物分子的电子被激发成激发态分子，当其返回基态时发射一定波长的光，称为化学发光，表示如下

$$A + B \longrightarrow C^* + D$$

$$C^* \longrightarrow C + h\nu$$

化学发光包括吸收化学能和发光两个过程。为此，它应具备下述条件：

① 化学发光反应必须能提供足够的化学能，以引起电子激发。

② 要有有利的化学反应历程，以使所产生的化学能用于不断地产生激发态分子。

③ 激发态分子能以辐射跃迁的方式返回基态，而不是以热的形式消耗能量。

化学发光反应的化学发光效率 Φ_{CL}，取决于生成激发态产物分子的化学激发效率 Φ_{EM} 和激发态分子的发光效率 Φ_{CE} 这两个因素。可用下式表示：

$$\Phi_{CL}=\frac{\text{发射光子数}}{\text{参加反应的分子数}}=\Phi_{CE}\Phi_{EM}$$

化学发光的发光强度 I_{CL} 以单位时间内发射的光子数来表示，它等于化学发光效率 Φ_{CL} 与单位时间内起反应的被测物浓度 c_A 的变化（以微分表示）的乘积，即：

$$I_{CL}(t)=\Phi_{CL}\times\frac{dc_A}{dt} \tag{9-5}$$

通常，在发光分析中，被分析物的浓度与发光试剂相比，要小很多，故发光试剂浓度可认为是一常数，因此发光反应可视为是一级动力学反应，此时反应速率可表示为

$$\frac{dc_A}{dt}=kc_A$$

式中，k 为反应速率常数。由此可得：在合适的条件下，t 时刻的化学发光强度与该时刻的分析物浓度成正比，可以用于定量分析，也可以利用总发光强度 S 与被分析浓度的关系进行定量分析，此时，将式(9-5) 积分，得到

$$S=\int_{t_1}^{t_2} I_{CL}\,dt=\Phi_{CL}\int_{t_1}^{t_2}\frac{dc_A}{dt}dt=\Phi_{CL}c \tag{9-6}$$

如果取 $t_1=0$，t_2 为反应结束时的时间，则得到整个反应产生的总发光强度与分析物的浓度呈线性关系。

二、化学发光反应的类型

1. 气相化学发光

主要有 O_3、NO 和 SO_2、S、CO 的化学发光反应，用于检测空气中的 O_3、NO、NO_2、H_2S、SO_2 和 CO_2 等。

火焰化学发光也属于气相化学发光范畴。在 300～400℃的火焰中，热辐射是很小的，某些物质可以从火焰的化学反应中吸收化学能而被激发，从而产生火焰化学发光。火焰化学发光现象多用于硫、磷、氮和卤素的测定。

2. 液相化学发光

用于分析检测的液相化学发光体系很多，常用于化学发光分析的发光物质有鲁米诺、光泽精、洛粉碱、没食子酸、过氧草酸盐等，但研究和应用比较广泛的有鲁米诺（luminol）和光泽精（lucigenin）。

（1）鲁米诺体系

鲁米诺（3-氨基苯二甲酰环肼）也称为冷光剂，在碱性水溶液、二甲基亚砜或二甲基甲酰胺等极性有机溶剂中能被某些氧化剂［如 H_2O_2，ClO^-，I_2，$K_3Fe(CN)_6$，MnO_4^-，Cu^{2+} 等］氧化，产生最大辐射波长为 425nm（水溶液）或 485nm（二甲基亚砜溶液）的光，化学发光效率为 1%～5%。其发光历程如下：

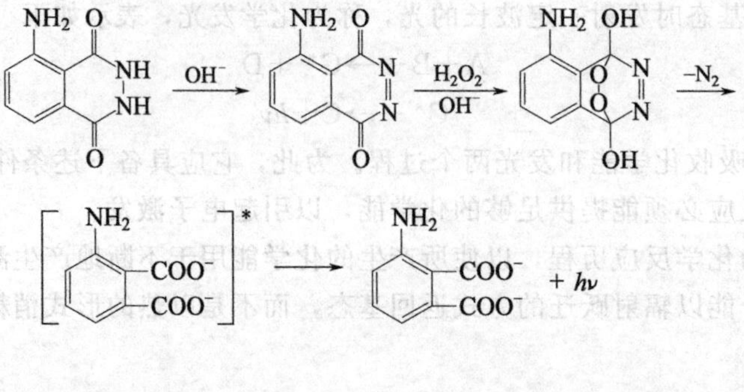

据此建立了这些氧化剂的化学发光分析法。

鲁米诺被 H_2O_2 氧化的反应速度很慢，但许多金属离子在适当的反应条件下能增大这一发光反应的速度，在一定的浓度范围内，发光强度与金属离子浓度呈良好的线性关系，故可用于痕量金属离子的测定。这些方法的灵敏度都非常高，可测定 50 余种元素和大量有机、无机化合物。但由于至少有约 30 种金属离子会催化或抑制该反应，使方法的选择性不好，限制了在实际工作中的应用。

(2) 光泽精体系

光泽精（*N*,*N*-二甲基-9,9′-联吖啶二硝酸盐）在碱性溶液中与 H_2O_2 反应生成激发态的 *N*-甲基吖啶酮，产生最大发射波长为 470nm 的化学发光，其 Φ_{CL} 为 1%～2%。该体系可测定 Fe^{2+}、Fe^{3+}、Cr^{3+}、Mn^{2+}、Ag^{+} 等，尤其是可以测定 Luminol 体系不能直接测定的 Pb^{2+}、Bi^{3+} 等离子。还可以测定丙酮、羟胺、果糖、维生素 C、谷胱甘肽、尿素、肌酸酐和多种酶。用光泽精作化学发光探针，可用来测定人体全血中吞噬细胞的活性。该体系可测定甲醛、甲酸、H_2O_2、葡萄糖、氨基酸、多环芳胺类化合物和 Zn^{2+}、Cr^{6+}、Mo^{6+}、V^{5+} 等多种金属离子。

三、化学发光法的测量仪器

气相化学发光反应主要用于某些气体的检测，目前已有各种专用的检测仪。下面主要介绍液相化学发光反应的检测。

在液相化学发光分析中，当试样与有关试剂混合后，化学发光反应立即发生，且发光信号瞬间即消失。因此，如果不在混合过程中立即测定，就会造成光信号的损失。由于化学发光反应的这一特点，样品与试剂混合方式的重复性就成为影响分析结果精密度的主要因素。目前，按照进样方式，可将发光分析仪分为分离取样式和流动注射式两类。

1. 分离取样式

分离取样式化学发光仪是一种在静态下测量化学发光信号的装置。它利用移液管或注射器将试剂与样品加入反应室中，靠搅动或注射时的冲击作用使其混合均匀，然后根据发光峰面积的积分值或峰高进行定量测定。

分离取样式仪器具有设备简单、造价低、体积小和灵敏等优点，还可记录化学发光反应的全过程，故特别适用于反应动力学研究。但这类仪器存在两个严重缺点：一是手工加样速度较慢，不利于分析过程的自动化，且每次测试完毕后，要排除池中废液并仔细清洗反应池，否则产生记忆效应；二是加样的重复性不好控制，从而影响测试结果的精密度。

2. 流动注射式

流动注射式是流动注射分析在化学发光分析中的一个应用。光度法、化学发光法、原子吸收光度法和电化学法的许多间隙操作式的方法，都可以在流动注射分析中得到快速、准确而自动进行。流动注射分析是基于把一定体积的液体试样注射到一个运动着的、无空气间隔的、由适当液体组成的连续载流中，被注入的试样形成一个带，然后被载流带到检测器中，再连续地记录其光强、吸光度、电极电位等物理参数。在化学发光分析中，被检测的光信号只是整个发光动力学曲线的一部分，以峰高来进行定量分析。

在发光分析中，要根据不同的反应速度，选择试样准确进到检测器的时间，以使发光峰值的出现时间与混合组分进入检测器的时间恰好吻合。目前，用流动注射式进行化学发光分析，得到了比分离取样式发光分析法更高的灵敏度与更好的精密度。

四、化学发光分析法的应用

化学发光分析法最显著的特点是灵敏度高，又能进行快速连续的分析，已广泛地应用于痕量元素分析、环境监测、生物学及医学分析的各个领域。

1. 气相化学发光法的应用

气相化学发光法已广泛用于大气污染监测，测定对象主要有两类，一类是常温下呈气态的氰化物、硫化物、氮化物、臭氧和乙烯等，另一类是在火焰中易生成气态原子的P、N、S、Te和Se等元素。

2. 液相化学发光法的应用

表9-4给出了鲁米诺化学发光体系及其部分应用。

表 9-4　鲁米诺化学发光体系的部分应用

分析物	氧化剂-添加剂	检出限/$mol\cdot L^{-1}$	灵敏度/$\mu g\cdot mL^{-1}$
Co(Ⅱ)	H_2O_2	10^{-10}	
Cu(Ⅱ)	H_2O_2	10^{-9}	
Ni(Ⅱ)	H_2O_2	10^{-8}	
Cr(Ⅲ)	H_2O_2	$10^{-9}\sim10^{-10}$	
Fe(Ⅱ)	O_2	10^{-10}	
Mn(Ⅱ)	H_2O_2-amine	10^{-8}	
V(Ⅳ)	O_2-$P_2O_7^{4-}$		0.0002
Ir(Ⅳ)	KIO_4		0.002
Ce(Ⅳ)	H_2O_2-Cu^{2+}		0.04
Th(Ⅳ)	H_2O_2-Cu^{2+}		0.04
Ti(Ⅳ)	H_2O_2-Cu^{2+}		0.1①
Hf(Ⅳ)	H_2O_2-Cu^{2+}		1.0①
过氧化物		$10^{-8}\sim10^{-7}$	0.02①
葡萄糖	葡萄糖氧化酶	$10^{-8}\sim10^{-7}$	0.01①
尿酸	尿酸酶	$10^{-8}\sim10^{-7}$	
胆固醇	胆固醇氧化酶	$10^{-8}\sim10^{-7}$	

① 采用化学发光抑制法。

鲁米诺及其衍生物的发光反应除了测定痕量金属离子以外，还可以应用于有机物、药物、生物体液中的低含量激素、新陈代谢物的测定。

例如机体中的超氧阴离子$\cdot O_2^-$，能直接与鲁米诺作用产生化学发光而被检测，灵敏度高，仪器设备简单，便于推广。机体中的超氧化物歧化酶（SOD）能促使$\cdot O_2^-$歧化为O_2和H_2O_2，故SOD对$\cdot O_2^-$有清除作用，由于SOD的存在，使鲁米诺-$\cdot O_2^-$体系的化学发光受到抑制，可间接测定SOD。

思考题与习题

1. 处于单重态和三重态的分子其性质有何不同？为什么会发生系间窜跃？
2. 荧光分析仪器的检测器为什么不放在光源与液池的直线上？其第一、第二单色器各有何作用？
3. 荧光光谱的形状决定于什么因素？为什么与激发光的波长无关？
4. 根据取代基对荧光性质的影响，请解释下列问题：①苯胺和苯酚的荧光量子产率比苯高50倍；②硝基苯、苯甲酸和碘苯是非荧光物质；③氟苯、氯苯、溴苯和碘苯的Φ_f分别为0.10，0.05，0.01和0.00。
5. 如何扫描荧光物质的激发光谱和荧光光谱？

6. 写出荧光强度与荧光物质浓度间的关系式，应用此关系式的前提是什么？

7. 一个化学反应要成为化学发光反应必须满足哪些基本要求？

8. 苯胺在下列哪个 pH 值能产生荧光（苯胺以分子形式产生荧光）？

A. 1　B. 2　C. 7　D. 13　E. 14

9. 根据图 9-3 蒽的乙醇溶液光谱图，选择测定时的激发和荧光发射的最佳波长。

10. 为什么分子荧光光度分析法的灵敏度通常比分子吸光光度法高？

11. NADH 的还原型是一种重要的强荧光物质，其最大激发波长为 340nm，最大发射波长为 465nm，在一定条件下测得 NADH 标准溶液的相对荧光强度如下表所示。根据所测数据绘制标准曲线，并求出相对荧光强度为 42.3 的未知液中 NADH 的浓度。

NADH/$\times10^{-8}$mol·L^{-1}	相对荧光强度 F	NADH/$\times10^{-8}$mol·L^{-1}	相对荧光强度 F
1.00	13.0	5.00	59.7
2.00	24.6	6.00	71.2
3.00	37.9	7.00	83.5
4.00	49.0	8.00	97.0

12. 用流动注射化学发光法测定植物组织中的铬，准确称取 0.1000g 干燥样品，加入 H_2SO_4-HNO_3 混合液（1+1）4.0mL，用微波压力法按一定程序快速消解完全后定容为 50.00mL，与标准溶液一起在相同条件下测定，数据如下表（5 次测定平均值）：

$\rho_{Cr^{3+}}$ /ng·mL^{-1}	0.0	2.0	6.0	8.0	10.0	12.0	14.0
相对发光值(记录仪格数)	0.0	7.0	20.5	27.8	34.8	40.7	48.2

试液的相对发光值为 24.8，求样品中的铬含量。

13. 区别图 9-6 中某组分的三种光谱：吸收光谱、荧光光谱和磷光光谱，并简述判断的依据或原则。

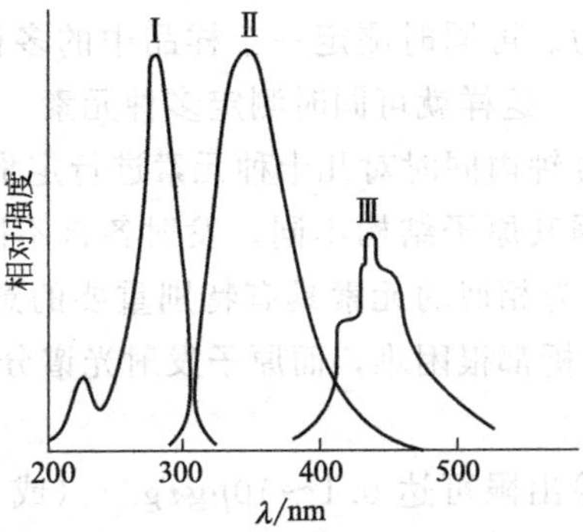

图 9-6　吸收光谱、荧光光谱和磷光光谱

第十章　原子发射光谱法

第一节　概　　述

原子发射光谱法（atomic emission spectrometry，AES）或光学发射光谱法（optical emission spectrometry，OES）是依据各种化学元素的原子或离子在热激发或电激发下，发射的特征电磁辐射而进行元素定性与定量分析的方法。根据仪器设备和检测手段的不同，发射光谱法通常可以分为摄谱分析法、光电直读光谱法以及火焰光度法。

① 摄谱分析法　它采用感光板照相记录，将所拍摄的谱片在映谱仪和测微光度计上进行定性、定量分析，其具有多元素同时测定的能力，而且较为灵敏、准确，测定光谱范围广。

② 光电直读法　将元素特征的分析线强度通过光电转换元件转换为电信号，直接测量待测元素含量。该法分析速度快，可同时测定多种元素含量。

③ 火焰光度法　是以火焰为激发源的原子发射光谱法，由于火焰的温度较低，只能激发碱金属、碱土金属等激发能较低、谱线简单的元素，通常较多地用于钾、钠、钙等元素的测定。在土壤、血浆等试样分析中，火焰光度法至今仍起着重要的作用。

原子发射光谱分析的优点如下。

① 多元素同时检测的能力。可同时测定一个样品中的多种元素。每一个样品一经激发后，不同元素都发射特征光谱，这样就可同时测定多种元素。

② 分析速度快。可在几分钟内同时对几十种元素进行定量分析。

③ 选择性好。每种元素因其原子结构不同，发射各自不同的特征光谱。这种谱线的差异，对于分析一些化学性质极为相似的元素具有特别重要的意义。例如，铌和钽、锆和铪、十几个稀土元素用其它方法分析都很困难，而原子发射光谱分析可以毫无困难地将它们区分开来，并分别加以测定。

④ 灵敏度高。一般光源检出限可达 0.1～10$\mu g \cdot g^{-1}$（或 $\mu g \cdot mL^{-1}$）。电感耦合等离子体（ICP）光源可达 $ng \cdot mL^{-1}$级。

⑤ 准确度较高。一般光源相对误差约为 5%～10%，ICP 相对误差可达 1%以下。

⑥ 试样用量少，应用范围广。不论气体、固体和液体样品，都可以直接激发。试样消耗少（一般只需几毫克到几十毫克试样即可以进行全分析）。目前可以测定 70 余种元素。

⑦ 校准曲线线性范围宽。一般光源只有 1～2 个数量级，ICP 光源可达 4～6 个数量级。

原子发射光谱分析的缺点是：常见的非金属元素（如氧、硫、氮、卤素等）谱线在远紫外区，目前一般的光谱仪尚无法检测。还有一些非金属元素（如 P、Se、Te 等），由于其激发能高，灵敏度较低，一般只用于元素总量分析，而无法确定物质的空间结构和官能团，也无法进行元素价态和形态分析。

第二节 原子发射光谱法的基本原理

一、原子发射光谱的产生

原子的外层电子由高能级向低能级跃迁，多余能量以电磁辐射的形式发射出去，这样就得到了发射光谱。原子发射光谱是线状光谱。

通常情况下，原子处于基态，在激发光源作用下，原子获得足够的能量，外层电子由基态跃迁到较高的能量状态即激发态。处于激发态的原子是不稳定的，其寿命小于 10^{-8}s，外层电子就从高能级向较低能级或基态跃迁。多余的能量发射出来，就得到了一条光谱线。谱线波长与能量的关系为

$$\Delta E = E_2 - E_1 = h\nu = hc/\lambda \tag{10-1}$$

式中，E_2、E_1 分别为高能级与低能级的能量；λ 为波长；h 为普朗克（Plank）常数；c 为光速。

每一种原子中的电子能级很多，因此元素可能产生的发射线是相当众多和相当复杂的。由于每一种元素都有其特有的电子构型，即特定的能级层次，所以各元素的原子只能发射出它特有的那些波长的光，经过分光系统得到的各元素发射的互不相同的光谱，即各种元素的特征光谱。

如果外界的能量足以使核外的内层电子被激发到能量较高的外层电子轨道上，甚至激出原子之外，则处于受激状态的原子的外层电子立即向能量较低的内层轨道跃迁（以填补空位），由于能级差较大，将释放出较大的能量，产生 X 射线发射光谱。

用足够的能量使原子受激而发光时，只要根据某元素的特征频率或波长的谱线是否出现，即可确定试样中是否存在该种原子，这就是原子发射光谱的定性分析。分析试样中待测原子数目越多（浓度越高），则被激发的该种原子的数目也就越多，相应发射的特征谱线的强度也就越大，将它和已知含量标样的谱线强度相比较，即可测定试样中该种元素的含量，这就是原子发射光谱的定量分析。

二、原子发射光谱线

原子发射光谱线是定性、定量分析的基础，因此首先应了解有关谱线的概念。

原子中某一外层电子由基态激发到高能级所需要的能量称为激发能，以 eV（电子伏特）表示。原子光谱中每一条谱线的产生各有其相应的激发能，这些激发能在元素谱线表中可以查到。由第一激发态向基态跃迁所发射的谱线称为第一共振线。第一共振线具有能量小的激发能，因此最容易被激发，也是该元素最强的谱线。如图 10-1 中的钠线 D_1 589.59nm 与 D_2 588.99nm 是两条共振线。

在激发光源作用下，原子获得足够的能量就发生电离，电离所必需的能量称为电离能。原子失去一个电子称为一次电离，一次电离的原子再失去一个电子称为二次电离，依此类推。

离子也可能被激发，其外层电子跃迁也发射光谱，由于离子和原子具有不同的能量，所以离子发射的光谱与原子发射的光谱是不一样的。每一条离子线也都有其激发能，这些离子线激发能的大小与电离能高低无关。

原子外层电子的能级跃迁所产生的谱线叫原子线，在原子谱线表中，用罗马字Ⅰ表示中

性原子发射的谱线，Ⅱ表示一次电离离子发射的谱线，Ⅲ表示二次电离离子发射的谱线，依此类推。例如，Mg Ⅰ 285.21nm 为原子线，Mg Ⅱ 280.27nm 为一次电离离子线。

由于原子线是原子的外层电子（或称价电子）在两个能级之间跃迁而产生的。原子的能级通常用光谱项符号 $n^{2S+1}L_J$ 来表示。其中，n 为主量子数；L 为总角量子数；S 为总自旋量子数；J 为内量子数。

核外电子在原子中存在的运动状态，可以由 4 个量子数 n、l、m、m_s 来描述：主量子数 n 决定电子的能量和电子离核的远近；角量子数 l 决定电子角动量的大小及电子轨道的形状，在多电子原子中它也影响电子的能量；磁量子数 m 决定磁场中电子轨道在空间伸展方向不同时，电子运动角动量分量的大小；自旋量子数 m_s 决定电子自旋的方向。

根据泡利（Pauling）不相容原理、能量最低原理和洪特（Hund）规则，可进行核外电子排布。如钠原子：

核外电子构型	价电子构型	价电子运动状态的量子数表示
$(1s)^2(2s)^2(2p)^6(3s)^1$	$(3s)^1$	$n=3$ $l=1$ $m=0$ $m_s=+\frac{1}{2}$(或 $m_s=-\frac{1}{2}$)

有多个价电子的原子，它的每一个价电子都可能跃迁而产生光谱。同时，各个价电子间还存在着相互作用，光谱项就用 n，L，S，J 四个量子数来描述。

① n 为主量子数。

② L 为总角量子数，其数值为外层价电子角量子数 l 的矢量和，其值可取 $L=0$，1，2，3，…，相应的光谱符号为 S，P，D，F，…。

③ S 为总自旋量子数，自旋与自旋之间的作用也是较强的，多个价电子总自旋量子数是单个价电子自旋量子数 m_s 的矢量和。其值可取 $S=0$，$\pm\frac{1}{2}$，±1，$\pm\frac{3}{2}$，±2，…。

④ J 为内量子数，是由于轨道运动与自旋运动的相互作用即轨道磁矩与自旋磁矩的相互影响而得出的，它是原子中各个价电子组合得到的总角量子数 L 与总自旋量子数 S 的矢量和。即 $J=L+S$。

光谱项符号左上角的（2S+1）称为光谱项的多重性，它表示原子的一个能级能分裂成多个能量差别很小的能级，从这些能级跃迁到其它能级上的诸光谱线。例如，Zn 由激发态 4^3D 向 4^3P_2 跃迁时要发射光谱，4^3D 又有 4^3D_3、4^3D_2、4^3D_1 这三个光谱项，由于它们的能量差别极小，因而由它们所产生的诸光谱线波长极相近，分别为 334.50nm、334.56nm 和 334.59nm 三重线。

把原子中所有可能存在状态的光谱项——能级及能级跃迁用图解的形式表示出来，称为能级图。通常用纵坐标表示能量 E，基态原子的能量 $E=0$，以横坐标表示实际存在的光谱项。理论上，对于每个原子能级的数目应该是无限多的，但实际上产生的谱线是有限的。发射的谱线为斜线相连。

图 10-1 为钠原子的能级图。钠原子基态的光谱项为 $3^2S_{1/2}$。第一激发态的光谱项为 $3^2P_{1/2}$ 和 $3^2P_{3/2}$，因此钠原子最强的第一共振线（图中 D_1、D_2）为双重线，用光谱项表示为：

Na 588.996nm　$3^2S_{1/2} \longrightarrow 3^2P_{3/2}$　D_2 线

Na 589.593nm　$3^2S_{1/2} \longrightarrow 3^2P_{1/2}$　D_1 线

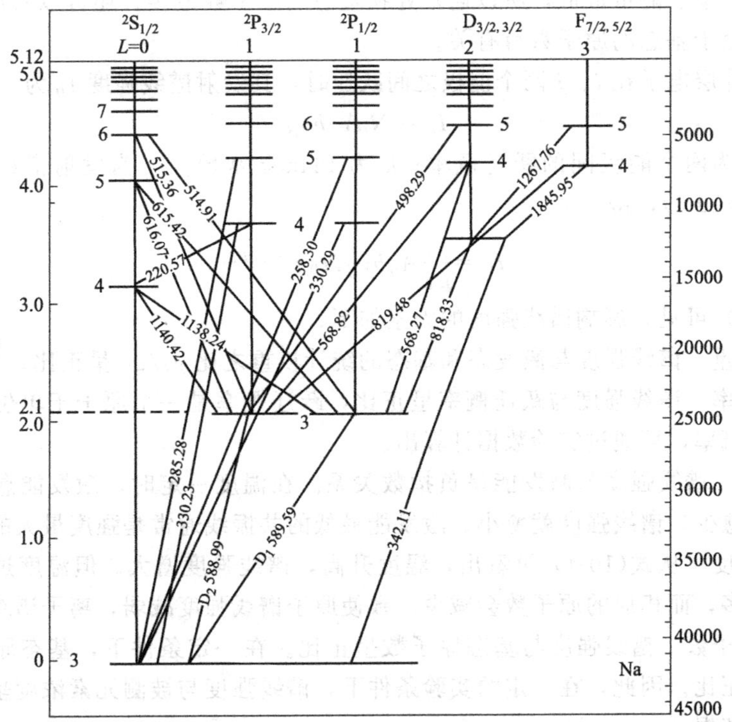

图 10-1　钠原子的能级图

一般将低能级光谱项符号写在前，高能级在后。这两条谱线为共振线。

必须指出，不是在任何两个能级之间都能产生跃迁，跃迁是遵循一定的选择规则的。只有符合下列规则，才能跃迁。

① $\Delta n=0$ 或任意正整数。

② $\Delta L=\pm1$，跃迁只允许在 S 项与 P 项、P 项与 S 项或 D 项之间、D 项与 P 项或 F 项之间等。

③ $\Delta S=0$，即单重项只能跃迁到单重项，三重项只能跃迁到三重项等。

④ $\Delta J=0$，±1。但当 $J=0$ 时，$\Delta J=0$ 的跃迁是禁戒的。

也有个别例外的情况，这种不符合光谱选律的谱线称为禁戒跃迁线。例如，Zn 307.59nm，是由光谱项 4^3P_1 向 4^1S_0 跃迁的谱线，因为 $\Delta S\neq0$，所以是禁戒跃迁线。这种谱线一般产生的机会很少，谱线的强度也很弱。

三、谱线强度

原子由某一激发态 i 向基态或较低能级跃迁发射谱线的强度，与激发态原子数呈正比。在激发光源（火焰、电弧、电火花）高温条件下，当体系在一定温度下达到平衡时，单位体积基态原子数 N_0 与激发态原子数 N_i 之间遵守玻尔兹曼（Boltzmann）分布定律。

$$N_i=N_0\frac{g_i}{g_0}e^{-E_i/kT} \tag{10-2}$$

式中，g_i、g_0 为激发态与基态的统计权重（即粒子在某一能级下可能具有的几种不同状态数）；E_i 为激发能；k 为 Boltzmann 常数；T 为激发温度。

该式表示平衡时处于状态 i 的粒子数（包括中性原子和离子）。能量越高，处于该状态的粒子数越少。基态能量最低，所以通常处在基态的原子数最多。还可以看出，处于 i 能态的粒子数目与处于基态的原子数目有关。

当原子的外层电子在 i、j 两个能极之间跃迁时，其发射谱线强度 I_{ij} 为

$$I_{ij}=N_iA_{ij}h\nu_{ij} \tag{10-3}$$

式中，A_{ij} 为两个能级间的跃迁概率；h 为 Planck 常数；ν_{ij} 为发射谱线的频率。将式(10-2) 代入式(10-3)，得

$$I_{ij}=\frac{g_i}{g_0}A_{ij}h\nu_{ij}N_0\mathrm{e}^{-E_i/kT} \tag{10-4}$$

由式(10-4) 可见，影响谱线强度的因素如下。

① 统计权重　谱线强度与激发态和基态的统计权重之比 g_i/g_0 呈正比。

② 跃迁概率　谱线强度与跃迁概率呈正比，跃迁概率是一个原子于单位时间内在两个能级间跃迁的概率，可通过实验数据计算出。

③ 激发能　谱线强度与激发能呈负指数关系。在温度一定时，激发能愈高，处于激发状态的原子数愈少，谱线强度就愈小。激发能最低的共振线通常是强度最大的谱线。

④ 激发温度　从式(10-4) 可看出，温度升高，谱线强度增大。但温度过高，电离的原子数目也会增多，而相应的原子数会减少，致使原子谱线强度减弱，离子谱线强度增大。

⑤ 基态原子数　谱线强度与基态原子数呈正比。在一定条件下，基态原子数与试样中该元素浓度呈正比。因此，在一定的实验条件下，谱线强度与被测元素浓度呈正比，这是光谱定量分析的依据。

对某一谱线来说，g_i/g_0、跃迁概率、激发能是恒定值。因此，当温度一定时，该谱线强度 I 与被测元素浓度 c 呈正比，即

$$I=ac \tag{10-5}$$

式中，a 为比例常数。当考虑到谱线自吸时，上式可表达为

$$I=ac^b \tag{10-6}$$

或

$$\lg I=b\lg c+\lg a \tag{10-7}$$

式中，b 为自吸系数。b 值随被测元素浓度增加而减小，当元素浓度很小时无自吸，则 $b=1$。式(10-6) 是 AES 定量分析的基本关系式。

四、谱线的自吸与自蚀

物质在高温条件下被激发时，其中心区域激发态原子多，边缘处基态及低能量的原子较多。某元素的原子从中心发射某一波长的辐射光必须通过边缘射出，其辐射就可能被处在边缘的同种元素的基态或较低能态的原子吸收，因此检测器接收到的谱线强度就会减弱。这种原子在高温区发射某一波长的辐射，被处在边缘区低温状态的同种原子所吸收的现象称为自吸（self-absorption）。

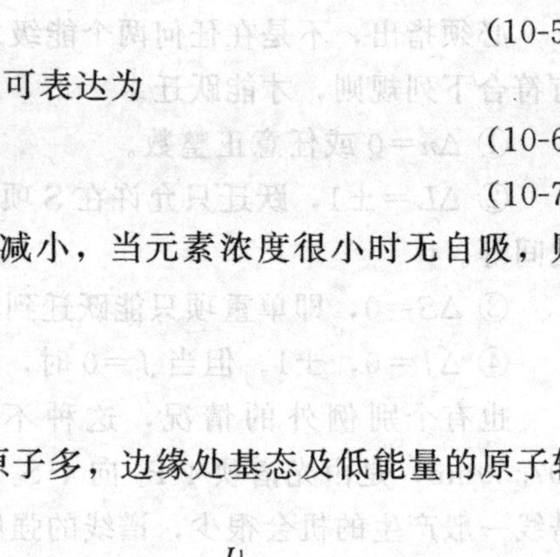

图 10-2　谱线轮廓

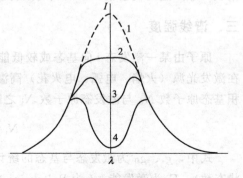

1—无自吸；2—有自吸；3—自蚀；4—严重自蚀

自吸对谱线中心处强度影响大。当元素的含量很小时，不表现自吸；当含量增大时，自吸现象增加，当达到一定含量时，由于自吸严重，谱线中心的辐射完全被吸收，好像两条谱线，这种现象称为自蚀（self-reversal），见图 10-2。由于共振线跃迁

所需的能量最低，所以基态原子对共振线的自吸最为严重，当元素浓度很大时，常产生自蚀。不同光源类型，自吸情况不同。由于自吸现象严重影响谱线强度，在光谱分析中是一个必须注意的问题。

第三节 原子发射光谱仪

原子发射光谱仪主要由激发源、分光系统和检测系统三部分组成。常用的原子发射光谱仪有摄谱仪、光电直读光谱仪和火焰光度计等。

一、激发源

激发源的作用是为试样蒸发、原子化和激发提供所需的能量，产生发射光谱，它的性能严重影响谱线的数目和强度，从而在很大程度上影响着光谱分析的精密度、准确度和检出限。因此，通常要求激发源的灵敏度高（即可使试样中的微量分析成分蒸发和激发发光），稳定性和重现性强，谱线背景低，适应范围广。原子发射光谱分析激发光源种类很多，主要有直流电弧、交流电弧、高压火花、电感耦合等离子体、微波诱导等离子体等。其中直流电弧、交流电弧与高压火花光源，称为经典光源。近年来，由于新型光源或现代光源（如：电感耦合等离子体）的广泛应用，经典光源已很少使用。现在使用最为广泛的为电感耦合等离子体光源。

（1）直流电弧（DCA）

电弧是正、负两电极接近到一定距离时所产生的持续的火花放电。DCA是采用上、下两个电极，在两个电极上施加一定的直流电压，使电极之间放电产生高温弧焰的激发光源。其特点是分析的绝对灵敏度高，辐射光强度大，背景较小，适合于分析痕量元素。主要缺点是电弧游移不定，稳定性差，因此分析结果的重现性差。

（2）低压交流电弧（ACA）

这是采用低压交流电源（22V，50Hz），依靠引燃装置（通常采用高压交频火花或脉冲触发）作为激活器，击穿分析间隙点燃电弧并维持电弧持续不灭的激发光源。

ACA具有与DCA相似的优点，虽然灵敏度稍低，但稳定性却高得多，而且电流具有脉冲性，电流密度比直流电弧大，因此弧温高，激发能力强，除难激发的元素以外，可对所有元素进行定性分析。由于电源方便，线路比较简单，是定量分析中经常使用的激发源。但其稳定性和对难激发的非金属元素的灵敏度不如火花激发源。

（3）高压火花（spark）

这是采用高压（10000V以上）交流电加在两电极间，依靠电容器和电感不断地使分析间隙击穿、放电，产生火花的激发源。

高压火花应用较广。高压火花激发出的主要是离子光谱，它的谱线较原子光谱简单。由于其放电的稳定性好，因此适用于低熔点、易挥发物质或难激发元素和高含量金属元素的定量分析，但高压火花电极头温度低、蒸发能力低、绝对灵敏度低，故不适用于痕量分析。

以上激发源均需用碳（石墨）电极盛放试样，并使试样在两电极间隙中被激发源激发。常用的电极构型有锥形电极、平头电极和转盘电极。

（4）电感耦合等离子体（inductively coupled plasma，ICP）

ICP是20世纪60年代研制的新型激发源，由于它的性能优异，70年代迅速发展并获得广泛的应用。

ICP是利用等离子体放电产生高温的激发光源。等离子体一般指有相当电离程度的气体，它由离子、电子及未电离的中性粒子所组成，其正负电荷密度几乎相等，从整体上看呈中性。与一般的气体不同的是等离子体能导电。

目前常见的 ICP 光源主要由高频发生器和感应线圈、等离子炬管和供气系统、样品引入系统等组成。高频发生器的作用是产生高频磁场供给等离子体能量，频率多为 27～50MHz，最大输出功率通常是 2～4kW。

ICP 的主体部分是放在高频线圈内的等离子炬管，在图 10-3 所示剖面图中，等离子炬管（图 10-3 中 G）是一个三层同心的石英管，感应线圈 S 为 2～5 匝空心铜管。

等离子炬管分为三层：最外层通 Ar 气作为冷却气，沿切线方向引入，可保护石英管不被烧毁；中层管通入辅助气体 Ar 气，用以点燃等离子体；内层以 Ar 为载气，把经过雾化器的试样溶液以气溶胶形式引入等离子体中。

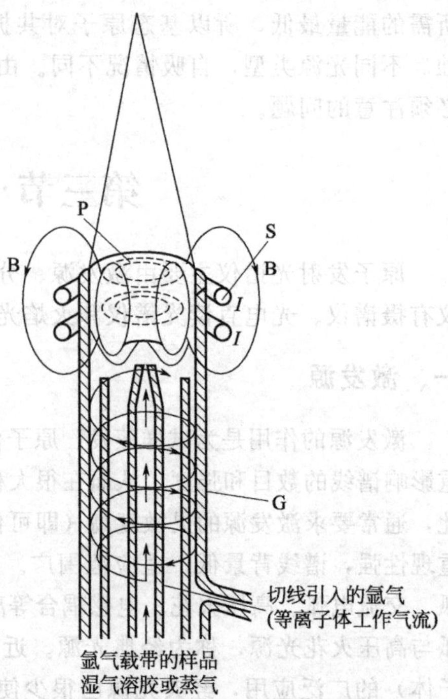

图 10-3　电感耦合等离子体 ICP 光源

B—交变磁场；I—高频电流；P—涡电流；S—高频感应线圈；G—等离子炬管

当高频发生器接通电源后，高频电流 I 通过线圈，即在炬管内产生交变磁场 B。炬管内若是导体就产生感应电流。这种电流呈闭合的涡旋状即涡电流，如图 10-3 中虚线 P。它的电阻很小、电流很大（可达几百安培），释放出大量的热能(达 10000K)。电源接通时，石英炬管内为 Ar 气，它不导电，可用高压火花点燃使炬管内气体电离。由于电磁感应和高频磁场 B，电场在石英管中随之产生。电子和离子被电场加速，同时和气体分子、原子等碰撞，使更多的气体电离，电子和离子各在炬管内沿闭合回路流动，形成涡流，在管口形成火炬状的稳定的等离子焰炬。

综上所述，ICP 光源具有以下特点。

① 灵敏度高，检出限低。气体温度高，可达 7000～8000K，加上样品气溶胶在等离子体中心通道停留时间长，因此各种元素的检出限一般在 10^{-1}～$10^{-5}\mu g \cdot mL^{-1}$ 范围，可测 70 多种元素。

② 基体效应小。

③ ICP 稳定性好，精密度高。在分析浓度范围内，相对标准偏差约为 1%。

④ 准确度高，相对误差约为 1%，干扰少。

⑤ 选择合适的观测高度，光谱背景小。

⑥ 自吸效应小。分析校准曲线动态范围宽，可达 4～6 个数量级，这样也可对高含量元素进行分析。由于发射光谱有对一个试样可同时做多元素分析的优点，ICP 采用光电测定在几分钟内就可测出一个样品从高含量到痕量各种组成元素的含量，快速而又准确，因此，它是一个很有竞争力的分析方法。

ICP 的局限性是：对非金属测定灵敏度低，仪器价格较贵，消耗 Ar 气量较大，维持费用也较高。

(5) 微波诱导等离子体

微波是频率约在 300MHz～300GHz，即波长从 300cm 至数毫米的电磁波，它位于红外辐射和无线电波之间。微波诱导等离子体（microwave-induced plasma，MIP）与ICP类似，是微波的电磁场与工作气体（氢或氦）的作用而产生的等离子体。微波发生器（一般产生2450MHz的微波）将微波能耦合给石英管或铜管，管中心通有氩气与试样的气流，这样使气体电离、放电，在管口顶端形成等离子炬。

MIP的激发能力高，可激发绝大多数元素，特别是非金属元素，其检出限比其它光源都要低。它的载气流量小，系统比较简单，是一种性能很好的光源。但是这一光源的缺点是气体温度较低（约2000～3000K），被测组分难以充分原子化。MIP的等离子炬很小，微波发生器功率小（50～500W），进样量过多，也造成基体的影响。

二、分光系统

分光系统的作用是将试样中待测元素的激发态原子（或离子）所发射的特征光经分光后，得到按波长顺序排列的光谱。常用的分光系统有以下两种类型。

（1）棱镜分光系统

多用石英棱镜为色散元件，可适用于紫外和可见光区。这种分光系统主要是利用棱镜对不同波长的光有不同的折射率，复合光便被分解为各种单色光，从而达到分光的目的。

（2）光栅分光系统

光栅分光系统的色散元件采用了光栅（通常由一个镀铝的光学平面或凹面上刻印等距离的平行沟槽做成），利用光在光栅上产生的衍射和干涉来实现分光。

光栅色散与棱镜色散比较，具有较高的色散与分辨能力，适用的波长范围宽，而且色散率近乎常数，谱线按波长均匀排列。其缺点是有多级衍射的光谱重叠干扰。

三、检测系统

检测系统的作用是将原子的发射光谱记录或检测出来，以进行定性或定量分析。常用的摄谱检测系统是把感光板置于分光系统的焦平面处，通过摄谱、显影、定影等一系列操作，把分光后得到的光谱记录和显示在感光板上，然后通过映谱仪放大，同标准图谱比较或通过比长计测定待测谱线的波长，进行定性分析；通过测微光度计测量谱线强度（黑度），进行定量分析。

用于放大、观察和辨认谱线的仪器，称为映谱仪（又称投影仪），人们通过这种仪器对光谱图像的观察可以辨认出待测元素的特征谱线，以进行元素定性分析或半定量分析。

感光板受光变黑程度常用黑度表示。受光强度越大，曝光时间越长，则黑度越大。谱线的黑度以S表示，定义为

$$S=\lg\frac{1}{\tau}=\lg\frac{I_0}{I} \tag{10-8}$$

式中，I_0为感光谱片未感光部分的透射强度；I为受光变黑部分（谱线）透射强度。

通过测微光度计（又叫黑度计，是一种能测量照相底板上谱线黑度的仪器）可测量谱线黑度S，S与照射在感光板的曝光量H有关。S与H之间的关系可用乳剂特性曲线（图10-4）描述。它是以黑度S为纵坐标，曝光量的对数$\lg H$为横坐标所得的曲线。

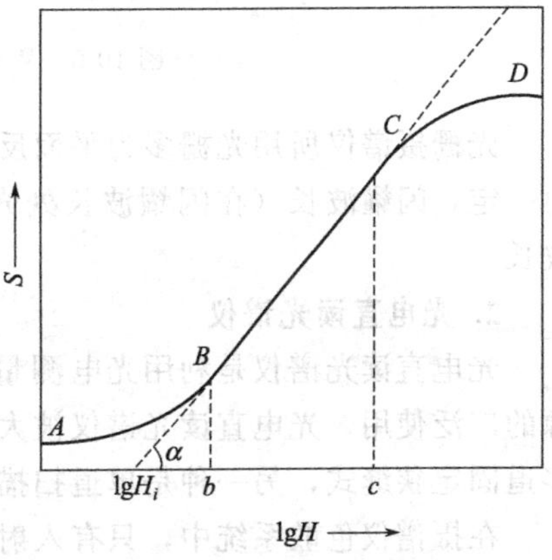

图10-4 乳剂特性曲线

曲线的 BC 段为曝光正常部分，黑度与曝光量（对数）呈线性关系，是定量分析中有用的线性部分，可以用直线方程式表示如下：

$$S=\gamma(\lg H-\lg H_i) \tag{10-9}$$

式中，$\lg H_i$ 为这一线性部分在横轴上的截距；H_i 称为感光板的惰延量，表示感光板的灵敏度。H_i 越大，灵敏度越小。γ 为线性部分的斜率，称为乳剂的反衬度，表示乳剂在曝光量改变时黑度变化的快慢，直线 BC 部分在横轴上的投影 bc 称为乳剂的展度，它在一定程度上决定了定量分析时该感光板的适宜的分析含量范围。

对于一定的乳剂，$\gamma\lg H_i$ 为一定值并以 i 表示。同时，曝光量 H 等于曝光强度 I 乘以曝光时间 t，于是有：

$$S=\gamma\lg(It)-i \tag{10-10}$$

上式就是谱线黑度与谱线强度的关系式。

四、光谱仪类型

光谱仪的作用是将光源发射的电磁辐射经色散后，得到按波长顺序排列的光谱，并对不同波长的辐射进行检测与记录。

光谱仪的种类很多，按照使用色散元件的不同，分为棱镜光谱仪与光栅光谱仪。按照光谱记录与测量方法的不同，又可分为照相式摄谱仪、光电直读光谱仪和全谱直读光谱仪。

1. 摄谱仪

现在常用光栅摄谱仪。摄谱仪利用感光板来记录元素辐射的谱线，对试样元素进行定性、定量分析。图 10-5 为国产 WSP-1 型平面光栅摄谱仪光路图。

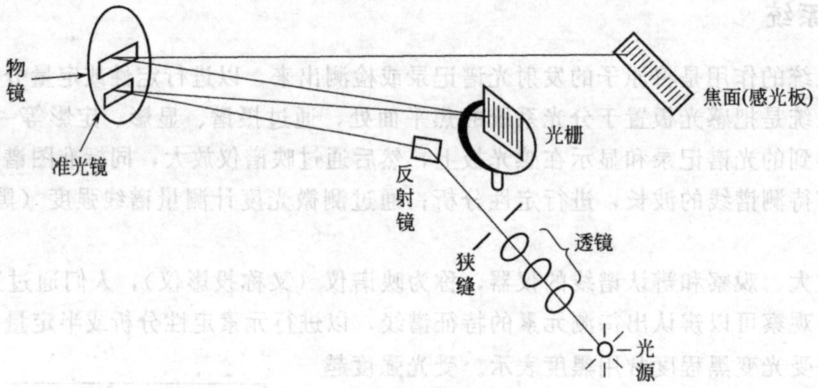

图 10-5　WSP-1 型平面光栅摄谱仪光路示意图

光栅摄谱仪所用光栅多为平面反射光栅，并且是闪耀光栅。由闪耀光栅制作上看，闪耀角一定，闪耀波长（在闪耀波长处光的强度最大）是确定的，即每块光栅都有自己的闪耀波长。

2. 光电直读光谱仪

光电直读光谱仪是利用光电测量方法直接测定光谱线强度的光谱仪。目前由于 ICP 光源的广泛使用，光电直读光谱仪被大规模地应用。光电直读光谱仪有两种基本类型：一种是多道固定狭缝式，另一种是单道扫描式。

在摄谱仪色散系统中，只有入射狭缝而无出射狭缝。在光电直读光谱仪中，一个出射狭缝和一个光电倍增管构成一个通道（光的通道），可接收一条谱线。多道仪器是安装多个

（可达 70 个）固定的出射狭缝和光电倍增管，可同时接受多种元素的谱线。单道扫描式只有一个通道，这个通道可以移动，相当于出射狭缝在光谱仪的焦面上扫描移动，多由转动光栅和光电倍增管来实现，在不同的时间检测不同波长的谱线。

（1）多道光电直读光谱仪

图 10-6 为多道光电直读光谱仪示意图。从光源发出的光经透镜聚焦后，在入射狭缝上成像并进入狭缝。进入狭缝的光投射到凹面光栅上，凹面光栅将光色散、聚焦在焦面上，在焦面上安装了一个个出射狭缝，每一狭缝可使一条固定波长的光通过，然后投射到狭缝后的光电倍增管上进行检测。最后经过计算机处理后显示器显示与打印出数据。全部过程除进样外都是计算机程序控制，自动进行。一个样品分析仪用几分钟就可得到待测的几种甚至几十种元素的含量值。

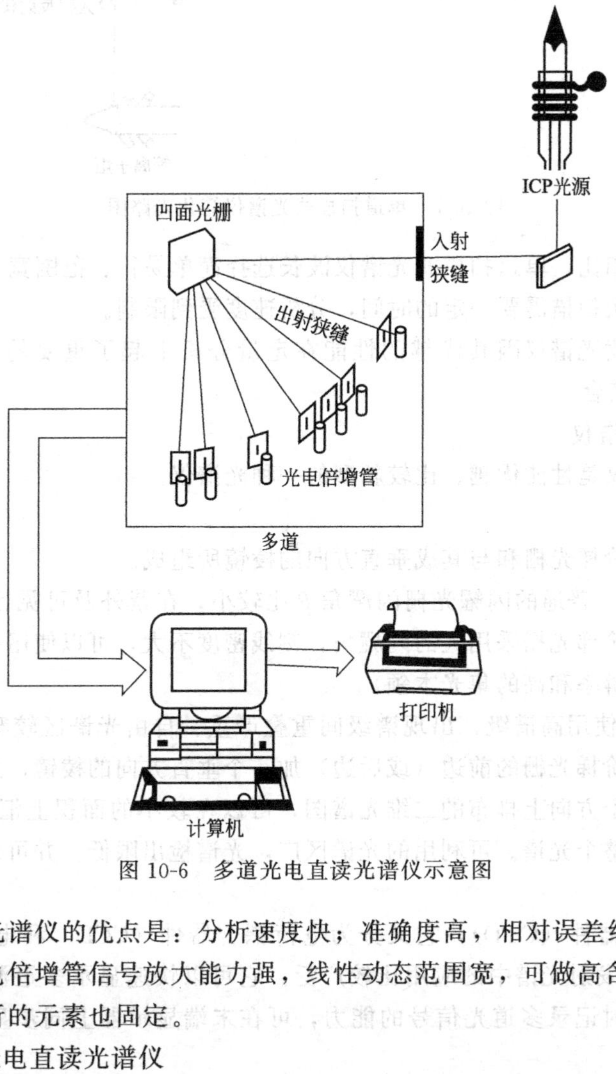

图 10-6 多道光电直读光谱仪示意图

多道光电直读光谱仪的优点是：分析速度快；准确度高，相对误差约为 1%；适用于较宽的波长范围；光电倍增管信号放大能力强，线性动态范围宽，可做高含量分析。缺点是出射狭缝固定，能分析的元素也固定。

（2）单道扫描光电直读光谱仪

图 10-7 为单道扫描式光谱仪的光路图，光源发出的光经入射狭缝后，到一个可转动的平面光栅上，经光栅色散后，将某一特定波长的光反射到出射狭缝上，然后投射到光电倍增管上，经过检测就得到一个元素的测定结果。随着光栅依次不断地转动，就可得到各种元素的测定结果。也可采用转动光电倍增管，但比较少用。

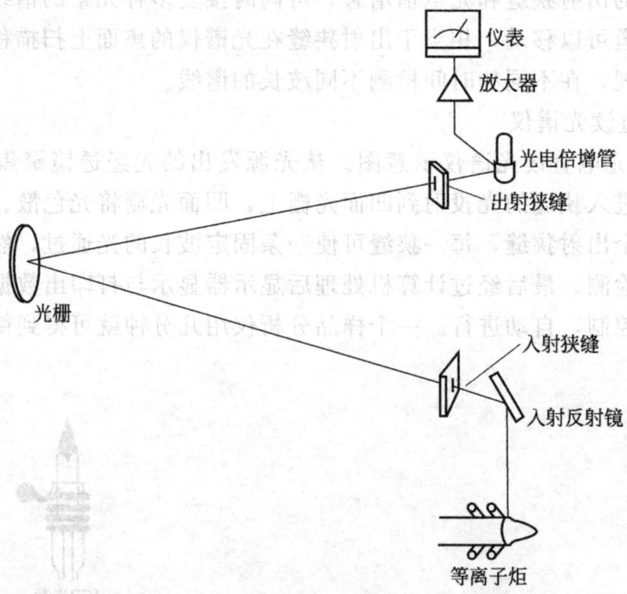

图 10-7　单道扫描式光谱仪简化光路图

和多道光谱仪相比，单道扫描式光谱仪波长选择简单易行、范围宽，可测定元素的范围也很广。但是，一次扫描需要一定的时间，分析速度受到限制。

目前，光电直读光谱仪因其优越的性能在定量分析上起了重要的作用，一般与火花、ICP 等现代光源相结合。

3. 全谱直读光谱仪

全谱直读光谱仪是性能优越、比较新型的一种光谱仪。

(1) 色散系统

色散系统由中阶梯光栅和与其成垂直方向的棱镜所组成。

① 中阶梯光栅　普通的闪耀光栅闪耀角 β 比较小，在紫外及可见区只能使用一级至三级的低级光谱。中阶梯光栅采用大的闪耀角，刻线密度不大，可以使用很高的谱级，因而得到大色散率、高分辨率和高的集光本领。

② 棱镜　由于使用高谱级，出现谱级间重叠严重、自由光谱区较窄等问题，因此采用交叉色散法。在中阶梯光栅的前边（或后边）加一个垂直方向的棱镜，进行谱级色散，得到的是互相垂直的两个方向上排布的二维光谱图，可以在较小的面积上汇集大量的光谱信息，从紫外到可见区的整个光谱。可利用的光谱区广，光谱检出限低，并可多元素同时测定。

(2) 检测系统

采用电荷转移器件（CTD)，它又分为电荷耦合器件（CCD）和电荷注入器件（CID）两类。CCD 在原子发射光谱中的应用比较广泛。它可以快速显示多道测量结果，又具有像光谱感光板一样同时记录多道光信号的能力，可在末端显示器上同步显示出人眼可见的图谱，见图 10-8。

CCD 固体检测器在发射光谱应用上的主要优点是：同时多谱线的检测能力；分析速度快，可在 1min 内进行几十种元素的测定；灵敏度高；线性动态范围宽，可达 5～7 个数量级。

全谱直读光谱仪可快速进行光谱定性定量分析，并可对原子发射光谱进行深入的研究。

图 10-8 是全谱直读等离子体光谱仪。光源发出的光经两个曲面反射镜聚焦于入射狭缝，

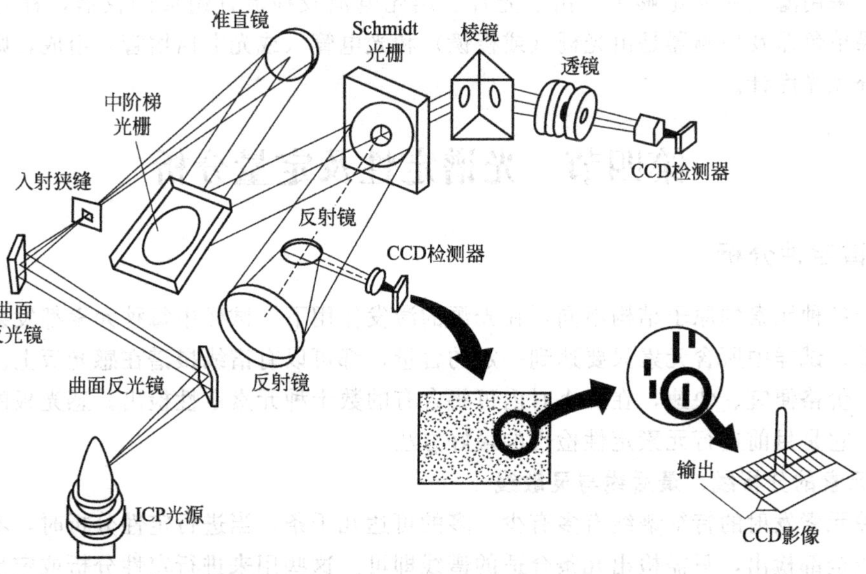

图 10-8 全谱直读等离子体发射光谱仪示意图

再经过准直镜成平行光，投射到中阶梯光栅，使光在 x 方向色散，再经过另一个光栅(Schmidt) 在 y 方向上二次色散，并经反射镜到达 CCD 检测器并可见到光谱的图像。由于该 CCD 是一个紫外型检测器，对可见光区的光谱不灵敏，因此，在 Schmidt 光栅中央开了一个孔，部分光经此孔后再经棱镜进行 y 方向二次色散，然后经透镜进入另一个检测器，对可见光区进行检测。

4. 火焰光度计

火焰光度法使用的仪器是火焰分光光度计或火焰光度计。仪器结构主要也包括三个部分，即火焰激发源、单色器和光电检测器，见图 10-9。

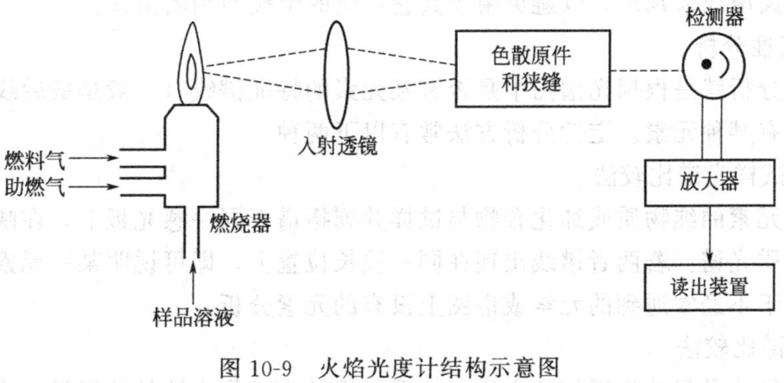

图 10-9 火焰光度计结构示意图

试液经雾化后喷入燃烧的火焰中，溶剂在火焰中蒸发，盐粒熔融转化为蒸气，解离为原子（部分电离)。再由火焰高温激发发光，发射的光经切光器调制，并由单色器色散。分离出待测元素的特征谱线，经光电转换和电信号放大后测定其强度。

① 激发源 火焰作为激发源，由于稳定、易于控制，所以具有比电弧高得多的稳定性和准确性。火焰的温度对于元素的激发是很重要的，因此各种燃料气体和辅助燃料气体应根据分析的要求加以选用。

② 单色器及检测器 由于火焰光度法产生的谱线数量不多，因此常常不用高分辨率的

单色器，采用滤光片就足够了。由滤光片、硒光电池及检流计组成的仪器，称为火焰光度计。如果单色器及检测器是由光栅（或棱镜）和光电管（或光电倍增管）组成，则该仪器称为火焰分光光度计。

第四节　光谱定性及定量分析

一、光谱定性分析

由于各种元素的原子结构不同，在光源的激发作用下，试样中每种元素都发射出自己的特征光谱。试样中所含元素只要达到一定的含量，都可以有谱线摄谱在感光板上。摄谱法操作简便、价格便宜、快速，在几小时内可将含有的数十种元素定性检出。感光板的谱图可长期保存，它是目前进行元素定性检出的最好方法。

1. 元素的分析线、最后线与灵敏线

每种元素发射的特征谱线有多有少，多的可达几千条。当进行定性分析时，不需要将所有的谱线全部检出，只需检出几条合适的谱线即可。这些用来进行定性分析或定量分析的特征谱线称为分析线，常用的分析线是元素的灵敏线或最后线。

每种元素的原子光谱线中，凡是具有一定强度、能标记某元素存在的特征谱线，称为该元素的灵敏线。灵敏线通常都是一些容易激发（激发电位较低）的谱线，其中最后线是每一种元素的原子光谱中特别灵敏的谱线。如果把含有某种元素的溶液不断稀释，原子光谱线的数目就会不断减少，当元素含量减少到最低限度时，仍能够坚持到最后出现的谱线，称为最后线或最灵敏线。应该指出的是，由于工作条件的不同和存在自吸，最后线不一定是最强的谱线。

在定性分析微量元素时，待测元素谱线容易被基体的谱线和邻近的较强谱线所干扰或重叠，所以在光谱的定性分析中，确定一种元素是否存在，一般要根据该元素两条以上不受干扰的最后线与灵敏线来判定，以避免由于其它谱线的干扰而判断错误。

2. 光谱定性分析

光谱定性分析就是根据光谱图中是否有某元素的特征谱线（一般是最后线）出现来判断样品中是否含有某种元素。定性分析方法常有以下两种。

(1) 标准试样光谱比较法

将要检出元素的纯物质或纯化合物与试样并列摄谱于同一感光板上，在映谱仪上检查试样光谱与纯物质光谱。若两者谱线出现在同一波长位置上，即可说明某一元素的某条谱线存在。此法多用于不经常遇到的元素或谱图上没有的元素分析。

(2) 铁光谱比较法

铁光谱比较法是目前最通用的方法，它采用铁的光谱作为波长的标尺，来判断其它元素的谱线。铁光谱作标尺有如下特点。

① 谱线多，在210～600nm范围内有几千条谱线；

② 谱线间相距都很近，在上述波长范围内均匀分布，对每一条铁谱线波长，人们都已进行了精确的测量。

每一种型号的光谱仪都有自己的标准光谱图，见图10-10。谱图最下边为铁光谱，紧挨着铁谱上方准确地绘出了18种元素的逐条谱线并放大20倍。

进行分析工作时，将试样与纯铁在完全相同条件下并列并且紧挨着摄谱，摄得的谱片置

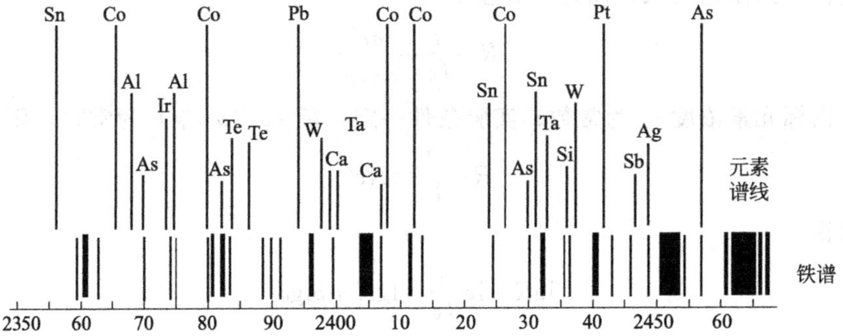

图 10-10 用于定性分析的标准光谱图

于映谱仪（放大仪）上；谱片也放大 20 倍，再与标准光谱图进行比较。比较时，首先需将谱片上的铁谱与标准光谱图上的铁谱对准，然后检查试样中的元素谱线。若试样中的元素谱线与标准图谱中标明的某一元素谱线出现的波长位置相同，即为该元素的谱线。判断某一元素是否存在，必须由其灵敏线来决定。铁光谱比较法可同时进行多元素定性鉴定。

二、光谱半定量分析

光谱半定量分析可以给出试样中某元素的大致含量。若分析任务对准确度要求不高，多采用光谱半定量分析。例如，对钢材与合金的分类、矿产品位的大致估计等，特别是分析大批量样品时，采用光谱半定量分析，尤为简单、快捷。

光谱半定量分析常采用摄谱法中比较黑度法，这个方法需配制一个基体与试样组成近似的被测元素的标准系列。在相同条件下，在同一块感光板上标准系列与试样并列摄谱；然后在映谱仪上用目视法直接比较试样与标准系列中被测元素分析线的黑度。黑度若相同，则可作出试样中被测元素的含量与标准样品中某一个被测元素含量近似相等的判断。

三、光谱定量分析

1. 光谱定量分析关系式

光谱定量分析的关系式见式(10-5) 和式(10-6)：

$$I=ac \quad 和 \quad I=ac^b$$

当元素浓度很低时无自吸，$b=1$。ICP 光源本身自吸效应就很小。

2. 内标法

在 20 世纪，使用经典光源进行定量分析时，使用式(10-6) 测定谱线绝对强度进行定量分析是困难的。因为试样的组成与实验条件都会影响谱线强度。现在，ICP 光源直读光谱仪仪器性能良好，并且稳定、准确度高，一般不使用内标法，但当试样黏度大时，也会使得光源不稳定，此时应使用内标法。

(1) 基本关系式

内标法是相对强度法，首先要选择分析线对：选择一条被测元素的谱线为分析线，再选择其它元素的一条谱线为内标线，所选内标线的元素为内标元素。内标元素可以是试样的基体元素，也可以是加入一定量试样中不存在的元素。分析线与内标线组成分析线对。

分析线强度 I，内标线强度 I_0，被测元素浓度与内标元素浓度分别为 c 与 c_0，b 与 b_0 分别为分析线与内标线的自吸系数。根据式(10-6)，分别有

$$I=ac^b \qquad I_0=a_0c_0^{b_0} \tag{10-11}$$

分析线与内标线强度比为 R，称为相对强度

$$R=\frac{I}{I_0}=\frac{ac^b}{a_0c_0^{b_0}} \tag{10-12}$$

式中，内标元素浓度 c_0 为常数；实验条件一定，$K=a/(a_0c_0^{b_0})$ 为常数，则

$$R=\frac{I}{I_0}=Kc^b$$

两边取对数得：

$$\lg R=\lg\frac{I}{I_0}=\lg K+b\lg c \tag{10-13}$$

式(10-13) 是内标法光谱定量分析的基本关系式。由式(10-13) 也可看出相对强度法对试样组成或实验条件的变化都可抵消了。分析方法是以相对强度 R 对浓度作图，即为校准曲线。在 ICP 光源中 b 趋于 1，则 $R=Kc$。

(2) 内标元素与分析线对的选择

内标元素与被测元素在光源作用下应有相近的蒸发性质、相近的激发能与电离能；内标元素若是外加的，必须是试样不含有或含量极少，可以忽略的；分析线对两条线要都是原子线或都是离子线，避免一条是原子线，另一条是离子线。

(3) 摄谱法定量分析内标法的基本关系

摄谱法要将标准样品与试样在同一块感光板上摄谱，求出一系列黑度值，由乳剂特性曲线求出 $\lg I$，再将 $\lg R$ 对 $\lg c$ 作校准曲线进而求出未知元素含量。

如图 10-11 所示，当光强一定的光束投射到谱板未受光处（“无黑度”处）时，其透过光的强度为 I_0，而投射到谱片受光变黑处时，透过光的强度为 I，则谱板受光变黑处（谱线）的透光率 τ 用式(10-14) 定义。

$$\tau=\frac{I}{I_0} \tag{10-14}$$

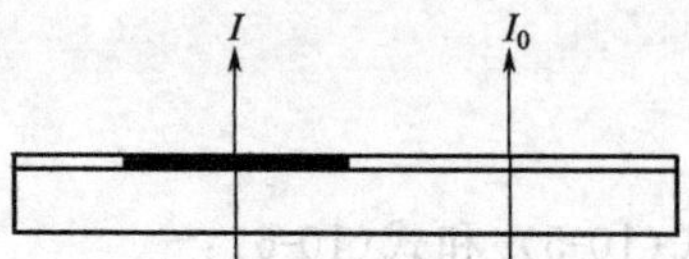

图 10-11　谱板的透光强度示意图

而黑度 S 定义为：

$$S=\lg\frac{1}{\tau}=\lg\frac{I_0}{I} \tag{10-15}$$

光谱分析中的黑度，相当于分光光度法中的吸光度。但在测量时，所测量的面积远较分光光度法的小，故被测量的谱线需经光学放大。另外，只测量谱线对白光的吸收，不必使用单色光源。

乳剂特性曲线是一种表示曝光量 H 的对数与黑度 S 之间关系的曲线。由感光板所得到谱线，不能直接得到元素的发光强度。黑度 S 和曝光量 H 的关系很复杂，不能用简单的数学式表示，而常用图解法表示。以黑度值 S 为纵坐标，曝光量 H 的对数 $\lg H$ 为横坐标作图，所得曲线称为乳剂特性曲线（见图 10-4）。

乳剂特性曲线分为三部分，AB 为曝光不足部分，斜率逐渐增大，即黑度随曝光量增大而缓慢增大。CD 为曝光过度部分，斜率逐渐减小。BC 为曝光正常部分，斜率恒定，黑度随曝光量的变化按比例增加。此时，S 和 $\lg H$ 的关系为：

$$S=\gamma(\lg H-\lg H_i)=\gamma\lg H-i \quad (10\text{-}16)$$

式中，γ为乳剂特性直线部分的斜率，称为感光板乳剂的反衬度，反衬度γ表示曝光量改变时，黑度变化的快慢。γ大，易感光，对微量成分的检测有利；γ小，感光慢，黑度均匀对定量分析有利。$\lg H_i$为直线BC延长至横坐标上的截距，是外推至$S=0$时的曝光量，用i表示；H_i称为感光板乳剂的惰延量，H_i的倒数是感光板乳剂的灵敏度，H_i越大，感光板乳剂越不灵敏。BC在横坐标上的投影bc称为感光板乳剂的展度，在一定程度上，它决定了感光板适用的定量分析含量范围的大小。乳剂特性曲线下部与纵坐标相交的相应黑度S_0称为雾翳黑度。

若分析线与内标线的黑度都落在感光板正常曝光部分，这时可直接用分析线对黑度ΔS与$\lg c$建立校准曲线。选用的分析线对波长比较靠近，此分析线对所在的感光板部位乳剂特性基本相同。分析线黑度S_1、内标线黑度S_2，按式(10-16) 可得：

$$S_1=\gamma_1\lg H_1-i_1 \qquad S_2=\gamma_2\lg H_2-i_2$$

因分析线对所在部位乳剂特性基本相同，故

$$\gamma_1=\gamma_2=\gamma \qquad i_1=i_2=i$$

又曝光量与谱线强度成正比，因此

$$S_1=\gamma\lg I_1-i \qquad S_2=\gamma\lg I_2-i$$

黑度差

$$\Delta S=S_1-S_2=\gamma(\lg I_1-\lg I_2)=\gamma\lg\frac{I_1}{I_2}=\gamma\lg R \quad (10\text{-}17)$$

将式(10-13) 代入式(10-17) 得

$$\Delta S=\gamma b\lg c+\gamma\lg K \quad (10\text{-}18)$$

由式(10-18) 可看出，分析线对黑度值都落在乳剂特性曲线直线部分，分析线与内标线黑度差ΔS与被测元素浓度的对数呈线性关系。式(10-18) 可以作为摄谱法定量分析的依据。

3. 定量分析方法

由于ICP光源的广泛应用，光电直读光谱仪也成了主要的定量分析检测手段，摄谱法已基本上不用于定量分析中。因此，这里介绍的定量分析法只以光电直读为例。

(1) 标准曲线法

这是最常用的方法。在确定的分析条件下，用3个或3个以上含有不同浓度的被测元素的标准系列与试样溶液在相同条件下激发光谱，以分析线强度I对标准样浓度作图，得到一条校准曲线。将试样分析线的强度在校准曲线上查出相应的浓度。

(2) 标准加入法

当测定低含量元素时，基体干扰较大，找不到合适的基体来配制标准试样时，采用标准加入法比较好。方法是取几份相同量试样，其中一份作为被测定的试样，其它几份分别加入不同浓度c_1，c_2，c_3，…，c_i的被测元素的标准溶液。在同一实验条件下激发光谱，然后以分析线强度对标准加入量浓度作图（见图10-12）。被测定的试样中没有加入标准溶液，所以它对应的强度为I_x，试样中被测元素浓度为c_x，将直线I_x点外推，与横坐标相交截距的绝对值即为试样中待测元素浓度c_x。

$$\frac{c_x}{I_x}=\frac{c_1}{I_1} \quad (10\text{-}19)$$

$$c_x=\frac{c_1I_x}{I_1} \quad (10\text{-}20)$$

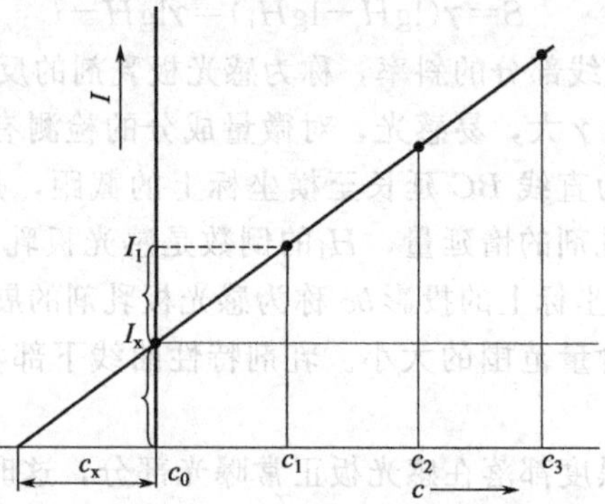

图 10-12　标准加入法曲线

定量分析法使用直读光谱仪，可将各元素校准曲线事先输入到计算机，测定时可直接得到元素的含量。多道光电直读光谱仪带有内标通道。

第五节　原子发射光谱法的应用

原子发射光谱法具有不经过分离就可以同时进行多种元素快速定性定量分析的特点，特别是由于 ICP 光源的引入，因其具有的检出限低、基体效应小、精密度高、灵敏度高、线性范围宽以及多元素同时分析等诸多优点，使原子发射光谱分析法在科学领域及电子、机械、食品工业、钢铁冶金、矿产资源开发、环境监测、生化临床分析、材料分析等方面得到了广泛的应用。例如：岩矿及土壤中元素分析、植物与食品分析、钢铁冶炼过程中的检测、生态和环境保护分析、生化临床分析、材料分析等各个方面。

思考题与习题

1. 原子发射光谱是怎么产生的？
2. 原子发射光谱法的特点是什么？
3. 内量子数 J 的来源是什么？
4. 请简述几种常用光源的工作原理，比较它们的特性以及适用范围，并阐述具备这些特性的原因。
5. 简述 ICP 光源的优缺点。
6. 请比较棱镜摄谱仪、光栅摄谱仪、光电直读光谱仪的色散系统与检测系统的元件组成、工作原理及特点。
7. 请画一条乳剂特性曲线，标出曲线的不同部分及惰延量、反衬度、雾翳黑度，并说明乳剂特性曲线的作用。
8. 解释下列名词：

（1）分析线、共振线、灵敏线、最后线、原子线、离子线。

（2）定量分析内标法中的内标线、分析线对。

9. 光谱定量分析为什么用内标法：简述其原理，并说明如何选择内标元素与内标线，再写出内标法基本关系式。
10. 在下列情况下，应选择什么激发光源？

（1）对某经济作物植物体进行元素的定性全分析；

（2）铁矿石定量全分析；

（3）头发各元素定量分析；

(4) 水源调查和元素定量分析。

11. 选择分析线应依据什么原则?

12. 分析硅青铜中的铅，以基体铜为内标元素，实验测得数据列于下表中。求硅青铜中铅的质量分数（请作图）。

样品编号	w(Pb)/%	黑度 S	
		Pb 287.33nm	Cu 276.88nm
标样 1	0.08	285	293
2	0.13	323	310
3	0.20	418	389
4	0.30	429	384
未知样	x	392	372

13. 用标准加入法测定 SiO_2 中 Fe 的质量分数，Fe 302.06nm 为分析线，Si 302.00nm 为内标线。已知分析线对已在乳剂特性曲线直线部分，测得数据列于下表中。试求 Fe 的质量分数。

Fe 加入量/%	0	0.001	0.002	0.003
ΔS(谱线黑度差)	0.24	0.42	0.51	0.63

第十一章 原子吸收光谱法

第一节 概 述

利用原子吸收分光光度计测量待测元素的基态原子对其特征谱线的吸收程度来确定物质含量的分析方法，称为原子吸收光谱法（atomic absorption spectrophotometry，AAS）或原子吸收分光光度法，简称原子吸收法。

原子吸收法的优点如下。

① 检出限低，灵敏度高 火焰原子吸收法的检出限可达 $ng \cdot mL^{-1}$（$10^{-9}g$），石墨炉原子吸收法可达 $10^{-10} \sim 10^{-14}g$。

② 选择性好 AAS 是基于待测元素对其特征光谱的吸收，谱线数目比 AES 法少得多，谱线干扰少，大多数情况下共存元素对被测定元素不产生干扰，有的干扰可以通过加入掩蔽剂或改变原子化条件加以消除。

③ 精密度和准确度高 由于原子吸收程度受外界因素的影响相对较小，因此一般具有较高的精密度和准确度。火焰原子吸收法测定中等和高含量元素的相对标准偏差可小于1%，其测量精度已接近于经典化学方法。石墨炉原子吸收法的测量精度一般约为3%～5%。

④ 测定元素多 元素周期表中能够用 AAS 测定的元素多达 70 多种。不仅可以测定金属元素，也可以用 AAS 间接测定非金属和有机化合物，如图 11-1 所示。

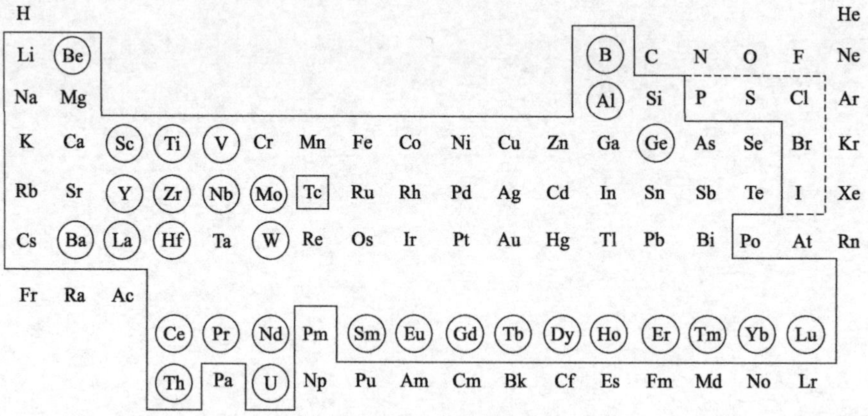

图 11-1 原子吸收法可测定的元素

①实线框表示可直接测定元素；②圆圈内的元素需要高温火焰原子化；③虚线内为间接测定的元素

⑤ 样品用量少、分析速度快 一次测定，只需 10～30μL（石墨炉法）到几毫升（火焰法）样品，几秒钟便可测定一个样品。如用 PE5000 型自动原子吸收光谱仪在 35min 内，能连续测定 50 个试样中的 6 种元素。

原子吸收法的缺点如下。

① 目前大多数仪器都不能同时进行多元素的测定。因为每测定一个元素都需要与之对

应的一个空心阴极灯（也称元素灯），一次只能测一个元素。

② 标准曲线线性范围窄，一般不超过两个数量级。

③ 样品前处理麻烦。

④ 仪器设备价格昂贵。

⑤ 由于原子化温度比较低，对于一些易形成稳定化合物的元素，如 W、Nb、Ta、Zr、Hf、稀土等以及非金属元素，原子化效率低，检出能力差，受化学干扰较严重，所以结果不能令人满意。

⑥ 非火焰的石墨炉原子化器虽然原子化效率高、检测限低，但是重现性和准确度较差。

⑦ 对操作人员的基础理论和操作技术要求较高。

新型多通道原子吸收光谱法虽然在一定程度上解决了一些问题，但价格比较昂贵。另外，对多数非金属元素还不能直接测定。

第二节 原子吸收光谱法的基本原理

一、原子吸收光谱的产生

通常，原子处于基态，当通过基态原子的某辐射线所具有的能量恰好符合该原子从基态跃迁到激发态所需的能量时，该基态原子就会从入射辐射中吸收能量、产生原子吸收光谱。当原子的外层电子从基态跃迁到能量最低的第一电子激发态时，要吸收一定频率的光，这时产生的吸收谱线，称为第一共振吸收线（或主共振吸收线）。原子的能级是量子化的，所以原子对不同频率辐射的吸收也是有选择的。例如基态钠原子可吸收波长为 589.00nm 的光；镁原子可吸收波长为 285.21nm 的光。这种选择性吸收的定量关系服从式(11-1)：

$$\Delta E = h\nu = h\,\frac{c}{\lambda} \tag{11-1}$$

原子由基态跃迁到第一电子激发态所需能量最低，跃迁最容易（此时产生的吸收线称为主共振吸收线或第一共振吸收线），因此大多数元素主共振线就是该元素的灵敏线，也是原子吸收光谱法中最主要的分析线。

二、基态原子与待测元素含量的关系

AAS 是利用待测元素的基态原子对其特征谱线的吸收。那么，基态原子数与待测元素含量之间是什么样的关系呢？

在 AAS 中，一般是将试样在 2000～3000K 的温度下进行原子化，其中大多数化合物被蒸发、解离，使元素转变为原子状态，包括激发态原子和基态原子。根据热力学原理，在温度 T 一定，并达到热平衡时，激发态原子数 N_j 与基态原子数 N_0 的比值服从玻耳兹曼分布规律：

$$\frac{N_j}{N_0} = \frac{g_j}{g_0}e^{-\Delta E/kT} \tag{11-2}$$

在原子光谱中，由元素谱线的波长即可知道相应的 g_j/g_0 和 ΔE，可以计算出一定温度下的 N_j/N_0 比值，表 11-1 列出四种元素在不同温度下的 N_j/N_0 值。

由式(11-2) 和表 11-1 可以看出，对同种元素，温度越高，N_j/N_0 值越大；温度一定时，电子跃迁的能级差越小的元素，形成的激发态原子就越多，N_j/N_0 值就越大。AAS 通常的温度在 2000～3500K 之间，待测元素的灵敏线大多分布在 200～500nm 范围内。N_j/N_0

值一般在 10^{-3} 以下，即激发态原子数不足 0.1%，因此可以把基态原子数 N_0 看作是吸收光辐射的原子总数。如果待测元素的原子化效率保持不变，则在一定浓度范围内基态原子数 N_0 即与试样中待测元素的浓度 c 呈线性关系，即

$$N_0 = K'c \tag{11-3}$$

表 11-1　四种元素共振线的 N_j/N_0 值

元素	共振线/nm	g_j/g_0	激发能/eV	N_j/N_0		
				2000K	3000K	5000K
Cs	852.11	2	1.460	4.44×10^{-4}	7.42×10^{-3}	6.82×10^{-2}
Na	589.01	2	2.104	9.86×10^{-6}	5.83×10^{-4}	1.51×10^{-2}
Ca	422.67	3	2.932	1.22×10^{-7}	3.55×10^{-5}	3.33×10^{-3}
Zn	213.86	3	5.759	7.45×10^{-15}	5.50×10^{-10}	4.32×10^{-4}

由此可以看出，激发态原子数受温度的影响大，而基态原子数受温度影响小，所以 AAS 法的准确度优于 AES 法，基态原子数远大于激发态原子数，因此 AAS 法的灵敏度高于 AES 法。

三、原子吸收谱线的轮廓与变宽

AAS 线并非一条严格意义上的几何线，它是具有一定宽度和轮廓（形状），占据一定频率范围的光谱线。由于其宽度很窄，一般难以看清其形状，习惯上称之为谱线。表示 AAS 线轮廓的特征量是吸收线的特征频率 ν_0（波长 λ_0）和宽度，特征频率 ν_0（波长 λ_0）是指极大吸收系数 K_0 所对应的频率（波长）。吸收线的宽度是指极大吸收系数一半 $K_0/2$ 处吸收线轮廓间的频率（波长）差，又称为半宽度，常以 $\Delta\nu$（$\Delta\lambda$）表示。图 11-2 为吸收系数 K_ν 随频率 ν 的变化情况，即 AAS 线的轮廓。

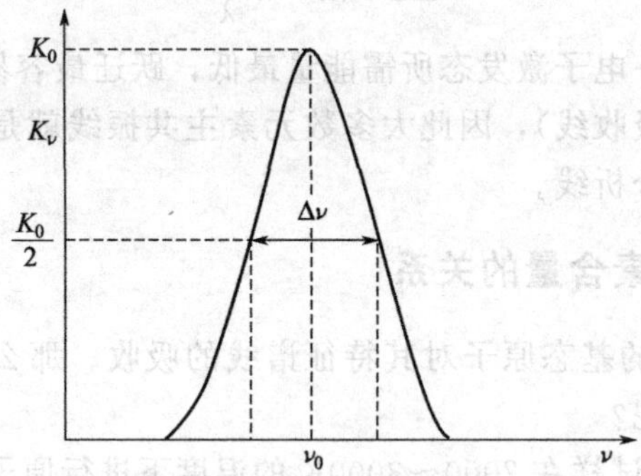

图 11-2　原子吸收线的轮廓

AAS 线的宽度受多种因素影响，其中主要有自然宽度、热变宽和压力变宽。

1. 自然宽度（$\Delta\nu_N$）

在无外界影响时，谱线的宽度称自然宽度。自然宽度与激发态原子的平均寿命有关，寿命越长，宽度越小，一般约为 10^{-5}nm。

2. 热变宽（$\Delta\nu_D$）

它是由原子不规则的热运动引起的。在原子蒸气中，原子处于杂乱无章的热运动状态，当趋向光源方向运动时，原子将吸收频率较高的光波；当背离光源方向运动时，原子将吸收频率较低的光波，相对于特征频率而言，既有紫移（向高频方向移动），又有红移（向低频

方向移动），这种现象称为热变宽或多普勒（Doppler）变宽（$\Delta\nu_D$）。其范围一般在 $1\times10^{-3}\sim5\times10^{-3}$ nm 之间，其影响因素可用下式表示：

$$\Delta\nu_D=\frac{2\nu_0}{c}\sqrt{\frac{2RT\ln2}{A}}=7.162\times10^{-7}\nu_0\sqrt{\frac{T}{A}} \tag{11-4}$$

式中，R 为气体常数；A 为吸光原子的原子量；c 为光速；T 为热力学温度；ν_0 为极大吸收频率。

上式表明，多普勒变宽与热力学温度的平方根成正比，与吸收质点的原子量的平方根成反比。原子量越小，温度越高，变宽程度就越大。

3. 压力变宽（$\Delta\nu_L$）

吸收原子与外界气体分子之间的相互作用引起的变宽，称为压力变宽。它是由于碰撞使激发态寿命变短所致。压力变宽包括洛伦兹（Lorents）变宽 $\Delta\nu_L$ 和赫尔兹马克（Holtsmark）变宽 $\Delta\nu_H$ 两种。前者指待测原子与其它粒子相互碰撞而产生的变宽；后者是指待测原子之间相互碰撞而产生的变宽，也称为共振变宽。共振变宽只有在待测元素浓度很高时才会出现，在通常条件下可忽略不计。因此，AAS 谱线的变宽仅取决于洛伦兹变宽。其变宽程度由下式决定。

$$\Delta\nu_L=2N_A\sigma^2p\sqrt{\frac{2}{\pi RT}\left(\frac{1}{A}+\frac{1}{M}\right)}\cdot\nu_0 \tag{11-5}$$

式中，N_A 为阿佛伽德罗常数（6.02×10^{23}）；σ 为吸光原子与外来粒子间碰撞的有效截面积；p 为外界气体压力；A 为吸光原子的原子量；M 为外界气体分子的分子量。

由式(11-5) 可以看出，洛伦兹变宽随外界气体压力、碰撞粒子的有效截面积的增加而增大；随温度、外界分子、吸光原子原子量的增大而减小。在空心阴极灯内，气体的压力很低，洛伦兹变宽可以忽略不计，但在产生吸收的原子蒸气中，因为火焰中外来气体的压力较大，洛伦兹变宽不可忽略。

4. 自吸变宽

由自吸现象而引起的谱线变宽称为自吸变宽。光源（空心阴极灯）发射的共振线被灯内同种基态原子所吸收，从而导致与发射光谱线类似的自吸现象，使谱线的半宽度变大。灯电流愈大，产生热量愈大，有的阴极元素则较易受热挥发，且阴极被溅射出的原子也愈多，有的原子没被激发，所以阴极周围的基态原子也愈多，自吸变宽就愈严重。

5. 场致变宽

场致变宽主要是指在磁场或电场存在下，会使谱线变宽的现象。若将光源置于磁场中，则原来表现为一条的谱线，会分裂为两条或以上的谱线（$2J+1$ 条，J 为光谱项符号中的内量子数），这种现象称为塞曼（Zeeman）效应，当磁场影响不很大、分裂线的频率差较小、仪器的分辨率有限时，表现为宽的一条谱线；光源在电场中也能产生谱线的分裂，当电场不是十分强时，也表现为谱线的变宽，这种变宽称为斯塔克（Stark）变宽。

在通常 AAS 实验条件下，吸收线的轮廓主要受多普勒和洛伦兹变宽影响。对火焰原子吸收，$\Delta\nu_L$ 为主要变宽，而对石墨炉原子吸收，$\Delta\nu_D$ 为主要变宽；两者具有相同数量级，一般为 10^{-3} nm。

四、原子吸收线的测量

为了测定原子线中吸收原子的浓度，提出了以下方法。

1. 积分吸收法

由原子吸收谱线的轮廓与变宽可知，原子的发射线与吸收线本身都是具有一定宽度（频率）范围的谱线，只要对发射线中被吸收掉的部分进行准确测量，就是求算吸收曲线所包含的整个吸收峰面积的方法，即求积分吸收的方法，即可求得原子浓度。积分吸收与火焰中基态原子数的关系，由下列方程式表示：

$$\int K_\nu \mathrm{d}\nu = \frac{\pi e^2}{mc} N_0 f = aN_0 \tag{11-6}$$

式中，K_ν 为吸收系数；e 为电子电荷；m 为电子质量；c 为光速；N_0 为单位体积原子蒸气中吸收辐射的基态原子数，亦即基态原子密度；f 为振子强度，代表每个原子中能够吸收或发射特定频率光的平均电子数，在一定条件下对一定的元素，f 可视为一定值，因此 a 为一常数。

由上式可见，积分吸收与单位体积原子蒸气中吸收辐射的基态原子数 N_0 呈线性关系，而与频率无关，只要测得积分吸收值，即可求得 N_0，再根据 N_0 与待测物中原子总数 N 以及待测物浓度 c 的关系，即可求出待测物的绝对含量，不需与标准比较。

而事实上，由于原子吸收谱线的宽度仅有 10^{-3}nm，要在这样狭窄的范围内准确测量积分吸收，一方面需要分辨率极高的单色器，制造这种单色器尚存在着技术上的困难；另一方面，即使制造出这种单色器，采用普通分光光度法所用的传统光源（氘灯、钨灯等连续光源），测定积分吸收也是行不通的。原因是原子吸收光谱法采用氘灯、钨灯等连续光源经单色器分光后，分出的是相对单色的光谱带。而在原子吸收光谱分析中，该辐射通过带有普通单色器的原子吸收分光光度计（狭缝最小可调至 0.10mm）后，分离所得的通带宽度约为 0.2nm，而吸收该谱线的原子吸收谱线宽度约为 10^{-3}nm（如图 11-3 所示），吸收前后，入射光的强度减小仅为 0.5%（即 0.001/0.2×100%），与一般仪器分析的误差相近，不可能精确测定。这也是原子吸收光谱现象早在一百多年前已被发现，但一直不能用于测量分析的原因。

2. 极大（峰）值吸收

由于积分吸收测量的困难，于是 1955 年 A. Walsh 提出了采用锐线光源作为辐射源测量谱线的极大吸收（或峰值吸收）来代替积分吸收，从而解决了原子吸收测量的困难。

因为在通常的原子吸收分析条件下，若吸收线的轮廓主要取决于多普勒变宽，则峰值吸收系数 K_0 与基态原子数 N_0 之间存在如下关系：

$$K_0 = \frac{2\sqrt{\pi \ln 2}}{\Delta\nu_{\mathrm{D}}} \frac{e^2}{mc} N_0 f \tag{11-7}$$

需要指出的是，实现峰值吸收测量的条件是光源发射线的半宽度应明显地小于吸收线的半宽度，且通过原子蒸气的发射线的中心频率恰好与吸收线的中心频率 ν_0 相重合。若是 AAS 法采用氘灯、钨灯等连续光源经单色器分光后，分出的是相对单色的光谱带。要达到能分辨半宽度为 10^{-3}nm、波长为 500nm 的谱线，按照分辨率 $R=\lambda/\Delta\lambda$ 计算，需要有分辨率高达 50×10^4 的单色器，这在目前的技术条件下还十分困难。

锐线光源就是能辐射出谱线宽度很窄的原子线光源，该光源的使用不仅可以避免采用分辨率极高的单色器，而且使吸收线和发射线变成了同类线，强度相近，吸收前后发射线的强度变化明显，测量能够准确进行。

为了使通过原子蒸气的发射线特征（极大）频率恰好能与吸收线的特征（极大）频率相一致，通常用待测元素的纯物质作为锐线光源的阴极，使其产生发射，这样发射物质与吸收物质为同一物质，产生的发射线与吸收线特征频率完全相同，可以实现峰值吸收，见图 11-4。

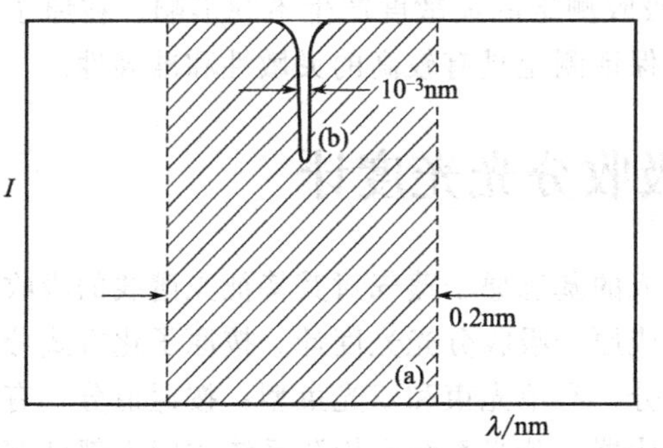

图 11-3 连续光源（a）与原子吸收线（b）的通带宽度示意图

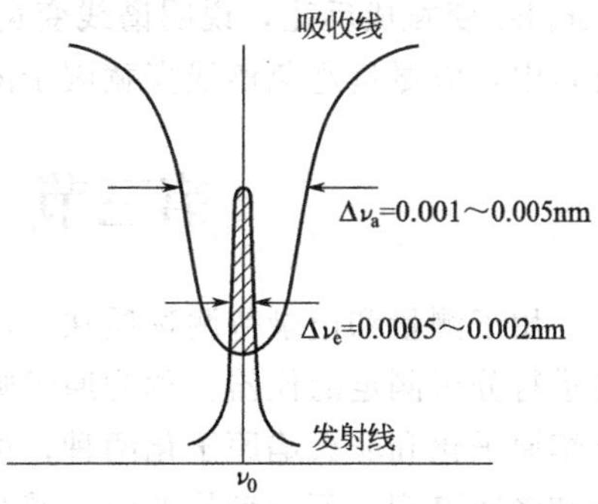

图 11-4 峰值吸收测量示意图
（阴影部分表示被吸收的发射线）
ν_0—中心频率；$\Delta\nu_e$—发射线半峰宽；
$\Delta\nu_a$—吸收线半峰宽

当频率为 ν、强度为 I_0 的平行光，通过长度为 L 的基态原子蒸气时，基态原子就会对其产生吸收，使透射光 I 的强度减弱。根据朗伯-比尔定律：

$$I=I_0 e^{-K_\nu L} \tag{11-8}$$

或

$$A=\lg\frac{I_0}{I}=\lg e\cdot K_\nu L=0.434K_\nu L$$

当在原子吸收线中心频率附近一定频率范围 $\Delta\nu$ 测量时：

$$I_0=\int_0^{\Delta\nu} I_0\,d\nu$$

$$I=\int_0^{\Delta\nu} I_\nu\,d\nu=\int_0^{\Delta\nu} I_0 e^{-K_\nu L}\,d\nu$$

由于使用锐线光源，$\Delta\nu$ 很小，可以近似地认为吸收系数在 $\Delta\nu$ 内不随频率 ν 而改变，并以中心频率处的峰值吸收系数 K_0 来表征原子蒸气对辐射的吸收特性，则吸光度 A 为

$$A=\lg\frac{I_0}{I}=\lg\frac{\int_0^{\Delta\nu} I_0\,d\nu}{e^{-K_\nu L}\int_0^{\Delta\nu} I_0\,d\nu}=0.434K_0L$$

将式(11-7) 代入该式，得到

$$A=0.434\,\frac{2\sqrt{\pi\ln 2}}{\Delta\nu_D}\frac{e^2}{mc}N_0 fL \tag{11-9}$$

在通常的原子吸收测定条件下，原子蒸气中基态原子数 N_0 近似地等于总原子数 N。在实际工作中，要求测定的并不是蒸气相中的原子浓度，而是被测试样中的某元素的含量。当在给定的实验条件下，被测元素的含量 c 与蒸气相中原子浓度 N 之间保持一稳定的比例关系时，有

$$N=bc \tag{11-10}$$

式中，b 是与实验条件有关的比例常数。因此上式可以写为

$$A=0.434\,\frac{2\sqrt{\pi\ln 2}}{\Delta\nu_D}\frac{e^2}{mc}fLbc \tag{11-11}$$

当实验条件一定时，式(11-11) 右边除 c 以外均为常数，上式可以简写为

$$A=Kc \tag{11-12}$$

由式(11-11) 可知，在特定条件下，吸光度 A 与待测元素的浓度 c 呈线性关系；A 与

Doppler 变宽成反比，说明谱线变宽会对原子吸收测定的灵敏度产生不利影响。在原子吸收测量中，应尽量避免谱线变宽因子的影响，以保证测定具有较高的灵敏性和准确性。

第三节　原子吸收分光光度计

用于测量和记录待测物质在一定条件下形成的基态原子蒸气对其特征光谱线的吸收程度并进行分析测定的仪器，称为原子吸收光谱仪或原子吸收分光光度计。按原子化方式分，有火焰原子化和非火焰原子化两种；按入射光束分，有单光束和双光束型；按通道分，有单通道和多通道型。不论型号如何，其光源、原子化器、分光系统和检测系统这四大部件都是必不可少的。其基本结构见图 11-5。

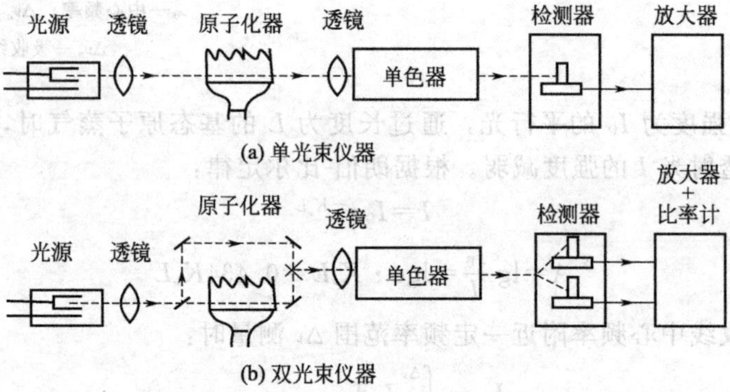

图 11-5　火焰原子吸收分光光度计示意图

一、光源

AAS 光源的作用是发射待测元素的特征谱线，为了测定待测元素的极大吸收，必须使用待测元素制成的锐线光源。AAS 分析对锐线光源的要求如下。

① 锐线光源，即 $\Delta\nu_e \ll \Delta\nu_a$。

② 辐射应有足够的强度，以保证有足够高的信噪比。

③ 辐射应有足够的稳定性。

④ 光谱纯度要高，在光源通带内无其它干扰光谱。

⑤ 操作维护方便，使用寿命长。

符合条件的锐线光源主要有蒸气放电灯、无极放电灯和空心阴极灯。由于空心阴极灯的光谱区域比较宽广，从红外、紫外到真空紫外区均有谱线，且锐线明晰、发光强度大、输出光谱稳定、结构简单、操作方便，因此获得了广泛的应用。空心阴极灯辐射特性受灯电流影响较大。

1. 空心阴极灯（HCL）——**使用中最常见的光源**

空心阴极灯是由玻璃管制成的封闭着低压惰性气体的放电管，主要是由一个阳极（钨棒）和一个空心阴极（用以发射谱线的金属或合金）组成，光窗由石英材料制成，如图11-6所示。

空心阴极灯主要用来提供被测元素的锐线光谱。用于原子吸收光谱的空心阴极灯发射的光谱必须足够纯净、噪声低，辐射强度达到线性校正要求。

工作原理：

当空心阴极灯通过内部的低压气体在两个电极之间产生放电现象时，阴极会受到带电气

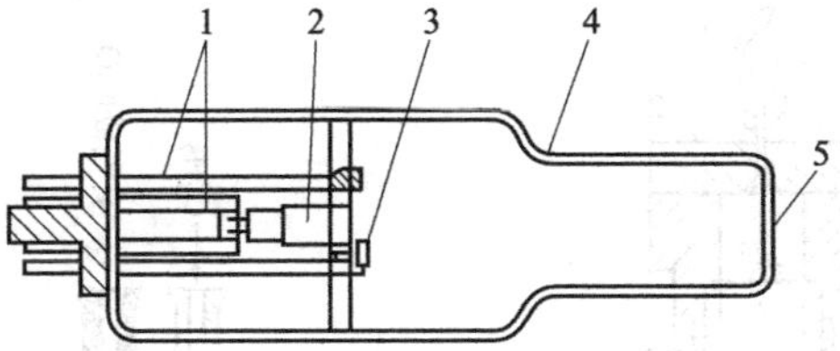

图 11-6　空心阴极灯示意图

1—电极支架；2—空心阴极；3—阳极；4—玻璃管；5—光窗

体离子（也就是带正电荷的充入气体的离子）的轰击。这些离子的能量非常强，以至于可以促使阴极材料的原子从表面脱离或溅射出来。溅射出来的离子还会与其它高能的物质相互碰撞。碰撞的结果导致能量转移，金属原子跃迁至激发态。由于激发态不稳定，原子会自发回到基态，同时发射出特定波长的共振线。很多元素都具有多条共振线供分析使用。

除了空心阴极灯外，还有以下几种常见光源。

2. 高性能空心阴极灯

高性能空心阴极灯的发射强度大，测定灵敏度高，检出限较低，稳定性好，可减少邻近线光谱干扰，可以使用较大光谱通带，使用寿命长，工作曲线线性范围扩大。

3. 多元素灯

多元素灯最多可由六种不同元素组成。这些元素通过合金粉末制成阴极。这类灯使用方便，但也有自身的局限性。并不是所有的多元素混合物都可以使用，因为某些元素的发射线太接近以至于相互干扰。多元素灯使用条件一般与单元素灯不同，需要用户仔细摸索。得益于校正曲线的线性优势，单元素灯的分析结果一般要优于多元素灯，故多元素灯的应用较少。

二、原子化器

原子化器（atomizer）是将试样中的待测元素转化为基态原子，以便对光源发射的特征光进行吸收的装置。原子化器的性能将直接影响测定的灵敏度和测定的重现性，要求具备原子化效率高、噪声低、记忆效应小等特性。

1. 火焰原子化器（flame atomizer）

由雾化器、预混合室、燃烧器和供气系统四部分组成，如图 11-7 所示。

试样经喷雾器喷雾形成雾珠，较大的雾珠在预混合室内经撞击球撞击成为较小的雾珠（约 10μm），未撞击到的大雾珠经冷凝后沿废液管流出。较小的雾珠在预混合室内与燃气、助燃气混匀后，一起进入燃烧器燃烧，形成层流火焰，预混合型原子化器试样利用率较低（雾化率约为 10%～15%），但火焰稳定、干扰少，应用较普遍。

试样中待测元素的原子化过程如图 11-8 所示。

火焰温度是影响原子化程度的重要因素。温度过高，会使试样原子激发或电离，基态原子数减少，吸光度下降。温度过低，不能使试样中盐类解离或解离率太小，测定的灵敏度也会受到影响，如果试液中存在未解离分子的吸收，干扰就会更大。必须根据实际选择合适的火焰温度。一般易挥发、易电离的化合物，如 Pb、Cd、Zn、Sn、碱金属、碱土金属等化合物宜选用低温火焰，而难挥发、易生成难解离氧化物的元素，如 Al、V、Mo、Ti、W 等宜选用高温火焰。

常用火焰的燃烧特性如表 11-2 所示。常用燃气和助燃气体的适用范围如下。

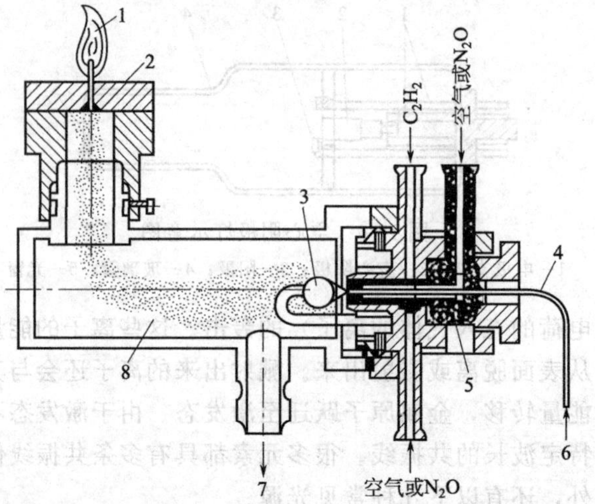

图 11-7　火焰原子化器示意图

1—火焰；2—喷灯头；3—撞击球；4—毛细管；5—喷雾器；6—试液进口；7—废液管；8—预混合室

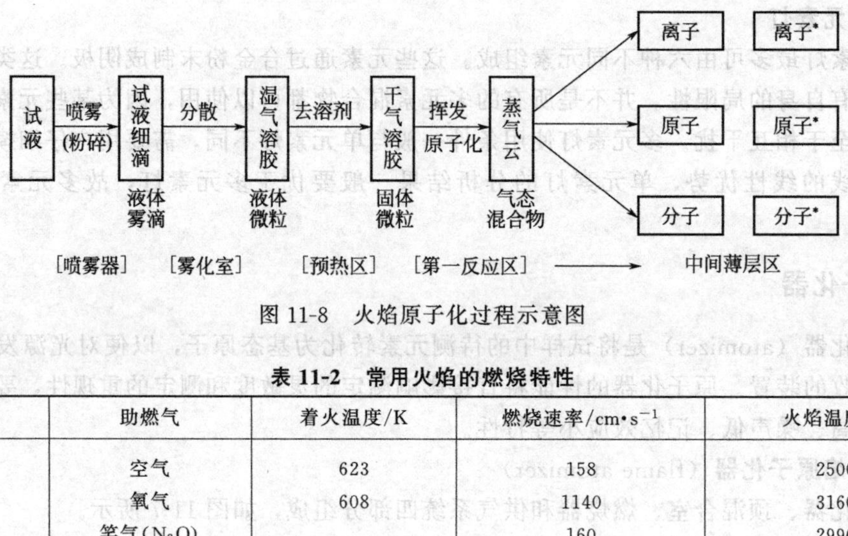

图 11-8　火焰原子化过程示意图

表 11-2　常用火焰的燃烧特性

燃气	助燃气	着火温度/K	燃烧速率/cm·s^{-1}	火焰温度/K
乙炔	空气	623	158	2500
	氧气	608	1140	3160
	笑气(N_2O)		160	2990
氢气	空气	803	310	2318
	氧气	723	1400	2933
	笑气		390	2880
	氩气			1843
丙烷	空气	510	82	2198
	氧气	490		3123
丁烷	空气	490	82.6	2168
	氧气	460		3173

① 空气-乙炔火焰是应用最广的火焰，火焰温度可达 2500℃，可以测定 30 多种元素。使用乙炔气体时，禁止乙炔与铜接触，否则生成乙炔铜，它是一种引爆剂！一般乙炔钢瓶内溶解有丙酮，加有活性炭，所以到一定压力时（0.1MPa），就不能再用了，否则丙酮会流进火焰，使火焰不稳定、噪声增大。但空气-乙炔火焰在短波处吸收大，对灵敏线在紫外区的

元素，如 Cd、Zn、Pb、As、Se 等不宜选用。

② 笑气（氧化亚氮）-乙炔火焰的温度高，2900℃，可分析 70 多种元素，但安全性差，且噪声大、背景大。它有很强的还原性，常用于测定 B、Si、Al、W、Be、Ti、V、Re 等元素。

③ 空气-氢气火焰温度较低，但在短波区吸收最小，适用于共振线在 230nm 以下的元素测定，如 Cd、Zn、Pb、As、Se、Sn 等。

(1) 空气-乙炔焰（0.5mm×100mm 燃烧器）

根据助燃比，分为以下三种火焰类型。

① 化学计量火焰　燃气与助燃气之比（简称燃助比）为 1∶4，与化学反应计量关系相近，又称为中性火焰。此火焰温度高、稳定、干扰小、背景低。

② 富燃火焰　燃助比约为 1∶3，又称还原性火焰。火焰发亮呈黄色，燃烧高度较高，层次模糊，温度稍低，噪声较大，适合于易形成难离解氧化物元素的测定。由于燃气大于化学计量关系，燃烧不完全，其中含有较丰富的中间反应物，如 CN、CH 和 C 等呈还原性气氛，因此对一些难熔氧化物的原子化有一定帮助作用。如：

$$MO+C \longrightarrow M+CO$$

$$MO+CN \longrightarrow M+N+CO$$

$$MO+CH \longrightarrow M+C+OH$$

③ 贫燃火焰　燃助比约为 1∶6，又称氧化性火焰，即助燃气大于化学计量的火焰。火焰清晰不发亮，燃烧高度较低。燃烧充分，火焰呈蓝色，温度较高，氧化性较强，适合于易离解、易电离元素的原子化，如碱金属等。

火焰原子化的优点是操作简便，重现性好，有效光程大，对大多数元素有较高灵敏度，因此应用广泛。但不足之处是喷雾气体对试样的稀释严重，待测元素易受燃气和火焰周围空气的氧化生成难溶氧化物，使原子化效率降低，灵敏度不够高，而且一般不能直接分析固体样品。火焰区域示意图见图 11-9。

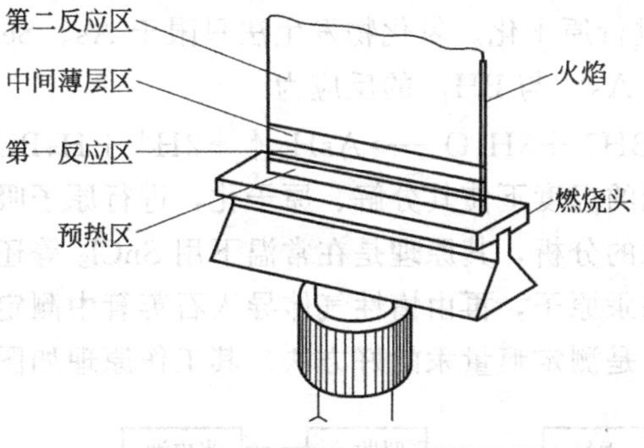

图 11-9　火焰区域示意图

(2) 笑气-乙炔火焰（0.5mm×50mm 燃烧器）

这种火焰的温度可达 2950℃，接近氧气-乙炔火焰（约 3000℃），可以用来测定那些易形成难熔氧化物的元素。

2. 石墨炉原子化器（graphite furnace atomizer）

石墨炉原子化器（见图 11-10）通常是用一个长约 15～30mm、外径 8～9mm、内径 4～6mm 的石墨管制成，管上留有直径为 1～2mm 的小孔以供注射试样和通惰性气体之用。管两端有可使光束通过的石英窗和连接石墨管的金属电极。通电后，石墨管迅速发热，使注入

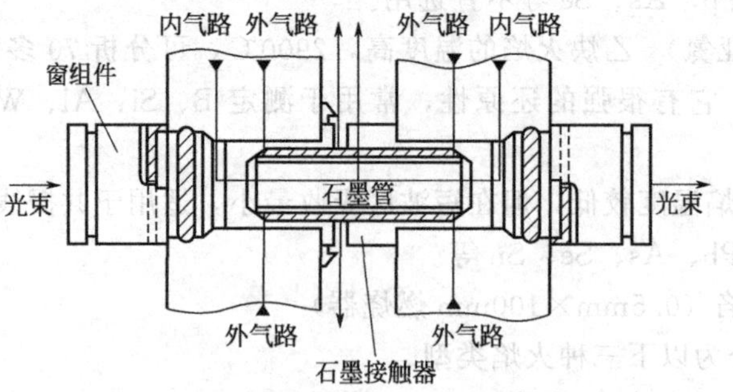

图 11-10　石墨炉原子化器示意图

的试样蒸发和原子化。为了保护管体，管外设计有水冷外套。管上小孔通入的惰性气体如 N_2、Ar 等可使已形成的基态原子和石墨管本身不被氧化。

测定时，先在 90～120℃干燥试样；再升到 300～1800℃灰化试样；然后升到 1800～2700℃，在短时间内将待测元素高温原子化，并记录吸光度值；最后升到比原子化温度高 10%左右，使管内遗留的待测元素残渣挥发掉，消除其对下一试样产生的记忆效应，即清残。

石墨炉原子化器的原子化效率高（接近 100%），气相中基态原子浓度比火焰原子化器高数百倍，且基态原子在光路中的停留时间更长，因而灵敏度高得多，特别适用于低含量样品分析，取样量少，能直接分析液体和固体样品。但石墨炉原子化器操作条件不易控制，背景吸收较大，重现性、准确性均不如火焰原子化器，且设备复杂、费用较高。

3. 低温原子化技术

低温原子化技术包括氢化物发生法和冷原子化法。

氢化物发生法，是利用某些待测元素易生成熔沸点均低于 273K，且加热易分解的共价氢化物这一特性，用 $NaBH_4$（或 KBH_4）等强还原剂将试样中待测元素还原为共价分子型氢化物，接着用惰性气体导入 T 形电热石英管原子化器（也有导入氩-氢火焰原子化器）中，在低于 1000℃的温度下进行原子化。氢化物发生法只限于 As、Se、Sb、Te、Ge、Sn、Pb、Bi 等元素的分析。例如，As^{3+} 与 BH_4^- 的反应为

$$As^{3+}+BH_4^-+3H_2O \longrightarrow AsH_3\uparrow+2H^++H_3BO_3+H_2\uparrow$$

生成的 AsH_3 在较低的温度下使其分解、原子化，进行原子吸收的测定。

冷原子化法只限于汞的分析，其原理是在常温下用 $SnCl_2$ 等还原剂将酸性试液中的无机汞化合物直接还原为气态汞原子，再由惰性气体导入石英管中测定，不必加热。此种方法的灵敏度和准确度都很高，是测定痕量汞的好方法。其工作原理如图 11-11 所示。

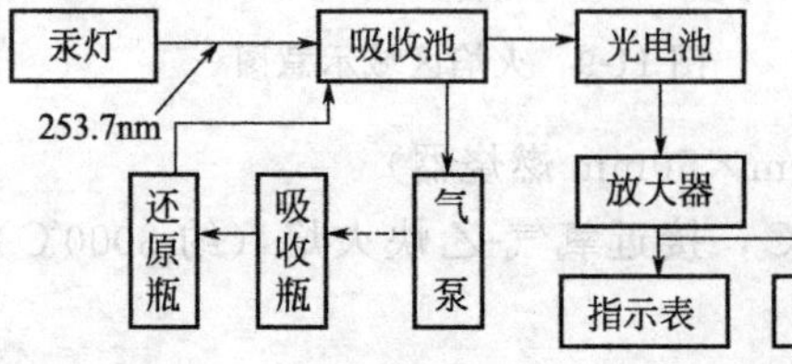

图 11-11　冷原子吸收测汞仪工作流程图

低温原子化技术本身就是一个分离富集过程，灵敏度比火焰原子化技术高得多，但精密度低于火焰原子化技术，且应用范围很有限。

三、分光系统

空心阴极灯发射的待测元素特征谱线不只一条，测定时只选其中一条作为分析线。分光系统的作用就是将待测元素的分析线与干扰线分开，使检测系统只接受分析线。

分光系统主要由入射狭缝、反射镜、色散元件（光栅）和出射狭缝等组成。光源发出的特征光经第一透镜聚集在待测原子的蒸气时，部分被基态原子吸收，透过部分经第二透镜聚集在单色器的入射狭缝，经反射镜反射到单色器上进行色散后，再经出射狭缝，反射到检测器上。

分光系统的分辨能力取决于色散元件的色散率和狭缝宽度。对光栅而言，色散本领常用线色散率的倒数表示，即 $D=\frac{d\lambda}{dl}$。其含义是在单色器焦面上每毫米距离内所含的波长数（单位：$nm \cdot mm^{-1}$）。此值愈小，色散率愈大。狭缝的宽度 S（mm）与色散率倒数的乘积称为单色器的光谱通带 W，即通过单色器出射狭缝的光束的波长宽度。其数学表达式为：

$$W=DS \tag{11-13}$$

对具体仪器来说，色散元件的色散率已固定。此时的分辨能力仅与仪器的狭缝宽度有关。减小狭缝宽度，可提高分辨能力，有利于消除干扰谱线。但狭缝宽度太小，会导致透过光强度减弱，分析灵敏度下降。一般狭缝宽度调节在 0.1～2mm 之间。对干扰谱线较少的元素，可适当采用较宽的狭缝；而对多谱线元素如 Fe、Ni 以及稀土元素等复杂谱线的元素或存在连续背景时，宜采用较窄狭缝。

四、检测系统

AAS 检测系统是由光电转换器、放大器和显示器组成，它的作用就是把单色器分出的光信号转换为电信号，经放大器放大后以吸光度的形式显示出来。

(1) 光电倍增管（PMT）检测器

原子吸收光谱仪中广泛使用的检测器是光电倍增管。其结构原理见第七章，图 7-13。

(2) 放大器与显示器

光源发出的特征光经原子化器和单色器后已经很弱，虽然通过光电倍增管放大，往往还不能满足测量要求，需要进一步放大才能在显示器上显示出来。原子吸收常用同步解调放大器。它既有放大的作用，又能滤掉火焰发射以及光电倍增管暗电流产生的无用直流信号，从而有效地提高信噪比。

而较先进的原子吸收显示器一般同时具有显示、浓度直读、自动校准、微机处理数据和打印报告等功能。

五、测定条件选择

1. 分析线

原子吸收分析线的选择应从灵敏度高、干扰少两方面考虑，大多数分析线选用主共振线，因为主共振线具有激发能量低、测定灵敏度高等特点。如果某分析线附近有其它光谱干扰时，宁选灵敏度稍低的谱线作分析线。如测定 Ni 时，232.0nm 附近常有 231.98nm、232.14nm、232.6nm 三条吸收性较差的干扰线，即是使用很窄的光谱通带，也难于将它们完全分开。为了避免干扰，常选用灵敏度稍差的 341.48nm 作分析线。分析线的选择，还会受到背景吸收的限制。例如，测定铅时，用 Pb 217.0nm 灵敏分析线时，背景吸收较大。一般多选用次灵敏线 Pb 283.3nm 作分析线。当最灵敏的分析线受到较大干扰，难于保证测定的准确度时，应采用次灵敏线以避免干扰。

适宜的分析线一般是由实验确定的。具体方法为：首先扫描空心阴极灯的发射光谱，了解有几条可供选择的谱线，然后喷入相应的溶液，观察这些谱线的吸收情况，选用吸光度最大的谱线为分析线。原子吸收常用的分析线可查阅有关书籍和手册。

2. 灯电流

一般来说，灯电流值越小测定的灵敏度越高，灯的寿命也更长。但灯电流过小，放电不稳定，故光谱输出不稳定，且光强变小；灯电流过大，发射谱线变宽，导致灵敏度下降。选用灯电流的一般原则是，在保证有足够强且稳定的光强输出条件下，尽量使用较低的工作电流。在具体分析工作中，最适宜的工作电流由实验确定。具体做法如下：

① 选择适当浓度的待测元素的标准溶液，使其吸光度在 0.1～0.4 之间；

② 空心阴极灯预热稳定后（约需 10～30min），以 0.2～1mA 的步幅改变灯电流，测定吸光度；

③ 绘制吸光度-灯电流曲线，选取吸光度高的灯电流作为工作电流。

3. 狭缝宽度

狭缝宽度影响光谱通带与检测器接收辐射的能量。狭缝宽度的选择要能使吸收线与邻近干扰线分开。当有干扰线进入光谱通带内时，吸光度值将立即减小。不引起吸光度减小的最大狭缝宽度为应选择的合适的狭缝宽。

在原子吸收分析中，谱线重叠的概率较小，因此，可以使用较宽的狭缝，以增加光强与降低检出限。在实验中，也要考虑被测元素谱线的复杂程度。碱金属、碱土金属谱线简单，可选择较大的狭缝宽度；过渡元素与稀土元素等谱线比较复杂，要选择较小的狭缝宽度。这样不仅能够提高分析灵敏度，而且标准曲线的线性也会得到明显的改善。

4. 火焰原子化条件的选择

① 火焰类型和特性　火焰是原子蒸气吸收光的介质，分析不同的元素，需要不同的火焰温度。火焰温度取决于火焰的种类及燃气和助燃气的配比。对低、中温元素，使用空气-乙炔火焰；对高温元素，宜采用氧化亚氮-乙炔高温火焰；对分析线位于短波区（200nm 以下）的元素，使用空气-氢气火焰比较合适。对于确定类型的火焰，稍富燃的火焰是有利的。不易生成稳定氧化物的元素如 Cu、Mg、Fe、Co、Ni 等，用化学计量火焰或贫燃火焰也是可以的。为了获得所需特性的火焰，需要调节燃气与助燃气的比例，以达到吸光度最大的火焰配比为最佳燃助比。

② 燃烧器高度的选择　在火焰区内，自由原子的空间分布是不均匀的，且随火焰条件而改变，因此，应调节燃烧器的高度，使来自空心阴极灯的光束从自由原子浓度最大（即吸光度最大）的火焰区域通过，以期获得高的灵敏度。

③ 试液提升量的选择　试液提升量与毛细管内径的 4 次方和压强差成正比，与黏度、毛细管长度成反比，应选择适当的提升量。其具体方法是在合适的燃烧器高度下，调节毛细管出口的压力（即毛细管出口位于喷嘴的前后位置）以改变进样速率，达到最大吸光度值的进样量即为合适的试样用量。

进样量过大不仅浪费试液，而且会对火焰产生冷却作用。进样量太少则到达火焰中的原子总数减少，基态原子数降低，吸收信号弱，灵敏度也降低。实际应用中，应测定吸光度随进样量的变化，达到最满意的吸光度的进样量，即为应选择的进样量。但由于将提升量调整后难以再恢复到原来的最佳位置，因此，国产仪器多数安装了固定提升量的高效玻璃雾化器，免于调整。

5. 石墨炉原子化条件的选择

石墨炉原子化法与火焰原子化不同，采用程序升温方式进行原子化，原子化曲线是一条具有峰值的曲线。它的主要特点是：

① 升温速度快，最高升温速率可达 2000～3000℃·s^{-1}，适用于高温及稀土元素的分析；

② 绝对灵敏度高，原子化效率高，试样雾化率达 100%，原子的平均停留时间通常比火焰中相应的时间长约 10^3 倍，一般元素的绝对灵敏度可达 10^{-9}～10^{-12}g；

③ 可分析的元素比较多；

④ 所用的样品少，对分析某些取样困难、价格昂贵、标本难得的样品非常有利。

⑤ 石墨炉原子化法存在分析速度慢、分析成本高、基体干扰严重，需要加基体改进剂，试样组成不均匀性的影响较大，测定精密度较低等缺点。共存化合物的干扰比火焰原子化法大，背景干扰比较严重，一般都需要校正背景。

石墨炉分析有关灯电流、光谱通带及吸收线的选择原则和方法与火焰法相同。所不同的是光路的调整要比燃烧器高度的调节难度大，石墨炉自动进样器的调整及在石墨管中的进针深度，对分析的灵敏度与精密度影响很大。选择合适的干燥、灰化、原子化温度及时间和惰性气体流量，对石墨炉分析法至关重要。

(1) 干燥温度和时间的选择

干燥阶段是一个低温加热的过程，其目的是蒸发样品的溶剂或所含水分。干燥温度应根据溶剂沸点和含水情况来决定，一般干燥温度稍高于溶剂的沸点，如水溶液选择在 90～120℃，干燥温度的选择要避免样液的暴沸与飞溅，干燥时间按样品体积而定，一般是样品体积（μL）数乘以 1.5～2s。

(2) 灰化温度与时间的选择

灰化的目的是蒸发共存有机物和低沸点无机物，降低原子化阶段基体及背景吸收的干扰，并保证待测元素没有损失。灰化温度与时间的选择应考虑两个方面，一方面使用足够高的灰化温度和足够长的时间使灰化完全和降低背景吸收；另一方面使用尽可能低的灰化温度和尽可能短的灰化时间以保证待测元素不损失。在实际应用中，可绘制灰化温度曲线来确定最佳灰化温度，即在保证被测元素没有损失的前提下应尽可能使用较高的灰化温度，见图 11-12(a)。

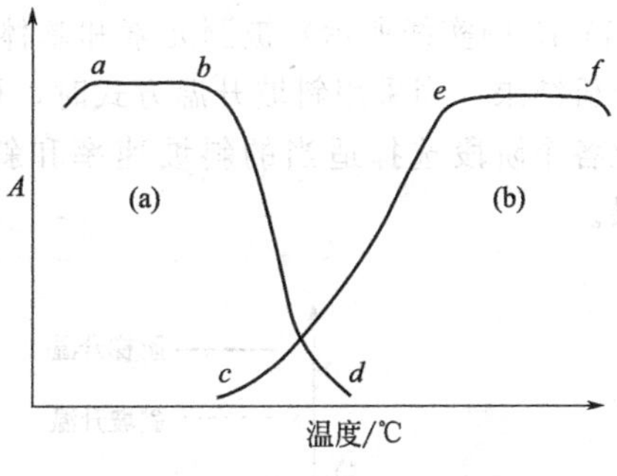

图 11-12 灰化与原子化温度曲线

(a) 灰化温度曲线，*b* 为最高允许的灰化温度；

(b) 原子化温度曲线，*e* 为合适的起始原子化温度

(3) 原子化温度和时间的选择

原子化温度是由元素及其化合物的性质决定的。通常借助绘制原子化温度曲线来选择最佳原子化温度。其选择原则是，选用达到最大吸收信号的最低温度作为原子化温度，见图 11-12(b)。原子化时间选择原则是必须使吸收信号能在原子化阶段回到基线，以此作为原子化的时间。

(4) 净化温度和时间的选择

净化（或称除残）的目的是为了消除残留物产生的记忆效应，净化温度应高于原子化温度 50～200℃。

图 11-12 中 a 和 b 之间是最合适的灰化温度区间，a 之前是灰化温度过低，基体灰化不完全，b 之后是灰化温度过高，已有灰化损失。b 是最高允许的灰化温度。c 是原子化的出现温度，e 是合适的起始原子化温度，只有高于 e 点温度，才能保证被测元素充分原子化。在实际工作中，可选用高于 e 点 50～100℃的温度作为原子化温度。当使用超过 f 点的过高温度时，反而会降低吸光度，并缩短石墨管的使用寿命。因此，原子化温度选择的原则是，在保证获得最大原子吸收信号的条件下尽量使用较低的温度。

(5) 惰性气体流量的选择

石墨炉常采用氩气作为保护气体，且内外分别单独供气。干燥、灰化和除残阶段通气，在原子化阶段，石墨管内停气，以延长自由原子在石墨炉内的平均停留时间。

(6) 升温方式的选择

石墨炉的升温方式分为阶梯升温（或最大功率升温）和斜坡升温。现代石墨炉原子化器装置一般设有 7～9 个升温阶段，因为对于含复杂基体的试样有时需要选择性挥发，以不同温度反复处理试样，即可以有两个或多个于不同温度下的干燥和灰化阶段，以达到待测元素与基体分离的最佳效果。阶梯升温和斜坡升温两种功能，将给程序控制提供方便和灵活性。图 11-13 中虚线表示斜坡升温方式，实际上是在某个试样处理过程中，施于石墨炉的电流或温度随时间线性上升。设置的电流或温度上升的快慢称为“斜坡速率”，将一个特定的电流或温度以“斜坡上升”方式调节到另一个特定的电流或温度所需的时间称为“斜坡时间”。较低的斜坡速率对石墨炉的均温特性有好处。如果分析基体复杂得多的组分试样时，在干燥阶段温度太高会使低沸点组分过分受热而发生喷溅，干燥温度过低又会使高沸点组分蒸发不完全，进行到灰化阶段时就发生喷溅。另外，温度陡然上升易使试液流散造成试样不集中，测定灵敏度降低。采用斜坡升温能克服这一缺点，使多组分试样中的每一组分都受到适当加热，溶剂逐步挥发完全。在灰化阶段也是如此，采用斜坡升温方式有利于被测元素与基体组分完全分离，因为要完全破坏多种组分就需要不同的灰化温度。如果试样基体的挥发性与被测元素的挥发性相近，在原子化阶段采用斜坡升温方式，就有可能使被测元素与基体分别挥发出来，这样就可以减少或避免在阶梯升温方式时（图 11-13 中实线所示）被测元素和基体组分因同时原子化而造成干扰效应，从而获得满意的分析结果。当采用斜坡升温方式时，可以根据试样性质和被测元素种类在干燥、灰化、原子化各个阶段选择适当的斜坡速率和斜坡时间（图 11-13 中实线平台），以获得最佳分析结果。

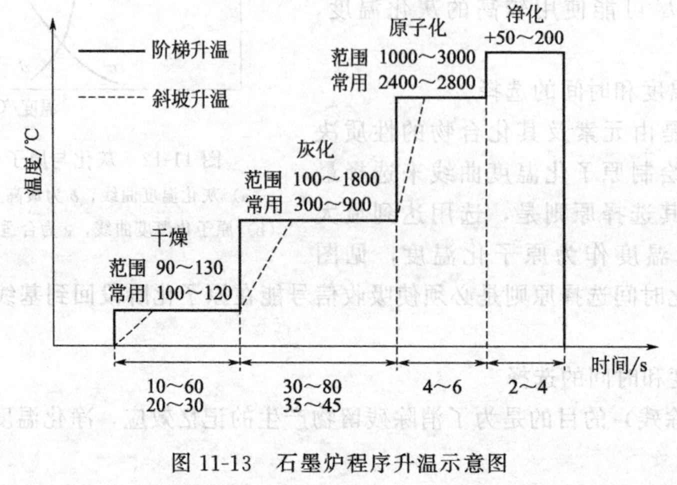

图 11-13　石墨炉程序升温示意图

如果在灰化阶段试样基体和被测元素已完全分离，在原子化阶段采用阶梯升温，石墨炉能以最快速度升到原子化所需的温度，获得最高的灵敏度。因为在同等条件下，原子化时间越短，灵敏度越高。

第四节　原子吸收光谱法的分析方法

一、定量分析方法

（1）标准曲线法

这是最常用的基本分析方法。配制一组合适的标准样品，在最佳测定条件下，由低浓度到高浓度依次测定它们的吸光度 A，以吸光度 A 对浓度 c 作图（图 11-14）。在相同的测定条件下，测定未知样品的吸光度，从 A-c 标准曲线上求出未知样品中被测元素的浓度。

① 配制标准系列的浓度，应控制在吸光度与浓度呈直线的范围内，浓度过大或过小都会超出此直线范围，造成标准曲线弯曲，测定结果不准。一般将吸光度控制在 0.1～0.5 之内。

② 测量过程应严格保持条件不变。

③ 标准系列与待测试样的组成应尽量一致。

（2）标准加入法

标准加入法的最大优点是可最大限度地消除基体影响，但不能消除背景吸收。对批量样品测定手续太繁，不宜采用，对成分复杂的少量样品测定和低含量成分分析，准确度较高。

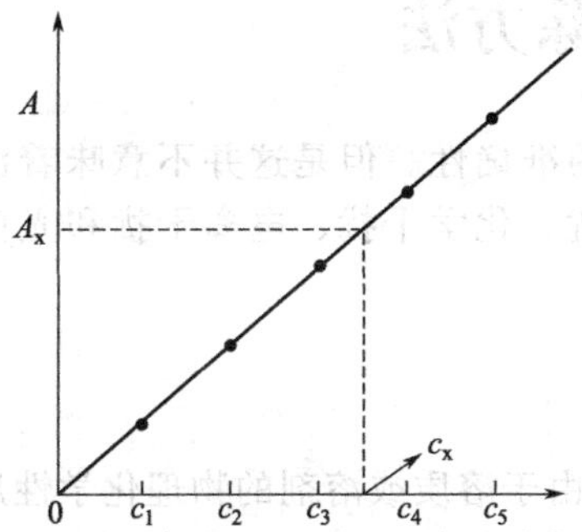

图 11-14　标准曲线图

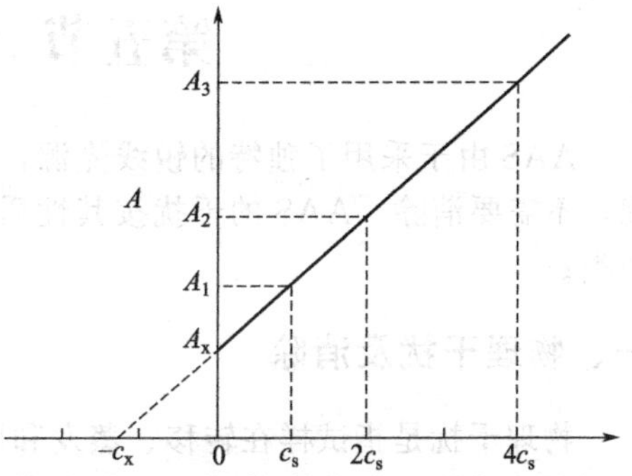

图 11-15　标准加入法工作曲线图

步骤是取若干份（例如四份）体积相同的试样溶液，从第二份开始分别按比例加入不同量的待测元素的标准溶液，然后用溶剂稀释至一定体积（设试样中待测元素的浓度为 c_x，加入标准溶液后浓度分别为 c_x+c_s、c_x+2c_s、c_x+4c_s），分别测得其吸光度（A_x、A_1、A_2 及 A_3），以 A 对加入量作图，得图 11-15 所示的直线，这时曲线并不通过原点。显然，相应的截距所反映的吸收值正是试样中待测元素所引起的效应。如果外延此曲线使与横坐标相交，相应于原点与交点的距离，即为所求的试样中待测元素的浓度 c_x。

二、灵敏度与检测限

（1）灵敏度

在 AAS 中，灵敏度 S 是指在一定浓度时，测定值（吸光度）的增量（ΔA）与相应的

待测元素浓度（或质量）的增量（Δc 或 Δm）的比值。即

$$S_c=\frac{\Delta A}{\Delta c} \quad 或 \quad S_m=\frac{\Delta A}{\Delta m} \tag{11-14}$$

可见，AAS 的灵敏度即是标准曲线的斜率，即待测元素的浓度（或质量）改变一个单位时吸光度的变化量。斜率越大，灵敏度越高。

在火焰原子吸收法中，常用特征浓度 c_c 这个概念来表征仪器对某一元素在一定条件下的分析灵敏度。所谓特征浓度是指产生 1%净吸收（即吸光度为 0.0044）的待测元素浓度 [单位为 $\mu g\cdot mL^{-1}\cdot(1\%)^{-1}$]

$$c_c=\frac{\Delta c\times 0.0044}{\Delta A}=\frac{0.0044}{S_c} \tag{11-15}$$

在石墨炉原子吸收法中，常用特征质量 m_c [单位 $\mu g\cdot(1\%)^{-1}$] 来表征分析灵敏度。所谓特征质量即产生 1%净吸收（吸光度为 0.0044）的待测元素质量。

$$m_c=\frac{\Delta m\times 0.0044}{\Delta A}=\frac{0.0044}{S_m} \tag{11-16}$$

（2）检测限

检测限（D）是指能以适当的置信度检测的待测元素的最低浓度或最小质量，常以三倍于标准偏差（σ）在灵敏度中所占的分数来表示，即

$$D_c=\frac{3\sigma}{S_c}=\frac{c\times 3\sigma}{\overline{A}} \quad 或 \quad D_m=\frac{3\sigma}{S_m}=\frac{m\times 3\sigma}{\overline{A}} \tag{11-17}$$

式中，D_c 为火焰原子化法检测限，$\mu g\cdot mL^{-1}$；D_m 为石墨炉原子化法（绝对）检测限，g；σ 为用空白溶液进行 10 次以上吸光度测定所计算得到的标准偏差；S_c 和 S_m 为灵敏度；$\overline{A}$为待测试液多次测量吸光度的平均值。

第五节　干扰及消除方法

AAS 由于采用了独特的锐线光源，因此具有较好的准确性。但是这并不意味着没有干扰，不需要消除。AAS 的干扰按其性质主要分物理干扰、化学干扰、电离干扰和光谱干扰四类。

一、物理干扰及消除

物理干扰是指试样在转移、蒸发和原子化过程中，由于溶质或溶剂的物理化学性质改变而引起的干扰。如在火焰原子吸收光谱中，试样黏度和雾化气体压力的变化直接影响试样的提升量和基态原子的浓度；表面张力影响气溶胶雾滴的大小；溶剂的蒸气压不同影响溶剂的挥发和冷凝；吸样毛细管的直径、长度及浸入试液的深度影响进样速率；高盐试样对燃烧狭缝的影响，大量基体元素对待测元素蒸发的影响等。

基体干扰是石墨炉原子吸收法的主要干扰之一，在灰化过程中必须加入适当的基体改进剂予以消除。此部分内容较多，受篇幅所限，本教材未列入，在应用过程中请参看有关专业书籍。

物理干扰的消除办法是配制与待测溶液组成相似的标准溶液或采用标准加入法，使试液与标准溶液的物理干扰相一致，从而达到消除误差的作用。

二、化学干扰及消除

化学干扰是指在溶液或原子化过程中待测元素与其它组分发生化学反应而使其原子化效

率降低或升高引起的干扰。化学干扰是原子吸收光谱法的主要干扰。

某些化学物质在原子化前的雾化室内相互混合时，由于小环境的变化，常温常压下不发生的化学反应而在此时发生了，往往会生成新的难溶解物质而使其原子化效率发生改变，有许多元素在一定的燃气、助燃气形成的火焰中易生成难熔氧化物，使其解离度下降，原子化效率降低。

化学干扰的消除要根据具体情况采取相应的措施。最常用的是加入释放剂、保护剂。

(1) 加释放剂

例如，在测定钙时，若试液中存在磷酸根，则钙易在高温下与磷酸根反应生成难解离的 $Ca_2P_2O_7$，加入释放剂 $LaCl_3$ 后，La^{3+} 与 PO_4^{3-} 可生成更稳定的 $LaPO_4$，从而抑制了磷酸根对钙的反应。使测定的灵敏度大大提高。其反应为

$$2CaCl_2 + 2H_3PO_4 = Ca_2P_2O_7 + 4HCl + H_2O$$

$$H_3PO_4 + LaCl_3 = LaPO_4 + 3HCl$$

(2) 加保护剂

保护剂（或配位剂）是能与待测元素形成稳定的但在原子化条件下又易于解离的化合物的试剂。例如，在测定钙时加入 EDTA，可有效地防止磷酸根对钙测定的干扰。这是因为 Ca 与 EDTA 形成更稳定的 Ca-EDTA 配合物，而 Ca-EDTA 在火焰中很容易被原子化，既达到了消除干扰的目的，又实现了钙的测定。同样，在测定 Ti、Zr、Hf、Ta 时，加入氟化物，可使它们形成比氧化物更稳定的氟化物，而氟化物比含氧化合物更容易原子化。从而提高了元素测定的灵敏度。配位剂特别是有机配位剂对消除化学干扰的有效性，主要是因为有机物在火焰中更易被破坏，从而使与配位剂结合的金属元素迅速释放并原子化。

若采用上述办法仍不能消除化学干扰时，只好采用萃取、沉淀、离子交换等分离办法，提前将干扰或待测元素分离出去，然后再进行测定。

三、电离干扰及消除

在火焰温度高、待测元素电离电位低的情况下最易发生。

为了消除电离干扰，常常加入一定量的比待测元素更易电离的其它元素（即消电离剂），以达到抑制待测元素电离的目的。如在测定 Ca 时，常加入一定量的 K 盐溶液（K 和 Ca 的电离电位分别为 4.34eV 和 6.11eV），由于溶液中存在大量的 K 电离出的自由电子，使待测元素 Ca 的电离被抑制，从而提高了 Ca 的测定灵敏度。

四、光谱干扰及消除

光谱干扰是指与光谱发射和吸收有关的干扰效应。原子吸收光谱分析要求光源发射的共振线要落在原子化器中待测元素的吸收线内，两者的极大频率要完全一致，但吸收线要远比发射线宽。这些都是为了最大限度地减少非吸收线的干扰，保证基态原子对特征辐射极大值的吸收。尽管如此，能够发射特征辐射的元素很多，在光谱通带内，常常还会存在以下光谱干扰。

1. 非共振线干扰

通常选用最灵敏的共振线作为分析线。若分析线附近有单色器不能分离掉的待测元素其它特征谱线，它们将会对测量产生干扰。这类情况常出现于谱线多的过渡元素。如镍的分析线（232.0nm）附近还有 231.6nm 等多条镍的特征谱线，这些谱线均能被镍原子吸收。由于其它非共振线的吸收系数均小于共振线吸收系数，从而导致吸光度降低，标准曲线弯曲。

改善和消除这种干扰的办法是减小狭缝宽度。

2. 背景吸收

背景吸收是一类特殊的光谱吸收，它包括分子吸收和光散射引起的干扰。

分子吸收是指试样在原子化过程中，生成某些气体分子、难解离的盐类、难熔氧化物、氢氧化物等对待测元素的特征谱线产生的吸收。例如，在空气-乙炔火焰中测定 Ba 时，Ca 的存在会生成 $Ca(OH)_2$，它在 530～560nm 处有一个吸收带，干扰 Ba 553.5nm 的测定；碱金属、碱土金属盐类（NaCl、$CaCl_2$）在 300nm 以下的紫外区有强吸收带，干扰特征谱线在该区域的 Zn、Hg、Mn 等元素测定；H_2SO_4 和 H_3PO_4 在 250nm 以下有很强的分子吸收，所以测定谱线在 250nm 以下元素时，通常不用含 H_2SO_4 和 H_3PO_4 的试剂处理样品。

光散射是指原子化过程中产生的固体微粒，光路通过时对光产生散射，使被散射的光偏离光路，不为检测器所检测，测得的吸光度偏高。

在石墨炉原子吸收中，由于原子化过程形成固体微粒和产生难解离分子的可能性比火焰原子化法大，所以，光的散射更为严重。

背景吸收的消除常有空白校正、氘灯校正和塞曼效应校正等几种方法。

（1）空白校正法

配制一个与待测试样组成浓度相近的空白溶液，则这两种溶液的背景吸收大致相同，测得待测溶液的吸光度减去空白溶液的吸光度即为待测试液的真实吸光度。此法原理十分简单，但实际中对组成复杂的试样，要配制组成浓度相近的空白溶液却不是件容易的事情。

（2）用邻近非共振线校正背景

此法是 1964 年由 W. Slavin 提出来的。用分析线测量原子吸收与背景吸收的总吸光度，因非共振线不产生原子吸收，用它来测量背景吸收的吸光度，两次测量值相减即得到校正背景之后的原子吸收的吸光度。

背景吸收随波长而改变，因此，非共振线校正背景法的准确度较差。这种方法只适用于分析线附近背景分布比较均匀的场合。

（3）氘灯校正法

此法是 1965 年由 S. R Koirtyohann 提出来的。氘灯校正法的基本原理是同时使用空心阴极灯和氘灯两个光源，让两灯发出的光辐射交替通过原子化器。空心阴极灯特征辐射通过原子化器时，产生的吸收为待测原子和背景总的吸收 $A_{总}$，氘灯发出的连续光源通过原子化器时，产生的吸收仅为背景吸收 $A_{背}$（待测原子的吸收小于 0.5%，可忽略），两者之差（$A_{总}-A_{背}$）即为待测元素的真实吸收。这种背景扣除，在现代仪器中可自动进行。这种方法的不足之处是只能在氘灯辐射较强的 190～350nm 范围使用，且两灯的辐射应严格重合。如图 11-16 所示。

氘灯校正属于连续光源校正，采用两个光源工作，一个是氘灯，另一个是空心阴极灯。空心阴极灯是溅射放电灯，氘灯是气体放电灯，这两种光源放电性质不同、能量分布不同、光斑大小不同，调整光路平衡比较困难，影响校正背景的能力。由于背景空间、时间分布的不均匀性，导致背景校正过度或不足。由于光源光学性质的差异使其扣除背景的误差在 ±10%。因此在测定分析过程中只有平衡好两个光源的能量和几何外型完全重合，才能达到满意的校正效果，否则扣背景的可靠性将大大降低，并且出现扣除过度的现象。

氘灯能量在短波比较强，因此主要用于 190～350nm（大部分元素的灵敏线也在这个区域）散射吸收的校正，不能用于校正结构背景（自吸、塞曼校正可以）。氘灯的能量较弱，使用它校正背景时，不能用很窄的光谱通带，共存元素的吸收线有可能落入通带范围内吸收

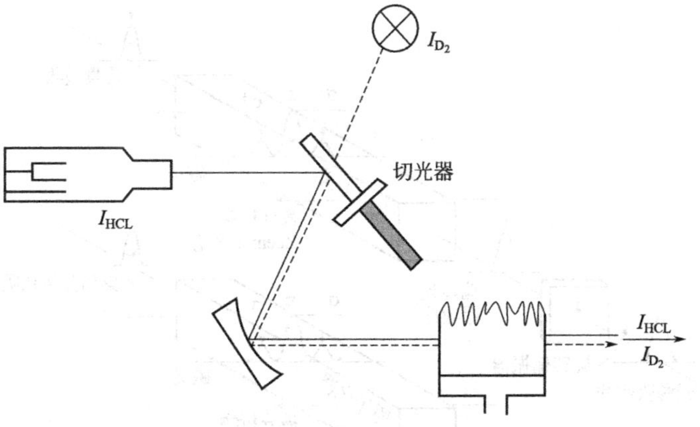

图 11-16 氘灯扣背景原理图

氘灯辐射而造成干扰。

目前，氘灯有三种技术：普通氘灯校正、四线氘灯校正、氘空心阴极灯校正。普通氘灯技术是大多数厂家在用的。四线氘灯校正技术是热电公司提出来的，是在原来的基础上加个辅助电极，可提高校正时的信噪比和灯的稳定性，据报道对吸光度高达 2.0 的背景校正误差小于 2%，而且氘灯寿命延长。氘空心阴极灯校正技术是耶拿公司提出来的，因光源接近，所以说扣背景更准确些。其余各厂家的仪器几乎全都具备普通氘灯校正装置。

简而言之，氘灯校正的优点：其校正时灵敏度损失几乎为零。

氘灯校正的缺点：只能在 190～350nm 下校正；只能校正分子背景，不能用于校正结构背景；氘灯属于卤素灯，1h 后就易产生漂移；寿命短。

(4) 塞曼效应校正法

1986 年塞曼发现，把产生光谱的光源置于强磁场内时，在磁场的作用下，光源辐射的每条线便可分裂成几条偏振化的分线，这种现象称为塞曼效应，1969 年由 M. Prugger 和 R. Torge 提出来将此法应用在原子吸收测定中。当在原子化器上加上与光束方向垂直的磁场时，光源发射的待测元素特征谱线将分裂为 π、σ^+ 和 σ^- 三条分线。π 分线的偏振方向与磁场平行，波长不变；σ^+ 和 σ^- 的偏振方向与磁场垂直，且波长分别向长波和短波方向偏移，如图 11-17 所示。基态原子仅对 π 分线产生吸收，对 $\sigma^\pm$ 分线无吸收；而背景对 π、$\sigma^\pm$ 分线均有吸收。用旋转式检偏振把 π、$\sigma^\pm$ 分线分开，用 π 分线吸收值减去 $\sigma^\pm$ 分线吸收值即为待测元素的真实吸收值。塞曼效应校正法是目前最为理想的背景校正法。

(5) 自吸扣背景

此法是 1982 年由 S. B. Smith 和 Jr. C. M. Hieftje 提出来的。自吸校正背景法是基于高电流脉冲供电时空心阴极灯发射线的自吸效应。当以低电流脉冲供电时，空心阴极灯发射锐线光谱，测定的是原子吸收和背景吸收的总吸光度。接着以高电流脉冲供电，空心阴极灯发射线变宽，当空心阴极灯内积聚的原子浓度足够高时，发射线产生自吸，在极端的情况下出现谱线自蚀，这时测得的是背景吸收的吸光度。上述两种脉冲供电条件下测得的吸光度之差，便是校正了背景吸收的净原子吸收的吸光度。

这种校正背景的方法可对分析线邻近的背景进行迅速校正，与背景的起伏变化匹配。高电流脉冲时间非常短，只有 0.3ms，然后恢复到“空载”水平，时间为 1ms，经 40ms 直到下一个电流周期，这种电流波形的占空比相当低，所以平均电流较低，不影响灯的使用寿命。本法可用于全波段的背景校正，这种校正背景的方法适用于在高电流脉冲下共振线自吸

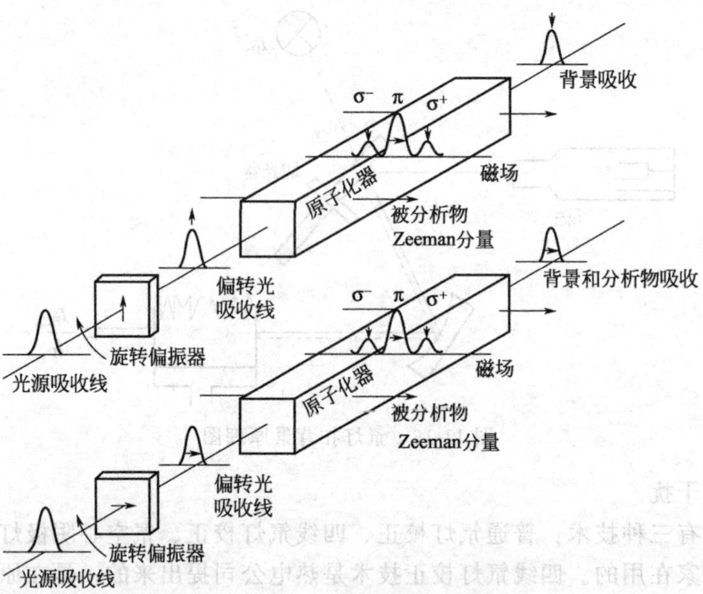

图 11-17 塞曼效应背景校正原理示意图

严重的低温元素。

上述背景校正方法的特点如下。

① 氘灯连续光源扣背景　灵敏度高，动态线性范围宽，消耗低，适合于 90%的应用。仅对紫外区有效，扣除通带内平均背景而非分析线背景，不能扣除结构化背景与光谱重叠。

② 塞曼效应扣背景　利用光的偏振特性，可在分析线处扣除结构化背景与光谱重叠，全波段有效。灵敏度较氘灯扣背景低，线性范围窄，费用高。

③ 自吸收扣背景　使用同一光源，可在分析线处扣除结构化背景与光谱重叠。灵敏度低，特别对于那些自吸效应弱或不产生自吸效应的元素，如 Ba 和稀土元素，灵敏度降低高达 90%以上。另外，空心阴极灯消耗大。

第六节　原子吸收光谱法的应用

AAS 由于本身所具有的一系列优点，广泛用于冶金、地质、环保、材料、临床、医药、食品、法医、交通和能源等多个方面。按照涉及试样的领域，AAS 可对近 70 种元素进行直接测量，加上间接测量元素，总量可达 74 种。在农、林、水科学中，它主要用于土壤、动植物、食品、饲料、肥料、大气、水体等样品中金属元素和部分非金属元素的定量分析。

1. 直接原子吸收分析

直接原子吸收分析，指试样经适当前处理后，直接测定其中的待测元素。金属元素和少数非金属元素可直接测定。

（1）样品的前处理

样品一般需要进行适当的前处理，分解其中的有机质等，把待测组分转移到溶液中，再进行测定。

土样可采用氢氟酸溶解法或强酸消化法处理。前者是用 HF-HCl 或 $HF\text{-}HClO_4$ 混合酸在聚四氟乙烯容器中处理土样，蒸干后再溶于盐酸，可用于除 Si 外的绝大多数元素分析；后

者采用 HNO_3-$HClO_4$、HNO_3-HCl、HNO_3-$HClO_4$-H_2SO_4 或 HNO_3-$HClO_4$-$(NH_4)_2MoO_4$ 等混合强酸消化处理土样，这些方法只适用于 Cd、Pd、Ni、Cu、Zn、Se、K、Mn、Co、Fe 等部分元素分析，不适用于土样全成分分析。

动植物样及食品、饲料等样品，可用灰化法或强酸消化法处理。前者是在 450～550℃ 的高温下灰化样品，再用 HCl 或 HNO_3 溶解。对于 As、Se、Hg 等易挥发损失的元素不能用此法；后者是用 HNO_3-$HClO_4$，HNO_3-$HClO_4$-H_2SO_4 等消化分解试样，适用于绝大多数元素的分析。

（2）测定

试样前处理后，含量较高的 K、Na、Ca、Cu、Mn、Fe、Zn 等元素可直接（或适当稀释后）用火焰原子化法测定；含量低的 Cd、Ni、Co、Mo 等元素需萃取富集后用火焰原子化法测定，或者直接用石墨炉原子化法测定；易挥发且含量低的 As、Sb、Se 等元素宜选用氢化物发生法或石墨炉原子化法；汞宜选冷原子化法。

2. 间接原子吸收分析

间接原子吸收分析，指待测元素本身不能或不容易直接用原子吸收光谱法测定，而利用它与第二种元素（或化合物）发生化学反应，再测定产物或过量的反应物中第二种元素的含量，依据反应方程式即可算出试样中待测元素的含量。大部分非金属元素通常需要采用间接法测定。

例如，试液中的氯与已知过量的 $AgNO_3$ 反应生成 AgCl 沉淀，用原子吸收法测定沉淀上部清液中过量的 Ag，即可间接定量氯。此法曾用于尿、酒中 5～10$\mu g \cdot mL^{-1}$ 氯的测定。利用 $BaCl_2$ 与 SO_4^{2-} 的沉淀反应间接定量 SO_4^{2-}。此法曾用于生物组织和土样中 SO_4^{2-} 的测定。间接法的应用，有效地扩大了原子吸收法的使用范围，同时也是提高某些元素分析灵敏度的途径之一。

思考题与习题

1. 何谓锐线光源？为什么原子吸收要使用锐线光源？
2. 简述常用原子化器的类型及其特点。
3. 用石墨炉原子化器进行测定时，为何通惰性气体？
4. 影响原子吸收谱线宽度的因素有哪些？其中最主要的因素是什么？
5. 通常为什么不用原子吸收光谱法进行物质的定性分析？
6. 原子吸收光谱法采用极大吸收进行定量的条件和依据是什么？
7. 原子吸收光谱仪主要由哪几部分组成？各有何作用？
8. 使用空心阴极灯应注意什么？如何预防光电倍增管的疲劳？
9. 与火焰原子化相比，石墨炉原子化有哪些优缺点？
10. 什么是原子吸收中的化学干扰？如何消除？
11. 简述原子吸收光谱法比原子发射光谱法灵敏度高和准确度高的原因。
12. 背景吸收是怎样产生的？对测定有何影响？如何扣除？
13. 比较标准加入法与标准曲线法的优缺点。
14. 原子吸收光谱仪三挡狭缝调节，以光谱通带 0.19nm、0.38nm 和 1.9nm 为标度，对应的狭缝宽度分别为 0.1mm、0.2mm 和 1.0mm，求该仪器色散元件的线色散率倒数。
15. 测定植株中锌的含量时，将三份 1.00g 植株试样处理后分别加入 0.00mL、1.00mL、2.00mL 0.0500$mol \cdot L^{-1}$ $ZnCl_2$ 标准溶液后稀释定容为 25.0mL，在原子吸收光谱仪上测定吸光度分别为 0.230、

0.453、0.680，求植株试样中锌的含量。

16. 用原子吸收法测定钴获得如下数据：

$\rho_{标}/\mu g\cdot mL^{-1}$	2.00	4.00	6.00	8.00	10.00
$T/\%$	62.4	38.8	26.0	17.6	12.3

(1) 绘制 A-c 标准曲线；

(2) 某一试液在同样条件下测得 $T=20.4\%$，求其试液中 Co 的质量浓度。

17. 某单位购得 AAS 一台，为了检查此仪器的灵敏度，采用浓度为 $2\mu g\cdot mL^{-1}$ 的锌标准液，测得吸光度为 0.456，计算其特征浓度 $[\mu g\cdot mL^{-1}\cdot(1\%)^{-1}]$ 为多少。

第十二章　色谱分析法导论

第一节　概　　述

一、色谱法简介

色谱分析法（chromatography）是一种分离技术的总称。1903 年，俄国植物学家茨维特（M. S. Tswett）发表了题为“一种新型吸附现象及其在生化分析上的应用”的研究论文，文中第一次提出了应用吸附原理分离植物色素的新方法。1906 年，他命名这种方法为色谱法。这种简易的分离技术，奠定了传统色谱法基础。茨维特将植物叶中色素的石油醚提取液倒入一根装有碳酸钙固体的直立玻璃管内，随后用石油醚淋洗，结果得到了清晰分离的各种色带（见图 12-1），因而他把这种能分离色素的方法取名为“色谱法”。

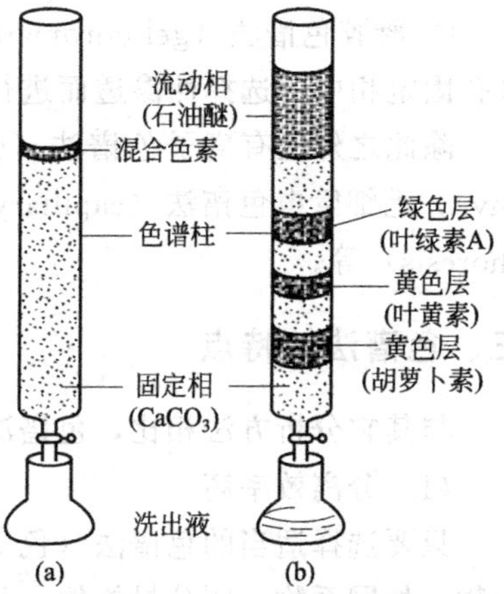

图 12-1　植物叶绿素的分离

显然，在这个分离过程中，被分离的组分接触到两部分物质。一为固定在玻璃管内不移动的部分（$CaCO_3$），通常称为固定相；另一为自上而下带着被分离色素物质移动的部分（石油醚），称为流动相，装有固定相的管子（玻璃或不锈钢制）称为色谱柱。茨维特的色谱法，实际上就是被分离色素在流动相和固定相之间的反复分配，因各种色素在两相中的分配系数不同而最后得以分离的过程。自此以后，人们把凡涉及被分离物质在固定相和流动相间反复分配过程的分离方法统称为“色谱法”。虽然许多被分离物质并没有颜色，最后也得不到色带，但“色谱法”仍被沿用至今。

二、色谱法的分类

1. 按流动相和固定相的状态分类

流动相有气体和液体两类，故色谱法可分为气相色谱法和液相色谱法。固定相有液体固定相和固体固定相，因此色谱又可组合成四种主要类型：气-液色谱（gas-liquid chromatography，GLC）；气-固色谱（gas-solid chromatography，GSC）；液-液色谱（liquid-liquid chromatography，LLC）；液-固色谱（liquid-solid chromatography，LSC）。

此外，以超临界流体为流动相的色谱称为超临界流体色谱（supercritical fluid chromatography）。随着色谱工作的发展，通过化学反应将固定液键合到载体表面，这种使用化学键合固定相的色谱又称化学键合相色谱（chemically bonded phase chromatography，CBPC）。

2. 按固定相的使用形式分类

① 柱色谱（column chromatography）　固定相装在色谱柱中。柱色谱又分为填充柱色

谱和毛细管柱色谱。

② 纸色谱（paper chromatography） 利用滤纸为固定相（滤纸是载体，附着在纸上的水是固定相），样品组分在纸上展开分离。

③ 薄层色谱（thin layer chromatography） 以涂在玻璃板上或塑料板上的吸附剂粉末作固定相，样品在板上展开进行分离。

3. 按分离机理分类

① 吸附色谱法（adsorption chromatography） 利用组分在吸附剂（固定相）表面上的物理吸附性能的差异进行分离的方法。

② 分配色谱法（partition chromatography） 利用组分在固定液（固定相）中溶解度不同进行分离的方法。

③ 离子交换色谱法（ion exchange chromatography） 利用组分在离子交换剂（固定相）上的亲和力大小不同进行分离的方法。

④ 凝胶色谱法（gel chromatography）或尺寸排阻色谱法 利用体积大小不同的分子在多孔固定相中的选择性渗透而进行分离的方法。

除此之外还有离子色谱法（ion chromatography），亲和色谱法（affinity chromatography），毛细管电色谱法（capillary electroromatography）和毛细管电泳法（capillary electrophoresis）等。

三、色谱法的特点

与其它分析方法相比，色谱法具有以下显著特点。

（1）分离效率高

只要选择适当的色谱法（色谱类型、色谱条件），能很好地分离理化性质极为相近的混合物，如同系物、同分异构体，甚至同位素，这是经典的物理化学分离方法不可能达到的。

（2）灵敏度高

样品组分含量仅数微克，或不足 1μg 都可进行很好的分析。现代气相色谱仪，由于使用了高灵敏的检测器，可检出 10^{-11}～10^{-13}g 的样品组分。一般样品中只要含有 10^{-6}g，乃至 10^{-9}g 的杂质，使用现代气相色谱仪都可将之检出，而且样品还不需浓缩。

（3）分析速度快

一般来说，对某一混合组分的分析，只需几分钟或几十分钟就可完成一个分析周期。如选用空心毛细管色谱柱在 30min 内可分离分析含有 100 多个组分的烃类混合物。

（4）操作简便，应用广泛

气相色谱法适用于沸点低于 400℃的各种有机物或无机气体的分离分析。液相色谱法适用于高沸点、热不稳定、生物试样的分离分析。离子色谱法适用于无机离子及有机酸碱的分离分析。三者具有很好的互补性。色谱法广泛地应用于工农业、化学、化工、医药卫生、环境保护、大气监测等各个领域，是现代实验室中常用的分析手段之一。在生物化学中常用于各种体液，组织抽提液的化学组分的分离、纯化及检测，也用于帮助鉴定某种提取物是否纯净。在现代生化制备技术中色谱法占有核心地位。

当然色谱法也有它的局限性，不足之处就是对被分离组分的定性较为困难，随着色谱与其它分析仪器联用技术的发展，这一问题已经得到较好的解决。有关联用技术和联用仪器请参考相关文献。

第二节　色谱图及色谱常用术语

一、色谱图

进样后记录仪记录下来的检测器响应信号随时间或载气流出体积而分布的曲线图称为色谱图（chromatogram）或色谱流出曲线（图 12-2）。曲线上突起的部分就是色谱峰，根据色谱图的出峰时间和峰面积（或峰高）进行定性定量分析，为此色谱图中规定了一些专有名词及术语。

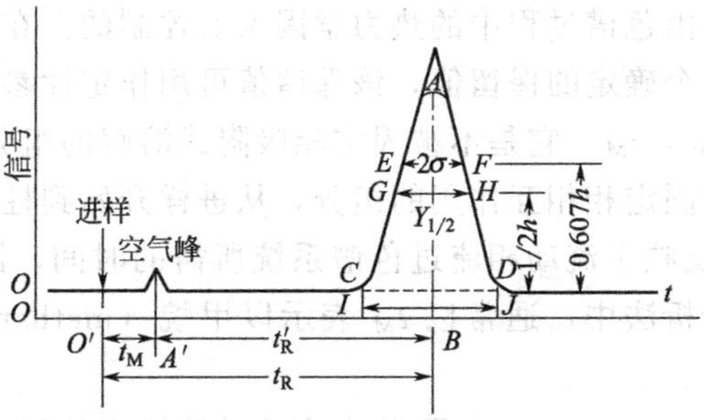

图 12-2　色谱图

如果进样量很小、浓度很低，在吸附等温线（气固吸附色谱）或分配等温线（气液分配色谱）的线性范围内，则色谱峰是对称的，可以用 Gauss 正态分布函数表示：

$$c=\frac{c_0}{\sigma\sqrt{2\pi}}\exp\left[-\frac{1}{2}\left(\frac{t-t_R}{\sigma}\right)^2\right] \tag{12-1}$$

式中，c 为不同时间 t 时某物质在柱出口处的浓度；c_0 为进样浓度；t_R 为对应于浓度峰值的保留时间；σ 为标准偏差。

二、色谱图中的有关术语

1. 基线（baseline）

在实验操作条件下，当没有组分即仅流动相进入检测器时的流出曲线称为基线。

① 稳定的基线　是一条水平直线，是测量基准，也是检查仪器工作是否正常的指标之一。

② 基线噪声（baseline noise）　指由各种因素引起的基线起伏。

③ 基线漂移（baseline drift）　指基线在一定时间内对原点产生的偏离，称为漂移。

2. 色谱峰的高度、宽度

① 峰高 h　峰最高点至基线的垂直距离，称为峰高 h，一般以 mV 或 mm、cm 表示。分析条件一定时，峰高是定量分析的依据。

② 峰宽（peak width）或称区域宽度，它的大小反映色谱柱或所选色谱条件的好坏，峰宽有以下三种表示方法。

a. 标准偏差（standard deviation）σ　标准偏差是指 0.607 倍峰高处色谱峰宽度的一半，图 12-2 中 EF 的一半，用 σ 表示。

b. 半峰宽（peak width at half-height）$Y_{1/2}$　半峰宽是指峰高一半处色谱峰的宽度，图 12-2 中的 GH，用 $Y_{1/2}$ 表示。

c. 峰底宽度（peak width at peak base）Y　峰底宽度是在流出曲线拐点处作切线，分别相交于基线上的 I 和 J 处之间的距离。常用 Y 表示。

标准偏差与峰底宽度和半峰宽的关系如下：

$$Y_{1/2}=2\sigma\sqrt{2\ln 2}=2.354\sigma \tag{12-2}$$

$$Y=4\sigma \tag{12-3}$$

3. 色谱保留值（retention value）

保留值表示试样中各组分在色谱柱中的滞留时间的数值，通常用时间或将组分带出色谱柱所需流动相的体积表示。

用时间表示的保留值反映被分离组分在色谱柱中的滞留时间，主要取决于它在两相间的分配过程，因而保留值是由色谱过程中的热力学因素所控制的。在一定的固定相和操作条件下，任何一种物质都有一个确定的保留值，该保留值可用作定性参数。

① 死时间（dead time）t_M　它是不被固定相吸附或溶解的组分（如气-液色谱的空气峰等）的保留时间（即不与固定相相互作用的组分，从进样开始到柱后出现浓度最大值时所需的时间，称为死时间），反映了流动相流过色谱系统所需的时间，因此也称为流动相保留时间。目前，在气相色谱分析法中，通常以 t_M 表示以甲烷（methane）进样的死时间，t_0 则表示以空气进样的死时间。

② 保留时间（retention time）t_R　即组分从进样开始到柱后出现浓度最大值时所需的时间，称为该组分的保留时间。

③ 调整保留时间（adjusted rentention time）t'_R　指扣除死时间后的保留时间。

$$t'_R=t_R-t_M \tag{12-4}$$

保留时间是色谱法定性的基本依据。但同一情况下，同一组分的保留时间常受到流动相流速的影响，因此色谱工作者有时用保留体积来表示保留值。

④ 死体积（dead volume）V_M　从进样器到检测器之间空隙体积的总和，包括色谱柱在填充后柱管内固定相颗粒间所剩留的空间、色谱仪中管路和连接头间的空间以及检测器的空间。当后两项很小且可以忽略不计，只考虑色谱柱中固定相颗粒间的空隙体积时，死体积可由死时间与色谱柱出口的载气体积流速 F_0 来计算。

$$V_M=t_M\times F_0 \tag{12-5}$$

式中，F_0 为在柱温为 T_c(K)、柱出口压力为 p_0(MPa) 时体积流量，mL·min^{-1}。体积流量是在柱出口处用皂膜流量计测定的。用这个方法测得的 F_a 值仅表示在室温下柱出口处的流量，这个值应该校正到柱温和干燥气体的情况下（排除皂膜流量计中水蒸气的影响）：

$$F_0=F_a\times\frac{T_c}{T_a}\times\frac{p_0-p_w}{p_0} \tag{12-6}$$

式中，T_c 为柱温，K；T_a 为室温，K；p_0 为大气压力；p_w 为室温下水蒸气的分压。

式(12-5) 和式(12-6) 仅适用于气相色谱，不适用于液相色谱。死体积只反映色谱柱和仪器系统的几何关系特性，与被测物性质无关。

⑤ 保留体积 V_R（retention volume）　指从进样开始到柱后被测组分出现浓度极大值时所消耗流动相的体积。可由保留时间与色谱柱出口流动相体积流量的乘积来计算。

$$V_R=t_R\times F_0 \tag{12-7}$$

当流动相流速 F_0 加大时，保留时间 t_R 相应降低，两者乘积仍为常数，因此 V_R 与流动相流速无关。

⑥ 调整保留体积 V'_R（adjusted retention volume）　指扣除死体积后的保留体积。

$$V'_R = t'_R \times F_0 \quad 或 \quad V'_R = V_R - V_M \tag{12-8}$$

⑦ 相对保留值 $r_{2,1}$（relative retention value） 以上各指标都只是用某组分在一定条件下测得（单个色谱峰）的数据。若同时用另一组分作标准物（组分 1）进行测定，组分 2 的调整保留值与标准物（组分 1）的调整保留值之比作为定性指标，用 $r_{2,1}$ 表示，则有：

$$r_{2,1} = \frac{t'_{R_2}}{t'_{R_1}} = \frac{V'_{R_2}}{V'_{R_1}} \neq \frac{t_{R_2}}{t_{R_1}} \neq \frac{V_{R_2}}{V_{R_1}} \tag{12-9}$$

由于相对保留值只与柱温及固定相性质有关，与色谱柱的类型、柱长、柱径、填充情况及流动相流速无关。因此，它在色谱法中，特别是在气相色谱法中，广泛用作定性的依据。相对保留值不仅可以用来定性，而且也可以反映分离效率。在多元混合物的分析中，往往选择一对最难分离的物质对。为此，这两个相邻峰的相对保留值是重要的数值，常用符号 α 表示：

$$\alpha = \frac{t'_{R_2}}{t'_{R_1}} \tag{12-10}$$

式中，$t'_{R_2} > t'_{R_1}$，所以 α 总是大于 1。α 越大，相邻两组分的 t'_R 相差越大，分离得越好。当 $\alpha = 1$ 时，意味着两组分根本分不开。相对保留值往往可作为衡量固定相（色谱柱）选择性的指标，故 α 又称为选择性因子。

利用色谱流出曲线可以解决以下问题：

① 根据色谱峰的数目，可以估计试样中至少含有多少种组分；

② 根据色谱峰的位置（保留值），可以进行定性分析；

③ 根据色谱峰的面积或峰高，可以进行定量分析；

④ 色谱峰的保留值及其区域宽度，是评价色谱柱分离情况的依据；

⑤ 色谱峰两峰间的距离，是评价固定相（和流动相）选择是否合适的依据。

第三节　色谱分析的基本理论

色谱分析的目的是将样品中各组分彼此分离。组分要达到完全分离，两峰间的距离必须足够大，两峰间的距离是由组分在两相间的分配系数决定的，即与色谱过程的热力学性质有关。但是两峰间虽有一定距离，如果每个峰都很宽，以致彼此重叠，还是不能分开。这些峰的宽或窄是由组分在色谱柱中传质和扩散行为决定的，即与色谱过程中的动力学性质有关。因此，要从热力学和动力学两方面来研究色谱行为。

一、色谱分离过程

色谱分离过程是在色谱柱内完成的，分离机理因流动相和固定相性质的不同而不同。当固定相为固体吸附剂颗粒时，固体吸附剂对试样中各组分的吸附能力的不同是分离的基础；当固定相由载体和其表面涂渍的固定液组成时，试样中各组分在流动相和固定液两相间分配的差异则是分离的依据；当固定相为离子交换树脂时，组分与树脂上离子交换基团亲和力的不同是分离的前提。各种被分析组分随流动相在色谱柱中运行时，在固定相和流动相间进行反复多次的分配过程，使得分配系数具有微小差别的各组分取得很好的分离效果，从而彼此分离开来。因此，两相的相对运动及反复多次的分配过程构成了各种色谱分析的基础。在气相色谱分析中，当试样由载气携带进入色谱柱并与固定相接触时，被固定相溶解或吸附，随着载气的不断通入，被溶解或吸附的组分又从固定相中挥发或脱附，向前移动时又再次被固定相溶解或吸附，随着载气的流动，溶解、挥发，或吸附、脱附的过程反复地进行，从而实现了色谱分离。不参加分配的组分最先流出（见图 12-3）。

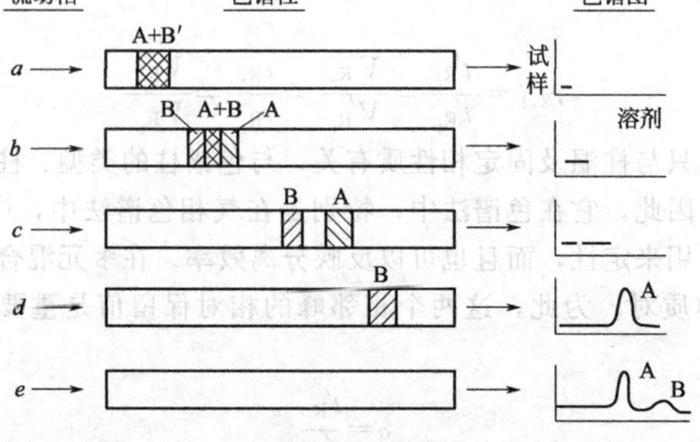

图 12-3　色谱柱中混合组分的分离示意图

二、分配平衡

色谱分析中，在一定温度下组分在流动相和固定相之间所达到的平衡称为分配平衡，为了描述这一行为，通常采用分配系数 K 和分配比 k 来表示。

1. 分配系数 *K*

组分在两相之间达到分配平衡时，该组分在两相中的浓度之比是一个常数，用 K 表示。

$$K=\frac{\text{组分在固定相中的浓度}}{\text{组分在流动相中的浓度}}=\frac{c_s}{c_m} \tag{12-11}$$

分配系数是由组分和固定相的热力学性质决定的。在一定温度下，各组分在两相之间的分配系数是不同的。分配系数小的组分，每次分配后在固定相中的浓度较小，因此就较早地流出色谱柱。而分配系数大的组分，则由于每次分配后在固定相中的浓度较大，因而流出色谱柱的时间较长。当试样一定时，K 主要取决于固定相的性质。不同组分在各种固定相上的分配系数不同，因而选择适宜的固定相，增加组分间分配系数的差别，可显著改善分离效果。试样中的各组分具有不同的 K 值是分离的前提，对于某一固定相，如果两组分具有相同的分配系数，则无论如何改善操作条件都无法实现分离，即它们在同一时间流出分离柱。当 $K=0$ 时，组分不被固定相保留，最先流出。由此可见，分配系数是色谱分离的依据。

柱温是影响分配系数的一个重要参数，在其它条件一定时，分配系数与柱温的关系为：

$$\ln K=-\Delta G_m^{\ominus}/RT_c \tag{12-12}$$

式中，$\Delta G_m^{\ominus}$ 为标准状态下组分的自由能变；R 为摩尔气体常数；T_c 为柱温。由于组分在固定相中的 $\Delta G_m^{\ominus}$ 通常为负值，所以分配系数与温度成反比，升高温度，分配系数变小。即提高分离温度，组分在固定相中的浓度减小，可缩短出峰时间。在气相色谱中，温度的选择对分离影响很大；在液相色谱中，相对地要小得多。

2. 分配比 *k*

分配比又称容量因子，是指在一定温度和压力下，组分在两相间分配达到平衡时，固定相和流动相中的组分的质量比，即

$$k=\frac{\text{组分在固定相中的质量}}{\text{组分在流动相中的质量}}=\frac{m_s}{m_m} \quad (12\text{-}13)$$

k 值大小取决于组分本身和固定相的热力学性质，它不仅随柱温、柱压变化，也与流动相及固定相的体积有关。k 值是衡量色谱柱对被分离组分保留能力的重要参数，是组分与色谱柱填料相互作用强度的直接量度。k 值越大，组分在固定相中的量越多，柱的容量越大，保留时间越长，因此 k 又称为容量因子、容量比或分配容量；k 为零时，则表示该组分在固定相中不分配，因而不能被色谱柱所保留，其保留时间等于死时间。

分配比 k 与分配系数 K 的关系为式(12-14)。

$$K=\frac{c_s}{c_m}=\frac{m_s/V_s}{m_m/V_m}=k\frac{V_m}{V_s}=k\beta \quad (12\text{-}14)$$

式中，V_m 为色谱柱中流动相体积，近似等于死体积；V_s 为色谱柱中固定相体积。V_m 与 V_s 之比称为相比（phase ratio），用 β 表示，它反映了色谱柱柱型及其结构的特性。例如，填充柱的 β 值约为 6～35，毛细管柱的 β 值为 50～1500。

3. 分配比与保留值的关系

由式(12-11）和式(12-13）可得出如下结论：

① 分配系数是组分在两相中的浓度之比，分配比则是组分在两相中的质量之比。它们都与组分及固定相的热力学性质有关，并随柱温、柱压的变化而变化。

② 分配系数只取决于组分和两相性质，与两相体积无关。而分配比不仅取决于组分和两相性质，且与相比有关，亦即组分的分配比随固定相的量的改变而改变。

③ 对于一给定色谱体系（分配体系），组分的分离最终取决于组分在每相中的相对量，而不是相对浓度，因此分配比是衡量色谱柱对组分保留能力的重要参数。k 值越大，保留时间越长，k 值为零的组分，其保留时间即为死时间 t_M。

④ 若流动相（载气）在柱内的线速度为 u，即一定时间里载气在柱中流动的距离（单位为 $cm \cdot s^{-1}$）。由于固定相对组分有保留作用，所以组分在柱内的线速度 u_s 将小于 u，则两速度之比称为滞留因子（retardation factor）R_s，即：

$$R_s=u_s/u \quad (12\text{-}15)$$

若某组分的 $R_s=1/3$，表明该组分在柱内的移动速度只有流动相速度的1/3，显然 R_s 亦可用质量分数 w 表示，即：

$$R_s=w=\frac{m_m}{m_s+m_m}=\frac{1}{1+\dfrac{m_s}{m_m}}=\frac{1}{1+k} \quad (12\text{-}16)$$

组分和流动相通过长度为 L 的色谱柱，所需时间分别为：

$$t_R=\frac{L}{u_s} \quad (12\text{-}17)$$

$$t_M=\frac{L}{u} \quad (12\text{-}18)$$

由式(12-15)～式(12-18）可得：

$$t_R=\frac{L}{u_s}=\frac{t_M u}{R_s u}=\frac{t_M}{R_s}=\frac{t_M}{\dfrac{1}{1+k}}=t_M(1+k) \quad (12\text{-}19)$$

$$k=\frac{t_R-t_M}{t_M}=\frac{t'_R}{t_M} \quad \text{或} \quad k=\frac{V'_R}{V_M}=\frac{V_R-V_M}{V_M} \quad (12\text{-}20)$$

可见，k 值可根据式(12-20）由实验测得。

4. 分配系数 K 及分配比 k 与选择性因子 α 的关系

两组分的选择性因子 α 决定于分配系数 K 或分配比 k，三者之间的关系如下：

$$\alpha=\frac{t'_{R(2)}}{t'_{R(1)}}=\frac{k_2}{k_1}=\frac{K_2}{K_1} \tag{12-21}$$

上式表明：如果两组分的 K 或 k 值相等，则 $\alpha=1$，两个组分的色谱峰重合；两组分的 K 或 k 值相差越大，则分离得越好。

三、基本理论

色谱法研究的基本点是首先要使混合物得到分离，然后再对各组分进行定性定量分析或收集。要对某一样品进行色谱分析，首先要知道在什么模式下各组分能完全流出，流出来的组分能否被分离以及定性，要想分离得足够远，而且峰宽要窄，与分配系数有关。而研究平衡时物质在两相中的分配系数与物质的分子结构和物质性质间的关系时，必须首先研究分配过程的热力学问题，它是选择高选择性色谱柱和进行色谱定性分析的理论基础。

然而两个色谱峰之间有一定距离还不一定能解决“物质对”分离问题，因为受峰宽的影响，彼此可能重叠。色谱分析的定量依据是峰的形状和面积，而色谱峰的宽窄与峰形和物质在色谱过程中的运动情况有关，即和物质在流动相、固定相中的扩散和输运速率有关，也与柱外效应有关。这是色谱过程的动力学问题，也是选择高效能色谱柱与高效能色谱方法及进行色谱峰预测的理论基础。

1. 塔板理论（plate theory）

塔板理论是 1941 年英国科学家 Martin 和 Synge 提出的半经验理论，把连续的色谱过程看成是许多小段平衡过程的重复。把色谱柱比作一个精馏塔，把色谱的分离过程比拟为精馏过程，直接引用精馏过程的概念、理论和方法来处理色谱分离过程的理论。它把一个色谱柱假设成由许多塔板组成，它的假定是：

① 在柱内一小段高度 H 内，组分可快速达到分配平衡，这一小段柱长称为理论塔板高度 H（height equivalent to theoretical plate），简称板高 H；

② 以气相色谱为例，载气进入色谱柱，不是连续的而是脉动式的，每次进气为一个板体积；

③ 试样开始时都加在第 0 号塔板上，且试样沿色谱柱方向的扩散（纵向扩散）可忽略不计；

④ 分配系数在各塔板上是常数，与组分在某一塔板上的量无关。

如果色谱柱的总长度为 L，每一块塔板高度为 H，则色谱柱中组分平衡的次数为：

$$n=\frac{L}{H} \tag{12-22}$$

n 称为理论塔板数。与精馏塔一样，色谱柱的柱效随理论塔板数 n 的增加而增加，随板高 H 的增大而减小。

塔板数与色谱峰的宽度 Y、$Y_{1/2}$ 有如下关系：

$$n=5.54\left(\frac{t_R}{Y_{1/2}}\right)^2=16\left(\frac{t_R}{Y}\right)^2 \tag{12-23}$$

从式(12-22) 及式(12-23) 可以看出，在 t_R 一定时，色谱峰越窄，塔板数 n 越多，理论塔板高度 H 就越小，此时柱效能越高，因而 n 或 H 可作为描述柱效能的一个指标。

在实际工作中，按式(12-22) 和式(12-23) 计算出来的 n 和 H 值有时并不能充分地反映色谱柱的分离效能，因为采用 t_R 计算时，没有扣除死时间 t_M，所以常用有效塔板数 $n_{有效}$ 表示柱效：

$$n_{有效}=5.54\left(\frac{t'_R}{Y_{1/2}}\right)^2=16\left(\frac{t'_R}{Y}\right)^2 \tag{12-24}$$

有效塔板高度 $H_{有效}$ 为：

$$H_{有效}=\frac{L}{n_{有效}} \tag{12-25}$$

因为在相同的条件下，对不同的物质计算所得的塔板数或塔板高度不一样，因此，在用 n 或 $n_{有效}$，H 或 $H_{有效}$ 说明柱效时，除色谱条件外，还应指出是用什么物质来进行测量的。

【例 12-1】 已知某组分峰的峰底宽 40s，保留时间为 400s，计算此色谱柱的理论塔板数。

解

$$n=16\left(\frac{t_R}{Y}\right)^2=16\times\left(\frac{400}{40}\right)^2=1600(块)$$

【例 12-2】 已知一根 1m 长的色谱柱的有效塔板数为 1600 块，组分 A 在该柱上的调整保留时间为 100s，试求 A 峰的半峰宽及有效塔板高度。

解 因

$$n=5.54\left(\frac{t_R}{Y_{1/2}}\right)^2$$

故

$$Y_{1/2}=\sqrt{\frac{5.54}{n_{有效}}}\times t'_R=\sqrt{\frac{5.54}{1600}}\times 100=5.9(s)$$

$$H_{有效}=\frac{L}{n_{有效}}=\frac{1000}{1600}=0.63(mm)$$

塔板理论在解释流出曲线的形状（呈正态分布）、浓度极大值的位置以及计算和评价柱效能方面取得了成功，但它的假设是不合实情的。例如：纵向扩散是不能忽略的，分配系数与浓度无关只是在有限的浓度范围内成立，而且色谱体系几乎没有真正的平衡状态。因此，塔板理论不能解释塔板高度受哪些因素影响的这个本质问题，也不能解释不同流速（u）下可测得不同的塔板数这一事实。

2. 速率理论（rate theory）**——范第姆特方程**

1956 年，荷兰学者范第姆特（Van Deemter）等人提出了色谱过程的动力学理论——速率理论，他借鉴了塔板理论，并把影响塔板高度的动力学因素结合起来导出了 H 与 u 的关系，该理论模型对气相、液相色谱都适用。Van Deemter 方程的数学简化式为：

$$H=A+B/u+Cu \tag{12-26}$$

式中，u 为流动相的线速度；A、B、C 为常数，分别代表涡流扩散项、分子扩散项系数和传质阻力项系数。

塔板理论将色谱过程假设为一串单个不连续步骤，且每个组分在每步中都能达到分配平衡。速率理论将色谱过程视为一个连续的流动过程，每个组分以一定的速率通过色谱体系时并未达到分配平衡。塔板理论属于热力学理论，速率理论属于动力学理论。

(1) 涡流扩散项 A

在填充色谱柱中，当组分随流动相向柱出口迁移时，流动相由于受到固定相颗粒障碍，不断改变流动方向，使组分分子在前进中形成紊乱的涡流，故称为涡流扩散（图 12-4）。

在填充柱内，由于填充物颗粒大小的不同及填充物的不均匀性，使组分的分子经过多个不同长度的途径流出色谱柱，一些分子沿较短的路径运行，较快通过色谱柱，另一些分子沿

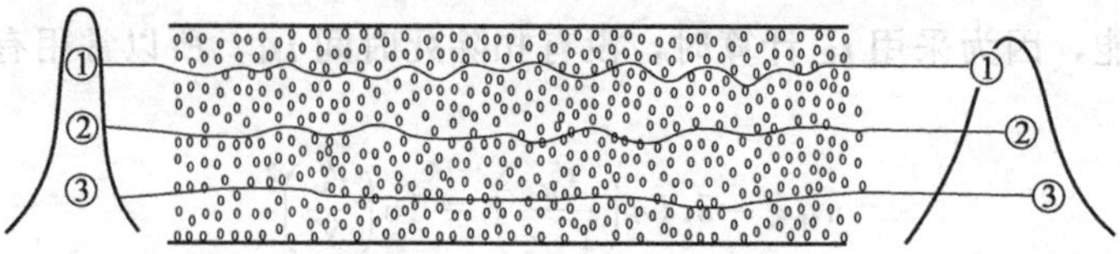

图 12-4　涡流扩散示意图

较长的路径运行，发生滞后，结果使色谱峰变宽。其程度由下式决定：

$$A=2\lambda d_p \tag{12-27}$$

式中，λ 为固定相填料的不规则因子；d_p 为固定相填料的平均直径。

从上式可看出，A 与固定相的平均直径 d_p 的大小和填充不规则因子 λ 有关，与流动相的性质、线速度和组分性质无关。为了减小涡流扩散，提高柱效，使用细而均匀的颗粒，并且填充均匀是提高柱效的有效途径。对于空心毛细管，不存在涡流扩散，因此 $A=0$。

(2) 分子扩散项 B/u（或称纵向扩散项）

当样品组分被载气带入色谱柱后，以“塞子”的形式存在于柱的很小一段空间中，由于存在纵向的浓度梯度，因而就会发生纵向扩散，引起色谱峰展宽（图 12-5）。分子扩散项系数为：

$$B=2\gamma D_g \tag{12-28}$$

式中，γ 为填充柱内流动相扩散路径弯曲的因素，称为弯曲因子，它反映了固定相颗粒的几何形状对自由分子扩散的阻碍情况，而在空心柱中，扩散不受到阻碍，$\gamma=1$；D_g 为组分在流动相中的扩散系数，$cm^2 \cdot s^{-1}$。

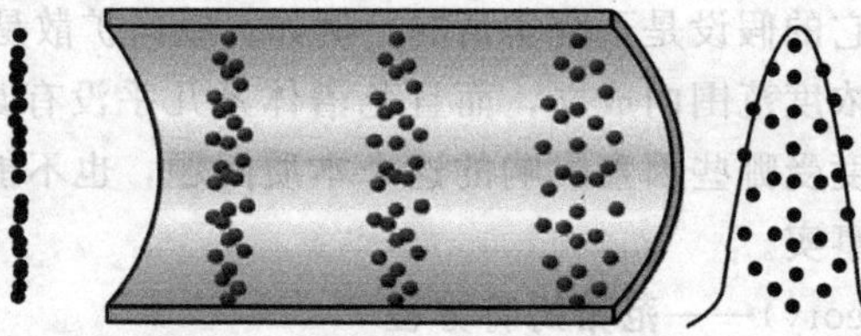

图 12-5　分子扩散示意图

由式(12-28) 可知，分子扩散项一般与下列因素有关。

① 与组分在流动相中的扩散系数 D_g 成正比。D_g 与流动相及组分性质有关，分子量大的组分 D_g 小，D_g 反比于流动相分子量的平方根。D_g 与柱温、柱压有关，随柱温升高而增大，随柱压增大而减小。所以采用分子量较大的流动相，控制较低的柱温，可使 B 项降低。

② 与组分在色谱柱内停留的时间有关，流动相流速小，组分停留时间长，分子扩散就大。因此，气相色谱采用较高的载气流速以减小分子扩散项。而对于液相色谱，组分在流动相中的纵向扩散可以忽略不计。

(3) 传质阻力项 Cu

组分在色谱分离柱内由流动相进入固定相或由固定相进入流动相的迁移过程，称为传质。影响这个过程进行速度的阻力，称为传质阻力。以气液分配色谱为例，当组分进入色谱柱后，由于它对固定液的亲和力，组分分子首先从气相向气液界面移动，进而向液相扩散分布，再从液相中扩散出来进入气相（图 12-6），这个过程称为传质过程。由于传质阻力的存在，使得试样在两相界面上不能瞬间达到分配平衡。所以，有的分子还未进入两相界面，就被流动相带走，出现超前现象。有的分子在进入两相界面后，由于阻力的存在，未能及时返回到流动相，这就引起滞后现象。上面这些现象均将造成谱峰展宽。

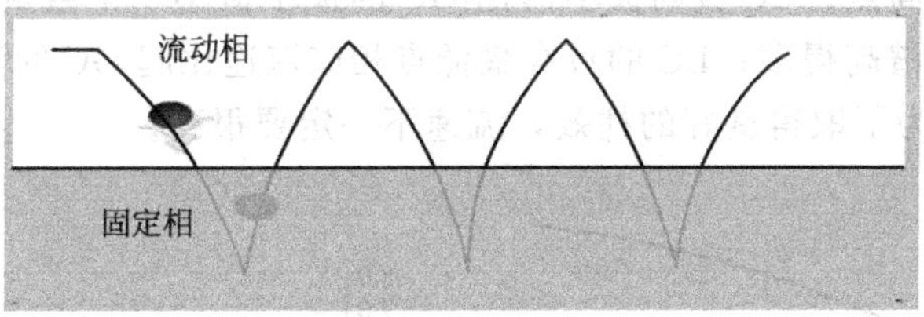

图 12-6　传质阻力示意图

① 对于气液色谱，气相传质阻力系数 C_g 为：

$$C_g=\frac{0.01k^2}{(1+k)^2}\times\frac{d_p^2}{D_g} \tag{12-29}$$

式中，k 为容量因子。由式(12-29) 可知，气相传质阻力与填充物粒度 d_p 的平方成正比，与组分在载气流中的扩散系数 D_g 成反比。因此，采用粒度小的填充物和扩散系数大（分子量小）的载气，可使 C_g 减小，提高柱效。

液相传质过程是指试样组分从固定相的气-液界面移动到液相内部，达到平衡后再返回相界面的传质过程。液相传质阻力系数 C_l 为：

$$C_l=\frac{2}{3}\times\frac{k}{(1+k)^2}\times\frac{d_f^2}{D_l} \tag{12-30}$$

由式(12-30) 可看出，固定相的液膜厚度 d_f 越薄，组分在液相中的扩散系数 D_l 越大，则液相传质阻力就越小。降低固定液的含量，可以降低液膜厚度 d_f，但同时也会减小 k，又会使 C_l 增大。当固定液含量一定时，液膜厚度随载体的比表面积增加而降低，所以采用比表面积较大的载体来降低液膜厚度。但比表面积太大，又会由于吸附造成拖尾峰，不利于分离。一般可通过控制适宜的柱温来减小 C_l。

对于气液色谱，传质阻力系数 C 包括气相传质阻力系数 C_g 和液相传质阻力系数 C_l 两项，即：

$$C=C_g+C_l \tag{12-31}$$

将式(12-27)～式(12-31) 各常数项的关系式代入式(12-26)，得到气相色谱的范第姆特方程式为式(12-32)：

$$H=2\lambda d_p+\frac{2\gamma D_g}{u}+u\left[\frac{0.01k^2}{(1+k)^2}\times\frac{d_p^2}{D_g}+\frac{2}{3}\times\frac{k}{(1+k)^2}\times\frac{d_f^2}{D_l}\right] \tag{12-32}$$

这一方程对选择色谱分离条件具有实际指导意义，它指出了色谱柱填充的均匀程度、填料颗粒度的大小、流动相的种类及流速、固定相的液膜厚度等对柱效的影响。

② 对于液液分配色谱，传质阻力系数 C 包括流动相传质阻力系数 C_m 和固定相传质阻力系数 C_s，即：

$$C=C_m+C_s \tag{12-33}$$

对于 C_m，固定相的粒度愈小，微孔孔径愈大，传质速率就愈快，柱效就愈高。对高效液相色谱固定相的设计就是基于这一考虑。

对于 C_s，传质过程与液膜厚度 d_f 的平方成正比，与试样分子在固定液的扩散系数成反比。

（4）流动相线速率对塔板高度的影响

① LC 和 GC 的 H-u 图　测定不同流速下的塔板高度 H，可作气相色谱（GC）和液相色谱（LC）的 H-u 曲线图，得到如下的两条曲线，见图 12-7(a) 和（b)。由两图可看出，GC 和 LC 的柱效能与流速的变化关系十分相似，对应某一流速都有一个板高的极小值，这个极小值就是柱效最高点；LC 板高极小值比 GC 的极小值小一个数量级以上，这说明液相色谱的柱效比气相色谱高得多；LC 的板高最低点相应流速比起 GC 的流速也小一个数量级，说明对于 LC 来说，为了取得良好的柱效，流速不一定要很高。

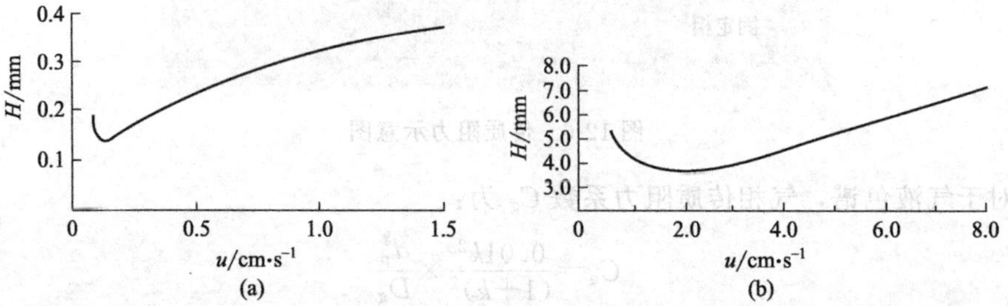

图 12-7　LC(a) 和 GC(b) 的 H-u 图

气相色谱中的最佳流速可以通过实验和计算方法求出。将式(12-26) 微分得：

$$dH/du = -B/u^2 + C = 0$$

$$u_{最佳} = \sqrt{B/C} \tag{12-34}$$

$$H_{最小} = A + \sqrt{BC} + \sqrt{BC} = A + 2\sqrt{BC} \tag{12-35}$$

其中的 A、B、C 的数值可以在一定的色谱条件下测得三种不同流速下对应的 H 值，再根据式(12-26) 组成一个三元一次方程式求得，进而求出 $H_{最小}$ 和 $u_{最佳}$。

② 分子扩散项和传质阻力项对板高的贡献　由图 12-8 可见，较低线速时，分子扩散项起主要作用；较高线速时，传质阻力项起主要作用；其中流动相传质阻力项对板高的贡献几乎是一个定值。在高线速率时，固定相传质阻力项成为影响板高的主要因素。随着线速率增高，板高值越来越大，柱效急剧下降。

(5) 固定相粒度大小对板高的影响

固定相粒度对板高的影响是至关重要的。实验证明，不同粒度的 H-u 曲线也不同（见图 12-9)，粒度越小，板高越小，并且受线速率影响亦小。这就是为什么在 HPLC 中采用细颗粒作固定相的根据。当然，固定相颗粒愈细，柱流速愈慢，只有采取高压技术，流动相流速才能符合实验要求。

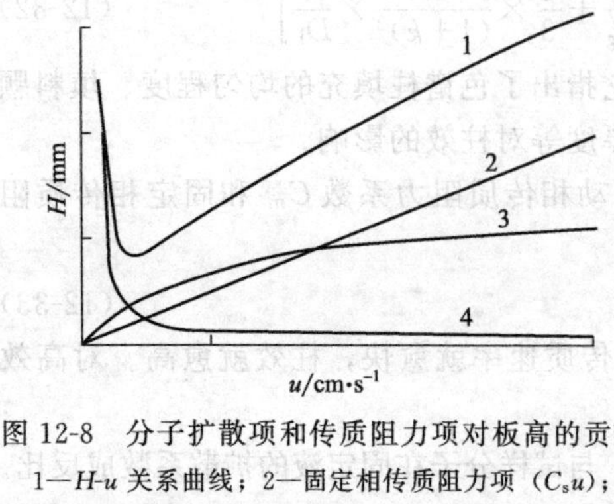

图 12-8　分子扩散项和传质阻力项对板高的贡献

1—H-u 关系曲线；2—固定相传质阻力项（$C_s u$）；
3—流动相传质阻力项（$C_m u$）；4—分子扩散项（B/u）

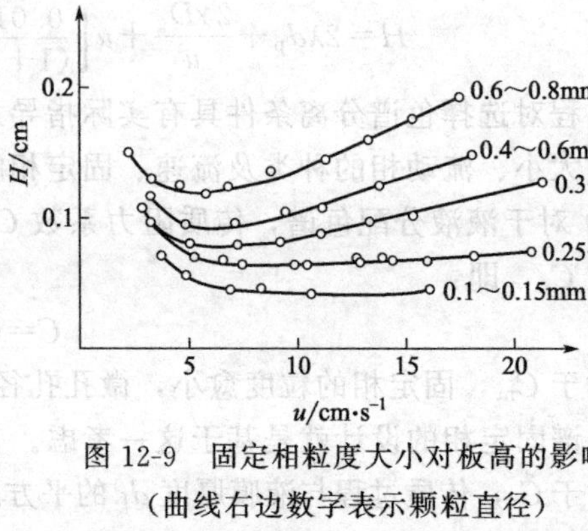

图 12-9　固定相粒度大小对板高的影响
（曲线右边数字表示颗粒直径）

第四节　分离度与基本色谱分离方程式

一、柱效和选择性

从前面讨论可知，理论塔板数 n（或 $n_{有效}$）是衡量柱效的指标，它反映了色谱分离过程的动力学性质。

在色谱法中，常用色谱图上两峰间的距离衡量色谱柱的选择性，其距离越大说明色谱柱的选择性越好。一般用选择因子 α 表示两组分在给定色谱柱上的选择性。色谱柱的选择性主要取决于组分在固定相上的热力学性质。

二、分离度

图 12-10 是相邻两组分在不同色谱条件下的分离情况，图（a）中两色谱峰距离近并且峰形宽，两峰严重相叠，这表示选择性和柱效都很差。图（b）中虽然两峰距离拉开了，但峰形仍很宽，说明选择性好，但柱效低。图（c）中分离最理想，说明选择性好，柱效也高。由此可见，单独用柱效或柱选择性不能真实地反映组分在色谱柱中的分离情况，所以，在色谱分析中，需要引入一个综合性指标——分离度 R。分离度 R 是既能反映柱效率又能反映选择性的指标，称总分离效能指标。

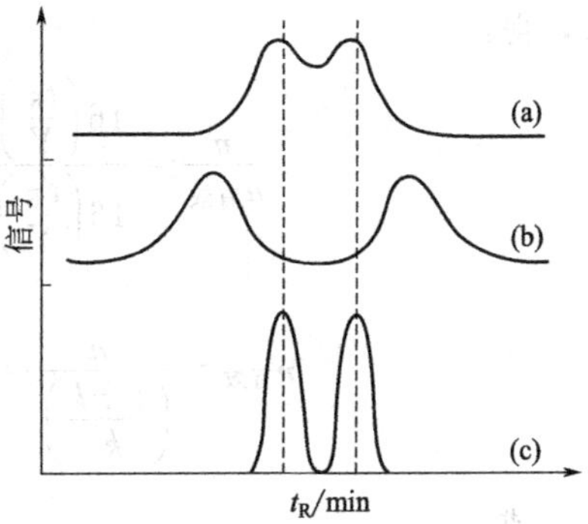

图 12-10　两组分的分离情况

分离度也称分辨率，它是指相邻两组分色谱峰的保留值之差与两组分色谱峰底宽度平均值之比，即：

$$R=\frac{t_{R_2}-t_{R_1}}{\frac{1}{2}(Y_1+Y_2)}=\frac{2(t_{R_2}-t_{R_1})}{Y_1+Y_2} \tag{12-36}$$

当分离度 $R>0.75$（见图 12-11）时，两峰有部分重叠，但定性分析不受太大影响；当 $R=1$ 时，峰有 2% 的重叠，分离程度可达 98%，这已适合大多数定量分析的需要；当 $R=1.5$ 时，分离程度可达 99.7%，可以认为两峰已完全分开了。通常用 $R=1.5$ 作为相邻两组分已完全分离的标志。若 R 值更大，分离效果会更好，但会延长分析时间。

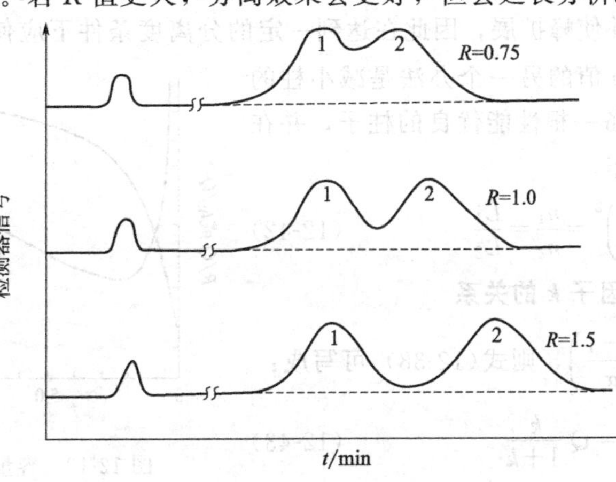

图 12-11　不同分离度时色谱峰分离的程度

三、基本色谱分离方程式

对于难分离的物质对，它们的保留值相差很小，分配系数差别也很小，可合理地假设 $Y_1 \approx Y_2 = Y$，$k_1 \approx k_2 = k$，根据式(12-23)，可得：

$$\frac{1}{Y}=\frac{\sqrt{n}}{4}\times\frac{1}{t_R} \tag{12-37}$$

将式(12-37) 及式(12-19) 代入式(12-36)，整理后，得：

$$R=\frac{1}{4}\sqrt{n}\left(\frac{\alpha-1}{\alpha}\right)\left(\frac{k}{k+1}\right) \tag{12-38}$$

式(12-38) 即为基本色谱分离方程式，是色谱法中最重要的方程式之一，公式的第一项、第二项和第三项分别说明了分离度 R 与重要色谱参数柱效 n、选择性因子 α 以及容量因子 k 之间的关系。

在实际应用中，往往用 $n_{有效}$ 代替 n，将式(12-23) 除以式(12-24)，并将式(12-20) 代入，得：

$$\frac{n}{n_{有效}}=\frac{16\left(\frac{t_R}{Y}\right)^2}{16\left(\frac{t'_R}{Y}\right)^2}=\left(\frac{t_R}{t'_R}\right)^2=\left[\frac{t_M(1+k)}{t'_R}\right]^2=\left(\frac{1+k}{k}\right)^2$$

$$n_{有效}=\frac{n}{\left(\frac{1+k}{k}\right)^2}=\frac{16R^2\left(\frac{\alpha}{\alpha-1}\right)^2\left(\frac{k+1}{k}\right)^2}{\left(\frac{1+k}{k}\right)^2}=16R^2\left(\frac{\alpha}{\alpha-1}\right)^2 \tag{12-39}$$

或

$$R=\frac{1}{4}\sqrt{n_{有效}}\left(\frac{\alpha-1}{\alpha}\right) \tag{12-40}$$

式(12-40) 是基本色谱分离方程式的又一表达式。

因为

$$L=n_{有效}H_{有效}$$

$$L=16R^2\left(\frac{\alpha}{\alpha-1}\right)^2 H_{有效} \tag{12-41}$$

1. 分离度与柱效 n 的关系

分离度 R 与 n 的平方根成正比。当固定相确定，亦即被分离物质对的 α 确定后，欲使达到一定的分离度，将取决于 n。增加柱长可改进分离度，但增加柱长使各组分的保留时间增长，延长了分析时间并使峰扩展，因此在达到一定的分离度条件下应使用短一些的色谱柱。除增加柱长外，增加 n 值的另一个办法是减小柱的 H 值，这意味着应制备一根性能优良的柱子，并在最优化条件下进行操作。

$$\left(\frac{R_1}{R_2}\right)^2=\frac{n_1}{n_2}=\frac{L_1}{L_2} \tag{12-42}$$

2. 分离度与容量因子 k 的关系

如果设 $Q=\frac{\sqrt{n}}{4}\left(\frac{\alpha-1}{\alpha}\right)$，则式(12-38) 可写成：

$$R=Q\frac{k}{1+k} \tag{12-43}$$

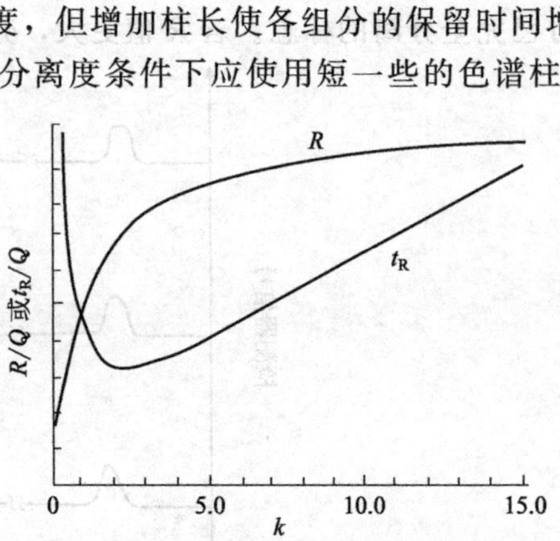

图 12-12　容量因子与分离度、保留时间的关系曲线

由 R/Q 对 k 的曲线图（图 12-12）看出：当

$k>10$ 时，随容量因子 k 增大，分离度的增长不明显。因此 k 值的最佳范围是 $2<k<10$，在此范围内，既可得到大的 R 值，亦可使分析时间不致过长，使峰的扩展不会太严重而对检测发生影响。

3. 分离度与选择性因子 α 的关系

α 是柱选择性的量度，α 越大，柱选择性越好，分离效果越好。在实际工作中，可由一定的 α 值和所要求的分离度，用式(12-39) 计算柱子所需的有效塔板数。表 12-1 列出了根据式(12-39) 计算得到的一些结果。这些结果表明，分离度从 1.0 增加至 1.5 对应于各 α 值所需的有效塔板数大致增加一倍。

表 12-1 在给定的 α 值下，获得所需分离度对柱有效塔板数的要求

α	$n_{有效}$		α	$n_{有效}$	
	$R=1.0$	$R=1.5$		$R=1.0$	$R=1.5$
1.00	∞	∞	1.10	1900	4400
1.005	650000	1450000	1.15	940	2100
1.01	163000	367000	1.25	400	900
1.02	42000	94000	1.50	140	320
1.05	7100	16000	2.0	65	145
1.07	3700	8400			

增加 α 值有效的方法之一是通过改变固定相，使组分的分配系数有较大差别。但是，选择性因子的变化不像柱效和容量因子那样有规律。在气相色谱中，α 值主要取决于固定相的性质，并对温度有很大的依赖性，一般降低柱温可使 α 值增大。在液相色谱中，主要通过改变流动相和固定相的性质来调整 α 值，温度的作用很小。

4. 分离度与分析时间的关系

式(12-44) 表示了分析时间与分离度及其它因素的关系。

$$t_R=\frac{16R^2H}{u}\left(\frac{\alpha}{\alpha-1}\right)^2\frac{(1+k)^3}{k^2} \tag{12-44}$$

【例 12-3】 在一根 3.0m 长的色谱柱上，分离一个样品的结果如图 12-13 所示。

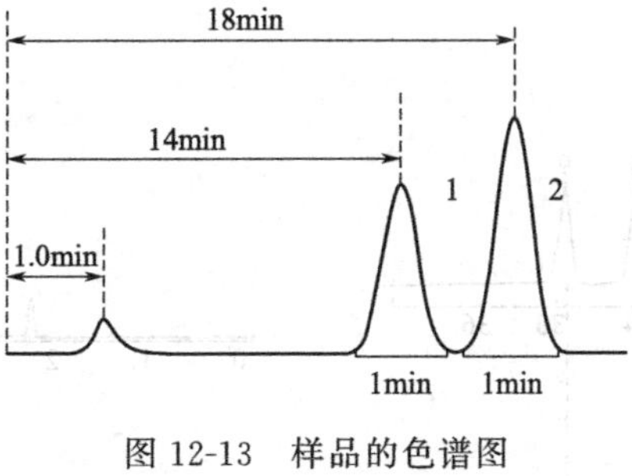

图 12-13 样品的色谱图

计算：(1) 两组分的调整保留时间 t'_{R_1} 及 t'_{R_2}；

(2) 用组分 2 计算色谱柱的有效塔板数 $n_{有效}$ 及有效塔板高度 $H_{有效}$；

(3) 两组分的容量因子 k_1 及 k_2；

(4) 两组分的分离度；

解 (1) $t'_{R_1}=14-1.0=13.0(\text{min})$，$t'_{R_2}=18-1.0=17.0(\text{min})$

(2) 组分 2 的有效塔板数 $n_{有效}=16\left(\frac{t'_R}{Y}\right)^2=16\left(\frac{17}{1}\right)^2=4624$(块)

组分 2 的有效塔板高度 $H_{有效}=\dfrac{3000}{4624}=0.65(\text{mm})$

(3) $k_1=\dfrac{t'_R}{t_M}=\dfrac{13.0}{1.0}=13.0 \quad k_2=\dfrac{t'_R}{t_M}=\dfrac{17.0}{1.0}=17.0$

(4) $R=\dfrac{2(t_{R_2}-t_{R_1})}{Y_1+Y_2}=\dfrac{2\times(18-14)}{1+1}=4$

第五节　色谱定性和定量方法

色谱法是分离性质十分相近化学物质的重要方法，同时还能将分离后的物质直接进行定性和定量分析。

一、定性分析

在色谱分析中利用保留值定性是最基本的定性方法，其基本依据是：两个相同的物质在相同的色谱条件下应该具有相同的保留值。但是，相反的结论却不成立，即在相同的色谱条件下，具有相同的保留值的两个物质不一定是同一个物质。

1. 利用已知纯物质直接对照定性

(1) 保留值 t_R 定性

利用已知物直接对照法定性是一种最简单的定性方法，在具有已知标准物质的情况下常使用这一方法（见图 12-14）。将未知物和已知标准物在同一根色谱柱上，用相同的色谱操作条件进行分析，作出色谱图后进行对照比较。若它们的保留时间相同，可能未知物是已知纯物质。若不同，则未知物质肯定不是纯物质。利用纯物质定性方法最简单，应用最广泛。利用保留时间（t_R）直接比较，这时要求载气的流速和柱温一定要恒定。载气流速的微小波动和柱温的微小变化都会使保留值（t_R）改变，从而对定性结果产生影响。使用保留体积定性虽可避免载气流速变化的影响，但实际使用是不方便的，因为保留体积的直接测定是很困难的，一般都是利用流速和保留时间来计算保留体积。

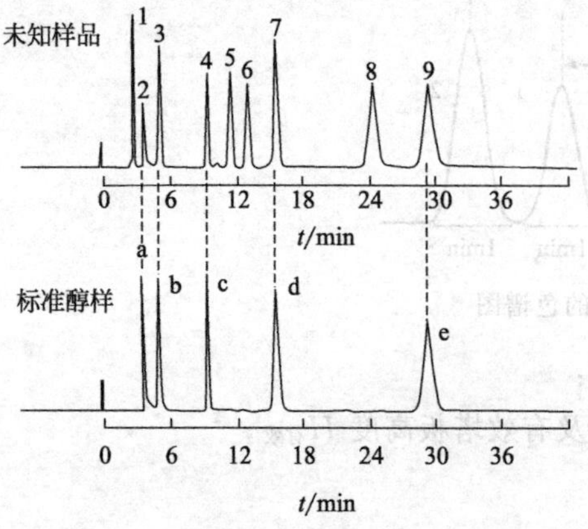

图 12-14　用已知纯物质与未知样品对照比较进行定性分析

1～9—未知物的色谱峰；a—甲醇峰；b—乙醇峰；c—正丙醇峰；d—正丁醇峰；e—正戊醇峰

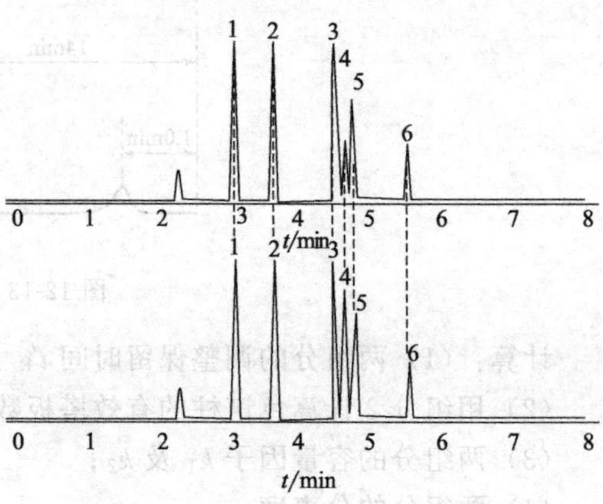

图 12-15　峰高增加法定性示意图

1—苯；2—甲苯；3—乙苯；4—对二甲苯；5—间二甲苯；6—邻二甲苯

（2）峰高增加法定性

为了避免载气流速和温度的微小变化而引起保留时间的变化对定性分析结果带来的影响，可以采用峰高增加法（图 12-15）定性。在得到未知样品的色谱图后，在未知样品中加入一定量的已知纯物质，然后在同样的色谱条件下作已加纯物质的未知样品的色谱图。对比两张色谱图，峰高增加的峰就是加入的已知纯物质的色谱峰。这种方法既可避免载气流速的微小变化对保留时间的影响，又可避免色谱图图形复杂时准确测定保留时间的困难。这是在确认某一复杂样品中是否含有某一组分的最好办法。

（3）相对保留值 $r_{2,1}$定性

由于相对保留值是被测组分与加入的参比组分（其保留值应与被测组分相近）的调整保留值之比，因此当载气的流速和温度发生微小变化时，被测组分与参比组分的保留值同时发生变化，而它们的比值即相对保留值则不变。因此在柱温和固定相一定时相对保留值为定值，可作为定性的较可靠参数。

2. 保留指数（I）定性

1958 年，匈牙利色谱学家 E. Kovats 首次提出用保留指数作为保留值的标准用于定性分析，这是使用最广泛并被国际上公认的定性指标。它具有重现性好（精度可达±1 指数单位或更低一些）、标准物统一及温度系数小等优点，可根据所用固定相和柱温直接与文献值对照，而不需标准样品。

保留指数（I）（retention index，RI）又称科瓦茨（Kovats）指数。人为规定正构烷烃的保留指数等于该烷烃分子中碳原子数的 100 倍，如正己烷、正庚烷和正十五烷的保留指数分别为 600、700 和 1500。至于其它物质的保留指数，则可采用两个相邻正构烷烃保留指数进行标定。测定时，可选取两个正构烷烃作为基准物质，其中一个的碳数为 Z，另一个为 $Z+1$，将含物质 X 和所选的两个正构烷烃的混合物注入色谱柱，在一定温度条件下绘制色谱图。它们的调整保留时间分别为 $t'_{R(Z)}$、$t'_{R(X)}$ 和 $t'_{R(Z+1)}$，当 $t'_{R(Z)}<t'_{R(X)}<t'_{R(Z+1)}$ 时，可用式(12-45) 计算 I_X：

$$I_X=100\left[Z+\frac{\lg t'_{R(X)}-\lg t'_{R(Z)}}{\lg t'_{R(Z+1)}-\lg t'_{R(Z)}}\right] \tag{12-45}$$

3. 双柱、多柱定性

无论是已知物对照定性，还是文献值（保留指数）对照定性，都是在同一根色谱柱上进行分析比较定性的，这种定性结果的准确度往往不高，特别是对一些同分异构体往往区分不出来。例如，1-丁烯与异丁烯在阿皮松、硅油等非极性柱上有相同的保留值，如改用极性柱，1-丁烯与异丁烯将有不同的保留值。所以，在两根或多根不同极性的柱子上，将未知物的保留值与已知物的保留值或文献上的保留值（保留指数）进行对比分析，可以大大提高定性分析结果的准确度。

4. 与其它分析仪器联用定性

色谱法具有很高的分离效能，但它不能有效地对已分离的每一组分进行直接定性。而有些分析仪器如质谱、红外等虽是鉴定未知结构的有效工具，定性能力较强，但对复杂的混合物则无法分离。将色谱的分离能力与质谱、红外等分析方法的结构鉴定能力结合起来，实现联用既能将复杂的混合物分离又可同时鉴定结构，是目前仪器分析的一个发展方向，也是近年来色谱分析发展的一个趋势。

二、定量分析

在一定操作条件下，分析组分 i 的质量（m_i）或其在流动相中的浓度与检测器的响应信号（峰高 h_i 或峰面积 A_i）成正比［式(12-46)］，是色谱定量分析的依据。因为峰高比峰面积更容易受分析条件波动的影响，且峰高标准曲线的线性范围也较峰面积的窄，因此，通常情况是采用峰面积进行定量分析。

$$m_i = f_i A_i \text{或} m_i = f_i h_i \tag{12-46}$$

式中，f_i 为比例常数，称为定量校正因子。为了获得准确的定量分析结果，除了被测组分要获得很好的分离外，还要解决如下问题：

① 准确测量色谱峰的峰面积（或峰高）；

② 确定峰面积（或峰高）与组分含量之间的关系，即准确求出 f_i；

③ 正确选用合适的定量计算方法。

1. 峰面积测量法

峰面积的测量直接关系到定量分析的准确度。测量峰面积的方法分为手动测量和自动测量两大类。现代色谱仪中一般都配备有准确测量色谱峰面积的色谱工作站。如果没有色谱工作站，可用手工测量，再用有关公式计算峰面积。对于对称的峰，近似计算公式为：

$$A_i = 1.065 h_i Y_{1/2} \tag{12-47}$$

式中，h_i 为色谱峰峰高；$Y_{1/2}$ 为半峰宽。

不对称色谱峰的近似计算公式为：

$$A_i = h_i \times \frac{Y_{0.15} + Y_{0.85}}{2} \tag{12-48}$$

式中，$Y_{0.15}$ 和 $Y_{0.85}$ 分别为峰高 0.15 和 0.85 处测得的峰宽值。

2. 定量校正因子（quantitative calibration factor）

色谱的定量基础是基于被测物质的量与其峰面积的正比关系。但由于同一检测器对不同物质具有不同的响应值，即对不同物质，检测器的灵敏度不同。所以当两个质量相等的不同组分在相同条件下使用同一检测器进行测定时，所得的峰面积却不一定相等，或者说，相同的峰面积并不意味着物质的量相等。因此，混合物中某一组分的百分含量并不等于该组分的峰面积在各组分峰面积总和中所占的百分率，不能直接利用峰面积计算物质的含量。为了使峰面积能真实反映出物质的质量，就要对峰面积进行校正，即在定量计算时引入定量校正因子。

定量校正因子分为绝对定量校正因子和相对定量校正因子。绝对定量校正因子是指单位峰面积或峰高所对应的被测物质的质量（或浓度），即

$$f_i = \frac{m_i}{A_i} \text{或} f_i = \frac{m_i}{h_i} \tag{12-49}$$

式中，f_i 值与组分 i 质量绝对值成正比，所以称为绝对校正因子。在定量分析时要精确求出 f_i 值是比较困难的。因此，常采用相对定量校正因子（简称校正因子）代替绝对校正因子来解决色谱定量分析中的计算问题。

相对定量校正因子定义为：

$$f_i' = \frac{f_i}{f_s} \tag{12-50}$$

即某组分 i 的相对定量校正因子 f'_i 为组分 i 与标准物质 s 的绝对定量校正因子之比。

当物质的含量用质量表示时，则所对应的 f' 称为质量校正因子 f'_m；如物质的含量采用物质的量表示，所对应的 f' 称为摩尔校正因子 f'_M；如用体积表示所对应的 f' 称为体积校正因子 f'_V。

(1) 质量校正因子 f'_m

最常用的定量校正因子，即：

$$f'_m=\frac{f_{i(m)}}{f_{s(m)}}=\frac{A_s m_i}{A_i m_s} \text{ 或 } f'_m=\frac{h_s m_i}{h_i m_s} \tag{12-51}$$

(2) 摩尔校正因子 f'_M

$$f'_M=\frac{f_{i(M)}}{f_{s(M)}}=\frac{A_s m_i M_s}{A_i m_s M_i}=f'_m\times\frac{M_s}{M_i} \tag{12-52}$$

(3) 体积校正因子 f'_V

对于气体试样，往往用体积校正因子。实际上就是 f'_M。因为 1mol 任何气体在标准状况下其体积都是 22.4L。即：

$$f'_V=\frac{f_{i(V)}}{f_{s(V)}}=\frac{A_s m_i M_s}{A_i m_s M_i}\times\frac{22.4}{22.4}=f'_M \tag{12-53}$$

式(12-51)～式(12-53) 中，A_i，A_s，m_i，m_s，M_i，M_s 分别代表组分 i 和标准物质 s 的峰面积、质量和摩尔质量。

在文献资料中查到的校正因子都是指相对校正因子，它们多数是以苯作为标准物质，以热导池为检测器所得的数据；或者是以正庚烷作为标准物质，以氢火焰为检测器所得的数据(表 12-2 列出一些化合物的校正因子)。相对校正因子只与试样、标准物质和检测器类型有关，与操作条件、柱温、载气流速、固定液性质无关。也可自行测定相对校正因子 f'_i。测定方法如下：精确称量待测组分和标样，混合后，在实验条件下进行进样分析，分别测量相应的峰面积或峰高，然后按上述有关公式计算出 f'_m 或 f'_M。

表 12-2 一些化合物的校正因子

化合物	沸点/℃	相对分子质量	热导检测器		火焰离子化检测器 f_m
			f_M	f_m	
甲烷	−160	16	2.80	0.45	1.03
乙烷	−89	30	1.96	0.59	1.03
丙烷	−42	44	1.55	0.68	1.02
丁烷	−0.5	58	1.18	0.68	0.91
乙烯	−104	28	2.08	0.59	0.98
乙炔	−83.6	26			0.94
苯	80	78	1.00	0.78	0.89
甲苯	110	92	0.86	0.79	0.94
环己烷	81	84	0.88	0.74	0.99
甲醇	65	32	1.82	0.58	4.35
乙醇	78	46	1.39	0.64	2.18
丙酮	56	58	1.16	0.68	2.04
乙醛	21	44	1.54	0.68	
乙醚	35	74	0.91	0.67	
甲酸	100.7				1.00
乙酸	118.2				4.17
乙酸乙酯	77	88	0.9	0.79	2.64

(4) 相对响应值 S'（相对灵敏度）

相对响应值是物质 i 与标准物质 s 的响应值（灵敏度）之比。单位相同时，它与校正因子互为倒数，即

$$S'=1/f' \tag{12-54}$$

3. 几种常用的定量方法

(1) 归一化法（normallization method）

当试样中所有组分都能流出色谱柱，并在色谱图上显示出色谱峰时，可用此法计算组分含量。设试样中有 n 个组分，每个组分的质量分别为 m_1，m_2，…，m_n，各组分含量的总和为 100%，则其中某组分 i 的质量分数 w_i 可按下式计算：

$$w_i=\frac{m_i}{m}\times 100\%=\frac{m_i}{m_1+m_2+\cdots+m_i\cdots+m_n}\times 100\%$$

$$=\frac{A_i f'_i}{A_1 f'_1+A_2 f'_2+\cdots+A_i f'_i\cdots+A_n f'_n}\times 100\% \tag{12-55}$$

对于同系物中，沸点接近的组分，由于 f' 值相近或相同。故式(12-55) 可简化为：

$$w_i=\frac{A_i}{A_1+A_2+\cdots+A_i+\cdots+A_n}\times 100\% \tag{12-56}$$

对于狭窄的色谱峰，也可用峰高代替峰面积来计算（但必须操作条件一致且仪器稳定）。

$$w_i=\frac{h_i f''_i}{h_1 f''_1+h_2 f''_2+\cdots+h_i f''_i+\cdots h_n f''_n}\times 100\% \tag{12-57}$$

式中，f''是峰高相对校正因子，需要自行测定。

归一化法是将所有出峰组分的含量之和按 100%计算的定量方法。优点是简便准确、快速，对操作条件（进样量、温度、流速）要求不严格。但是在试样组分不能全部出峰时不能使用。

(2) 内标法（internal standard method）

当只需测定试样中某几个组分，或试样中所有组分不能全部出峰时，可采用此法。所谓内标法是将一定量的纯物质作为内标物，加入到准确称取的试样中。根据被测物和内标物的质量及其在色谱图上相应的峰面积，求出某组分的含量。例如，要测定试样中组分 i（质量为 m_i）的质量分数 w_i，可于试样中加入质量为 m_s 的内标物，试样质量为 m。则：

$$m_i=f'_i A_i，\ m_s=f'_s A_s，\ \frac{m_i}{m_s}=\frac{A_i f'_i}{A_s f'_s}$$

即：

$$m_i=\frac{A_i f'_i}{A_s f'_s}m_s \tag{12-58}$$

$$w_i=\frac{m_i}{m}\times 100\%=\frac{A_i f'_i m_s}{A_s f'_s m}\times 100\% \tag{12-59}$$

一般常以内标物为基准，则 $f'_s=1$，此时计算式可简化为：

$$w_i=\frac{A_i m_s}{A_s m}\times f'_i\times 100\% \tag{12-60}$$

内标法应满足下列条件：①内标物应为样品中所不含有的纯物质；②内标物的保留时间与待测组分的保留时间相近，但彼此能完全分开。若要测多个组分，它最好能在各组分色谱

峰的中间流出；③内标物的化学性质应尽量与被测组分接近；④内标物的加入量应与待测组分接近。

内标法的优点是进样量的变化、色谱条件的微小变化对定量结果的影响不大，特别是在样品前处理（如浓缩、萃取、衍生化等）前加入内标物，然后再进行前处理时，可部分补偿欲测组分在样品前处理时的损失。若要获得很高精度的结果时，可以加入数种内标物，以提高定量分析的精度。

缺点是选择合适的内标物比较困难，内标物的称量要准确，操作较麻烦，不宜用于快速分析。此外，因在试样中增加了一个内标物，常常给分离造成一定的困难。

(3) 内标标准曲线法

这是一种简化的内标法，由内标法公式 $w_i=\dfrac{A_i f'_i m_s}{A_s f'_s m}\times 100\%$ 可见，当试样称样量 m 恒定，加入的内标物 m_s 恒定，则此式中 $\dfrac{f'_i m_s}{f'_s m}$ 为一常数，此时

$$w_i=\frac{A_i}{A_s}\times 常数 \tag{12-61}$$

即被测物的含量与 A_i/A_s 成正比关系，以 w_i 对 A_i/A_s 作图可得一直线。

用待测组分的纯物质配制成不同浓度的标准溶液，然后在等体积的这些标准溶液中分别加入浓度相同的内标物，混合后注入色谱柱进行分析。以待测组分的浓度为横坐标，待测组分与内标物峰面积（或峰高）的比率为纵坐标建立标准曲线（或线性方程）。在分析未知样品时，分别加入与绘制标准曲线时同样体积的样品溶液和同样浓度的内标物，用待测组分峰与内标物峰面积（或峰高）的比值，在标准曲线上查出被测组分的浓度或用线性方程计算（图 12-16 和图 12-17）。

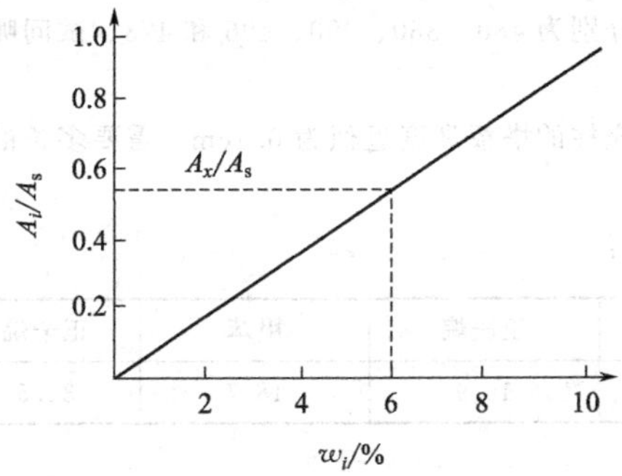

图 12-16　内标法工作曲线（Ⅰ）

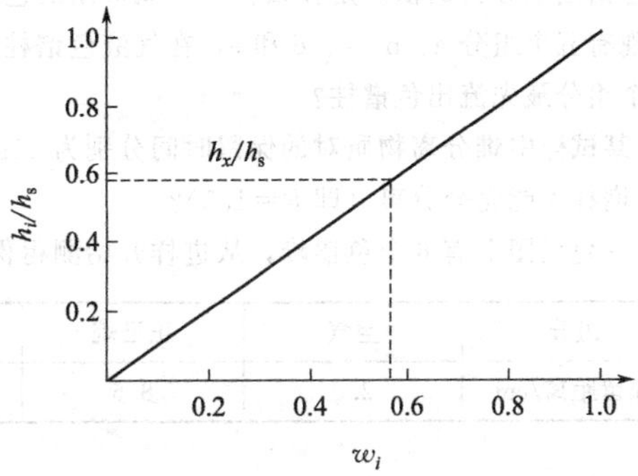

图 12-17　内标法工作曲线（Ⅱ）

(4) 外标法——定量进样-标准曲线法（external standard method）

所谓外标法即是标准曲线法，在一定操作条件下，用被测物纯品配成不同含量的标准溶液，取相同量的标准溶液进样分析，绘制峰面积或峰高-浓度标准曲线。然后，在相同条件下，取相同量的样品，测得待测组分的峰面积（或峰高），根据标准曲线查出被测组分的含量（图 12-18）。

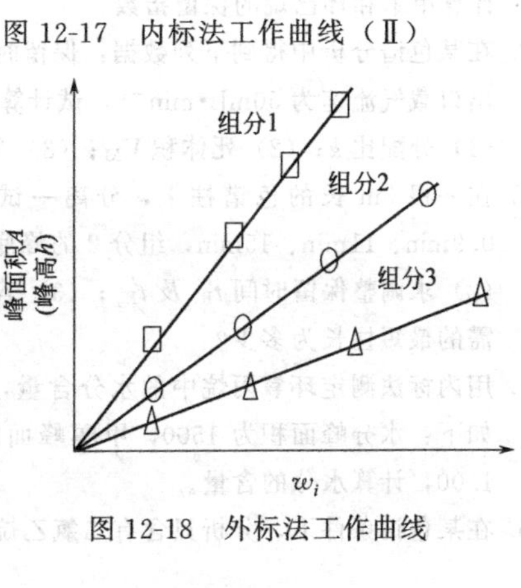

图 12-18　外标法工作曲线

外标法的优点是操作简单、计算方便，不必求校

正因子，对大量样品分析十分方便；但结果的准确性取决于进样量的重现性和操作条件的稳定性。外标法在 GC 中不如在 HPLC 中使用得多。

如果被测组分含量相近，可用单点校正法（直接比较法）。

(5) 标准加入法（内加法）

标准加入法实质上是一种特殊的内标法，是在选择不到合适的内标物时，以待测组分的纯物质为内标物，加入到待测样品中，然后在相同的色谱条件下，测定加入待测组分纯物质前后待测组分的峰面积（或峰高），从而计算待测组分在样品中的含量的方法。

优点是不需要另外的标准物质作内标物，只需待测组分的纯物质，进样量不必十分准确，操作简单。若在样品的前处理之前就加入已知准确量的待测组分，则可以完全补偿待测组分在前处理过程中的损失，是色谱分析中较常用的定量分析方法。

缺点是要求加入待测组分前后两次色谱测定的色谱条件完全相同，以保证两次测定时的校正因子完全相等，否则将引起分析测定的误差。

思考题与习题

1. 色谱法的分离原理是什么？
2. 利用色谱流出曲线可以解决哪几个问题？
3. 什么是分配系数？它有什么作用？
4. 色谱柱的理论塔板数很大，能否说明两种难分离组分一定能分离？为什么？
5. 塔板理论的作用和不足分别是什么？
6. 试述速率方程中 A、B、C 三项的物理意义。如何依据速率方程来选择色谱操作条件？
7. 为什么可以用分离度 R 作为色谱柱的总分离效能指标？
8. 色谱定量分析的依据是什么？有哪些常用的色谱定量方法？它们的应用范围和优缺点各有什么不同？
9. 现有五个组分 a、b、c、d 和 e，在气液色谱柱上分配系数分别为 480、360、490、496 和 473。试问哪一个组分最先流出色谱柱？
10. 某试样中难分离物质对的保留时间分别为 40s 和 45s，填充柱的塔板高度近似为 0.1cm。需要多长的色谱柱才能完全分离（即 $R=1.5$）？
11. 一色谱图上有 6 个色谱峰，从进样开始测得保留距离如下：

组分	空气	正己烷	环己烷	正庚烷	甲苯	正辛烷
保留距离/cm	2.2	8.5	14.6	15.9	18.7	31.5

计算甲苯和环己烷的保留指数。

12. 在某色谱分析中得到下列数据：保留时间为 5.0min，死时间为 1.0min，液相体积（V_s）为 2.0mL，柱出口载气流速为 $50mL\cdot min^{-1}$，试计算：
(1) 分配比 k；(2) 死体积 V_M；(3) 分配系数 K；(4) 保留体积 V_R。
13. 在一根 3m 长的色谱柱上，分离一试样，得如下数据：空气、组分 1、组分 2 的保留时间分别为 0.9min、11min、15min，组分 2 的峰底宽为 1min。试求：(1) 用组分 2 计算色谱柱的理论塔板数；(2) 求调整保留时间 t'_{R_1} 及 t'_{R_2}；(3) 若需达到分离度 $R=1.5$，设色谱柱的有效塔板高度 $H=1mm$，所需的最短柱长为多少？
14. 用内标法测定环氧丙烷中的水分含量，称取 0.0115g 甲醇，加到 2.2679g 样品中进行色谱分析，数据如下：水分峰面积为 1500，甲醇峰面积为 1740，已知水和内标甲醇的相对质量校正因子为 0.95 和 1.00，计算水分的含量。
15. 在某色谱条件下，分析只含有二氯乙烷、二溴乙烷及四乙基铅三组分的样品，结果如下：

组　　分	二氯乙烷	二溴乙烷	四乙基铅
相对质量校正因子	1.00	1.65	1.75
峰面积/cm^2	1.50	1.01	2.82

试用归一化法求各组分的百分含量。

16. 已知 CO_2 气体体积分数分别为 80%、40%、20%时，其峰高分别为 100mm、50mm、25mm（等体积进样），试作出外标校准曲线。现进一个等体积的样品，CO_2 的峰高为 75mm，求此样品中 CO_2 的体积分数。

第十三章　气相色谱法

第一节　概　　述

气相色谱法（gas chromatography，GC）是采用气体作为流动相的一种色谱法。气体黏度小、传质速率高、渗透性强，用气体作流动相，能获得很高的柱效，配以高灵敏度的检测器，能够实现多组分复杂混合物的分离和分析。它广泛应用于石油工业、冶金、高分子材料、食品工业及生物、医药、卫生、农业、商品检验、环境保护和航天等各个领域中。此外，气相色谱法与其它现代分析仪器联用，已逐渐成为结构分析的有力工具，如气相色谱与质谱（GC-MS）联用、气相色谱与傅里叶红外光谱（GC-FTIR）联用、气相色谱与原子发射光谱（GC-AES）联用等。与经典色谱法比较，气相色谱法具有以下几个特点。

① 选择性高　能分离、分析性质极为相近的物质。

② 灵敏度高　目前气相色谱可分析 $10^{-11}\sim10^{-13}$g 的物质。

③ 分离效能高　短时间内能同时分离和测定极为复杂的混合物。

④ 分析速度快。

⑤ 应用范围广　不仅可以分析气体，也可以分析液体、固体及包含在固体中的气体。只要在－196～400℃的温度范围内有不低于 27～330Pa 的蒸气压，且在操作条件下热稳定性好的物质，原则上均可以用气相色谱法进行分析。

在 GC 中，组分与气体流动相分子间作用力小，分离主要决定于组分与固定相分子间作用力的差别，影响分离选择性的因素比液相色谱简单。分离在气相中进行，要求样品气化，不适用于沸点高、热不稳定的化合物，对于腐蚀性能和反应性能较强的物质，如 HF、O_3、过氧化物等难于分析。

按照所用的固定相状态不同，气相色谱又分为气-固色谱（GSC）和气-液色谱（GLC）两种类型。前者是用多孔性固体为固定相，分离的对象主要是一些永久性的气体和低沸点的化合物；后者的固定相是用高沸点的有机物涂渍在惰性载体上，或直接涂渍或交联到毛细管的内壁上。由于可供选择的固定液种类繁多，故选择性较好，应用较广泛。

第二节　气相色谱仪

一、气相色谱流程

用气相色谱法分离分析样品的简单流程如图 13-1 所示。作为流动相的载气由高压钢瓶供给，经减压阀减压后，进入净化干燥管净化后，由针形阀控制载气的压力和流量得到稳定流量的载气（流量计和压力表分别指示载气的柱前流量和压力）；载气再经过进样口（包括气化室）将气化的样品携带进入色谱柱进行分离，分离后的各组分依次进入检测器检测；检测器把检测到的浓度或质量的信号转变为电信号，经放大后在记录仪上记录下来，就可得到如图 12-2 所示的色谱流出曲线。从流出曲线可得每个峰出现的时间，据此进行定性分析；根据峰面积或峰高的大小，进行定量分析。

二、气相色谱仪的结构

虽然目前国内外气相色谱仪型号和种类繁多，但它们都由以下六大系统组成：气路系统、进样系统、分离系统、检测系统、记录及数据处理系统和温度控制系统。组分能否分离，色谱柱是关键，它是色谱仪的“心脏”；分离后的组分能否产生信号则取决于检测器的性能和种类，它是色谱仪的“眼睛”。所以分离系统和检测系统是仪器的核心。

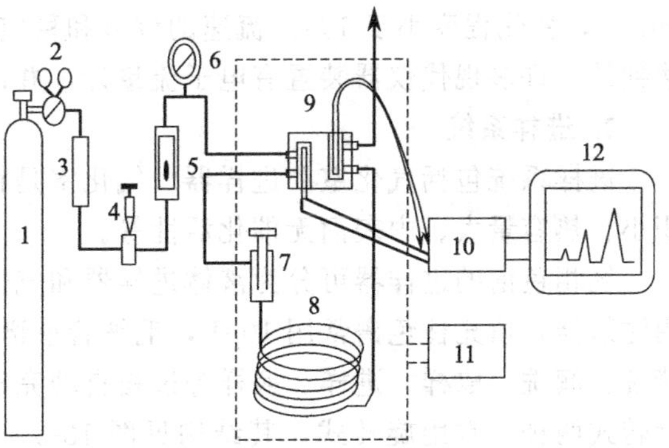

图 13-1　气相色谱流程示意图

1—载气钢瓶；2—减压阀；3—净化干燥管；4—针形阀；5—流量计；6—压力表；7—进样器；8—色谱柱；9—热导池检测器；10—放大器；11—温度控制器（虚线内）；12—记录仪

1. 气路系统

气相色谱的气路是一个载气连续运行的密闭管路系统，通过该系统，可获得纯净的、流速稳定的载气。载气从钢瓶出来后依次经过减压阀、净化器、气流调节阀、转子流量计、气化室、色谱柱、检测器，然后放空。

（1）载气

气相色谱中常用的载气有氢气、氮气、氦气和氩气。它们一般都是由相应的高压钢瓶贮装的压缩气源或气体发生器供给。要求具有化学惰性，不与有关物质反应。载气的选择除了要求考虑对柱效的影响外，还要与分析对象和所用的检测器相匹配。

（2）气路结构

气相色谱仪主要分为单柱单气路和双柱双气路两种气路形式。简易的气相色谱仪常采用单柱单气路结构，适用于恒温分析（如图 13-1）。目前多数气相色谱仪一般都采用双柱双气路结构，适用于程序升温，并能补偿固定液的流失使基线稳定（见图 13-2）。不论哪种结构，都要求密封性好、载气纯净、气流稳定。

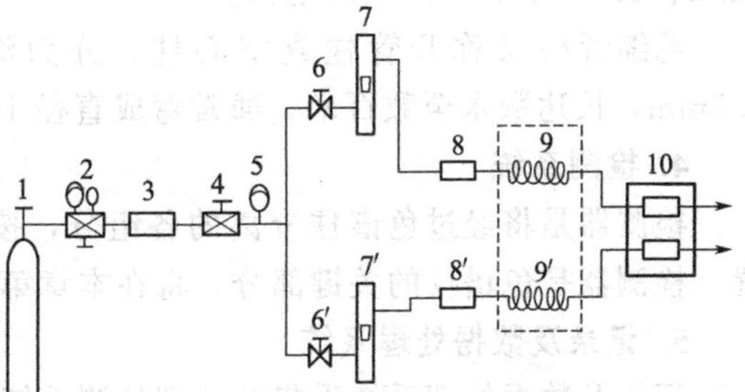

图 13-2　补偿式双气路 GC 结构示意图

1—载气；2—减压阀；3—净化干燥管；4—稳压阀；5—压力表；6,6′—针形阀；7,7′—转子流速计；8,8′—气化室；9,9′—色谱柱；10—检测器

（3）载气的净化

净化干燥管是用来提高载气纯度的装置，管内装有净化剂。净化剂主要有活性炭、硅胶和分子筛、105 催化剂，它们分别用来除去烃类物质、水分和氧气。

（4）稳压恒流装置

由于载气流速是影响色谱分离和定性分析的重要操作参数之一，因此要求载气流速稳定。恒温色谱中，整个气路中阻力是不变的，只用一个稳压阀控制载气柱前压稳定，载气流速也就稳定了。当采用程序升温时，因柱温不断升高引起柱内阻力不断增加，载气流速逐渐变小，因此必须在稳压阀后串接一个稳流阀进行自动稳流控制。载气流速的大小与稳定对分析有很大影响，流速一般为 30～100mL·

min^{-1}，变化程度小于 1%。流速的调节和稳定是通过减压阀、稳压阀和针形阀串联使用来达到的。许多现代仪器装置有电子流量计，并以计算机控制其流速保持不变。

2. 进样系统

进样系统包括气化室和进样器。气化室是将液体或固体试样瞬间气化的装置，要求死体积小、热容量大、内表面无催化活性等。

气相色谱的进样器可分为液体进样器和气体进样器。液体进样器一般采用不同规格的专用注射器，填充柱色谱常用 10μL，毛细管色谱常用 1μL。新型仪器带有全自动液体进样器，清洗、润洗、取样、进样、换样等过程自动完成。气体进样器常为六通阀进样，有推拉式和旋转式两种，常用旋转式，其结构见图 13-3。试样首先充满定量环，切入后，载气携带定量环中的气体试样进入分离柱。

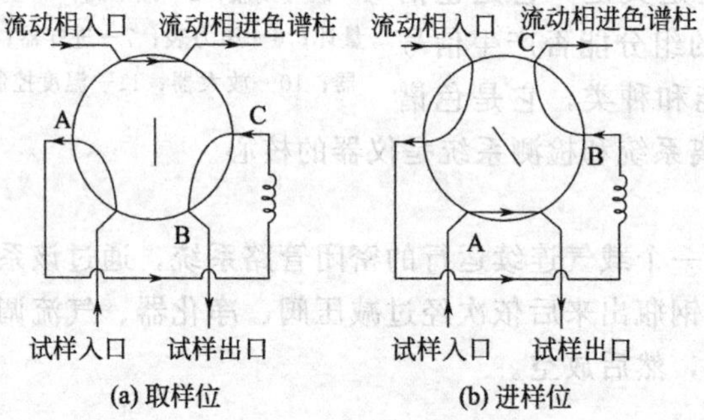

图 13-3　旋转式六通阀

3. 分离系统

分离系统包括色谱柱和柱温箱，它是色谱仪的核心部件，其作用是分离样品。常用的色谱柱主要有两类：填充柱和毛细管柱。

填充柱由不锈钢、玻璃或聚四氟乙烯等材料制成，形状有 U 形和螺旋形，内径 2～4mm、长 1～10m，内填固定相。

毛细管柱又称开管柱或空心柱，分为涂壁、多孔层和涂载体开管柱。内径 0.1～0.5mm，长达数米至数百米。通常弯成直径 10～30cm 的螺旋状，柱内表面涂一层固定液。

4. 检测系统

检测器是将经过色谱柱分离的各组分，按其特性和含量转变成易于记录的电信号的装置。检测器是色谱仪的关键部分，将在本章第四节重点介绍。

5. 记录及数据处理系统

记录及数据处理系统采集并处理检测系统输出的信号，显示和记录色谱分析结果。包括放大器、记录仪，有的色谱仪还配有数据处理器。目前多采用色谱专用数据处理机或色谱工作站，不仅可以对色谱数据进行记录和自动处理，还可对色谱参数进行控制。

6. 温度控制系统

在气相色谱分离中，温度是重要的指标，它直接影响色谱柱的选择分离、检测器的灵敏度和稳定性。温度控制是否准确，升、降温速度是否快速是市售色谱仪器的最重要指标之一。

控温系统包括对三个部分的控温，即气化室、柱温箱和检测器。气化室的温度应是试样瞬时气化而又不分解。在一般情况下气化室的温度比色谱柱温度高 30～70℃；色谱柱柱温箱的控温方式有恒温和程序升温两种。对于沸点范围很宽的混合物，通常采用程序升温法进行分析。所谓程序升温，是指在一个分析周期内，炉温连续地随时间由低温向高温线性或非线性地变化，以使沸点不同的组分各在其最佳柱温下流出，从而改善分离效果，缩短分析时间。

除氢火焰离子化检测器外，所有检测器对温度的变化都很敏感，尤其是热导池检测器，温度的微小变化将影响热导池检测器的灵敏度和稳定性，因此，检测器的控温精度要求优于±0.1℃。

第三节 气相色谱固定相

色谱分离系统是色谱仪器中最为重要的部分，而其中分离柱的固定相组成与性质更是直接与分离效能有关。气相色谱固定相分为两类：用于气-固色谱的固体吸附剂和用于气-液色谱的固定液和载体。

一、气-固色谱的固定相

气-固色谱中的固定相是一种具有多孔性及较大比表面积的固体吸附剂。固体吸附剂具有吸附容量大、热稳定性好、使用方便等优点。其缺点是由于结构和表面的不均匀性，吸附等温线非线性，形成的色谱峰有时为不对称的拖尾峰。气-固色谱固定相的性能与制备及活化条件有很大关系。同一种固定相，不同批次、不同厂家及不同活化条件都可能使分离效果有很大差异，使用时应特别注意。气-固色谱固定相种类有限（表13-1），能分离的对象不多，主要是永久性气体、无机气体和低分子碳氢化合物。

表13-1 气相色谱常用固体固定相及其性能

吸附剂	主要化学成分	结晶形式	比表面积/$m^2 \cdot g^{-1}$	极性	最高使用温度/℃	分离特征	备注
活性炭（炭黑）	C	无定形炭（微晶炭）	300～500	非极性	<300	分离永久性气体及低沸点烃类，不适于分离极性化合物	加入少量减尾剂或极性固定液（<2%），可提高柱效、减少拖尾、获得较对称峰形
石墨化炭黑	C	石墨状细晶	≤100	非极性	>500	分离气体及烃类，对高沸点有机化合物也能获得较对称峰形	
硅胶	$SiO_2 \cdot nH_2O$	凝胶	500～700	氢键型强极性	<400	分离永久性气体及低级烃	随活化温度不同，其极性差异大，色谱行为也不同；在200～300℃活化，可脱水95%以上
氧化铝	Al_2O_3	主要为α及γ-Al_2O_3	100～300	弱极性	<400	主要用于分离烃类及有机异构物，在低温下可分离氢的同位素	随活化温度不同，含水量也不同，从而影响保留值和柱效率
分子筛	$x(MO) \cdot y(Al_2O_3) \cdot z(SiO_2) \cdot nH_2O$	均匀的多孔结晶	500～1000	强极性	<400	特别适用于永久性气体和惰性气体的分离	化学组成：M代表金属元素，随晶型不同而分为A、X、Y、B、L、F等型号，天然泡沸石也属此类

(1) 常用的固体吸附剂

常用的固体吸附剂主要有强极性的硅胶，弱极性的氧化铝，非极性的活性炭和特殊作用的分子筛等。使用时，可根据它们对各种气体的吸附能力不同，选择最合适的吸附剂。

（2）人工合成的固定相

作为有机固定相的高分子多孔微球是一类以苯乙烯和二乙烯苯共聚合成的多孔共聚物。它既是载体又起固定液作用，可在活化后直接用于分离，也可作为载体在其表面涂渍固定液后再用。由于是人工合成的，可控制其孔径大小及表面性质。这类高分子多孔微球特别适用于有机物或气体中水分的含量测定，适用于分析试样中的痕量水，也可用于多元醇、脂肪酸等强极性物质的测定。

高分子多孔微球分为极性和非极性两种：非极性的如国内的 GDX 1 型和 2 型、国外的 Chromosorb 系列；极性的如国内的 GDX 3 型和 4 型、国外的 Porapak N 等。

二、气-液色谱的固定相

气-液色谱中的固定相是在化学惰性的固体颗粒（用来支持固定液，称为载体或担体）表面，涂上一层高沸点有机化合物液膜，这种高沸点有机化合物称为固定液。在气-液色谱柱内，被测物质中各组分的分离是基于各组分在固定液中溶解度的不同。

1. 载体

载体又称担体，它是用来支撑形成一层均匀的固定液薄膜，同时需使载气顺利通过，它是一种化学惰性物质，多为多孔性固体颗粒。

（1）载体材料必须具备的条件

① 表面有微孔结构，微孔结构均一、细小，比表面积大。

② 表面化学惰性，与样品组分不起化学反应，物理吸附作用很小。

③ 热稳定性好。

④ 具有一定的粒度和规则的形状，最好是球形，有一定的力学强度，在装填过程中不易破碎。

（2）载体的种类

按照组成的不同可分为无机载体和有机聚合物载体两大类，无机载体主要是硅藻土型和玻璃微球载体；有机聚合物载体主要包括含氟塑料和其它各种有机聚合物。应用最普遍的是硅藻土型载体。天然硅藻土是由无定形二氧化硅及少量金属氧化物杂质组成的单细胞海藻骨架，经过粉碎、高温煅烧，再粉碎过筛而成，因处理方法和颜色不同分为红色载体和白色载体。

① 红色载体　因含少量氧化铁颗粒呈红色而得名。特点是表面孔穴密集，孔径小（平均孔径为 1μm），比表面大（比表面积 4.0$m^2 \cdot g^{-1}$），可负担较多固定液。因结构紧密，机械强度较好。缺点是表面存在活性吸附中心，分析极性物质时易产生拖尾峰。因此红色载体适宜于分析非极性固定液。国产 6201 载体及美国 Chromosorb P、Gas Chrom R 系列都属于此类。

② 白色载体　天然硅藻土在煅烧前加入助熔剂（碳酸钠），煅烧生成白色的铁硅酸钠玻璃体，破坏了硅藻土中大部分细孔结构，黏结为较大的颗粒，表面孔径大（约 8～9μm），比表面积小（比表面积只有 1.0$m^2 \cdot g^{-1}$），载体中碱金属氧化物含量较高，pH 大。白色载体有较为惰性的表面，表面吸附作用和催化作用比红色载体的小，所以可用于高温分析，白色载体适宜于分析极性物质。国产 101、102 载体，国外的 Celite、Chromosorb W、Gas Chrom 系列等，都属于此类。

（3）载体的表面处理

理想的载体应该无催化和吸附性能，在操作条件下不会与固定液和分析组分发生反应，而实际上载体表面不可能完全没有吸附性能和催化活性。载体的吸附和催化活性在实验中主要表现为色谱峰的拖尾。

① 载体表面活性产生的原因　载体表面存在着能与醇、胺、酸类等极性化合物形成氢键的硅醇基团—Si—OH；载体中常存在少量金属氧化物杂质，这些杂质在载体表面形成了酸性或碱性活性位；载体内部由大量孔组成，当孔径太小时会妨碍气体的扩散，严重时还会产生毛细管凝聚现象。

② 载体的表面处理　涂渍固定液前通过化学处理，以改进空隙结构，屏蔽活性中心。常用的处理方法有酸洗（除去碱性作用基团）、碱洗（除去酸性作用基团）、硅烷化（消除氢键结合力）及釉化（表面玻璃化、堵住微孔）等。

（4）载体的选择

载体的选择应根据实际工作中的分析对象，固定液的性质和涂渍量的具体情况来决定。

一般情况下当固定液的涂渍量大于5%时，应选白色或红色硅藻土载体；当涂渍量小于5%时则选择处理过的硅烷化载体。当样品组分为酸性时应选择酸洗载体，而当样品组分为碱性时应选择碱洗载体。对高沸点样品宜选择玻璃微球载体；而分析强腐蚀性组分时应选择氟载体。

2. 固定液

固定液一般为高沸点有机物，均匀地涂在载体表面，呈液膜状态。

（1）对固定液的要求

① 选择性好，可用相对保留值 $r_{2,1}$ 来衡量。对于填充柱，一般要求 $r_{2,1}>1.15$，对于毛细管柱，$r_{2,1}>1.08$；

② 热稳定性好，在操作温度下是液体，具有较低蒸气压，流失少；

③ 化学稳定性好，不与样品组分、载体、载气发生化学反应；

④ 对分离组分具有合适的溶解能力，即具有合适的分配系数。

⑤ 固定液的黏度和凝固点要低，以便在载体表面能均匀分布。

（2）固定液与组分分子间的相互作用力

固定液与被分离组分之间的相互作用力，直接影响色谱柱的分离情况。很明显，与固定液作用强的组分，将较迟流出，作用弱的组分则先流出。因此，在进行色谱分析前，必须充分了解样品中各组分的性质及各类固定液的性能，以便选用最合适的固定液。

分子间的作用力主要包括静电力、诱导力、色散力和氢键作用力。此外，固定液与被分离组分之间还可能存在形成化合物或配合物的键合力等。

（3）固定液的分类

用于色谱的固定液已有上千种，它们具有不同的组成、性质和用途。如果能以通用的常数来表示色谱固定相的特征，那么，就有可能比较方便地对所给定样品的分离要求选择出最适宜的固定相。现在大都按固定液的化学类型和极性分类。

① 化学结构（官能团）分类法　这种分类是把具有相同官能团的固定液排列在一起，然后按官能团的类型不同分类，这样就便于按组分与固定液“相似相溶”原则选择固定液。表13-2列出了按化学结构分类的各种固定液。

② 相对极性分类法　L. Rohrschneider 于1959年曾提出测定固定液的相对极性法，他规定固定液角鲨烷的相对极性为0，β,β'-氧二丙腈为100。然后选用一对物质如正丁烯-正丁烷、

表 13-2　按化学结构分类的固定液

固定液的结构类型	极　性	固定液举例	分离对象
烃类	最弱极性	角鲨烷、石蜡油	分离非极性化合物
硅氧烷类	极性范围广 从弱极性到强极性	甲基硅氧烷、苯基硅氧烷、氟基硅氧烷、氰基硅氧烷	不同极性化合物
醇类和醚类	强极性	聚乙二醇	强极性化合物
酯类和聚酯	中强极性	苯甲酸二壬酯	应用较广
腈和腈醚	强极性	氧二丙腈、苯乙腈	极性化合物
有机皂土			分离芳香异构体

苯-环己烷或正丁醇-对二甲苯进行试验，分别测定它们在β,β'-氧二丙腈、角鲨烷及被测极性固定液的三根色谱柱上的调整保留值。按下式计算被测固定液的相对极性。

$$q=\lg\frac{t'_{R(苯)}}{t'_{R(环己烷)}}\quad 或\quad q=\lg\frac{t'_{R(正丁烯)}}{t'_{R(正丁烷)}}\quad 或\quad q=\lg\frac{t'_{R(正丁醇)}}{t'_{R(对二甲苯)}} \tag{13-1}$$

$$P_x=100\left[1-\frac{(q_\beta-q_x)}{q_\beta-q_{角}}\right] \tag{13-2}$$

式中，P_x是被测固定液的相对极性，q_β、$q_{角}$、q_x分别是物质对在β,β'-氧二丙腈、角鲨烷、被测固定液柱上的调整保留值商的对数。

这样测得的固定液的P_x值越大，表明固定液的极性越大。由于P_x值在0～100之间，一般把0～100分成5级，每20单位为一级，相对极性在0～+1之间的为非极性固定液，+1～+2之间的为弱极性固定液，+3为中等极性固定液，+4～+5为强极性固定液。非极性亦可用"－"表示。表13-3列出了一些常用固定液的相对极性数据。

表 13-3　常用固定液的相对极性

固定液	相对极性	级别	固定液	相对极性	级别
角鲨烷	0	0	XE-60	52	+3
阿皮松	7～8	+1	新戊二醇丁二酸聚酯	58	+3
SE-30,OV-1	13	+1	PEG-20M	68	+3
DC-550	20	+2	PEG-600	74	+4
己二酸二辛酯	21	+2	己二酸聚乙二醇酯	72	+4
邻苯二甲酸二壬酯	25	+2	己二酸二乙二醇酯	80	+4
邻苯二甲酸二辛酯	28	+2	双甘油	89	+5
聚苯醚 OS-124	45	+3	TCEP	98	+5
磷酸二甲酚酯	46	+3	β,β'-氧二丙腈	100	+5

③ McReynolds固定相常数法　麦克雷诺兹（McReynolds）选择了68种化合物在多种固定相柱子上作了分析，于1970年发表了226种固定相的麦克雷诺兹常数值后，大大提高了罗尔施奈德的方法在固定相的分类和选择工作中的实用价值。麦克雷诺兹所测试的68种化合物中，对柱子分类最有代表性的是苯、正丁醇、2-戊酮、1-硝基丙烷、吡啶、2-甲基-2-戊醇、1-碘丁烷、2-辛炔、二氧六环、顺八氢化茚10种物质，在柱温120℃分别测定它们在226种固定液和角鲨烷上保留指数的差值（ΔI）。归纳后发现，用苯、丁醇、2-戊酮、硝基丙烷及吡啶作标准物质已足以表达固定液的相对极性，把该五项的总和称为固定液总极性，

其平均值叫平均极性。总极性或平均极性越大，该固定液的极性越强。表 13-4 列出了一些常用固定液的 McReynolds 常数。

表 13-4 麦氏常数

序号	固定液	型号	苯	丁醇	2-戊酮	硝基丙烷	吡啶	平均极性	总极性 $\Sigma\Delta I$	最高使用温度/℃
			X'	Y'	Z'	U'	S'			
1	角鲨烷	SQ	0	0	0	0	0	0	0	100
2	甲基硅橡胶	SE-30	15	53	44	64	41	43	217	300
3	苯基(10%)甲基聚硅氧烷	OV-3	44	86	81	124	88	85	423	350
4	苯基(20%)甲基聚硅氧烷	OV-7	69	113	111	171	128	118	592	350
5	苯基(50%)甲基聚硅氧烷	DC-710	107	149	153	228	190	165	827	225
6	苯基(60%)甲基聚硅氧烷	OV-22	160	188	191	283	253	219	1075	350
7	三氟丙基(50%)甲基聚硅氧烷	QF-1	144	233	355	463	305	300	1500	250
8	氰乙基(25%)甲基硅橡胶	XE-60	204	381	340	493	367	357	1785	250
9	聚乙二醇-20000	PEG-20M	322	536	368	572	510	462	2308	225
10	己二酸二乙二醇聚酯	DEGA	378	603	460	665	658	553	2764	200
11	丁二酸二乙二醇聚酯	DEGS	492	733	581	833	791	686	3504	200
12	三(2-氰乙氧基)丙烷	TCEP	593	857	752	1028	915	829	4145	175

(4) 固定液的选择

一般根据“相似相溶”原则选择固定液。

① 分离非极性物质，选用非极性固定液。这时试样中各组分按沸点顺序先后流出色谱柱，沸点低的先出峰。若样品中兼有极性和非极性组分，则同沸点的极性组分先出峰。

② 分离极性物质，选用极性固定液。这时试样中各组分主要按极性顺序分离，极性小的先流出色谱柱。

③ 分离非极性和极性混合物时，一般选用极性固定液。这时非极性组分先出峰，极性组分（或易被极化的组分）后出峰。

④ 对于能形成氢键的试样，如醇、酚、胺和水等的分离，一般选极性的或是氢键型的固定液。这时试样中的各组分按与固定液分子间形成氢键能力的大小先后流出，不易形成氢键的先流出。

⑤ 对于复杂的难分离的物质，可用两种或两种以上的混合固定液，可采用联合柱或混合柱，联合柱可以串联或并联。对于特别复杂样品的分析，还可以采用多维气相色谱法。

此外，也可以根据官能团相似的原则选择固定液，若待测组分为酯类，则选用酯或聚酯类固定液；若组分为醇类，可选用聚乙二醇固定液。还可按被分离组分性质的主要差别来选择，若各组分之间的沸点是主要差别，可选用非极性固定液；若极性是主要差别，则选用极性固定液。

对于试样性质不够了解的情况，一种较简单且实用的方法是在李拉（Leary）提出的 12 种固定液（见表 13-5）中选择，一般选用 4 种固定液（SE-30、DC-710、PEG-20M、DEGS），以适当的操作条件进行色谱初步分离，观察未知样分离情况，然后进一步按 12 种固定液的极性程序作适当调整或更换，以选择较合适的一种固定液。

表 13-5 Leary 提出的 12 种常用固定液及其性能

固定液名称	商品牌号	使用温度(最高)/℃	溶剂	相对极性	麦氏常数总和	分析对象(参考)
角鲨烷(异三十烷)	SQ	150	乙醚	0	0	烃类及非极性化合物
阿皮松 L	APL	300	苯	—	143	非极性和弱极性各类高沸点有机化合物
硅油	OV-101,SE-30	350	丙酮	+1	229	各类高沸点弱极性有机化合物,如芳烃
苯基 10%甲基聚硅氧烷	OV-3	350	甲苯	+1	423	含氯农药、多核芳烃
苯基 20%甲基聚硅氧烷	OV-7	350	甲苯	+2	592	含氯农药、多核芳烃
苯基 50%甲基聚硅氧烷	OV-17,DC-710	300	甲苯	+2	827	含氯农药、多核芳烃
苯基 60%甲基聚硅氧烷	OV-22	350	甲苯	+2	1075	含氯农药、多核芳烃
邻苯二甲酸二壬酯	DNP	160	乙醚	+2		芳香族化合物、不饱和化合物及各种含氧化合物
三氟丙基甲基聚硅氧烷	OV-210	250	氯仿	+2	1500	含氯化合物,多核芳烃、甾类化合物
氰丙基(25%)-苯基(25%)-甲基聚硅氧烷	OV-225	250	氯仿	+3	1813	含氯化合物、多核芳烃、甾类化合物
聚乙二醇 20000	PEG-20M	250	乙醇	氢键	2308	醇、醛酮、脂肪酸、酯等极性化合物
丁二酸二乙二醇聚酯	DEGS	225	氯仿	氢键	3430	脂肪酸、氯基酸等

由于毛细管柱的柱效很高，如以每米 3000 块理论塔板数计，50m 的毛细管柱具有 15 万块理论塔板，那么 $\alpha>1.015$ 的难分离物质对已可得到分离，所以有人主张大部分分析任务可用三根毛细管柱完成，即 SE-30、QF-1、PEG-20M。因而固定液的选择就变得容易得多。但还有少数分析问题，如高沸点多组分试样、沸点结构极相似的对映异构体等还需选用特殊的、耐高温、高选择性固定液。鉴于分子的手性是生命现象的基础，各种类型手性固定液的研制已引起广泛关注并取得了成果，使气相色谱在生命物质的分离、分析中起到了重要作用。

第四节 气相色谱检测器

气相色谱检测器是色谱仪中测定试样的组成及各组分含量的重要部件，其作用是将由色谱柱分离的各组分的浓度或质量转变成响应信号。色谱仪的灵敏度高低主要取决于检测器性能的好坏。气相色谱检测器种类多达数十种，本节将介绍最为常用的几种检测器。

一、检测器的分类

从不同角度去观察检测器的性能，有如下分类。

1. 对样品破坏与否

如果组分在检测过程中，其分子形式被破坏，即为破坏性检测器，如 FID、NPD 等；组分在检测过程中，如仍保持其分子形式，即为非破坏性检测器。如 TCD。

2. 按响应值与时间的关系

检测器的响应值为组分在该时间的累积量，为积分型检测器。如体积检测器等。现代气相色谱分析中，此类检测器一般已不用。

检测器的响应值为组分在该时间的瞬时量，为微分型检测器。各教材介绍的所有检测器，均属此类。

3. 按响应值与浓度还是质量有关

(1) 浓度型检测器 (浓度敏感型检测器)

检测器响应值取决于载气中组分的浓度。其响应值与载气流速的关系是：峰面积随流速增加而减小，峰高基本不变。因此当组分量一定、改变载气流速时，只是改变了组分通过检测器的速度，即改变了半峰宽，其浓度不变。如 TCD、PID 等。凡非破坏性检测器，均是浓度型检测器。

(2) 质量型检测器 (质量敏感型检测器)

响应信号取决于单位时间内进入检测器组分的量。其响应值与载气的关系是：峰高随载气流速的增加而增大，而峰面积基本不变。因此当组分量一定，改变载气流速时，即改变了单位时间内进入检测器的组分量，但组分总量不变。如 FID、NPD 等。

4. 按不同类型化合物响应值的大小

检测器对不同类型化合物的响应值基本相当，或各类化合物的响应值之比小于 10 时，称通用型检测器，如 TCD、PID 等。

当检测器对某类化合物的响应值比另一类大 10 倍以上时，为选择性检测器。如 NPD、ECD、FPD 等。

二、热导检测器

热导检测器 (thermal conductivity detector，TCD) 属于通用型检测器，是根据不同物质具有不同的热导率的原理制成的。它的特点是结构简单、稳定性好、灵敏度适宜、线性范围宽，对无机物和有机物都能进行分析，而且不破坏样品，适宜于常量分析及含量在 10^{-5}g 以上的组分分析。其主要缺点是灵敏度较低。

1. 热导池的结构和工作原理

TCD 由池体和热敏元件组成，可分为双臂和四臂热导池两种 [见图 13-4(a) 和 (b)]。由于四臂热导池热丝的阻值比双臂热导池增加一倍，故灵敏度也提高一倍。

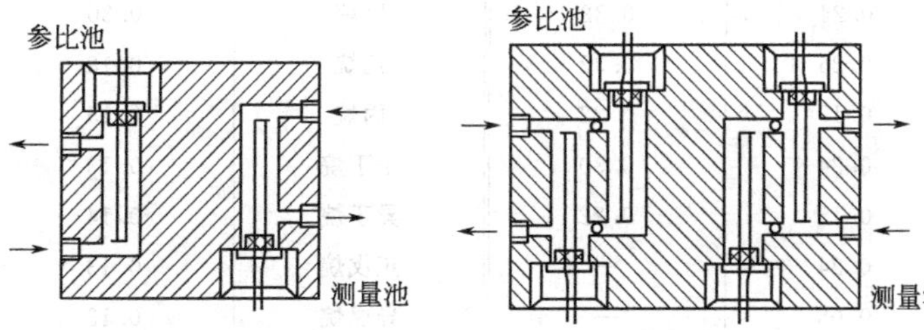

(a) 双臂热导池　　(b) 四臂热导池

图 13-4 热导池检测器示意图

目前，仪器中都采用 4 根金属丝 (钨丝、白金丝或热敏电阻) 组成的四臂热导池。其中两臂为参比臂，另两臂为测量臂，将参比臂和测量臂接入惠斯顿电桥，由恒定的电流加热，组成热导池测量线路，如图 13-5 所示。其中 R_2、R_4 为参比臂，R_1、R_3 为测量臂，其中 $R_1=R_4$，$R_2=R_3$。由电源给电桥提供恒定电压 (一般为 9～24V) 以加热钨丝。当无样品组分通过测量池时，载气以恒定的速率通入参比池和测量池时，池内产生的热量与被载气带走的热量建立热的动态平衡后，钨丝的温度恒定，电阻值不变。调节电路电阻值可使电桥处于平衡状态，即 $R_1R_3=R_2R_4$。根据电桥原理，此时 A、B 两点间电位差为零，并无信号输出，记录仪输出一条平直的直线。当样品经色谱柱分离后，随载气通过测量池时，由于样

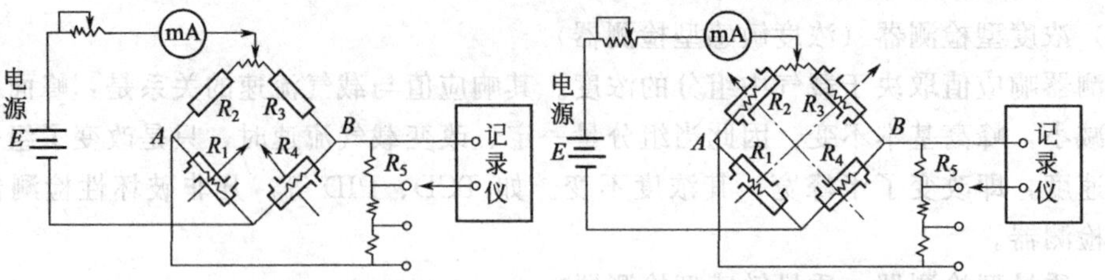

图 13-5 热导池电路原理

品各组分与载气热导率不同，它们带走的热量与参比池中仅由载气通过时带走的热量不同，使测量臂的温度发生变化，测量臂热丝的电阻值随之起变化，于是参比臂热丝与测量臂热丝的电阻值不相等，电桥平衡被破坏，因而记录仪上有信号（色谱峰产生）。混合气体的热导率与纯载气的热导率相差越大，输出信号就越大。

2. 影响热导池灵敏度的因素

(1) 载气的影响

TCD是基于不同的物质具有不同的热导率的原理制成的，载气与样品的热导率相差越大，热导池的灵敏度就越高，由于一般物质热导率较小，因此宜选用热导率较大的气体（H_2 或 He）作载气。表13-6列出了一些气体与蒸气的热导率。

表 13-6 一些气体和蒸气的热导率 单位：10^{-5} J·(cm·s·℃)$^{-1}$

化合物	热导率(λ)		化合物	热导率(λ)	
	0℃	100℃		0℃	100℃
空气	0.24	0.32	硫化氢	0.13	—
氢	1.75	2.24	二硫化碳	0.16	—
氦	1.46	1.75	氨	0.22	0.33
氮	0.24	0.32	甲烷	0.30	0.46
氧	0.25	0.32	乙烷	0.18	0.31
氩	0.17	0.22	丙烷	0.15	0.26
一氧化碳	0.24	0.30	正丁烷	0.13	0.24
二氧化碳	0.15	0.22	异丁烷	0.14	0.24
氧化氮	0.24	—	正戊烷	0.13	0.22
二氧化硫	0.08	—	异戊烷	0.13	—

(2) 桥电流 I 的影响

桥电流增加，热丝温度提高，热丝与池体的温差增大，气体容易将热量导出，灵敏度提高。灵敏度 S 正比于 I^3，增加桥电流，灵敏度迅速增加。但桥电流太大，噪声增大，热丝易烧断。一般桥电流控制在100～200mA左右（载气为 N_2 时：100～150mA；载气为 H_2 时：150～200mA）。类似地，阻值高、电阻温度系数较大的热敏原件，灵敏度高。

(3) 热导池体温度的影响

当桥电流一定时，热丝温度一定。池体温度越低，池体温度与钨丝温度相差越大，越有利于热传导，检测器的灵敏度也就越高。但池体温度不能太低，否则待测组分将在检测器内冷凝，一般池体温度应等于或高于柱温。

三、氢火焰离子化检测器

氢火焰离子化检测器（flame ionization detector，FID）主要用于可在 H_2-Air 火焰中燃烧的有机化合物（如烃类物质）的检测。其原理为含碳有机物在 H_2-Air 火焰中燃烧产生碎片离子，在电场作用下形成离子流，根据离子流产生的电信号强度，检测被色谱柱分离的组分。其特点是：灵敏度高，比热导检测器的灵敏度高 10^3 倍；检出限低，可达 10^{-12} g·s^{-1}；死体积小；稳定性好；响应快，线性范围宽，可达 10^6 以上，适用于痕量有机物的分析。但样品被破坏，无法进行收集，不能检测永久性气体、H_2O、H_2S、CO、CO_2、氮的氧化物等。

1. 氢火焰离子化检测器结构

氢火焰离子化检测器由离子室和电极线路组成。

(1) 离子室

氢火焰离子化检测器主要部分是离子室，一般用不锈钢制成，包括气体入口、火焰喷嘴、一对电极和外罩（如图 13-6 所示）。

火焰喷嘴由不锈钢材料制成，其内径决定了气体通过喷嘴的运动速度和样品分子到达离解区的平均扩散距离，是影响检测器性能的重要参数，一般在 0.2～0.6mm。极化极（负极）在火焰附近，也称发射极。收集极（正极）在火焰上方，与喷嘴之间的距离不超过 10mm。

(2) 电极线路

电极线路的基流为 10^{-14}A，分为单气路火焰和双气路火焰两种。

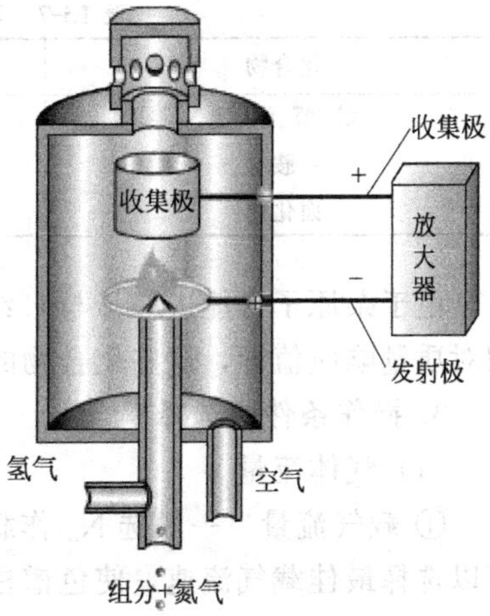

图 13-6 氢火焰离子化检测器示意图

2. 火焰离子化的作用机理

(1) 检测过程

被测组分由载气（N_2）携带，从色谱柱流出后，与氢气混合一起进入离子室，由毛细管喷嘴喷出。氢气在空气的助燃下经引燃后进行燃烧，以燃烧所产生的高温（约 2100℃）火焰为能源，使被测有机物组分解离成正负离子。在氢火焰附近设有收集极（正极）和极化极（负极），在此两极之间加有 150～300V 的极化电压，形成一直流电场。产生的离子在收集极和极化极的外电场作用下定向运动而形成电流。产生的电流很微弱，需经放大器放大后，才能在记录仪上得到色谱峰。产生的微电流大小与进入离子室的被测组分含量之间存在定量关系，含量越大，产生的微电流就越大。

(2) 火焰的性质

火焰分区如图 13-7 所示。A 区为预热区；B 区为点燃火焰区；C 区为裂解区，温度出现最高点，但燃烧不完全；D 区为反应区，产生化学电离。

(3) 离子化机理

FID 离子化的机理近年才明朗化，但对烃类和非烃类其机理是不同的。

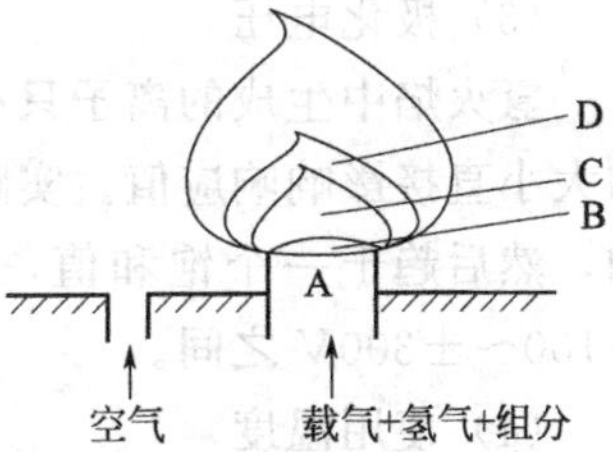

图 13-7 FID 检测器火焰各层图

对烃类化合物，在火焰下部，从燃烧区向内扩散的氢原子流量较大，烃类首先产生热氢解作用，形成甲烷、乙烯和乙炔的混合物。然后这些非甲烷烃类与氢原子反应，进一步加氢成饱和烃。在低于 600℃温度下，C—C 键断裂，最后所有的碳均转化成甲烷。

$$C—C—CH_2CH_3 + H\cdot \longrightarrow CH_4 + C—C—CH_2\cdot$$

芳烃，如苯先加氢形成环己烷，再转化成甲烷。总之，在火焰中将不同烃分子中的每个碳原子均定量转换成最基本的、共同的响应单位——甲烷，然后再经过化学电离过程产生信号：

$$CH + O \longrightarrow CHO^+ + e^-$$

所以，FID 对烃类是等碳响应。当然，上式需要次甲基，而在 C 原子中产生 CH 的概率仅 $1/10^6$，因此，FID 最终产生信号的效率是非常低的。

对非烃类化合物，其响应机理比较复杂，随所含官能团不同而不同。基本规律是不与杂原子相连的碳（C）均转化成甲烷，杂原子及其相连的碳原子（$C_{杂}$）的转化产物见表 13-7。

表 13-7 非烃类有机物在 FID 火焰中的转化产物

化合物	碳原子转化产物	$C_{杂}$ 及杂原子的转化产物
醇、醛、酮、酯	CH_4	CH_4 或 CO
胺	CH_4	CH_4 或 HCN
卤化物	CH_4	CH_4 或 HX

由于杂原子可能进一步与 C 结合生成氢火焰检测器不响应的 CO、HCN 和 HX，因此按相对质量响应值计，这些化合物的响应值都很低，不符合等碳响应规律。

3. 操作条件的选择

（1）气体流量

① 载气流量　一般选 N_2 作载气，载气流量的选择主要考虑分离效能。依据速率理论，可以选择最佳载气流速，使色谱柱的分离效果最好。

② 氢气流量　氢气与载气流量之比影响氢火焰的温度及火焰中的电离过程。氢气流量低，灵敏度低、易熄灭；氢气流量高，热噪声大；最佳氢气流量应保证灵敏度高、稳定性好。一般采用的流量比是 H_2 ∶ N_2 为 1∶(1～1.5)。

③ 空气流量　空气是助燃气，为生成 CHO^+ 提供 O_2，当空气流量高于某一数值（如 $400mL\cdot min^{-1}$）时，对响应值几乎没有影响，一般采用的流量比是 H_2 ∶ 空气为 1∶10。

（2）保证管路的干净

气体中含有微量有机杂质时，对基线的稳定性影响很大，故色谱分析过程中必须保持管路干净。上述三种气体都要经过干燥、净化才能进入仪器，且气路密闭性要好，流量稳定，否则基线漂移、噪声显著。

（3）极化电压

氢火焰中生成的离子只有在电场作用下向两极定向移动，才能产生电流。因此极化电压的大小直接影响响应值。实践证明，在极化电压较低时，响应值随极化电压的增加呈正比增加，然后趋于一个饱和值，极化电压高于饱和值时与检测器的响应值几乎无关。一般选 ±100～±300V 之间。

（4）使用温度

FID 的温度不是主要影响因素，从 80～200℃的灵敏度几乎相同，低于 80℃，灵敏度下降。

四、电子捕获检测器

电子捕获检测器（electron capture detector，ECD）是一种高选择性、高灵敏度的检测器，应用广泛，仅次于 TCD 和 FID。它的选择性是指它只对具有电负性的物质如含卤素、S、P、O、N 等的物质有响应，而且电负性越强，检测器的灵敏度越高；高灵敏度表现在能检测出 10^{-14} g·mL^{-1}的电负性物质，因此可测定痕量的电负性物质——多卤、多硫化合物，甾族化合物，金属有机物等。因此，电子捕获检测器是检测电负性物质的最佳气相色谱检测器，特别适合于农产品和蔬菜中农药残留量的检测，在生物化学、药物、农药、环境监测、食品检验、法医学等领域有着广泛应用。

缺点是线性范围窄，只有 10^3 左右，易受操作条件的影响，重现性较差。但由于毛细管柱的广泛使用，ECD 在电离源的种类、检测电路、池结构和池体积等方面均有很大的改进，从而使 ECD 的灵敏度、线性、最高使用温度及应用范围都有了很大的改善和提高。

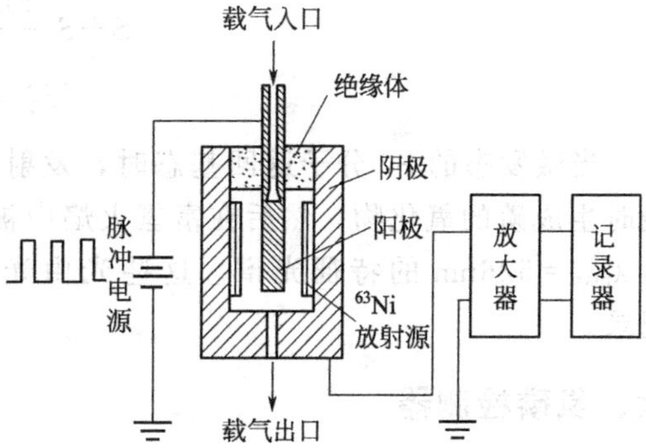

图 13-8 电子捕获检测器示意图

1. ECD 的结构与工作原理

ECD 的主要部件是离子室，离子室内装有筒状的 β 放射源（^{63}Ni 或^{3}H）贴在阴极壁上，不锈钢棒作正极（见图 13-8），在两极施加直流或脉冲电压，当载气（如 N_2）通过检测器时，受放射源发射的 β 射线的激发发生电离，产生一定数量的电子和正离子，在恒定或脉冲电场作用下，向极性相反的电极运动，形成一个背景电流——基流；当载气携带电负性物质进入检测器时，电负性物质捕获低能量的电子，使基流降低产生负信号而形成倒峰，检测信号的大小与待测物质的浓度呈线性关系。

2. 捕获机理

捕获机理可用下式表示：

$$N_2 \xrightarrow{\beta} N_2^+ + e^-$$
$$AB + e^- \longrightarrow AB^- + E$$
$$AB^- + N_2^+ \longrightarrow N_2 + AB$$

被测组分浓度越大，捕获电子概率越大，结果使基流下降越快，倒峰越大。

五、火焰光度检测器

火焰光度检测器（flame photometric detector，FPD）又称硫、磷检测器，是一种对含硫、磷化合物具有高选择性、高灵敏度的质量型检测器，检出限可达 10^{-12} g·s^{-1}（对 P）或 10^{-11} g·s^{-1}（对 S），在环境监测、农残分析、化工等领域中应用广泛。

1. 火焰光度检测器的结构

火焰光度检测器由燃烧系统和光学系统两部分组成，见图 13-9。燃烧系统类似于火焰离子化检测器，若在上方加一个收集极就成了火焰离子化检测器。光学系统包括石英窗、滤光片和光电倍增管。

2. 工作原理

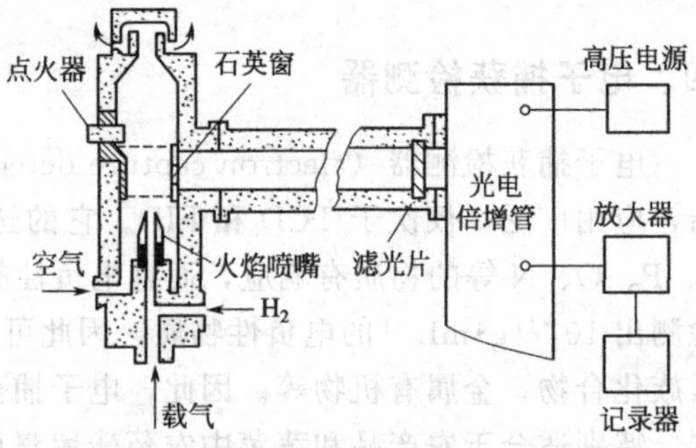

图 13-9 火焰光度检测器示意图

火焰光度检测器实际上是一个简单的火焰发射光谱仪，含硫、磷化合物在富氢焰中燃烧被打成有机碎片并发射特征分子光谱（含硫化合物发出394nm特征光，含磷化合物发出526nm特征光），记录这些特征光谱，就能检测S和P。测量光谱的强度则可进行定量分析。

以含S化合物为例，当样品在富氢火焰（$H_2:O_2>3:1$）中燃烧时，发生如下反应：

$$RS+2O_2 \longrightarrow CO_2+SO_2$$

$$2SO_2+4H_2 \longrightarrow 4H_2O+2S$$

$$S+S \xrightarrow{390℃} S_2^*（化学发光物质）$$

$$S_2^* \longrightarrow S_2+h\nu$$

当激发态的 S_2^* 分子返回基态时，发射出 $\lambda_{max}=394nm$ 特征波长的光。含磷化合物燃烧时生成磷的氧化物，然后在富氢火焰中被氢还原，形成化学发光的HPO碎片，并发射出 $\lambda_{max}=526nm$ 的特征光谱。这些光由光电倍增管转换成电信号，经放大后由记录仪记录。

六、氮磷检测器

氮磷检测器（nitrogen phosphorus detector，NPD）又称热离子检测器（thermionic detector，TID）、碱焰离子化检测器（alkali FID，AFID）。它对磷原子的响应大约是对氮原子的响应的10倍，是C原子的 10^4～10^6 倍。氮磷检测器对含氮、磷化合物的检测灵敏度与FID对P、N的检测灵敏度相比，NPD分别是FID的500倍（对P）、50倍（对N）。因此，氮磷检测器是测定痕量氮、磷化合物（如许多含磷的农药和杀虫剂）的气相色谱专用检测器，广泛用于环保、医药、临床、生物化学和食品科学等领域。

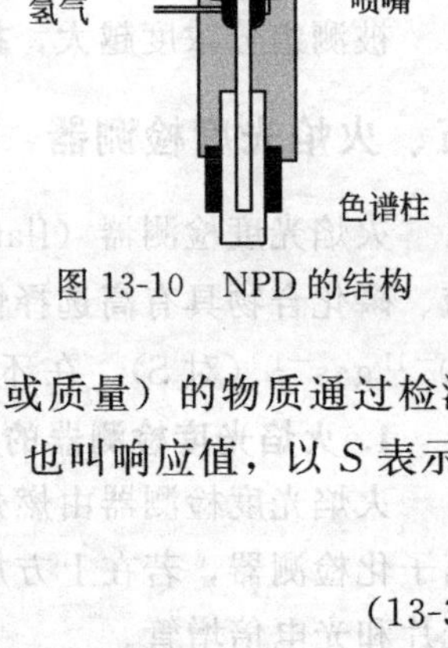

图 13-10 NPD的结构

NPD的结构与FID类似，只是在喷嘴和收集极之间，加一个小玻璃珠，表面涂一层硅酸铷作离子源（图13-10）。加热的硅酸铷珠形成一温度为600～800℃的等离子体，从而使含有N或P的化合物产生更多的离子。产生离子的机理目前仍不清楚。但目前有两种说法：气相电离理论和表面电离理论。

七、检测器的主要技术指标

1. 灵敏度

灵敏度（sensitivity）是检测器性能的重要指标。单位浓度（或质量）的物质通过检测器时所产生的电信号的大小，就称为该检测器对该物质的灵敏度，也叫响应值，以 S 表示。S 值越大，说明检测器越灵敏。

$$S=\frac{\Delta R}{\Delta m} \tag{13-3}$$

进样量与响应信号的关系见图 13-11。从图中可以看出，同一检测器对不同的物质有不同的相应值，同时组分 A 的进样量不可大于 m_{max}，否则与所产生的响应信号已不是简单的线性关系，图中直线部分的斜率就是检测器的灵敏度。

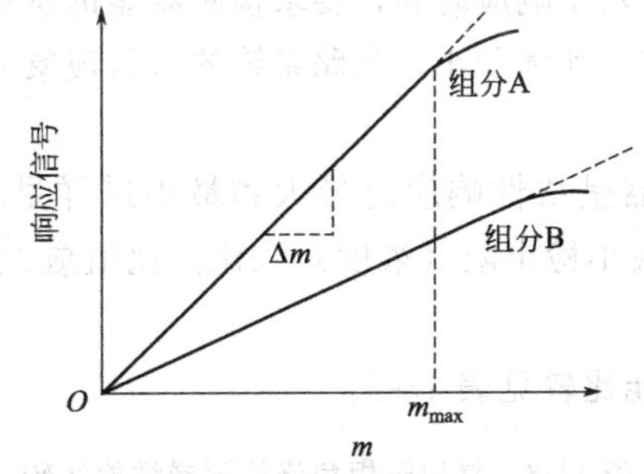

图 13-11 进样量与响应信号的关系

2. 检出限

检出限（detection limit）又称敏感度。当检测器输出信号放大时，电子线路中固有的噪声同时也被放大，使基线波动（如图 13-12 所示）。取基线波动的平均值为噪声的平均值，用符号 R_N 表示。由于噪声会影响测量组分色谱峰的辨认，所以在评价检测器的质量时提出了检出限这一指标。检出限定义为：检测器恰能产生 3 倍于噪声信号时，单位体积（或时间）通过检测器的样品量（$mg \cdot mL^{-1}$ 或 $g \cdot s^{-1}$）。

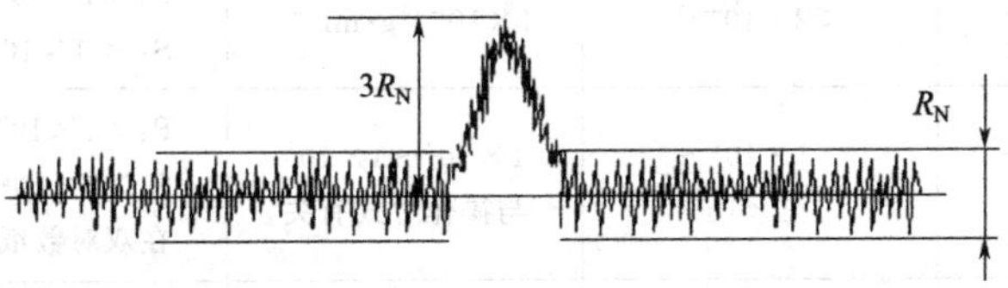

图 13-12 基线波动示意图

对于浓度型检测器，检出限 D_c（$mg \cdot mL^{-1}$）计算公式为：

$$D_c = \frac{3R_N}{S_c} \tag{13-4}$$

对于质量型检测器，检出限 D_m（$g \cdot s^{-1}$）表示为：

$$D_m = \frac{3R_N}{S_m} \tag{13-5}$$

3. 最小检出量

最小检出量（minimum detectable quantity）指检测器恰能产生和噪声相鉴别的信号时所需进入色谱柱的最小物质量（或最小浓度），以 Q 表示。

质量型检测器的最小检出量 Q_m 为：

$$Q_m = 1.065 Y_{1/2} D_m \tag{13-6}$$

浓度型检测器的最小检出量 Q_c 为：

$$Q_c = 1.065 Y_{1/2} D_c F_0 \tag{13-7}$$

式中，F_0 为在柱温 T_c(K)、柱出口压力 p_0(MPa) 时的体积流量，$mL \cdot min^{-1}$；$Y_{1/2}$ 为色谱峰的半峰宽；D_m、D_c 分别为质量型检测器的检出限和浓度型检测器的检出限。

由此看出，最小检出量 Q 与检出限 D 成正比。最小检测量与检出限是两个不同的概念。检出限只用来衡量检测器的性能，而最小检测量不仅与检测器性能有关，还与色谱柱效及操作条件有关。所得色谱峰的半宽度 $Y_{1/2}$ 越窄，Q 就越小。

4. 响应时间

响应时间（response time）是指组分进入检测器响应出 63% 的电信号所经过的时间，又称为该检测器的时间常数。对于响应时间，要求检测器能迅速地、真实地反映通过它的物质的浓度变化情况，响应速度快，死体积小，电路系统的滞后现象尽可能小，一般都小于 1s。

5. 检测器的线性范围

线性范围定义为在检测器呈线性响应时最大和最小进样量之比，或称最大允许进样量（质量浓度，$mg \cdot mL^{-1}$）与最小检出限（浓度）之比。比值愈大，在定量分析中可能测定的浓度范围越大。

常用气相色谱检测器性能比较见表 13-8。

表 13-8　常用气相色谱检测器性能比较

检测器	TCD	FID	ECD	FPD	TID
响应特性	浓度型	质量型	浓度型	测磷为质量型，测硫与浓度平方成比例	质量型
噪声水平/A	$5 \sim 10\mu V$	$1 \sim 5\times10^{-14}$	$1\times10^{-11} \sim 1\times10^{-12}$	$1\times10^{-9} \sim 1\times10^{-10}$ 与光电倍增管有关	$<5\times10^{-14}$
基流/A	无	$1\times10^{-11} \sim 1\times10^{-12}$	^{3}H：$>1\times10^{-6}$ ^{63}Ni：1×10^{-9}	$1\times10^{-6} \sim 1\times10^{-9}$ 与光电倍增管有关	$<2\times10^{-11}$
敏感度/$g \cdot s^{-1}$	$1\times10^{-6} \sim 10^{-10} g \cdot mL^{-1}$	$<2\times10^{-12}$	$1\times10^{-14} g \cdot mL^{-1}$	P：$<1\times10^{-12}$ S：$<1\times10^{-11}$	N：$<1\times10^{-13}$ P：$<1\times10^{-14}$
线性范围	$1\times10^{4} \sim 1\times10^{5}$	$1\times10^{6} \sim 1\times10^{7}$	$1\times10^{2} \sim 1\times10^{5}$ 与操作方式有关	P：$>1\times10^{3}$ S：$>5\times10^{2}$ 在双对数纸上	$1\times10^{4} \sim 1\times10^{5}$
响应时间/s	<1	<0.1	<1	<0.1	<1
最小检测量/g	$1\times10^{-4} \sim 1\times10^{-6}$	$<5\times10^{-13}$	1×10^{-14}	$\leq1\times10^{-10}$	$\leq1\times10^{-13}$
样品性质	所有物质	含碳有机物	卤素、亲电子物质	硫、磷化合物	氮、磷化合物
适用范围	常量分析	常量、微量分析	常量、微量、痕量分析	常量、微量、痕量分析	常量、微量分析

第五节　气相色谱操作条件的选择

在 GC 中，为了在较短时间内获得较满意的分析结果，除了选择合适的固定相之外，还要选择最佳的操作条件，以提高柱效能、增大分离度，满足分离分析的需要。

一、载气及其流速的选择

通常使用的载气有 N_2、H_2、He、Ar 等惰性气体。选用何种载气，首先考虑检测器的适应性，例如：热导检测器常用 H_2、He 作载气，氢火焰离子化检测器和火焰光度检测器常用 N_2 作载气（H_2 作燃烧气，空气作助燃气），电子捕获检测器常用 N_2 作载气。其次考虑流速的大小，由范氏方程可知，当流速小时，分子扩散项（B/u）是色谱峰扩张的主要因素，应采用相对分子质量较大的载气如 N_2、Ar 等（组分在载气中的扩散系数小）；当流速较大时，传质阻力项（Cu 项）起主要作用，宜用相对分子质量较小的载气如 H_2、He 等（组分在载气中有较大的扩散系数，减小传质阻力项，提高柱效），见图 13-13。图 13-14 为载气种类对柱效的影响。

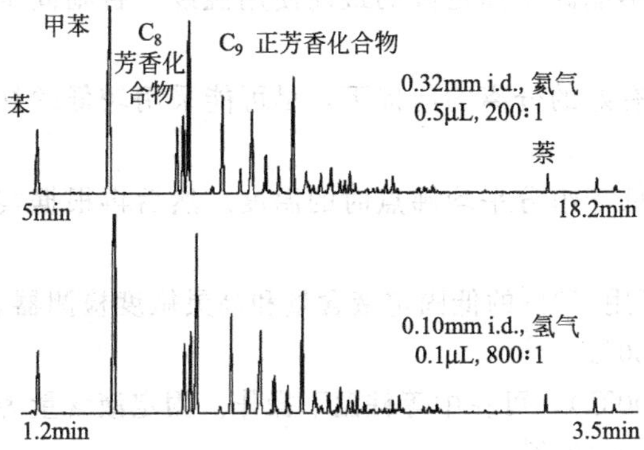

图 13-13 载气种类对分离效率的影响

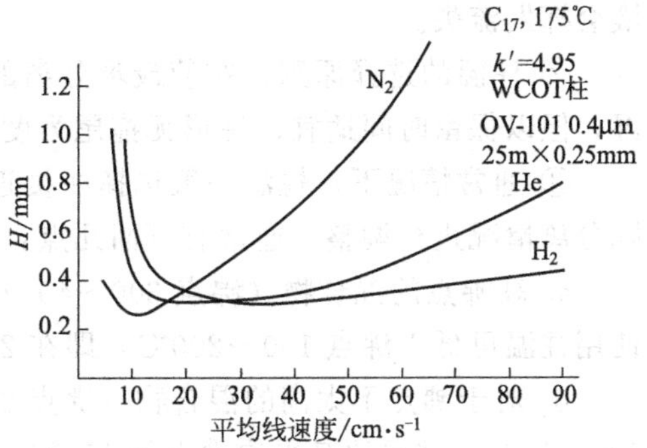

图 13-14 载气种类对柱效的影响

二、载体和固定液含量的选择

1. 载体的选择

由范式方程式可知，载体的粒度直接影响涡流扩散和气相传质阻力，间接影响液相传质阻力。随着载体粒度的减小，柱效将明显提高。但粒度过细，阻力将明显增加，使柱压降增大，给操作带来不便。因此，对载体的要求如下。

① 在理想的情况下要求固定液在载体表面分布为一均匀薄膜。液膜薄而均匀（d_f 小）就可使液相传质阻力小，因此要求载体表面具有多孔性（比表面大）和孔径分布较匀。

② 载体粒度（d_p）的减少有利于提高柱效。一般填充柱要求载体颗粒直径是柱直径的 1/20～1/25 左右，即 60～80 目或 80～100 目较好。

③ 载体颗粒要求均匀，筛分范围要窄，以降低填充不规则因子 λ 值，减少 H。一般使用颗粒筛分范围约为 20 目。

2. 固定液及其配比的选择

固定液的性质和配比对 H 的影响反映在传质阻力项（Cu）中，亦即 Cu 与分配比 k、液膜厚度 d_f 和组分在液相中的扩散系数 D_l 有关。k、D_l 与固定液和样品的性质及温度有关；d_f 除了与固定液的性质、用量有关外，还与载体的可浸润性、表面结构和孔结构有关。因此，一般选用的固定液对分析样品要有较大的 k 值，对待分离物质对有较大的相对保留值 $r_{2,1}$，此外要求固定液的黏度小，蒸气压力低等。

为了改善液相传质，减少 H，可采用低固定液配比以减少 d_f，并且也有利于在较低的温度下分析沸点较高的组分，以及缩短分析时间。但是配比太低，固定液不足以覆盖载体而出现载体的吸附现象，反会降低柱效。低固定液配比时柱负荷变小，样品也要相应减少。一般填充柱的液载比是 5%～25%；一般毛细管柱 d_f=0.2～0.4μm。

三、柱温的选择

柱温是气相色谱分析的重要操作变量。柱温改变，影响组分的分配系数 K、分配比 k、在流动相中的扩散系数 D_g 和在固定相中的扩散系数 D_s，从而直接影响分离效率和分析速度。提高柱温，可以加快传质速率，改善气相、液相传质阻力，有利于提高柱效，缩短分析时间。但提高柱温又加剧了纵向扩散，峰拖尾严重且易造成固定液流失，柱效降低，同时也降低了选择性。因此，为了改善分离，提高选择性，往往希望柱温较低，但又会使分析时间延长，峰形变宽，柱效下降。因此，选择柱温要兼顾几方面的因素综合考虑。

① 每种固定液都有一定的使用温度，柱温不能高于固定液的最高使用温度，否则固定液会挥发流失。

② 柱温的选择原则：在使最难分离的组分有好的分离的前提下，尽可能采用较低的柱温，但以保留时间适宜、峰形无拖尾为度。

③ 通常情况下，柱温一般选择在接近或略低于组分平均沸点时的温度。然后再根据实际分离情况进行调整。通常有下面几点：

a. 高沸点的混合物（沸点 300～400℃），可用<3%的低固定液含量和高灵敏度检测器。使用柱温可低于沸点 150～200℃，即在 200～230℃。

b. 对于沸点不太高的混合物（沸点 200～300℃），可在中等柱温下操作。固定液含量为 5%～10%，柱温比其平均沸点低 100℃，即 150～180℃。

c. 对于沸点为在 100～200℃ 的混合物，柱温选在其平均沸点 2/3 左右（即 70～120℃），固定液含量为 10%～15%。

d. 对于气体、气态烃等低沸点物质，柱温选在其沸点或沸点以上，以便能在室温或 50℃以下进行分析，固定液含量一般在 15%～25%。

④ 对于宽沸程（沸点范围较宽）的试样，保持恒温无法满足所有组分分离的要求，且易造成低沸点组分出峰太快，高沸点组分出峰太慢或不出峰的情况，宜采用程序升温。即在分析过程中，按一定速率升高柱温，使柱温连续或分阶段升温。在程序升温开始时，柱温较低，低沸点的组分得到分离，中等沸点的组分移动很慢，高沸点的组分还停留在柱口，随着温度升高，不同沸点的组分能在其合适的温度下得到良好的分离（见图 13-15）。由图 13-15 不难看出，采用程序升温后不仅改善分离，而且可以缩短分析时间，得到的峰形也很理想。

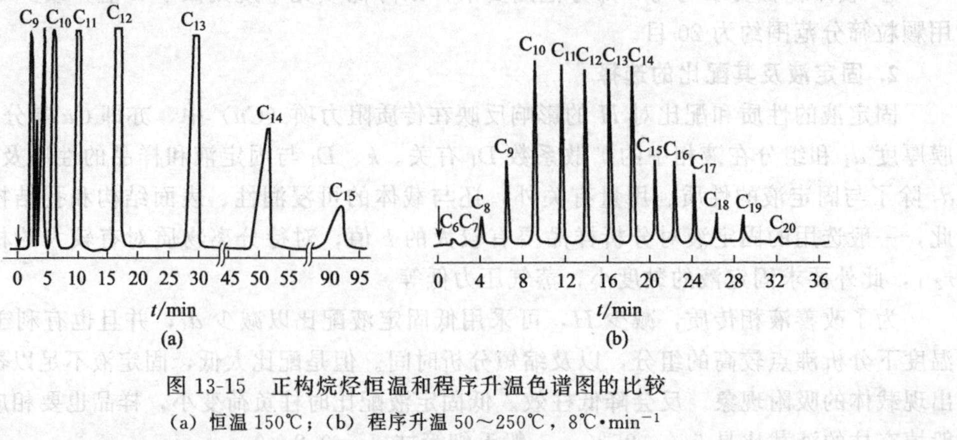

图 13-15　正构烷烃恒温和程序升温色谱图的比较

(a) 恒温 150℃；(b) 程序升温 50～250℃，8℃·min^{-1}

四、进样条件的选择

① 进样时间　进样速度必须很快，一般进样时间要求在 1s 以内。

② 进样量　气体试样一般为 0.1～10mL；液体试样一般为 0.1～5μL。进样量太多会使谱峰重叠、分离不好；进样量太少会使低含量组分难于检出。最大进样量应控制在峰面积或

峰高与进样量呈线性关系的范围内。

③ 气化温度　气化室的气化温度需要控制适当，以使液体试样迅速气化后被载气带入柱中。在保证试样不分解的情况下，适当提高气化温度对分离及定量有利，尤其进样量大时更是如此。一般选择气化温度比柱温高 50～100℃。

五、柱长和内径的选择

1. 柱长

增加柱长，可使理论塔板数增大，分离效能增加。但柱长过长，分析时间增加且峰宽也会加大，导致总分离效能下降。一般情况下，根据分离度 $R=1.5$ 的要求，选择适宜的柱长，以使各组分能得到有效分离为宜。一般填充柱的柱长为 1～5m，毛细管柱的柱长为 15～30m。

2. 内径

色谱柱的内径增加，纵向扩散路径也随之增加，造成柱效下降，一般填充柱的内径常用 1～6mm。

第六节　毛细管柱气相色谱法

一、毛细管柱的特点和类型

毛细管气相色谱法（capillary gas chromatography，CGC）是采用高分离效能的毛细管柱分离复杂组分的一种气相色谱法。

气相色谱填充柱，由于固定相填充的非均匀性，固定相周围有一定孔隙，在色谱分离过程中，溶质分子运动路径不同、溶质在孔隙中缓慢扩散等导致色谱峰扩张，柱效下降。为了消除这些峰扩张因素，1956 年，美国工程师戈雷（M. J. E. Golay）在色谱动力学理论指导下，发明了毛细管色谱柱（capillary column），又称为开管柱（open tubular column），并于 1957 年发表了"涂壁毛细管气液分配色谱理论和实践"的论文，首先提出毛细管速率方程，并第一次实现了毛细管气相色谱分离，为毛细管色谱奠定了理论基础。毛细管色谱柱是将固定液直接涂渍在内径 0.2～0.8mm、长 10～300m 的毛细管内壁，使载气和样品分子在不受限制的畅通路径上运行，提高溶质在两相间的传质速率，不存在涡流扩散，使色谱柱效提高。这种色谱方法通常称为毛细管色谱、毛细管柱色谱或高分离度色谱（high-resolution GC，HRGC）。HRGC 的出现，为石油组成、天然产物、污染大气、人体体液等上千种化合物的复杂混合物分离分析开辟了广阔前景。毛细管柱把填充柱色谱分析试样的沸点上限提高 100℃以上，分析样品量和检测下限降低 1～2 个数量级，特别适用于色谱-质谱联用。

1. 毛细管柱色谱的主要特点

① 渗透率高　指载气流动阻力小，可使用较长色谱柱。毛细管色谱柱的比渗透率约为填充柱的 100 倍，这样就有可能在同样的柱压降下，使用 100m 甚至 200m 长的柱子，而载气线速仍可保持不变。

② 相比 β 大，有利于提高柱效并实现快速分析　相比 β 反映了柱子对组分保留能力的强弱。样品气化进入柱头后，固定相就产生保留作用，柱保留能力、柱容量、进样口聚集组分能力随着相比的提高而降低。通用型毛细管柱的相比大约为 250。

由于
$$n=16R^2\left(\frac{\alpha}{\alpha-1}\right)^2\left(\frac{k+1}{k}\right)^2=16R^2\left(\frac{\alpha}{\alpha-1}\right)^2\left(1+\frac{1}{k}\right)^2$$

由式(12-14) 知 $K=\beta k$，所以

$$n=16R^2\left(\frac{\alpha}{\alpha-1}\right)^2\left(1+\frac{\beta}{K}\right)^2 \tag{13-8}$$

β 值大（固定液液膜厚度小），有利于提高柱效。但毛细管柱的 k 值比填充柱小，加上由于渗透性大可使用很高的载气流速，从而使分析时间变得很短，可实现快速分析。

③ 柱容量小，允许进样量小　进样量取决于柱内固定液的含量。由于毛细管柱涂渍的固定液仅几十毫克，液膜厚度一般为 0.2～0.5μm，柱容量小，因此进样量不能大，否则将导致过载而使柱效率降低，色谱峰扩展、拖尾。对液体试样，进样量通常为 10^{-3} ～10^{-2} μL，因此需要采用分流进样技术。

④ 总柱效高，分离复杂混合物能力强　从单位柱长的柱效看，毛细管的柱效优于填充柱，但两者仍处于同一数量级，但毛细管柱的长度要远长于填充柱，所以总的柱效远高于填充柱，可解决很多极复杂混合物的分离分析问题。

2. 毛细管色谱柱的分类

毛细管柱按材质分为不锈钢、玻璃和熔融石英。不锈钢毛细管柱由于惰性差，有一定的催化活性，且不透明，不易涂渍固定液，现已很少使用。玻璃毛细管柱表面惰性较好，表面易观察，但易折断，安装较困难。熔融石英毛细管柱具有化学惰性、热稳定性及机械强度好并具有弹性，因此成为毛细管气相色谱柱的主要材质。

按照填充方式分为填充型和开管型，填充型毛细管柱由于制备困难现已基本不用。开管型根据固定液的涂渍方法可分为以下几种（图 13-16）。

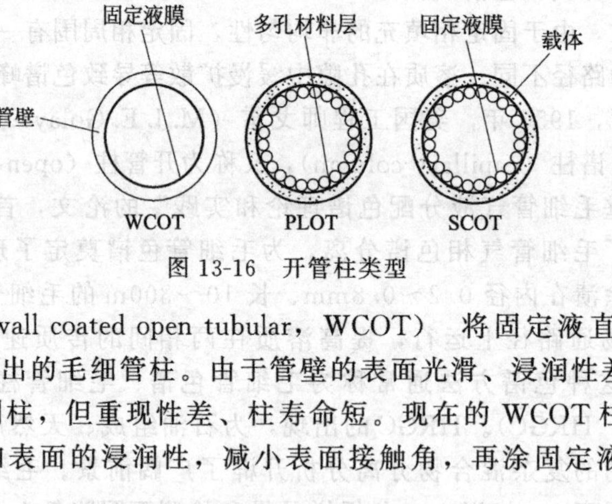

图 13-16　开管柱类型

① 壁涂开管柱（wall coated open tubular，WCOT）　将固定液直接涂在毛细管内壁上，这是 Golay 最早提出的毛细管柱。由于管壁的表面光滑、浸润性差，对表面接触角大的固定液，直接涂渍制柱，但重现性差、柱寿命短。现在的 WCOT 柱，其内壁通常都先经过表面处理，以增加表面的浸润性，减小表面接触角，再涂固定液，因此称为表面处理壁涂开管柱。

② 多孔层开管柱（porous layer open tubular，PLOT）　在管壁上涂一层多孔性吸附剂固体颗粒，不再涂固定液，实际上是使用开管柱的气固色谱。

③ 载体涂渍开管柱（support coated open tubular，SCOT）　为了增大开管柱内固定液的涂渍量，先在毛细管内壁上涂一层很细的（<2μm）多孔颗粒，然后再在多孔层上涂渍固定液。这种毛细管柱液膜较厚，柱容量较 WCOT 柱高。

④ 化学键合相毛细管柱　将固定液用化学键合的方法键合到硅胶涂覆的柱表面或经表面处理的毛细管内壁上。由于固定液是化学键合上去的，大大提高了柱的热稳定性。

⑤ 交联型毛细管柱　虽然涂渍型 WCOT、SCOT 毛细管柱的柱效较高，但热稳定性和耐溶剂性较差。在高温下，由交联引发剂将固定液交联到毛细管管壁上制成的交联型毛细管柱，该类柱子具有耐高温、抗溶剂抽提、液膜稳定、柱效高、柱寿命长等特点，因此得到迅

速发展。交联引发剂是能在线形结构分子缩聚时起架桥作用而使其分子中的基团互相键合成为不溶、不熔的网状体的物质。

毛细管柱与填充柱的比较见表 13-9。

表 13-9 毛细管柱与填充柱的比较

项目	填充柱	毛细管柱
内径/mm	2～6	0.1～0.5
长度/m	0.5～6	20～200
比渗透率 B_0	1～20	约 10^2
相比 β	6～35	50～1500
总塔板数 n	约 10^3	约 10^6
进样量/μL	0.1～10	0.001～0.01
进样器	直接进样	附加分流装置
检测器	TCD,FID 等	常用 FID
柱制备	简单	复杂
定量结果	重现	与分流器设计性能有关
方程式	$H=A+B/u+(C_g+C_l)u$	$H=B/u+(C_g+C_l)u$
涡流扩散项	$A=2\lambda d_p$	$A=0$
分子扩散项	$B=2\gamma D_g;\gamma=0.5\sim0.7$	$B=2D_g;\gamma=1$
气相传质项	$C_g=0.01k^2/(1+k)^2\times d_p^2/D_g$	$C_g=(1+6k+11k^2)/24(1+k)^2\times r^2/D_g$
液相传质项	$C_l=2/3\times k/(1+k)^2\times d_f^2/D_l$	$C_l=2/3\times k/(1+k)^2\times d_f^2/D_l$

二、毛细管柱气相色谱速率理论方程

由于毛细管柱结构的特殊性，与填充柱色谱理论具有一定差别。1958 年，基于 Van Deemter 方程，Golay 提出影响毛细管柱色谱峰扩张的主要因素是：纵向分子扩散、流动相传质阻力、固定相传质阻力，从而导出毛细管柱的速率理论方程。

$$H=H_1+H_2+H_3=B/u+C_gu+C_lu$$

与填充柱的速率方程比较，差别是：

① 毛细管柱只有一个气体路径，故无涡流扩散项，$A=0$；

② 分子扩散项与填充柱相似，但毛细管柱中因无填料，组分的扩散没有障碍，故 B 项的弯曲因子 $\gamma=1$，而填充柱中 $\gamma<1$；

③ 传质阻力项与填充柱相似，气相传质阻力常是色谱峰扩张的重要因素。

三、毛细管柱气相色谱仪

毛细管柱和填充柱的色谱系统，基本上是相同的。但毛细管柱柱容量小，载气体积流速快，对进样系统、检测器、记录仪等有些特殊要求。

1. 进样系统

毛细管柱的载气体积流速低于填充柱，将样品从气化室冲洗到色谱柱需要较长时间，导致进样器内色谱区带扩张。此外，毛细管柱样品容量小，采用填充柱常规进样方式，引入样品量将超过色谱柱负荷。因此毛细管柱色谱采用分流进样，在进样系统装有分流管线或分流阀。将液体样注入进样器，使其气化，与载气均匀混合后，少量样品进入色谱柱，大部分放空，分流比即放空量：入柱量=(50～500)：1，如图 13-17 所示。

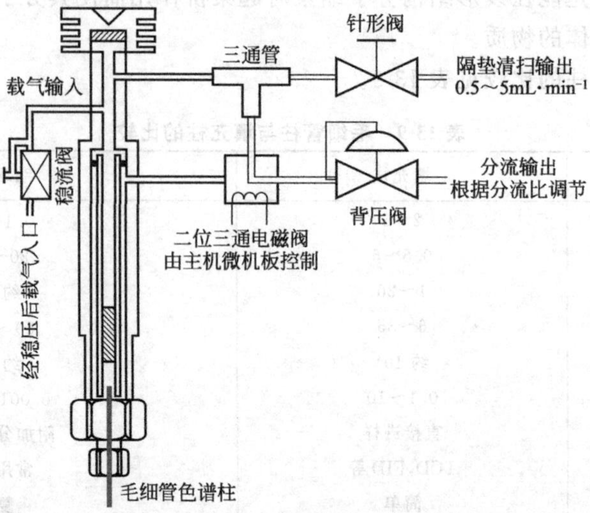

图 13-17 分流流路示意图

2. 色谱柱连接和尾吹

为了减小色谱系统死体积，毛细管柱和进样器连接应将色谱柱伸直，插入分流器的分流点。色谱柱出口直接插入检测器内。如采用氢火焰离子化检测器，则插到距喷嘴 2～3mm 处，使 H_2 和柱流出物刚好在喷嘴前混合。

由于毛细管柱载气体积流速很小，组分进入检测器后突然减速，引起色谱峰扩张，因此在色谱柱出口加一个辅助尾吹气，以加速样品通过检测器。当检测器体积较大时，如电子捕获检测器，使用尾吹十分必要。图 13-18 是毛细管柱色谱仪示意图。

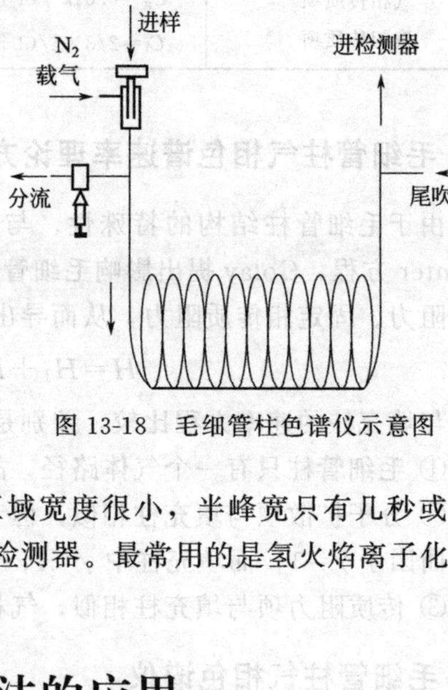

图 13-18 毛细管柱色谱仪示意图

3. 检测器和记录仪

在毛细管柱色谱中，载气的流量一般很低，约为 0.5～2mL·min^{-1}，加之进样量小，因此要求高灵敏度的检测器与之匹配。此外，毛细管柱色谱峰区域宽度很小，半峰宽只有几秒或小于 1s。因此要选用灵敏度高、响应速度快、死体积小的检测器。最常用的是氢火焰离子化检测器。电子捕获检测器也可以使用。

第七节 气相色谱法的应用

气相色谱法可以应用于分析气体试样，也可分析易挥发或可转化为易挥发的液体和固体，不仅可分析有机物，也可分析部分无机物。一般来说，只要沸点在 400℃以下、热稳定性良好、相对分子质量在 400 以下的物质，原则上都可采用气相色谱法进行分析。目前气相色谱法所能分析的有机物，约占全部有机物的 15%～20%，而这些有机物恰是目前应用很广泛的常用有机化合物，因而气相色谱法的应用是十分广泛的。对于难挥发和热不稳定的物质，气相色谱法是不适用的，但近年来裂解气相色谱法、反应气相色谱法、顶空气相色谱法等的应用，大大扩展了气相色谱法的适用范围，见表 13-10。

表 13-10 气相色谱法的应用

应用领域	分析对象
环境	水样中芳香烃、杀虫剂、除草剂，水中锑形态等
石油	原油成分、汽油中各种烷烃和芳香烃
化工	喷气发动机燃料中烃类，石蜡中高分子物质
食品、水果、蔬菜	植物精炼油中各种烯烃、醇和酯、亚硝胺，香料中香味成分，人造黄油中的不饱和十八酸，牛奶中饱和和不饱和脂肪酸，农药残留量
生物	植物中萜类，微生物中胺类、脂肪酸类、脂肪酸酯类
医药	血液中汞形态，中药中挥发油
法医学	血液中酒精，尿中可卡因、安非他命、奎宁及其代谢物，火药成分，纵火样品中的汽油

1. 气相色谱在化学工业中的应用

化学工业方面，气相色谱可分析各种醛、酸、醇、酮、醚、氯仿、芳烃异构体、煤气、永久性气体、稀有气体以及有机物中微量水等。在石油和石油化工工业中，气相色谱技术更是被广泛采用。石油气、石油裂解气、汽油、煤油、烃类燃烧尾气等都可应用气相色谱法分析。汽油中芳烃的分析一直是一个较难的应用问题，使用一个极性或中等极性的毛细管柱可以使芳烃的流出延迟，从而减少烷烃的干扰。图 13-19 是无铅汽油的色谱图。

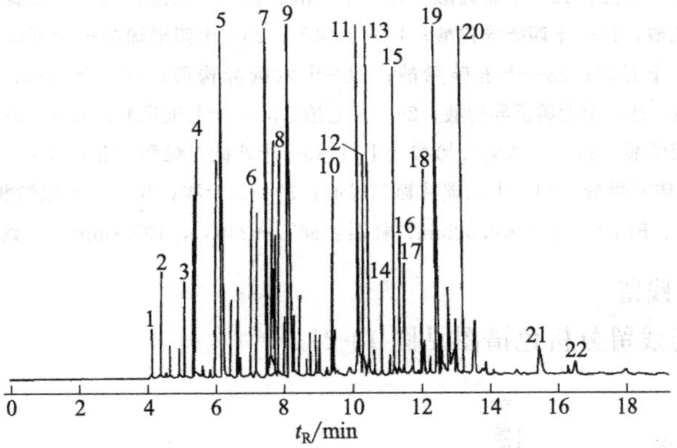

图 13-19 无铅汽油色谱图

1—2-甲基丙烷；2—正戊烷；3—2,3-二甲基丁烷；4—2-甲基戊烷；5—苯；6—正己烷；7—2,2,4-三甲基戊烷；8—正庚烷；9—甲苯；10—乙基苯；11—对二甲苯；12—间二甲苯；13—邻二甲苯；14—正丙基苯；15—1-甲基-3-乙基苯；16—1-甲基-4-乙基苯；17—1-甲基-2-乙基苯；18—1,3,5-三甲基苯；19—1,2,4-三甲基苯；20—1,2,3-三甲基苯；21—四甲基苯；22—萘

色谱柱：Carbograph 1＋AT1000，60m×0.25mm；柱温：50℃→240℃，15℃·min^{-1}；载气：He

2. 气相色谱在生物样品分析中的应用

气相色谱法在生物样品分析方面应用很广泛。利用气相色谱法可分析人体中甾体、糖类、尿酸、生物胺等含量，以及对体液中的药物、代谢产物进行分析。在微生物代谢产物分析中也有较多应用，如通过比较分析大肠杆菌野生型和胞内代谢物变化情况，了解基因改变对微生物代谢的影响。

3. 气相色谱在食品科学及食品安全分析中的应用

气相色谱在食品科学及食品安全分析中的用途也十分广泛。在食品科学领域，气相色谱法常用于油脂中饱和与不饱和脂肪酸，糖类及食品添加剂的分析。气相色谱法也常应用于啤酒和白酒中的有机酸、酚类、醇类和醛类等有机成分的分析。在食品安全方面，用电子捕获检测器，气相色谱法能测定水和食品中微量的DDT和六六六；用火焰光度检测器或氢火焰离子化检测器，气相色谱法能测定水和食品中微量的有机磷农药。

(1) 奶油中脂肪酸含量分析

奶油中脂肪酸色谱图见图13-20。

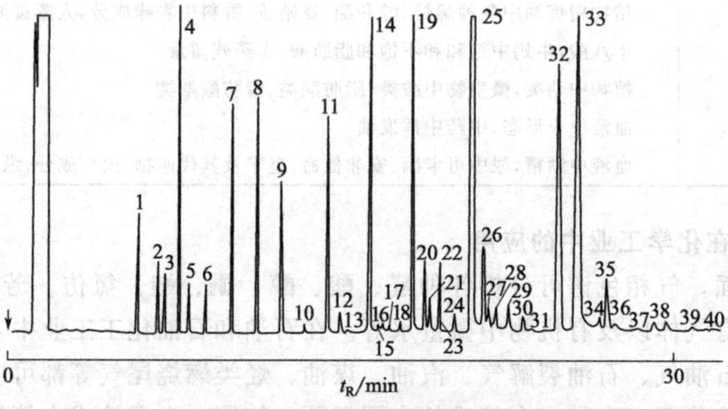

图13-20 奶油中脂肪酸色谱图

1—乙酸；2—丙酸；3—甲基丙酸；4—丁酸；5—3-甲基丁酸；6—戊酸；7—己酸；8—庚酸；9—辛酸；10—壬酸；11—癸酸；12—十碳烯酸；13—十一酸；14—十二酸；15—十二碳烯酸；16—十三碳异构酸；17—十三酸；18—十四碳异构酸；19—十四酸；20—十四碳烯酸＋十五碳异构酸；21—十五碳反异构酸；22—十五酸；23—十五碳烯酸；24—十六碳异构酸；25—十六酸；26—十六碳烯酸；27—十七碳异构酸；28—十七碳反异构酸；29—十七酸；30—十七碳烯酸；31—十八碳异构酸；32—十八酸；33—十八碳烯酸；34—十八碳二烯酸（Ⅰ）；35—十八碳二烯酸（Ⅱ）；36—十九酸；37—十八碳三烯酸；38—十八碳共轭二烯酸；39—二十酸；40—二十碳烯酸

色谱柱：FFAP，25m×0.32mm；柱温：65℃→240℃，10℃·min^{-1}；载气：He

(2) 有机磷农药残留

11种有机磷农药残留分析色谱图见图13-21。

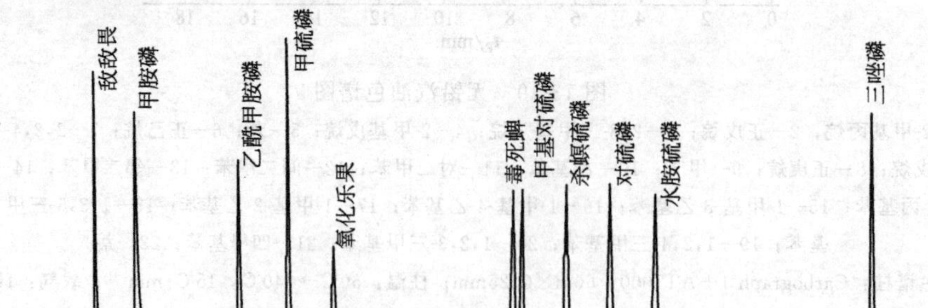

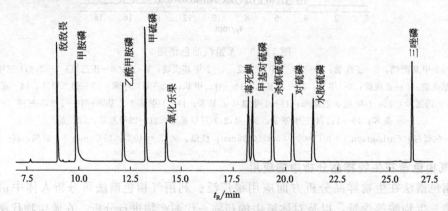

图13-21 11种有机磷农药残留

进样量：1μL，无分流进样（1min）；气化室温度：250℃；色谱柱：Rxt-1710 30m×0.25mm×0.25μm；柱温：60℃（1min）→200℃（15℃·min^{-1}）→220℃（1min）（2℃·min^{-1}）→270℃（5min）（15℃·min^{-1}）；

载气：氮气，线速度30cm·s^{-1}；FPD 280℃

4. 气相色谱在环境监测中的应用

气相色谱法在环境监测中也有许多应用。如大气中污染物SO_2、H_2S、CO、NO、碳氢化合物、醛类等的分析，废水中的挥发性和半挥发性有机污染物分析，以及煤尘、烟尘中包括的很多致癌物质如多环芳烃、喹啉、苯并芘等，也能用气相色谱法分析。

(1) 废水中挥发性卤代烃

废水中挥发性卤代烃的色谱图见图 13-22。

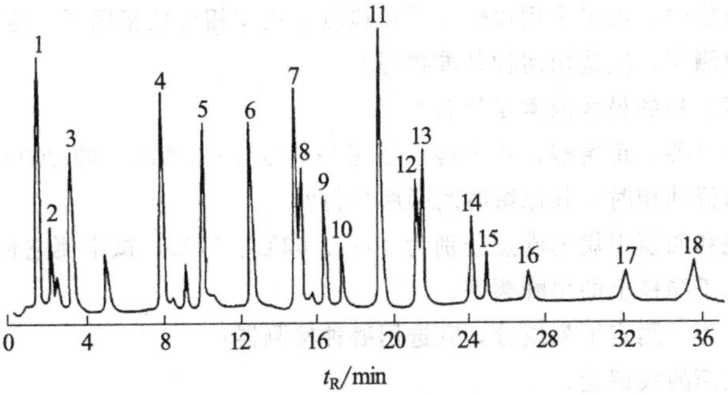

图 13-22 废水中挥发性卤代烃

1—一氯甲烷；2—一溴甲烷；3—氯乙烷；4—1,1-二氯乙烷；5—反-1,2-二氯乙烯；6—1,1,1-三氯乙烷；7—1,2-二氯丙烷；8—反-1,3-二氯丙烯；9—顺-1,3-二氯丙烯；10—1,2-二溴乙烷；11—1,1,1,2-四氯乙烷；12—1,2,3-三氯丙烷；13—1,1,2,2,-四氯乙烷；14—氯苯；15—1-氯环己烷；16—溴苯；17—2-氯甲苯；18—1,4-二氯苯

色谱柱：1%SP-1000，Carbopack（60～80 目），2.43m×2.5mm；

柱温：45℃→220℃，8℃·min^{-1}；载气：He

(2) TVOC 的分析

TVOC（总挥发性有机化合物）标准图（14 标）如图 13-23 所示，使用专用微填充柱。

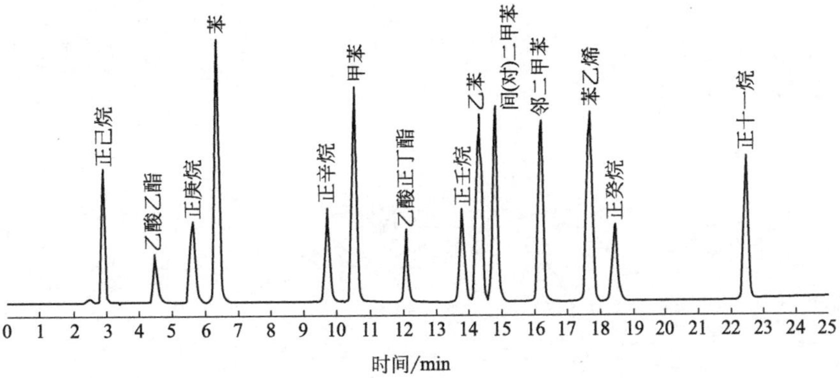

图 13-23 TVOC 标准图（14 标）-专用微填充柱

载气：15mL·min^{-1}；45℃→150℃程序升温 FID；

武汉理工大自制 TVOC 专用微填充柱：6m×1mm（100～120 目）

思考题与习题

1. 气相色谱仪的组成包括哪几个部分？
2. 简述气相色谱的分离原理。
3. 气相色谱法对载体有什么要求？
4. 试述固定液的选择原则。

5. 试述热导检测器的工作原理。有哪些因素影响热导检测器的灵敏度？
6. 试述氢火焰离子化检测器的工作原理。如何控制其操作条件？
7. 在气相色谱法中，调整保留值实际上反映了哪几种分子间的相互作用？
8. 在气相色谱法中，可以利用文献记载的保留数据定性，目前最有参考价值的是哪一种？
9. 在气液色谱中，色谱柱使用的上限温度取决于什么？使用的下限温度又取决于什么？
10. 在气相色谱法定量分析中，如果采用火焰离子化检测器测定相对校正因子，应选用哪种物质为基准物？如果采用热导池为检测器，应选用何种基准物呢？
11. 对气相色谱柱分离度影响的最大因素是什么？
12. 用气相色谱法分离正己醇、正庚醇、正辛醇、正壬醇，以 20％聚乙二醇-20000 涂于 Chromosorb W 上为固定相，以氢气为流动相时，其保留时间顺序如何？
13. 二氯甲烷、三氯甲烷和四氯甲烷的沸点分别为 40℃、62℃、77℃，试推测它们的混合物在阿皮松 L 柱上和在邻苯二甲酸二壬酯柱上的出峰顺序。
14. 在气相色谱分析中，为了测定下列组分，宜选用哪种检测器？

    (1) 农作物中含氯农药的残留量；

    (2) 酒中水的含量；

    (3) 啤酒中微量硫化物；

    (4) 苯和二甲苯的异构体。
15. 简述毛细管柱气相色谱的特点。为什么毛细管柱比填充柱有更高的柱效？

第十四章 高效液相色谱法

第一节 概 述

以液体为流动相的色谱分析法，称为液相色谱法（LC）。高效液相色谱法（high performance liquid chromatography，HPLC）是20世纪60年代末～70年代初在经典液相色谱法的基础上，引入了气相色谱法（GC）的理论发展起来的一项新颖快速的分离分析技术。由于其适用范围广，分离速度快，灵敏度高，色谱柱可以反复使用，样品用量少，还可以收集被分离的组分，特别是计算机等新技术的引入使其自动化与数据处理能力大大提高，高效液相色谱技术得到飞速发展。

高效液相色谱法和经典液相色谱法在分析原理上基本相同，但由于新型高压输液泵、高灵敏度检测器和高效固定相的使用，使高效液相色谱法在分析速度、分离效能、检测灵敏度和操作自动化等方面，可以和气相色谱法相媲美，并保持了经典液相色谱对样品通用范围广、可供选择的流动相种类多和便于用作制备色谱等优点。至今，高效液相色谱法已在生物工程、制药工业、食品行业、环境监测、石油化工等领域获得了广泛的应用。

1. 高效液相色谱法与经典液相色谱法

高效液相色谱法与经典液相色谱法的主要差别在于固定相的性质和粒度等。经典液相色谱法通常使用的固定相是多孔粗粒，装填在大口径长色谱柱（玻璃）管内，流动相是靠重力作用流经色谱柱，溶质在固定相的传质速度慢，柱入口压力低、分析时间长，因此柱效低、分离能力差，难以解决复杂混合物的分离分析。高效液相色谱法使用的固定相是全多孔微粒，装填在小口径、短不锈钢柱内，流动相是通过高压输液泵进入色谱柱，溶质在固定相的传质、扩散速度大大加快，柱效可比前者高2～3个数量级，从而在短时间内获得高柱效和高分离能力，可以分离上百个组分。高效液相色谱法和经典液相色谱法主要的不同见表14-1。

表14-1 高效液相色谱法与经典液相色谱法的比较

项目 \ 方法	高效液相色谱法	经典液相色谱法	项目 \ 方法	高效液相色谱法	经典液相色谱法
色谱柱	可重复使用	只用一次	色谱柱入口压力/MPa	2～20	0.001～0.1
柱长/cm	10～25	10～200	色谱柱柱效/块理论塔板数·m^{-1}	2×10^3～16×10^4	2～50
柱内径/mm	2～10	10～50	进样量/g	10^{-4}～10^{-2}	1～10
固定相粒径/μm	5～50	75～600	分析时间/h	0.05～1.0	1～20
筛孔/目	250～300	200～300	在线检测	能在线检测	不能在线检测

2. 高效液相色谱法与气相色谱法

高效液相色谱法与气相色谱法的主要差别在于流动相和操作条件。

① 分离对象 气相色谱法具有分离能力好、灵敏度高、分析速度快、操作方便等优点，

其分离对象是沸点低、易挥发、热稳定性良好的无机或有机化合物。高效液相色谱法要求试样能制成溶液，而不需要气化，因此不受试样挥发性的限制。对于高沸点、热稳定性差、相对分子质量大的有机物（这些物质几乎占有机物总数的75%～80%），原则上都可用高效液相色谱法来进行分离和分析。

② 选择性　气相色谱法的流动相是惰性气体，对样品仅起运载作用，实际工作中主要利用改变固定相和色谱柱温度来改善分离。高效液相色谱法采用液体作为流动相，流动相性质和组成的变化对分离起到至关重要的作用，这就增加了控制分离选择性的因素，使分离条件选择更加方便灵活。而且，由于固定相种类较多，HPLC不仅可利用被分离组分的极性差别，还可利用组分分子尺寸大小的差别、离子交换能力的差别以及生物分子间亲和力的差别进行分离。对于性质和结构类似的物质，分离的可能性比气相色谱法更大。

③ 使用上的限制与互补　气相色谱法的缺点是沸点太高或热稳定性差的物质都难以进行分析，这类物质只能选用高效液相色谱法分析。高效液相色谱法的缺点是设备较昂贵，流动相也比气相色谱法贵，因此它的普及受到一定限制。在实际应用中，凡是能用气相色谱法分析的试样一般不用液相色谱法，因为气相色谱法更快、更灵敏、更方便，并且耗费较低。

④ 高效液相色谱与气相色谱法的共同点　气相色谱理论基本上也适用于高效液相色谱，如塔板理论、保留值、分配系数、分配比等均可应用于液相色谱，仪器结构和操作技术也基本相似。均兼具分离和分析功能，适用于在线检测；定性、定量的原理和方法完全一样；均可与质谱等其它分析仪器联用，用以研究复杂的混合样品。

3. 高效液相色谱法的特点

① 高速　由于高压输液泵的使用，流速一般可达 $1\sim10\mathrm{mL\cdot min^{-1}}$，因此高效液相色谱法所需的分析时间比经典液相色谱法少得多，一般都小于1h，当输液压力增加时，流动相流速会加快，一个样品在15～30min，甚至在5min内即可完成。

② 高压　液相色谱法以液体作为流动相，液体流经色谱柱时，受到的阻力较大，即色谱柱的入口与出口处具有较高的压力差。液体要快速通过色谱柱，需对其施加高压。在现代液相色谱法中供液压力和进样压力都很高，一般可达到 $(1.5\sim3.5)\times10^{7}\mathrm{Pa}$。高压是高效液相色谱法的一个突出特点。

③ 高灵敏度　在高效液相色谱法中使用的检测器大多数具有较高的灵敏度。如使用广泛的紫外吸收检测器，最小检出量可达 $10^{-9}\mathrm{g}$；用于痕量分析的荧光检测器，最小检出量可达 $10^{-12}\mathrm{g}$。

④ 高效　由于新型高效微粒固定相填料的使用，高效液相色谱填充柱的柱效可达每米 $2\times10^{3}\sim5\times10^{4}$ 块理论塔板数，远远高于气相色谱填充柱每米 10^{3} 块理论塔板数的柱效。

高效液相色谱法除具有以上特点外，它的应用范围也日益扩展。由于它使用了非破坏性检测器，样品被分析后，在大多数情况下，可除去流动相，实现对少量珍贵样品的回收，亦可用于样品的纯化制备。

第二节　高效液相色谱仪

以液体为流动相而设计的色谱分析仪称为液相色谱仪，而采用了高压输液泵、高效固定相和高灵敏度检测器等装置的液相色谱仪称为高效液相色谱仪。其种类很多，但是，不论何种类型高效液相色谱仪，基本上包含五个系统：高压输液系统、进样系统、分离系统、检测系统和记录及数据处理系统。此外，还可以根据一些特殊的要求，配备一些附属装置，如梯度洗脱、自动进样、自动收集等。图 14-1 是高效液相色谱仪的结构示意图，其工作流程如下：贮液器中贮存的流动相经过滤和脱气后由高压泵来输送和控制流量。样品由进样器注入色谱系统，由流动相携带进入到色谱柱进行分离，分离后的组分由检测器检测，输出信号到记录仪或数据处理装置，得到液相色谱图。最后流出液收集在废液瓶中。如果需收集馏分作进一步分析或制备，则在色谱柱出口将样品馏分收集起来。

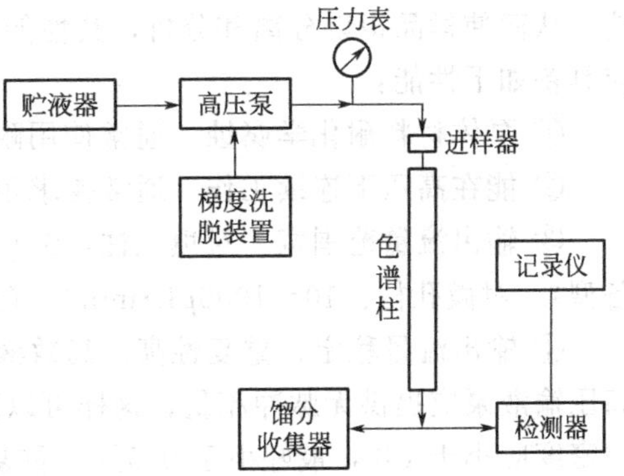

图 14-1 高效液相色谱仪的结构示意图

一、高压输液系统

高效液相色谱仪输液系统包括贮液器、高压输液泵、梯度洗脱装置等。

1. 贮液器

用来供给足够数量的合乎要求的流动相以完成分析工作，一般是以不锈钢、玻璃或聚四氟乙烯为材料。容积一般以 0.5～2L 为宜。对凝胶色谱仪、制备型仪器，其容积应更大一些。贮液器的放置位置要高于泵体，以便保持一定的输液静压差。使用过程中贮液器应密闭，以防溶剂蒸发引起流动相组成的变化，还可防止空气中 O_2、CO_2 重新溶解于已脱气的流动相中。

高效液相色谱所用的溶剂在放入贮液器之前必须经过 0.45μm 的滤膜过滤，除去溶剂中可能含有的机械性杂质，以防输液管道进样阀和色谱柱被阻塞。

此外，溶剂使用前必须脱气。因为色谱柱是带压操作的，而检测器是在常压下工作。若流动相中含有的空气不除去，则流动相通过柱子时其中的气泡受到压力而压缩，流出柱子后到达检测器时因常压而将气泡释放出来，造成检测器噪声大，使基线不稳，仪器不能正常工作。溶解的氧气还会导致样品中某些组分被氧化，柱中固定相发生降解而改变柱的分离性能。若用荧光检测器，可能会造成荧光猝灭。常用的脱气方法如下。

① 吹氦气脱气法 利用液体中氦气的溶解度比空气低，连续吹氦脱气，效果较好，但成本较高。

② 加热回流法 效果较好，但操作复杂，且有毒性流动相易挥发污染。

③ 抽真空脱气法 此法适用于单一溶剂体系脱气。对于多元溶剂体系，易造成混合后的流动相比例改变。

④ 超声脱气法 流动相放在超声波容器中，用超声波振荡 10～15min，此法脱气效果较差。

⑤ 在线真空脱气法（on-line degas） 以上几种方法均为离线（off-line）脱气操作，随着流动相存放时间的延长又会有空气重新溶解到流动相中。在线真空脱气技术是把真空脱气装置串接到贮液系统中，结合膜过滤器，实现了流动相在进入输液泵前的连续真空脱气。此法能智能控制，无需额外操作，成本低，脱气效果优于上述几种方法，并适用于多元溶剂体系。

2. 高压输液泵

高压输液泵是高效液相色谱仪的重要部件，它将流动相和样品输入到色谱柱和检测器系统，从而使样品得以分离和分析，其性能的好坏直接影响整个仪器和分析结果的可靠性。它应具备如下性能：

① 泵体材料耐化学腐蚀。通常使用耐酸、碱和缓冲液腐蚀的不锈钢。

② 能在高压下连续工作。通常要求耐压40～50MPa，能长时间连续工作。

③ 输出流量范围宽。对填充柱：0.1～10mL·min^{-1}（分析型）；1～100mL·min^{-1}（制备型）。对微孔柱：10～1000μL·min^{-1}（分析型）；1～9900μL·min^{-1}（制备型）。

④ 输出流量稳定，重复性高。高效液相色谱仪使用的检测器，大多数对流量变化敏感，高压输液泵应提供无脉冲流量，这样可以降低基线噪声并获得良好的检测下限。流量控制的精密度应小于1%，最好小于0.5%，重复性应小于0.5%。其次还应具有易于清洗、易于更换溶剂、具有梯度洗脱功能等。

高压输液泵按排液性能可分为恒压泵和恒流泵两种。按工作方式又可分为液压隔膜泵、气动放大泵、螺旋注射泵和往返柱塞泵四种。前两种为恒压泵，后两种为恒流泵。恒压泵可以输出一个稳定不变的压力，但当系统的阻力变化时，输入压力虽然不变，但流量却随阻力而变；恒流泵则无论柱系统压力如何变化，都可保证其流量基本不变。在色谱分析中，柱系统的阻力总是要变的。因而恒流泵比恒压泵更显优越，目前使用较普遍。而恒压操作能在泵和柱系统所允许的最大压力下冲洗柱系统，既方便又安全。因而有些恒流泵也兼有恒压输流的功能，以满足多种需要。

往复柱塞泵是目前在高效液相色谱仪中采用最广泛的一种泵。由于这种泵的柱塞往复运动频率较高，所以对密封环的耐磨性及单向阀的刚性和精度要求都很高。密封环一般采用聚四氟乙烯添加剂材料制造，单向阀的球、阀座及柱塞则用人造宝石材料。往复泵有单柱塞、双柱塞和三柱塞。

往复式柱塞泵的结构如图14-2和图14-3所示。在泵入口和出口装有单向阀，依靠液体压力控制。吸入液体时，进口阀打开，出口阀关闭，排出液体时相反。这种泵的特点是不受整个色谱体系中其余部分阻力稍有变化的影响，连续供给恒定体积的流动相；更换溶剂方便，很适用于梯度洗提；不足之处是输出有脉冲波动，会干扰某些检测器（如示差折光检测器），但对紫外检测器的影响不大。可通过采取双柱塞和脉冲阻尼器来减小脉冲。

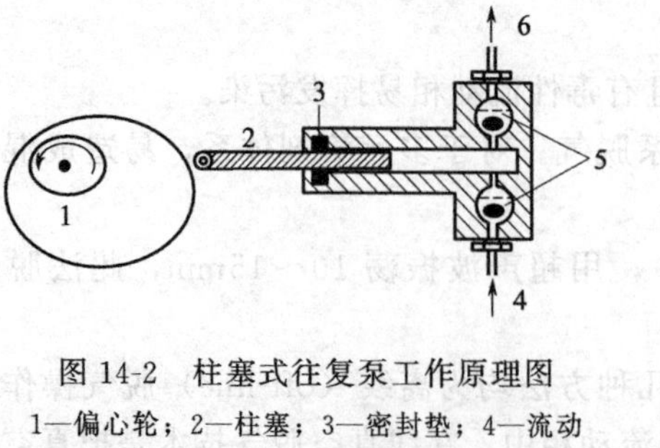

图14-2 柱塞式往复泵工作原理图

1—偏心轮；2—柱塞；3—密封垫；4—流动相进口；5—单向阀；6—流动相出口

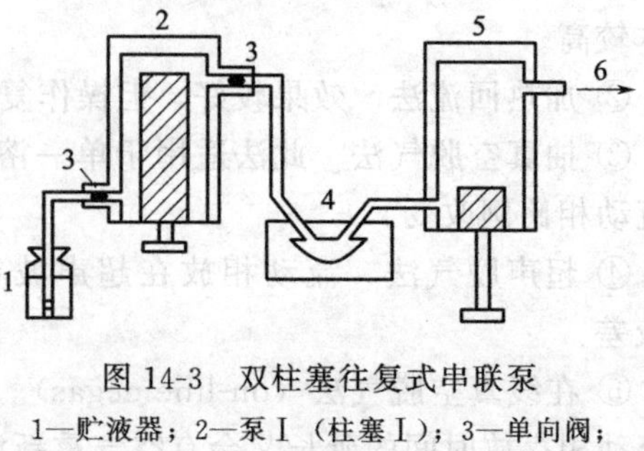

图14-3 双柱塞往复式串联泵

1—贮液器；2—泵Ⅰ（柱塞Ⅰ）；3—单向阀；4—阻尼器；5—泵Ⅱ（柱塞Ⅱ）；6—至色谱柱

3. 梯度洗脱装置

HPLC有等度洗脱和梯度洗脱两种方式。等度洗脱是在分析周期内流动相组成保持恒定不变，适合于组分数目较少、性质差别不大的样品。梯度洗脱是在一个分析周期内由程序来控制流动相的组成，如溶剂的极性、离子强度和pH值等。在分析组分数目多、性质相差较大的复杂样品时须采用梯度洗脱技术，使所有组分都在适宜条件下获得分离。采用梯度洗脱可以缩短分析时间，提高分离度，改善峰形，提高检测灵敏度，但是常常引起基线漂移和降低重现性。

梯度洗脱的方法是使流动相中含有两种或两种以上不同极性的溶剂，在洗脱过程连续或间断改变流动相的组成，以调节它的极性，使每个流出的组分都有合适的容量因子 k，并使样品中的所有组分在最短的分析时间内获得较好的分离效果。当样品中第一个组分的 k 值和最后一个峰的 k 值相差几十倍至上百倍时，使用梯度洗脱的效果就特别好。此技术相似于气相色谱中使用的程序升温技术，现已在高效液相色谱法中获得广泛的应用。

梯度洗脱对于一些组分复杂及容量因子值范围很宽的混合物的分离尤为重要。图 14-4 是等度洗脱［(a) 和 (b)］和梯度洗脱 (c) 色谱图的比较。图中 (a) 说明，以某一固定组成 A 作流动相洗脱样品时，各组分的容量因子数据 (k) 相差较大，并且 k 大的组分，其峰宽而低，所需分析时间长。图中 (b) 以溶解力较强的固定组成 B 作流动相，洗脱时，样品各组分很快被洗脱下来，但 k 小的组分得不到分离。若将 A、B 两种溶剂以适当比例混合，组成的流动相的浓度随时间而改变，找出合适的梯度洗脱条件，就可使样品中各组分在适宜的 k 下全部流出，既获得好的峰形又缩短分析时间，正如图 14-4(c) 所示。

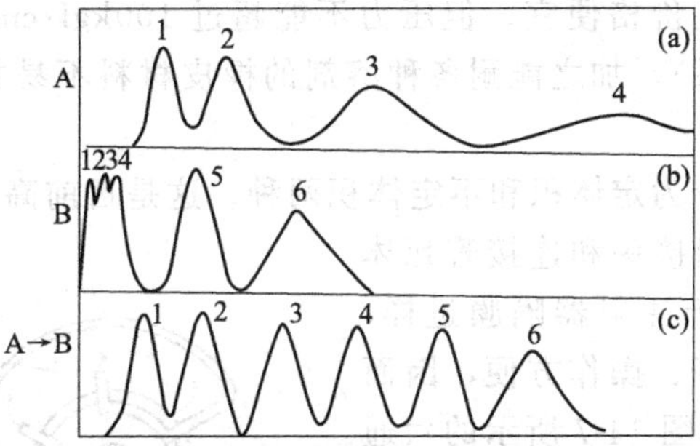

图 14-4　等度洗脱与梯度洗脱

梯度洗脱的优点是显而易见的，它可改进复杂样品的分离，改善峰形，减小拖尾并缩短分析时间。另外，由于滞留组分全部流出柱子，可保持柱性能长期良好。当梯度洗脱结束后，在更换流动相时，要注意流动相的极性与平衡时间，由于不同溶剂的紫外吸收程度有差异，可能引起基线漂移。

梯度洗脱可分为低压梯度和高压梯度。

① 低压梯度（外梯度）装置　低压梯度是采用在常压下预先按一定的程序将溶剂混合后再用泵输入色谱柱系统，亦称为泵前混合（如图 14-5 所示）。

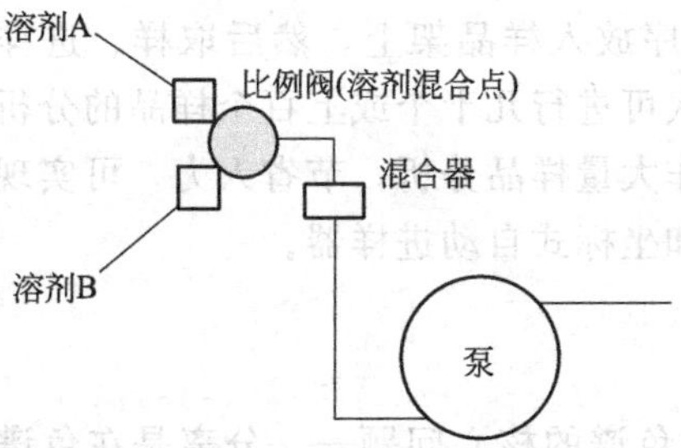

图 14-5　低压梯度示意图

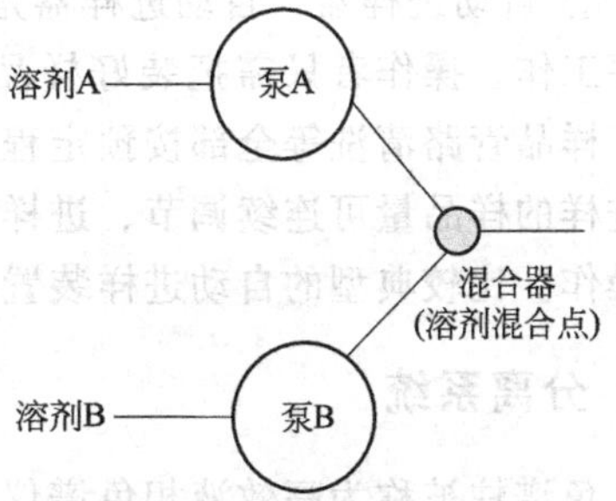

图 14-6　高压梯度示意图

② 高压梯度（内梯度）装置　由两台高压输液泵、梯度程序器（或计算机及接口板控

制)、混合器等部件组成。两台泵分别将两种极性不同的溶剂输入混合器，经充分混合后进入色谱柱系统，这是一种泵后高压混合形式。高压梯度所采用的泵多为往复柱塞泵，由此获得的流量精度高、梯度淋洗曲线重复性好（如图 14-6 所示）。

二、进样系统

高效液相色谱柱比气相色谱柱短得多（约 5～30cm），所以柱外的谱带扩宽现象（柱外展宽又称柱外效应）会造成柱效显著下降，尤其是用微粒填料时更为严重。柱外展宽是指色谱柱外的因素所引起的峰展宽，主要包括进样系统、连接管道及检测器中存在死体积。柱外展宽可分为柱前和柱后展宽，进样系统是引起柱前展宽的主要因素，因此高效液相色谱法中对进样技术要求较严。

进样系统是将待分析样品引入色谱柱的装置，对于液相色谱进样装置，要求重复性好、死体积小，保证柱中心进样，进样时对色谱柱系统流量波动要小，便于实现自动化等。

进样系统包括取样、进样两个功能。而实现这两个功能又有手动和自动两种方式。

① 进样器隔膜进样　用微量注射器针头穿过橡皮隔膜进样，这是最简便的一种进样方式。而且由于可以把样品直接送到柱头填充床的中心，死体积几乎等于零，所以往往可获得最好的柱效，而且价格便宜。但压力不能超过 100kgf·cm^{-2}（10MPa），重复性较差（包括柱效和定量结果），加之能耐各种溶剂的橡皮材料不易找到，因而常规分析使用受到局限。

② 阀进样　进样阀分为定体积和不定体积两种。这是目前高效液相色谱普遍采用的一种进样方式。虽然由于阀接头和连接管死体积的存在，柱效率稍低于注射器隔膜进样，但因耐高压、重复性良好、操作方便，因而深受色谱工作者的欢迎。图 14-7 所示的六通进样阀最为常用。此阀的阀体用不锈钢材料，旋转密封部分由坚硬的合金陶瓷材料制成，既耐磨、密封性能又好。当进样阀手柄置取样位置［图 14-7(a)］，用特制的平头注射器吸取比定量管体积（5μL 或 10μL）稍多的样品从注入口处进入定量管，多余的样品从出口排出。再将进样阀手柄置进样位置［图 14-7(b)］，流动相将样品携带进入色谱柱。此种进样器能耐 20MPa 的高压。

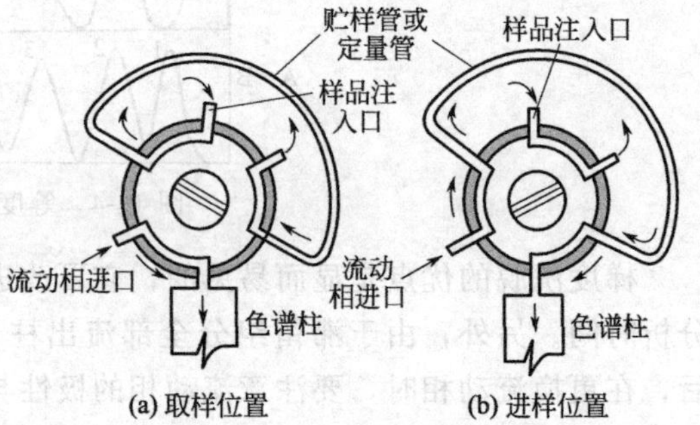

图 14-7　六通阀进样示意图

③ 自动进样器　自动进样器是由计算机自动控制定量阀，按预先编制注射样品的操作程序工作。操作者只需把装好样品的小瓶按一定次序放入样品架上，然后取样、进样、复位、样品管路清洗等全部按预定程序自动运行，一次可进行几十个或上百个样品的分析。自动进样的样品量可连续调节、进样重复性高，适合作大量样品分析，节省人力，可实现自动化操作。比较典型的自动进样装置有圆盘式、链式和坐标式自动进样器。

三、分离系统

色谱柱被称为高效液相色谱仪的“心脏”，因为色谱的核心问题——分离是在色谱柱中完成的，对色谱柱的要求是柱效高、选择性好、分析速率快等，市售的用于 HPLC 各种微粒填料如硅胶为基质的键合相、氧化铝、有机聚合物微球（包括离子交换树脂），其粒度一般为3～10μm范围，其柱效可达到理论塔板数每米（0.2～16）$\times 10^4$块。对于一般分析只需5000块塔板数的柱效；对于同系物分析，只需500块塔板数即可；对于较难分离物质可采用2×10^4块塔板的柱子，因此一般用10～30cm左右柱长就能满足复杂混合物分析的需要。

常用内壁经过精密加工抛光的不锈钢管作色谱柱的柱管以获得高柱效。此外也有使用氟塑料、玻璃和玻璃衬里材料作色谱柱，主要从抗腐蚀和易加工两方面来考虑。

色谱柱按用途可分为分析型和制备型两类，一般采用直形柱管，尺寸规格也不同。

① 常规分析柱（常量柱） 内径2～5mm（常用4.6mm，国内有4mm和5mm），柱长10～30cm；

② 窄径柱（narrow bore，又称细管径柱、半微柱 semi-micro column） 内径1～2mm，柱长10～20cm；

③ 毛细管柱（又称微柱 micro column） 内径0.2～0.5mm；

④ 半制备柱 内径＞5mm；

⑤ 实验室制备柱 内径20～40mm，柱长10～30cm；

⑥ 生产制备柱 内径可达几十厘米。

四、检测系统

用于高效液相色谱中的检测器，应具有灵敏度高、线性范围宽、响应快、死体积小等特点，还应对温度和流速的变化不敏感。

检测器分为两大类：通用型检测器和选择性检测器。通用型检测器是对试样和洗脱液总的物理性质和化学性质有响应。通用型检测器检测的范围广，但是由于它对流动相也有响应，因此易受环境温度、流量变化等因素的影响，造成较大的噪声和漂移，限制了检测灵敏度，不适合于做痕量分析，并且通常不能用于梯度洗脱操作。选择性检测器仅对待分离组分的物理化学特性有响应。选择性检测器灵敏度高，受外界影响小，并且可用于梯度洗脱操作。但由于其选择性只对某些化合物有响应，限制了它的应用范围。通常一台性能完备的高效液相色谱仪，应当具备一台通用型检测器和几种选择性检测器。

1. 紫外吸收检测器（ultraviolet absorption detector，UVD）

UVD是高效液相色谱仪中使用最广泛的一种检测器，几乎所有的高效液相色谱仪都配有紫外吸收检测器。它的灵敏度较高、线性范围宽，对流速和温度的变化不敏感，适用梯度洗脱，属于选择性检测器，只能用于检测能吸收紫外光的物质，溶剂要选用无紫外吸收特性的物质。

紫外检测器按波长来分，有固定波长和可变波长两类。固定波长检测器又有单波长式和多波长式两种；可变波长检测器可以按照对可见光的检测与否分为紫外-可见分光检测器和紫外分光检测器，按波长扫描的不同又有不自动扫描、自动扫描和多波长快速扫描等。其中属于多波长快速扫描的光电二极管阵列检测器具有很多优点，是高效液相色谱最有发展前途的检测器。

① 固定波长紫外-可见光检测器（fixed wavelength UV-Vis detector） 顾名思义，是指光源发射不连续可调，只选择固定的单一光源波长作为检测波长。这种检测器结构简单、价格便宜，有相当的应用范围，因此基本上所有的液相色谱制造厂商都配套有该种检测器。其测量范围在3×10^{-4}～5.12 AUFS（满刻度吸收单位），常用为0.005～2.0 AUFS。

紫外-254检测器是一种广泛使用的单（固定）波长式紫外吸收检测器，其结构如图14-8

所示。该种检测器使用线光源，最常用的光源是低压汞灯。由于低压汞灯检测波长 254nm 的谱线宽仅 0.2nm，因此检测光路中无需使用其它单色器分光，只要用滤光片在光源处过滤除掉 254nm 波长以外的谱线，就能实际获得单色光。低压汞灯全部辐射能约 90%是汞的特征谱线 254nm，因而单一波长光源能量高、辐射强度大、单色性好，且附加噪声小、光源稳定。这些特点都有利于检测，得到的检测灵敏度高。有紫外吸收的化合物，往往在 254nm 都有一定的吸收，虽然 254nm 不一定是它们的最大吸收波长，但由于紫外-254 检测器灵敏度很高，所以对许多有紫外吸收的化合物都能进行检测，特别是对芳香族化合物。检测池由测量池和参比池组成。为了减少色谱峰扩展，检测池体积通常小于 10μL，池内径小于 1mm，光路长度为 5～10mm。紫外-254 检测器具有灵敏度高、稳定性好、结构简单、使用维护方便等优点。对样品的检测能力可达 10^{-9}g·mL^{-1}，但是对那些在 254nm 附近没有吸收的物质不敏感。

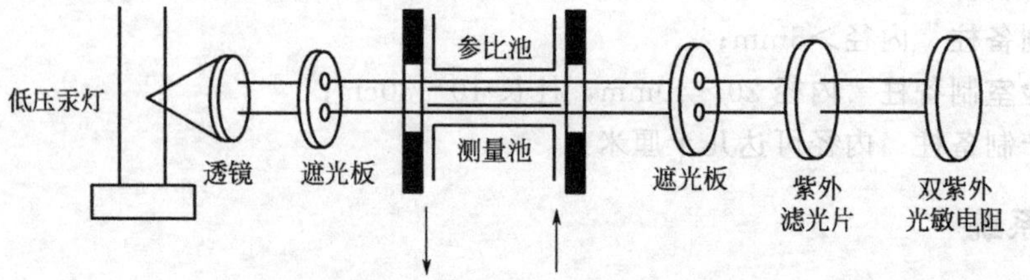

图 14-8　单波长紫外吸收检测器

② 多波长式紫外-可见吸收检测器　光路与单波长式基本一致，但灯源采用氘灯或氢灯，它在 200～400nm 范围内有较好的连续光谱，因此可用一组滤光片来选择所需的工作波长，虽然氢灯或氘灯的功率为 20W，但是在某个波长的能量分配却不大，因此它的灵敏度要比紫外-254 检测器略低。

多波长紫外-可见检测器实质上就是装有流动池的紫外-可见分光光度计，但是对波长的单色性要求不高，光谱宽度可允许达 10nm，波长精度约±1nm。

多波长式紫外-可见吸收检测器由于扩大了波长工作范围，而使得应用范围大为增加，并可获得更好的选择性，即可选择对所分析组分最适合而对溶剂背景不敏感的波长工作。

③ 二极管阵列检测器　又称光电二极管列阵检测器或光电二极管矩阵检测器，表示为 PDA（photo-diode array）、PDAD（photo-diode array detector）或 DAD（diode array detector）。光电二极管阵列检测器目前已在高效液相色谱分析中大量使用，一般认为是液相色谱最有发展前途的检测器。

二极管阵列检测器本质仍为紫外吸收检测器，不同的是进入流通池的不再是单色光，得到的信号可以是在所有波长上的色谱信号，图 14-9 是这种检测器的光路示意图，氘灯发出的紫外光经消色差透镜系统聚焦后，被一个由多个光电二极管组成的阵列所检测，每一个光电二极管检测一窄段的谱区。这种检测器的作用是一种反光路系统，即光先通过流通池后再色散，全部阵列在很短的时间（10ms）内扫描一次，这种高速的数据收集可保证快速分析中最早流出的峰也不变形。整个系统的动作中，只有快门（用来测暗电流）是移动部件，其余固定不动，故保证了检测器的重复性和可靠性。它可获得吸光度、波长、时间信息的三维立体色谱-光谱图（如图 14-10 所示），不仅可以进行定性分析，还可以用化学计量学方法辨别色谱峰的纯度及分离情况。

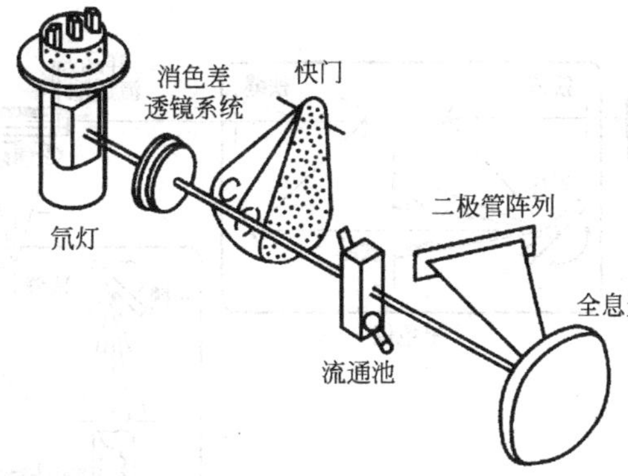

图 14-9　二极管阵列检测器光路示意图

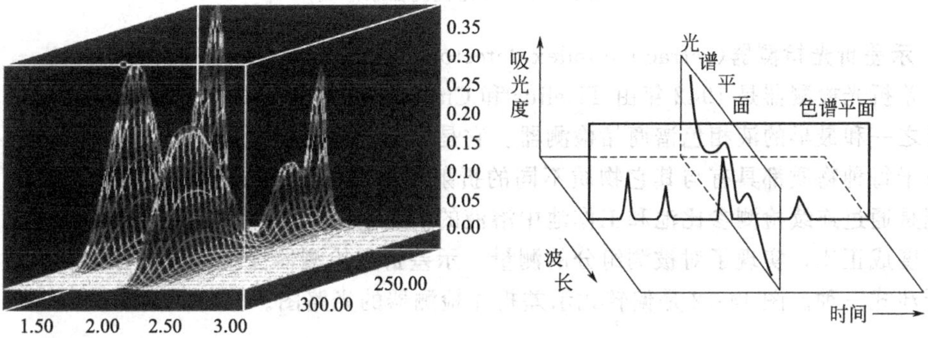

图 14-10　三维立体色谱-光谱图

2. 荧光检测器（fluorescence detector，FD）

荧光检测器是目前各种 HPLC 检测器中灵敏度最高的检测器之一，它是利用某些样品具有荧光特性来检测的。许多有机化合物具有天然荧光活性，其中带有芳香基团的化合物具有的荧光活性很强。有些化合物本身不产生荧光，但却含有适当的官能团，可与荧光试剂发生反应生成荧光衍生物，这时就可用荧光检测器检测。在一定条件下，荧光强度与样品浓度呈线性关系。荧光检测器是一种选择性很强的检测器，它适合于稠环芳烃、维生素 B、黄曲霉素、卟啉类化合物、甾族化合物、农药、氨基酸、色素、蛋白质等物质的测定。荧光检测器灵敏度高，检出限可达 10^{-12} g·mL^{-1}，比紫外检测器高出 2～3 个数量级，但其线性范围仅约为 10^3。荧光检测器对流动相脉冲不敏感，可用于梯度洗提，缺点是仅对具有荧光特性的物质有响应。

许多化合物存在光致发光现象，即它们可被入射光（称为激发光）激发后发出波长相同的共振辐射或波长较长的特征辐射（即荧光）。根据化合物发生荧光的条件和对化合物荧光强度检测的要求，荧光检测器包括以下基本部件：激发光源、选择激发波长用的单色器、流通池、选择发射波长用的单色器及用于检测发光强度的光电检测器（图 14-11 是荧光检测器的光路图）。荧光检测器需要比紫外检测器强的光源作激发光源，常采用氙灯作光源。由光源发出的光，经激发光单色器后，得到所需要的激发光波长。激发光通过样品流通池，一部分光线被荧光物质吸收，荧光物质被激发后，向四面八方发射荧光。为了消除入射光与散射光对检测的影响，一般取与激发光成直角的方向测量荧光（直角光路）。荧光至发射光单色器分光后，单一波长的发射光由光电倍增管接收。

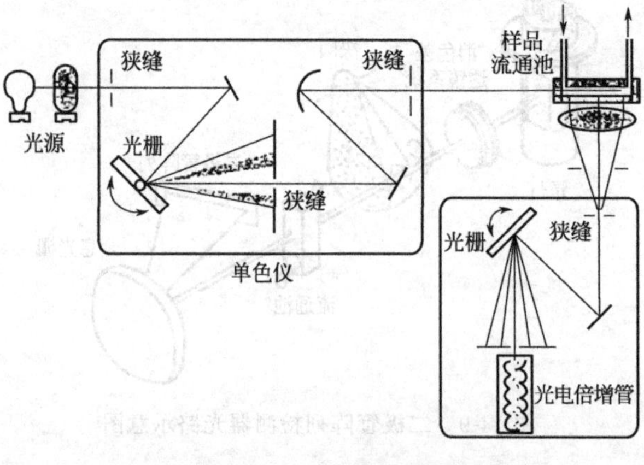

图 14-11　荧光检测器示意图

3. 示差折光检测器(refractive index detector，RID)

示差折光检测器是 1942 年由 Tiselius 和 Claesson 首次提出的，是最早的在线液相色谱检测器之一和最早的液相色谱商品检测器。它是除紫外检测器之外应用最多的液相色谱检测器，由于每种物质都具有与其它物质不同的折射率，因而 RID 是一种通用型检测器。其基本原理是通过连续检测参比池和工作池中溶液的折射率之差值，该差值与工作池流动相中的试样浓度成正比，实现了对被测组分的测量。示差折光检测器按工作原理分为反射式、偏转式、干涉式三种。图 14-12 是偏转式示差折光检测器的光路图。

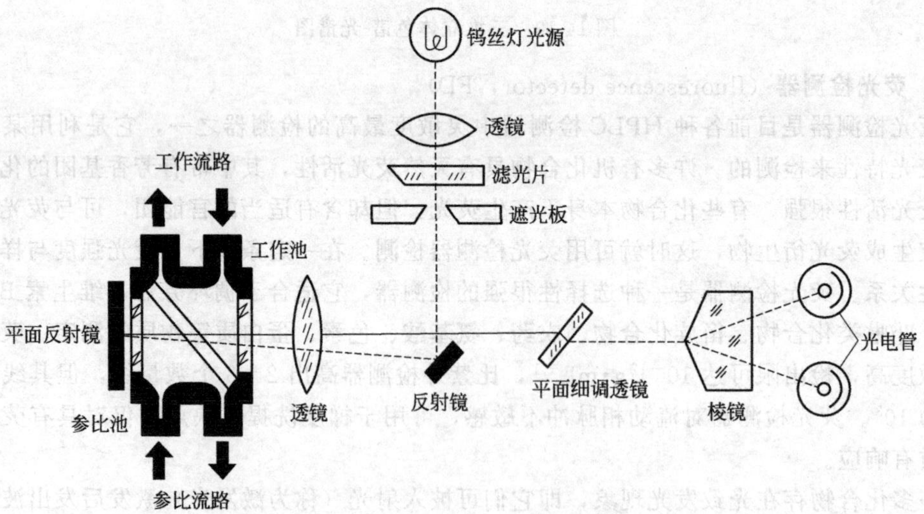

图 14-12　偏转式示差折光检测器的光路图

示差折光检测器的检出限可达 10^{-7} g·mL^{-1}。主要缺点在于它对温度变化很敏感，折射率的温度系数为 10^{-4} RIU·℃$^{-1}$（RIU 为折射率单位)，因此检测器的温度变化应控制在 ±10^{-3}℃。梯度洗脱造成流动相折射率不断变化，故该检测器不能用于梯度洗脱。

4. 电化学检测器（electrochemical detector，ECD)

在液相色谱中对那些无紫外吸收或不能发生荧光但具有电活性的物质，可用电化学检测器。电化学检测器是一种选择性检测器，目前主要有介电型（permittivity)、电导型（conductivity)、电位型（potentiometry）和安培型（amperometry）四种检测器，许多具有电化学氧化还原性的化合物，如含有电活性的硝基、氨基等有机物及无机阴阳离子等均可用电化学检测器测定。如果在分离柱后采用衍生技术，其应用范围还可扩展到非电活性物质的检测。其中电导检测器（conductivity detector，CD）是在离子色谱仪中应用最多的检测器。其工作原理是基于物质在某些介质中电离后电导产生变化来测定电离物质的含量，它的主要部件是电导池。电导检测器的响应受温度的影响较大，因此要求放在恒温箱中。电导检测器的缺点是 pH>7 时不够灵敏。

5. 蒸发光散射检测器（evaporative light-scattering detector，ELSD）

在高效液相色谱分析中，人们一直希望能有一台像气相色谱 FID 那样的通用型质量检测器，它能对各种物质均有响应，且响应因子基本一致，它的检测不依赖于样品分子中的官能团，且可用于梯度洗脱。目前最能接近满足这些要求的就是蒸发光散射检测器。

图 14-13 为蒸发光散射检测器工作原理示意图。色谱柱后流出物在通向检测器途中，被高速载气（N_2）喷成雾状液滴。在受温度控制的蒸发漂移管中，流动相不断蒸发，溶质形成不挥发的微小颗粒，被载气携带通过检测系统。检测系统由一个激光光源和一个光电倍增管构成。在散射室中，光被散射的程度取决于散射室中溶质颗粒的大小和数量。粒子的数量取决于流动相的性质及喷雾气体和流动相的流速。当流动相和喷雾气体的流速恒定时，散射光的强度仅取决于溶质的浓度。此检测器可用于梯度洗脱，且响应值仅与光束中溶质颗粒的大小和数量有关，而与溶质的化学组成无关。

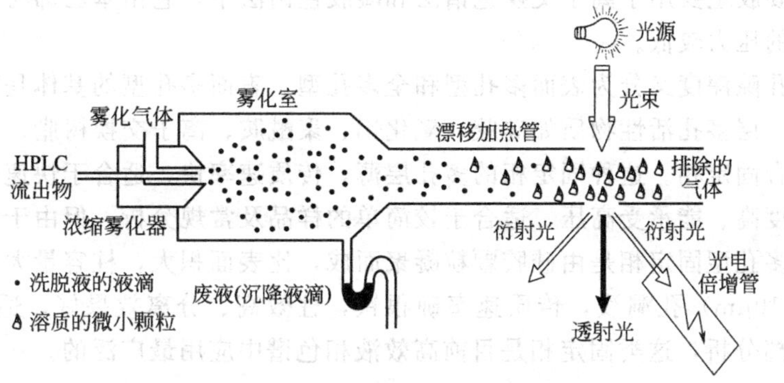

图 14-13　蒸发光散射检测器示意图

蒸发光散射检测器与 RID 和 UVD 相比，消除了溶剂的干扰和因温度变化引起的基线漂移，即使用梯度洗脱也不会产生基线漂移。它还具有喷雾器和漂移管易于清洗、死体积小、灵敏度高、喷雾气体消耗少等优点。缺点是蒸发光散射检测器对有紫外吸收的组分检测灵敏度相对较低，且它只适合流动相能完全挥发的色谱条件，若流动相含有难以挥发的缓冲剂，就不能用该检测器进行检测。

五、记录及数据处理系统

早期的 HPLC 仪器是用记录仪记录检测信号，再手工测量计算。其后，使用积分仪计算并打印出峰高、峰面积和保留时间等参数。20 世纪 80 年代后，计算机技术的广泛应用使 HPLC 操作更加快速、简便、准确、精密和自动化，现在已可在互联网上远程处理数据。计算机的用途包括三个方面：①采集、处理和分析数据；②控制仪器；③色谱系统优化和专家系统。

六、馏分收集器

如果所进行的色谱分离不是为了纯粹的色谱分析，而是为了做其它波谱鉴定，或获取少量试验样品的纯组分，馏分收集是必要的。用小试管收集，手工操作只适合于少数几个馏分，手续麻烦，易出差错。馏分收集器比较理想，因为便于用微处理机控制，按预先规定好的程序，或按时间，或按色谱峰的起落信号逐一收集和重复多次收集。

第三节　高效液相色谱法的类型

高效液相色谱法按组分在两相间分离机理的不同主要可分为：液-固吸附色谱法，液-液分配色谱法，化学键合相色谱法，离子交换色谱法和凝胶色谱法等。

一、高效液相色谱法的固定相和流动相

高效液相色谱法是根据固定相和流动相的性质来分类的，因此，首先讨论液相色谱法中所使用的固定相和流动相的一般特性。

1. 固定相

高效液相色谱法固定相按所承受的高压能力，可分为刚性固体和硬胶两大类。刚性固体以二氧化硅为基质，可承受较高压力，在其表面可以键合各种功能官能团，是目前应用最广泛的固定相。硬胶主要用于离子交换色谱法和凝胶色谱法中，它由苯乙烯与二乙烯基苯交联而成，可承受的压力较低。

固定相按孔隙深度又分为表面多孔型和全多孔型。表面多孔型的基体是球形玻璃珠，在玻璃表面涂覆一层多孔活性物质如硅胶、氧化铝、聚酰胺、离子交换树脂、分子筛等，也可以制成化学键合固定相。这种固定相的多孔层薄，传质速率快，适合于快速分离；填充均匀紧密、力学强度高、能承受高压，适合于较简单的样品及常规分析；但由于多孔层薄，进样量受限制。全多孔型固定相是由硅胶颗粒凝聚而成，比表面积大，柱容量大，小颗粒全孔型固定相（直径 10μm）孔洞浅，传质速率确很快，柱效高、分离效果好，适合于复杂样品、痕量组分的分离分析，这类固定相是目前高效液相色谱中应用最广泛的。

2. 流动相

在高效液相色谱中，当色谱柱和待测样品定后。选择什么样的溶剂作流动相，直接影响组分的分离度。通常需考虑作流动相溶剂的物理性质（如沸点、紫外吸收、黏度等）和溶剂强度（一般在 2～10 之间）以及溶剂的种类和配比。在 HPLC 中，对流动相的要求是：

① 不与色谱柱发生不可逆化学反应，以保持柱效或柱子的性质较长时间不变；

② 对待测样品有足够的溶解能力，以提高测定的灵敏度；

③ 与所用检测器相匹配；

④ 黏度尽可能小，以获得高的柱效；

⑤ 纯度要高。不纯溶剂会引起基线不稳，或产生“伪峰”。溶剂中的痕量杂质存在，长期积累会导致检测器噪声增加，同时也影响收集馏分的纯度。

二、液-固吸附色谱法

1. 分离原理

液-固吸附色谱法（liquid-solid chromatography，LSC）是以固体吸附剂为固定相，吸

附剂表面的活性中心具有吸附能力，样品分子（X）被流动相带入柱内时，与流动相溶剂分子（R）在吸附剂表面活性中心发生竞争性吸附。其过程可表示为：

$$X_m + nR_s \rightleftharpoons X_s + nR_m \tag{14-1}$$

式中，X_m、X_s 分别为流动相和吸附剂上的样品分子；R_s、R_m 分别为被吸附在固定相和流动相中的溶剂分子；n 为被吸附的溶剂分子数。

当竞争吸附达到平衡时，有：

$$K = \frac{[X_s][R_m]^n}{[X_m][R_s]^n} \tag{14-2}$$

式中，K 为吸附平衡系数。K 值大的强极性组分易被吸附，保留值大，难于洗脱，K 值小的弱极性组分难被吸附，保留值小，易于洗脱。因此试样的组分被分离。不同类型的有机化合物，在极性吸附剂上的保留顺序如下：

氟碳化合物＜饱和烃＜烯烃＜芳烃＜有机卤化物＜醚＜硝基化合物＜腈＜叔胺＜酯、酮、醛＜醇＜伯胺＜酰胺＜羧酸＜磺酸。

2. 固定相

液-固色谱固定相可分为极性和非极性两大类。极性固定相主要有硅胶（酸性）、氧化铝、硅酸镁分子筛（碱性）等。非极性固定相为高强度多孔微粒活性炭，如近年来开始使用的 5～10μm 多孔石墨化炭黑以及高交联度苯乙烯-二乙烯基苯共聚物的单分散多孔微粒（5～10μm）和碳多孔小球（TDX）。

至今在液-固色谱中最广泛应用的是极性固定相硅胶。在早期经典液相柱色谱中，通常使用粒径在 100μm 以上的无定形硅胶颗粒，其传质速度慢、柱效低。20 世纪 60 年代在高效液相色谱发展的初期，出现了薄壳型硅胶固定相，它是在直径约 3～40μm 的玻璃珠表面涂布一层 1～2μm 的硅胶层而制成的具有孔径均一、渗透性好、溶质扩散快的新型固定相，使液相色谱实现了高效、快速分离。但由于薄壳型固定相对样品的负载量低（$<0.1\text{mg}\cdot\text{g}^{-1}$），70 年代后迅速发展了全多孔微粒（5～10μm）固定相。由于它们的粒度均匀、孔径均匀，装填在 5～10cm 的短柱，就可实现对样品的高效、快速分离，且对样品负载量较大，因此全多孔球形和无定形的硅胶微粒固定相已成为高效液相色谱柱填料的主体，获得广泛应用。

3. 流动相

在高效液相色谱分析中，除了固定相对样品的分离起主要作用外，流动相的恰当选择对改善分离效果也产生重要的辅助效应。在液-固色谱法中，当某溶质在极性吸附剂硅胶色谱柱上进行分离时，变更不同洗脱强度的溶剂作流动相时，此溶质的容量因子 k 也会不同。在液-固色谱法中，若使用硅胶、氧化铝等极性固定相，应以弱极性的戊烷、己烷、庚烷作流动相的主体，再适当加入二氯甲烷、氯仿、乙醚、异丙醚、乙酸乙酯、甲基叔丁基醚等中等极性溶剂，或四氢呋喃、乙腈、异丙醇、甲醇、水等极性溶剂作为改性剂，以调节流动相的洗脱强度，实现样品中不同组分的良好分离。若使用苯乙烯-二乙烯基苯共聚物微球、石墨化炭黑微球等非极性固定相，应以水、甲醇、乙醇作为流动相的主体，可加入乙腈、四氢呋喃等改性剂，以调节流动相的洗脱强度。

总之液-固吸附色谱法选择流动相的原则是：极性大的试样需用极性强的洗脱剂，极性弱的试样宜用极性较弱的洗脱剂。常用溶剂的极性顺序由大到小排列如下：水（极性最大）、甲酰胺、乙腈、甲醇、乙醇、丙酮、四氢呋喃、丁酮、正丁醇、乙酸乙酯、乙醚、二氯甲烷、氯仿、溴乙烷、苯、甲苯、四氯化碳、二硫化碳、环己烷、己烷、庚烷、煤油

（极性最小）。

4. 应用

液固吸附色谱选择性好，最大允许样品量较大，在分离几何异构体、族分离和制备色谱等方面具有独特的优势。液固色谱还可用于分离偶氮染料、维生素、甾族化合物、多核苷芳烃、脂肪、油类、极性较小的植物色素等。图 14-14 是某些农药的分离情况。液-固色谱不适宜于强极性的离子型样品的分离，不适于分离同系物（因为它对相对分子质量的选择性较小）。

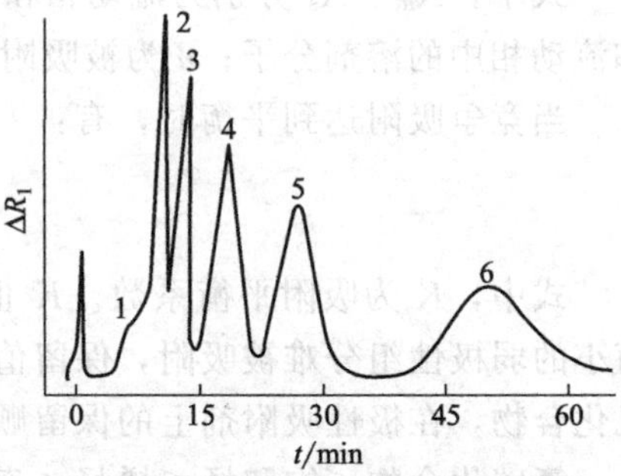

图 14-14　农药在硅胶柱上的分离

样品量 20μL；20cm×2.3mm 内径；固定相：37～50μm Corasil-Ⅱ；流动相：正己烷；流量：3.0mL·min^{-1}

1—杂质；2—艾氏剂；3—p,p'-滴滴涕；4—滴滴滴；5—林丹；6—异狄氏剂

三、液-液分配色谱法

1. 分离原理

液-液分配色谱法（liquid-liquid chromatography，LLC）简称液-液色谱法，其流动相和固定相都是液体，又称分配色谱法，是根据组分在两种互不相溶（或部分互溶）的液体中溶解度的不同，有不同的分配系数，从而实现分离的方法。分配系数较大的组分保留值也较大。这一技术类似于溶剂萃取，实际上也可用溶剂萃取数据来预测 LLC 的分配系数。但 LLC 的分辨能力和速度则要大得多，因为当样品组分通过柱子时，就相当于多次分配作用。

当试样进入色谱柱后，溶质在两相间进行分配。达到平衡时，可由下式表示：

$$K=\frac{c_s}{c_m}=k\frac{V_m}{V_s} \tag{14-3}$$

式中，K 为分配系数；c_s 和 c_m 分别为溶质在固定相和流动相中的浓度；V_s 和 V_m 分别为固定相和流动相的体积。注意 k 与 V_s 成正比；增大固定液在载体上的涂覆量，样品的保留值也随之增大。

根据固定相和流动相之间相对极性的大小，可将分配色谱法分成两类。流动相极性低而固定相极性高的称为正相分配色谱法，它对于极性强的组分有较大的保留值，常用于分离强极性化合物。流动相极性大于固定相的称为反相分配色谱法，它对于极性弱的组分有较大的保留值，适于分离弱极性的化合物。

2. 固定相

分配色谱法的固定相由载（担）体和固定液组成。在高效液相色谱中，使用两类不同的载体。一种为全多孔型材料（如硅胶、氧化铝），具有较大的比表面积和高的孔容。另一种为多孔层微珠（PLB），是在固体的核心上涂渍一薄层多孔活性涂层。多孔层的厚度通常为 1～3μm。除涂渍硅胶和氧化铝以外，也可以涂渍离子交换树脂、聚酰胺等。这些材料都是耐压的。

理论上液-液色谱可供选择的固定液品种很多，但许多固定液能被常用溶剂溶解，只有不被流动相溶解或溶解度很小的固定液才有实用价值。因此只有少数固定液能用于液-液色谱，能作为固定液的首要条件是不溶于流动相。固定液一般是极性较高的醇，流动相应是非极性的烃类，亦可加入少量卤代烷、四氢呋喃等构成正相色谱体系。为了防止固定液流失，一般需让流动相先通过一个与分析柱有相同固定液的前置柱，以便让流动相预先被固定液饱和。即便这样，流动相的流速仍不能高，也不能用梯度洗脱。

常用的固定液如 β,β'-氧二丙腈、聚乙二醇、聚酰胺、正十八烷和异三十烷等。

3. 流动相

分配色谱法所用流动相的极性必须与固定相显著不同。这主要是为了避免固定液溶于流动相中而流失。

在正相液-液分配色谱中，使用的流动相类似于液-固色谱法中使用极性吸附剂时应用的流动相。此时流动相主体为己烷、庚烷，可加入<20%的极性改性剂，如二氯甲烷、四氢呋喃、氯仿、乙酸乙酯、乙醇、甲醇、乙腈等，这样溶质的容量因子 k 会随改性剂的加入而减小，表明混合溶剂的洗脱强度明显增强。

在反相液-液分配色谱中，使用的流动相类似于液-固色谱法中使用非极性吸附剂时应用的流动相。此时流动相的主体为水，加入<10%的改性剂，如：二甲基亚砜、乙二醇、乙腈、甲醇、丙酮、对二氧六环、乙醇、四氢呋喃、异丙醇等。溶质在混合溶剂流动相中的容量因子 k 会随改性剂的加入而减小，表明混合溶剂的洗脱强度增强。

4. 应用

液-液分配色谱法适用的样品类型广，最适合同系物组分的分离。例如，它能分离水解蛋白质所生成的各种氨基酸、分离脂肪酸同系物等。由于涂敷在担体上的固定液易流失，重现性差，并且不适于梯度洗脱和采用高速流动相，所以目前已很少使用。

四、化学键合相色谱法

采用化学键合固定相的液相色谱称为化学键合相色谱法（chemically bonded phase chromatography，CBPC），简称键合相色谱法。由于化学键合固定相对各种极性溶剂都有良好的化学稳定性和热稳定性，由它制备的色谱柱柱效高、使用寿命长、重现性好，几乎对各种类型的有机化合物都呈现良好的选择性，特别适用于分离容量因子 k 值范围宽的样品，并可用于梯度洗脱操作。至今键合相谱法已逐渐取代液-液分配色谱法获得日益广泛的应用，在高效液相色谱法中占有极重要的地位。

根据键合固定相与流动相相对极性的强弱，可将键合相色谱法分为正相键合相色谱法和反相键合相色谱法。在正相键合相色谱法中，键合固定相的极性大于流动相的极性，适用于分离脂溶性或水溶性的极性和强极性化合物。在反相键合相色谱法中，键合固定相的极性小于流动相的极性，适于分离非极性、极性或离子型化合物，其应用范围比正相键合相色谱法更广泛。反相键合相已成为高效液相色谱的一个重要组成部分，约 70%～80%的分离和分析工作是由反相键合相色谱法完成的，键合相的研制成功和应用被认为是高效液相色谱发展的一个里程碑。

1. 分离原理

正相键合相色谱法是将全多孔（或薄壳）微粒硅胶载体经酸活化处理制成表面含有大量硅羟基的载体，再与含有氨基（NH_2）、氰基（—CN）、醚基（—O—）的硅烷化试剂反应，生成表面具有氨基、氰基、醚基的极性固定相。溶质在此类固定相上的分离机理属于分配色谱：

$$SiO_2—R—NH_2 \cdot M + x \cdot M \rightleftharpoons SiO_2—R—NH_2 \cdot x + 2M$$

$$K_p = \frac{[SiO_2—R—NH_2 \cdot x]}{[x \cdot M]} \tag{14-4}$$

式中，$SiO_2—R—NH_2$ 为氨基键合相；M 为溶剂分子；x 为溶质分子；$SiO_2—R—NH_2 \cdot$

M为溶剂化后的氨基键合固定相；x · M为溶剂化后的溶质分子；K_p表示平衡常数。

反相键合相色谱法是将全多孔（或薄壳）微粒硅胶载体经酸活化处理后与含烷基链（C_4、C_8、C_{18}）或苯基的硅烷化试剂反应，生成表面具有烷基（或苯基）的非极性固定相。

关于反相键合相的分离机理目前有两种论点，一种认为属于分配色谱，另一种认为属于吸附色谱。分配色谱的作用机制是假设在由水和有机溶剂组成的混合溶剂流动相中，极性弱的有机溶剂分子中的烷基官能团会被吸附在非极性固定相表面的烷基基团上，而溶质分子在流动相中被溶剂化，并与吸附在固定相表面上的弱极性溶剂分子进行置换，从而构成溶质在固定相和流动相中的分配平衡。吸附色谱的作用机制认为溶质在固定相上的保留是疏溶剂作用的结果。根据疏溶剂理论，当溶质分子进入极性流动相后，即占据流动相中相应的空间而排挤一部分溶剂分子；当溶质分子被流动相推动与固定相接触时，溶质分子的非极性部分（或非极性分子）会将非极性固定相上附着的溶剂膜排挤开，而直接与非极性固定相上的烷基官能团相结合（吸附）形成缔合物，构成单分子吸附层。这种疏溶剂的斥力作用是可逆的，当流动相极性减少时，这种疏溶剂斥力下降，会发生解缔，并将溶质分子释放而被洗脱下来。

2. 固定相

在化学键合固定相的制备中广泛使用全多孔或薄壳型微粒硅胶作为基体。这是由于硅胶具有机械强度好、表面硅羟基反应活性高、表面积和孔结构易于控制的特点。在键合反应前，为增加硅胶表面参与键合反应的硅羟基数量来增大键合量，通常用 $2mol·L^{-1}$盐酸溶液浸渍硅胶过夜，使其表面充分活化并除去表面含有的金属杂质。据计算经活化处理的硅胶，每平方米约有 8μmol 的硅羟基，但由于位阻效应的存在，在每平方米硅胶表面最多只有 4.5μmol 的硅羟基参加与其它官能团的键合反应，剩余的硅羟基被已键合上的官能团所屏蔽，形成所谓“刷子”结构。

残余的硅醇基对键合相的性能有很大影响，特别是对非极性键合相，它可以减小键合相表面的疏水性，对极性溶质（特别是碱性化合物）产生次级化学吸附，从而使保留机制复杂化（使溶质在两相间的平衡速度减慢，降低了键合相填料的稳定性，结果使碱性组分的峰形拖尾）。为尽量减少残余硅醇基，一般在键合反应后，要用三甲基氯硅烷（TMCS）等进行钝化处理，称封端（或称封尾、封顶，end-capping），以提高键合相的稳定性。另一方面，也有些 C_{18} 填料是不封尾的，以使其与水系流动相有更好的“湿润”性能。

根据键合有机分子的结构，用于制备键合固定相的化学反应可分为下列四种类型。

硅氧碳键型：	≡Si—O—C
硅氧硅碳键型：	≡Si—O—Si—C
硅碳键型：	≡Si—C
硅氮键型：	≡Si—N

在这四种类型中，硅氧硅碳键型的稳定、耐水、耐有机溶剂等特性最为突出，应用最广，如应用较多的 C_{18} 键合固定相即属于这种类型，键合反应如图 14-15 所示。

化学键合固定相具有如下特点：①表面没有液坑，比一般液体固定相传质快得多；②无固定液流失，增加了色谱柱的稳定性和使用寿命；③可以键合不同官能团，灵活改变选择性，应用于多种色谱类型及样品的分析。例如键合氰基、氨基等极性基团用于正相色谱法，键合离子交换基团用于离子色谱法，键合 C_2、C_4、C_6、C_8、C_{16}、C_{18}、C_{22} 烷基和苯基等非

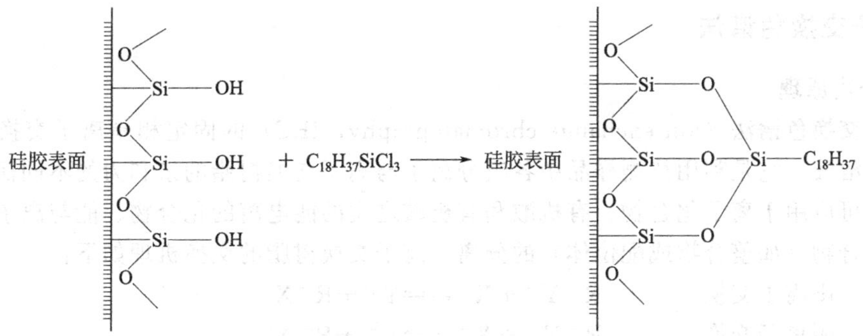

图 14-15 C_{18} 键合固定相键合反应示意图

极性基团用于反相色谱法等；④有利于梯度洗脱，也有利于配用灵敏的检测器和馏分的收集。因此，它是 HPLC 较为理想的固定相。

3. 流动相

在键合相色谱中使用的流动相和液-固色谱、液-液色谱使用的流动相有相似之处。在正相键合相色谱中，采用和正相液-液色谱相似的流动相，在反相键合相色谱中，采用和反相液-液色谱相似的流动相。常用流动相有：甲醇-水、乙腈-水、水和无机盐的缓冲溶液等。

4. 应用

正相化学键合相色谱适合分离异构体、极性不同的化合物，特别适合分离不同类型的化合物。如脂溶性维生素、甾族、芳香醇、芳香胺、脂、有机氯农药等。

反相键合相色谱法非常适用于不溶于或微溶于水但溶于醇类或其它与水混溶的有机溶剂的物质，例如可以分离同系物、复杂的稠环芳烃以及其它亲脂性化合物，也用于药物、激素、天然产物及农药残留量等测定。由于许多有机化合物都呈现这种溶解行为，所以反相键合相色谱法是高效液相色谱法中应用最广的模式。一般说来，反相键合相色谱法的固定相通常拥有疏水的十八硅烷（又称 ODS-十八硅烷键合物）或辛烷官能团，其流动相通常为水和与水混溶的有机溶剂（如甲醇或乙腈）的混合物。

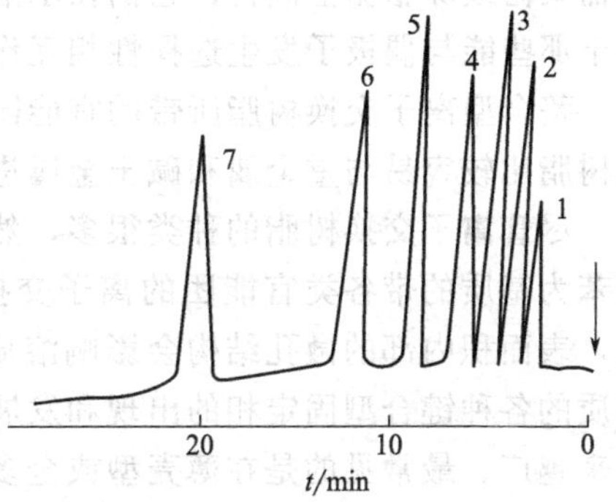

图 14-16 反相离子对色谱法分析有机酸

固定相：C_2 烷基键合相硅胶

流动相：0.03mol·mL^{-1}四丁基铵＋戊醇 pH＝7.4

1—4-氨基苯甲酸；2—3-氨基苯甲酸；3—4-羟基苯甲酸；4—3-羟基苯甲酸；5—苯磺酸；6—苯甲酸；7—甲苯-4-磺酸

反相键合相色谱法由于具有下列优点而得到广泛应用：

① 用单柱和流动相常常就能分离离子或非离子化合物、可电离化合物，有时能同时分离它们。

② 若采取某些措施，尤其是控制 pH，则键合相柱就会比较稳定，利于组分的分离。

③ 采用以水为本底溶剂的流动相价廉易得，流动相的紫外截止波长降低（水为 195nm，CH_3OH 为 205nm，CH_3CN 为 190nm），本底吸收少，有利于痕量组分的测定。

④ 更换溶剂和梯度淋洗非常方便。

反相键合相色谱法根据其分离的主要机理可分为常规法、电离控制法、离子抑制法、离子对法、配位法、非水反相法等，其中反相离子对色谱法（RP-IPC）是最重要的一种。图 14-16 是反相离子对色谱法分离各种有机酸的实例。

五、离子交换色谱法

1. 分离原理

离子交换色谱法（ion exchange chromatography，IEC）的固定相是离子交换树脂，流动相是水溶液，它是利用待测样品中各组分离子与离子交换树脂的亲和力的不同而进行分离的。一般可应用于离子化合物、有机酸和有机碱之类的能电离的化合物、能与离子基团相互作用的化合物（如螯合物或配位体）的分离。离子交换树脂的交换机理如下：

阳离子交换： $R^-Y^+ + X^+ \rightleftharpoons Y^+ + R^-X^+$ (14-5)

阴离子交换： $R^+Y^- + X^- \rightleftharpoons Y^- + R^+X^-$ (14-6)

式中，X为待分离的组分离子；Y为流动相离子；R为离子交换树脂上带电离子部分。组分离子与流动相离子争夺离子交换树脂上的离子。组分离子对树脂的亲和力越大即交换能力越大，越易交换到树脂上，保留时间就越长；反之，亲和力小的组分离子，保留时间就越短。

2. 固定相

离子交换树脂的种类很多，大部分为有机物，如各种类型的合成树脂，也可以是无机物，如矿物质等。它们既可以是人工合成的，也可以是天然的，例如各种改性的纤维素、葡聚糖、琼脂糖的衍生物等。

通常用苯乙烯和二乙烯基苯进行交联共聚生成不溶的聚合物基质，再对芳环进行磺化生成强酸性阳离子交换树脂；或对芳环进行季铵盐化，生成带有烷基胺官能团的强碱性阴离子交换树脂。离子交换树脂上的活性离子交换基团决定着它们的性质和功能。除了上述两种离子交换基团外，目前已合成出了许多带有各种官能团的离子交换树脂。除此之外，还有两性离子交换树脂，在其基质中既含有阳离子交换基团，又含有阴离子交换基团。这类离子交换树脂在与电解质接触中可形成内盐，通过用水洗的办法很容易使它们获得再生。

偶极子型的离子交换树脂是一种特殊种类的两性离子交换树脂，它们通过把氨基酸键合到葡聚糖或琼脂糖上制得，它们在水溶液中可形成偶极子。这种类型的离子交换树脂非常适合于那些能与偶极子发生选择性相互作用的生物大分子的分离。

螯合型离子交换树脂所带的官能团可与某些金属离子形成配合物，这种螯合型的离子交换树脂比较容易与重金属和碱土金属进行配位。

尽管离子交换树脂的种类很多，然而到目前为止，用得最多的仍然是以苯乙烯和二乙烯基苯为基质的带各类官能团的离子交换树脂，但它作为柱填充物有较大的溶胀性，不耐高压，表面积内部的微孔结构会影响溶质的传质速率。因此，近年来随着HPLC中以硅胶为基质的各种键合型固定相的出现和发展，以硅胶为基质的各种键合型离子交换树脂的应用也越来越广。最常见的是在薄壳型或全多孔球形微粒硅胶表面键合上各种离子交换基团，主要类型见表14-2。

表14-2 以硅胶为基质的键合型离子交换树脂

阳离子交换剂		阴离子交换剂		两性离子交换剂
键合基团	类型	键合基团	类型	键合基团
$—SO_3H$	强酸性	$—CH_2N(CH_3)_3Cl$	强碱性	$—CH(COOH)CH_2CH_2NH_2$
$—COOH$	弱酸性	$—CH_2N(C_2H_5)_3Cl$	强碱性	
$—CH_2COOH$	弱酸性	$—CH_2N(CH_3)_2C_2H_4OHCl$	强碱性	$—(CH_2)_8OCH_2—$
$—CH(OH)CH_2OH$	弱酸性	$—CH_2NH(CH_3)_2Cl$ $—CH_2NH_2$	强碱性 中强碱性	$HO—CH_2CH_2—NH_2$

以硅胶为基质的离子交换树脂具有较好的化学稳定性和热稳定性，并能承受较高的压力。为了获得高分离效能，大多采用 5～10μm 的颗粒度，用匀浆法装柱。但由于硅胶本身不能在碱性条件下使用，因此一般说来必须在 pH<7.5 的条件下使用。

3. 流动相

离子交换色谱一般采用水的缓冲液作流动相。水是一种理想的溶剂，以水溶液为流动相时可通过改变流动相的 pH、缓冲液的类型（提供用以平衡的反离子）和离子强度以及加入少量有机溶剂、配位剂等方式来改变交换剂的选择性，使待测样品达到良好分离。

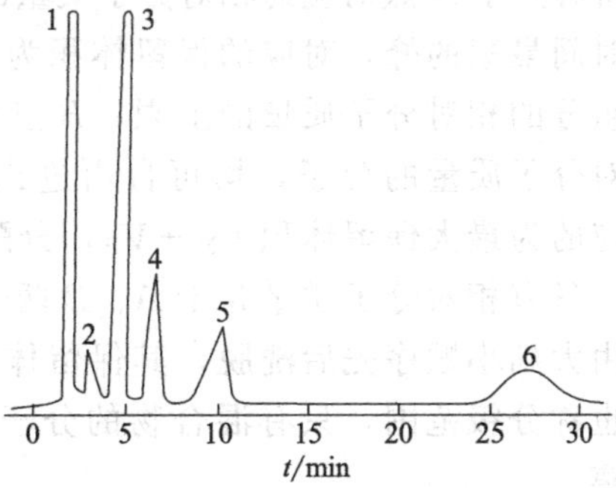

图 14-17 多组分镇痛药的分析

固定相：强阴离子交换树脂（SAX）

流动相：pH=9.2，0.005mol·mL^{-1} $NaNO_3$ 水溶液；流速：1.2mL·min^{-1}；检测器：紫外检测器，254nm

1—可待因磷酸盐；2—咖啡豆；3—非那西汀；4—阿司匹林；5—苯甲酸（内标）；6—苯巴比妥

4. 应用

离子交换色谱法常用于无机化学和生物化学。例如碱金属、碱土金属、稀土金属等金属离子混合物的分离，性质十分相近的镧系和锕系元素的分离；食品中添加剂及污染物的分析；用于生物大分子的分离，例如氨基酸、蛋白质、糖类、核糖核酸等样品的分离。图 14-17 是多组分镇痛药的分析。

六、凝胶色谱法

凝胶色谱法（gel chromatography），也称尺寸排阻色谱法（exclusion chromatography，EC）简称排阻色谱法或分子筛色谱法（molecular sieve chromatography）。凝胶色谱法的固定相为多孔性凝胶类物质，流动相为水溶液或有机溶剂，它的分离原理不同于前几种类型，它是根据不同组分分子体积的大小进行分离的。当样品由流动相携带经过柱子时，小体积分子可以渗透到凝胶颗粒微孔的内部，最后从柱中流出；大体积分子由于直径较大，不能扩散到微孔的内部，而只能发散在颗粒之间最先从柱中流出；中等体积分子介于两者之间流出。空间排阻色谱的分离过程类似于分子筛的筛分作用，但凝胶颗粒孔径要比分子筛大得多，一般为数纳米到数百纳米。

以水溶液作流动相的尺寸排阻色谱称为凝胶过滤色谱（gel filtration chromatography，GFC）；以有机溶剂作流动相的称为凝胶渗透色谱（gel permeation chromatography，GPC）。

1. 分离原理

凝胶色谱中组分的保留行为与凝胶中各部分体积有直接关系，色谱柱总体积用式(14-7)描述。

$$V_{gel}=V_M+V_P+V_g \tag{14-7}$$

式中，V_M 为死体积，对应于完全排斥分子的流出体积；V_P 为孔体积；V_g 为凝胶体积（去除孔体积）。组分的保留体积用式(14-8) 描述。

$$V_R=V_M+KV_P \tag{14-8}$$

凝胶色谱中组分的分配系数按式(14-9) 计算。

$$K=\frac{V_R-V_M}{V_P}=\frac{c_S}{c_M} \tag{14-9}$$

以相对分子质量（或分子尺寸）对保留体积作图得一曲线，该曲线称为相对分子质量校准曲线，如图 14-18 所示，曲线上有两个转折点 A 和 B，A 点为凝胶固定相的全排斥极限，即所有大于 A 点对应的相对分子质量的分子，均被排斥在凝胶孔径之外，出现单一的、保留时间最短的峰，对应的保留体积为死体积 V_M，分配系数 $K=0$，即该固定相能够分离的组分的相对分子质量的上限；B 点为凝胶固定相的全渗透极限，所有小于 B 点对应的相对分子质量的分子，均可自由进出所有凝胶孔，则出现单一的、保留时间最长的峰，对应的为最大保留体积 V_M+V_P，分配系数 $K=1$，即能分离的组分的相对分子质量的下限。只有相对分子质量介于 A、B 两个极限之间的组分才有可能分离，它们按相对分子质量由大到小顺序先后洗脱，其保留体积位于 V_M和 V_M+V_P之间［见式(14-10)］。这一范围也称分级范围，只有混合物的分子大小不同，而且又在此分级范围之内时，才可能被分离。

$$V_M < V_R < V_M + V_P \tag{14-10}$$

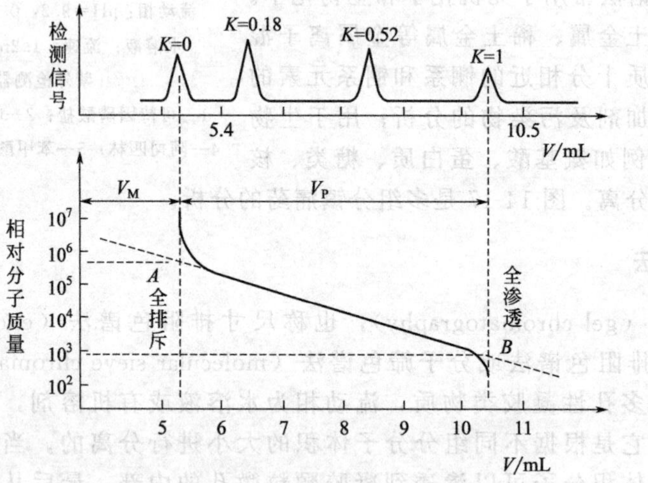

图 14-18　空间排阻色谱分离示意图

相对分子质量为 $1.0\times10^3 \sim 5.0\times10^6$ 的任何类型化合物，只要在流动相中是可溶的，都可用凝胶色谱法进行分离。但它只能分离相对分子质量差别在 10%以上的分子。对于一些高聚物，由于其组分相对分子质量的变化是连续的，虽不能用凝胶色谱进行分离，但可测定其相对分子质量的分布。

2. 固定相

排阻色谱法分析中使用的固定相一般为凝胶，除了要求热稳定性、力学强度和化学惰性外，在选择凝胶时还应考虑排阻极限、分离范围、固定相/流动相比和柱效，这些都与凝胶的孔径大小分布有关。

凝胶色谱法所使用的固定相可分为软性、半刚性和刚性凝胶三类。软性凝胶（如葡聚糖凝胶）交联度小，其微孔吸入大量的溶剂后溶胀，溶胀后体积是干体的许多倍。它们适用于以水溶性溶剂作流动相，相对分子质量小的物质的分离。半刚性凝胶（如高交联度的聚苯乙烯凝胶）比软性凝胶稍耐压，溶胀性不如软性凝胶，常以有机溶剂为流动相，当用于 HPLC 时，流速不宜大。刚性凝胶（如多孔硅胶、多孔玻璃等）既可用水溶性溶剂又可用有机溶剂作流动相，可在较高压强和较高流速下操作。一般控制压强小于 7MPa，流速$\leqslant 1mL\cdot s^{-1}$，否则将影响凝胶孔径，造成不良分离。

3. 流动相

在排阻色谱法中，流动相的作用原则上不像在其它各种液相色谱方法中那样重要，这是由于它的分离并不依赖于样品组分与固定相及流动相的相互作用，因此对于流动相的选择考虑就较为简单，主要要求黏度低、沸点高、能溶解多种大分子样品、能润湿凝胶。实验中，为了减小溶剂黏度（以降低柱压）和增加样品的溶解度，色谱柱温度常常高于室温；另一方面，流动相必须与所选用的检测器相匹配：在用示差折光检测器时要求流动相的折射率与样品的折射率有尽可能大的差别，以得到较高的灵敏度。在用紫外检测器时，则流动相本身应有较低的紫外截止波长。在凝胶色谱中较为常用的溶剂有甲苯、四氢呋喃、氯仿、二甲基甲酰胺和水等，其中尤以四氢呋喃最为理想、最常用。以水溶液为流动相的凝胶色谱适用于水溶性样品的分析，以有机溶剂为流动相的凝胶色谱适用于非水溶性样品。

4. 应用

凝胶色谱法广泛用来测定高聚物的相对分子质量分布和各种平均相对分子质量，可以分离从小分子至相对分子质量达 10^6 以上的高分子，可以很容易地分离低相对分子质量基体中的高相对分子质量添加剂及反应物。例如，对蛋白质、核酸、油脂、油类、添加剂等样品进行分离分析。但此方法要求样品中不同组分的相对分子质量必须有较大的差别。图 14-19 为凝胶色谱法分离蛋白质的色谱图。

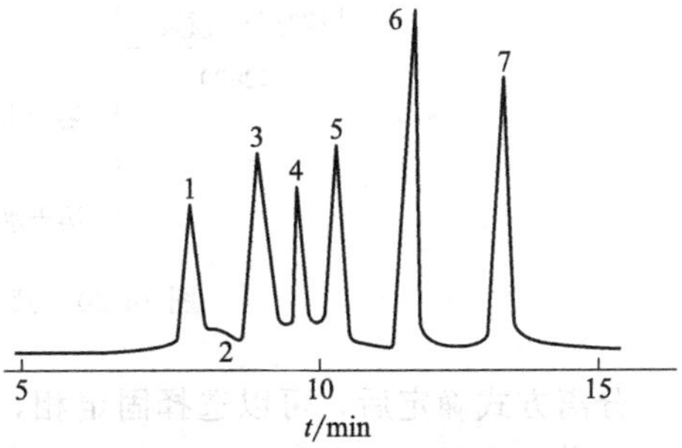

图 14-19 凝胶色谱法对七种蛋白质的分离

固定相：Zorbax Bio Series GF-250

检测器：UV-280nm；流动相：0.2mol·L^{-1} K_2HPO_4，0.1%NaN_3（pH），1mL·min^{-1}

1—甲状腺球蛋白；2—不纯物；3—血清蛋白抗体；4—小牛血清；5—卵清蛋白；6—肌红蛋白；7—溶菌酶

七、高效液相色谱分离类型的选择

应用高效液相色谱法对试样进行分离、分析方法的选择，应考虑各种因素，其中包括样品的性质（相对分子质量、化学结构、极性、溶解度参数和物理性质）、液相色谱分离类型的特点及应用范围、实验室条件（仪器、色谱柱）等。

① 相对分子质量较低、挥发性较高的样品，适于用气相色谱法。

② 相对分子质量大于 2000 的则宜用凝胶色谱法，此法可判定样品中相对分子质量较高的聚合物、蛋白质等化合物，以及测出相对分子质量的分布情况。

③ 标准的液相色谱类型（液-固、液-液、离子交换、离子对色谱、离子色谱等）适用于分离相对分子质量为 200～2000 的样品。

a. 能溶于水的样品可采用反相色谱法。

b. 溶于酸性或碱性水溶液，则表示样品为离子型化合物，可采用离子交换色谱法。

c. 对非水溶性样品，可分为如下几种情况：

ⅰ. 溶于烃类（如苯或异辛烷），可采用吸附色谱；

ⅱ. 溶于二氯甲烷或氯仿，则多用正相色谱和吸附色谱；

ⅲ. 溶于甲醇等，则可用反相色谱。

d. 一般用吸附色谱来分离异构体；用分配色谱来分离同系物；凝胶色谱适用于水或非水溶剂体系，分子大小有差别的样品。

液相色谱分离类型的选择可参考图 14-20。

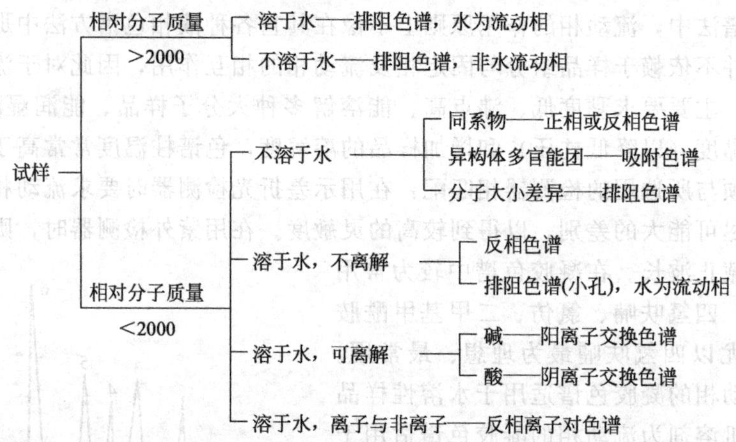

图 14-20　液相色谱分离类型选择参考

分离方式确定后，可以选择固定相，高效液相色谱中 70%以上的分离工作是用反相键合相色谱完成的，流动相与固定相之间存在一定的配比关系。根据分析样品的实际情况，同时借鉴相关文献资料，结合实验室条件，制定出合适的分离分析条件。但在高效液相色谱中，即使固定相、流动相条件与文献的条件完全一致，也不一定能得到相同的分离效果，必须根据自己的实验来确定最佳条件。

第四节　高效液相色谱法的应用

HPLC 具有高压、高速、高效、高灵敏度等特点，广泛应用于卫生检验、环境保护、生命科学、农业、林业、水产科学和石油化工等领域，尤其适用于分离、分析不易挥发、热稳定性差和各种离子型化合物。例如分离分析氨基酸、蛋白质、纤维素、生物碱、糖类、农药等，在几百万种化合物中，可分离分析约 80%的化合物。

思考题与习题

1. 在液相色谱中，采用什么措施可改变柱子选择性？
2. 在 HPLC 中，流动相为什么要预先脱气？常用的脱气方法有哪几种？
3. 提高液相色谱中柱效的最有效途径是什么？
4. 何谓反相液相色谱？何谓正相液相色谱？
5. 在液相色谱中，范式方程中的哪一项对柱效能的影响可以忽略不计？
6. 什么是梯度洗脱？它与气相色谱中的程序升温有何异同？梯度洗脱适用于分离何种试样？
7. 对下列试样，用液相色谱分析，应采用何种检测器？

　(1) 长链饱和烷烃的混合物；(2) 水源中多环芳烃化合物。

8. 对聚苯乙烯相对分子质量进行分级分析，应采用哪种液相色谱法？
9. 什么是化学键合固定相？它的突出优点是什么？
10. 指出下列物质在正相色谱和反相色谱中的洗脱顺序：

　(1) 正己烷，正己醇，苯；(2) 乙酸乙酯，乙醚，硝基丁烷。

11. 指出下列各种色谱法最适宜分离的物质。

(1) 气-液色谱；(2) 正相色谱；(3) 反相色谱；(4) 离子交换色谱；(5) 凝胶色谱；(6) 气-固色谱；(7) 液-固色谱。

12. 用15cm长的ODS柱分离两个组分，已知在实验条件下的柱效 $n=2.84\times10^4$ 块 · m^{-1}，用苯磺酸溶液测得死时间 $t_M=1.31min$，$t_{R_1}=4.10min$，$t_{R_2}=4.38min$，求：

(1) k_1、k_2 和 α；(2) 若增加柱长至30cm，分离度能否达到1.5？

第十五章　毛细管电泳法

第一节　概　　述

在电解质溶液中，位于电场中的带电离子在电场力的作用下，以不同的速度向其所带电荷相反的电极方向迁移的现象，称为电泳。由于不同离子所带电荷及性质的不同，迁移速率不同，可实现分离。样品的迁移速度和方向由其电荷和淌度决定。

1937 年，瑞典科学家 Arne Tiselius 将蛋白质混合液放八一段缓冲溶液中，缓冲溶液两端施以电压进行自由溶液电泳，第一次由人血清提取的蛋白质混合液分离出白蛋白和 α、β、γ 球蛋白。由此荣获 1948 年诺贝尔化学奖。

传统电泳分析的特点是操作烦琐，所用分离柱的柱径大、柱较短，分离效率不高（远低于 HPLC)，温度影响大。传统电泳最大的局限性在于难以克服由高电压引起的电解质的自解，称为焦耳热（Joule heating)，这种影响随电场强度的增大而迅速加剧，因此限制了高压电的应用。毛细管电泳（capillary electrophoresis，CE）是在散热效率很高的毛细管内进行的电泳，可以应用高压电，极大地改善了分离效果。

1981 年，Jorgenson 和 Lukcas 提出在 75μm 内径的石英毛细管内利用高电压对带电荷丹酰化氨基酸进行电泳分离，电迁移进样，以灵敏的荧光检测器进行柱上检测。所得色谱图峰形对称，柱效高达每米 40 万块，迅速发展成为可与 GC、HPLC 相媲美的崭新的分离分析技术——高效毛细管电泳。

1. 电泳与色谱

毛细管电泳和色谱都是一种分离分析方法，但二者的原理不同，两者比较如下。

① 分离原理　电泳是指带电粒子在一定介质中因电场作用而发生定向运动，因粒子所带的电荷数、形状、离解度等不同，有不同的迁移速度而分离。而色谱是不同组分在两相(固定相和流动相）中的分配系数的不同而分离。但毛细管电泳的一些分离模式也包含了色谱的分离机制。

② 分离过程　电泳和色谱的分离过程都是差速迁移过程，可用相同的理论来描述，色谱中所用的一些术语和基本理论，如保留值、塔板理论和速率理论等均可借用于毛细管电泳中。

③ 仪器流程　色谱与电泳的仪器，都包括进样部分、分离柱、检测器和数据处理等部分。

2. 毛细管电泳的特点

毛细管电泳和高效液相色谱一样，同是液相分离技术，它们可以互为补充，但无论从效率、速度、样品用量和成本来说，毛细管电泳更具有以下优势。

① 高效　塔板数目在每米 10^5～10^6 块，当采用 CGE 时，塔板数目可达每米 10^7 块以上；

② 快速　一般在十几分钟内完成分离；

③ 微量　进样所需的样品体积为纳升（10^{-9}L）级；

④ 多模式　可根据需要选用不同的分离模式；

⑤ 经济 实验消耗不过几毫升缓冲溶液，维持费用很低；

⑥ 应用范围极广 无机物、有机物、生物小分子、中性分子、生物大分子等均可分离分析；

⑦ 自动 CE是目前自动化程度较高的分离方法。

毛细管电泳的缺点：由于进样量少，因而制备能力差；由于毛细管直径小，使光路太短，用一些检测方法（如紫外吸收光谱法）时，灵敏度较低；此外，电渗会因样品组成而变化，进而影响分离重现性。

第二节 毛细管电泳基本理论

毛细管电泳通常采用25～75μm内径、长30～80cm的弹性石英毛细管，使用10～30kV直流高压，形成高强度电场。由于细管径的毛细管电阻率大、电流小，有效地抑制了焦耳热效应，而且具有较大的散热比表面积，也限制了电泳过程中溶液温度的升高，使得分离柱效高、分离速度快。

一、双电层

在液固两相界面上，固体分子会发生解离而产生离子，并被吸附在固体表面上。为了达到电荷平衡，固体表面离子通过静电力又会吸附溶液中的相反电荷的离子，从而形成双电层。实验表明，石英毛细管表面在pH＞3时，就会发生明显的解离，使毛细管的内壁带有SiO^-负电荷，于是溶液中的正离子就会聚集在表面形成双电层（见图15-1）。这样，双电层与管壁间会产生一个电位差，叫作Zeta（ξ）电势。Zeta电势可用下式表达：

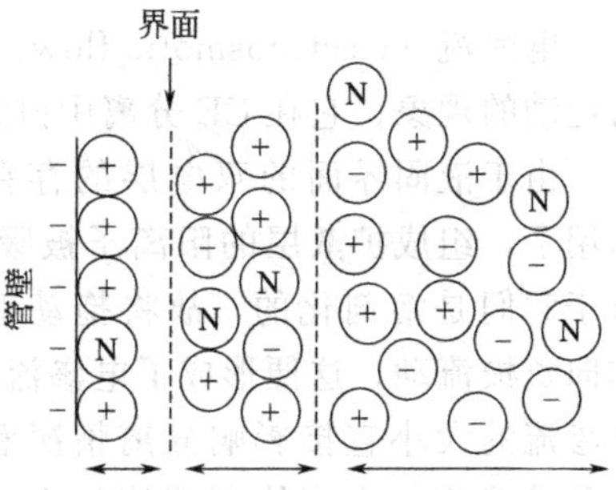

图15-1 双电层模型

$$\xi=4\pi\delta e/\varepsilon \tag{15-1}$$

式中，δ为双电层外扩散层的厚度，离子浓度越高，其值越小；e为单位面积上的过剩电荷；ε为溶液的介电常数。

二、电泳与电泳淌度

电泳是指在电场作用下带电粒子在缓冲溶液中的定向移动，这种移动的速率称为电泳速率。由下式决定：

$$v_{ep}=\mu_{ep}E \tag{15-2}$$

式中，v_{ep}为电泳速率；E为电场强度；μ_{ep}表示溶质的电泳淌度。所谓电泳淌度（mobility）是指溶质在给定的缓冲液中，单位时间在单位电场下移动的距离，也就是单位电场强度下的电泳速率。在空心毛细管中，一个球形荷电粒子的电泳淌度和电泳速率可近似表示为：

$$\mu_{ep}=\varepsilon\xi/6\pi\eta \tag{15-3}$$

$$v_{ep}=\varepsilon\xi E/6\pi\eta \tag{15-4}$$

式中，ε和η分别为介质的介电常数和黏度；ξ为粒子的Zeta电势。由于$\xi=q/\varepsilon r$，式(15-3)也可表示为：

$$\mu_{ep}=\frac{q}{6\pi r\eta} \tag{15-5}$$

对于棒状粒子，则表示为：

$$\mu_{ep}=\frac{q}{4\pi r\eta} \tag{15-6}$$

式中，q 为离子所带的电荷；r 为离子半径。

由式(15-5) 和式(15-6) 可看出，电荷粒子的淌度与其所带电量成正比，与离子半径和溶液黏度成反比。因此粒子的大小与形状及其有效电荷的差异，就构成了电泳分离的基础。必须指出，在物理化学手册中查到的离子淌度常数是绝对淌度（absolute mobility，μ_{ab}），它是指在无限稀释时，单位电场强度下离子的平均迁移速率。它是该离子在一定溶液中的一个特征的物理常数。但在电泳实验中测得的淌度值与此不同，我们将离子在实际溶液中的淌度称为有效淌度（effective mobility，μ_{ef}）。实际上，在无限稀释而又没有其它离子影响下测得的离子淌度是没有实际意义的，电泳分离的基础是建立在各分离组分的有效淌度的差异上。实验中可通过改变介质的 pH，离子的带电量发生变化，使不同离子具有不同的有效淌度，从而实现分离。以下所提的离子淌度除特别说明外，均指有效淌度。

三、电渗流与电渗现象

电渗流（electroosmotic flow，EOF）是指体相溶液在外电场的作用下整体朝向一个方向运动的现象，它在 CE 分离中扮演着重要的角色。

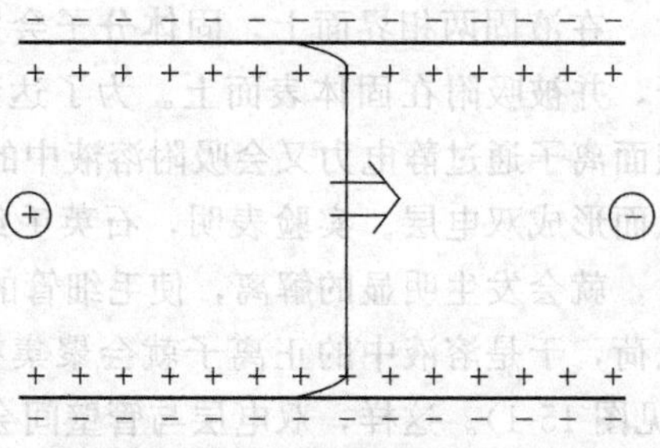

图 15-2　由毛细管壁引起的电渗流

由于液固界面的双电层的存在，在高压电场的作用下，组成扩散层的阳离子被吸引而向负极移动。由于它们是溶剂化的，故将拖动毛细管中的溶液整体向负极流动，这便形成了电渗流，如图 15-2 所示。电渗流的大小直接影响分离情况和分析结果的精密度及准确度。当液体两端施加电压时，就会发生液体相对于固体表面移动，这种液体相对于固体表面的移动的现象叫电渗流现象。电渗流现象中液体的整体流动就称为电渗流。

1. 电渗流的大小和方向

电渗流速率 v_{EOF} 的大小与电场强度 E、Zeta 电势 ξ、溶液黏度 η 和介电常数 ε 存在以下关系：

$$v_{EOF}=\varepsilon\xi E/\eta \tag{15-7}$$

其相应的电渗流淌度 μ_{EOF} 为

$$\mu_{EOF}=\varepsilon\xi/\eta \tag{15-8}$$

由于电渗流的大小与 Zeta 电势呈正比关系，因此影响 Zeta 电势的因素都会影响电渗流。根据式(15-1) 可知，Zeta 电势 ξ 的大小主要取决于毛细管内壁扩散层单位面积的过剩电荷数 e 及扩散层的厚度 δ。而 δ 大小与溶液的组成、离子强度有关。溶液的离子强度越大，扩散层的厚度越薄。电渗流的方向决定于毛细管内壁表面电荷的性质。一般情况下，在pH＞3 时，石英毛细管内壁表面带负电荷，电渗流的方向由阳极到阴极。但如果将毛细管内壁表面改性，电渗流的方向将会由阴极到阳极。改变电渗流方向的方法如下。

① 毛细管改性　毛细管内壁表面涂渍或键合一层阳离子表面活性剂；

② 加电渗流反转剂　内充液中加入大量的阳离子表面活性剂，使石英毛细管内壁表面带正电荷，内壁表面的正电荷因静电力吸引溶液中阴离子，使双电层 Zeta 电势的极性发生了反转，最后可使电渗流的方向发生变化，即电渗流的方向由阴极流向阳极。

2. 电渗流的流形

电渗流的一个重要优点是具有平面流型。由于引起流动的推动力在毛细管的径向分布是均匀的，所以管内各处的流速近似相等，使径向扩散对谱带展宽的影响极小，如图 15-3 所示。与此形成鲜明对照的是在高效液相色谱（HPLC）中却显示抛物线流型。由于在 HPLC 中用高压泵驱动，在管壁处的流速为零，管中心处的速度为平均速度的 2 倍，使得谱带峰形变宽。电渗流呈平流是毛细管电泳能获得高分离效率的重要原因。

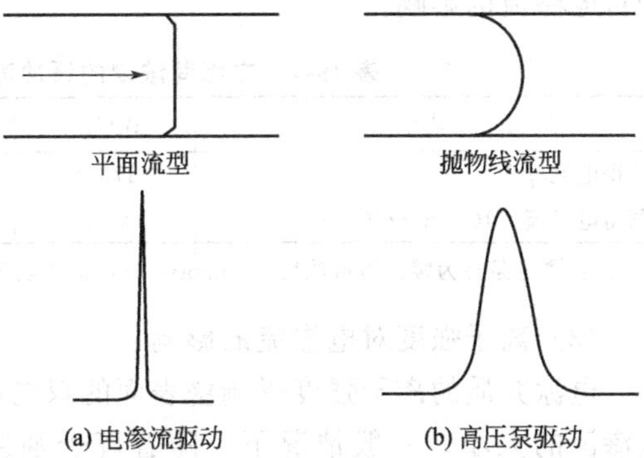

图 15-3 不同驱动力的流型和相应的谱带峰形

3. 电渗流的作用

电渗流是伴随电泳而产生的一种电动现象，它在 CE 的分离中起着极其重要的作用。即无论被分析物的电荷性质如何，几乎可使所有被分析物向同一方向运动。这是因为一般离子的电渗速率是电泳速率的 5～7 倍。因此，即使离子的电泳流方向与电渗流方向相反，电渗流仍可带动阳离子和阴离子以不同的速率从阴极端流出毛细管。如对毛细管的内壁进行修饰，以降低电渗流速率，而被分析物的电泳速率却不受影响。此时，阴阳离子将以不同的方向迁移。归纳电渗流的作用，有以下几点：

① 电渗流在 CE 中起到像 HPLC 中高压泵一样的作用；

② 在一次电泳操作中，可同时完成阳离子和阴离子的分离；

③ 改变电渗流的大小和方向，可改变分离效率和选择性，这也是 CE 与 HPLC 相比能优化分离的重要因素；

④ 由于电渗流明显影响各种电性物质在毛细管中的迁移速率，所以电渗流的微小变化就会影响分离结果。而影响电渗流的因素很多，因此控制电渗流恒定是 CE 分析中的关键所在。

4. 影响电渗流的因素

由式(15-7) 可知，电渗流速率 v_{EOF} 的大小与电场强度 E、管壁 Zeta 电势 ξ 和介电常数 ε 成正比，与溶液黏度 η 成反比。而 ξ 电势又与毛细管的材料、表面特性、介质的组成及性质有关。

(1) 溶液 pH 对电渗流速率的影响

在电泳介质中溶液的 pH 对电渗流速率的影响是很大的。对于同一种毛细管材料，内充溶液 pH 不同，其电渗流速率差别很大。以常用的石英毛细管为例：当内充液 pH 增高时，壁表面的硅羟基电离为带负电荷的 SiO^- 数增多，使负电荷密度增加，管壁 Zeta 电势增大，电渗流就增大；当溶液的 pH 达到 7 时，壁表面的硅羟基完全电离，使壁表面负电荷密度达到最大，电渗流速率达到最大；随着溶液的 pH 减小，壁表面的硅羟基电离受到抑制，负电荷密度减小，管壁 Zeta 电势减小，电渗流就减小；当 pH 减小到 3 以下时，壁表面带负电荷的 SiO^- 完全被氢离子中和，使壁表面呈电中性，管壁 Zeta 电势趋于零，电渗流也趋于零。由此可见溶液的 pH 对 CE 分离分析的重要性。这就是在 CE 分析时，必须在适当的缓冲溶液中进行的主要原因。

(2) 介质成分和浓度对电渗流的影响

电泳介质的成分和浓度对电渗流也有影响。由于各种阴离子的形状、大小、带电荷的多少不同，它们的电导率就很不相同。不同阴离子构成的相同浓度的缓冲溶液，在相同的工作电压下，毛细管中的电流会有较大差别。表 15-1 列出了在相同浓度的缓冲溶液中各种阴离子对电渗流的影响。

表 15-1 在相同浓度的缓冲溶液中各种阴离子对电渗流的影响

阴离子	$B_4O_7^{2-}$	Cit^{3-}	Ac^-	PO_4^{3-}	HCO_3^-
测得电流/μA	173.4	246.5	74.5	162.0	69.0
测得电渗流/($10^{-5}cm^2 \cdot V^{-1} \cdot s^{-1}$)	41.2	47.7	49.0	49.7	51.8

注：测定条件为缓冲溶液浓度 50mmol·L^{-1}，工作电压 20kV。

(3) 离子强度对电渗流的影响

电泳介质的离子强度影响壁表面的双电层的厚度、溶液黏度和工作电流，因而明显影响电渗流的大小。一般情况下，随着离子强度的增加，电渗流呈下降趋势。

(4) 温度的影响

毛细管内温度的升高，使溶液的黏度下降，电渗流会增大。

(5) 电场强度的影响

电渗流速度和电场强度成正比，当毛细管长度一定时，电渗流速度正比于电场强度。

(6) 毛细管材料的影响

不同材料毛细管的表面电荷特性不同，产生的电渗流大小不同。图 15-4 所示为不同材料毛细管的电渗流及其与内充液 pH 值的关系。

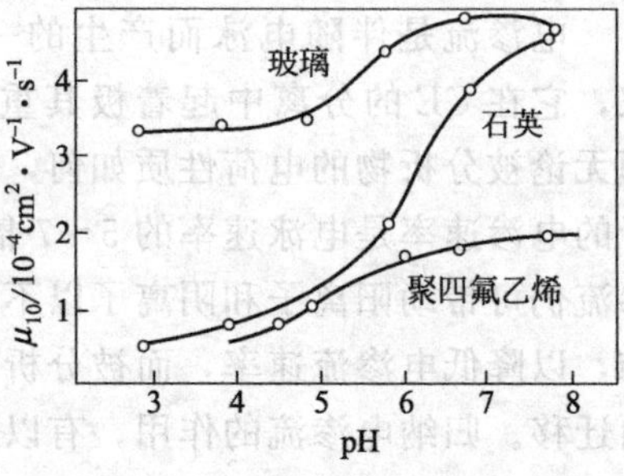

图 15-4 不同材料毛细管的电渗流及其与内充液 pH 值的关系

5. 对电渗流控制的措施

① 调节缓冲溶液的 pH，改变缓冲溶液浓度或种类。

② 加入添加剂，改变电泳介质。

③ 改变电泳介质的温度。

④ 处理毛细管壁表面。用物理或化学的方法使毛细管的内壁改性，改变壁表面硅羟基的数目，使壁表面电荷呈特征变化，从而改变电渗流的大小和方向。

四、表观淌度与权均淌度

1. 表观淌度

在毛细管电泳中，离子在电场中的迁移速率不仅决定于离子的有效淌度和电场强度，而且还与电渗流速率有关。通常把离子在实际电泳中的迁移速率称为表观迁移速率，用 v_{ap} 表示，则：

$$v_{ap} = \mu_{ap} E \quad (15\text{-}9)$$

在毛细管区带电泳条件下，实际测得的是电泳有效淌度 μ_{ef} 和电渗流淌度 μ_{EOF} 的矢量和，称之为表观淌度（apparent mobility，μ_{ap}）

$$\mu_{ap} = \mu_{ef} \pm \mu_{EOF} \quad (15\text{-}10)$$

2. 权均淌度

在毛细管内一旦引入另一相，例如加入胶束、高分子固体等准固定相时，就存在了液-固相分配。此时，其迁移速率和淌度将发生变化。这种改变了的速率和淌度，称为权均速率（weighted mean rate）和权均淌度（weighted mean mobility），以符号 v 和 μ 表示。设引入相为 P 相，当相分配过程远大于电泳过程时，权均淌度 μ 对原有的表观淌度 μ_{ap} 有一个校正值，即：

$$\mu=\frac{v}{E}=\frac{\mu_{ap}}{1+k_p}+\frac{\mu_p k_p}{1+k_p} \tag{15-11}$$

式中，k_p 为容量因子，$k_p=n_p/n_s$，n_p 和 n_s 分别为样品在 P 相和溶剂中的分子数；μ_p 为 P 相的表观淌度；μ_{ap} 为未加入 P 相时的原有表观淌度。利用引入 P 相，能使中性组分产生不同的权均淌度，因而解决了中性组分在毛细管电泳中的分离。

第三节　毛细管电泳的分离原理及影响因素

一、毛细管电泳的分离原理

毛细管电泳的分离原理是以毛细管为分离通道，基于电渗流为驱动力，依据样品中组分之间淌度和分配行为上的差异而实现分离。在毛细管电泳分离中带电粒子的运动受两种力的共同作用：电泳力和电渗力。因此，毛细管中粒子的移动速率（v）等于电泳迁移速率（v_{ep}）与电渗流速率（v_{EOF}）的矢量和：

$$v=v_{ep}\pm v_{EOF} \tag{15-12}$$

当样品从阳极端注入毛细管时，各种离子将按表 15-2 的速率向阴极迁移，分离后出峰次序为：正离子＞中性分子＞负离子。中性分子的迁移速率与电渗流速率相同，不能被分离。

表 15-2　在电渗中样品组分的迁移速率

组　分	表观淌度	表观迁移速率
正离子	$\mu_{ep}+\mu_{EOF}$	$v_{ep}+v_{EOF}$
中性分子	μ_{EOF}	v_{EOF}
负离子	$\mu_{ep}-\mu_{EOF}$	$v_{ep}-v_{EOF}$

二、毛细管电泳分离的基本参数

1. 迁移时间（保留时间）

CE 兼具有电化学的特性和色谱分析的特性，有关色谱理论也适用。迁移时间可与色谱中的保留时间相当，它定义为某一种物质从进样口迁移到检测点所用的时间。可用下式表示：

$$t=\frac{L_{ef}}{v_{ap}}=\frac{L_{ef}}{\mu_{ap}E}=\frac{L_{ef}L}{\mu_{ap}U}=\frac{L_{ef}L}{(\mu_{ef}+\mu_{EOF})U} \tag{15-13}$$

式中，L_{ef} 为有效柱长，即进样口到检测点的长度；L 为毛细管总长度；E 为电场强度；U 为外加电压；v_{ap} 为表观迁移速率；μ_{ap} 为表观淌度；μ_{ef} 为电泳的有效淌度；μ_{EOF} 为电渗流淌度。图 15-5 表明了不同有效柱长下电泳分离情况，可明显看出有效柱长对分离时间的影响。

2. 毛细管电泳柱效率

由于 CE 和色谱的分离过程都是差速迁移过程，所以可用相同的理论来描述。在 CE 中，仍可沿用色谱中塔板和速率理论来描述分离过程。毛细管电泳的分离柱效也可按色谱柱效理论表示为

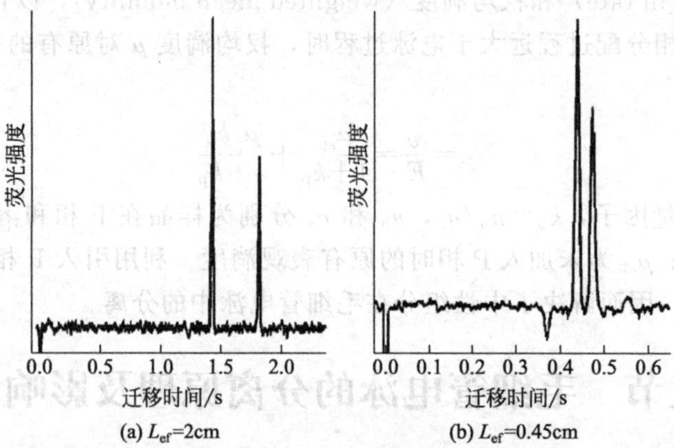

图 15-5 肽分离图

毛细管长 8cm，内径 10μm，电压 20kV

$$n=(L_{ef}/\sigma)^2 \tag{15-14}$$

式中，n 为理论塔板数；L_{ef}为毛细管有效长度；σ 为电泳峰标准偏差，即 0.607 倍峰高处峰宽的一半。

毛细管电泳与色谱分离过程相比，在动力学上有较大的差别。在毛细管电泳中，由于电渗流驱动的平面流型，横向扩散对峰展宽的影响很小，同时电泳分离没有固定相，因此也不存在传质动力学问题。因此，在毛细管电泳中，纵向扩散是引起峰展宽的唯一因素，这相当于色谱速率理论中的第二项即分子扩散项对板高的影响，则：

$$\sigma^2=2Dt \tag{15-15}$$

根据式(15-14) 和式(15-15)，得：

$$H=L_{ef}/n=\sigma^2/L_{ef}=2D/v_{EOF} \tag{15-16}$$

式中，D 为纵向分子扩散系数；v_{EOF}为电渗流速率。实验表明，纵向分子扩散确实是影响区带电泳分离柱效的主要因素。另外，通过增加电泳电压，提高电场强度，可提高电泳速率，从而提高柱效。由式(15-16) 看出，当电渗流速率 v_{EOF} 提高一倍，塔板高度就减小一倍。因此，电泳在实现快速分离的同时也提高了分离的柱效。当然，区带电泳并非速率越快越好，超过一定范围，高速电泳的分辨率会随分离速率的提高而降低。

与一般色谱一样，毛细管电泳的 n 也可由电泳图直接求得，即：

$$n=5.54\left(\frac{t_R}{Y_{1/2}}\right)^2=16\left(\frac{t_R}{Y}\right)^2 \tag{15-17}$$

3. 分离度

CE 中的分离度与一般色谱一样，也可用 R 表示。它是指表观淌度相近的两组分分开的程度。按色谱理论中的 Giddings 方程，组分 1、2 的分离度等于两峰中心之间的距离与两峰峰底宽平均值之比，即：

$$R=\Delta L/Y=\Delta L/4\sigma \tag{15-18}$$

式中，ΔL 为两峰中心之间的距离；Y 为两峰峰底宽的平均值；σ 为两峰的标准偏差平均值。

由于两峰中心之间的距离正比于两组分的迁移速率之差（Δv），所以两峰中心之间的距离与两组分迁移距离的平均值（即毛细管的有效长度 L_{ef}）之比等于两组分的迁移速率之差与两组分的迁移速率的平均值（v）之比，即：

$$\Delta L/L_{\mathrm{ef}}=\Delta v/v \tag{15-19}$$

故分离度也可写成：

$$R=\frac{L_{\mathrm{ef}}\Delta v}{4\sigma v} \tag{15-20}$$

将式(15-14) 代入上式，可得：

$$R=\frac{\sqrt{n}\Delta v}{4v} \tag{15-21}$$

由于 $\Delta v/v=\Delta\mu/\mu$，所以：

$$R=\frac{\sqrt{n}\Delta\mu}{4\mu} \tag{15-22}$$

三、影响毛细管电泳分离的因素

在 CE 中，一般也按理论塔板数的多少衡量其柱效。柱效是反映 CE 过程中溶质区带加宽程度的指标。用实际电泳图计算的理论塔板数远低于理论值，这是因为在实际的 CE 过程中，除纵向分子扩散影响电泳分离柱效外，还有进样、焦耳热、吸附作用等各种因素的影响。可用下式表示各因素对峰展宽的影响：

$$\sigma_{\mathrm{T}}^2=\sigma_{\mathrm{dif}}^2+\sigma_{\mathrm{inj}}^2+\sigma_{\mathrm{tem}}^2+\sigma_{\mathrm{ads}}^2+\sigma_{\mathrm{elec}}^2+\sigma_{\mathrm{oth}}^2 \tag{15-23}$$

式中，σ_{T}^2 为各因素对峰展宽的总方差；σ_{dif}^2 为纵向扩散引起峰展宽的方差；σ_{inj}^2 为进样引起峰展宽的方差；σ_{tem}^2 为焦耳热引起峰展宽的方差；σ_{ads}^2 为毛细管壁的吸附作用引起峰展宽的方差；σ_{elec}^2 为电分散引起峰展宽的方差；σ_{oth}^2 为其它因素引起峰展宽的方差。

第四节　毛细管电泳仪

毛细管电泳的仪器与色谱的仪器很相似，都具有进样部分、分离部分、检测和数据处理等部分。图 15-6 为毛细管电泳仪的示意图，其主要组成部分包括高压电源、进样系统、毛细管柱、电极槽和检测器。以下分别叙述之。

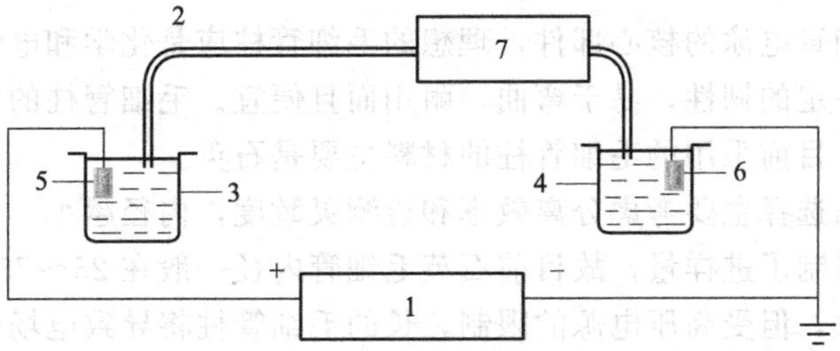

图 15-6　毛细管电泳仪的示意图

1—高压电源；2—毛细管柱；3,4—缓冲溶液瓶；5,6—铂电极；7—检测器

1. 高压电源

高压电源包括电源、电极和电极槽等。高压电源一般采用 0～30kV 稳定、连续可调的直流电源，要求电压的稳定性在±0.1%以内。大部分直流高压电源都配有输出极性转换装置，可根据分离需要选择正电压或负电压。电极通常由直径为 0.5～1mm 的铂丝制成。在许多情况下，可用注射针代替铂丝。电极槽通常是带螺纹的小玻璃瓶或塑料瓶（1～5mL 不

等)，要便于密封。

2. 进样系统

为了达到高效和快速的目的，毛细管电泳对进样的要求比较严格，特别是极小的毛细管直径，使这种技术在进样上受到很大的限制。因为在管径小于 100μm 时，用注射器进样已很困难。为了使毛细管电泳实现高效，在进样时，应当满足两方面的要求：一是进样时不能引入显著的区带扩张；二是样品量必须小于 100nL，否则易造成过载。这就需要采用无死体积的进样方法，只有让毛细管直接与样品接触，然后由重力、电场力或其它动力来驱动样品流入管中，而进样量可通过控制驱动力的大小和时间长短来控制。目前主要的进样方法有电动进样和压力进样两种。

(1) 电动进样

电动进样是将毛细管入口端插入样品中，然后在毛细管两端施加一定的电压，靠电渗流作用将样品带入毛细管，通过控制电压的大小和时间的长短就可控制进样量，计算进样量的经验公式为：

$$Q=\pi r^2 c(\mu_e+\mu_{EOF})Et \quad (15\text{-}24)$$

式中，Q 为进样量；r 为毛细管内径；c 为样品组分的浓度；μ_e 为电泳淌度；μ_{EOF} 为电渗流淌度；E 为电场强度；t 为进样时间。

(2) 压力进样

压力进样也称为流动进样，它要求毛细管中的填充介质具有流动性，比如溶液等。当将毛细管的两端置于不同的压力环境时，管中溶液即通过流动将样品带入。压力进样的进样量可由下面的经验公式算得：

$$Q=c\pi r^4(\Delta p)t/8L\eta \quad (15\text{-}25)$$

式中，Q 为进样量；r 为毛细管内径；c 为样品组分的浓度；Δp 为电泳淌度；t 为进样时间；L 为毛细管长度；η 为管内溶液的黏度。

需要注意的是，无论是电动进样还是压力进样，确切的进样量都无法知道。这是因为不同样品溶液的黏度、浓度和离子强度差别较大，以及仪器系统的压力、温度和电压控制精度不同。然而，只要操作条件能够严格重复，使用标准样品校准后仍可获得准确的分析结果。

3. 毛细管柱

毛细管柱是毛细管电泳的核心部件，理想的毛细管柱应是化学和电惰性的，可以透过紫外光和可见光，有一定的韧性，易于弯曲，耐用而且便宜。毛细管柱的材料可以是聚四氟乙烯、玻璃和石英等，目前采用的毛细管柱的材料主要是石英。

毛细管柱尺寸的选择主要考虑分离效率和检测灵敏度，内径越小，分离效率越高，但由于窄内径的毛细管限制了进样量，故目前石英毛细管内径一般在 25～75μm 之间。毛细管柱长的增加可增加柱效，但受高压电源的限制，长的毛细管柱将导致电场强度降低，因而延长分析时间。因此，在实际应用中常采用的长度为 30～70cm。

对于从未用过的未涂渍柱，使用前宜用 5～15 倍柱体积的 1mol·L^{-1} NaOH、5～15 倍柱体积的水及 3～5 倍柱体积的运行缓冲溶液依次冲洗（已涂渍毛细管柱应按供应厂家的要求处理），然后再用运行的缓冲溶液平衡柱子。

4. 电极槽

电极槽内一般装有要运行的缓冲液，应该使缓冲液在所选择的 pH 范围内有较强的缓冲能力。否则，电解引起的 pH 的微小变化将导致实验结果重现性的明显下降。缓冲液的浓度也要合适：浓度过低使重现性变差；浓度过高又会降低电渗流，影响分析速度。一般选择

20～50mmol·L^{-1}的浓度较为合适，分析蛋白质和多肽时，缓冲液浓度可高一些。

5. 检测器

毛细管电泳的检测在原理上与液相色谱相似，由于毛细管内径极小，因此在毛细管电泳检测器的研制中，首先面临的一个问题是如何既对溶质作灵敏的检测，又不使谱带展宽。通常采用的解决方法是柱上检测，这是减小谱带展宽的有效途径。CE 的柱上检测和 HPLC 的柱外检测有显著区别。因为在 HPLC 中，当流动相流速恒定时，不同样品谱带在色谱柱中的运动速率是一致的，因而在检测池中的运动速率也是一致的，这样，对吸光系数相同和浓度相同的两种组分，测得的峰面积就是相同的。然而，在 CE 中，由于不同组分的区带在毛细管中的迁移速率不同，因而通过检测池中的运动速率也不同，这样，对于吸光系数相同和浓度相同的两种组分，所测得的峰面积就不相同。所以用 CE 作定量分析必须用标准品加以校准。

(1) 紫外可见检测器

紫外可见检测器是目前应用最广泛的一种 CE 检测器。有三种不同类型的紫外-可见检测方法，分别是固定波长、可变波长和快速扫描。其中快速扫描方法是随微机技术发展而出现的新型多波长紫外-可见检测器，常见的有两类：一类是用线性二极管阵列（LDA）装置快速捕获紫外或可见光；另一类则利用硅光电倍增管（SIT）作快速扫描。前者使用 256 个单元的二极管阵列；后者则是用一个光栅多色器将被测组分的透射光分散到几百个光电二极管 p-n 极上，每一个二极管对应一个特定的波长，通过连续扫描测得每个二极管上的信号大小。无论 LDA 还是 SIT，都能在一次测量中获得吸光度、时间和波长的三维图。

由于毛细管电泳的流量很小，多在纳升级，因此对检测池的设计加工要求非常高。另外，通常使用的毛细管内径仅 50～70μm，光程很短，无法直接获得高的检测灵敏度。为了提高测定的灵敏度，在 CE 中的紫外-可见检测器发展了扩展光程的方法，如采用反射、U 形或 Z 形池的检测器。

(2) 激光诱导荧光检测器

和紫外-可见检测一样，激光诱导荧光检测器（laser induced fluorescence detector, LIFD）也可采用柱上和柱后两种检测方式。它的灵敏度可达 10^{-12}mol·L^{-1}，是所有检测器中灵敏度最高的一种方法，但通用性不如紫外-可见检测器。

LIFD 检测器结构类似于 UV-Vis 检测器，结构示意图如图 15-7 所示，主要由激光器、光路系统、检测池和光电转换器等部件组成。由于激光的单色性和相干性好、光强高，能有效地提高信噪比，从而大幅度地提高检测灵敏度，能达到单分子检测水平。常用的连续激光器是氩离子激光器和 He-Cd 激光器。前者主要输出谱线是 488nm 和 514nm，后者主要输出谱线是 325nm 和 442nm。

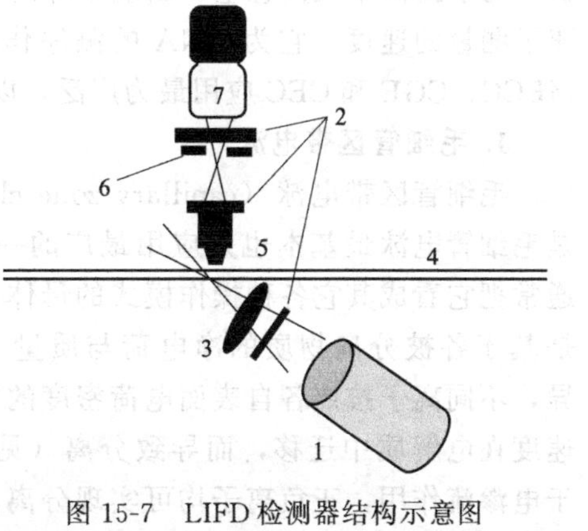

图 15-7 LIFD 检测器结构示意图

1—激光器；2—干涉滤光片；3—聚焦透镜；4—毛细管柱；5—采光透镜；6—狭缝；7—光电倍增管

(3) 电化学检测器

CE 的电化学检测器有三种基本的模式，分别是安培法、电导法和电位法。安培法是测量化合物在电极表面发生氧化或还原时，失去或得到电子，产生与分析物浓度成正比的电极电流。而电导法和电位法是测量两电极间由于离子化合物的迁移而引起电导率或电位的变化。其中安培法是最普遍的一种方法。为了不降低分离度，也是在柱上进行检测。在毛细管区带电泳中，电化学检测法的灵敏度高，检测体积小，因此可用于窄孔径（<25μm）毛细管检测，为微体积环境（如单细胞）的研究提供了高灵敏度的方法，特别对无机离子和有机小分子（如羧酸）的检测。因为它们的吸光系数小，紫外可见检测器无能为力，而电化学方法却很有效。但电化学检测也有局限性，它仅适用于溶质具有电活性的物质。

第五节 毛细管电泳分离模式

毛细管电泳的主要分离模式见表 15-3。

表 15-3 毛细管电泳的主要分离模式

名　称	缩 写	管内填充物	说　明
毛细管区带电泳	CZE	pH 缓冲的自由电解质溶液，可含一定添加剂	属自由溶液电泳型，加入添加剂后引入色谱机理
胶束电动毛细管色谱	MECC	CZE 载体＋带电荷胶束	CZE 扩展的色谱型
微乳液电动毛细管色谱	MEECC 或 MEEKC	微乳液（缓冲液＋有机液＋乳化剂）	CZE 扩展的色谱型
毛细管凝胶电泳	CGE	电泳用的凝胶或其它筛分介质	具有"分子筛"效应，非电泳型
毛细管等电聚焦	CIEF	建立 pH 梯度的两性电解质	电泳型（按等电点分离，完全抑制电渗流）
毛细管等速电泳	CITP	区带前后使用两种不同缓冲液	属自由溶液电泳型
毛细管电色谱	CEC	CZE 载体＋液相色谱固定相	属非自由溶液电泳型
非水毛细管电泳	NACE	含有电解质的非水体系	属自由溶液电泳型

毛细管电泳的发展速度非常迅速，除上述的分离模式外，还有微芯片电泳（microchip electrophoresis，MCE）。微芯片电泳利用刻制在硅、玻璃、塑料等基体上的毛细管通道来进行，是一种微型化的毛细管电泳技术，它可以在秒级时间内完成上百个样品的同时分离分析。为了提高单位信息量，出现了阵列式芯片电泳，由于一块芯片带有多条通道，极大地加速了测量的速度，它为 DNA 的测序作出了极大的贡献。在表 15-3 所列的模式中，CZE、MECC、CGE 和 CEC 应用最为广泛，以下分别讨论。

1. 毛细管区带电泳

毛细管区带电泳（capillary zone electrophoresis，CZE）也称为自由溶液毛细管电泳，是毛细管电泳最基本也是应用最广的一种操作模式，通常把它看成其它各种操作模式的母体。其分离机理是基于各被分离物质的净电荷与质量之间比值的差异，不同离子按照各自表面电荷密度的差异以不同的速度在电解质中迁移，而导致分离（见图 15-8）。由于电渗流作用，正负离子均可实现分离。带正电的粒子在毛细管缓冲液中的迁移速率等于电泳流和电渗流速率的加和，正离子移动方向与电渗流相同，因此首先流出；负离子移动方向与电渗流相反，由于电渗流的速率远远大于电泳速率，所以最后流出；中性物质在电场中不迁移，只是随电渗流一起流出毛细管，故得不到分离。

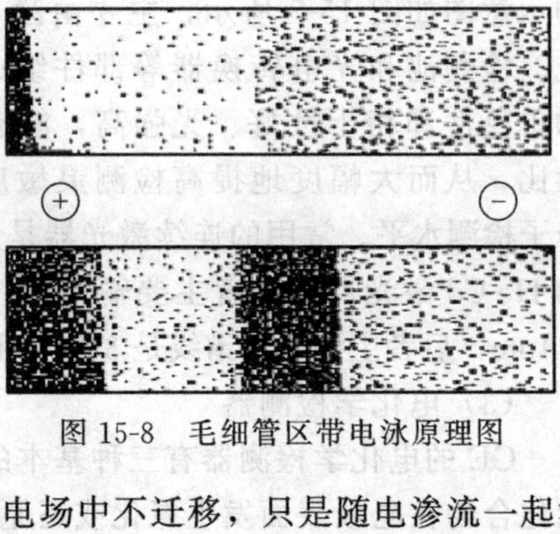

图 15-8 毛细管区带电泳原理图

在 CZE 中，主要选择的操作条件是电压、缓冲溶液以及其 pH 和浓度、添加剂等。

2. 胶束电动毛细管色谱

胶束电动色谱（micellar electrokinetic chromatography，MEKC）是以胶束为准固定相的一种电动色谱，是电泳技术和色谱技术的结合。因在毛细管中进行，故又称为胶束电动毛细管色谱（micellar electrokinetic capillary chromatography，MECC）。MECC 是在电泳缓冲溶液中加入表面活性剂，当溶液中表面活性剂浓度超过临界胶束浓度（cmc）时，表面活性剂分子之间的疏水基团聚集在一起形成胶束（准固定相），溶质不仅可以由于淌度差异而分离，同时又可基于在水相和胶束相之间的分配系数不同而得到分离。这样毛细管区带电泳中不能分离的中性化合物，在 MECC 中可以分离。

MECC 比起 CZE 来说，增加了带电的离子胶束这一相，是不固定在柱中的载体（准固定相），它具有与周围介质不同的淌度，并且可以与溶质互相作用。另一相是导电的水溶液相，是分离载体的溶剂。在电场作用下，水相溶液由电渗流（EOF）驱动流向阴极，离子胶束依其电荷不同，移向阳极或阴极。对于常用的十二烷基磺酸钠（SDS）胶束，因其表面带负电荷，泳动方向与 EOF 相反，朝阳极方向泳动。在多数情况下，EOF 速度大于胶束电泳速度，所以胶束的实际移动方向和 EOF 相同，都向阴极移动（图 15-2）。中性溶质在水相中随电渗流移动，进入胶束中则随胶束泳动，基于其与胶束作用的强弱，在两相间的分配系数不同而得到分离。MEKC 的分离原理示意图见图 15-9。

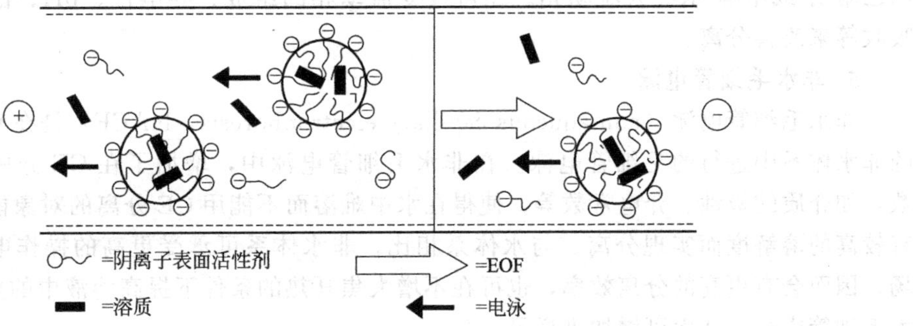

图 15-9　MEKC 的分离原理示意图
（检测器位于阴极端）

3. 毛细管凝胶电泳

毛细管凝胶电泳（capillary gel electrophoresis，CGE）综合了毛细管电泳和平板凝胶电泳的优点，成为分离度极高的一种电泳分离技术。

CGE 的分离原理类似于尺寸排阻色谱，因在毛细管内填充有凝胶或其它筛分介质，这些介质在结构上类似于分子筛。应用最多的介质是交联和非交联聚丙烯酰胺凝胶（polyacrylamide gel，PAG）。交联 PAG 是由丙烯酰胺单体与亚甲基双丙烯酰胺作交联剂聚合而成，非交联（线性）PAG 在无交联剂存在下聚合而成。除 PAG 外，琼脂糖、甲基纤维素和它的衍生物，以及葡聚糖、聚乙二醇等也被用作 CE 分离介质。线型聚丙烯酰胺、甲基纤维素、羟丙基甲基纤维素、聚乙烯醇等属于非胶筛分介质。当带电的被分析物在电场作用下进入毛细管后，这些聚合物起到类似于“分子筛”的作用，小分子容易进入凝胶而首先流出毛细管，大分子则因受到较大的阻力而后流出毛细管，流经凝胶的物质原则上按照分子大小的顺序而被分离。CGE 主要用于蛋白质和核酸等生物大分子的分离。由于采用了芯片阵列技术，为完成人类 DNA 基因测序，CGE 作出了极大的贡献。

4. 毛细管电色谱

毛细管电色谱（capillary electrochromatography，CEC）是在毛细管电泳技术的不断发展和液相色谱理论的日益完善的基础上逐步兴起的。它包含了电泳和色谱两种机制，溶质根据它们在流动相和固定相中的分配系数不同和自身电泳淌度差异得以分离。CEC 结合了 CE 的高效和 HPLC 的高选择性，开辟了微分离技术的新途径。

CEC 可以视为是 CZE 中的空管被色谱固定相填充、涂布或键合的结果，在毛细管的两端加高压直流电压，以电渗流代替高压泵推动流动相。从原理上看，CEC 流过柱子的溶剂前沿与毛细管电泳相似，其切面呈塞状的平面流型抑制了样品谱带的展宽，具有很高的分离效率。对中性化合物而言，其分离过程与 HPLC 很相似，即通过溶质在流动相与固定相之间的分配差异而获得分离。对于带电样品的离子，则迁移和分配的机理同时存在，共同对保留和分离产生影响，产生了更多的选择性变化。

CEC 的最大特点是分离速度快和分离效率高，选择性高于毛细管电泳。但由于柱容量小，其检测灵敏度尚不如 HPLC。就应用范围来看，CEC 与 HPLC 同样广泛，它可采用 HPLC 的各种模式。

毛细管电色谱的介质选择首先是固定相的选择，其次才是流动相或缓冲溶液的选择。固定相的选择主要依据 HPLC 的理论和经验。缓冲液可以是水溶液或有机溶液。目前反相毛细管电色谱研究最多，毛细管填充长度，一般为 20cm，填料为 C_{18} 或 C_8 烷烃，3μm 粒径，用乙腈-水或甲醇-水等为流动相。还可改变流动相的组成、导电性、pH、散热能力、背景吸收等来改善分离。

5. 非水毛细管电泳

非水毛细管电泳（non-aqueous capillary electrophoresis，NACE）是在有机溶剂为主要的非水体系中进行的毛细管电泳。在非水毛细管电泳中，增加了在 CE 分析中可优化的参数，如介质的极性、介电常数等，使得在水中难溶而不能用 CE 分离的对象能在有机溶剂中有较高的溶解度而实现分离。与水体系相比，非水体系可承受更高的操作电压产生的高电场，因而会有更高的分离效率，也可在不增大焦耳热的条件下提高溶液中的离子浓度，或增大毛细管内径，从而可增加进样量。

作为 NACE 介质的有机溶剂，最好不易燃烧、挥发和氧化，并应具有良好的溶解性。非水溶剂的介电常数和黏度对分离选择性和分离效率的影响最为显著。甲醇、乙腈、甲酰胺、四氢呋喃、*N*-甲基甲酰胺等是 NACE 中最常用的有机溶剂。

在有机溶剂中加入电解质使之具有一定的导电性是实现 NACE 的必要条件。与经典毛细管电泳相同，在 NACE 中也常需要加入一些电解质以调节介质的 pH，以提高分离的选择性。由于大多数电解质在有机溶剂中的溶解度较低，这限制了电解质的选择范围。酸及其铵盐是最常用的电解质，如醋酸铵、甲酸等，这类挥发性电解质不适合于毛细管电泳与质谱联用。

第六节 毛细管电泳法的应用

CE 具有多种分离模式，因此其应用十分广泛，通常能配成溶液或悬浮溶液的样品（除挥发性和不溶物外）均能用 CE 进行分离和分析，小到无机离子，大到生物大分子和超分子，甚至整个细胞都可进行分离检测。它广泛应用于生命科学、医药科学、临床医学、分子生物学、法庭与侦破鉴定、化学、环境、海关、农学或者生产过程监控、产品质检以及单细胞和单分子分析等领域。

思考题与习题

1. 在毛细管电泳中，基于什么原理，组分能够被分离？
2. 毛细管电泳法与经典电泳法的根本区别是什么？
3. 在毛细管电泳分析中，造成峰展宽的主要因素是什么？
4. 提高毛细管电泳分离效率的途径有哪些？
5. 在毛细管电泳分析中，阴离子与阳离子分析有什么不同？
6. 从理论上看，毛细管电泳特别适合生物大分子分析的原因是什么？
7. 对不带电荷的中性化合物的分析，通常采用哪个模式的毛细管电泳分析？
8. 对蛋白质、DNA 等样品的分析，通常采用哪个模式？
9. 在毛细管电泳分析中，溶液的 pH 对电渗流的大小有重要影响，当缓冲溶液的 pH 为多少时，电渗流为零？当缓冲溶液的 pH 为多少时，电渗流达到最大？
10. 用毛细管区带电泳分离苯胺、甲苯和苯甲酸，缓冲液的 pH 为 7，请判断出峰顺序。
11. 由第 10 题中分析得到 3 个峰的迁移时间分别为 78s、132.8s 和 264.6s。已知实验用毛细管总长度为 48.5cm，有效长度（从进样口到监测点的距离）为 40cm，施加电压为 20kV，请计算电渗流淌度以及苯胺、甲苯和苯甲酸的表观淌度和有效淌度。

第十六章　质谱分析法

第一节　概　　述

质谱法（mass spectrometry，MS）是通过研究被电离物质所产生离子的质荷比与该离子的数量之间的关系来研究物质结构与组成的一种分析方法。分子在一定条件下裂解后，形成带正电荷的离子，这些离子通过一定的方式分离后，按照其质量 m 与电荷 z 的比值 m/z（质荷比）大小依次排列成谱图被记录下来，并显示这些离子的数量或强度，称为质谱。进行质谱分析的仪器称为质谱仪。

世界上第一台质谱仪于 1912 年由英国物理学家 J. J. Thomson（1906 年诺贝尔物理学奖获得者、英国剑桥大学教授）研制成功；到 20 世纪 20 年代，质谱作为一种分析手段被化学家采用；从 40 年代开始，质谱广泛用于有机物质分析；1966 年，M. S. B. Munson 和 F. H. Field 报道了化学电离源（chemical ionization，CI），质谱第一次可以检测热不稳定的生物分子；到了 80 年代左右，随着快原子轰击（FAB）、电喷雾（ESI）和基质辅助激光解析（MALDI）等“软电离”技术的出现，质谱能用于分析高极性、难挥发和热不稳定样品后，生物质谱得到飞速发展，已成为现代科学前沿的热点之一。

在众多的分析测试方法中，质谱分析法被认为是一种同时具备高特异性和高灵敏度且得到了广泛应用的普适性方法。质谱法有以下特点。

① 应用范围广　质谱仪种类很多，可测定物质极为广泛。按质谱仪用途分为同位素质谱仪、无机质谱仪和有机质谱仪三种。样品可以是无机物，也可以是有机物，甚至是生物样品。被分析的样品可以是气体或液体，也可以是固体。

② 质谱法是至今唯一可以确定物质相对分子质量的分析方法　使用高分辨质谱仪，不仅可以准确得到被分析物质的相对分子质量，还可以确定被分析物质的化学式，并对其结构进行分析。

③ 灵敏度高　通常只需要微克（μg）或者更少量的样品就可以得到一张满意的质谱图，检出限可达飞克（10^{-15} g）级，为痕量及超痕量组分的分析及质谱与其它分析技术的联用奠定了基础。

④ 分辨率高　高分辨率质谱仪可以准确测定相对质量到小数点后 4～5 位。

⑤ 分析速度快，可实现多组分同时检测　对直接进样来说，一般只需要几秒钟即可完成一个样品的测量。通过对谱图的分析和碎裂过程的推断，可对混合物的组成进行分析和判断。特别是色谱与质谱的联用，可用于复杂混合物中各组分的定性和定量的检测。

⑥ 与其它仪器相比，仪器结构较为复杂，价格昂贵，使用和维修较为繁琐。

第二节　质谱分析法基本原理

质谱法是将样品置于高真空中（$<10^{-3}$ Pa），并受到高速电子或强电场等作用，样品分子失去外层电子而成为分子离子或化学键发生断裂生成各种碎片离子，将这些离子加速导入

质量分析器中，按照质荷比大小顺序进行收集和记录，即得到质谱图。根据质谱峰的位置进行物质的定性和结构分析，根据峰的强度进行定量分析。质谱法分析过程如图 16-1 所示。

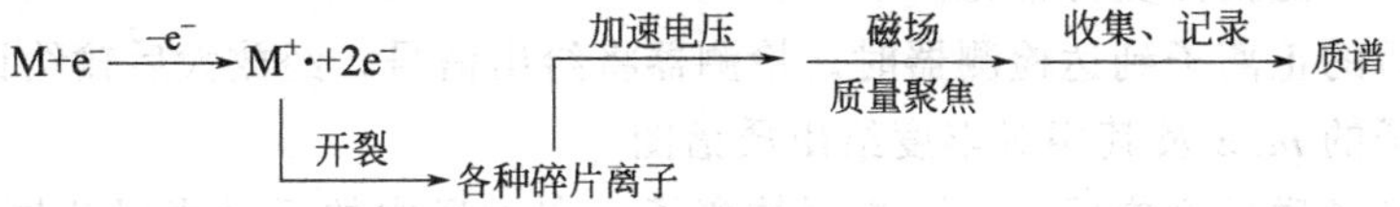

图 16-1　质谱分析过程示意图

下面以单聚焦质谱仪为例说明质谱分析法的基本原理，单聚焦质谱仪结构如图 16-2 所示。

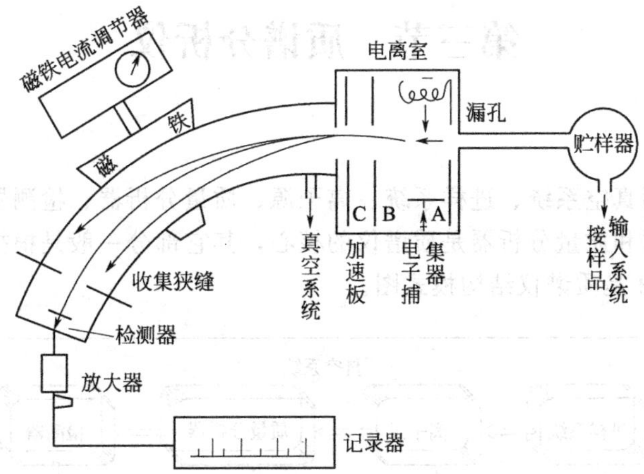

图 16-2　单聚焦质谱仪结构示意图

样品由贮样器进入离子源后，经电子轰击而失去价电子，成为带正电荷的离子：

这些正离子通过一个外加磁场进行质量聚焦，只允许某一种 m/z 的离子通过收集狭缝到达检测器。

电荷为 z，质量为 m 的正离子，经 B 和 C 之间的加速电压 V 加速后，其速度为 v，势能为 zV。

势能应等于动能，即：
$$\frac{1}{2}mv^2 = zV \qquad (16\text{-}1)$$

当离子以此速度飞过垂直于它的飞行方向的磁场（磁场强度为 H）时，根据磁场对带电离子作用原理，则离子受一作用力影响作圆弧运动。

因　　向心力＝离心力

故
$$zvH = m\frac{v^2}{R} \qquad (16\text{-}2)$$

将式(16-1) 和式(16-2) 联立消去 v：

$$R = \sqrt{\frac{2V}{H^2} \times \frac{m}{z}} \qquad (16\text{-}3)$$

由式(16-3) 看出：离子在磁场中的轨道曲线半径 R 是受外加电压 V、磁场强度 H 和质荷比 m/z 三种因素决定的。

在仪器设备中，R 是固定不变的，只能改变 V 或 H 使正离子依质量大小依次通过狭缝，到达检测器。

磁扫描：固定 V，改变 H。如 H 从大到小，则 m/z 大的碎片离子先通过狭缝。

电扫描：固定 H，改变 V。如 V 从大到小，则 m/z 小的碎片离子先通过狭缝。

一般情况下，磁扫描更为常见。

通过狭缝后的正离子到达检测器时，检测器将给出信号，经放大后输给记录器，则记录器可按各种离子的 m/z 及其相对丰度给出质谱图。

碎片离子经过磁场聚焦后，m/z 相同的离子，在磁场中的运动半径相同，汇聚到一起，以相同的半径、在相同的时间到达检测器。

总之，只有 m/z 值满足式(16-3) 的离子可通过狭缝。其它 m/z 值不能满足式(16-3)的离子由于 R 太大或太小，不能通过狭缝而撞在管道内壁上，由真空泵抽出。

第三节　质谱分析仪

一、仪器组成

质谱仪组成包括真空系统、进样系统、离子源、质量分析器、检测器、计算机及数据分析系统组成。离子源和质量分析器是质谱仪的核心，其它部分一般是根据离子源和分析器相应地来配备。图 16-3 是质谱仪结构模式图。

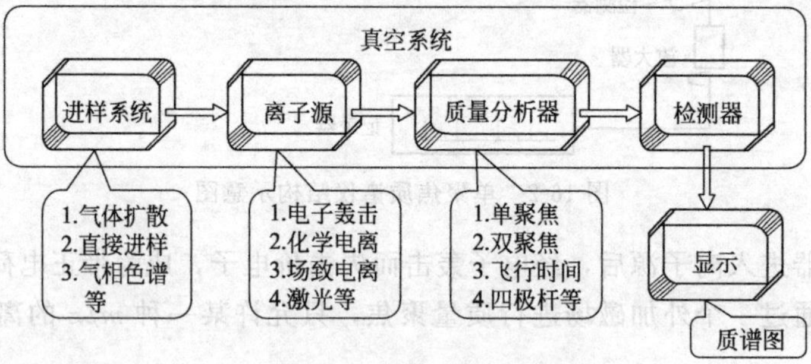

图 16-3　质谱仪结构模式图

1. 真空系统

在质谱分析中，进样系统、离子源、质量分析器及检测器必须维持高真空状态。离子源的真空度一般在 $1\times10^{-3}\sim1\times10^{-5}$ Pa，质量分析器应在 1×10^{-6} Pa 以上，要求真空度稳定。

质谱仪的高真空系统一般由机械泵和油扩散泵或者涡轮分子泵串联组成。机械泵作为前级泵将真空度抽到 $1\times10^{-1}\sim1\times10^{-2}$ Pa，然后由油扩散泵或涡轮分子泵继续抽到高真空。

由于涡轮分子泵抽速快、维护方便，目前越来越多的仪器安装使用涡轮分子泵。

2. 进样系统

将样品导入质谱仪，可分为直接进样和通过接口进样两种方式实现。

(1) 直接进样

对于气态或液态样品，可通过一个可调喷口装置以中性流的形式导入离子源。

对于固体样品，常用进样杆直接导入。将样品置于进样杆顶部的小坩埚中，通过在离子源附近的真空环境中加热的方式导入样品，或者通过在离子化室中将样品从一可迅速加热的金属丝上解吸或者使用激光辅助解吸的方式进行。这种方法可与电子轰击电离、化学电离以及场电离等结合，适用于热稳定性差或者难挥发物的分析。

(2) 通过接口进样

① 电喷雾接口　带有样品的色谱流动相通过一个带有数千伏高压的针尖喷口喷出，生成带电液滴，经干燥气除去溶剂后，带电离子通过毛细管或者小孔直接进入质量分析器。传统的电喷雾接口只适用于流动相流速为 $1\sim5\mu L\cdot min^{-1}$ 的体系，因此电喷雾接口主要适用于微柱液相色谱。同时由于离子可以带多电荷，使得高分子物质的质荷比落入大多数四极杆或磁质量分析器的分析范围（质荷比小于 4000），从而可分析分子量高达几十万道尔顿（Da）的物质。

② 热喷雾接口　存在于挥发性缓冲液流动相（如乙酸铵溶液）中的待测物，由细径管导入离子源，同时加热，溶剂在细径管中除去，待测物进入气相。其中中性分子可以通过与气相中的缓冲液离子（如 NH_4^+）反应，以化学电离的方式离子化，再被导入质量分析器。热喷雾接口适用的液体流量可达 $2mL\cdot min^{-1}$，并适合于含有大量水的流动相，可用于测定各种极性化合物。由于在溶剂挥发时需要利用较高温度加热，因此待测物有可能受热分解。

③ 离子喷雾接口　在电喷雾接口基础上，利用气体辅助进行喷雾，可提高流动相流速到 $1mL\cdot min^{-1}$。电喷雾和离子喷雾技术中使用的流动相体系含有的缓冲液必须是挥发性的。

④ 粒子束接口　将色谱流出物转化为气溶胶，于脱溶剂室中脱去溶剂，得到的中性待测物分子导入离子源，使用电子轰击或者化学电离的方式将其离子化，获得的质谱为电子轰击电离或者化学电离质谱图，其中前者含有丰富的样品分子结构信息。但粒子束接口对样品的极性、热稳定性和分子质量有一定限制，最适用于分子质量在 1000Da 以下的有机小分子的测定。

⑤ 解吸附技术　将微柱液相色谱与粒子诱导解吸技术（如快原子轰击）结合，一般使用的流速在 $1\sim10\mu L\cdot min^{-1}$ 之间，流动相须加入微量难挥发液体（如甘油）。混合液体通过一根毛细管流到置于离子源中的金属靶上，溶剂挥发后形成的液膜被高能原子或者离子轰击而离子化。得到的质谱图与快原子轰击或者液相二次离子质谱的质谱图类似，但是本底却大大降低。

3. 离子源

离子源的作用是将被分析的样品分子电离成带电荷的离子，并使这些离子在离子光学系统的作用下，汇聚成有一定几何形状和一定能量的离子束，进入质量分析器被分离。离子源的性能决定了离子化效率，很大程度上也决定了质谱仪的灵敏度和分辨率。目前常用的离子化方式有：电子轰击电离源（electron impact ionization，EI），化学电离源（chemical ionization，CI），快原子轰击源（fast atom bombardment，FAB），场致电离源（field ionization，FI），场致解吸源（field desorption，FD），大气压电离源（atmosphere pressure ionization，API），基质辅助激光解吸电离源（matrix-assisted laser desorption ionization，MALDI）和电感耦合等离子体电离源（inductive coupled plasma ionization，ICPI）等。

(1) 电子轰击电离源（EI）

气化后的样品分子进入离子化室后，受到由钨或铼灯丝发射并加速的电子流的轰击。轰击电子的能量大于样品分子的电离能，使样品分子电离或碎裂。电子轰击电离源原理如图 16-4 所示。

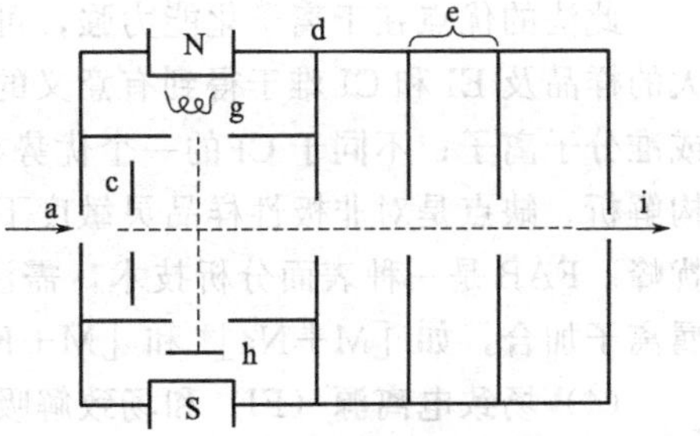

图 16-4　电子轰击电离源原理示意图

样品分子蒸气从漏孔 a 进入电离室，受到由灯丝 g 发射的电子轰击，生成正离子。这些正离子在推斥极 c 和引出极 d 的作用下立即被引出电离盒。在聚焦极 e 的作用下，形成一聚焦离子束，同时被 d 和 e 间的加速电压加速，经过狭缝 i 射向质量分析器。灯丝 g 发射的电子的能量由调节灯丝 g 和收集极 h 间的电压控制，这个电压称为电离电压。电离电压的改变对质谱图有很大的影响。

电子轰击质谱能提供有机化合物最丰富的结构信息，有较好的重现性，其裂解规律的研究也最为完善，已经建立了数十万种有机化合物的标准谱图库可供检索，且 EI 源结构简单、操作方便。其缺点在于不适用于难挥发和热稳定性差的样品。

(2) 化学电离源 (CI)

引入一定压力的反应气进入离子化室，反应气在具有一定能量的电子流的作用下电离或裂解，生成的离子与样品分子发生离子-分子反应，通过质子交换使样品分子电离。常用的反应气有甲烷、异丁烷和氨气。化学电离易得到准分子离子。如果样品分子的质子亲和势大于反应气的质子亲和势，则生成 $[M+H]^+$，反之则生成 $[M-H]^+$。根据反应气压力不同，化学电离源分为大气压、中气压和低气压三种。大气压化学电离源适合与色谱和质谱联用，检测灵敏度较一般的化学电离源高 2～3 个数量级。低气压化学电离源可以在较低的温度下分析难挥发的样品，并能使用难挥发的反应试剂，但只能用于傅里叶变换质谱仪。对于中气压化学电离源，源内反应气压力为 13.332～133.322Pa，样品压力为 1.333×10^{-2} Pa。化学电离的过程是将反应试剂如甲烷和样品气体一起送入电离室，进入电离室的甲烷被电子轰击而电离。样品因含量少，不被直接电离。化学电离过程如图 16-5 所示。

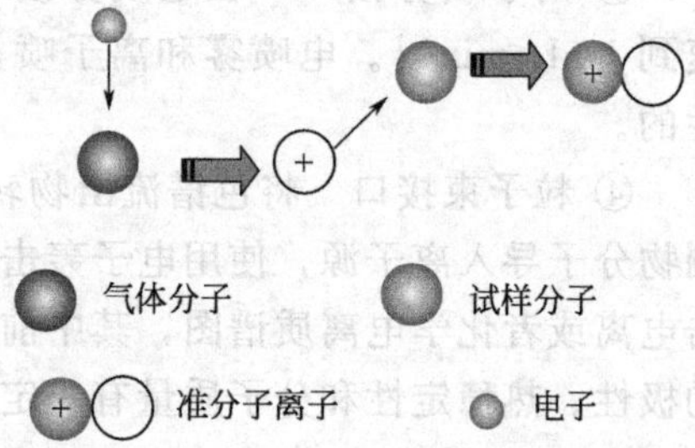

图 16-5　化学电离源原理示意图

甲烷受电子轰击后发生电离及化学反应，形成的碎片离子主要是 CH_5^+、$C_2H_5^+$ 以及少量 $C_3H_5^+$。这些离子与样品分子 RH 发生质子转移反应：

$$CH_5^+ + RH \longrightarrow RH_2^+ + CH_4$$

$$C_2H_5^+ + RH \longrightarrow RH_2^+ + C_2H_4$$

$[M+1]^+$ 或 $[M-1]^+$ 通常称为准分子离子，它们都是偶电子离子，比 $[M]^+$ 稳定，而且转移到准分子离子上的能量小，碎片峰大为减少，故准分子离子峰常常是最强峰。

(3) 快原子轰击源 (FAB)

将样品分散于基质（常用甘油等高沸点溶剂）中制成溶液，涂布于金属靶上，将经强电场加速后的惰性气体的中性原子束（如氙）对靶上样品进行轰击，基质中的缔合离子及经快原子轰击产生的样品离子一起被溅射进入气相，并在电场作用下进入质量分析器。如用惰性气体离子束（如铯或氩）来取代中性原子束进行轰击，所得质谱称为液相二次离子质谱 (LSIMS)。

此法的优点在于离子化能力强，可用于极性强、挥发性低、热稳定性差和相对分子质量大的样品及 EI 和 CI 难于得到有意义的质谱的样品。FAB 比 EI 容易得到比较强的分子离子或准分子离子；不同于 CI 的一个优势在于其所得质谱有较多的碎片离子峰信息，有助于结构解析。缺点是对非极性样品灵敏度下降，而且基质在低质量数区（400 以下）产生较多干扰峰。FAB 是一种表面分析技术，需注意优化表面状况的样品处理过程。样品分子与碱金属离子加合，如 $[M+Na]^+$ 和 $[M+K]^+$，有助于形成离子。

(4) 场致电离源 (FI) 和场致解吸源 (FD)

FI 离子源由距离很近的阳极和阴极组成，两极间加上高电压后，阳极附近产生高达

$10^7 \sim 10^8 V \cdot cm^{-1}$的强电场。接近阳极的气态样品分子电离生成分子离子，然后加速进入质量分析器。场致电离原理如图 16-6 所示。

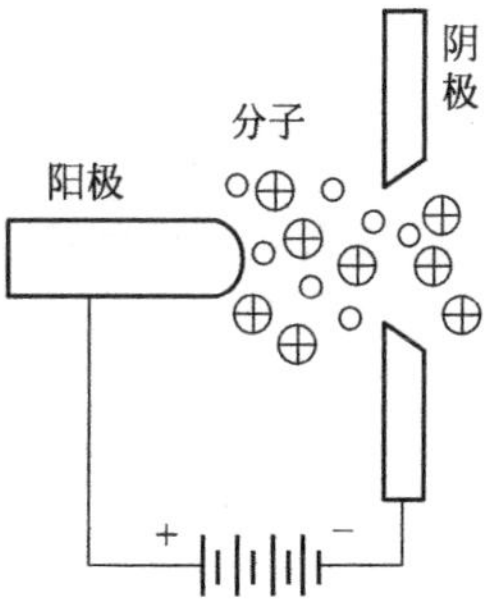

图 16-6　场致电离源原理示意图

对于液体样品（固体样品先溶于溶剂），可用 FD 来实现离子化。将金属丝浸入样品液，待溶剂挥发后把金属丝作为发射体送入离子源，通过弱电流提供样品解吸附所需能量，样品分子即向高场强的发射区扩散并实现离子化。FD 适用于难气化，热稳定性差的化合物。

FI 和 FD 均易得到分子离子峰，有时 FD 的分子离子峰更强。

（5）大气压电离源（API）

API 是液相色谱/质谱联用仪最常用的离子化方式。常见的大气压电离源有三种：大气压电喷雾离子源（APESI），大气压化学电离源（APCI）和大气压光电离源（APPI）。APESI 是去除溶剂后的带电液滴形成离子的过程，适用于容易在溶液中形成离子的样品或极性化合物。因具有多电荷能力，所以其分析的分子量范围很大，既可用于小分子分析，又可用于多肽、蛋白质和寡聚核苷酸分析。APCI 是在大气压下利用电晕放电使气相样品和流动相电离的一种离子化技术，要求样品有一定的挥发性，适用于非极性或低、中等极性的化合物。由于极少形成多电荷离子，分析的分子量范围受到质量分析器质量范围的限制。APPI 是用紫外灯取代 APCI 的电晕放电，利用光化作用将气相中的样品电离的离子化技术，适用于非极性化合物。由于大气压电离源独立于高真空状态的质量分析器之外，故不同大气压电离源之间的切换非常方便。APESI 结构示意图见图 16-7。

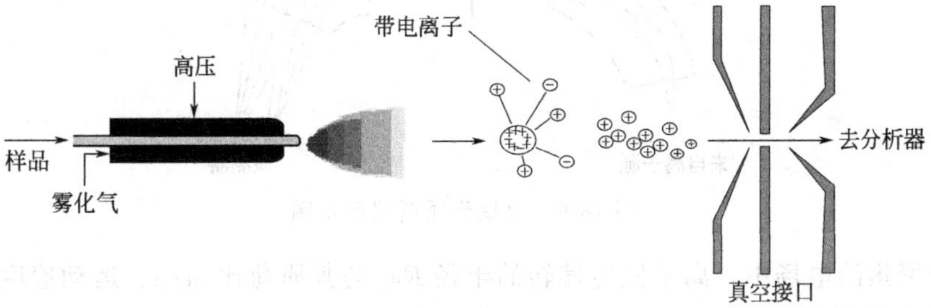

图 16-7　APESI 结构示意图

（6）基质辅助激光解吸离子源（MALDI）

将溶于适当基质中的样品涂布于金属靶上，用高强度的紫外或红外脉冲激光照射可实现样品的离子化。此方式主要用于可达 100000Da 质量的大分子分析，仅限于作为飞行时间质量分析器的离子源使用。MALDI 离子化过程示意图如图 16-8 所示。

（7）电感耦合等离子体离子源（ICPI）

等离子体是由自由电子、离子和中性原子或分子组成，总体上成电中性的气体，其内部温度高达几千至上万度。样品由载气携带从等离子体焰炬中央穿过，迅速被蒸发电离并通过离子引出接口导入到质量分析器。样品在极高温度下完全蒸发和解离，电离的百分比高，因此几乎对所有元素均有较高的检测灵敏度。由于该条件下化合物分子结构已经被破坏，所以 ICPI 仅适用于元素分析。

4. 质量分析器

质量分析器是利用不同分析器所特有的扫描模式或分离原理，将这些离子分别聚焦而得

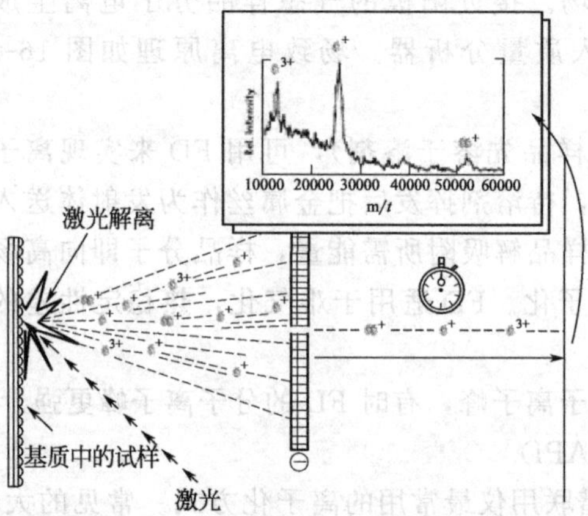

图 16-8 MALDI 离子化示意图

到质谱图，其主要技术参数是所能测定的质荷比的范围（质量范围）和分辨率。

（1）扇形磁场分析器

前面介绍了单聚焦磁质谱仪，单聚焦磁质谱仪分辨率和灵敏度均不高，为了提高仪器的分辨率和灵敏度，人们设计了一种先进行电场分离聚焦，再进行磁场分离聚焦的双聚焦质谱仪。仪器结构如图 16-9 所示。

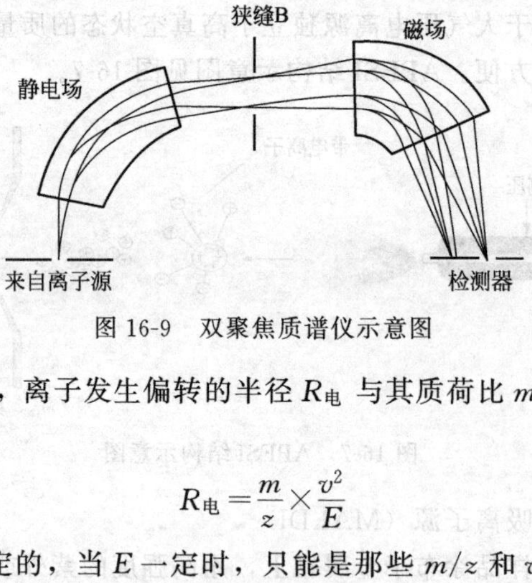

图 16-9 双聚焦质谱仪示意图

在先行聚焦的电场中，离子发生偏转的半径 $R_{电}$ 与其质荷比 m/z、运动速度 v 和静电场的电压 E 呈以下关系：

$$R_{电}=\frac{m}{z}\times\frac{v^2}{E} \tag{16-4}$$

$R_{电}$ 是由仪器设备固定的，当 E 一定时，只能是那些 m/z 和 v 值符合式(16-4) 的离子才能通过弧形电场，到达中间狭缝，其结果是使离子发生了能量聚焦（亦称速度聚焦），经过能量聚焦的正离子，再经磁场聚焦（亦称质量聚焦），可大大提高仪器的灵敏度和分辨力。

一般高分辨质谱仪都采用双聚焦结构，其分辨率可达到小数点后四位数字。例如，$CO^{+\cdot}$、$CH_2=CH_2^{+\cdot}$、$N_2^{+\cdot}$ 的相对分子质量都是 28 左右，通过高分辨质谱仪可将这三种离子分辨开来，即由小数点后面的有效数字确定分子式，实验结果见表 16-1。

表 16-1 三种 m/z 为 28 的高分辨分析结果

$CO^{+\cdot}$	$CH_2=CH_2^{+\cdot}$	$N_2^{+\cdot}$
27.9949	28.0313	28.0061

（2）飞行时间分析器

飞行时间质谱仪工作原理见图 16-10。

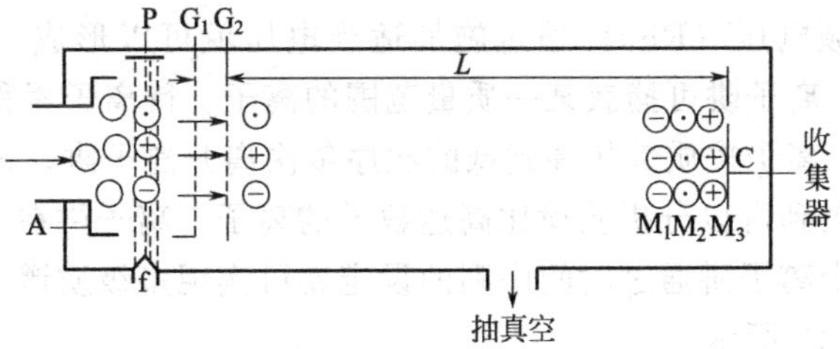

图 16-10　飞行时间质谱仪结构示意图

由阴极 f 发射的电子，由电离室 A 中电场的加速，到达电子收集极 P，在通过电离室的过程中与气态样品分子发生碰撞，使样品分子发生电离，在 G_1 上施加一负脉冲，把正离子引出电离室，在 G_2 上施加一负高压 V，使离子加速到达收集器。

由于动能等于势能：
$$E=\frac{1}{2}mv^2=zV$$

由上式可得：
$$v=\sqrt{\frac{2zV}{m}}$$

离子通过既无电场又无磁场的飞行管距离 L 所需时间：

$$T=\frac{L}{v}=L\sqrt{\frac{m}{2zV}} \tag{16-5}$$

由式(16-5) 可见，具有相同动能、不同质量的离子，飞行速度不同，如果固定离子飞行距离，则不同质量离子的飞行时间不同，质量小的离子飞行时间短，首先到达检测器。

飞行时间质谱仪的优点是扫描速度快、灵敏度高，不受质量范围限制以及仪器结构简单、造价低廉等；缺点是仪器分辨率低。

(3) 四极杆分析器

在四根平行对称放置的圆柱形杆上，对角两个杆连接在一起，加到两对电极杆上的电压数值相等、方向相反。每个电压都具有直流和射频两个电压分量。这样，在四个电极杆之间即形成一个变动的复合电场。当待分离的离子束进入四根电极包围的空间时，由于射频、直流复合电场的作用，会沿轴线方向“摆动前进”，只有一定质荷比的离子可顺利通过复合电场到达电子倍增器而不碰到电极上，而其它离子则由于振幅逐渐增大而碰在电极上（作不稳定振动），并随真空系统排出。改变直流和射频电压而保持比率不变，就可作质量扫描。四极杆质谱仪的优点是体积小、重量轻、扫描速度快、价格适中，常作为台式质谱仪进入常规实验室；缺点是质量范围及分辨率有限。四极杆分析器结构如图 16-11 所示。

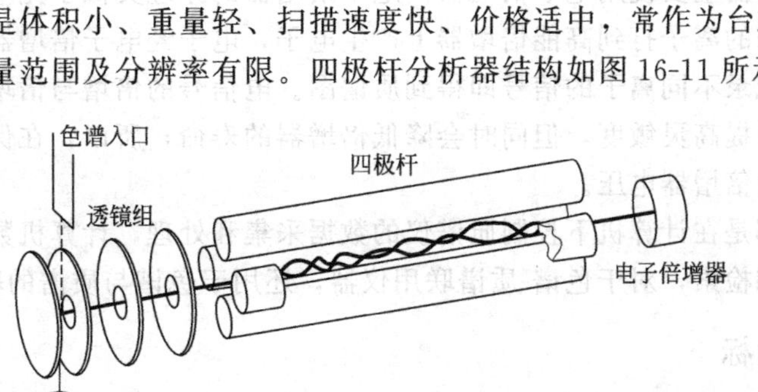

图 16-11　四极杆分析器示意图

（4）离子阱分析器

由两个端盖电极和位于它们之间的类似四极杆的环电极构成。端盖电极施加直流电压或接地，环电极施加射频电压（RF），通过施加适当电压就可以形成一个势能阱（离子阱）。根据RF电压的大小，离子阱可捕获某一质量范围的离子。待离子累积到一定数量后，升高环电极上的RF电压，离子按质量从高到低的次序依次离开离子阱，被电子倍增器检测。目前离子阱分析器已发展到可以分析质荷比高达数千的离子。离子阱在全扫描模式下仍然具有较高灵敏度，而且单个离子阱通过时间序列的设定就可实现多级质谱（MS^n）的功能。离子阱分析器构造如图16-12所示。

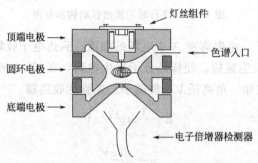

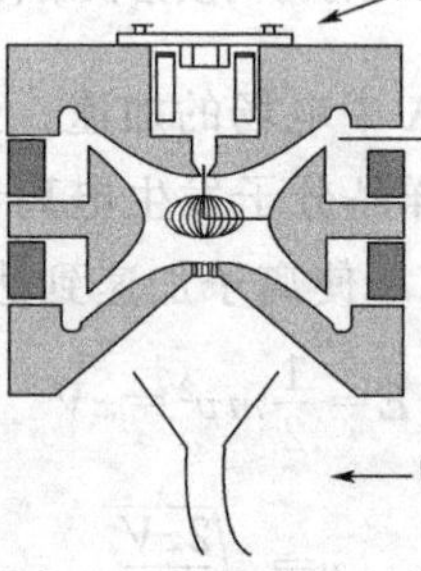

图16-12 离子阱分析器示意图

（5）傅里叶变换离子回旋共振分析器

在一定强度的磁场中，离子做圆周运动，离子运行轨道受共振变换电场限制。当变换电场频率和回旋频率相同时，离子稳定加速，运动轨道半径越来越大，动能也越来越大。当电场消失时，沿轨道飞行的离子在电极上产生交变电流。对信号频率进行分析可得出离子质量。将时间与相应的频率谱利用计算机经过傅里叶变换即形成傅里叶变换离子回旋共振质谱。

利用傅里叶变换离子回旋共振原理制成的质谱仪称为傅里叶变换离子回旋共振质谱仪（Fourier Transform Ion Cyclotron Resonance Mass Spectrometer），简称FT-MS。

FT-MS有以下特点：

① 仪器的分辨率很高，超过了1×10^6，而且在高分辨率下，灵敏度也很高；

② 测量误差非常小，可达百万分之几，可对测量物质进行元素组成的确定；

③ 具有多级质谱（MS^n）功能，可与任何离子源连接，大大扩展了仪器的适用范围；

④ 扫描速度快，性能稳定可靠。

5. 检测器

质谱仪的检测器主要使用电子倍增器。电子倍增器的原理类似于光电倍增管。其响应原理为由分析器出来的离子打到高能倍增器上产生电子，电子经电子倍增器放大产生可以被检测到的电信号，记录不同离子的信号即得到质谱图。电信号的倍增与倍增器的电压有关，提高倍增器电压可以提高灵敏度，但同时会降低倍增器的寿命，所以，在保证灵敏度的前提下尽可能采用较低的倍增器电压。

现代质谱仪都是在计算机下控制质谱仪的数据采集和处理，计算机数据系统不仅用于数据的采集、处理和检索，对于色谱-质谱联用仪器，还用于色谱与质谱的联用控制。

二、仪器性能指标

1. 质量范围

质谱仪的质量范围表示质谱仪所能进行分析的样品的相对质量范围，通常采用原子质量单位（u）进行度量。

质量范围的大小取决于质量分析器，四极杆分析器的质量上限一般在 4000 左右；而飞行时间质量分析器的质量上限可达几十万；高分辨的磁质谱如果采用较低的加速电压，质量范围的上限可达上万；但是在低加速电压下，能量分散大，分辨率和灵敏度都会下降。由于各种质量分析器的分离离子的原理不同，不同质量分析器有不同的质量上限。

2. 分辨率

两相邻质谱峰在峰谷为峰高的 10%时，质谱峰之一的质量数与两者质量数之差的比值，规定为仪器的分辨率，用 R 表示，如图 16-13 所示。

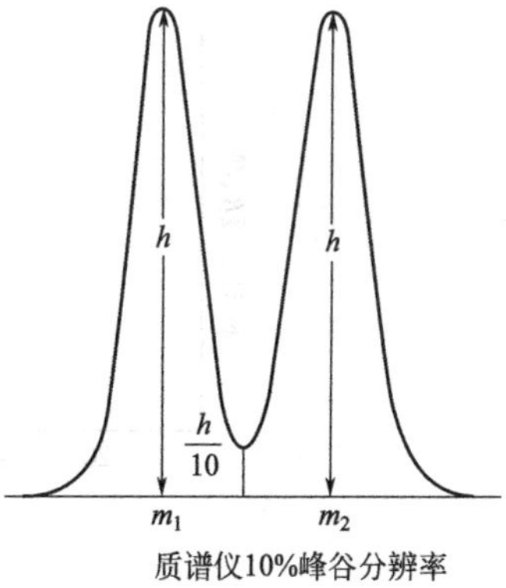

图 16-13 质谱分辨率定义

设两个相邻峰的质量数分别为 m_1 和 m_2，两峰质量数之差为 Δm，

则分辨率：$R=m_{2(或1)}/(m_2-m_1)=m/\Delta m$

如 $m_1=500$，$m_2=501$，则 $R=500/(501-500)=500$

如 $m_1=500.0$，$m_2=500.1$，则 $R=500.0/(500.1-500.0)=5000$

如 $m_1=500.00$，$m_2=500.01$，则 $R=500.00/(500.01-500.00)=50000$

这就是说，仪器的分辨率为 500 时，只能分开在整数位有差别的相邻两峰；分辨率为 5000 时，则能分开相差 0.1 个原子质量单位的相邻两峰；分辨率为 50000 时，质量精度可达到 0.01。显然，当用分辨率为 50000 的仪器测定质量数为 200 附近的两个峰时，质量数的精确度更高。

分辨率是判断质谱仪的一个重要指标。低分辨仪器一般只能测出整数分子量，高分辨率仪器可测至分子量小数点后第三位甚至第四位，因此可算出分子式，不需要进行元素分析。

3. 灵敏度

有机质谱常用某种标准样品产生一定信噪比的分子离子峰所需的最小检测量作为仪器的灵敏度指标。

质谱仪的灵敏度有绝对灵敏度和相对灵敏度等几种表示方法。绝对灵敏度是指仪器可以检测到的最小样品量；相对灵敏度是指仪器可以同时检测到的大组分与小组分含量之比。

第四节 质谱中的主要离子

一、常用术语

(1) 质谱图

质谱图由质谱仪直接给出。横坐标表示质荷比，纵坐标表示离子流强度（一般情况下，用相对丰度表示）。图 16-14 是苯甲酸丁酯的质谱图。

① 横坐标——质荷比（m/z） 一般情况下，$z=1$。$z=2$ 的情况不多见，只有某些稠环芳烃、黄酮、蒽醌等才会出现双电荷峰。对于蛋白质、氨基酸、多肽等大分子化合物，z 甚至更大。

② 纵坐标——相对丰度 相对丰度：$R_A=\dfrac{h_i}{h_B}\times100\%$。式中，$h_B$ 为基峰（base peak）峰高；h_i 为被测离子峰高。

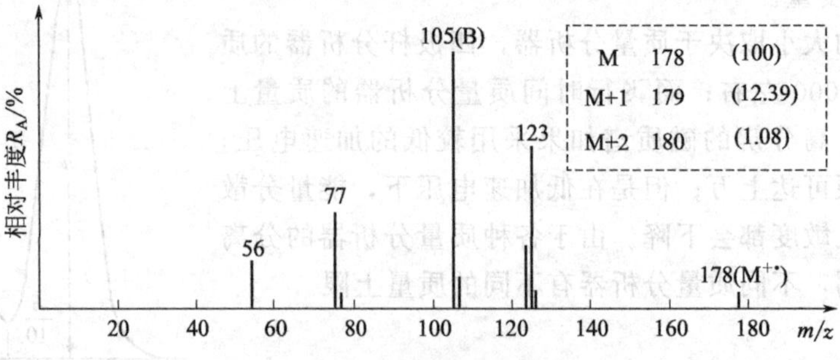

图 16-14 苯甲酸丁酯的质谱图

某一离子的相对丰度越大，表明该离子越容易形成或形成后越稳定。离子的相对丰度由实验条件和物质的结构所决定。

(2) 质谱表

质谱数据有时也可将质荷比由大到小顺序排列，括号中数字表示相对丰度。例如，苯甲酸丁酯的质谱数据：

179(0.3)，178(2.0)，163(0.3)，149(0.3)，135(13)，125(0.5)，124(5.3)，123(74)，122(17)，121(0.3)，123(74)，107(0.5)，106(7.8)，105(100)，104(0.7)，80(0.3)，79(5.1)，78(3.0)，77(37)，76(2.0)，65(0.4)，57(1.5)，56(19)，55(2.7)，52(0.8)，51(1.1)，50(3.0)，43(5.9)，42(0.3)，41(6.0)，40(0.3)，39(2.4)，29(5.1)，28(2.5)，27(3.6)

由于质谱图比较直观，故更为常见。但质谱图的相对丰度不够精确，甚至出现低丰度离子峰不容易计算，且亚稳峰须另外说明。

(3) 分子量

质谱仪主要测量以原子质量单位（u）表示的化合物的相对分子质量 M。在质谱中通常使用精确相对分子质量，即用自然界中最大丰度同位素的精确相对原子质量计算得到，一般不使用平均分子量。

一种确定化学结构的分子在质谱中将显示它的由各种同位素组成的、质量数不同的各个质谱峰。例如 CH_3Cl 质谱的分子离子区域有表 16-2 所示质谱峰分布。

表 16-2 CH_3Cl 质谱的分子离子区域峰的分布

离子	$[^{12}CH_3^{35}Cl]^+$	$[^{13}CH_3^{35}Cl]^+$	$[^{12}CH_3^{37}Cl]^+$	$[^{13}CH_3^{37}Cl]^+$
质量数	M	$M+1$	$M+2$	$M+3$
相对丰度/%	100	1.1	33.3	0.33

由表 16-2 可见，分子离子峰 M 是所含 C 均为最大丰度的 ^{12}C，Cl 为占 Cl 的自然界最大丰度的 ^{35}Cl 组成；M+1 所含碳为占碳的自然界总含量的 1.1% 的 ^{13}C，Cl 仍然为最大丰度的 ^{35}Cl 组成；M+2 所含碳为 ^{12}C，Cl 为占 Cl 总丰度的 33.3% 的 ^{37}Cl 组成；M+3 所含碳为 ^{13}C，Cl 为 ^{37}Cl 组成。

各种同位素峰的强度受组成这些离子的元素的天然丰度所制约。

(4) 总离子流（TIC）

即一次扫描得到的所有离子强度之和。若某一质谱图总离子流很低，说明电离不充分，不能作为一张标准的质谱图。可通过改变电离条件，增大离子强度，改进谱图质量。

(5) 本底

未进样时，扫描得到的质谱图。空气成分、仪器泵油、FAB底物、ESI缓冲液、色谱联用柱流失及吸附在离子源中其它样品都会对本底造成影响。

(6) 质量色谱图（mass chromatogram）或提取离子色谱图（extract ion chromatogram）

质谱法数据处理的一种方式。在GC/MS或LC/MS中，选定一定的质量扫描范围进行质谱扫描，按一定的时间间隔测定质谱数据并将其保存在计算机中。如果要观察特定质量与时间的关系，可以指定该质量，计算机将以时间为横坐标，以指定离子的强度为纵坐标，表示质量与时间的关系。得到的图叫作质量色谱图或提取离子色谱图。

二、质谱中的离子

质谱中的离子有分子离子、同位素离子、碎片离子、亚稳离子、重排离子等。

1. 分子离子

分子失去一个电子后形成分子离子。

分子离子（M^+）是质谱图中最有价值的信息，它不但是测定化合物分子量的依据，而且可以推测化合物的分子式，用高分辨质谱可以直接测定化合物的分子式。

分子结构对分子离子峰的强弱有着直接的影响，分子离子峰的强弱有以下规律：

芳香环＞共轭烯＞烯＞环状化合物＞羰基化合物＞醚＞酯＞胺＞酸＞醇＞高度分支的烃类。

分子离子峰的强弱也与离子源的类型、轰击电子的能量等实验条件有很大关系。

2. 同位素离子

组成有机化合物的十几种元素中，有几种元素具有天然同位素，如C、H、N、O、S、Cl、Br等，这样，由于组成有机化合物的元素不是同位素纯的，只能得到一张混合物的质谱图。其中含有丰度较小的同位素的离子被称为同位素离子。它的丰度与离子中存在该元素的原子数目及该同位素的天然丰度有关，通过同位素离子丰度测量和计算，可以推测分子离子或碎片离子的元素组成。

表16-3列举了组成有机化合物的常见元素在自然界中存在的同位素及其丰度。这些化合物被分为三类："A"，只有一个天然丰度的同位素；"A＋1"，有两个同位素的元素，其中第二个同位素比丰度最大的同位素重一个质量单位；"A＋2"，这类元素有比丰度最大同位素重两个质量单位的同位素。

表16-3 常见元素的天然同位素丰度

元素	A		A＋1		A＋2		元素类型
	质量	%	质量	%	质量	%	
H	1	100	2	0.016			"A"
C	12	100	13	1.1			"A＋1"
N	14	100	15	0.38			"A＋1"
O	16	100	17	0.04	18	0.20	"A＋2"
F	19	100					"A"
Si	28	100	29	5.1	30	3.4	"A＋2"
P	31	100					"A"
S	32	100	33	0.80	34	4.4	"A＋2"
Cl	35	100			37	32.5	"A＋2"
Br	79	100			81	98.0	"A＋2"
I	127	100					"A"

同位素离子的丰度近似计算法。

①“A+2”元素　这类元素包括氧、硅、硫、氯和溴。除氧以外，其它元素的重同位素丰度都较高。如果有机物含上述元素，则分子离子区出现的同位素峰的强度可由二项式的展开式来计算。

$$(a+b)^n=a^n+na^{n-1}b+n(n-1)a^{n-2}b^2/2!+n(n-1)(n-2)a^{n-3}b^3/3!+\cdots\cdots$$

式中，a 为轻同位素相对丰度；b 为重同位素相对丰度；n 为分子中该元素的原子数目。

例如，含一个氯原子的化合物 CH_3Cl，由 $CH_3^{35}Cl$（$M=50$）及 $CH_3^{37}Cl$（$M+2=52$）组成，其中 ^{35}Cl 与 ^{37}Cl 的丰度比近似为 3∶1，则上式为：

$$(3+1)^1=3+1$$

$CH_3^{35}Cl$ 与 $CH_3^{37}Cl$ 的丰度比，即 $M/(M+2)=3:1$

更多同位素组成化合物的同位素离子峰的丰度可按照上式展开计算。

氧原子的 A+2 同位素相对丰度很低（0.2%），当离子中存在多个碳原子时，会对 $M+2$ 峰产生影响，对于含有 W 个碳原子及 Z 个氧原子的化合物，其 $M+2$ 峰的相对丰度理论值可用下列形式计算：$(M+2)\%=\left[\dfrac{(1.1W)^2}{200}+0.20Z\right]\%$

在实际测量中，由于 ^{18}O 含量低，测量误差往往较大。

②“A+1”元素　“A+1”元素包括碳、氢和氮。但 $^2H/^1H$ 的比例非常小，常常把氢作为 A 元素，化合物 $C_WH_XN_YO_E$ 的同位素离子峰的丰度计算可用下式：

$$(M+1)\%=[1.1W+0.016X+0.38Y+0.04E]\%$$

因为 ^{17}O 及 ^2H 相对含量极低，上式可简化为：

$$(M+1)\%=[1.1W+0.38Y]\%$$

③“A”元素　“A”元素包括氢、氟、磷及碘，根据实验数据确定或估计了每种“A+2”和“A+1”元素的数目后，这个离子峰余下的质量一定由“A”元素提供。根据价键规律，利用上述数据，可完成对分子的组成（或几个可能组成）的确定。

3. 碎片离子

质谱反应属于单分子反应，分子离子源中的样品蒸气压通常低到足以忽略双分子或其它碰撞反应的程度。那些足够“冷”的离子不会在被收集前分解，在质谱图上以分子离子（$M^{+\cdot}$）的形式出现；而处于高激发态的分子离子，将进一步分解，产生一个离子和中性碎片。如果这个初级产物的离子有足够的能量，还可以进一步分解。

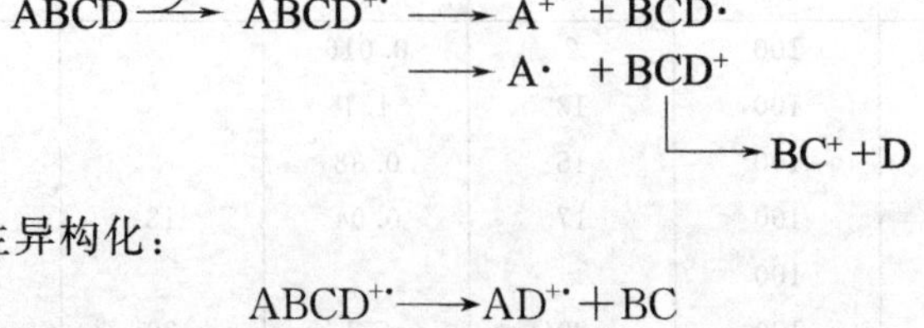

反应中也可以发生异构化：

$$ABCD^{+\cdot}\longrightarrow AD^{+\cdot}+BC$$

碎片离子的相对丰度主要取决于该离子的稳定性，与分子结构有密切关系，高丰度的碎片离子代表分子中易于裂解的部分。如果有几个主要碎片离子，并且代表着分子的不同部分，则由这些碎片离子就可以粗略地把分子骨架拼凑起来。

4. 亚稳离子

在质谱图中，有时可以看到峰形较宽的峰，这即是亚稳离子形成的离子峰。

质量为 m_1 的离子若在电离室中进一步开裂，生成质量为 m_2 的离子及一个中性碎片。

$$m_1 \longrightarrow m_2 + \text{中性碎片}$$

如果裂解不是在离子室中发生，而是离子在无场漂移区中飞行时发生的，那么离子的质量虽然仍为 m_2，但由于一部分动量被中性碎片带走，故在较低的质荷比处出现一个低矮的宽峰。这个低动量的离子被称为亚稳离子（m^*），它与 m_1 及 m_2 有如下关系：

$$m^* = m_2^2 / m_1$$

根据上式，可以利用出现的 m^* 离子找到对应的 m_1 及 m_2，同时也可以计算出失去的中性碎片的质量。这样，就可以辨认母离子（m_1）及子离子（m_2）的亲缘关系。

质谱图中出现的亚稳峰有各种形态，最常见的是弧形或丘形的，有时也见到不尖锐的等腰三角形。它的相对丰度一般很小，呈发散状，能跨几个质量数。以其中心为准计算亚稳离子的质荷比，多为非整数。

亚稳离子在探讨有机分子的裂解途径方面意义很大。它与离子的精确质量测定和质量位移技术相互验证、相互补充，把看上去很复杂的质谱，排列成一系列有“亲缘关系”的家族，辨认出反应物、中间体及产物，从而可准确地写出裂解方式和裂解途径。

5. 重排离子

在两个或两个以上键的断裂过程中，某些原子或基团从一个位置转移到另一个位置所生成的离子，称为重排离子。转移的基团常常是氢原子，其中最常见的重排过程是麦氏重排。

6. 多电荷离子

有机分子受到电子流冲击，有时被打掉两个电子，生成两价离子，如黄酮类、双苄基四氢异喹啉类和蒽醌类化合物，常出现双电荷离子。如果这个离子质量数为奇数，质荷比就不是整数；这样的两价离子比较容易发现。但一般的两价离子，质荷比为整数，而且离子峰很小，所以不容易发现。对于 ESI 电离形式，蛋白质、氨基酸等分子常常出现双电荷、三电荷，甚至十电荷离子，这些多电荷离子的出现并被检测，使质谱分子质量的检测范围大大扩展。

第五节 有机化合物的碎裂方式

一、分子离子峰的判别

通常，化合物的分子量用其所含元素的最大丰度质量来计算。假如一个纯化合物的 EI 质谱图中有分子离子的话，它应该出现在谱图的最高质荷比区，但是，质谱图上质荷比最高的离子不一定就是分子离子，仍需进一步检验确定，以排除各种干扰。

在一个纯化合物的质谱（不含本底和分子离子反应等产生的附加峰）中，作为一个分子离子必要但非充分的条件如下。

(1) 它必须是谱图中最高质量的离子

分子失去一个电子，形成分子离子，自然它的质量数（质荷比）应为最高。但是，某些含氧或含氮的化合物，如醚、酯、胺、酰胺、氨基酸酯等，往往在比分子离子峰多一个质量单位处出现一个峰，称为（M+1）峰，这是由于分子离子在电离室碰撞过程中捕获一个 H 而形成的。同样，有些分子易失去一个氢而生成（M−1）离子。例如，六氢吡啶的（M−1）峰比 M 峰要高。

此外，由于某些元素的重同位素的存在，质谱图中也会出现某些离子的质荷比高于分子离子的情况。

（2）分子离子必须是奇电子离子

样品分子失去一个电子而被电离成分子离子，由于带有未成对电子，所以被称为奇电子离子（OE），用符号 $^{+\cdot}$ 表示。例如甲烷的分子离子形成过程如下：

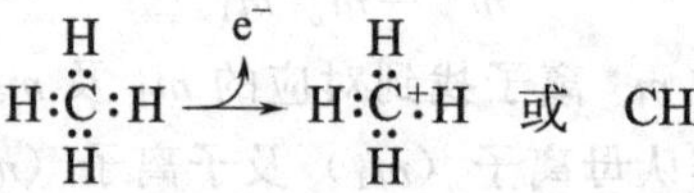

（3）含氮的有机化合物，分子离子的质荷比符合“氮规则”

有机化合物中常见元素的最大丰度同位素质量和价健之间有一个巧合，即除氮原子外，两者或均为偶数或均为奇数。由此可以推出“氮规则”：一个化合物含有偶数（包括0）个氮原子，则分子离子的质量为偶数；含奇数个氮原子的化合物，分子离子的质量必为奇数。

（4）分子离子必须能够通过丢失合理的中性碎片，产生谱图中高质量区的重要离子

分子离子分解过程中，通常仅有少数几种低质量中性碎片被失去。例如，饱和烃可以失去甲基或一个氢原子，出现质荷比为（M－15）及（M－1）的离子，但不可能失去5个氢，出现质荷比为（M－5）的离子。通常，分子离子不可能失去质量为4～14和21～25的中性碎片而产生重要的碎片离子峰。

二、碎裂的表示方法

（1）用箭头表示双电子转移（异裂、非均裂）

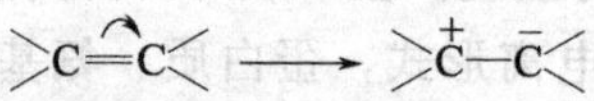

（2）用鱼钩表示单电子转移（均裂）

（3）电荷数与质量数的关系

$\rceil^{+\cdot}$ 表示奇数电子；$\rceil^{+}$ 表示偶数电子。

由C、H、O、S、X组成的离子和含偶数N的离子：质量数为奇数者，电子数是偶数；质量数为偶数者，电子数为奇数。例：

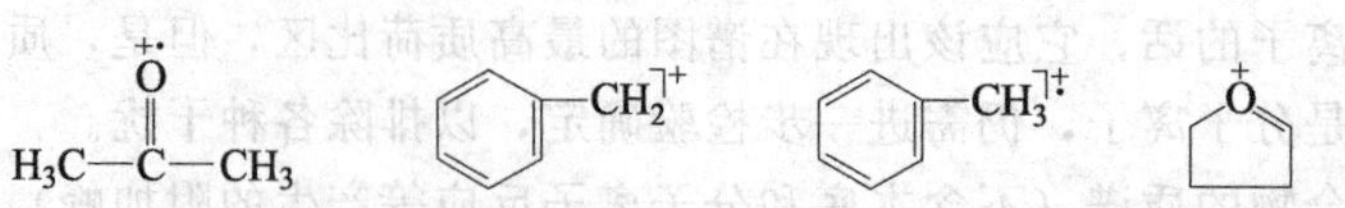

m/z 58　　*m/z* 91　　*m/z* 92　　*m/z* 71

含奇数氮的离子：质量数为奇数者，电子数也是奇数；质量数为偶数者，电子数也是偶数。例：

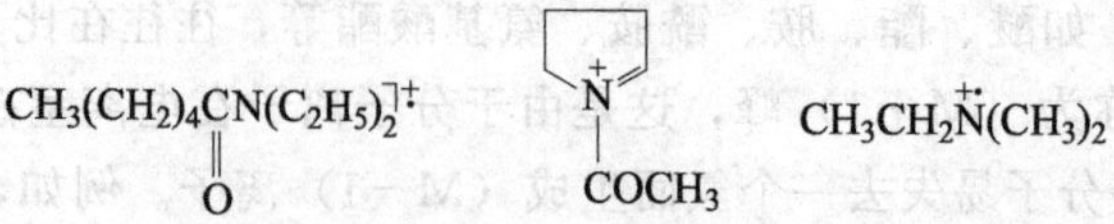

m/z 171　　*m/z* 122　　*m/z* 73

三、离子分解反应的类型和反应机理

反应的分类方法有很多种，一般采用 F. W. Mclafferty 的分类方法。

1. σ 键的断裂

化合物中某个单键失去电子，则在此处易进一步发生断裂反应，例如烷烃。

$$RCR_3 \xrightarrow{-e^-} R\overset{+\cdot}{}CR_3 \xrightarrow{\sigma} R\cdot + R_3C^+$$

能够稳定的正电荷离子丰度较高，如：

$$(CH_3)_3C-CH_2CH_3 \xrightarrow{-e^-} (CH_3)_3C\overset{+\cdot}{}CH_2CH_3 \xrightarrow{\sigma} (CH_3)_3C^+ + CH_3CH_2\cdot$$

甲基为供电子基，叔丁基中的季碳与三个甲基相连，对稳定正电荷最为有利，上述反应中 $(CH_3)_3C^+$ 的丰度为 100%，即为基峰。

2. 自由基中心引发的断裂反应（α 断裂）

分子失去电子，形成自由基离子，它的成单电子有强烈的成对倾向，导致邻近原子的单键断裂，邻近原子的单电子与自由基离子的单电子形成一个新键。由于是自由基电荷中心的邻位发生键的断裂，因此，这种断裂通常称为 α 断裂反应。

（1）自由基离子为饱和中心原子

$$R-CR_2-\overset{+\cdot}{Y}R \xrightarrow{\alpha} R\cdot + CR_2=\overset{+}{Y}R$$

杂原子（Y）的孤对电子电离能较低，很容易去失，形成自由基离子，进而引发 α 断裂：

$$R-CH_2-\overset{+\cdot}{O}-R' \xrightarrow{\alpha} R\cdot + CH_2=\overset{+}{O}-R'$$

（2）自由基离子为不饱和杂原子

$$R-CR'=\overset{+\cdot}{Y} \xrightarrow{\alpha} R\cdot + CR'\equiv\overset{+}{Y}$$

如羰基化合物的 α 裂解：

$$R-\underset{}{C}(=\overset{+\cdot}{O})-R' \xrightarrow{\alpha} R\cdot + C(=\overset{+}{O})-R'$$

（3）烯烃类的烯丙位裂解

$$R-CH_2-\underset{H}{C}\overset{+\cdot}{}CH_2 \xrightarrow{\alpha} R\cdot + CH_2=CH-\overset{+}{C}H_2$$

上述反应的进行与自由基中心给电子倾向有密切的关系。氮原子给电子能力很强，α 断裂在脂肪族胺中占主导地位，其次是氧族元素。由给电子能力的差别造成的 α 断裂反应的难易程度按下列顺序排列：N＞S、O、π、R＞Cl、Br＞H。当一个化合物有几个 α 键时，最容易失去的是最大烷基自由基，称之为最大烷基丢失原则。例如，3-甲基-3-己醇有 3 个 α

键，α键断裂后应在 m/z 73、87 及 101 处均出现特征峰；其中 $M-C_3H_7$（m/z 73，100%）的峰丰度最高，而后是 $M-C_2H_5$（m/z 87，50%），$M-CH_3$（m/z 101，10%）的丰度最低。

3. 电荷中心引发的反应（诱导断裂，i）

（1）奇电子离子（OE$^{+\cdot}$）

① 饱和中心

$$R \overset{\frown}{\longrightarrow} \overset{+}{Y} - R' \xrightarrow{\ i\ } R^+ + R'Y\cdot$$

例如：

$$C_2H_5 \overset{\frown}{\longrightarrow} \overset{+}{O} - C_2H_5 \xrightarrow{\ i\ } C_2H_5^+ + H_5C_2O\cdot$$
$$m/z\,29,\ 40\%$$

② 不饱和中心

$$\underset{R'}{\overset{R}{C}} = \overset{+}{O} \ (\longleftrightarrow\ \underset{R'}{\overset{R}{C^+}} - \overset{\cdot}{O}\ ) \xrightarrow{\ i\ } R^+ + R' - \overset{\cdot}{C} = O$$

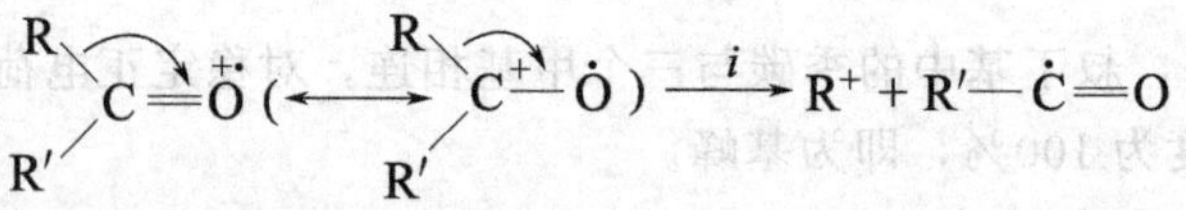

例如：

$$\underset{C_2H_5}{\overset{C_2H_5}{C}} = \overset{+}{O} \xrightarrow{\ i\ } C_2H_5^+ + C_2H_5\overset{O}{\overset{\|}{C}}\cdot$$
$$m/z\,29$$

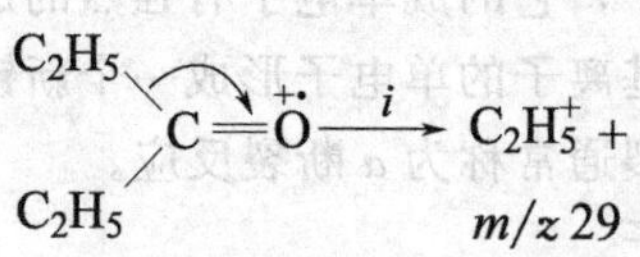

上述反应是由正电荷对一对电子的吸引所致，反应发生的难易程度与该元素的诱导效应有关，一般为 X>O、S≫N、C；许多碘代烷烃，溴代仲和叔烷烃及氯代叔烷烃，较易产生该反应。

$$CH_3 - CH_2 - \underset{CH_3}{\overset{\frown}{C}H} - \overset{+\cdot}{Br} \xrightarrow{\ i\ } C_4H_9^+ + Br\cdot$$
$$m/z\,57$$

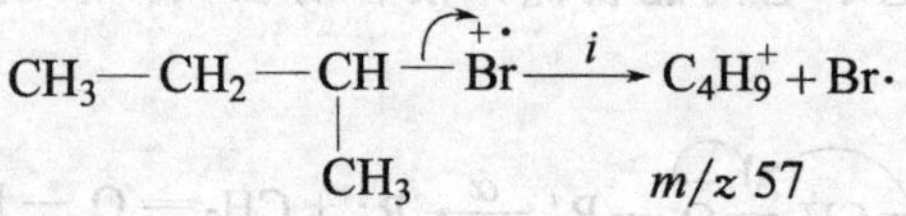

在影响 α 或 i 反应的能力方面，氧属于中等水平，例如：

$$CH_3 - CH_2 \overset{i}{\overset{\frown}{\longrightarrow}} \overset{+\cdot}{O} \overset{\alpha}{\overset{\frown}{\longrightarrow}} CH_2 - CH_3 \xrightarrow{\ \alpha\ } CH_3CH_2 - \overset{+}{O} = CH_2 + H_3C\cdot$$
$$\downarrow i \qquad\qquad\qquad m/z\,59$$

$$CH_3CH_2^+ + CH_3CH_2O\cdot$$
$$m/z\,29$$

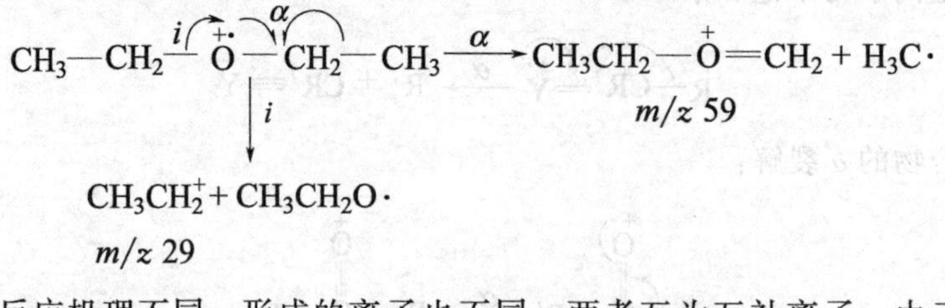

α 反应与 i 反应机理不同，形成的离子也不同，两者互为互补离子。由于 i 断裂需要电荷转够，与 α 断裂相比较难进行。上述反应中 m/z 59 的丰度大于 m/z 29 的丰度

（2）偶电子离子（EE$^+$）

偶电子离子反应往往产生一个新的偶电子离子和一个中性分子。

① 饱和中心

$$R \overset{\frown}{\longrightarrow} \overset{+}{Y}H_2 \xrightarrow{\ i\ } R^+ + YH_2$$

化学电离（CI）产生的初始离子，主要是 EE$^+$，如（M+H）$^+$ 和（M−H）$^+$，而后产生 i 反应。例如，麻黄素在化学电离中先形成（M+1）$^+$，再脱去 H_2O：

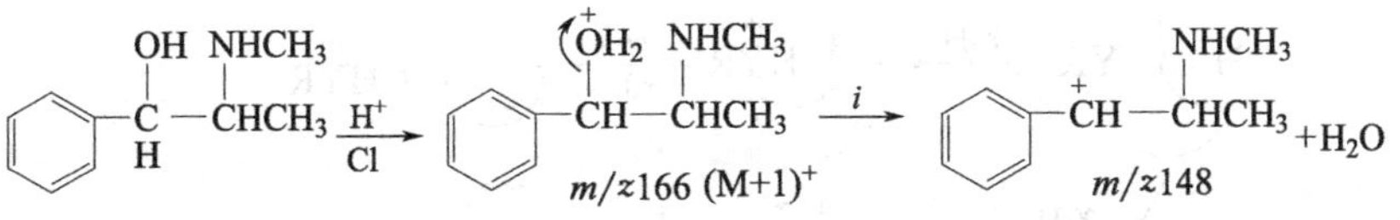

② 不饱和中心

$$R-\overset{+}{Y}=CH_2 \xrightarrow{i} R^+ + Y=CH_2$$

$$\underset{m/z\ 59}{CH_3CH_2-\overset{+}{O}=CH_2} \longrightarrow \underset{m/z\ 29}{CH_3CH_2^+} + O=CH_2$$

分子离子为奇电子离子（$OE^{+\cdot}$），经过α断裂产生偶电子离子（EE^+），再发生i断裂，如脂肪酮：

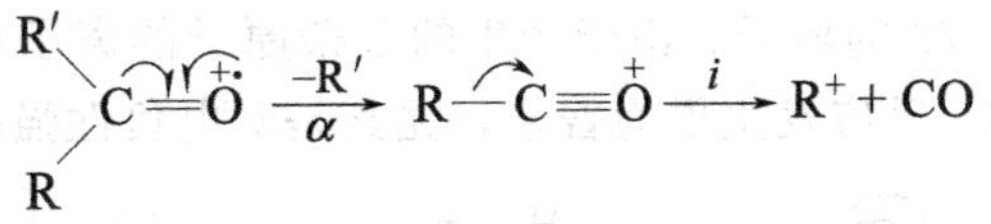

4. 自由基中心引发的重排

在质谱反应中，分子中原子的排列发生变化的反应被称为重排反应，由自由基中心引发的氢原子重排是常见的重排反应之一。

（1）γ-H 重排到不饱和杂原子上并伴随发生β断裂（麦氏重排）

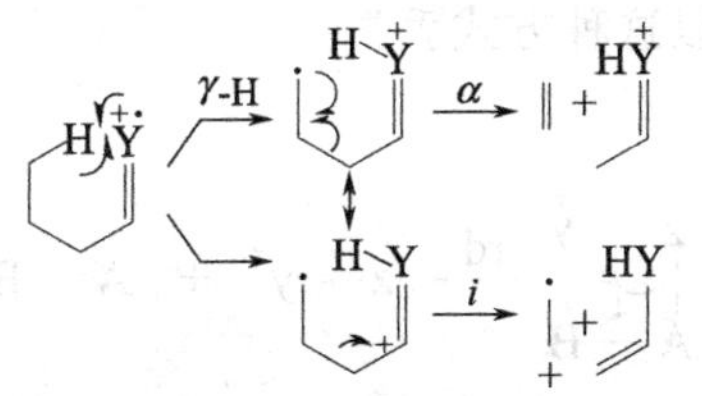

在该反应中，自由基中心上的未成对电子通过空间与邻近的一个原子（γ位上氢原子）形成新键，其结果是导致这个γ位上键的断裂及γ位上的氢原子通过六元过渡态转移到了自由基中心原子上。在这个过程中γ位上键的断裂没有使离子中任一部分丢失，而只是引起自由基中心位置的改变。新的自由基立即引发一个α断裂反应，导致原来自由基的β位碳-碳键断裂；与此同时失去一个烯烃或其它稳定分子，形成奇电子离子，例如：

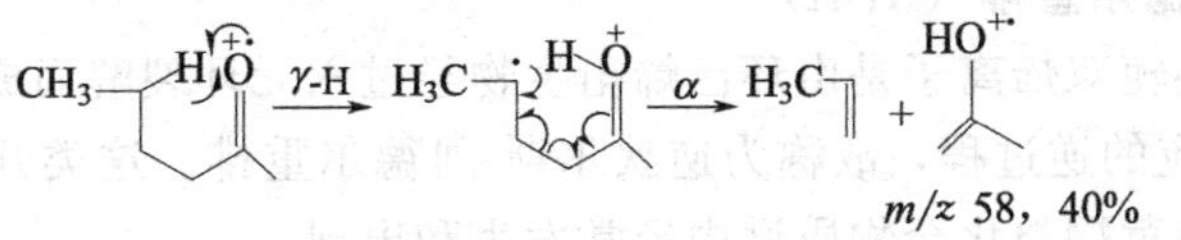

m/z 58，40%

同样，新形成的自由基中心也可以诱发诱导断裂（i断裂），但由于i断裂需要电荷转移，进行比较困难。离子丰度大为降低。

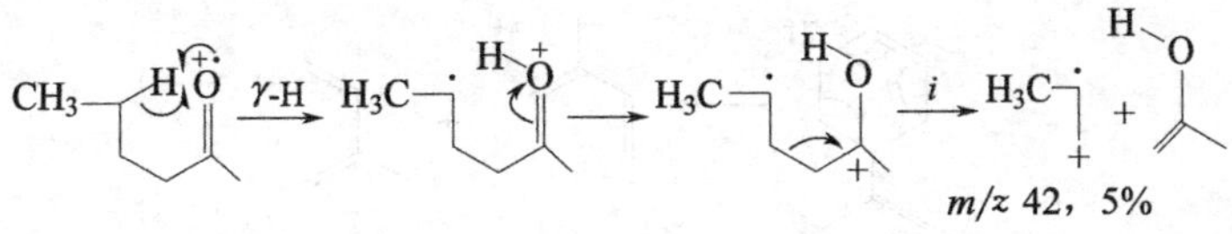

m/z 42，5%

然而，如果用苯基取代上述分子中的甲基，诱导反应的趋势大大增强，这是由于苯基取代使电离能下降所致。

（2）氢重排到饱和杂原子上并伴随邻键断裂

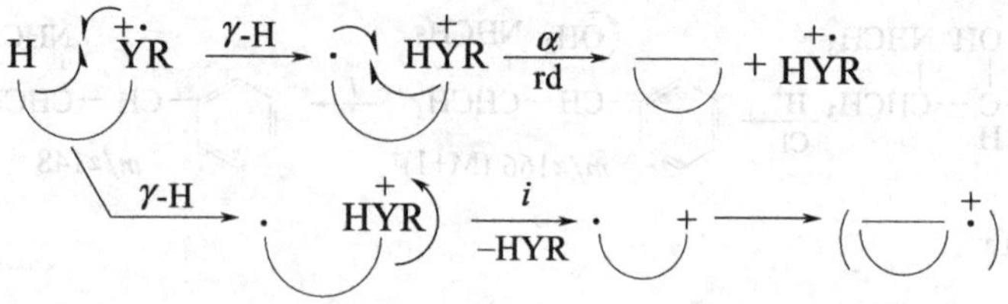

饱和杂原子的自由基未成对电子与邻近的处于适当构型的氢原子形成一个新键，与此同时一个与氢原子相邻的键断裂。

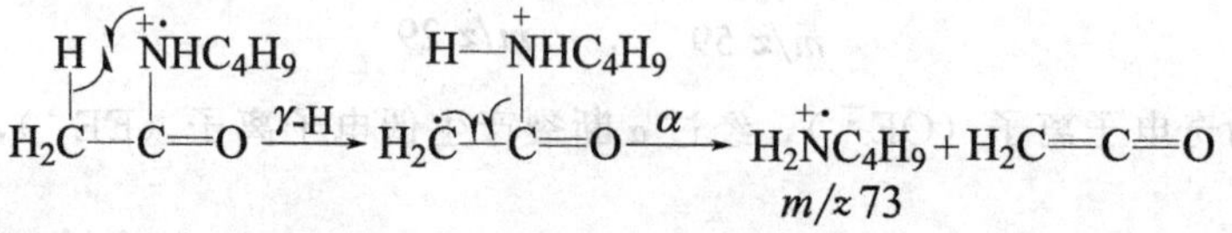

通过 α 反应产生 m/z 73 的离子。由于产生的含杂原子的离子是饱和的，对电荷的争夺力很弱，使得电荷转移的 i 反应发生更为普遍，尤其是对电负性强的基团：

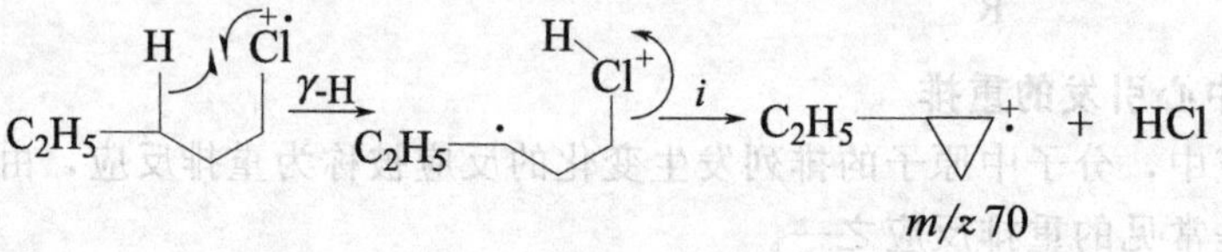

上述反应中形成了［M－HCl］离子，其它电离能较高的饱和小分子，如 H_2O、C_2H_4、CH_3OH、H_2S 和 HBr 等，常以这种方式丢失。

5. 电荷中心引发的重排

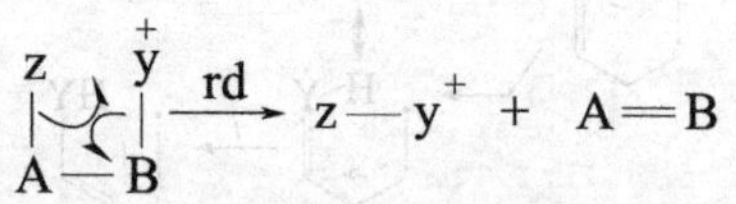

z 为氢时常常看到这种类型的裂解，如二乙胺：

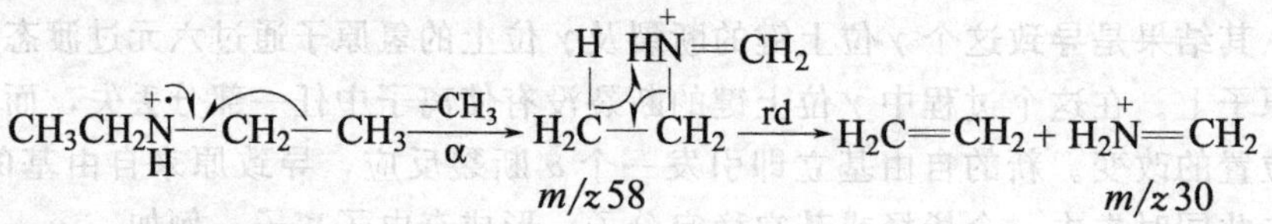

6. 逆狄尔斯-阿德尔重排（RDA）

在质谱中一些共轭双烯离子是由环己烯衍生物经过六元环裂解而成。这个开裂过程恰好是狄尔斯-阿德尔反应的逆过程，故称为逆狄尔斯-阿德尔重排。这类开裂在脂环化合物、生物碱、萜类、甾体和黄酮类化合物质谱中经常发生和出现。

这个重排是以双键为起点，一般都会产生共轭二烯离子，同时失去 1 个中性烯类分子。例如：

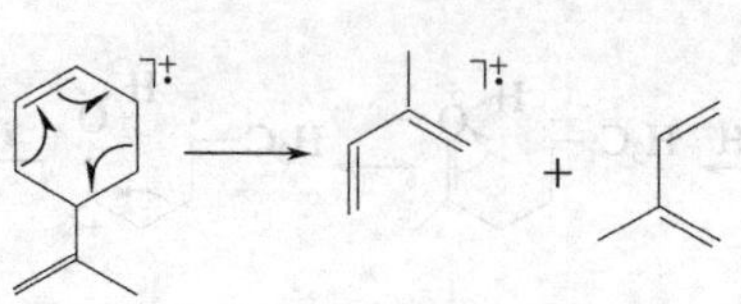

有时烯类碎片也可以带正电荷，这主要受结构因素影响，取决于开裂过渡状态所形成正离子的稳定性。

以上介绍了各类裂解反应及其机理。质谱反应中，各类反应可以同时发生，但由于化合物的性质不同，往往以 1～2 种反应为主，由此产生各类化合物的特征离子。

第六节　常见有机化合物的质谱裂解

一、烷烃

1. 直链烷烃质谱的特征

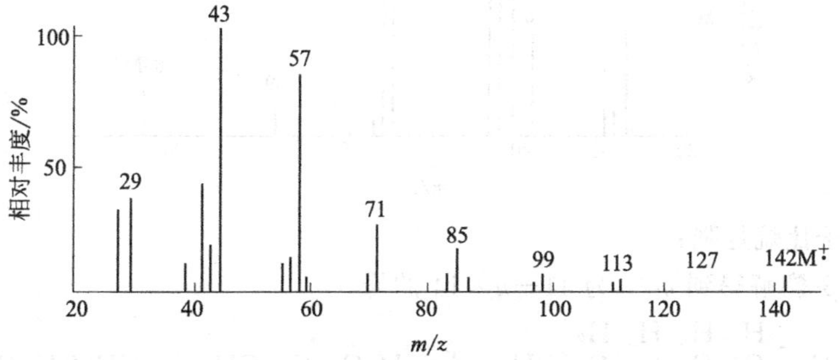

① 直链烷烃分子离子峰强度不高，强度随碳链增长而降低，通常碳数＜40 的烷烃分子离子峰（$M^{+\cdot}$）尚可观察到，碳数＞40 的烷烃分子几乎观察不到分子离子峰。

② 有相差 14 个质量数的一系列奇质量数的峰（C_nH_{2n+1}），即有质荷比 m/z 29、43、57、71、85、99……一系列碎片离子的峰。

③ m/z 43 和 m/z 57 的峰强度较大。

④ 在比 C_nH_{2n+1}离子小一个质量数处有一个小峰，即 C_nH_{2n}。离子峰 m/z 28、42、56、70、84、98……一系列弱峰是由 H 转移重排形成的。

⑤ 还有一系列 C_nH_{2n-1}的碎片峰是由 C_nH_{2n+1}脱去一个 H_2 中性分子而形成的。

2. 支链烷烃质谱的特征

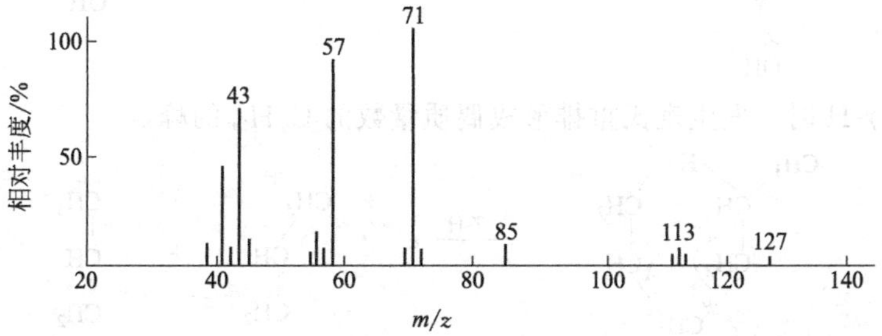

① 分子离子峰（$M^{+\cdot}$）的强度比直链烷烃弱，支链越多分子离子峰越弱。

② 在分支处容易断裂，正电荷在支链多的一侧，以丢失最大烷基为最稳定。上图中，m/z 71、85、113、127 处峰的强度不规则，表明这四处一定是化合物的分支处。其中 m/z 71 的峰最强，是 $M^{+\cdot}$丢失最大的烃基形成的，可根据这些特征峰来确定分子中支链的位置。

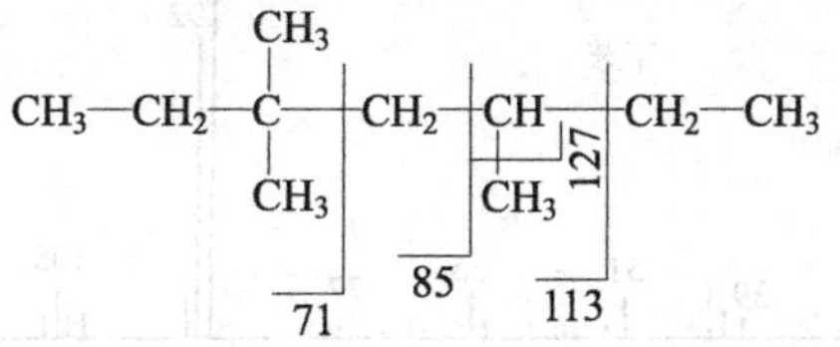

③ 在质谱图中若有 m/z 15 或（M－15）的峰，则表明结构中存在甲基支链。上图中就

有 m/z 127（M－15）的峰。

二、烯烃

烯烃质谱图如下图所示：

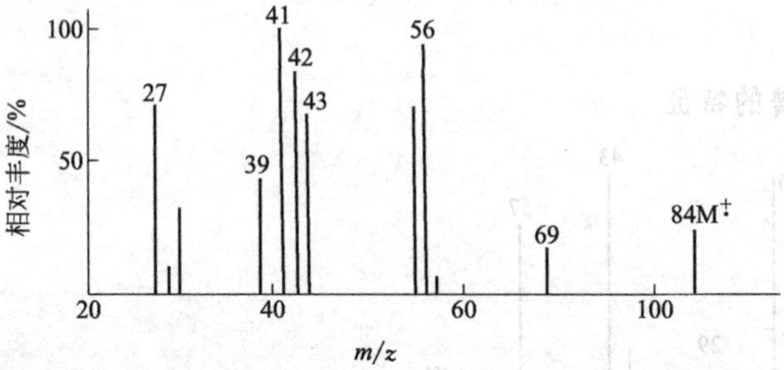

① 分子离子比烷烃强；

② 易发生 β-裂解得到 m/z 为 $41+n\times14$ 的峰。

$$H_2\overset{+\bullet}{C}-\overset{H}{C}-\overset{H_2}{C}-\overset{H_2}{C}-\overset{H_2}{C}-CH_3 \xrightarrow{\beta} H_2\overset{+}{C}-\underset{H}{C}=CH_2+\bullet CH_2CH_2CH_3$$

③ 单烯的 σ-断裂得到 C_nH_{2n-1}，即 m/z 27、41、55、69、83……即 $27+n\times14$ 一系列的峰。

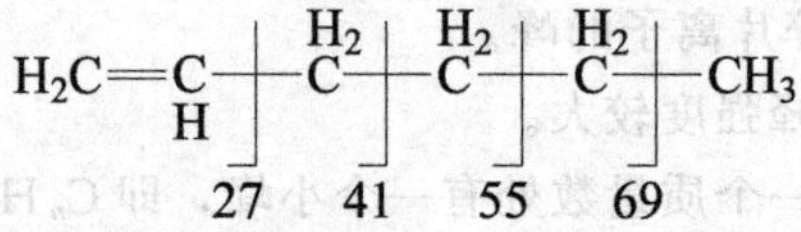

④ 环烯烃容易发生逆狄尔斯-阿德尔裂解。

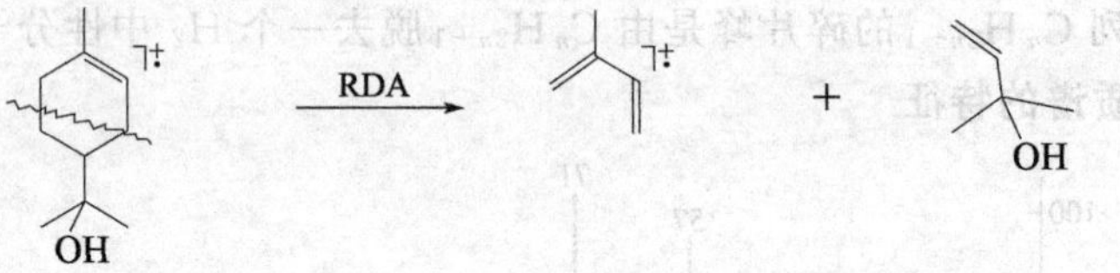

⑤ 烯烃含 γ-H 时，发生麦氏重排形成偶质量数的 C_nH_{2n} 的峰。

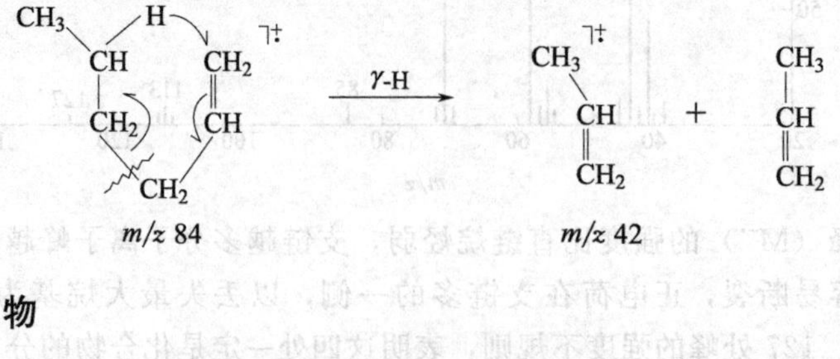

三、芳香族化合物

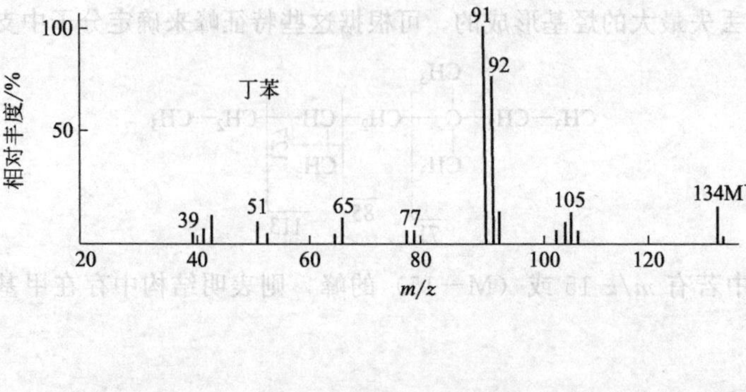

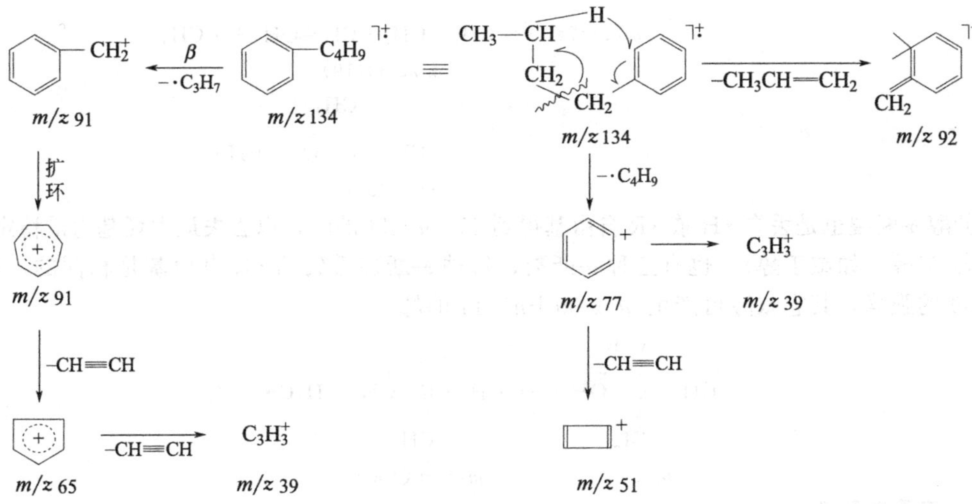

① 分子离子峰较强，苯的分子离子峰 m/z 78 是基峰。

② 碎片少，具有苯环指纹的一系列特征峰 m/z 39、51、65、77 和 78 等弱峰。

③ 烷基苯以 β-断裂最为重要，产生稳定的䓬鎓离子 m/z 91 是基峰。

④ 直链烷基取代苯中具有 $C_\gamma H_\gamma$ 时，发生麦氏重排，形成 m/z 92 的峰。

⑤ 烷基苯的 σ-裂解产生 m/z 77 的苯基离子（$C_6H_5^+$）峰，单取代苯环化合物的 H 重排还可形成 m/z 78 的（$C_6H_6^{+\cdot}$）离子峰。

四、醇类

1. 脂肪醇

醇分子离子峰很弱，往往观察不到。长链醇可发生 α-、β-、γ-、δ-裂解（括号中数字为相对丰度/%）。

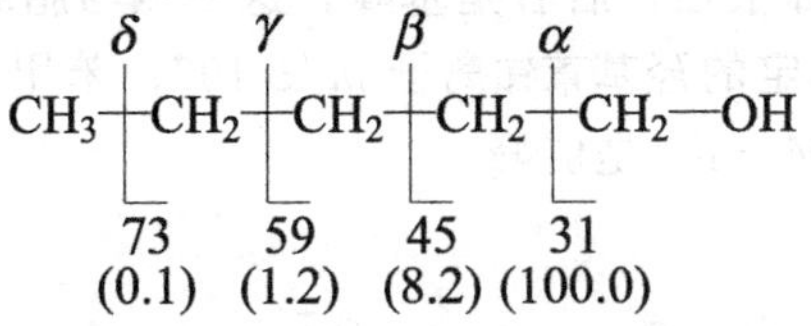

α-断裂是醇类的主要裂解，质谱图中的主要碎片几乎都是 α-断裂产生的。

① 伯醇（如正丁醇） 有两种 α-裂解：丢失 ·H(M−1) 和 ·R 自由基。

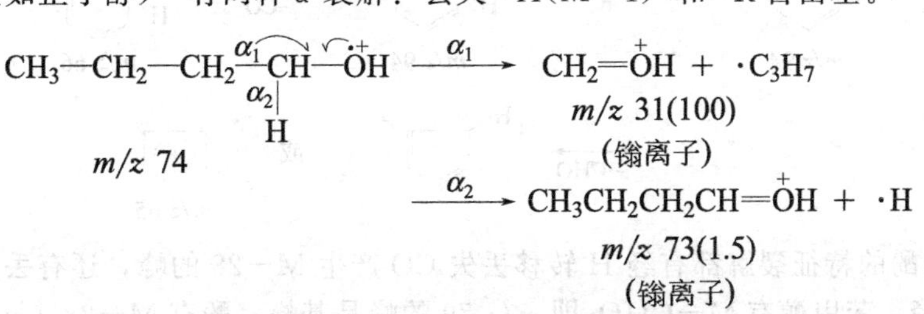

② 仲醇（如 2-丁醇） 三种 α-断裂（括号中数字为相对丰度/%）

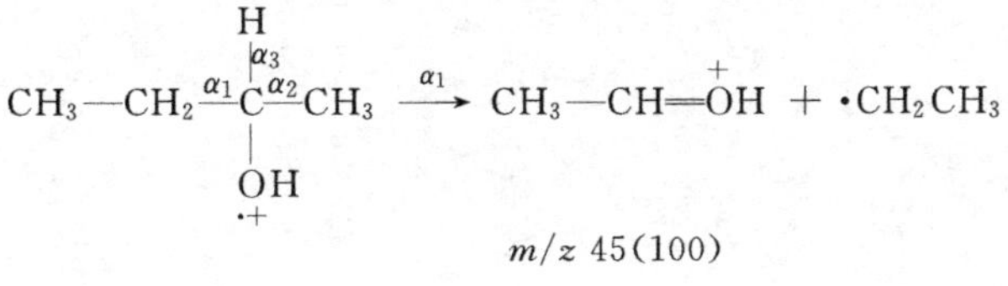

$$m/z=74 \xrightarrow{\alpha_2} CH_3—CH_2—CH=\overset{+}{O}H + ·CH_3$$

m/z 59(19)

$$\xrightarrow{\alpha_3} CH_3—CH_2—\underset{}{\overset{CH_3}{\overset{|}{C}}}=\overset{+}{O}H + H·$$

m/z 73(1.2)

仲醇 α-断裂也是丢失 ·H 或 ·R 自由基得到 $45+n\times14$ 的峰，以丢失最大烃基为最稳定。

③ 叔醇（如叔丁醇） 也有三种 α-断裂，每种 α-断裂丢失的 ·R 自由基是相同的，得到 m/z 59 的强峰，其它叔醇可产生 m/z $59+n\times14$ 的峰。

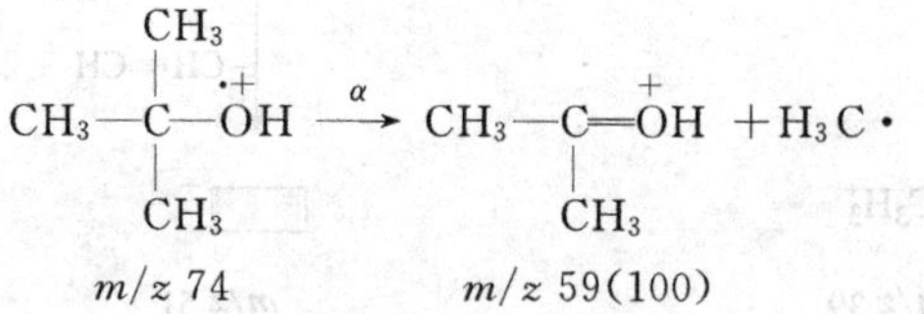

2. 芳香醇和酚

苯甲醇的裂解：

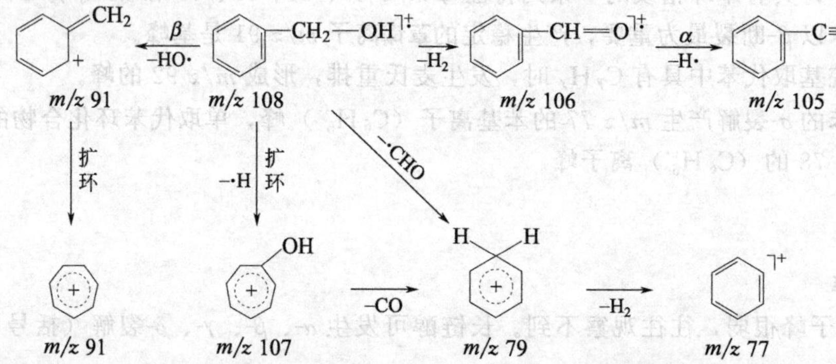

苯甲醇和酚的分子离子峰很强，后者是基峰，这一点与脂肪醇正相反。苯甲醇中（M－1）峰很强，是因为生成了稳定的羟基䓬鎓离子 m/z 107；苯甲醇也有（M－2）和（M－3）的峰，强度较弱；苯酚的（M－1）是弱峰。

酚的裂解：

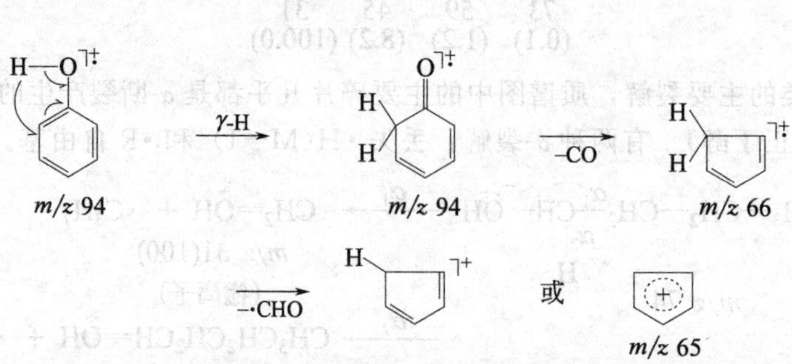

苯甲醇和酚的特征裂解都有经 H 转移丢失 CO 产生 M－28 的峰，还有丢失 ·CHO 基团的 M－29 的峰。苯甲醇有 M－CHO，即 m/z 79 的峰是基峰；酚有 M－28（m/z 66）和 M－29（m/z 65）的弱峰。

五、羰基化合物

1. 醛

醛的 α-断裂：

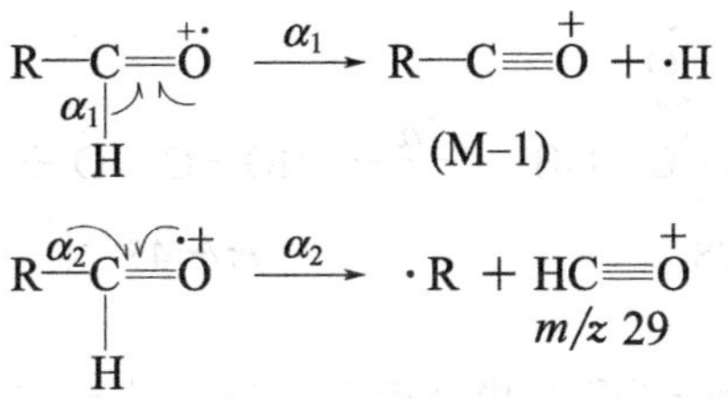

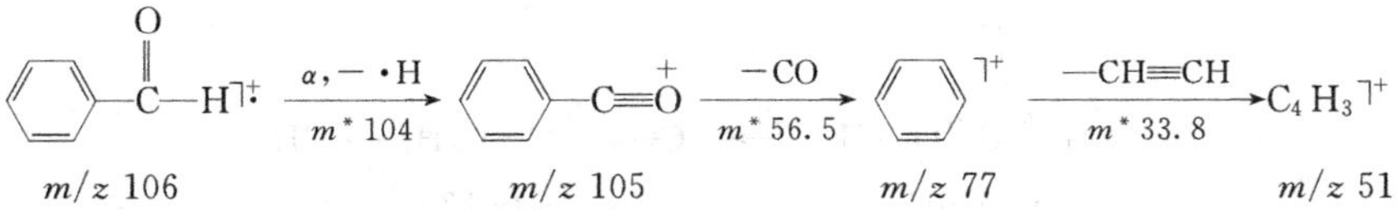

α-断裂得到的 M−1 峰是醛的特征峰。苯甲醛的 M−1 离子继续丢失 CO 后形成 m/z 77 的苯基离子，再丢失 CH≡CH 得到 m/z 51 的离子。这些丢失都由亚稳离子得到证实。

脂肪醛的 α-断裂丢失一个 ·R 自由基，形成 m/z 29 的 $HC{\equiv}O^+$ 离子峰是强峰，在 C_1～C_3 的醛中是基峰。

碳链增长，i-断裂丢失的是 · CHO 自由基，形成 M−29 的 R^+ 离子峰。

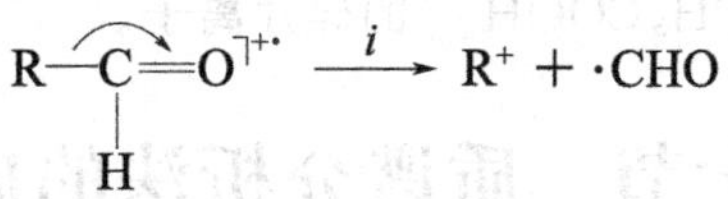

C_4 以上的醛发生麦氏重排，醛基 α 位 C 上无支链时，基峰为 m/z 44 的离子峰，表明高级脂肪醛的麦氏重排裂解是主要的。可根据麦氏重排后的碎片峰判断 α 位 C 上的支链大小。

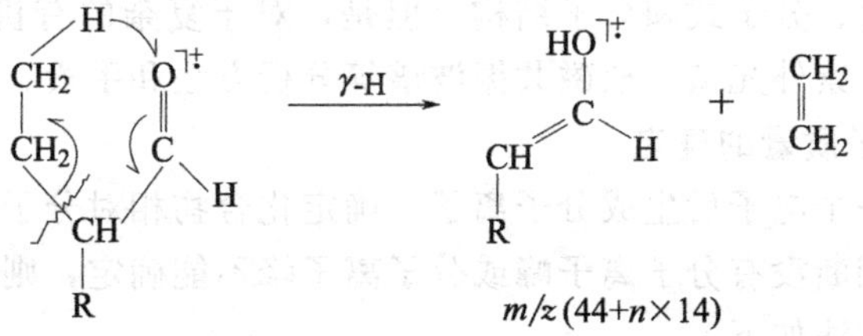

2. 酮

酮的断裂与醛相似，重要的是 α-断裂。酮类有明显的分子离子峰 m/z 58（C_3），72（C_4），86（C_5）及 α-断裂后形成的 m/z（43＋n×14）的峰都是重要的峰。α-断裂后较大的酰基还可丢失中性分子 CO 得到烷基正离子。

芳酮的分子离子峰比脂肪酮强；芳酮 α-断裂后再丢失中性分子 CO，形成 m/z 77 的苯基离子。

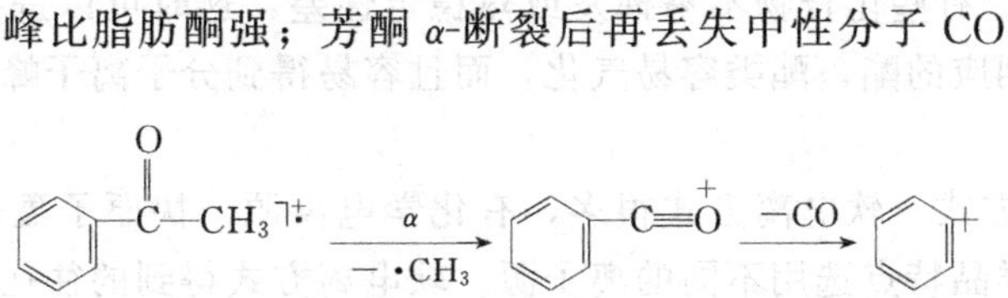

3. 羧酸

脂肪酸的分子离子是中-弱峰，麦氏重排产生 m/z 60 的离子是直链羧酸的特征离子。

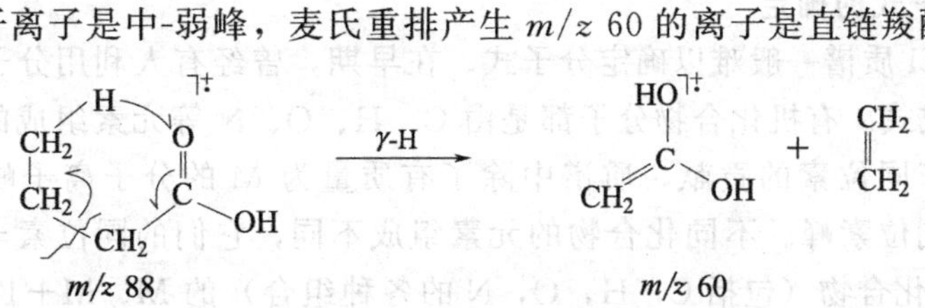

α-断裂丢失 ·R 自由基形成 m/z 45 的 $HO{-}C{\equiv}O^+$ 正离子。

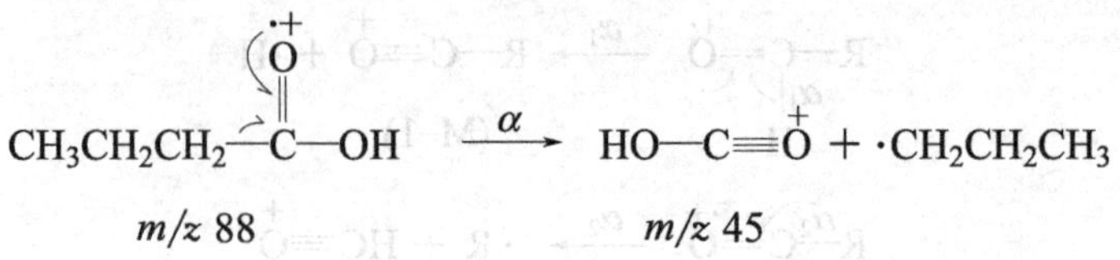

4. 酯

酯发生 α-裂解丢失 · R 或 · OR 自由基产生 m/z 59＋n×14 和 29＋n×14 的离子，如：

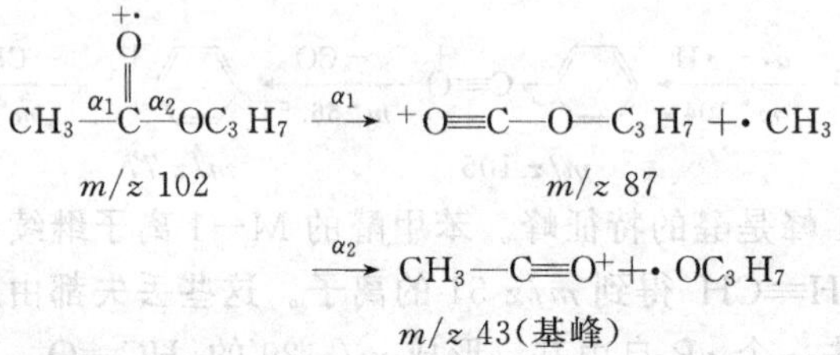

4 个碳以上的脂肪酸甲酯易发生麦氏重排，产生 m/z 74$[CH_3OC(OH){=}CH_2]^+$ 的特征碎片离子。脂肪酸乙酯产生 m/z 88$[CH_3CH_2OC(OH){=}CH_2]^+$ 的特征碎片离子，并可继续发生麦氏重排，产生 m/z 60$[CH_3COOH]^+$ 的碎片离子。

第七节 质谱分析法的应用

一张化合物的质谱包含着有关化合物的很丰富的信息。在很多情况下，仅依靠质谱就可以确定化合物的分子量、分子式和分子结构。但是，对于复杂的有机化合物的定性和定量，还要借助于红外光谱、紫外光谱、核磁共振波谱等分析方法和手段。

1. 化合物相对分子质量的确定

化合物分子失去一个电子后生成分子离子。确定化合物相对分子质量，就要找出分子离子峰。如果经分析和判断没有分子离子峰或分子离子峰不能确定，则需要采取其它方法得到分子离子峰，常用的方法如下。

① 降低电离能量　通常 EI 源所用电离电压为 70eV，电子的能量为 70eV，在这样高能量电子的轰击下，有些化合物就很难得到分子离子。这时可采用 12eV 左右的低电子能量，虽然总离子流强度会大大降低，但有可能得到一定强度的分子离子峰。

② 制备衍生物　有些化合物不易挥发或热稳定性差，这时可以进行衍生化处理。例如有机酸可以制备成相应的酯，酯类容易气化，而且容易得到分子离子峰，可以由此再推断有机酸的分子量。

③ 采取软电离方式　软电离方式很多，有化学电离源、快原子轰击源、场解吸源及电喷雾源等。要根据样品特点选用不同的离子源。软电离方式得到的往往是准分子离子，然后由准分子离子推断出真正的分子量。

2. 化合物分子式的确定

利用一般的 EI 质谱一般难以确定分子式。在早期，曾经有人利用分子离子峰的同位素峰来确定分子组成式。有机化合物分子都是由 C、H、O、N 等元素组成的，这些元素大多具有同位素。由于同位素的贡献，质谱中除了有质量为 M 的分子离子峰外，还有质量为 M＋1，M＋2 的同位素峰。不同化合物的元素组成不同，它们的同位素丰度也不同，贝农(Beynon) 将各种化合物（包括 C，H，O，N 的各种组合）的 M、M＋1、M＋2 的强度值编成质量与丰度表，如果知道了化合物的分子量和 M、M＋1、M＋2 的强度比，即可查表确定分子式。例如，某化合物相对分子质量为 M＝150（丰度 100%），M＋1 的丰度为 9.9%，M＋2 的丰度为 0.88%，求化合物的分子式。根据 Beynon 表可知，M＝150 的化合物有 29 个，其中与所给数据相符的为 $C_9H_{10}O_2$。这种确定分子式的方法要求同位素峰的测定十分准确。而且只适用于分子量较小、分子离子峰较强的化合物，如果是这样的质谱图，利用计算机进行谱库检索得到的结果一般都比较吻合，不需再计算同位素峰和查表。因此，目前，这种查表的方法已一般不再使用。

利用高分辨质谱仪可以提供分子组成式。因为碳、氢、氧、氮的相对原子质量分别为 12.000000、1.007825、15.994914、14.003074，如果能精确测定化合物的相对分子质量，可以由计算机轻而易举地计算出所含不同元素的个数。目前傅里叶变换质谱仪、双聚焦质谱仪、飞行时间质谱仪等均能给出化合物的元素组成。

3. 化合物分子结构的确定

在确定化合物分子结构中，有以下几点需要考虑和注意。

① 分子离子峰的相对强度由分子的结构所决定，结构稳定性大，相对强度就大。对于相对分子质量约 200 的化合物，若分子离子峰为基峰或强峰，谱图中碎片离子较少，表明该化合物是高稳定性分子，可能为芳烃或稠环化合物。如：萘分子离子峰 m/z 128 为基峰，蒽醌分子离子峰 m/z 208 也是基峰。分子离子峰弱或不出现，化合物可能为多支链烃类、醇类等。

② 若质谱图中出现系列 C_nH_{2n+1} 峰，则化合物可能含有长链烷基。若出现或部分出现 m/z 39，40，51，65，66，77 等弱的碎片离子峰，表明化合物含有苯基。若 m/z 91 或 105 为基峰或强峰，表明化合物含有苄基或苯甲酰基。

③ 在计算同位素离子丰度时，若同时含 A＋1 和 A＋2 元素，则 A＋2 元素的 A－1 峰会对 A＋1 元素峰有贡献，应扣除。

④ 离子峰强度与结构有着直接的关系，离子丰度大反映离子结构稳定。在元素周期表中自上而下、自右至左，杂原子外层未成键电子越易被电离，容纳正电荷能力越强，S＞N＞O，$n>\pi>\sigma$，在含支链等分子最薄弱的地方易发生断裂。

⑤ 综合分析以上得到的全部信息，结合分子式及其不饱和度，提出化合物的可能结构。分析所推导的可能结构的裂解机理，看其是否与质谱图相符，确定其结构，并进一步解释质谱，或与标准谱图比较，或与其它谱图（NMR，IR）配合，确证结构。

对化合物分子结构进行质谱解析，一般遵循以下顺序：

a. 确定分子离子峰，确定相对分子质量；

b. 确定分子式；

c. 计算不饱和度；

d. 解析某些主要质谱峰的归属和各碎片离子峰之间的关系；

e. 推断结构；

f. 结合其它分析手段或相类似化合物或标准谱图验证结构。

【例 16-1】 一种脂肪酮的MS谱图如下，试鉴定它的结构。

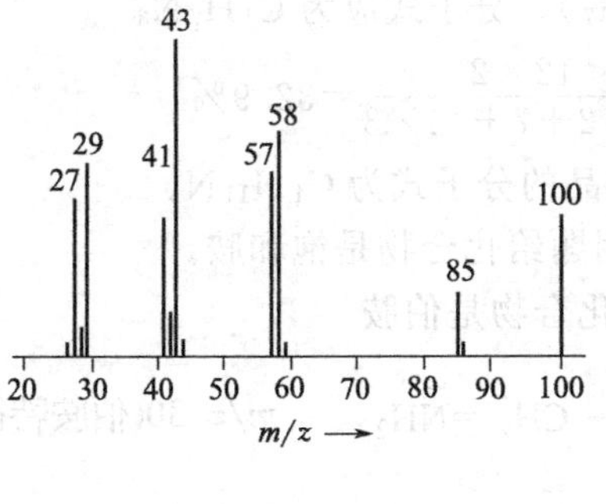

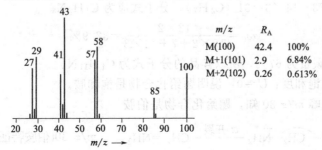

m/z	R_A	
M(100)	42.4	100%
M+1(101)	2.9	6.84%
M+2(102)	0.26	0.613%

解析　① 由 $M^{+\cdot}$ 及其同位素峰的相对丰度知，试样的分子式为 $C_6H_{12}O$。

② m/z 43（基峰）为 CH_3CO^+；m/z 58（奇数电子）为甲基酮的麦氏重排峰。所以样品应具有如下的结构片断：

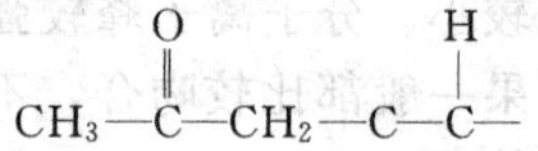

③ 考虑到试样的分子式为 $C_6H_{12}O$，样品的结构应该为：

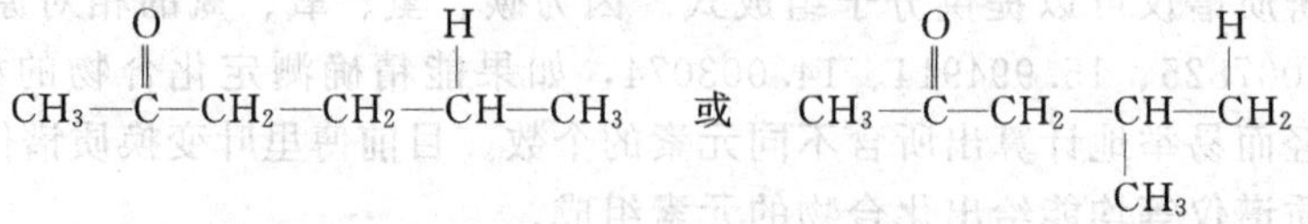

（Ⅰ）　　　　　　　　（Ⅱ）

究竟是（Ⅰ）还是（Ⅱ），需做核磁共振波谱分析来区别。

裂解机理：

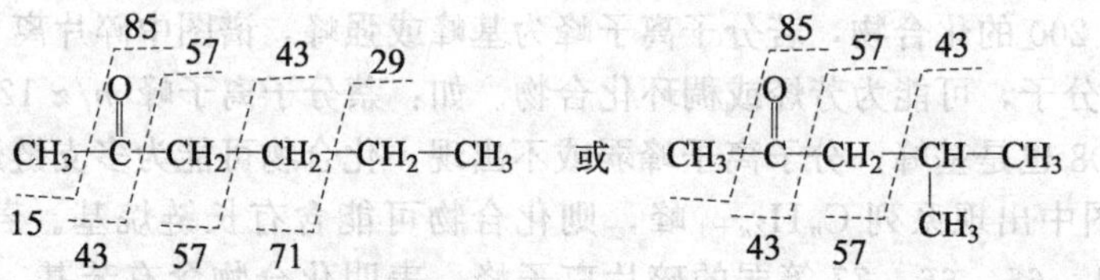

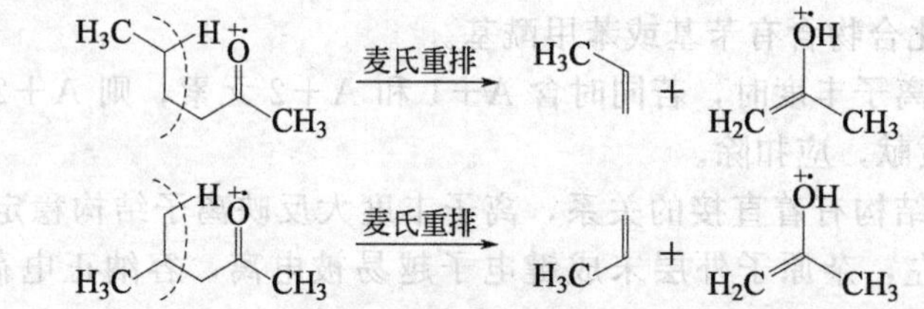

【例 16-2】 某化合物含碳 67%，其 MS 谱图如下，试推测其结构。

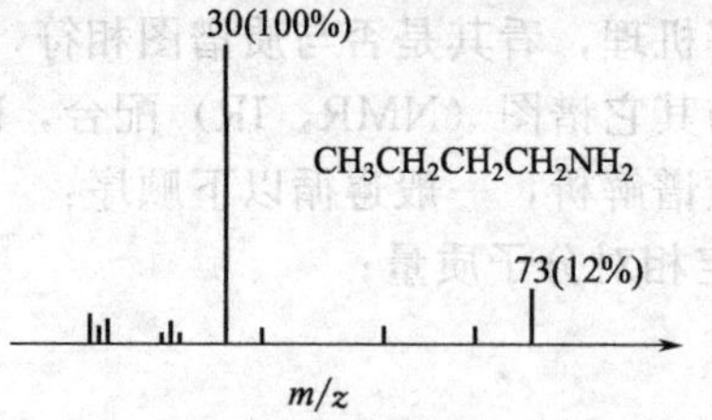

解析　① M 为 m/z 73 峰（M−43=30，合理）。M 为奇数质量，可能含有奇数氮原子。若含 1 个氮，73−14=59（C_4H_{11}），分子式应为 $C_4H_{11}N$。

$$w_C=\frac{12\times 4}{12\times 4+11+14}=65.8\%$$

若含 3 个氮，73−14×3=31（C_2H_7），分子式应为 $C_2H_7N_3$

$$w_C=\frac{12\times 2}{12\times 2+7+14\times 3}=32.9\%$$

考虑到样品含碳量为 67%，所以样品的分子式为 $C_4H_{11}N$。

② 求不饱和度：$U=0$，说明题给化合物是饱和胺。

③ 由基峰 m/z 30 知，题给化合物是伯胺：

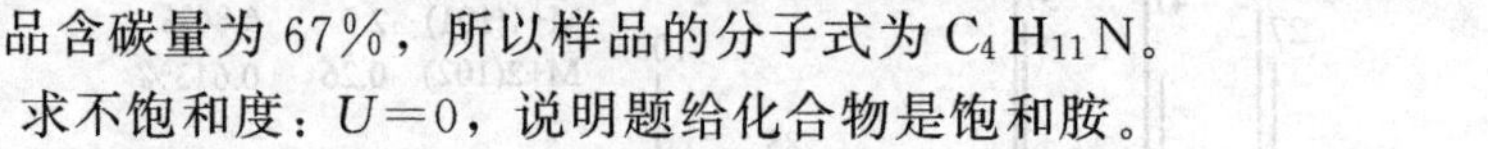

确定 C_3H_7，只有两种可能：

$CH_3CH_2CH_2CH_2NH_2$ （Ⅰ）　　$(CH_3)_2CHCH_2NH_2$ （Ⅱ）

因题中 MS 无 M－15 峰，所以（Ⅰ）的可能性大。

即题给化合物是 $CH_3CH_2CH_2CH_2NH_2$。

4. 质谱定量分析

质谱仪扫描方式有两种：全扫描和选择离子扫描。全扫描是对指定质量范围内的离子全部扫描并记录，得到的是正常的质谱图，这种质谱图可以提供未知物的分子量和结构信息，可以进行谱库检索。质谱仪还有另外一种扫描方式叫选择离子监测（select ion monitoring，SIM）。这种扫描方式是只对选定的离子进行检测，而其它离子不被记录，它的最大优点一是对离子进行选择性检测，只记录特征的、感兴趣的离子，不相关的和干扰离子统统被排除；二是选定离子的检测灵敏度大大提高。在正常扫描情况下，假定 1s 扫描 2～500 个质量单位，那么，扫过每个质量所花的时间大约是 1/500s，也就是说，在每次扫描中，有 1/500s 的时间是在接收某一质量的离子。在选择离子扫描的情况下，假定只检测 5 个质量的离子，同样也用 1s，那么，扫过一个质量所花的时间大约是 1/5s。也就是说，在每次扫描中，有 1/5s 的时间是在接收某一质量的离子。因此，采用选择离子扫描方式比正常扫描方式灵敏度可提高大约 100 倍。由于选择离子扫描只能检测有限的几个离子，不能得到完整的质谱图，因此不能用来进行未知物定性分析。但是如果选定的离子有很好的特征性，也可以用来表示某种化合物的存在。选择离子扫描方式最主要的用途是定量分析，由于它的选择性好，可以把由全扫描方式得到的非常复杂的总离子色谱图变得十分简单。消除其它组分的干扰。

质谱定量分析最早用于同位素丰度的研究和测量。如确定氘苯 C_6D_6 的纯度，可用 $C_6D_6^{+\cdot}$、$C_6D_5H^{+\cdot}$ 及 $C_6D_4H_2^{+\cdot}$ 等分子离子峰的相对强弱进行定量分析。

质谱法也早已用于定量测定多种混合物中各组分的含量，主要用于石油工业中，如烷烃、芳烃混合物中各组分的定量分析。现在多采用色谱法进行分离和检测。如采用质谱法测量，是将质谱仪设定在合适的 m/z 处，选择离子进行扫描，记录下各选择离子的强度对时间的函数关系。定量方法有外标法和内标法。外标法是绘制选择离子的强度相对于浓度的校正曲线，进行未知样品的测量。为了消除样品预处理及操作条件的改变对离子化产率的影响，现在一般采用内标法。要求内标物的物理化学性质应类似于被测物，且不存在于样品中，这只有用同位素标记的化合物才能满足这种要求，因为只有质谱才能区别天然的和标记的化合物。如果化合物有甲基，则内标物可以变为氘代甲基，从甲基和氘代甲基的相对大小可进行定量分析。由于质谱的高灵敏度，采用扫描离子检测，可以检测到 10^{-12}g 数量级的未知物含量。

在使用低分辨率的质谱仪进行定量分析时，常常不能得到准确度较高的单组分离子峰的质谱峰，可以采用与紫外-可见吸收光谱法分析相互干扰混合物试样时使用解联立方程式的相同方法进行测定。通过计算机求解联立方程式，得到各组分的含量。该方法一次进样可实现快速、灵敏和全分析，但要满足一些必要的条件：

① 组分中至少有一个与其它组分有显著不同的峰；

② 各组分的裂解机理有重现性；

③ 组分的灵敏度具有一定的加和性；

④ 每个组分对选择离子峰的贡献具有线性加和性；

⑤ 必须有标准样品作仪器校正使用。

一般来说，质谱法进行定量分析的相对标准偏差为5%～10%，有的甚至高达15%。分析的准确度主要取决于被分析混合样的复杂程度、内标物的选择以及仪器的状况等。

思考题与习题

1. 以单聚焦质谱仪为例，说明组成仪器的各个组成部分作用及原理。
2. 双聚焦质谱仪为什么能提高仪器的分辨率？
3. 简述飞行时间质谱仪的工作原理，有什么优点？
4. 比较电子轰击离子源、场致电离源和场致解析源的特点。
5. 电子轰击离子源中，有机化合物可能产生哪些离子？能够得到哪些信息？
6. 如何从一张质谱图得到有机化合物的相对分子质量？
7. 简述质谱解析的一般步骤。
8. 某化合物分子式为 $C_6H_{14}O$，质谱图上出现 m/z 59（基峰）m/z 31 以及其它 弱峰 m/z 73，m/z 87 和 m/z 102，则该化合物最大可能的结构是什么？
9. 欲将摩尔质量分别为 260.2504、260.2140、260.1201 和 260.0922g·mol^{-1} 的四个离子区分开，问质谱计需要有多大的分辨本领？
10. 某化合物质谱图上的分子离子簇为：M（89）17.12%；M+1（90）0.54%；M+2（91）5.36%。试判断其可能的分子式。
11. 某化合物相对分子质量 M=108，其质谱图如下，试给出它的结构，并写出获得主要碎片的裂解方程式。

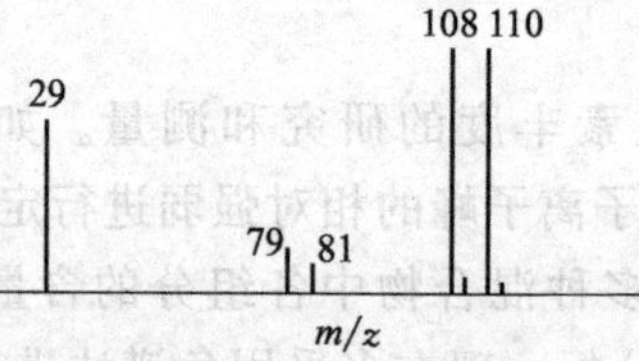

12. 说明化合物 $CH_3COCH(CH_3)CH_2C_6H_5$ 在质谱中出现的主要峰（m/z=43，91，147，162）的成因。
13. 用麦氏重排表示 $CH_3CH_2CH_2COCH_3$ 的 m/z=58 峰的由来。

第十七章　核磁共振波谱分析法

第一节　概　述

核磁共振（简称为 NMR）是指处于外磁场中的自旋原子核系统在外加磁场的作用下产生裂分，当受到相应频率的电磁波作用时，裂分的磁能级之间吸收能量，发生原子核能级的跃迁，产生共振现象。检测电磁波被吸收的情况就可得到核磁共振谱。这种方法称为核磁共振波谱分析法（nuclear magnetic resonance spectroscopy，NMR）。因此，就本质而言，核磁共振波谱是物质与电磁波相互作用而产生的，属于吸收光谱（波谱）范畴。根据核磁共振波谱图上共振峰的位置、强度和精细结构可以研究分子结构。在有机化合物中，经常研究的是^{1}H 核和^{13}C 核的共振吸收谱。本章将主要介绍^{1}H 核磁共振谱和^{13}C 核磁共振谱。

1946 年美国斯坦福大学的 F. Bloch 和哈佛大学 E. M. Purcell 领导的两个研究组首次独立观察到核磁共振信号，由于该重要的科学发现，他们两人共同荣获 1952 年诺贝尔物理奖。NMR 发展最初阶段的应用局限于物理学领域，主要用于测定原子核的磁矩等物理常数。

1950 年前后，W. G. Proctor 等发现处在不同化学环境的同种原子核有不同的共振频率，即化学位移。接着又发现因相邻自旋核而引起的多重谱线，即自旋-自旋耦合，这一切开拓了 NMR 在化学领域中的应用和发展。

20 世纪 60 年代，计算机技术的发展使脉冲傅里叶变换核磁共振方法和谱仪得以实现和推广，引起了该领域的革命性进步。随着 NMR 和计算机的理论与技术不断发展并日趋成熟，NMR 无论在广度和深度方面均出现了新的飞跃性进展，具体表现在以下几方面。

① 仪器向更高的磁场发展，以获得更高的灵敏度和分辨率，现已有 300、400、500、600MHz，甚至 900MHz 的超导 NMR 谱仪。

② 利用各种新的脉冲系列，发展了 NMR 的理论和技术，在应用方面作了重要的开拓。

③ 提出并实现了二维核磁共振谱以及三维和多维核磁谱、多量子跃迁等 NMR 测定新技术，在归属复杂分子的谱线方面非常有用。瑞士核磁共振谱学家 R. R. Ernst 因在这方面所作出的贡献，而获得 1991 年诺贝尔化学奖。

④ 固体高分辨 NMR 技术、HPLC-NMR 联用技术以及碳、氢以外核的研究等多种测定技术的实现大大扩展了 NMR 的应用范围。

⑤ 2002 年诺贝尔化学奖授给了瑞士苏黎世联邦高等工业学院的库尔特·维特里希（Kurt Wüthrich）教授。他开拓了利用 NMR 技术测定溶液中蛋白质、核酸三维结构的 NMR 方法。把异核滤波技术用于研究超分子结构的分子间的相互作用；研究大分子在溶液中的水合作用；建立了横向弛豫优化的异核相关谱（TROSY）和交叉极化增强（CRINEPT）的实验方法，并将其运用于生物大分子结构，分子量可达 800kDa。

核磁共振技术是 20 世纪 50 年代中期开始应用于化学研究领域，并不断发展成为有机物结构分析的最有用的工具之一。它可以解决化学研究中的以下问题：

① 结构测定或确定，一定条件下可测定构型和构象；

② 化合物的纯度检查；

③ 混合物分析，主要信号不重叠时，可测定混合物中各组分的比例；

④ 质子交换、单键旋转、环的转化等化学变化速度的测定及动力学研究。

NMR 的优点是：能分析物质分子的空间构型；测定时不破坏样品；信息精密准确。

NMR 波谱学是近几十年发展迅速的一门新学科。它与紫外光谱、红外光谱、质谱等方法配合，已成为化合物结构测定的有力工具。

第二节　核磁共振的基本原理

一、原子核的自旋与磁性

原子核由质子和中子组成，质子和中子都有确定的自旋角动量，它们在核内有轨道运动，相应的有轨道角动量，所有这些角动量的总和就是原子核的自旋角动量，反映了原子核的内部特性，是原子核的重要性质之一。不同原子核的自旋运动情况不同，所产生的自旋角动量也不同，一般以核的自旋量子数 I 表示核的自旋角动量。自旋量子数与原子的质量及原子序数之间有一定的关系，一般分为三种情况，如表 17-1 所示。

表 17-1　自旋量子数与质量数及原子序数之间的关系

分类	质量数	原子序数	自旋量子数 I	NMR 信号	示例
Ⅰ	偶数	偶数	0	无	^{12}C, ^{16}O, ^{32}S
Ⅱ	偶数	奇数	整数 1,2,3…	有	^{2}H, ^{14}N
Ⅲ	奇数	偶数或奇数	半整数 1/2,3/2,5/2…	有	^{1}H, ^{13}C, ^{15}N, ^{19}F, ^{31}P, ^{17}O

实验证明：原子核作为带电荷的质点，自旋时可以产生磁矩，但并非所有的原子核自旋都产生磁矩。只有那些原子序数或质量数为奇数的原子核，自旋时才具有磁矩，才能产生核磁共振信号。如 ^{1}H, ^{13}C, ^{15}N, ^{17}O, ^{19}F, ^{29}Si, ^{31}P 等。

$I=0$ 的核可看成是一种非自旋的球体；

$I=1/2$ 的核可看作是一种电荷分布均匀的自旋球体，核磁共振现象简单、谱线窄，适宜检测；

$I>1/2$ 的核可看作是一种电荷分布不均匀的自旋椭圆体，电荷分布不均匀，共振吸收复杂。

目前研究和应用较多的是 ^{1}H 和 ^{13}C 核磁共振谱。

有机物中的主要元素为 C、H、N、O 等，^{1}H，^{13}C 为磁性核。而 ^{1}H 的天然丰度较大(99.985%)、磁性较强，易于观察到比较满意的核磁共振信号，因而用途最广。^{13}C 丰度较低，只有 ^{12}C 的 1.1%，灵敏度只有 ^{1}H 的 1.59%。但现代技术使碳谱 ^{13}C NMR 在有机结构分析中起着重要作用。

与宏观物体在自旋时产生角动量一样，原子核在自旋时也产生角动量，称为自旋角动量 P，自旋角动量 P 的大小与自旋量子数有以下关系：

$$P=\frac{h}{2\pi}\sqrt{I(I+1)} \tag{17-1}$$

式中，I 为自旋量子数，可以为 0、1/2、1、3/2、2…；h 为普朗克常数，6.626×10^{-34} J·s。

由于自旋角动量 P 是一个矢量，不仅有大小，而且有方向。当原子核外存在一静电场，且其磁力线沿 Z 轴方向，根据量子力学原则，它在直角坐标系 Z 轴上的分量 P_Z 为：

$$P_Z=\frac{h}{2\pi}m \quad (17\text{-}2)$$

式中，m 为原子核的磁量子数，可取 I、$I-1$、$I-2$、…、$-I$ 等值。

众所周知，原子核是带正电荷的粒子，自旋的核有循环电流，相当于一个小的磁铁，因而产生磁场，形成磁矩。其磁矩用 μ 表示，μ 与自旋角动量 P 有以下关系：

$$\mu=\gamma P \quad (17\text{-}3)$$

γ 为磁旋比或旋磁比，是自旋核的磁矩和角动量之比，不同的核具有不同的磁旋比，对某元素是定值，是各种核的特征常数，其值越大，核的磁场越强，在核磁共振中越易被检测。

也存在：

$$\mu_Z=\gamma P_Z \quad (17\text{-}4)$$

二、核磁共振现象

1. 原子核的取向和能级分裂

当磁核处于无外加磁场时，磁核在空间的分布是无序的，自旋磁核的取向是混乱的。但当把磁核置于外磁场 H_0 中时，磁矩矢量沿外磁场的轴向只能有一些特别值，不能任意取向。按空间量子化规则，自旋量子数为 I 的核，在外磁场中有 $2I+1$ 个取向，取向数目用磁量子数 m 来表示，$m=-I$、$-I+1$、…、$I-1$、I 或 $m=I$、$I-1$、$I-2$、…、$-I$。

对 ^1H 核，自旋量子数 $I=1/2$，磁量子数 m 只有两个：$+1/2$ 和 $-1/2$。

$m=+1/2$，相当于核的磁矩与外磁场方向顺向排列；

$m=-1/2$，相当于核的磁矩与外磁场方向逆向排列，如图 17-1 和图 17-2 所示。

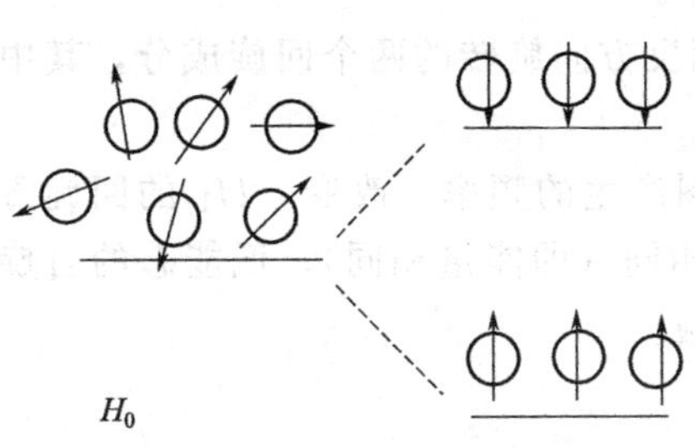

图 17-1 原子核在磁场中的能级分裂

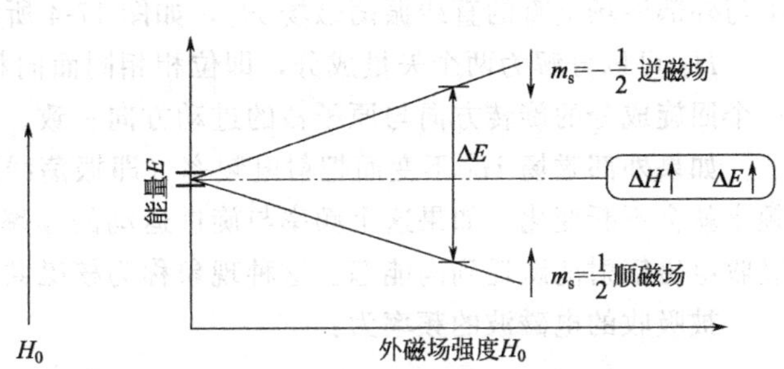

图 17-2 分裂能级差与外加磁场的关系

设外加磁场与 Z 轴重合，这两种排列的能量为：$E=-\mu H_0\cos\theta$，θ 为核磁矩与外磁场之间的夹角。当 $\theta=0$ 时，E 最小，为 $-\mu H_0$，即顺向排列的磁核能量最低；$\theta=180°$ 时，E 最大，为 μH_0，即逆向排列的磁核能量最高。其能级差为：

$$\Delta E=2\mu H_0 \quad (17\text{-}5)$$

把式(17-2) 和式(17-3) 带入式(17-5)，可得：

$$\Delta E=E_{-1/2}-E_{+1/2}=\frac{h}{2\pi}\gamma H_0 \quad (17\text{-}6)$$

可以看出，对于自旋量子数 $I=1/2$ 的原子核来说，在磁旋比一定的情况下，由低能级向高能级跃迁所需要的能量与外加磁场的磁场强度成正比。当 $H_0=0$、外加磁场不存在时，ΔE 等于零，各磁核间不存在能量差，各磁核能量相同，各磁核能级简并；当存在外加磁场时，磁核产生能级分裂，外加磁场越大，能级分裂得越大，能级间跃迁所需要的能量越大。

2. 原子核的回旋和共振

当一个原子核的核磁矩处于外磁场 H_0 中，由于核自身的旋转，而外磁场又力求它取向于磁场方向，在这两种力的作用下，核会在自旋的同时绕外磁场 H_0 的方向进行回旋，其运动情况与陀螺的运动十分相像，这种运动称为 Larmor 进动或旋进，如图 17-3 所示。

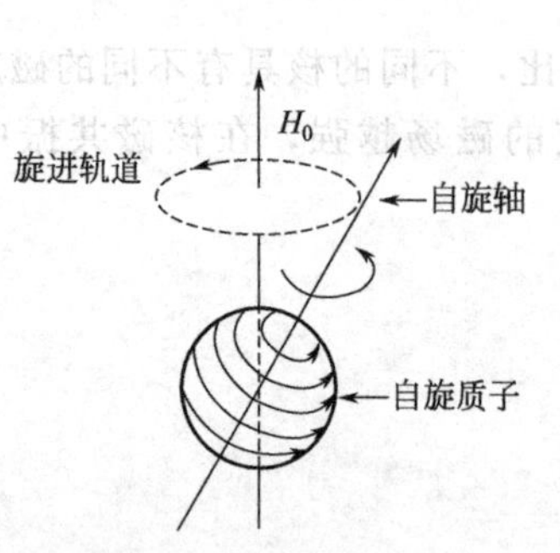

图 17-3　磁核的进动

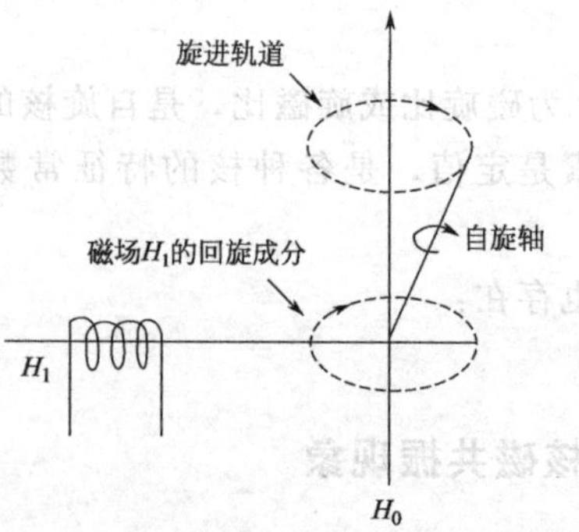

图 17-4　振荡线圈作用于外加磁场示意图

进动的角速度 ω_0 与外磁场强度 H_0 成正比，比例常数为磁旋比 γ，进动频率用 ν_0 表示。

$$\omega_0 = 2\pi\nu_0 = \gamma H_0 \tag{17-7}$$

式中，γ 为核的磁旋比；H_0 为外加磁场强度；ν_0 为原子核的进动频率。对于指定原子核，磁旋比 γ 为定值，进动频率 ν_0 与外加磁场成正比；在同一个外加磁场中，不同原子核因 γ 的不同而拥有不同的进动频率 ν_0。

当使用与外加磁场方向成直角的振荡线圈照射磁核时，振荡线圈所产生的电磁波就会产生与外部磁场垂直的直线振荡磁场 H_1，如图 17-4 所示。

H_1 可以分解为两个矢量成分，即位相相同而向相反方向旋转的两个回旋成分，其中有一个回旋成分的旋转方向与原子核的进动方向一致。

如果外部磁场 H_0 不变而把射电频率（即振荡线圈产生的频率）改变，H_1 的回旋磁场频率就会不断变化，如果这个频率与旋进运动的频率相同（即能量相同），低能态的自旋核吸收电磁辐射能跃迁到高能态。这种现象称为核磁共振。

被吸收的电磁波的频率为：

$$\nu_0 = \frac{\gamma}{2\pi} H_0 \tag{17-8}$$

式(17-8) 是发生核磁共振的条件。可见，发生共振时射电频率与磁场强度 H_0 成正比，即所用的外加磁场强度越高，发生核磁共振所需的射电频率也越高。

由上式还说明以下两点：

① 对于不同的原子核，由于磁旋比 γ 的不同，发生共振的条件不同，即在同一外加磁场中，发生共振时 ν_0 不同。如表 17-2 所示。

表 17-2　有机物中常见磁核的性质

核	自然界丰度/%	自旋量子数(I)	磁矩(核磁子)	4.69T 磁场中共振频率/MHz	相对灵敏度
^{1}H	99.98	1/2	2.79	200.00	1.000
^{13}C	1.11	1/2	0.70	50.30	0.016
^{15}N	0.37	1/2	−0.28	45.60	3.85×10^{-6}
^{19}F	100	1/2	2.63	188.25	0.83
^{31}P	100	1/2	1.13	81.05	0.066

由表可见，不同原子核发生共振时的频率各不相同，根据这一点可以鉴别各种元素。

② 对于同一种核，γ 一定，当外加磁场强度一定时，共振频率也一定；当外加磁场强度改变时，共振频率也随之改变。如当氢核在 1.409T（T 为特斯拉，磁场强度法定计量单位）的磁场中，共振频率为：

$$\nu_0 = \frac{\gamma}{2\pi}H_0 = \frac{26.75\times10^7\times1.409}{2\times3.14} = 60\times10^6(\mathrm{s}^{-1}) = 60(\mathrm{MHz})$$

式中，γ 为氢核的磁旋比，$26.75\times10^7\,\mathrm{rad\cdot T^{-1}\cdot s^{-1}}$。

而在 2.350T 的外加磁场中，共振频率为 100MHz。

由上可知，产生核磁共振现象的条件为：

① 自旋量子数 $I\neq0$ 的自旋核；

② 自旋核需置于外加磁场 H_0 中；

③ 有一与外加磁场垂直的射频场 H_1，且射频场的频率与自旋核的旋进频率相等。

3. NMR 中的弛豫过程

如前所述，^{1}H 核在磁场作用下，被分裂为 $m=+\frac{1}{2}$ 和 $m=-\frac{1}{2}$ 两个能级，处于高、低能态核数的比例服从玻尔兹曼分布：

$$\frac{N_j}{N_0} = e^{-\Delta E/kT} \tag{17-9}$$

式中，N_j 和 N_0 分别为处于高能态和低能态的氢核数；ΔE 为两种能态的能级差；k 为玻尔兹曼常数；T 为热力学温度。若将 10^6 个质子放入温度为 25℃、磁场强度为 4.69T 的磁场中，则处于低能态的核与处于高能态的核的比为

$$\frac{N_j}{N_0} = e^{-\left[\frac{2\times279\mathrm{K}\times(5.05\times10^{-27})\mathrm{J\cdot T^{-1}}\times4.69\mathrm{T}}{1.38\times10^{-23}\mathrm{J\cdot K^{-1}}\times293\mathrm{K}}\right]}$$

$$\frac{N_j}{N_0} = e^{-3.27\times10^{-5}} = 0.999967$$

则处于高、低能级的核分别为：

$$N_j \approx 499992$$

$$N_0 \approx 500008$$

即处于低能级的核比处于高能级的核只多 16 个。

若以合适的射频照射处于磁场的核，核吸收外界能量后，由低能级跃迁到高能态，其净效应是吸收，产生共振信号。此时，^{1}H 核的玻尔兹曼分布被破坏。当数目稍多的低能级核跃迁至高能态后，从 $+\frac{1}{2}\rightarrow-\frac{1}{2}$ 的速率等于从 $-\frac{1}{2}\rightarrow+\frac{1}{2}$ 的速率时，试样达到“饱和”，不能再进一步观察到共振信号。但是，在正常情况下，不会出现共振信号消失的现象，为了持续不断地观察到共振信号，被激发到高能态的核必须通过适当的途径将其获得的能量释放到周围环境中去，使核从高能态降回到原来的低能态，这一过程称为弛豫过程。也就是说，弛豫过程是核磁共振现象发生后得以保持的必要条件。否则，信号一旦产生，将很快达到饱和而消失。由于核外被电子云包围，所以它不可能通过核间的碰撞释放能量，而只能以电磁波的形式将自身多余的能量向周围环境传递。在 NMR 中有两种重要的弛豫过程：即自旋-晶格弛豫和自旋-自旋弛豫。

① 自旋-晶格弛豫（spin-lattice relaxation）又称纵向弛豫。自旋核都是处在所谓晶格包围之中。核外围的晶格是指同分子或其它分子中的磁性核。晶格中的各种类型磁性质

点对应于共振核作不规则的热运动，形成一频率范围很大的杂乱的波动磁场，其中必然存在有与共振频率相同的频率成分，高能态的核可通过电磁波的形式将自身能量传递到周围的运动频率与之相等的磁性粒子（晶格），使周围分子产生热运动，同时自己回到低能态，使高能态的核数减少、低能态的核数增加，故称为自旋-晶格弛豫。纵向弛豫过程所经历的时间用 T_1 表示，它与核的种类、样品状态等有关。T_1 越长，纵向弛豫的效率越高。一般液体样品的 T_1 较小，为 $10^{-4}\sim10^{2}$ s，固体或高黏度样品的 T_1 较大，甚至可达几小时。

② 自旋-自旋弛豫（spin-spin relaxtion） 又称横向弛豫。它是指邻近的两个同类的磁等价核处在不同的能态时，它们之间可以通过电磁波进行能量交换，处于高能态的核将能量传递给低能态的核后弛豫至低能态，这时系统的总能量未发生改变，但此核处在某一固定能态的寿命却因此变短。横向弛豫过程所经历的时间用 T_2 表示。液体样品的 T_2 一般为 1s 左右，固体样品的 T_2 一般较小，约为 $10^{-4}\sim10^{-5}$ s。

通常，吸收线的宽度与弛豫时间成反比，即弛豫时间长，核磁共振的谱线窄；反之，核磁共振的谱线宽。而谱线太宽，于分析不利。通过选择合适的共振条件，可以得到满足要求的共振吸收谱线。如固体样品的 T_2 一般很小、谱线很宽，可将其制备成溶液进行测定。

第三节 核磁共振波谱仪和实验方法

核磁共振波谱仪是检测和记录核磁共振现象和结果的仪器。在化学研究中，常用于有机物、药物以及高分子材料等的定性和定量分析。用于有机物结构分析的波谱仪由于要检测不同化学环境的磁核的化学位移以及磁核之间自旋产生的耦合，所以必须具有很高的分辨率。核磁共振波谱仪的型号和种类很多，按照产生磁场的来源不同，可分为永久磁体、电磁铁和超导磁体；按照磁场强度不同而所需的射频不同可分为 60MHz、100MHz、300MHz、500MHz 甚至 900MHz 等型号，频率高的仪器，分辨率高、灵敏度高。一般按照产生射频的照射方式不同，将仪器分为连续波核磁共振波谱仪（continuous wave NMR，CW-NMR）和脉冲傅里叶变换核磁共振波谱仪（pulse Fourier transform NMR，PFT-NMR）两类。

核磁共振谱图提供了三类非常有用的信息：化学位移、耦合常数和积分曲线。应用这些信息，可以推测分子结构。

一、实现核磁共振的方法

由前可知，需满足 $\nu_0=\dfrac{\gamma}{2\pi}H_0$，才可实现核磁共振。式中，射频频率 ν_0 和外加磁场 H_0 为可变量；其它为常数。可采用以下两种方式实现核磁共振：

① 扫频（frequency sweep） 将样品置于强度不变的外磁场 H_0 中，逐渐改变照射用的射频频率 ν_0，直到满足式(17-7) 的要求，产生共振。扫描方式较为复杂，现在已很少使用。

② 扫场（field sweep） 用频率 ν_0 固定不变的射频照射样品，缓慢改变外磁场 H_0，直到满足式(17-7) 的要求，产生共振。由于扫场易于实现和控制，故现在市售的仪器一般都采用此方式。

二、核磁共振波谱仪

1. 连续波核磁共振波谱仪（CW-NMR）

连续波核磁共振波谱仪广泛使用于 20 世纪 80 年代以前，但自从 PFT-NMR 的出现，其重要性大为下降。它主要由磁体、探头、射频振荡器、射频接收器和信号接收单元等组成。这类仪器的结构如图 17-5 所示。

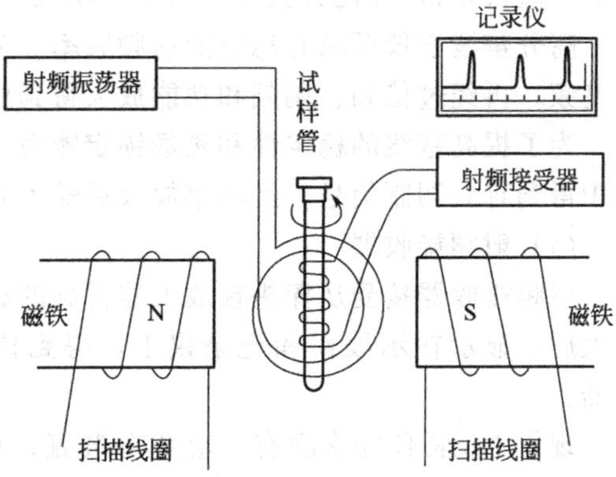

图 17-5　连续波核磁共振波谱仪的基本结构

将适量样品放入试样管中，把试样管放入探头中，试样管以一定的速率旋转以消除由磁场的不均匀性产生的影响。如果由磁铁产生的磁场是固定的，通过射频振荡器线性地改变它所发射的射频的频率，当射频的频率与磁场强度相匹配时，样品就会吸收此频率的射频产生核磁共振，此吸收信号被接收，经检测、放大后，由记录仪（或电子计算机）给出该样品的核磁共振谱。

（1）磁铁

磁铁是核磁共振仪最基本的组件。要求能提供强而稳定、均匀的磁场。核磁共振仪使用的磁铁有三种：永久磁铁，电磁铁和超导磁铁。由永久磁铁和电磁铁获得的磁场一般不能超过 2.5T。而超导磁体可使磁场高达 20T 以上，并且磁场稳定、均匀。目前超导核磁共振仪的频率一般在 200～600MHz，已有 900MHz 的超导核磁共振波谱仪面世。超导磁体是用铌-钛超导材料绕成螺旋管线圈，置于液氦杜瓦瓶中，然后在线圈上逐步加上电流，待达到要求后撤去电源。由于超导材料在液氦温度下电阻为零，电流始终维持不变，因而形成了稳定的永久磁场。为了减少液氦的挥发，通常使用双层杜瓦瓶，内层装入液氦，外层装入液氮，以利于保持低温。由于运行过程中液氦和液氮的消耗，因此，超导核磁共振仪的维持费用较高。

（2）探头

探头装在磁极间隙内，用来检测核磁共振信号，是仪器的心脏部分。探头除包括试样管外，还有发射线圈、接受线圈、预放大器和变温元件等。发射线圈和接收线圈相互垂直，并分别和射频振荡器和射频接收器相连。待测试样放在试样管内，再置于绕有发射线圈和接受线圈的套管内。磁场和频率源通过探头作用于试样。

为了使磁场的不均匀性产生的影响平均化，试样探头还连一压缩空气管，压缩空气管中的压缩空气使试样管能沿其纵轴以每分钟几百转的速度旋转。

（3）射频振荡器

射频振荡器（也称射频发生器）用于产生一个与外加磁场强度相匹配的射频频率，以便提供能量使磁核从低能态跃迁到高能态。因此，射频振荡器相当于紫外或红外光谱中的光源。所不同的是，根据核磁共振的基本原理，在相同的外磁场中，不同的核种因磁旋比不同而有不同的共振频率。所以，同一台仪器用于测定不同的核种时需要配置不同频率的射频发生器。如一台超导磁体产生 7.05T 的磁场强度，则测定 ^{1}H 谱所用的射频发生器应产生频率为 300MHz 的电磁波；测定 ^{13}C 所用的射频发生器则应产生 75.43MHz 的电磁波；如果还要测定其它磁核的共振信号，则应配置相应的射频发生器。核磁共振波谱仪的型号习惯上用 ^{1}H 的共振频率表示，而不是用磁场强度或其它核种的共振频率表示。如 300MHz 的核磁共振波谱仪是指^{1}H的共振频率为300MHz，外加磁场强度为7.05T的仪器。

高分辨波谱仪要求有稳定的射频频率。为此，仪器通常采用恒温下的石英晶体振荡器得到基频，再经过倍频、调频和功能放大得到所需要的射频信号源。

为了提高基线的稳定性和磁场锁定能力，必须用音频调制磁场。为此，从石英晶体振荡器中得到音频调制信号，经功率放大后输入到探头调制线圈。

(4) 射频接收器

射频接收器接受从探头预放大器得到的载有核磁共振信号的射频输出，经一系列检波、放大后，显示在示波器和记录仪上，得到核磁共振谱，相当于紫外或红外光谱仪中的接收器。

现代NMR仪器常配有一套积分装置，可以在NMR谱图上以阶梯形式显示出积分数据。由于积分信号不像峰高那样易受多种条件的影响，可以通过它来估计各类核的相对数目及含量，有助于定量分析。

射频接收器还具有信号累加的功能。若将试样重复扫描数次，并使各点信号在计算机中进行累加，则可提高连续波核磁共振仪的灵敏度。当扫描次数为N时，信号强度正比于N，而噪声强度正比于$\sqrt{N}$，因此，信噪比扩大了$\sqrt{N}$倍。

(5) 扫描线圈

由前述可知，核磁共振波谱仪的扫描方式有扫场和扫频两种。

扫描线圈或者扫描控制单元是连续波核磁共振波谱仪特有的一个部件，用于控制扫描速度、扫描范围等参数。因为，扫描速度的大小会影响信号峰的显示。速度太慢，不仅增加了实验时间，而且信号容易饱和；相反，扫描速度太快，会造成峰形变宽、分辨率降低。在CW-NMR仪器中，扫描方式一般采用扫场方式，通过在扫描线圈内加一定电流，产生10^{-5} T磁场变化来进行核磁共振扫描。相对于NMR的均匀磁场来说，这样变化不会影响其均匀性。通常，为了得到一张无畸变的核磁共振图，扫描磁场的速度往往很慢，以使核的自旋体系与环境始终保持平衡，这样，扫描一张谱图需要100～500s，测量一个样品的时间较长。

2. 脉冲傅里叶变换核磁共振波谱仪（PFT-NMR）

连续波核磁共振谱仪采用的是单频发射和接收方式，在某一时刻内，只能记录谱图中很窄的一部分信号，即单位时间内获得的信息很少。在这种情况下，对那些核磁共振信号很弱的核，如^{13}C和^{15}N等，即使采用累加技术，也得不到良好的效果。为了提高单位时间的信息量，可采用多通道发射机同时发射多种频率，使处于不同化学环境的核同时共振，再采用多通道接收装置同时得到所有的共振信息。例如，在100MHz共振仪中，质子共振信号化学位移范围为10时，相当于1000Hz；若扫描速度为$2Hz \cdot s^{-1}$，则连续波核磁共振仪需500s才能扫完全谱。而在具有1000个频率间隔1Hz的发射机和接收机同时工作时，只要1s即可扫完全谱。显然，后者可大大提高分析速度和灵敏度。傅里叶变换NMR谱仪是以适当宽度的射频脉冲作为“多通道发射机”，使所选的核同时激发，得到核的多条谱线混合的自由感应衰减（free induction decay，FID）信号的叠加信息，即时间域函数，然后以快速傅里叶变换作为“多通道接收机”变换出各条谱线在频率中的位置及其强度。每施加一个脉冲，就能接收到一个FID信号，得到一张常规的核磁共振图。脉冲的时间非常短，仅为毫秒级。即使作累加测量，时间间隔也小于数秒，加上计算机傅里叶变换，用PFT-NMR测定一张谱图仅需几秒到几十秒，比CW-NMR所需时间大为减少。

傅里叶变换核磁共振仪测定速度快，除可进行动态过程、瞬变过程、反应动力学等方面的研究外，还易于实现累加技术。因此，从共振信号强的^{1}H、^{19}F到共振信号弱的^{13}C、^{15}N

核，均能测定。

三、试样的制备

1. 试样管的要求

根据仪器和实验的要求，可选择不同外径（ϕ=5、8、10mm）的试样管。微量操作还可使用微量试样管。为保持旋转均匀及良好的分辨率，管壁应均匀而平直。为防止溶剂挥发，尚需带上塑料管帽。

2. 溶液的配制

试样质量浓度一般为500～1000g·L^{-1}，约需纯样15～30mg。对于ϕ5mm的样品管，最小充满高度约为25mm，液体最小体积为0.3mL。对傅里叶变换核磁共振仪，试样量可大大减少，^{1}H谱一般只需1mg左右，甚至可少至几微克；^{13}C谱需要几毫克到几十毫克试样。

3. 标准试样

进行实验时，每张图谱都必须有一个参考峰，以此峰为标准，求得试样所有信号的相对化学位移，一般简称化学位移。于试样溶液中加入约1%的标准试样。它的所有氢都是等价的，信号峰只有一个。与绝大多数有机化合物相比，四甲基硅烷（TMS）的共振峰出现在高磁场区。此外，它的沸点较低（26.5℃），容易回收。在文献上，化学位移数据大多以它作为标准试样，其化学位移$\delta=0$。值得注意的是，在高温操作时，需用六甲基二硅醚（HMDS）为标准试样，它的$\delta=0.4$。在水溶液中，一般采用3-甲基硅丙烷磺酸钠（DSS）作标准试样，它的三个等价甲基单峰的$\delta=0$，其余三个亚甲基是复杂的耦合多重峰，在1%浓度下，淹没在噪声背景中。

4. 溶剂

^{1}H谱的理想溶剂是四氯化碳和二硫化碳。此外，还常用氯仿、丙酮、二甲基亚砜、苯等含氢溶剂。为避免溶剂质子信号的干扰，可采用它们的氘代衍生物，即把溶剂中所有的氢原子置换成氘原子。值得注意的是，由于取代不完全，在氘代溶剂中常常因残留^{1}H，在NMR谱图上出现相应的共振峰。如表17-3所示。

表17-3 常用溶剂残留质子的化学位移（以TMS为参比）和裂分数

溶剂	残留质子		^{13}C NMR	
	化学位移	多重峰数	化学位移	多重峰数
乙腈-d_3	1.95	5	117.7,1.3	1.7
丙酮-d_6	2.05	5	206.0,29.8	1.7
二甲基亚砜-d_6	2.50	5	39.5	7
二氧六环-d_8	3.55	多重峰	67.4	5
甲醇-d_4	3.35 4.84	5,1	49.0	7
重水-d_2	4.75	1	—	—
硝基甲烷-d_3	4.29	5	57.3	7
二氯甲烷-d_2	5.35	3	53.8	5
苯-d_6	7.20	1	128.5	3
三氯甲烷-d_1	7.28	1	77.0	3
吡啶-d_5	8.70、7.20、7.58(α-H,β-H,γ-H)	多重峰	149.9,135.5,123.5(α-C,β-C,γ-C)	3,3,3
乙酸-d_4	2.05,11.53	5,1	178.4,20.0	1,7
三氟乙酸	11.34	1	163.3,116.5	4,4
二硫化硫	—	—	192.8	1
四氯化碳	—	—	96.0	1
四氯乙烯	—	—	123.4	1

在核磁共振实验中，选择合适的溶剂是非常重要的，一个优良的溶剂应满足以下要求：
① 溶剂分子是化学惰性的，与样品分子没有化学反应；
② 溶剂分子最好是磁各向同性的，不影响样品分子的磁屏蔽；
③ 溶剂分子不含被测定的磁性核，或者磁性核的信号不干扰样品信号；
④ 价格便宜。

第四节　核磁共振氢谱

1. 化学位移

(1) 化学位移的定义

根据式(17-8)，在 1.409T 的外加磁场中，所有的质子都将吸收 60MHz 的电磁波能量而发生跃迁，或者说，如固定射频磁场的频率不变（60MHz），则所有质子都应在 1.409T 的外加磁场中发生共振，产生共振峰。但是，实验发现，化合物中各种不同的原子核，在 60MHz 频率下，共振磁场强度稍有不同。这种原子核由于在分子中所处的化学环境不同造成的在不同的共振磁场下显示吸收峰的现象称为化学位移。这种现象表明，共振频率不完全取决于核本身，还与被测核在分子中所处的化学环境有关。图 17-6 是乙基苯的核磁共振图。

从图 17-6 中可以看出，乙基苯的分子（$C_6H_5CH_2CH_3$）中，C_6H_5 基团上的 5 个质子，CH_2 基团上的 2 个质子以及 CH_3 基团上的 3 个质子各自在分子中所处的化学环境是不同的，因而在不同的磁场强度下产生共振吸收峰，即它们具有不同的化学位移。图中还示出了积分记录。

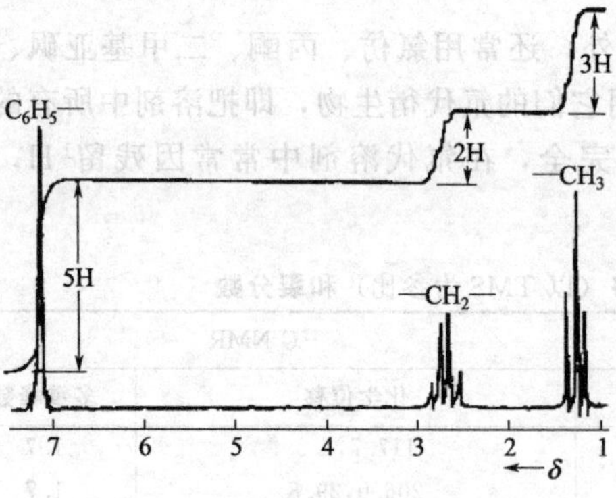

图 17-6　乙基苯的核磁共振图

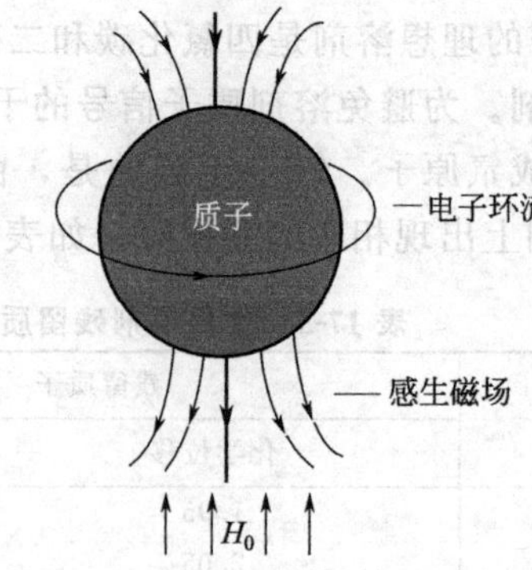

图 17-7　核外电子对外加磁场的屏蔽

(2) 屏蔽效应和去屏蔽效应

在前面的讨论中，我们把原子核当作孤立的粒子，即裸露的核，就是没有考虑核外电子。实际上，一个分子中，每一个原子核的周围都布满了核外电子，当裸露的核处于外加磁场 H_0 中，这些核外电子云受 H_0 的诱导产生一个方向与 H_0 相反、大小与 H_0 成正比的诱导磁场，诱导磁场的产生使原子核实际受到的外磁场强度减小。也就是说，核外电子对原子核有屏蔽作用，如图 17-7 所示。

由此可见，产生化学位移的主要原因是由于原子核外围的电子以及与该原子核相邻的其它原子核的核外电子在外加磁场的感应下会产生对抗磁场，从而对外加磁场产生一种屏蔽效应，也称抗屏蔽效应。其大小可用一屏蔽常数 σ 来反映。于是，产生核磁共振的有效磁场可以表示成：

$$H_{effc}=H_0(1-\sigma)$$

共振方程应为：

$$\nu=\frac{\gamma}{2\pi}H_{effc} \tag{17-10}$$

由于屏蔽效应，必须增加外界场强 H_0 以满足共振方程，获得共振信号，故质子的吸收峰向高场移动。

若核所处的感应磁场的方向与外磁场方向相同时，则质子所感受到的有效磁场是 H_0 与 $H_{感应}$ 的加和，所以要降低外加场强以抵消感应磁场的作用，满足共振方程以获得核磁信号。这种核外电子对外磁场的追加（补偿）作用称去屏蔽效应。去屏蔽效应使吸收峰位置向低场位移。屏蔽效应（shielding effect）和去屏蔽效应（deshielding effect）如图 17-8 所示。

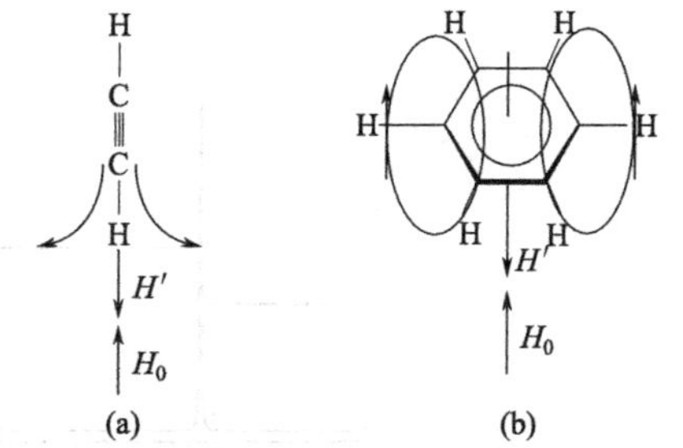

图 17-8　屏蔽效应（a）和去屏蔽效应（b）

一般 σ 值为 $10^{-5}\sim10^{-3}$。对 60MHz 仪器，化学位移的差异范围换算成频率约在 600Hz 之内。尽管这种差异范围很小，但却是一个很重要的现象，是核磁共振在化学中应用的基础。

屏蔽作用的大小与核外电子云密度有很大关系，核外电子云密度越大，核受到的屏蔽作用越大，实际受到的外加磁场强度降低越多，共振频率降低也越多。如果要维持以原有的频率共振，则外加磁场强度必须增加得越多。正是这种屏蔽效应的存在，不同化学环境的同一种原子核的共振频率不同。

(3) 化学位移的表示方法

在有机化合物中，化学环境不同的氢核化学位移的变化，只有百万分之十左右。如选用 60MHz 的仪器，氢核发生共振的磁场变化范围为（1.4092 ± 0.0000140）T；如选用 1.4092T 的核磁共振仪扫频，则频率的变化范围相应为（60±0.0006）MHz。在确定结构时，常常要求测定共振频率绝对值的准确度达到正负几个赫兹。要达到这样的精确度，显然是非常困难的。但是，测定位移的相对值比较容易。因此，一般都以适当的化合物（如 TMS）为标准试样，测定相对的频率变化值来表示化学位移。

从式(17-8) 可以知道，共振频率与外部磁场呈正比。例如，若用 60MHz 仪器测定 1,1,2-三氯丙烷时，其甲基质子的吸收峰与 TMS 吸收峰相隔 134Hz；若用 100MHz 仪器测定时，则相隔 223Hz。为了消除磁场强度变化所产生的影响，以使在不同核磁共振仪上测定的数据统一，通常用试样和标样共振频率之差与所用仪器频率的比值 δ 来表示。由于数值很小，故通常乘以 10^6。这样，就为一相对值：

$$\delta=\frac{\nu_{试样}-\nu_{TMS}}{\nu_0}\times10^6=\frac{\Delta\nu}{\nu_0}\times10^6 \tag{17-11}$$

式中，δ 和 $\nu_{试样}$ 分别为试样中质子的化学位移及共振频率；ν_{TMS} 是 TMS 的共振频率（一般 $\nu_{TMS}=0$）；$\Delta\nu$ 是试样与 TMS 的共振频率差；ν_0 是操作仪器选用的频率。

可见，用 δ 表示化学位移，就可以使不同磁场强度的核磁共振仪测得的数据统一起来。如用 60MHz 和 100MHz 仪器上测得的 1,1,2-三氯丙烷中甲基质子的化学位移均为 2.23。

人们规定，在四甲基硅峰左边的 δ 值为正，位于其右边的峰 δ 值为负。多数有机物中的氢的 δ 在 0～15 之间，0 为高场，15 为低场。

2. 核磁共振氢谱

核磁共振氢谱（^{1}H NMR），也称为质子磁共振谱（proton magnetic resonance，PMR）。由于几乎所有的有机物分子中都含有氢，而且^{1}H 在自然界的丰度达 99.98%，远远大于其它两个同位素^{2}H 和^{3}H。此外，^{1}H 的磁旋比 γ 较大，绝对灵敏度是所有磁核中最大的，这样，^{1}H 核磁共振最早和最广泛地得到了发展、研究和应用，在 20 世纪 70 年代以前，核磁共振几乎就是指核磁共振氢谱。

典型的^{1}H NMR 谱如图 17-9 所示。

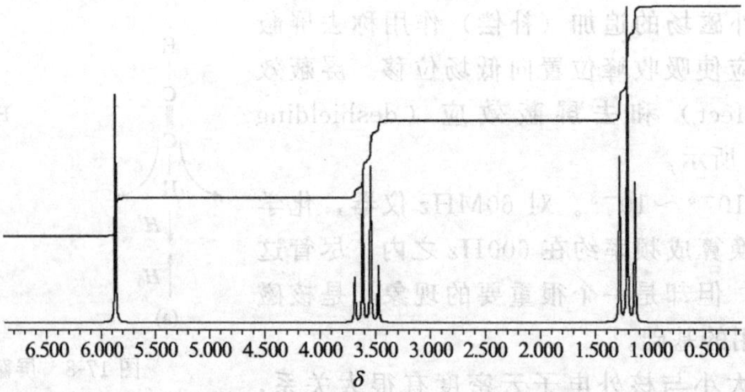

图 17-9 乙醇的^{1}H NMR 谱

图 17-9 中横坐标为化学位移 δ，它的数值代表了谱峰的位置，即质子的化学环境，是^{1}H NMR 谱提供的首要信息。$\delta=0$ 处的峰为内标物 TMS 的谱峰。图的横坐标从右向左代表了磁场强度减弱或者频率增加的方向，也是 δ 值增加的方向。将图的右端称为高场，左端称为低场，以便于讨论质子峰位置的变化。谱图的纵坐标代表谱峰的强度。谱峰强度的精确测量是依据谱图上台阶状的积分曲线，每一个台阶的高度代表其下方对应峰的面积，峰的面积与其代表的质子数成正比，因此，谱峰面积是^{1}H NMR 谱提供的第二个重要信息，目前使用的 PFT-NMR 不再给出积分曲线和台阶，而是在横坐标的下方谱峰的相应位置给出每一组峰的面积的相对比例，该数字与该组峰的质子数成正比。图中有的位置上谱峰出现了多重峰形，由此可以得到耦合常数，并推测耦合的对象。这是自旋耦合引起的谱峰裂分，这是^{1}H NMR 谱提供的第三个重要信息。在图 17-9 中，从高场到低场共有三组峰：$\delta=1.20$ 左右的三重峰是乙醇分子中与亚甲基相连的甲基的位移峰；$\delta=3.55$ 左右的四重峰是甲基与羟基之间的亚甲基的位移峰；$\delta=5.83$ 左右的单峰则是与亚甲基相连的羟基的位移峰。它们的峰面积之比（即积分曲线高度之比）为 3∶2∶1，等于相应三个基团上的质子个数之比。

(1) 影响化学位移的因素

化学位移取决于核外电子云密度，凡能引起核外电子云密度改变的因素都能影响 δ 值。

① 电负性　电负性大的原子或基团（吸电子基）降低了氢核周围的电子云密度，屏蔽效应降低，化学位移向低场移动，δ 值增大；氢核周围吸电子基团越多，屏蔽效应越低；给电子基团增加了氢核周围的电子云密度，屏蔽效应增大，化学位移移向高场，δ 值降低。

如：	CH_3X	X	F	O	Cl	Br	I	H
		电负性	4.0	3.5	3.1	2.8	2.5	2.1
		δ	4.26	3.40	3.05	2.68	2.16	0.23

又如：		CH_3Cl	CH_2Cl_2	$CHCl_3$
	δ	3.05	5.30	7.27

② 各向异性效应 当分子中某些基团的电子云排布不呈球形对称时，它对邻近的氢核产生一个各向异性的磁场，从而使某些空间位置的氢核受屏蔽，而另一些空间位置的氢核去屏蔽。这一现象称各向异性效应。

如下列分子的 δ 值不能用电负性来解释，其 δ 的大小与分子的空间构型有关。

	CH_3CH_3	$CH_2{=}CH_2$	$CH{\equiv}CH$	$C_6H_5{-}H$	RCHO
δ	0.96	5.25	2.80	7.26	7.8～10.8

造成这种结果的原因就在于，在含双键或叁键的体系中，在外磁场作用下，其环电流有一定的取向，因此产生的感应磁场对邻区的外磁场起着增强或减弱的作用，这种屏蔽作用的方向性，称为磁各向异性效应。

a. 单键 碳-碳单键是碳原子 sp^3 杂化轨道重叠而成，电子产生的各向异性较小。随着 CH_3 中氢被碳取代，去屏蔽效应增大。所以 CH_3，CH_2，CH 中质子的 δ 值依次增大。

b. 双键 双键轨道平面是碳以 sp^2 杂化重叠而成，π 电子在平面上下形成环电流。在外磁场作用时，乙烯或羰基双键上的 π 电子环流产生一个感应磁场以对抗外加磁场，感应磁场在双键及双键平面的上下方与外磁场方向相反，该区域称屏蔽区，用（+）表示，处于屏蔽区的质子峰移向高场，δ 值变小。由于磁力线的闭合性，在双键周围侧面，感应磁场的方向与外磁场方向一致，该区称去屏蔽区，用（－）表示。处于去屏蔽区质子峰移向低场，δ 值较大。乙烯分子中的氢处于去屏蔽区，因此其吸收峰移向低场。见图 17-10。

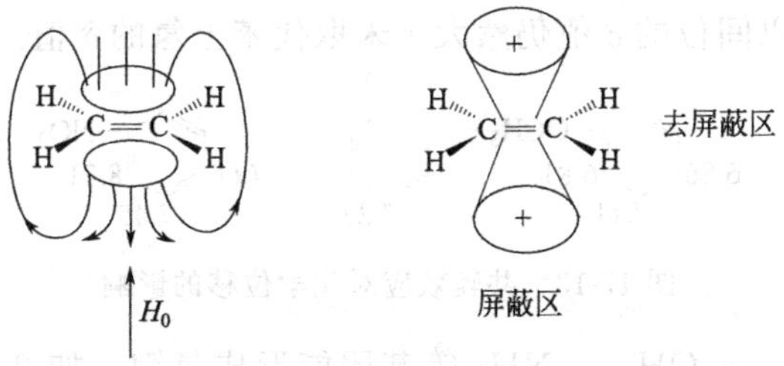

图 17-10 双键的磁各向异性

c. 叁键 叁键是由 sp 杂化的 σ 键与两个 π 键组成，炔氢与烯氢相比，应处于较低场，但事实正好相反。这是由于叁键呈直线形，π 电子云呈圆柱形分布，构成桶状电子云，绕碳-碳键成环流。乙炔质子处于屏蔽区，使质子的 δ 值向高场移动。见图 17-11。

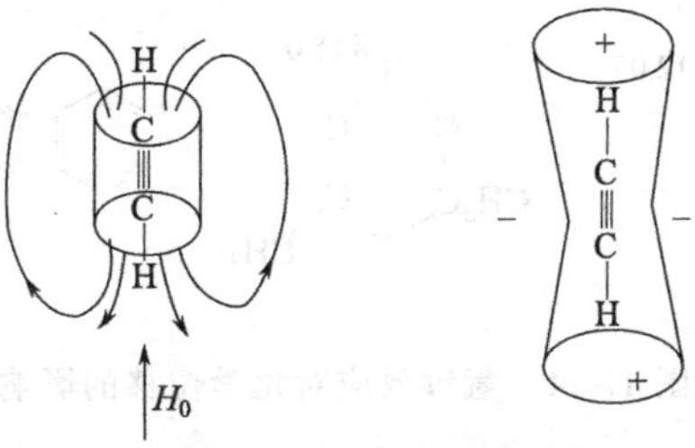

图 17-11 叁键的磁各向异性

d. 芳环 芳环中的 6 个碳原子都是以 sp^2 杂化的，每一个碳原子的 sp^2 杂化轨道与相邻的碳原子形成 6 个碳-碳 σ 键，每一个碳原子又以 sp^2 杂化轨道与氢原子的 s 轨道形成碳-氢 σ 键，由于 sp^2 杂化轨道的夹角是 120°，所以 6 个碳原子和 6 个氢原子处于同一平面上。每一个碳原子还有一个垂直于此平面的 p 轨道，6 个 p 轨道彼此重叠，在平面的上下形成环形 π 电子云。在外磁场 H_0 的作用下 π 电子云形成大 π 电子环流。电子环流所产生的感应磁场，使苯环平面上下两圆锥体为屏蔽区，其余为去屏蔽区。苯环质子处在去屏蔽区，所得共振信号位置与大多数质子相比在较低场，如图 17-12 所示。

图 17-12 芳环的磁各向异性

③ 共轭效应 以苯、苯甲醚和硝基苯为例来说明共轭效应的影响。

苯环上的氢被供电子基（如 CH_3O）取代，由于发生了 CH_3O 与苯环的 p-π 共轭，使苯环的电子云密度增大，而且，使苯环邻、对位的电子云密度大于间位，使邻、对位质子的 δ 值小于间位质子。但由于甲氧基供电子效应使苯环上总的电子云密度增加了，所以间位的 δ 值仍然小于未取代苯上氢的 δ 值。

苯环上的氢被吸电子基（如 NO_2）取代，由于 π-π 共轭，使苯环上的邻、对位的电子云密度比间位更小，故邻、对位质子的 δ 值大于间位质子。但由于吸电子效应使苯环上总的电子云密度减少了，所以间位的 δ 值仍然大于未取代苯上氢的 δ 值。见图 17-13。

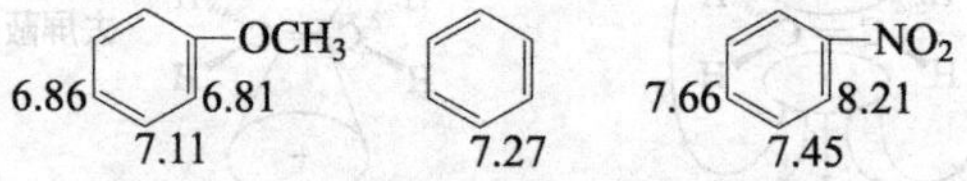

图 17-13 共轭效应对化学位移的影响

④ 氢键效应的影响 —OH、—NH_2 等基团能形成氢键，如 β-二酮的烯醇式形成的氢键和醇形成的分子间氢键。

两个电负性基团靠近形成氢键的质子，它们分别通过共价键和氢键产生吸电子诱导作用，造成较大的去屏蔽效应，使质子周围的电子云密度降低，吸收峰移向低场，δ 值增大。如图 17-14 所示。

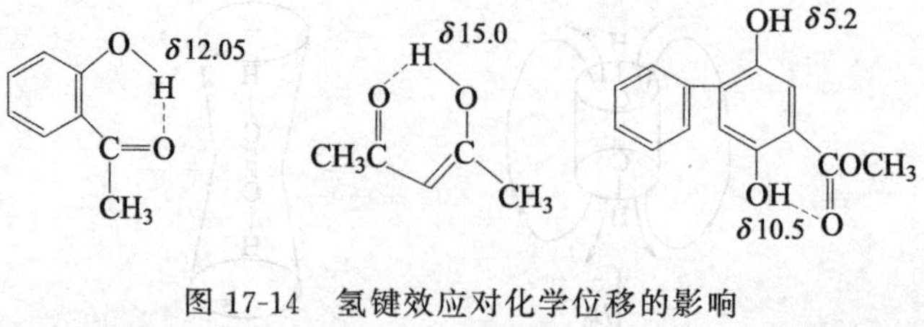

图 17-14 氢键效应对化学位移的影响

⑤ 范德华效应 当两质子非常靠近时，负电荷的电子云互相排斥，质子周围的电子云密度减少，从而降低了对质子的屏蔽，使信号向低场位移，δ 值增大，该效应称为范德华效应，如图 17-15 所示。

这种效应与相互影响的两个原子之间的距离有关。当两个原子间隔 0.17nm（即范德华半径之和）时，该作用对化学位移的影响约为 0.5，距离为 0.2nm 时约为 0.2，当原子间的距离大于 25nm 时可不再考虑此效应。

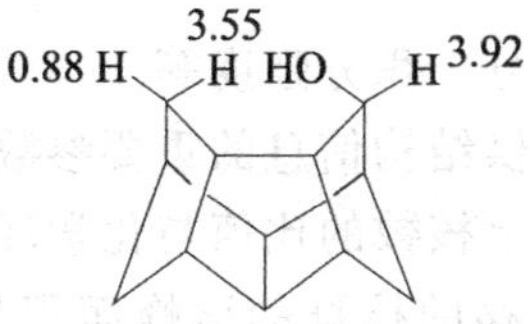

图 17-15　范德华效应

⑥ 溶剂效应　同一化合物在不同溶剂中的化学位移会有所差别，这种由于溶质分子受到不同溶剂影响而引起化学位移的变化称为溶剂效应。溶剂效应主要是由于溶剂的各向异性效应或者溶剂与溶质之间形成氢键而产生的。一般化合物在 CCl_4 和 $CDCl_3$ 中测得的 NMR 谱重现性较好。因此，在报道 NMR 数据或与文献值进行比较时必须注意所用的溶剂。

⑦ 化学交换的影响　在某些化学交换的过程中，质子具有两种或两种以上不同存在形式，根据不同存在形式之间的转化速率的不同，质子显示出不同的核磁共振谱图。如果两种形式之间转化速率很大，将出现一种化学位移平均化信号；如果转化速率很慢，则显示出两种形式各自不同的化学环境信号，在这两种极端之间，将观察到展宽的波峰。由这种波谱可以获得有关化学交换过程的信息。常见的交换过程有质子交换、构象互换和部分双键旋转。

最典型的例子是环己烷两种椅式构象的相互转变。在温度较低时，如－89℃，转换速度很慢，可以观察到直立的、平伏的两种不同质子的信号，但在室温下，这两种等价的椅式构象转换速度很快，致使环己烷的核磁共振谱图只有单一的锐锋。

(2) 化学位移与分子结构的关系

化学位移是确定分子结构的一个重要信息，主要用于基团的鉴定。基团具有一定的特征性，处在同一类基团中的氢核其化学位移相似，因而其共振峰在一定的范围内出现，即各种基团的化学位移具有一定的特征性。例如，$-CH_3$ 氢核的化学位移一般在 0.8～1.5，羧羟基氢在 9～13。自 20 世纪 50 年代末高分辨核磁共振仪问世以来，人们测定了大量化合物的质子化学位移数值，建立了分子结构与化学位移的经验关系。常见特征质子的化学位移见表 17-4。

表 17-4　常见特征质子的化学位移（黑体字的氢是研究的质子）

质子的类型	化学位移	质子的类型	化学位移
$RC\mathbf{H}_3$	0.9	$RO\mathbf{H}$	0.5～5.5(温度、溶剂、浓度影响较大)
$R_2C\mathbf{H}_2$	1.3	$ArO\mathbf{H}$	4.5～4.7(分子内缔合 10.5～16)
$R_3C\mathbf{H}$	1.5	$RC\mathbf{H}_2OH$	3.4～4
$R_2C{=}C\mathbf{H}_2$	4.5～5.9	$ROC\mathbf{H}_3$	3.5～4
$R_2C{=}CR\mathbf{H}$	5.3	$RC\mathbf{H}O$	9～10
$R_2C{=}CR{-}C\mathbf{H}_3$	1.7	$RCOCR_2{-}\mathbf{H}$	2～2.7
$RC{\equiv}C\mathbf{H}$	7～3.5	$\mathbf{H}CR_2COOH$	2～2.6
$ArCR_2{-}\mathbf{H}$	2.2～3	$R_2C\mathbf{H}COOR$	2～2.2
$RC\mathbf{H}_2F$	4～4.5	$RCOOC\mathbf{H}_3$	3.7～4
$RC\mathbf{H}_2Cl$	3～4	$RC{\equiv}CCOC\mathbf{H}_3$	2～3
$RC\mathbf{H}_2Br$	3.5～4	$RN\mathbf{H}_2$ 或 $R_2N\mathbf{H}$	0.5～5(峰不尖锐，常呈馒头形)
$RC\mathbf{H}_2I$	3.2～4	$RCONR\mathbf{H}$ 或 $ArCONR\mathbf{H}$	5～9.4

（3）谱线强度

谱线强度又称峰面积、谱线积分、积分强度等。

核磁共振谱上谱线强度也是提供结构信息的重要参数。特别是氢谱中，在一般实验条件下由于质子的跃迁概率及高低能态上核数的比值与化学环境无关，所以谱线强度直接与相应质子的数目成正比。即同一化学位移的核群的谱峰面积与谱带所相应的基团中质子数目成正比。

3. 核磁共振氢谱的自旋耦合和自旋裂分

（1）核的化学等价和磁等价

① 化学等价　在核磁共振谱中，有相同化学环境的核具有相同的化学位移。这种有相同化学位移的核称为化学等价。例如，在对硝基苯甲醛中，与硝基或者醛基相邻的两个氢核的化学环境相同，化学位移相同、它们是化学等价的。又如，在苯环上，六个氢的化学位移相同，它们也是化学等价的。

有许多看似化学等价，其实是化学不等价，有下述几种情况。因单键的自由旋转，甲基上的三个氢或饱和碳原子上三个基团都是化学等价的。亚甲基或同碳上的两个基团情况较为复杂。一般情况下，固定环上亚甲基两个氢是化学等价的，如环已烷以及取代的环已烷上的亚甲基；与手性碳相连的亚甲基上的两个氢不是化学等价的；单键不能快速旋转时，同碳上的两个相同基团也可能不是化学等价的。

② 磁等价　所谓磁等价是指分子中的一组氢核，其化学位移相同，且对组外任何一个原子核的耦合常数也相同。例如，在二氟甲烷中，H_1 和 H_2 质子的化学位移相同，并且它们对 F_1 或 F_2 的耦合常数也相同，即 $J_{H_1F_1}=J_{H_2F_1}$，$J_{H_2F_2}=J_{H_1F_2}$，因此，H_1 和 H_2 称为磁等价核。应该指出，它们之间虽有自旋干扰，但并不产生峰的分裂；而只有磁不等价的核之间发生耦合时，才会产生峰的分裂。磁等价比化学等价要求的条件更高。

化学等价的核不一定是磁等价的，而磁等价的核一定是化学等价的。例如，在 1,1-二氟乙烯中，两个 ^1H 和两个 ^{19}F 虽然化学环境相同，是化学等价的，但是由于双键不能自由旋转，H_1 与 F_1 是顺式耦合，与 F_2 是反式耦合。同理 H_2 和 F_2 是顺式耦合，与 F_1 是反式耦合。所以 H_1 和 H_2 是磁不等价。

产生磁不等价的原因：

a. 单键旋转受阻时产生磁不等价质子：如低温下的环已烷。通过对称轴的旋转能够互换的质子称为磁等价质子。

b. 单键带有双键性质时产生磁不等价质子：如酰胺 $RCON\mathbf{H}_2$。

c. 与手性碳原子相连的同碳质子是不等价质子。如 $C^*-C\mathbf{H}_2-$。

d. 双键上的同碳质子：$C\mathbf{H}_2=CHR$。

（2）自旋耦合和自旋裂分（spin-spin coupling and spin-spin splitting）

使用低分辨率的核磁共振仪时各类化学环境等同的质子只形成一个个单峰，当使用高分辨率的核磁共振仪时，则发现吸收峰分裂成多重峰。谱线的这种精细结构是由于邻近质子的相互作用引起了能级的裂分而产生的。这种由于邻核的自旋而产生的相互干扰作用称为自旋-自旋耦合，由自旋耦合引起的谱线增多的现象称为自旋-自旋裂分。

① 自旋耦合产生的原因　在外磁场作用下，质子自旋产生一个小小的磁矩，通过成键价电子的传递，对邻近的质子产生影响。质子自旋有两种取向，如其取向与外磁场方向相同（顺向排列），则其邻质子所受到的总磁场强度为 H_0+H'，扫描时，当外磁场强度比 H_0 略小时，相邻质子即发生能级跃迁；而其取向与外磁场方向逆向排列的质子则使其邻质子所受

到的总磁场强度为 H_0-H'，扫描时，外磁场强度比 H_0 略大时，相邻质子才发生能级跃迁。因此，当发生核磁共振时，一个质子发出的信号就被邻近的自旋质子分裂成两个，即自旋裂分。邻近质子数目越多，则分裂峰的数目越多。

如：被一个和两个质子裂分及对周围质子的影响：

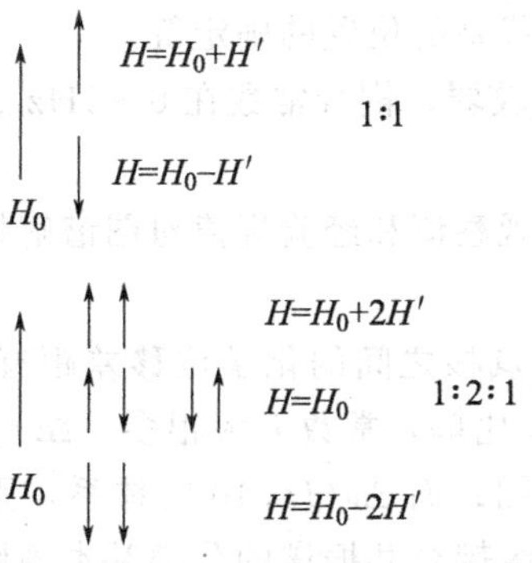

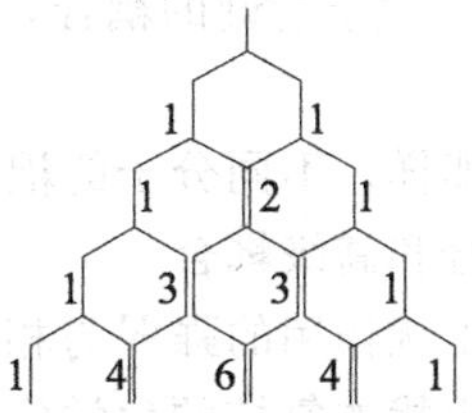

再如：CH_3CH_2Br，CH_3 有三个氢，自旋组合有四种方式，使邻近的 CH_2 裂分成四重峰，强度为1∶3∶3∶1；而 CH_2 有两个氢，自旋组合有三种方式，使邻近的 CH_3 裂分成三重峰，强度为1∶2∶1。裂分后峰的总面积等于裂分前的峰面积。

② 自旋耦合的条件和限度

a. 质子必须是不等性的。

b. 耦合作用通常发生在邻位碳上，随着距离的增大自旋间的相互作用很快消失，两个质子间少于或等于三个单键（中间插入双键或叁键可以发生远程耦合）。相隔四个单键可视为零。

c. 耦合作用通过成键电子传递，通过重键的耦合作用比单键大。

d. 如果是活性氢，如—OH，—COOH，—CHO 等，通常只出现单峰，可看作无耦合。

③ 耦合常数　根据 Pauling 原理（成键电子对的自旋方向相反）和 Hund 规则（同一原子成键电子应自旋平行）及对应的电子自旋取向与核的自旋取向同向时，势能稍有升高，电子的自旋取向与核的自旋取向反向时，势能稍有降低，以 H_a—C—C—H_b 为例分析。无耦合时，H_b 有一种跃迁方式，所吸收的能量为 $\Delta E(\Delta E=h\nu_b)$，在 H_a 的耦合作用下，H_b 有两种跃迁方式，对应的能量分别为 ΔE_1、ΔE_2：

$$\Delta E_1=h(\nu_b-J/2)=h\nu_1$$

$$\Delta E_2=h(\nu_b+J/2)=h\nu_2$$

两能量所表示的频率差为：$\nu_2-\nu_1=J_{ba}$

同样，在 H_b 的耦合作用下，H_a 也被裂分为双峰，分别出现在（$\nu_a-J/2$）和（$\nu_a+J/2$）处，峰间距等于 J_{ab}。在这里，J 为耦合常数，表示自旋耦合状况的量度，其大小表示耦合作用的强弱，且不随外加磁场的改变而改变。

由上所述可知，自旋-自旋耦合是相互的，耦合的结果产生谱线增多，即自旋裂分。

耦合常数（J）是推导结构的又一重要参数。在 ^{1}H NMR 谱中，化学位移（δ）提供不同化学环境的氢。积分高度（h）代表峰面积，其简比为各组氢数目之简比。裂分峰的数目和 J 值可判断相互耦合的氢核数目及基团的连接方式。

在这里，J_{ab} 表示质子 a 被质子 b 裂分，J_{ba} 表示质子 b 被质子 a 裂分。J 的单位是 Hz 或周·秒$^{-1}$，用 CPS 表示。对于一级谱图来说，互相耦合的两组质子，其 J 值相同。

J 值的大小与质子之间键数有关。键数越少，J 值越大；键数越多，J 值越小。按照相互耦合质子之间相隔键数的多少。可将耦合作用分为同碳耦合、邻碳耦合和远程耦合三类。

a. 同碳耦合　指间隔两个单键的耦合，用$^2J_{HH}$表示，一般为负值，变化范围较大，与结构有密切关系。$^2J_{HH}$随着取代基电负性的增加而向正的方向变化；随着键角的增加也向正的方向变化。

b. 邻碳耦合　邻位碳上质子间的耦合，用$^3J_{HH}$表示。$^3J_{HH}$一般为正值。在结构分析时，可以用于赤式和苏式构型的确定；六元环中取代基的位置的确定等。

c. 远程耦合　大于叁键的耦合，耦合一般较弱，耦合常数在0～3Hz之间，很少观察到峰的分裂。

如化学位移那样，不同分子的耦合常数的观察值和经验规律对图谱解析是非常有用的。

(3) 简单耦合和高级耦合

通常，自旋干扰作用的强弱与相互耦合的氢核之间的化学位移差距有关，按$\Delta\nu/J$。若系统中两组相互干扰的氢核的化学位移差距$\Delta\nu$比耦合常数J大很多，$\Delta\nu/J>10$的体系，干扰作用弱，称为简单耦合，所得谱图为一级谱图；而$\Delta\nu/J<10$的体系，则干扰作用强，称为高级耦合，其谱图属于高级谱图。简单和高级耦合共振谱的分类基本规则如下：对高级耦合体系，其核以ABC或KLM等相连英文字母表示，称为ABC多旋体系；对简单耦合体系其核以AMX等不相连的字母表示，称为AMX多旋体系。磁等价的核用相同字母，如A_2或B_3或C_4表示；化学等价而磁不等价的核，如以AA′表示。

对于高级耦合体系，可采用增强磁场、同位素取代、去耦技术等使谱图简化，在此不作介绍。对于简单耦合体系，其裂分规律如下：

① 全同的氢只有耦合，但不出现裂分，在NMR上只出现单峰。如OCH_3。

② 相邻质子耦合所具有的裂分数，由相邻质子数目决定，即$n+1$规律：某组环境完全相等的n个核（$I=1/2$），在H_0中共有（$n+1$）种取向，使与其发生耦合的核裂分为（$n+1$）条峰，这就是$n+1$规律。概括如下：某组环境相同的氢若与n个环境相同的氢发生耦合，则被裂分为（$n+1$）条峰。某组环境相同的氢，若分别与n个和m个环境不同的氢发生耦合，则被裂分为$(n+1)\times(m+1)$条峰，且J值不等。如$Cl_2CHCH_2CHBr_2$，亚甲基裂分为$(1+1)\times(1+1)=4$，四重峰。再如高纯乙醇，CH_2被CH_3裂分为四重蜂，每条峰又被OH中的氢裂分为双峰，共八条峰[$(3+1)\times(1+1)=8$]。实际上由于仪器分辨有限或巧合重叠，造成实测峰的数目小于理论值。

③ 一组多重峰的中点，就是该组氢的化学位移值。

④ 磁等价的核相互之间也有耦合作用，但没有峰裂分的现象。如$ClCH_2CH_2Cl$，只有单重峰。

⑤ 只与n个环境相同的氢耦合时，裂分峰的强度之比近似为二项式$(a+b)^n$展开式的各项系数之比，n为磁等价核的数目。$(1+1)\times(1+1)$情况下，四重峰相等。若为复杂的$(n+1)\times(n'+1)\times(n''+1)$…情况，各峰常不易分辨。

⑥ 在实测谱图中，相互耦合核的两组峰的强度会出现内侧峰偏高、外侧峰偏低。$\Delta\nu$越小内侧峰越高，这种规律称向心规则。利用向心规则，可以找出NMR谱中相互耦合的峰。

⑦ 谱线以化学位移为中心，左右对称；相互耦合的质子，持有相同的耦合常数，即裂分线之间的距离相等。

4. 核磁共振氢谱的解析

一般按照以下步骤对一张核磁共振氢谱进行解析。

① 先观察图谱是否符合要求

a. 四甲基硅烷的信号是否正常；

b. 基线是否平整；

c. 积分曲线中没有吸收信号的地方是否平整。如果有问题，解析时要引起注意，最好重新测试图谱。

② 区分杂质峰、溶剂峰、旋转边峰（spinning side bands）、^{13}C 卫星峰（^{13}C satellite peaks）

a. 杂质峰　杂质含量相对样品比例很小，因此杂质峰的峰面积很小，且杂质峰与样品峰之间没有简单整数比的关系，容易区别；

b. 溶剂峰　氘代试剂不可能达到100%的同位素纯度（大部分试剂的氘代率为99%～99.8%），因此谱图中往往呈现相应的溶剂峰，如 $CDCl_3$ 中的溶剂峰的 δ 值约为7.27；

c. 旋转边峰　在测试样品时，样品管在^{1}H NMR仪中快速旋转，当仪器调节未达到良好工作状态时，会出现旋转边带，即以强谱线为中心，呈现出一对对称的弱峰，称为旋转边峰；

d. ^{13}C 卫星峰　^{13}C 具有磁矩，可以与^{1}H 耦合产生裂分，称之为^{13}C 卫星峰，但由于^{13}C的天然丰度只为1.1%，只有氢的强峰才能观察到，一般不会对氢的谱图造成干扰。

③ 根据积分曲线，观察各信号的相对高度，计算样品化合物分子式中的氢原子数目。可利用可靠的甲基信号或孤立的次甲基信号为标准计算各信号峰的质子数目。

④ 先解析图中 CH_3O、CH_3N、$CH_3C{=}O$、$CH_3C{=}C$、$CH_3{-}C$ 等孤立的甲基质子信号，然后再解析耦合的甲基质子信号。

⑤ 解析羧基、醛基、分子内氢键等低磁场的质子信号。

⑥ 解析芳香核上的质子信号。

⑦ 比较滴加重水前后测定的图谱，观察有无信号峰消失的现象，了解分子结构中所连活泼氢官能团。

⑧ 根据图谱提供的信号峰数目、化学位移和耦合常数，解析一级类型图谱。

⑨ 如果一维^{1}H NMR难以解析分子结构，可考虑测试二维核磁共振谱配合解析。

⑩ 组合可能的结构式，根据图谱的解析，组合几种可能的结构式。

⑪ 对推出的结构进行指认，即每个官能团上的氢在图谱中都应有相应的归属信号。

【例17-1】 3,3-二甲基1-丁炔的核磁共振氢谱是否是下图？

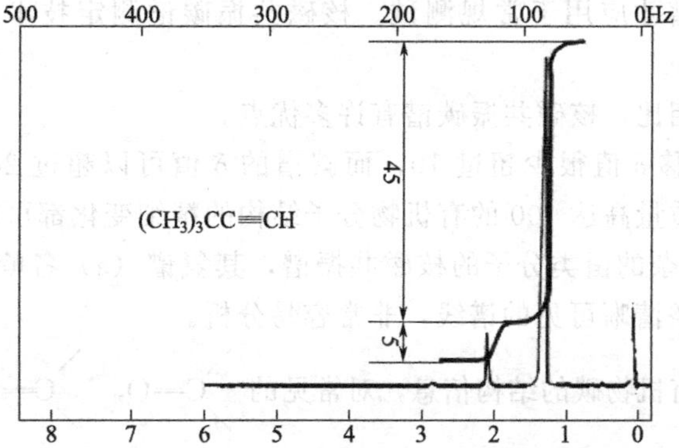

分析　$(CH_3)_3C{-}C{\equiv}CH$ 中有两组磁等价质子，比例为9∶1，互不耦合。$\equiv C{-}H$ 的氢在 $\delta=2.3$ 左右，$-CH_3$ 在 $\delta=1.2$ 左右。这些情况与谱图一致。故该图是3,3-二甲基-1-丁炔的核磁共振谱图。

【例17-2】 分子式为 $C_6H_6O_2$ 有机物的核磁共振氢谱如下图所示：

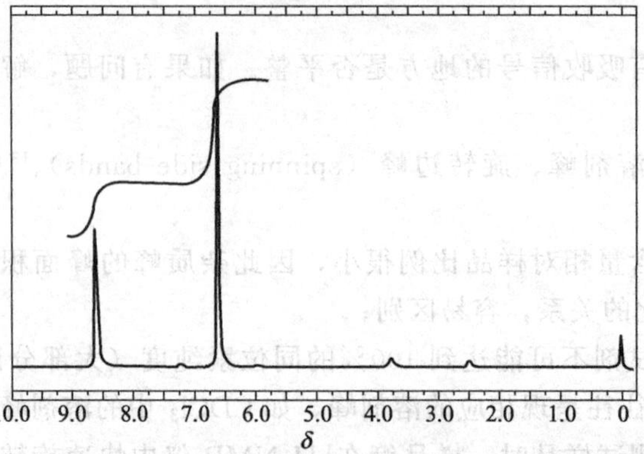

分析 由图可见，该有机物分子中只有两种不相邻的氢（两个峰均不分裂），而且面积氢的比例为 2∶1。在 $\delta=7$ 附近有强峰，表明该有机物分子中含有苯环，可以确定，分子式中的 6 个碳原子将全部被苯环所用。另一个 $\delta=8.6$ 的峰是能形成氢键的氢核峰，因该有机物含有氧原子，所以这是羟基的峰。即可以推断该有机物是二酚类结构，因 $\delta=7$ 附近苯环上的氢没有分裂，表明苯环上氢是相同的，这样该有机物是对羟基酚。

($C_6H_6O_2$)

核磁共振氢谱解析时一般先看 $\delta=7$ 附近是否有峰，判断苯环及取代基位置，$\delta=8$ 以上有峰只有三种情况：酚羟基氢、醛基氢和羧基羟基氢。通过 $\delta=8$ 以上峰的情况可以很容易推断出酚、醛和羧酸类物质。$\delta=7$ 以下峰的数目会增加，各种峰也接近，需认真判断。

第五节 核磁共振碳谱

一、核磁共振碳谱及其特点

核磁共振氢谱是通过确定有机物分子中氢原子的位置，而间接推出结构的。事实上，所用有机物分子都是以碳为骨架构建的，如果能直接确定有机物分子中碳原子的位置，无疑是最好的办法。由于 ^{13}C 核的天然丰度仅仅是 ^{1}H 的 1/100，因而灵敏度很低。只有脉冲傅里叶核磁共振仪问世，碳谱才应用于常规测试。核磁共振碳谱测定技术近 30 年来迅速发展和普及。

和核磁共振氢谱相比，核磁共振碳谱有许多优点。

① 氢谱的化学位移 δ 值很少超过 10，而碳谱的 δ 值可以超过 200，最高可达 600。这样，复杂和相对分子质量高达 400 的有机物分子结构的精细变化都可以从碳谱上分辨。如图 17-16 是一个结构较复杂的甾类分子的核磁共振谱，其氢谱（a）各峰重叠，根本无法分辨。而碳谱（b）则有 24 条清晰可见的谱线，非常容易分析。

② 碳谱直接反映有机物碳的结构信息，对常见的 >C=O，>C=C=C<，—N=C=O 和—N=C=S 等有机物官能团可以直接进行解析。

③ 利用核磁共振辅助技术，可以从碳谱上直接区分碳原子的级数（伯、仲、叔和季）。这样不仅可以知道有机物分子结构中碳的位置，而且还能确定该位置碳原子被取代的状况。

核磁共振碳谱也有一些缺点：主要是 ^{13}C 同位素原子核在自然界中的丰度低，而且 ^{13}C 的磁矩也只有 ^{1}H 的 1/4，因此，碳谱测定不仅需要高灵敏度的核磁共振仪器，而且所需样

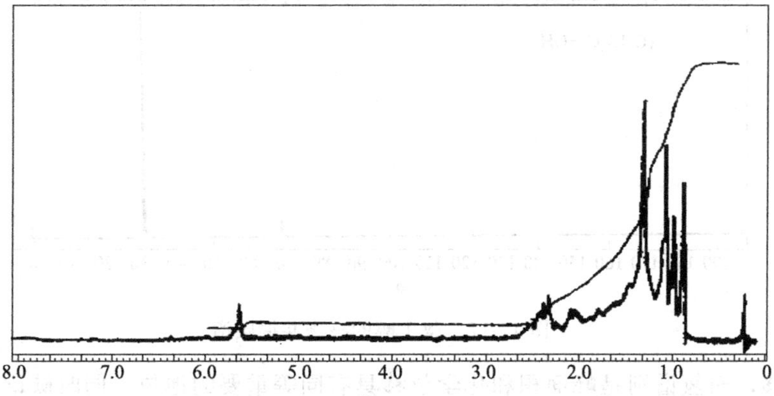

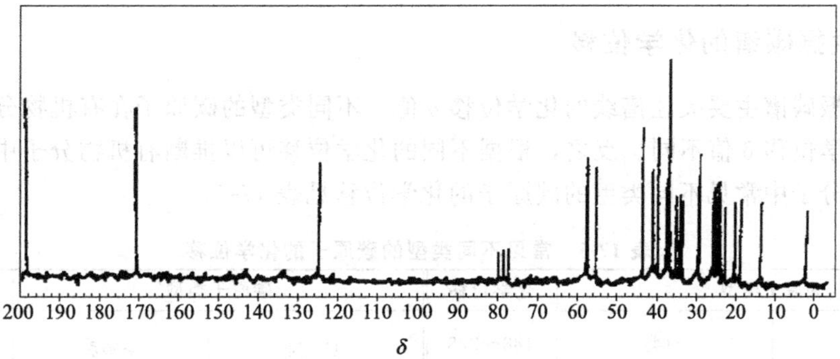

图 17-16　一甾类化合物核磁共振氢谱和碳谱

品量也要增加。另外，测定核磁共振碳谱的技术和费用也都高于氢谱。因此，往往是先测定有机物样品的氢谱，若难以得到准确的结构信息再测定碳谱，一个有机物同时测定了氢谱和碳谱一般就可以推断其结构。

核磁共振碳谱测定的基准物质和氢谱一样仍为四甲基硅烷（TMS），但此时基准原子是TMS分子中的^{13}C，而不是^{1}H。碳谱仍然需要在溶液状态下测定，虽然溶剂中含有氢不影响^{13}C测定，但考虑到同一样品一般都要在测定碳谱前测定氢谱，故仍然采用氘代试剂。

核磁共振碳谱中，因^{13}C的自然丰度仅为1.1%，因而^{13}C原子间的自旋耦合可以忽略，但有机物分子中的^{1}H核会与^{13}C发生自旋耦合，这样同样能导致峰分裂。现在的核磁共振技术已能通过多种方法对碳谱进行去耦处理，如此得到的核磁共振碳谱都是完全去耦的，谱图都是尖锐的谱线，而没有峰分裂。但必须指出：和氢谱不同，碳谱不能判断碳原子的数目，即碳谱谱线的大小强弱与碳原子数无关。谱线高，并不意味是多个碳原子，有时只能表示该碳原子是与较多的氢原子相连。因此，核磁共振碳谱只能通过化学位移δ值来提供结构信息。

核磁共振碳谱图中谱线的数目，表示有机物分子中碳原子数的种类，即有多少谱线就说明有机物分子至少由多少种碳原子组成。如图17-17是叔丁醇的核磁共振碳谱，叔丁醇分子中共有四个碳原子，但三个甲基的碳原子是相同的，谱图上只有两个峰。

综上所述，核磁共振氢谱和碳谱技术有许多共性，原理基本相同，只是针对测定的原子核对象改变而有一些相应的改变。如重氢交换技术对碳谱就不适合，但位移试剂和去耦等技术是一样的。除此之外，除非采用特定技术条件，碳谱峰高与碳原子数无关，谱图解析中只

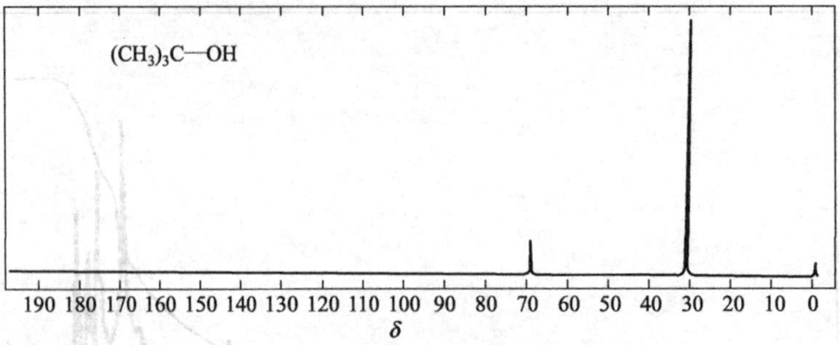

图 17-17 叔丁醇的核磁共振碳谱

关注化学位移，而氢谱则是峰面积和化学位移具有同等重要的地位。同时碳谱都是完全去耦的谱线，而氢谱却都是多重分裂并且有可能重叠的峰。

二、核磁共振碳谱的化学位移

核磁共振碳谱主要关注谱线的化学位移 δ 值，不同类型的碳原子在有机物分子中的位置不同，则化学位移 δ 值不同。反之，根据不同的化学位移可以推断有机物分子中碳原子的类型。有机物分子中常见不同类型的碳原子的化学位移见表 17-5。

表 17-5 常见不同类型的碳原子的化学位移

碳原子类型		化学位移	碳原子类型		化学位移
$>C=O$	酮类	188～228	$-C-N$	季碳胺	65～75
	醛类	185～208	$>CH-N$	叔碳胺	50～70
	酸类	165～182	$-CH_2-N$	仲碳胺	40～60
	酯、酰胺、酰氯、酸酐	150～180	CH_3-N	伯碳胺	20～45
$>C=N-OH$	肟	155～165	$-C-S-$	季碳硫醚	55～70
$>C=N-$	亚甲胺	145～165	$>CH-S-$	叔碳硫醚	40～55
$-N=C=S$	异硫氰化物	120～140	$-CH_2-S-$	仲碳硫醚	25～45
$-S-C\equiv N$	硫氰化物	110～120	CH_3-S-	伯碳硫醚	10～30
$-C\equiv N$	氰	110～130	$-C-X$　X:Cl,Br,I	季碳卤化物	I 35～75 Cl
X　X:O S N	芳杂环	115～155	$>CH-X$	叔碳卤化物	I 30～65 Cl
	芳环	110～135	$-CH_2-X$	仲碳卤化物	I 10～45 Cl
$>C=C<$	烯	110～150	CH_3-X	伯碳卤化物	I −35～35 Cl
$-C\equiv C-$	炔	70～100	$-C-$	季碳烷烃	35～70
$-C-O-$	季碳醚	70～85	$>CH-$	叔碳烷烃	30～60
$>CH-O-$	叔碳醚	65～75	$-CH_2-$	仲碳烷烃	25～45
$-CH_2-O-$	仲碳醚	40～70	CH_3-	伯碳烷烃	−20～30
CH_3-O-	伯碳醚	40～60	△	环丙烷	−5～5

从表 17-5 可以看出：核磁共振碳谱的化学位移值，按有机物的官能团有明显的区别。根据表中不同碳核的核磁共振的化学位移值，可以推断有机物分子中的不同碳原子的位置，从而得到有机物分子的结构。核磁共振碳谱的解析，常常需要辅以必要的测定技术，这在复杂结构的天然产物分子核磁共振碳谱的解析中尤其重要。在核磁共振碳谱的辅助技术中，除了能像氢谱一样采用位移试剂外，现在迅速发展应用的是采用脉冲序列技术，这主要是测定有机物分子中碳原子的级数问题，即确定碳核的季、叔、仲、伯，解决碳谱谱线多重性。常用的有 APT（attached proton test）、INEPT（insensitive nuclei enhanced by polarization transfer）和 DEPT（distortionless enhancement by polarization transfer）等方法，由这些方法测定出的核磁共振碳谱一般被称作相应的谱，如 DEPT 谱等。

三、核磁共振碳谱中去耦的方法

1. 碳谱中的耦合现象

因为^{13}C的天然丰度为 1.1%，^{1}H 的天然丰度为 99.98%，在^{1}H NMR 谱中，^{13}C 对^{1}H的耦合仅以极弱的峰出现，可以忽略不计。而在碳谱中，如果不对^{1}H 去耦，^{13}C 总是会被^{1}H 分裂。这种情况下，虽然提供了丰富的结构信息，但谱图相互交错，难以归属，给谱图分析和结构推导带来了很大困难。耦合裂分的同时，也大大降低了^{13}C NMR 的灵敏度。解决这些问题的办法，通常采用去耦技术。

2. 常用的去耦技术

(1) 质子噪声去耦（proton noise decoupling）

质子噪声去耦也称作宽带去耦（broad band decoupling），是测定碳谱时最常用的去耦方式。它是在测碳谱时，以一相当宽的射频场 H_1 照射各种碳核，使其激发产生^{13}C核磁共振吸收，同时，附加另一射频场 H_2（又称去耦场），使其覆盖全部质子的共振频率范围，且用强功率照射，使所有的质子达到饱和，则与其直接相连的碳或邻位、间位碳感受到平均化的环境，由此去除^{13}C 和^{1}H 之间的全部耦合，使每种碳仅给出一条谱线。

质子噪声去耦不仅使^{13}C NMR 谱大大简化，而且由于耦合的多重峰合并，使其噪声比提高、灵敏度增大。而且灵敏度增大的程度远大于峰的合并程度，这种灵敏度的额外增强是 NOE 效应的结果。所谓 NOE 是指在^{13}CNMR 实验中，观测^{13}C 的共振吸收时，照射^{1}H 核使其饱和，由于干扰场 H_2 非常强，同核弛豫过程不足使其恢复到平衡，经过核之间偶极的相互作用，^{1}H 核将能量传递给^{13}C 核，^{13}C 核吸收这部分能量后，犹如本身被照射而发生弛豫。这种由双共振引起的附加异核弛豫过程，能使^{13}C 核在低能级上分布的核数目增加，共振吸收信号增强，称为 NOE（nuclear overhauser enhancement）。

各种碳原子的 NOE 不同，质子噪声去耦谱的谱线强度不能定量反映碳原子的数量。

(2) 选择氢核去耦（selective proton decoupling，SPD）及远程选择氢核去耦（long-rage selective proton decoupling，LSPD）

两种方式均是在氢核信号归属明确的前提下，用很弱的能量选择性地照射某种特定的氢核，分别消除它们对相关碳的耦合影响。SPD 或 LSPD 表现在图谱上峰形发生变化的信号只是与之有耦合相关或远程耦合相关的^{13}C 信号。

(3) 偏共振去耦（off resonance decoupling，OFRD）

与质子宽带去耦法相似，偏共振去耦也是在样品测定的同时另外加一个照射频率，只是这个照射频率的中心频率不在质子共振区的中心，而是移到比 TMS 质子共振频率高 100～

500Hz 的位置上。由于在分子中，直接与^{13}C 相连的^{1}H 核与该^{13}C 的耦合最强，^{13}C 与^{1}H 之间相隔原子数目越多，耦合越弱。用偏共振去耦的方法，就消除了弱的耦合，只保留了与^{13}C相连的^{1}H 的耦合。一般来说，在偏共振去耦时，^{13}C 峰裂分为 n 重峰，就表明它与 $n-1$ 个氢相连。这种偏共振的^{13}C NMR 谱，对分析结构有一定的用途。

(4) 门控去耦和反门控去耦（gated decoupling and inverse gated decoupling）

质子噪声去耦失去了所有的耦合信息，偏共振去耦也损失了部分耦合信息，而且都因 NOE 不同而使信号的相对强度与所代表的碳原子的数目不成比例。为了测定真正的耦合常数及各类碳的数量，门控去耦或反门控去耦是一个较好的方法。

在 PFT-NMR 中有发射门（用于控制射频脉冲的发射时间）和接收门（用于控制接收门的接收时间）。门控去耦是指用发射门和接收门来控制去耦的实验方法，用这种方法与用单共振法获得的^{13}C NMR 谱较为相似，但用单共振法得到同样一张谱图，需要累加的次数更多、耗时更长。门控去耦法借助了 NOE 的技术，在一定程度上弥补了这一方法的不足。图 17-18 中的（a）和（b）用的是同样的脉冲间隔和扫描次数，但门控去耦谱的强度要比未去耦共振谱的强度增加将近一倍。

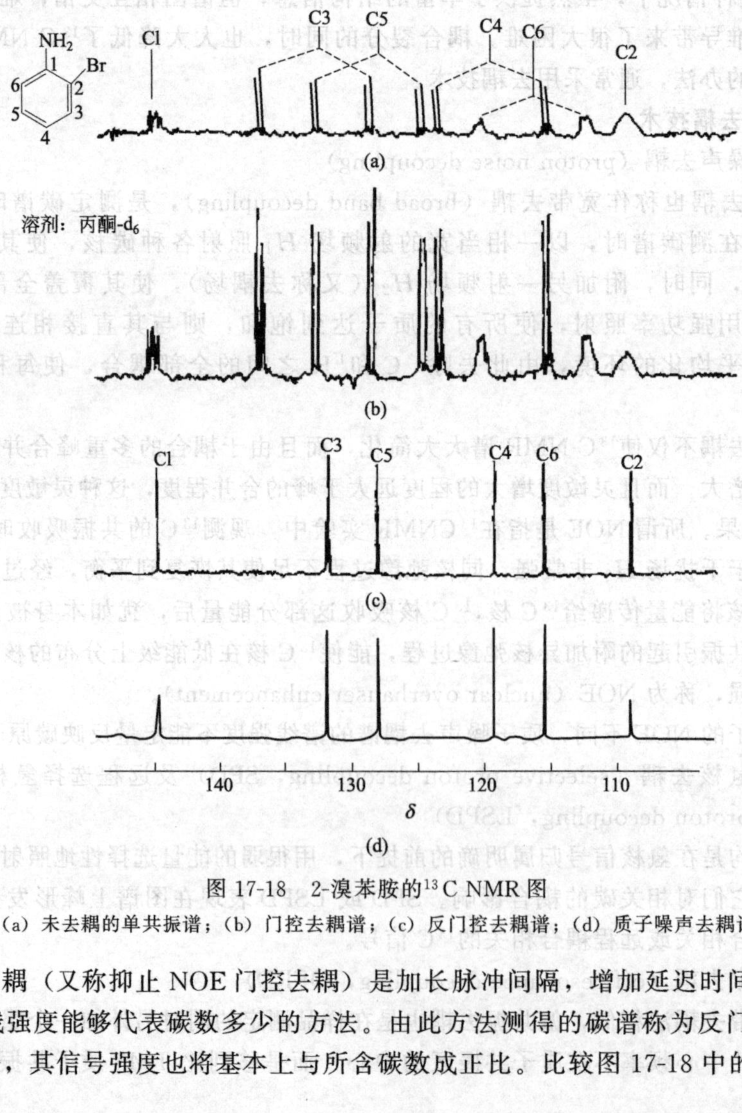

图 17-18 2-溴苯胺的^{13}C NMR 图

(a) 未去耦的单共振谱；(b) 门控去耦谱；(c) 反门控去耦谱；(d) 质子噪声去耦谱

反门控去耦（又称抑止 NOE 门控去耦）是加长脉冲间隔，增加延迟时间。尽可能抑止 NOE，使谱线强度能够代表碳数多少的方法。由此方法测得的碳谱称为反门控去耦谱，亦称为定量碳谱，其信号强度也将基本上与所含碳数成正比。比较图 17-18 中的（c）和（d），可以看出反门控去耦谱提供了碳原子的定量方法。

（5）不失真极化转移技术（distortionless enhancement by polarization transfer，DEPT）

不失真极化转移技术目前已成为^{13}C NMR 测定中常用的方法。DEPT 是将两种特殊的脉冲系列分别作用于高灵敏度的^{1}H 和低灵敏度的^{13}C NMR 上，将灵敏度较高的^{1}H 核磁化转移至灵敏度较低的^{13}C 核上，从而大大提高了^{13}C 的观测灵敏度。能利用异核间的耦合对^{13}C 核信号进行调制的方法来确定碳原子的类型。谱图上不同类型的^{13}C 信号均表现为单峰，分别朝上或朝下伸出，或者从谱图上消失，以取代在 OFRD 谱中朝同一方向伸出的多重谱线，因而信号之间很少重叠，灵敏度高。DEPT 谱的定量性很强。

DEPT 谱有下列三种谱图：

a. DEPT45 谱　在这类谱图中，CH、CH_2、CH_3 均出正峰；

b. DEPT90 谱　在这类谱图中，只有 CH 出正峰，其余均出负峰；

c. DEPT135 谱　在这类谱图中，只有 CH、CH_3 出正峰，CH_2 出负峰。

四、核磁共振碳谱的解析

碳谱解析步骤如下。

（1）鉴别谱图中的非真实信号峰

① 溶剂峰　虽然碳谱不受溶剂中氢的干扰，但为兼顾氢谱的测定及磁场需要，仍常采用氘代试剂作为溶剂，氘代试剂中的碳原子均有相应的峰。

② 杂质峰　杂质含量相对于样品少得多，其峰面积极小，与样品化合物中的碳呈现的峰不成比例。

③ 测试条件的影响　测试条件会对所测谱图有较大影响。如脉冲倾斜角较大而脉冲间隔不够长时，往往导致季碳不出峰；扫描宽度不够大时，扫描宽度以外的谱线会折叠到图谱中，这些均造成解析图谱的困难。

（2）不饱和度的计算

根据分子式计算不饱和度，推测图谱烯碳的情况。

（3）分子对称性的分析

若谱线数目等于分子式中碳原子数目，说明分子结构无对称性；若谱线数目小于分子式中碳原子数目，说明分子结构有一定的对称性。此外，化合物中碳原子数目较多时，有些核的化学环境相似，可能 δ 值产生重叠现象。

（4）碳原子级数的确定

由低核磁共振或 DEPT 等技术可确定碳原子的级数，由此可计算化合物中与碳原子相连的氢原子数。若此数目小于分子式中的氢原子数，二者之差值为化合物中活泼氢的原子数。

（5）推导可能的结构式

先推导出结构单元，并进一步组合成若干可能的结构式。

（6）对碳谱的指认

将核磁共振碳谱中各信号峰在推出的可能结构式上进行指认，找出各碳谱信号相应的归属，从而在被推导的可能结构式中找出最合理的结构式，即正确的结构式。

【例 17-3】 某含氧化合物分子没有对称性，其^{13}C NMR 谱图如下所示，试推导其结构。

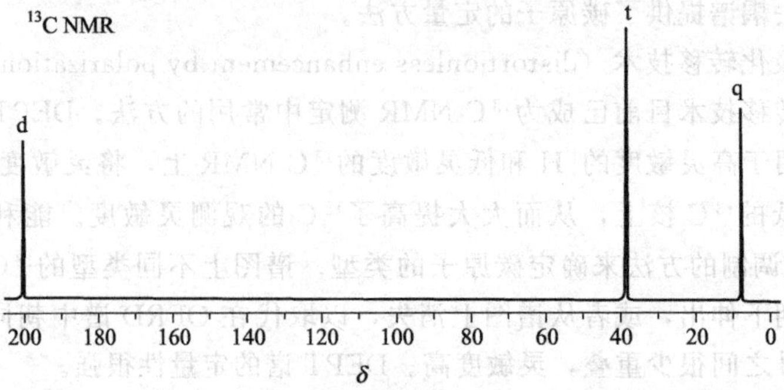

解

确定分子式	谱图中含有 1 种 CH_3,1 种 CH_2,1 种 $H-C=O$,分子式:$CH_3+CH_2+H-C=O$				
	分子式		C_3H_6O	不饱和度	$U=1+3+1/2(0-6)=1$
谱峰归属	峰号	δ	偏共振多重性	归属	推断
	(a)	6.0	q	CH_3	$CH_2-C^*H_3$
	(b)	38.0	t	CH_2	$O=C-C^*H_2-C$
	(c)	203.0	d	CH	$H-C^*=O$
确定结构	$H-C(=O)-CH_2-CH_3$				
结构验证	其不饱和度与计算结果相符,并与标准谱图对照证明结构正确				

【例 17-4】 某含氧化合物（$M=58$），其^{13}C NMR 如下所示，试推导其结构并说明依据。

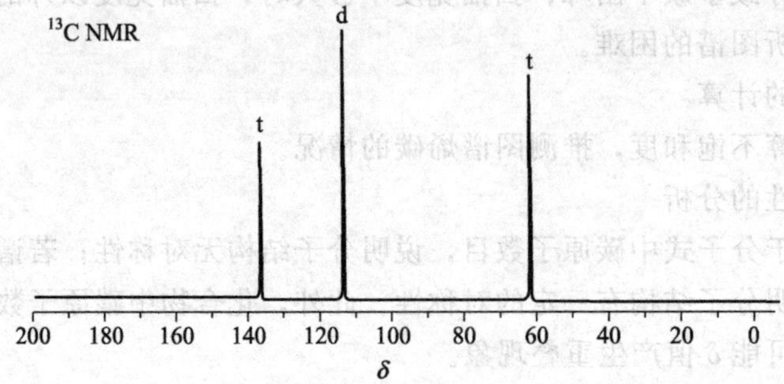

解

确定分子式	化合物分子量为 58,谱图中含有 2 种 CH_2,1 种 CH,$58-2\times14-13=17$,结合 CH_2 谱峰的化学位移为 63,因此还有一个 OH,分子式:$2\times CH_2+CH+OH$				
	分子式		C_3H_6O	不饱和度	$U=1+3+1/2(0-6)=1$
谱峰归属	峰号	δ	偏共振多重性	归属	推断
	(a)	63.0	t	CH_2	C^*H_2-O
	(b)	116.0	d	CH	$=C^*H-C$
	(c)	138.0	t	CH_2	$=C^*H_2$
确定结构	$CH_2=CH-CH_2-OH$				
结构验证	其不饱和度与计算结果相符,并与标准谱图对照证明结构正确				

第六节　核磁共振波谱分析法的应用

核磁共振谱能提供的参数主要有氢谱和碳谱的化学位移，质子的裂分峰数、耦合常数以及各组峰的积分高度等。这些参数与有机化合物的结构有着密切的关系。因此，核磁共振谱是鉴定有机、金属有机以及生物分子结构和构象等的重要工具之一。此外，核磁共振谱还可应用于定量分析，相对分子质量的测定及应用于化学动力学的研究等。

1. 结构鉴定

核磁共振波谱像红外光谱一样，有时仅根据本身的图谱，即可鉴定或确认某化合物。对比较简单的一级图谱，可用化学位移鉴别质子的类型。它特别适合于鉴别如下类型的质子：CH_3O—，CH_3CO—，CH_2═C—，Ar—CH_3，CH_3CH_2—，$(CH_3)_2CH$—，—CHO，—OH 等。对复杂的未知物，可以配合红外光谱、紫外光谱、质谱、元素分析等数据，推定其结构。

2. 定量分析

积分曲线高度与引起该组峰的核数呈正比关系。这不仅是对化合物进行结构测定时的重要参数之一，而且也是定量分析的重要依据。用核磁共振技术进行定量分析的最大优点是不需引进任何校正因子或绘制工作曲线，即可直接根据各共振峰的积分高度的比值求算该自旋核的数目。在核磁共振谱线法中常用内标法进行定量分析。测得共振谱图后，内标法可按下式计算 m_S：

$$m_S=\frac{A_SM_Sn_R}{A_RM_Rn_S}m_R=\frac{\frac{A_S}{n_S}M_S}{\frac{A_R}{n_R}M_R}m_R \tag{17-12}$$

式中，m 和 M 分别表示质量和分子量；A 为积分高度；n 为被积分信号对应的质子数；下标 R 和 S 分别代表内标和试样。外标法计算方法同内标法。当以被测物的纯品为外标时，则计算式可简化为

$$m_S=\frac{A_S}{A_R}m_R \tag{17-13}$$

式中，A_S 和 A_R 分别为试样和外标同一基团的积分高度。

3. 分子量的测定

在一般碳氢化合物中，氢的质量分数较低，因此，单纯由元素分析的结果来确定化合物的相对分子质量是较困难的。如果用核磁共振技术测定其质量分数，则可按下式计算未知物的分子量或平均分子量：

$$m_S=\frac{A_Rn_Sm_SM_R}{A_Sn_Rm_R} \tag{17-14}$$

式中各符号的含义同前。

4. 在化学反应动力学研究中的应用

研究化学反应动力学是核磁共振谱法的一个重要方面。例如，研究分子的内旋转，测定反应速率常数等。

虽然用核磁共振技术难以观察到分子结构中构象的瞬时变化，但是，通过研究核磁共振谱对温度的关系，可获得某些动力学信息。例如，在室温时，因 *N*,*N*-二甲基乙酰胺中的部分双键性质，因此阻碍了 N—C 键的活化能，N—C 键便可以自由旋转。根据出现一个峰时

的温度，可以计算该过程的活化自由能。

思考题与习题

1. 在 NMR 测试中 TMS 为什么是最理想的标准样品？
2. 碳谱的去耦化方法有哪些？
3. 电子屏蔽效应是如何产生的？是如何影响化学位移的？
4. 简述^{13}C NMR 谱的特点。
5. 核磁共振产生的条件是什么？
6. 弛豫过程有哪些，各有什么特点？
7. 什么是电子屏蔽效应和化学位移？
8. 什么是化学等价和磁等价？
9. 氢谱的耦合有哪几种？
10. 为什么要用^{13}C 核磁共振研究有机分子结构？
11. 下列哪个化合物符合如下^{1}H NMR 谱图，并说明依据。

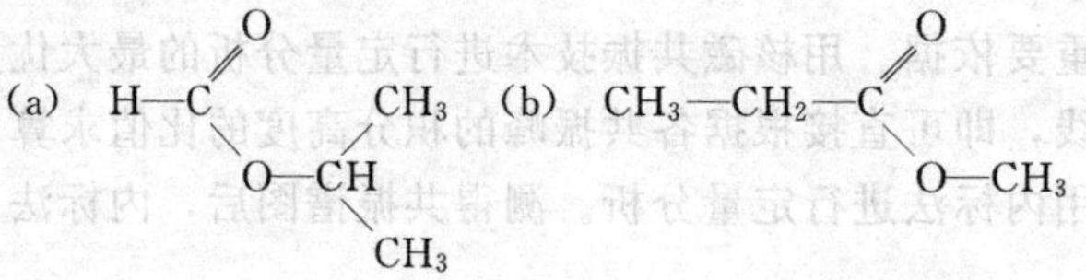

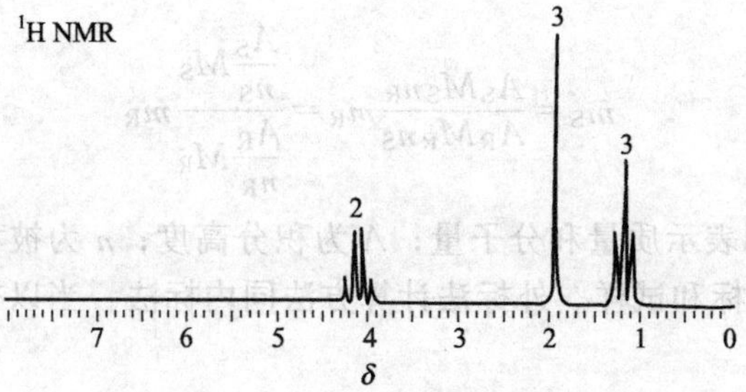

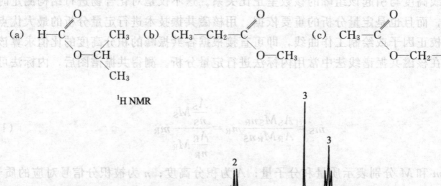

12. 某化合物的化学式为 $C_9H_{13}N$，其^{1}H NMR 谱图如下所示，试推断其结构。

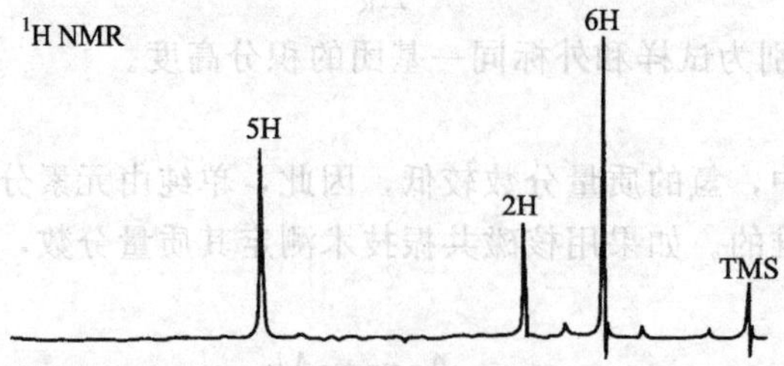

13. 一酯类化合物的分子式 $C_8H_{10}O$，核磁共振氢谱数据为 $\delta=1.2$ 三重峰，$\delta=3.9$ 四重峰，$\delta=6.7\sim7.3$ 多重峰，谱图从低场到高场质子面积比为 5∶2∶3，推测其结构。
14. 已知未知物的分子式为 C_9H_{12}，^{1}H NMR 谱表明：$\delta=1.2$ 双峰，$\delta=3.0$ 多重峰，$\delta=7.2$ 单峰，谱图从低场到高场质子面积比为 5∶1∶6，推测其结构。
15. 某化合物分子式为 $C_3H_7NO_2$。^{1}H NMR 谱数据为 $\delta=1.0$ 三重峰；$\delta=2.0$ 多重峰；$\delta=4.4$ 三重峰；从低场到高场峰面积比 2∶2∶3，推测其结构式。
16. 化合物 C_5H_{10}，根据如下 NMR 谱图确定结构，并说明依据。

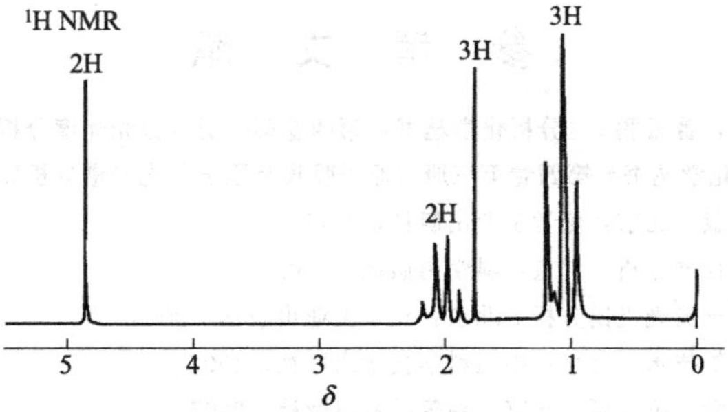

17. 下图与 A、B、C 哪个化合物的结构符合？

A：$ClCH_2C(OCH_2CH_3)_2$（C 上连 Cl）

B：$Cl_2CHCH(OCH_2CH_3)_2$

C：$CH_3CH_2OCH—CHOCH_2CH_3$（两个 CH 上各连 Cl）

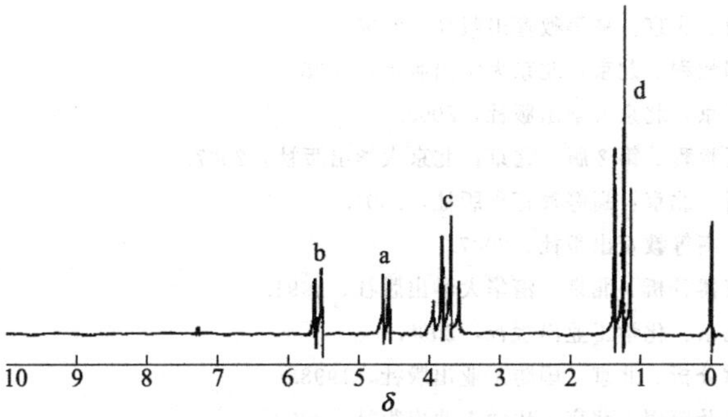

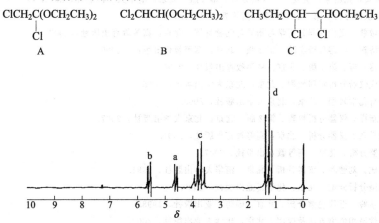

18. 某化合物分子式为 C_8H_8O，其谱图如下图所示，试推导其结构。

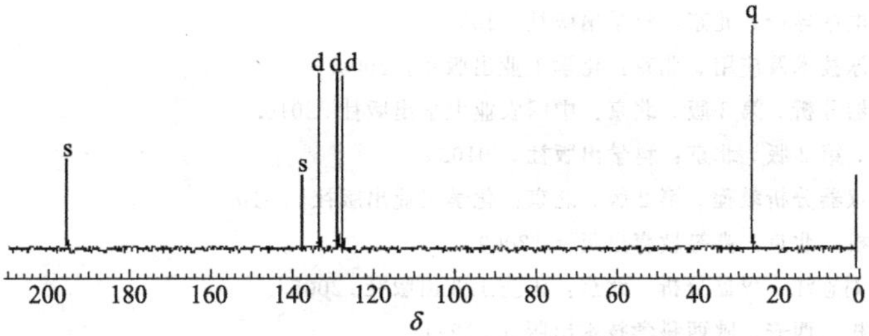

参 考 文 献

[1] 罗庆尧，邓延倬，蔡汝秀，曾云鹗．《分析化学丛书》第四卷第一册《分光光度分析》．北京：科学出版社，1992.
[2] 李安模，魏继中．《分析化学丛书》第四卷第三册《原子吸收及原子荧光光谱分析》．北京：科学出版社，2000.
[3] 孙凤霞．仪器分析．第2版．北京：化学工业出版社，2011.
[4] 方惠群，于俊生，史坚．仪器分析．北京：科学出版社，2002.
[5] 邓勃．应用原子吸收与原子荧光光谱分析．北京：化学工业出版社，2003.
[6] 孙汉文．原子吸收光谱分析技术．北京：中国科学技术出版社，1992.
[7] 武汉大学化学系．分析化学．第5版．北京：高等教育出版社，2007.
[8] 刘密新，罗国安，张新荣，童爱军．仪器分析．第2版．北京：清华大学出版社，2002.
[9] 刘约权．现代仪器分析．第2版．北京：高等教育出版社，2006.
[10] 刘约权，李敬慈．现代仪器分析学习指导与问题解答．北京：高等教育出版社，2007.
[11] 苏克曼，张济新．仪器分析实验．第2版．北京：高等教育出版社，2005.
[12] 朱明华．仪器分析．第4版．北京：高等教育出版社，2008.
[13] 冯玉红．现代仪器分析实用教程．北京：北京大学出版社，2008.
[14] 李克安．分析化学教程．北京：北京大学出版社，2005.
[15] 叶宪曾，张新祥．仪器分析教程．第2版．北京：北京大学出版社，2007.
[16] 武汉大学化学系．仪器分析．北京：高等教育出版社，2001.
[17] 刘志广．仪器分析．北京：高等教育出版社，2007.
[18] 邓勃，宁永成，刘密新．仪器分析．北京：清华大学出版社，1991.
[19] 傅若农．色谱分析概论．北京：化学工业出版社，2000.
[20] 傅若农，顾峻岭．近代色谱分析．北京：国防工业出版社，1998.
[21] 于世林．高效液相色谱方法及应用．北京：化学工业出版社，2000.
[22] 张祥民．现代色谱分析．上海：复旦大学出版社，2004.
[23] 林炳承．毛细管电泳导论．北京：科学出版社，1996.
[24] 陈义．毛细管电泳技术及应用．北京：化学工业出版社，2000.
[25] 严衍禄．现代仪器分析．第3版．北京：中国农业大学出版社．2010.
[26] 陈浩．仪器分析．第2版．北京：科学出版社．2010.
[27] 陈集，朱鹏飞．仪器分析教程．第2版．北京：化学工业出版社．2010.
[28] 张寒琦．仪器分析．北京：高等教育出版社．2009.
[29] 高俊杰，余萍，刘志江．仪器分析．北京：国防工业出版社．2005.
[30] 韩建国．仪器分析．西安：陕西科学技术出版社．1994.
[31] 邓芹英，刘岚，邓慧敏．波谱分析教程．第2版．北京：科学出版社．2007.